21世纪高等学校规划教材 | 计算机科学与技术

C#技术与应用开发

涂承胜　编著

清华大学出版社
北京

内 容 简 介

全书共分为两篇：基础理论篇和应用开发篇。基础理论篇比较全面地介绍了 C#面向对象程序设计语言的基础理论，内容包括.NET 框架与 Visual Studio 2012 开发工具概述、C#语法基础知识、C#面向对象编程基础、文件处理系统、.NET Framework 框架与常用类库、基于 ADO.NET 的数据库编程和 Windows 窗体应用程序开发。

基础理论部分不仅适用于 C#的初学者，更适用于有一定 C#语言基础的读者，使之能够更好地掌握和熟练的应用 C#的基础理论，进行系统设计与应用开发更得心应手。

应用开发篇结合“选课与成绩管理系统”，详细介绍了基于 C#的三层 C/S 模式的系统设计与开发方法及数据库编程技术，内容包括三层体系结构及其基于 C#的实现、数据库设计方法与步骤、基于三层 C/S 模式的选课及成绩管理系统和选课与成绩管理系统几个典型模块的设计及其在 C#中的实现。

书中实例及其相关技术具有较强的代表性、实用性、指导性。案例概念清晰，编码规范，解析详细。

本书主要面向 C#工程应用与项目开发人员，可以作为基于 C#的项目开发的培训教材，也可供 C#程序设计语言自学人员参考，还可以作为高等院校 C#语言程序设计课程的参考书。本书的基础篇也可以作为 C#语言程序设计课程的教材内容。

图书在版编目（CIP）数据

C#技术与应用开发 / 涂承胜编著. —北京：清华大学出版社，2018
（21 世纪高等学校规划教材・计算机科学与技术）
ISBN 978-7-302-51085-7

Ⅰ. ①C…　Ⅱ. ①涂…　Ⅲ. ①C 语言-程序设计-高等学校-教材　Ⅳ. ①TP312.8

中国版本图书馆 CIP 数据核字（2018）第 195637 号

责任编辑： 郑寅堃　赵晓宁
封面设计： 傅瑞学
责任校对： 李建庄
责任印制： 李红英

出版发行： 清华大学出版社
网　　址：http://www.tup.com.cn, http://www.wqbook.com
地　　址：北京清华大学学研大厦 A 座　　邮　　编：100084
社 总 机：010-62770175　　邮　　购：010-62786544
投稿与读者服务：010-62776969，c-service@tup.tsinghua.edu.cn
质 量 反 馈：010-62772015，zhiliang@tup.tsinghua.edu.cn

印 装 者：清华大学印刷厂
经　　销：全国新华书店
开　　本：185mm×260mm　　印　张：31.25　　字　　数：759 千字
版　　次：2018 年 12 月第 1 版　　印　　次：2018 年 12 月第 1 次印刷
印　　数：1～1000
定　　价：79.00 元

产品编号：058041-01

出版说明

随着我国改革开放的进一步深化，高等教育也得到了快速发展，各地高校紧密结合地方经济建设发展需要，科学运用市场调节机制，加大了使用信息科学等现代科学技术提升、改造传统学科专业的投入力度，通过教育改革合理调整和配置了教育资源，优化了传统学科专业，积极为地方经济建设输送人才，为我国经济社会的快速、健康和可持续发展以及高等教育自身的改革发展做出了巨大贡献。但是，高等教育质量还需要进一步提高以适应经济社会发展的需要，不少高校的专业设置和结构不尽合理，教师队伍整体素质亟待提高，人才培养模式、教学内容和方法需要进一步转变，学生的实践能力和创新精神亟待加强。

教育部一直十分重视高等教育质量工作。2007 年 1 月，教育部下发了《关于实施高等学校本科教学质量与教学改革工程的意见》，计划实施“高等学校本科教学质量与教学改革工程（简称‘质量工程’）”，通过专业结构调整、课程教材建设、实践教学改革、教学团队建设等多项内容，进一步深化高等学校教学改革，提高人才培养的能力和水平，更好地满足经济社会发展对高素质人才的需要。在贯彻和落实教育部“质量工程”的过程中，各地高校发挥师资力量强、办学经验丰富、教学资源充裕等优势，对其特色专业及特色课程（群）加以规划、整理和总结，更新教学内容、改革课程体系，建设了一大批内容新、体系新、方法新、手段新的特色课程。在此基础上，经教育部相关教学指导委员会专家的指导和建议，清华大学出版社在多个领域精选各高校的特色课程，分别规划出版系列教材，以配合“质量工程”的实施，满足各高校教学质量和教学改革的需要。

为了深入贯彻落实教育部《关于加强高等学校本科教学工作，提高教学质量的若干意见》精神，紧密配合教育部已经启动的“高等学校教学质量与教学改革工程精品课程建设工作”，在有关专家、教授的倡议和有关部门的大力支持下，我们组织并成立了“清华大学出版社教材编审委员会”（以下简称“编委会”），旨在配合教育部制定精品课程教材的出版规划，讨论并实施精品课程教材的编写与出版工作。“编委会”成员皆来自全国各类高等学校教学与科研第一线的骨干教师，其中许多教师为各校相关院、系主管教学的院长或系主任。

按照教育部的要求，“编委会”一致认为，精品课程的建设工作从开始就要坚持高标准、严要求，处于一个比较高的起点上；精品课程教材应该能够反映各高校教学改革与课程建设的需要，要有特色风格、有创新性（新体系、新内容、新手段、新思路，教材的内容体系有较高的科学创新、技术创新和理念创新的含量）、先进性（对原有的学科体系有实质性的改革和发展，顺应并符合 21 世纪教学发展的规律，代表并引领课程发展的趋势和方向）、示范性（教材所体现的课程体系具有较广泛的辐射性和示范性）和一定的前瞻性。教材由个人申报或各校推荐（通过所在高校的“编委会”成员推荐），经“编委会”认真评审，最后由清华大学出版社审定出版。

目前，针对计算机类和电子信息类相关专业成立了两个“编委会”，即“清华大学出版社计算机教材编审委员会”和“清华大学出版社电子信息教材编审委员会”。推出的特色精品教材包括：

（1）21 世纪高等学校规划教材·计算机应用——高等学校各类专业，特别是非计算机专业的计算机应用类教材。

（2）21 世纪高等学校规划教材·计算机科学与技术——高等学校计算机相关专业的教材。

（3）21 世纪高等学校规划教材·电子信息——高等学校电子信息相关专业的教材。

（4）21 世纪高等学校规划教材·软件工程——高等学校软件工程相关专业的教材。

（5）21 世纪高等学校规划教材·信息管理与信息系统。

（6）21 世纪高等学校规划教材·财经管理与应用。

（7）21 世纪高等学校规划教材·电子商务。

（8）21 世纪高等学校规划教材·物联网。

清华大学出版社经过三十年的努力，在教材尤其是计算机和电子信息类专业教材出版方面树立了权威品牌，为我国的高等教育事业做出了重要贡献。清华版教材形成了技术准确、内容严谨的独特风格，这种风格将延续并反映在特色精品教材的建设中。

清华大学出版社教材编审委员会
联系人：魏江江
E-mail:weijj@tup.tsinghua.edu.cn

前言

C#是微软公司推出的一种面向对象的开发语言。集成了 C、C++、Java、Visual Basic 等语言的优点。例如，C#结合了 Visual Basic 的快速开发功能和 Java 的快速安全功能，但 C#仍不具有与平台无关性。其开发方向涉及了几乎所有的领域，如窗体开发、网络开发、手机开发、通信开发、数据库开发等。C#是基于.NET 框架的计算机开发语言，其语法表达能力强，简单易学。学习 C#需要注意两部分内容：语法基础和类库的调用与应用。

本书主要内容基于 C#的工程应用与项目开发。在介绍 C#的基本理论之后，重点介绍和描述了一个基于三层构架 C/S 模式的完整 MIS 系统的设计与实现。力求做到：读了能有所学，学之能有所用，用之能有所为，为之能有所成。

本书内容有以下特色。

1. 基础理论部分，知识点精练，适合于初学者，也可作为短学时教学与培训教材。本书的基础篇介绍了 C#程序设计语言的基本语法和基础理论知识。

2. 内容组织上，由易到难、循序渐进，从理论学习到项目开发，由浅入深、循序渐进。先介绍了 C#的基础语法，再结合实际应用，介绍了一个完整 MIS 系统的设计与开发。

3. 案例面向实用项目，着眼于知识点的应用。读者从基础理论的学习到应用系统的设计与开发，根据实际应用情况可顺手拈来，直接借鉴、引用。

4. 功能代码进行了模块化。对每个功能模块（类）及其成员（函数和变量），都给出了详细的功能性描述，力求使每个代码段都能让读者看明白、理解透、掌握住。

5. 设计与实现的系统，其针对性、实用性强，易于理解。

本书的编写结合了编者多年的理论教学和开发实践经验。针对计算机语言学习中存在的共性问题——“听得懂、能看明白、不会编程或编程难”，尤其是难于进行工程类项目开发，作者在编写和组织案例时，本着“问题—方法—技术—实现”的指导思想，先对需要解决的问题进行描述，提出解决问题的要求，分析问题求解的方法原理，到项目的设计与开发（实现），强调和引导如何应用相关知识。通过项目案例的解析，加深对基础理论知识的理解，使读者能够举一反三，灵活应用。

本书的源代码在 Visual C# 2012 集成开发环境下调试、测试通过。需要说明的是，本书给出的系统中所提供的程序并非唯一正确的求解方案或编码，甚至不一定是最佳答案。给出的程序只是给读者提供一种参考方案和基础理论在项目开发中如何应用的思路和引导。

本系统中所有的事件、自定义方法、自定义函数等，都按照“软件体系结构”中关于“构件”描述的理念进行了描述说明。每个窗体类与相应的功能模块对应，类的方法及成员变量，都与该模块的功能实现相关。数据访问层（DAL）的类（及其方法、函数）是通用的，供业务逻辑层的所有类（及其方法、函数）引用。

由于编者水平有限，书中难免会有不足之处，恳请读者批评指正。

编　者

2018 年 12 月

基础理论篇

应用开发篇

基础理论篇

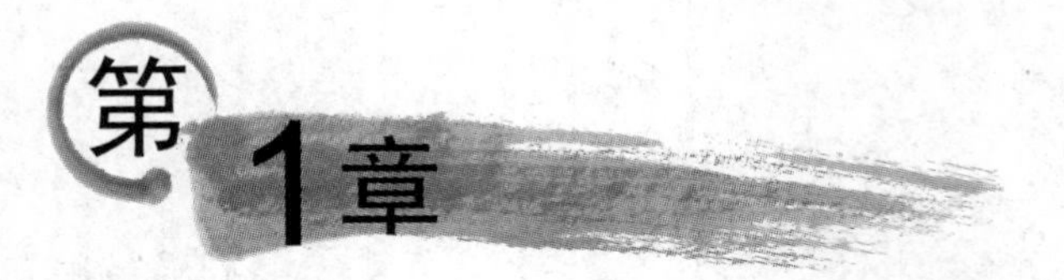

Microsoft.NET 与 C#简介

1.1 Visual Studio.NET 与.NET Framework 简介

2000 年，微软公司向全球宣布了其革命性的软件和服务平台——Microsoft.NET。.NET 技术是微软发展的战略核心。人们对于.NET 很难做出一个明确的定义，.NET 代表一个集合，一个环境，一个编程的基本结构，作为一个平台，支持下一代互联网。

具体地说，.NET 技术就是在不同的网站之间建立起协定，促使网站之间的协同合作，实现信息的自动交流，从而帮助用户最大限度地获取信息，并对其数据进行简单、高效的管理。

Microsoft.NET 包括.NET Framework（运行平台）和 Visual Studio.NET（开发平台）。.NET Framework 是 Visual Studio.NET 程序的运行环境。Visual Studio 是开发环境，集成了诸多的开发工具（如 C#、Visual Basic.NET、F#、C++等），用于程序开发。

1.1.1 Visual Studio.NET 概述

Visual Studio.NET 又简称为 VS.NET，简称 VS，是微软.NET 技术的开发平台。Visual Studio.NET 集成了 VB.NET、ASP.NET、C#.NET、J++.NET 等多种开发语言。Visual Studio.NET 在 Visual Studio 6.0 的基础上进行了很大的改进和变更。Visual Studio.NET 中重要的开发语言是 Visual C#，简称 C#。

Visual Studio 历经的版本如下。

（1）Visual Studio 6.0。

（2）Visual Studio.NET 2002（对应.NET Framework 1.0，C#1.0 版本）。

（3）Visual Studio.NET 2003（对应.NET Framework 1.1，C#1.1 版本）。

（4）Visual Studio.NET 2005（对应.NET Framework 2.0，C#2.0 版本）。

（5）Visual Studio.NET 2008（对应.NET Framework 3.0/3.5，C#3.0 版本）。

（6）Visual Studio.NET 2010（对应.NET Framework 4.0，C#4.0 版本）。

（7）Visual Studio.NET 2012（对应.NET Framework 4.5，C#5.0 版本）。

（8）Visual Studio.NET 2013（对应.NET Framework 4.6，C#6.0 版本）。

1.1.2　.NET Framework 概述

1. .NET Framework 简介

.NET Framework 是 Visual Studio.NET 程序的运行环境，其类似于 JVM（Java Virtual Machine）。它简化了在高度分布式 Internet 环境中的应用程序开发。.NET Framework 旨在实现如下目标。

（1）提供一个一致的面向对象的编程环境，无论对象代码是在本地存储和执行，还是在本地执行但在 Internet 上分布，或者是在远程执行。

（2）提供一个将软件部署和版本控制冲突最小化的代码执行环境。

（3）提供一个保证代码安全执行的环境。

（4）提供一个可消除脚本环境或解释环境的性能问题的代码执行环境。

（5）按照工业标准生成所有通信，以确保基于.NET Framework 的代码可与任何其他代码集成。

2. .NET Framework 的两个重要组件

对于.NET Framework 结构的划分，就主流而言，分为如下主要组件。

（1）应用程序：WebApplication 和 WindowsApplication（简称 WindowsForms）。

（2）公共语言运行库（Common Language Runtime，CLR）。

（3）.NET 框架类库（Framework Class Library，FCL）。

（4）基类库（Basic Class Library，BCL）。

也有人将其分为两部分：公共语言运行库和.NET Framework 框架类库（FCL）。

3. 公共语言运行库

公共语言运行库是.NET Framework 的基础，可以将其看作一个在执行时管理代码的代理，它提供核心服务。代码管理的概念是运行库的基本原则，以运行库为目标的代码称为托管代码，而不以运行库为目标的代码称为非托管代码。公共语言运行时提供所有.NET 应用程序运行的环境。

CLR 的两个组成部分如下。

（1）通用类型系统（Common Type System，CTS），定义了在 IL 中的标准数据类型，包括准则集。CTS 未规定特定语法或关键字，只是定义了一套通用类型，它们可用于许多语言的语法上。每一种语言都可以自由定义它所希望的任何语法，但如果某个语言基于 CLR，它将至少使用 CTS 定义的一部分类型。CTS 定义声明、定义和管理所有类型遵循的规则，不需要考虑源语言。

（2）公共语言规范（Common Language Specification，CLS），规定所有.NET 语言应遵循的规则，生成可与其他语言互操作的应用程序。CLS 是所有针对.NET 的编译器都必须支持的一组最低标准。

4. .NET Framework 类库

.NET Framework 的另一个主要组件是类库。它是一个综合性的、面向对象的、可重用类型集合，可以使用它开发多种应用程序，包括基本框架类、ADO.NET 和 XML 类，还包括传统的命令行或图形用户界面（GUI）应用程序（WinForms），也包括基于 ASP.NET 所提供的最新创新的应用程序，如 Web 窗体（WebForms）和 XMLWebservices。

.NET Framework 类库是一个由类、接口和值类型组成的库，通过该库中的内容可访问系统功能。它是生成.NET Framework 应用程序、组件和控件的基础。

Visual Studio .NET 框架体系结构如图 1.1 所示。

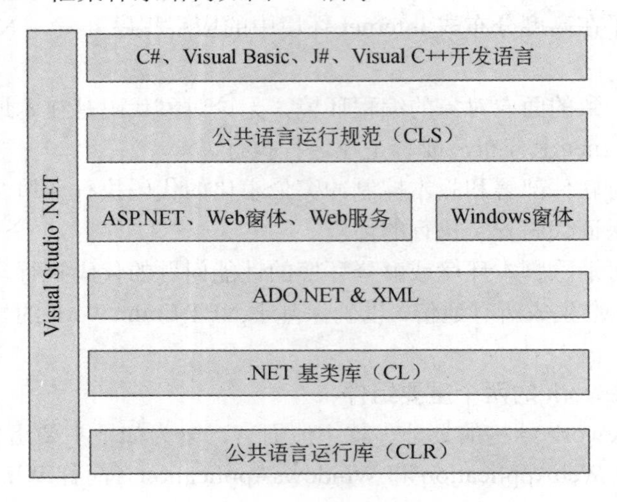

图 1.1　Visual Studio .NET 框架体系结构

1.2 C#简介

1.2.1 C#的定义

微软公司于 2000 年正式发布了 C#语言，其英文名称为 VC-Sharp，并对其定义为：C#是一种类型安全的、现代的、简单的、由 C/C++衍生而来的面向对象的编程语言。C#综合了 Visual Basic 的高生产率与简明性和 C++的强大功能与可执行性。

C#是.NET 框架应用程序的关键性语言，是整个.NET 平台的基础。语法更简单、易学，类似于 C++的语法和关键字，完全面向对象设计且避免了多继承，语言的兼容性、协作交互性好。

1.2.2 C#与框架类库中重要的命名空间

1. C#中使用名称空间

C#程序通常包含多个文件，其中每个文件都可以包含一个或多个名称空间。一个名称空间就是一个名字，向编译器描绘出一些软件实体，如类、界面、枚举以及嵌入的名称空间。名称空间和数据类型一样，必须有唯一的名称。在一个 C#程序中，可以通过一个元素的完整资格名称来识别它，这个资格名称表明层次关系。例如，System.String 是.NETString

类型完整的资格名称。但是为了简化代码起见，只要声明正在使用 System 名称空间，格式如下：

```
using System;
```

可以使用一个相对名称(如 String)作为完整名称的同义词，而最后依然代表 System.String。通过使用 namespace 关键字，可以将 C#程序或者类包裹在自身的名称空间中。例如：

```
namespace MyOwn
{  using System;        //为引用 String 类
   class MyFirstApp
   {    Static int Main(String[] args)
        {    System.Console.WriteLine("Hello.NET");
             return 1;
        }
   }
}
```

名称空间 MyOwn 是全局名称空间的一部分。调用它不需要再使用前缀，因为其完整资格名称就是简单的 MyOwn。定义一个名称空间是保持公共名称唯一性的一个途径。实际上，如果两个类的名称发生冲突，但只要它们分别属于不同的名称空间，两个类仍然是各自唯一的。

2．框架类库中重要的命名空间

（1）System.Data：用于访问 ADO.NET，可以使用 DataTable、DataSet 对象等。

（2）System.IO：用于操作文件，对文件和流的同步和异步访问。

（3）System.Windows：处理基于窗体的窗体创建。

（4）System.Windows.Forms：用于开发 Windows 应用程序，可以使用 MessageBox、Form 对象等。

（5）System.Collections.Generic：可以使用泛型。

（6）System.Net：可以对网络协议进行编程。

（7）System.Security：提供系统的安全控制功能。

（8）System.Drawing：处理图形和绘图，包括打印。

（9）System.Threading：包含用于多线程编程的类。

（10）System.Collections：包含定义各种对象集的接口和类。

命名空间是.NET 避免类名称冲突的一种方式。命名空间是一组包含相关方法的相似类，专门用于避免类与类之间的名称冲突。命名空间是数据类型的一种组合方式，但命名空间中所有数据类型的名称都会自动加上该命名空间的名字作为其前缀。命名空间还可以相互嵌套。

1.2.3　C#程序的基本结构

一个 C#程序包含一个类，这个类中至少有一个公用的静态方法，又简称为主函数

Main。该方法对程序进行初始化并终止程序。在 Main 方法中创建子对象、执行方法并实现软件的逻辑处理。

【例 1.1】 一个简单的 C#程序，阐释 C#控制台应用程序的基本结构，文件名称保存为 ConsoleApp0101.cs。

源代码如下：

```
namespace ConsoleApp0101            //控制应用程序项目名称,也是声明的命名空间
{   class HelloWorld                //声明 HelloWorld 类,默认的类名称为 Program
    {   static void Main(string[] args)
        {   //控制台类 Console 的 WriteLine()方法用于显示输出结果
            Console.WriteLine("Hello,C# World");  //输出字符串,之后换行
            Console.ReadKey();     //暂停程序运行,便于用户查看运行结果
        }
    }
}
```

可以在调试（Debug）下选择开始执行（不调试），就能看到结果。

在 C#中，要使用下面的声明来引入外部定义，而不是用像 C++中的#include：

```
using System;
using System.Data;
```

使用 C#编译器 csc.exe 编译代码。在 DOS 状态下（最好先进入.cs 文件所在的目录），使用以下命令：

```
>csc ConsoleApp0101.cs
```

结果就生成了 ConsoleApp0101.exe，运行此程序，将向控制台写入信息"Hello，C# World"。

尽管编译后的文件包含.exe 后缀，但 ConsoleApp0101.exe 却不是一个真正的、明确的 CPU 代码段。它包含了.NET 字节代码。当启动 ConsoleApp0101.exe 时，CLR 将提取编译器写入代码中的重要元数据。接着，一个叫作 Just-In-Time 编译器的模块将代码映射到特定的 CPU 中，开始实际的执行过程。

【程序解析】 这是一个简单的控制台类型的.cs 程序文件，可以用任意的文本编辑器编辑，如记事本。程序代码包含了以下几部分，即程序的大体结构。

（1）导入名称空间。C#的名称空间代替了 C++和 C 的文件包含，名称空间中包含了各种相应的类，Windows 程序设计一般涉及窗体、控件、绘画等。因此，需要导入相应的名称空间。例如：

```
using System;                    //导入 System 命名空间
```

（2）声明一个名称空间。例如：

```
namespace ConsoleApp0101   //声明命名空间 ConsoleApp0101
```

（3）创建一个类。在名称空间中，创建一个类。如果是 Windows 窗体程序设计，要创建一个基于 Form 类的自定义窗体（类）。例如：

```
class HelloWorld            //声明 HelloWorld 类
{
        //编写代码
}
```

创建的控制台应用程序，系统生成的默认的类名称是 program。

（4）在类中添加 Main 方法。无论是控制台应用程序，还是 Windows 窗体应用程序，都有一个入口程序处（主函数 Main）。如果通过向导方式创建控制台应用程序或 Windows 窗体应用程序，系统能自动生成应用程序的框架，包括命名空间、类名称、程序入口（主函数 Main）。例如：

```
public static void Main()    //程序入口点,Main 的类型为 void
{    //控制台类的 WriteLine()方法用于显示输出结果
    Console.WriteLine("Hello,C# World");
    Console.ReadKey();          //暂停程序运行,便于用户查看运行结果
}
```

（5）要能够正常运行文件 csc.exe，需要进行环境变量设置，否则会给出运行出错“'csc' 不是内部或外部命令，也不是可运行的程序或批处理文件”的提示。

（6）设置 csc.exe 所在的路径到环境变量 path 中，步骤是：右击“我的电脑”，在弹出式菜单中，选择“属性”→“高级系统设置”，在系统属性对话框中，单击“高级”选项卡，单击“环境变量”按钮→“属性”，在环境变量对话框“administrator 的用户变量”列表框中，选择变量名 path，单击“编辑”按钮，在弹出的输入框中添加如下路径（视计算机上安装的 Framework 版本而定）：

```
C:\Windows\Microsoft.NET\Framework\v4.0.30319;
```

或

```
C:\Windows\Microsoft.NET\Framework\v3.5;
```

在环境变量对话框的“系统变量”列表框中，选择变量名 path，单击“编辑”按钮，在弹出的输入框中添加上述路径。最后单击“确定”按钮，层层返回，直至关闭相应的对话框。

1.3 Visual Studio 2012 集成开发环境

1.3.1 Visual Studio 2012 的运行环境与安装

1. 运行环境的系统要求

Visual Studio 2012 需要利用新版 Windows 的核心功能，因此，需要 Windows Server 2003（SP2）、Windows 7 或更高版本的操作系统。

2. 系统安装

安装 Visual Studio 2012 的步骤如下。

（1）通过虚拟光驱驱动程序（如 DAEMONTools），加载 Visual Studio 2012 镜像文件.ISO，生成虚拟光盘，单击其中的“运行 vs_ultimate.exe”，即可进入如图 1.2 所示的 Visual Studio 2012 安装起始界面，选择其中的“我同意许可条款和条件”复选框，才会出现“下一步”按钮。

（2）单击“下一步”按钮，进入如图 1.3 所示的 Visual Studio 2012 安装选项界面，选择需安装的选项（默认是“全选”）。

（3）单击“安装”按钮，进入如图 1.4 所示的 Visual Studio 2012 安装进度界面。这一步需要等待较长的时间，单击“取消”按钮，可以终止安装。

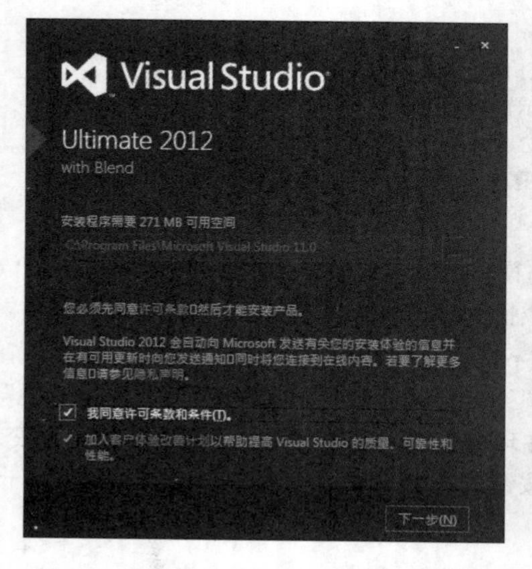

图 1.2　Visual Studio 2012 安装起始界面

图 1.3　Visual Studio 2012 安装选项

（4）安装成功就会出现如图 1.5 所示的界面，并在开始菜单上增加 Microsoft Visual Studio 2012 文件夹，生成相应的程序快捷方式，其中一个重要的快捷方式就是 Visual Studio 2012，用于启动 Visual Studio 2012。如果安装失败，给出相应的出错提示（在此省略）。

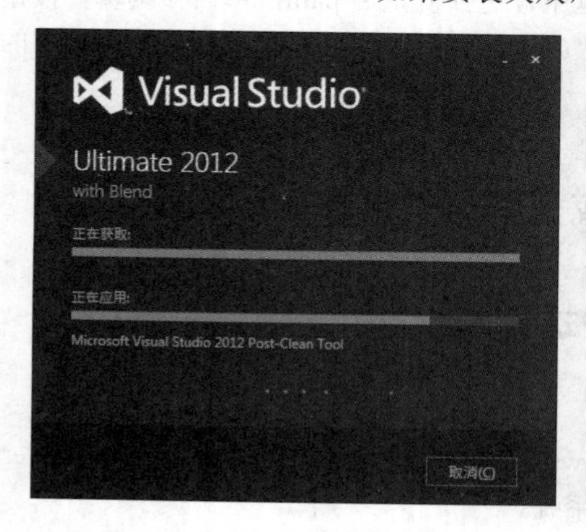

图 1.4　Visual Studio 2012 安装进度

图 1.5　Visual Studio 2012 安装结束

1.3.2　Visual Studio 2012 的启动与环境设置

1．Visual Studio2012 的启动

（1）通过“开始”菜单的 Visual Studio 2012 快捷方式启动。单击“开始”按钮，在弹出的菜单中选择“所有程序”命令，选择 Microsoft Visual Studio 2012 文件夹，选择其中的快捷方式 Visual Studio 2012 即可启动 Visual Studio 2012。

（2）通过关联文件启动。例如，通过解决方案文件（扩展名为.sln，类似于 VC++ 6.0 中的.dsw 文件）。双击.sln 文件即可启动 Visual Studio 2012，同时加载对应的项目资源。

（3）双击安装文件夹下的可执行文件：

```
C:\Program Files\Microsoft Visual Studio 11.0\Common7\IDE\devenv.exe
```

也可启动 Visual Studio 2012。其中 C:\Program Files\Microsoft Visual Studio11.0\Common7\ IDE\为可执行文件 devenv.exe 的默认安装路径。

首次启动时，需要输入密钥。旗舰版有效注册密钥为 YKCW6-BPFPF-BT8C9-7DCTH-QXGWC。

2．Visual Studio 2012 默认环境设置

首次启动 Visual Studio 2012 时，会弹出如图 1.6 所示的“选择默认环境设置”对话框，用于设置默认的开发语言环境。

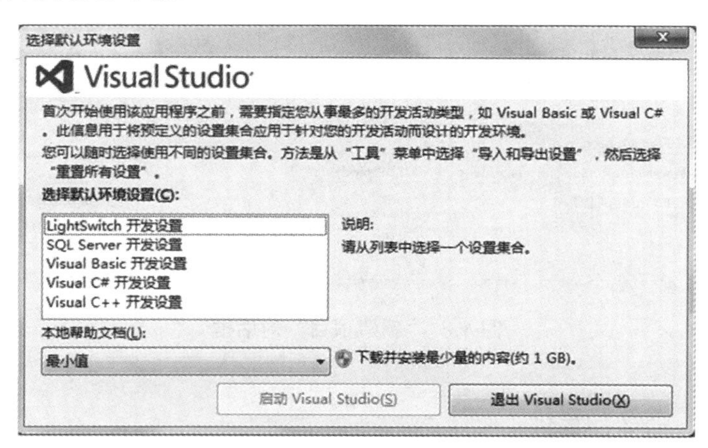

图 1.6　“选择默认环境设置”对话框

选择其中的“Visual C#开发设置”选项后，启动 Visual Studio 2012 时，默认的开发工具就是所选择的语言（如 Visual C#）。单击“启动 Visual Studio”按钮，将会出现一个提示“Microsoft Visual Studio 2012 正在加载用户设置，这可能需要几分钟的时间”的对话框。等待几分钟之后，将弹出如图 1.7 所示的起始页面。

在起始页面的“开始”处有两个重要选项。

（1）新建项目：单击此选项将弹出如图 1.8 所示的“新建项目”对话框。

（2）打开项目：单击此选项将打开并加载现存的项目文件。

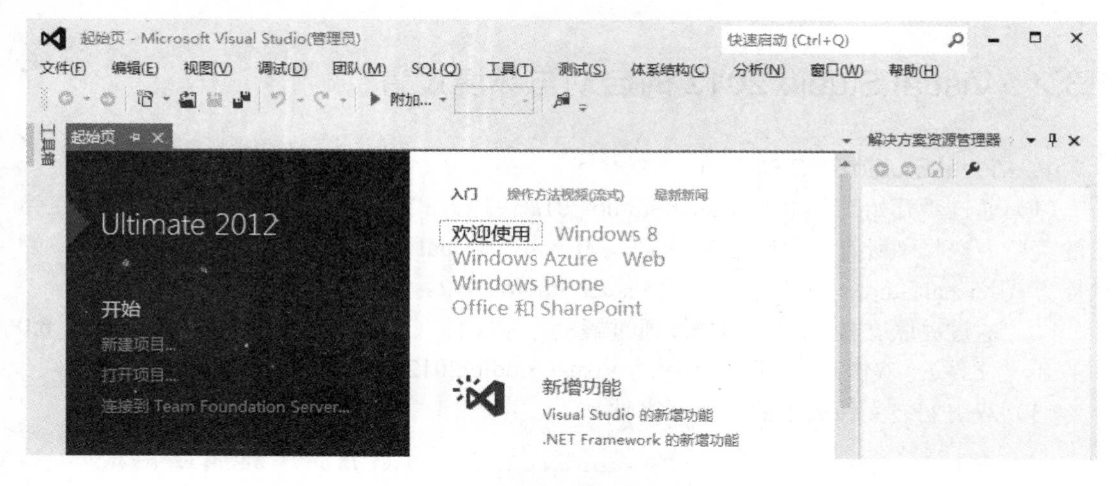

图 1.7 Visual Studio 2012 的起始页面

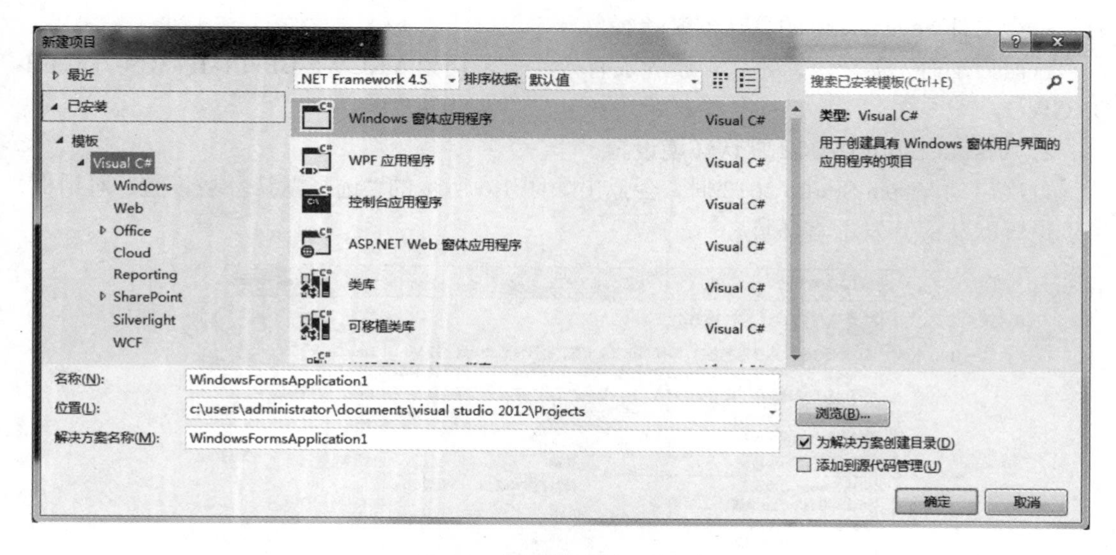

图 1.8 “新建项目”对话框

1.3.3 项目、文件模板

在如图 1.8 所示的“新建项目”对话框中展示了各种项目的模板名称，简称为项目模板。在此只列出了常用的模板名称，不常用的模板图形被裁剪。

在“模板”选项中，“Visual C#”处于默认选择状态，这是在默认环境设置中设置所致。在右边的项目类型列表框中，显示了几乎各种项目的模板。如“控制台应用程序”“Windows 窗体应用程序”“ASP.NET Web 窗体应用程序”“类库”等项目模板，为对应项目的建立提供了快捷方式。

选择“控制台应用程序”则生成“控制台应用程序”的框架；选择“Windows 窗体应用程序”则生成 Windows 应用程序的框架；选择“ASP.NET Web 窗体应用程序”则生成

ASP.NET Web 应用程序框架；选择“类库”则向当前项目添加新的自定义类的框架。

1.3.4 Visual Studio 2012 IDE 概述

Visual Studio.NET 是一个全面集成的开发环境，用于界面设计、代码编写、调试、编译、项目发布等。实际上，Visual Studio.NET 提供了一个非常复杂的多文档界面应用程序，在该应用程序中可以进行与开发代码相关的任何操作，它提供了如下管理器。

1. 文本编辑器

在文本编辑器中，可以编写 C#、VB.NET、J#和 C++代码。在输入语句时，它可以自动布局代码，缩进代码行，匹配代码块的首尾括号，提供彩色编码的关键字，还能执行一些语法检查，把产生编译错误的代码加上下画线，这也称为设计期间的调试。还提供了智能感知功能，在输入时它会自动显示类、字段或方法名称。在输入方法的参数时，会显示可用重载方法的参数列表。

2. 窗体设计视图编辑器

可以在项目中可视化地放置用户界面和数据访问控件。此时，Visual Studio.NET 会自动在源文件中添加必要的 C#代码，在项目中实例化这些控件。在.NET 中，所有的控件实际上都是基类的实例。

3. 在环境中编译

可以通过选择菜单选项编译项目，而不必在命令行上运行 C#编译器。Visual Studio.NET 会调用 C#编译器，把所有的相关命令行参数传递给编译器。Visual Studio.NET 还可以直接运行编译好的可执行文件，用户可以查看这些文件的运行情况是否正常，并可以选择不同的编译配置。例如，编译一个发布版本或调试版本，IDE 主窗体如图 1.9 所示。

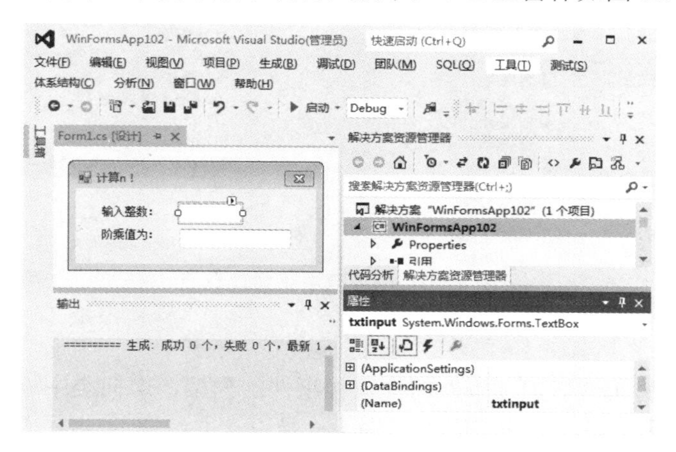

图 1.9 IDE 主窗体

IDE 主窗体主要包括 4 个窗体：[设计]视图（左上角的窗体）、解决方案资源管理器视图（右上角的窗体）、属性视图（右下角的窗体）和输出视图（左下角的窗体）。

4. 集成的调试程序

编程的本质是代码在第一次运行时（一般不会正确执行，也许在第二次、第三次才能正确运行），Visual Studio.NET 无缝链接到一个调试程序上，可以在该调试环境中设置断点，观察变量值及其变化。

5．编译信息输出窗体

输出编译的结果及其相关信息，尤其是编译过程中发现的错误信息。

6．解决方案管理器

如图 1.9 所示的“解决方案资源管理器”中，罗列的对象名称、引用、配置文件 App.config、所有窗体（本实例只有一个窗体 Form1）、Program.cs。为其编辑或操作提供了快捷、高效的方式。

（1）单击 Form1.cs 对象名，直接进入窗体设计视图（窗体），如图 1.9 所示的左上角的视图窗体。

（2）单击 Form1 对象名，直接进入代码设计视图（窗体）。

（3）单击 Program.cs 对象名，直接进入 Program 类的代码设计视图（窗体）。

（4）单击 App.Config 对象名，直接进入配置文件的代码设计视图（窗体）。

（5）从项目中快速删除或排除资源对象。在“解决方案资源管理器”中，右击某个资源对象（如文件），会弹出一个快捷菜单，选择其中的“从项目中排除”菜单项，即可将该资源对象从本项目中排除掉。

例如，右击文件 Form1.cs（如图 1.9 所示），在弹出的快捷菜单中选择“从项目中排除”菜单项，将 Form1.cs 及其相关的资源对象从项目中移除（对应的物理文件尚存在）。

（6）添加现有项到项目中。在“解决方案资源管理器”中，右击某个项目对象（如图 1.9 所示的 WinFormsApp102），会弹出如图 1.10 所示的快捷菜单，选择其中的“添加”菜单项，弹出其级联式菜单（菜单选项右边有一个箭头符号），选择菜单中的“现有项”选项，将添加现有诸如窗体、类等资源对象到当前项目中。

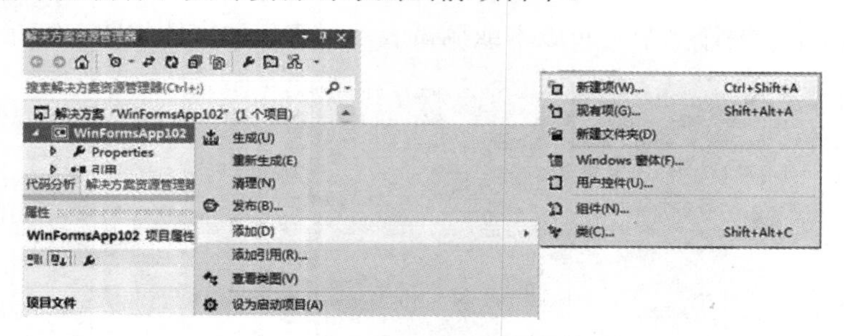

图 1.10　给项目中添加现有项

7．属性窗体

用于当前控件的属性设置、事件的生成（事件的框架，即向类中添加一个该事件的关联，并非事件的代码本身，事件代码由程序设计员设计并编写）。右击对象本身，在弹出的快捷菜单中选择“属性”菜单项，即可打开对应的属性窗体，如图 1.9 中右下角的“属性”窗体。

1.3.5　工具栏与工具箱

工具栏的各种按钮，提供了快捷操作方式，几乎都有相应的功能菜单项与之相对应，在此不赘述。

1．工具栏的显示与隐藏

单击主菜单栏中的“视图”菜单，在其下拉菜单中选择“工具栏”菜单项，在弹出的级联菜单中选择某个菜单项（即对应的工具栏选项），则在“工具栏”上显示该工具条（可能包含多个按钮），当取消其选中状态则在“工具栏”上隐藏该工具条。

2．工具栏的自定义

上述方式是弹出和隐藏工具条的一种方法，但比较麻烦。最直接的方法是自定义工具栏，方法是：单击主菜单栏中的“视图”菜单，在其下拉式菜单中选择“工具栏”菜单项，在弹出的级联菜单中选择“自定义”选项，弹出如图 1.11 所示的“自定义”对话框。在“工具栏”选项卡的各“工具栏”选项列表框中选择需要显示的工具，则将在工具栏中显示对应的工具条，单击“关闭”按钮关闭该对话框。

3．控件工具箱

在基于 C#的“Windows 窗体应用程序”设计中，C#集成开发环境提供了大量的界面设计元素（控件），并将这些控件集成在一个如图 1.12 所示的控件工具箱中，使用起来很方便。

单击如图 1.12 所示的控件“工具箱”中的某个控件，之后鼠标指针变成小十字形，此时，用鼠标单击窗体空白处或窗体的容器控件（如分组框 GroupBox），即可添加该控件。

如果在设计过程中，“工具箱”按钮消失了，则可以通过以下方式再现“工具箱”。

单击主菜单的“视图”菜单，选择其中的“工具箱”菜单项即可。如果开始工具箱界面没有出来，单击菜单项后就会弹出来，也可以通过组合键 Ctrl+ W +X 添加“工具箱”。

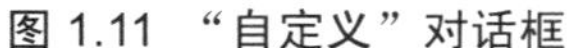

图 1.11 “自定义”对话框

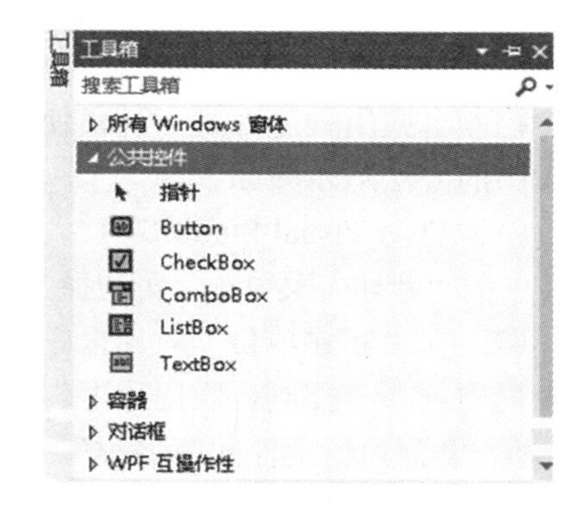

图 1.12 控件工具箱

1.3.6 修改字体与颜色

单击“工具”菜单，选择其中的“选项”菜单项，弹出如图 1.13 所示的“选项”对话框。展开其中的 “环境”项，选择其中的“字体和颜色”选项，在“显示其设置”对应的下拉组合框中选择“文本编辑器”项，然后选择“字体”“字号”；在“显示项”对应的列表框中选择具体的显示项，以设置该显示对象的颜色（前景色、背景色），一般选择默认色，最后单击“确定”按钮。

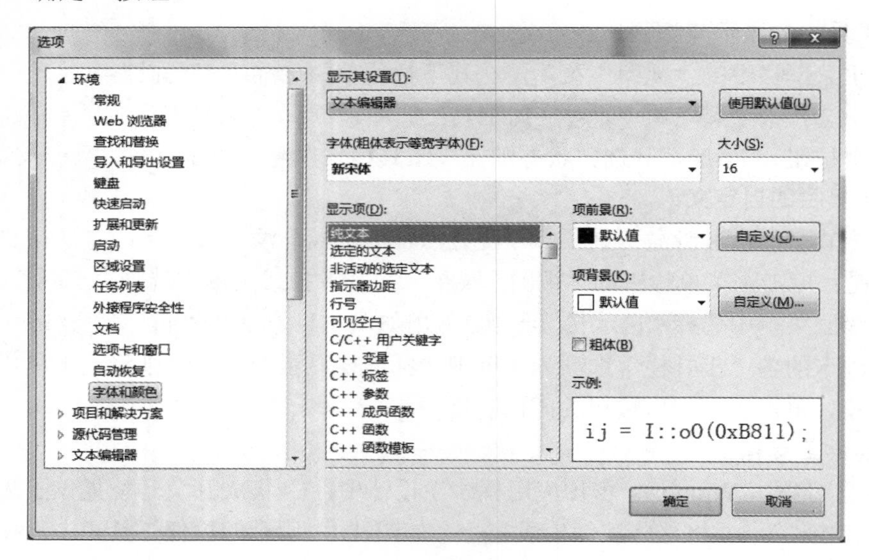

图 1.13 “选项”对话框

1.4 用 C#创建.NET 应用程序

1.4.1 控制台应用程序的创建、编译、运行

控制台应用程序，是一种仅使用文本并运行于 DOS 窗口的应用程序。建立控制台应用程序的方法与步骤如下。

（1）启动 Visual Studio 2012，在其起始页面中选择“新建项目”项，或选择“文件”菜单中的“新建”菜单项，再选择“项目”选项，弹出如图 1.8 所示的“新建项目”对话框。

（2）在“新建项目”对话框中选择“模板”中的“Visual C#”项，在右边的项目类型列表框中选择“控制台应用程序”项，并进行如下设置。

① 设置项目文件的“名称”，如 ConApp01。

② 设置项目文件的“位置”，即存储路径，如 F:\Test。

③ 设置“解决方案名称”，如 ConApp01，默认与项目文件主名相同。

（3）选中“为解决方案创建目录”复选框，将以“解决方案名称”建立一个文件夹。当然，也可不选中。

（4）最后单击“确定”按钮，将生成控制台应用程序的框架。

【例 1.2】 建立控制台应用程序，实现求解任一正整数的阶乘。项目名称 ConsoleApp0102。为了更好地说明控制台应用程序的建立，分两步完成此实例。

1. 基于 C#建立控制台应用程序框架

建立一个项目名称为 ConsoleApp0102 的控制台应用程序（框架）。向导自动生成的

using 语句在此省略。以下为向导自动生成的控制台应用程序的框架，包括名称空间，类、主函数（程序入口）等。

程序源代码如下：

```
namespace ConsoleApp0102   //名称空间名称,默认与项目名称相同
{   class Program           //控制台应用程序中系统自动生成的类名称及其类框架
    {   static void Main(string[] args)//主函数,程序入口,由 IDE 自动生成的主函数
        {
             //在此编写功能代码,实现输入整数,并求其阶乘值,最后输出
        }
        //在此定义类的成员函数,实现求任一正整数的阶乘值
    }
}
```

其中的 static void Main()是程序的入口方法，是类 Program 的一个静态方法。C#应用程序从这个方法开始执行。

2. 根据问题的求解需要，编写代码，完善程序

定义类的成员函数，完善主函数程序，实现相应的功能。代码如下：

```
static void Main(string[]args)       //自动生成的主函数,程序的入口
{   int n;                           //定义整型变量,存储用于求阶乘的整数
    double s;                        //定义实型变量,存储 n! 值
    Console.Write("输入一个正整数: ");
    //Console.ReadLine()实现从键盘输入一个字符串,如'12'
    //Convert.ToInt32()将输入的数字串转化为 32 位的整数
    n=Convert.ToInt32(Console.ReadLine());
    fact(n,out s);             //调用类的成员函数 fact 求 n 的阶乘,通过参数 s 返回
    Console.WriteLine("{0}!={1}",n,s.ToString());
    Console.ReadKey();         //暂停程序等待输入,能让运行结果暂留屏幕
}
//手工方式添加一个类的函数成员,该函数计算任一正整数的阶乘值
private static void fact(int n,out double p)
{   int k=0;                   //定义相关的变量
    p=1.0;                     //给输出参数变量赋值
    for(;++k<=n;)p=p*k;        //通过循环,计算 n 的阶乘值,通过 p 返回阶乘值
}
```

【程序解析】 Main()、fact()均为类的成员函数，两个函数都包含在类 Program 中，定义关系是平行的（即函数的定义不能交叉），函数的调用关系是嵌套的。但函数名称 Main 由系统自动生成，函数名称 fact 由用户定义。函数 fact 的形参输出变量 p 是引用传递，p 值的改变将影响到对应的实际参数变量 s 的值。即阶乘值通过变量 p 返回。C#中，通过输出参数（用 out 修饰）可以实现函数的多值返回。本实例的实际参数 s 和形式参数 p 均为输出类（out）参数。

3. 编译程序

编译程序有两种方法：在 C#的 IDE 环境中编译；在 DOS 状态下用命令方式编译。现

分别介绍。

（1）在 C#的 IDE 环境中编译。在编辑状态下，单击“生成”主菜单中的生成解决方案、重新生成解决方案、生成 ConsoleApp0102（该名称随项目名称而改变）、重新生成 ConsoleApp0102（该名称随项目名称而改变）都能编译源程序，生成对应名称的.EXE 文件（此例为 ConsoleApp0102.EXE）。EXE 文件一般是在项目名称文件夹（默认会以项目名称建立一个文件夹）之下的.\bin\Debug 目录下。本实例为 F:\ ConsoleApp0102\ConsoleApp0102\bin\Debug，其中 ConsoleApp0102 为项目名称。

【说明】 在“生成”菜单中，其中的菜单选项名称 ConsoleApp0102 会随具体的项目名称的变化而变化的。在此只是说明编译的一种方法选择。

（2）在 DOS 状态下用命令方式编译。请参阅例 1.1 的编译方法。

4．运行程序

（1）在 C#的 IDE 环境下运行。单击“调试”主菜单，选择“开始执行（不调试）”选项（进入 DOS 状态运行，且能够停留在 DOS 状态）；单击工具栏的“▶启动”按钮运行程序，但运行之后不能停留在 DOS 状态（即一闪而过）。

（2）在 DOS 状态下运行。在提示符下输入以下命令（.exe 可省略，↙表示回车符）：

```
>ConsoleApp0102.exe↙
```

运行结果为（5 为运行时的输入值）：

```
5↙
5! =120
```

1.4.2 Windows 窗体应用程序的创建、编译、测试、运行

Visual C#支持 WindowsForm 项目，通过 Visual Studio 的 IDE 能快速高效地开发 Windows 窗体应用程序，包括多窗体应用程序、多文档（MDI）窗体应用程序。

【例 1.3】 Windows 窗体应用程序实例解析。输入三角形的三个边值；若能组成三角形，计算并输出三角形的面积，保留两位小数。为了便于说明 Windows 窗体应用程序的建立及其程序结构（默认的框架），此实例分几个步骤完成并解析。项目名称为 WinFormApp103。

1．建立 Windows 窗体程序（默认框架）

基于 C#的 IDE 建立 Windows 窗体应用程序的方法与步骤如下。

（1）启动 Visual Studio 2012，进入 IDE 开发环境。

（2）进入如图 1.8 所示的“新建项目”对话框，在“新建项目”选项中选择“Visual C#”，在右边的项目类型列表框中，选择“Windows 窗体应用程序”。

（3）进行如下选项设置。

① 输入项目的“名称”，如 WinFormApp103。

② 设置项目文件的“位置”，即存储路径，如 F:\。

③ 设置“解决方案名称”，如 WinFormApp103，默认与项目名称相同。

④ 选中☑“为解决方案创建目录”，则自动创建与“解决方案名称”同名的文件夹。

（4）单击“确定”按钮，自动创建一个 Windows 应用程序的框架，并自动生成一个如

图 1.14 所示空白窗体（可视化的界面）。

2. Windows 窗体应用程序中包含的文件

在“解决方案资源管理器”中，列出了 Windows 窗体应用程序包含的相关文件，如图 1.14 所示。

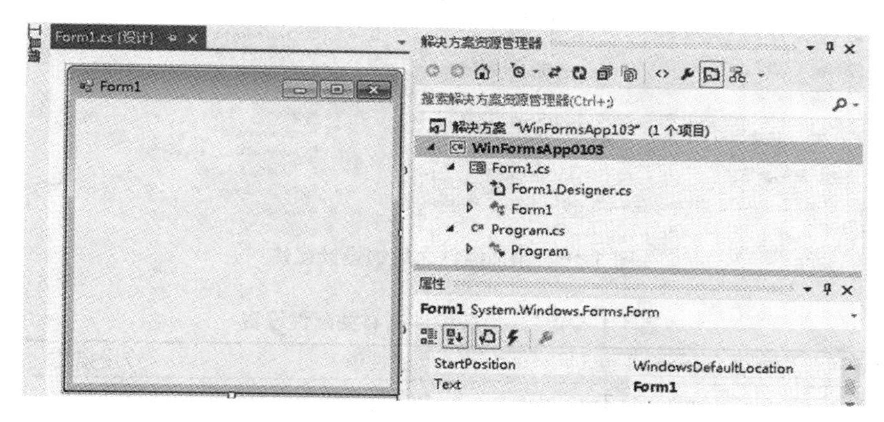

图 1.14 Windows 应用程序（默认）框架

（1）Form1.cs：窗体对应的文件，包括界面设计视图和类（代码）设计视图。在“解决方案资源管理器”中，双击.cs 文件名（如 Form1.cs），进入窗体设计视图（界面），以进行可视化的界面设计；双击该类文件名称（如 Form1），或者右击文件 Form1.cs，在弹出式菜单中选择“查看代码”，都将进入该窗体的代码设计视图，进行代码编写。该文件实质是窗体的类，包括数据成员、控件事件及其代码。

（2）Form1.Designer.cs：该文件记录了窗体界面对应控件的设置情况，如控件的类型、名称、控件的相关属性设置等。该文件的内容随着窗体控件的添加、属性的设置而自动生成（添加）相关的信息到该文件中。

（3）Program.cs：该文件是应用程序的主入口点，其中有主函数 Main。在该函数体中，通过命令 Application.Run(new Form1())启动窗体（Form1）。

（4）配置文件 App.Config：主要用于记录数据库连接的相关信息，如数据库名称、数据库服务器的名称、连接方式、用户名称和密码等信息。如果不涉及数据库操作可以忽略该文件的作用。

3. 添加 Windows 窗体控件，设置其相关属性

（1）窗体更名并设置窗体常用属性。将窗体名称更改为 FormCalArea。方法为：在“解决方案资源管理器”中右击 Form1.cs，在弹出式菜单中选择“重命名”，弹出如图 1.15 所示的提示对话框。

图 1.15 控件更名提示对话框

（2）添加如表 1.1 所示的控件，并进行相关属性设置或属性修改。添加了控件之后的窗体设计界面如图 1.16 所示。

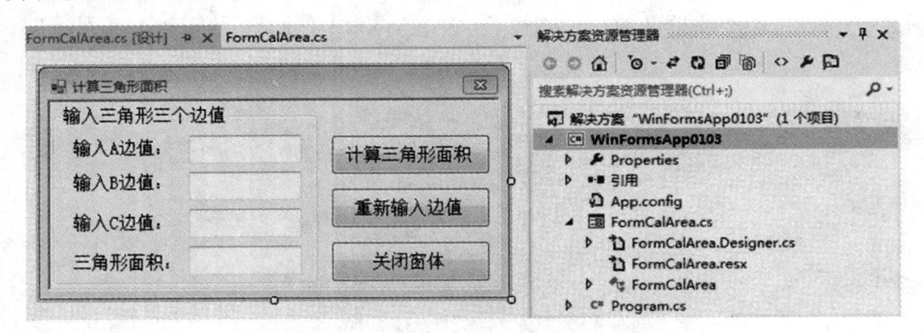

图 1.16　添加控件之后的设计窗体

表 1.1　例 1.3 中各控件及有关属性设置

控件所属类	控件名（name）	属性	属性值	作用描述
窗体（Form）	FormCalArea	Text	计算三角形面积	窗体标题
		FormBorderStyle	Fixed3D	窗体的边框样式
		StartPosition	CenterScreen	窗体运行时位置
		Font	宋体，12pt	设置窗体的字体
		MaximizeBox MinimizeBox	false	窗体最大化、最小化按钮设置
GroupBox	GroupBox1	Text	输入三角形三个边值	用于控件分组
标签（Label）	Label1	Text	输入三角形 A 边的值	用于输入提示
	Label2	Text	输入三角形 B 边的值	用于输入提示
	Label3	Text	输入三角形 C 边的值	用于输入提示
	Label4	Text	三角形面积	用于输出提示
按钮（Button）	btcal	Text	计算三角形面积	功能性按钮
	btreinput	Text	重新输入边值	功能性按钮
	btexit	Text	关闭窗体	功能性按钮
文本框（TextBox）	txtA	Text		用于输入 A 边的值
		TabIndex	1	设置焦点转义顺序
	txtB	Text		用于输入 B 边的值
		TabIndex	2	设置焦点转义顺序
	txtC	Text		用于输入 C 边的值
		TabIndex	3	设置焦点转义顺序
	txtS	Text		用于显示面积值
		ReadOnly	True	使控件为只读状态

4．控件事件及其编码与功能实现

Windows 应用程序的设计，控件添加只是界面设计的一个环节。控件事件及编程与功能实现才是最重要的环节。

（1）为“计算三角形面积”命令按钮添加事件并编程，实现相应的计算功能。在图 1.16 所示的窗体设计视图中双击“计算三角形面积”命令按钮，生成该按钮的默认事件（单击事件 Click）的框架，并进入程序设计视图。

“计算三角形面积”命令按钮的单击事件 Click 及其代码如下（包含在类 FormCalArea 中）：

```
private void btcal_Click(object sender,EventArgs e)
{   string ta,tb,tc;                           //定义 String 类的变量,局部变量
    ta= this.txtA.ToString().Trim();         //得到输入框 txtA 的值
    tb= this.txtB.ToString().Trim();         //得到输入框 txtB 的值
    tc= this.txtC.ToString().Trim();         //得到输入框 txtC 的值
    if(ta=="" || tb=="" || tc=="") { this.groupBox1.Text="输入三角形三个边的值";}
    else
    {  //引用类的成员变量 a, b, c,d, area;请参阅类文件 FormCalArea.cs
       a=Convert.ToInt32(this.txtA.Text); //将输入的 A 边的值转换成整数,赋值给变量 a
       b=Convert.ToInt32(this.txtB.Text); //将输入的 B 边的值转换成整数,赋值给变量 b
       c=Convert.ToInt32(this.txtC.Text); //将输入的 C 边的值转换成整数,赋值给变量 c
       if((a+b>c)&&(a+c>b)&&(b+c>a))        //三个边值能组成三角形时
       {  d=(a+b+c)/2.0;
          area=Math.Sqrt(d*(d-a)*(d-b)*(d-c));    //计算三角形的面积
         this.txtS.Text=this.area.ToString("F2");//输出三角形的面积,保留两位精度
       }
       else //输入的三个边值不能组成三角形时,触发"重新输入边值"命令按钮的 Click 事件
       {   this.groupBox1.Text="三边不能组成三角形";
           this.btreinput_Click(sender,e);        //调用方法清空各输入框的值
       }
    }
}
```

【程序解析】“计算三角形面积”按钮的 Click 事件代码的作用：首先得到输入的三个边的值，通过类 Convert 的方法 ToInt()将输入的文本串转化为整数，分别存储在三个整型变量 a、b、c 中。然后通过 if 语句判断输入的三个边能否组成三角形，若能组成三角形，利用类 Math 的方法 sqrt()计算出三角形的面积，并将结果输出在文本框 txtS 中（如图 1.17 所示）。area.ToString("F2")表示将计算结果转化为字符串，并保留 2 位小数。若不能组成三角形，在分组框控件 GroupBox1 的标题上显示提示“三个边值不能组成三角形”，并调用方法 this.btreinput_Click(sender,e)清空各个输入框的值。

（2）“重新输入边值”按钮的单击事件 Click，代码如下：

```
private void btreinput_Click(object sender,EventArgs e)
{   this.txtA.Clear();      this.txtB.Clear();     //清空输入框 txtA、txtB 的值
    this.txtC.Clear();      this.txtS.Clear();     //清空输入框 txtC、txtS 的值
    this.txtA.Focus();                             //使输入框 txtA 获得焦点
}
```

【程序解析】 该按钮的事件及代码的作用：清空各输入框的值，并使文本框 txtA 得到焦点。

（3）“关闭窗体”按钮的单击事件 Click，代码如下：

```
private void btexit_Click(object sender,EventArgs e)
{   String t = "是否要关闭本窗体[是/否]? ";
   MessageBoxButtons a = MessageBoxButtons.YesNo;//设置对话框的按钮类型为"是、否"
```

```
    MessageBoxIcon b = MessageBoxIcon. Question; //设置对话框的图标类型为"？"
    //如果单击了"是"按钮,对话框的返回值为枚举值YES,则关闭窗体（this指针指代窗体本身）
    if(MessageBox.Show(t, "关闭窗体提示", a, b) ==DialogResult.Yes) this.Close();
}
```

【程序解析】 该按钮的事件代码的作用：给出一个如图1.17所示的提示对话框，单击“是”按钮，if语句条件满足时执行this.Close()，以关闭窗体。this指针这里代表窗体对象本身。

参数MessageBoxButtons表示按钮的类型，YesNo表示“是”和“否”按钮。参数MessageBoxIcon.Information表示对话框上的图标的样式。枚举值Information表示的图标如图1.18所示。

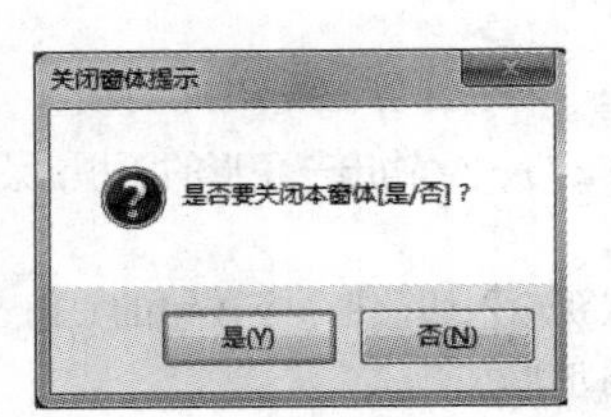

图1.17 窗体关闭对话框

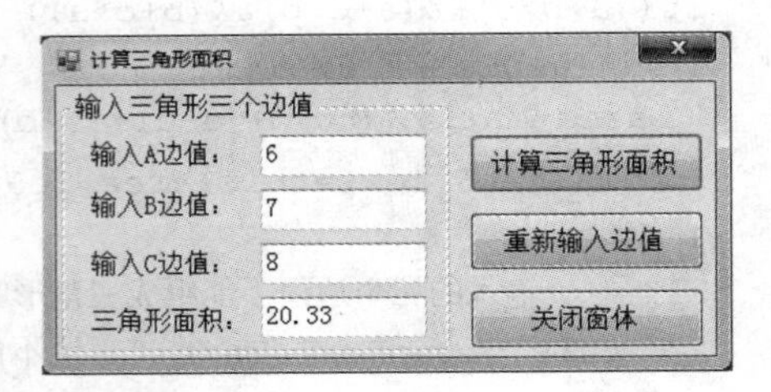

图1.18 运行结果

（4）入口程序文件Program.cs的代码，该文件的框架由系统自动生成。系统自动生成导入名称空间命令using在此省略，代码如下：

```
namespace WinFormsApp103
{   static class Program      //系统自动生成的类名称Program
    {   ///<summary>
        ///应用程序的主入口点
        ///</summary>
        [STAThread]
        static void Main()    //主函数,应用程序的主入口点
        {   Application.EnableVisualStyles();
            Application.SetCompatibleTextRenderingDefault(false);
            Application.Run(new FormCalArea());   //显示窗体（对象）
        }
    }
}
```

（5）窗体对应的类文件FormCalArea.cs（框架），其程序框架由系统自动生成。系统自动生成引用语句using在此省略。窗体类文件FormCalArea.cs的代码如下：

```
namespace WinFormsApp103  //名称空间、项目名称为WinFormsApp103
{
    public partial class FormCalArea:Form   // FormCalArea为窗体(类)的名称
    {
        //类的成员变量a、b、c,存储三角形的三个边值: int a、b、c,由用户定义
        //类的成员变量: double area,d;area存储三角形的面积,由用户定义
```

```
        //类的成员变量,相当于类的全局变量,可供类的成员函数引用
        private static int a,b,c;
        private double d,area;
        public FormCalArea(){InitializeComponent();}     //默认的类的构造函数
        //"计算三角形面积""重新输入边值""关闭窗体"按钮的单击事件编码,之前已介绍,
        //在此省略
    }
}
```

5．程序的编译

在 C#的 IDE 环境中，以下几种方法都能编译程序。

（1）通过菜单，单击“生成”主菜单中的如下菜单选项编译程序。

① 生成解决方案；

② 重新生成解决方案；

③ 生成 WinFormsApp103；

④ 重新生成 WinFormsApp103。

（2）通过“解决方案资源管理器”编译程序。

① 右击“解决方案”名称，如本例中的 WinFormsApp103，在弹出式菜单中，选择“生成解决方案”，或者在弹出式菜单中，选择“重新生成解决方案”。

② 右击“项目名称”，如本例中的 WinFormsApp103，在弹出的快捷菜单中，选择“生成”项，或者选择“重新生成”项。

以上方法都能编译源程序，生成.EXE 文件（此例为 WinFormsApp103.EXE）。EXE 文件一般是在项目名称文件夹（默认为与项目名称同名）之下的.\bin\Debug 目录下。本实例为 F:\WinFormsApp103\WinFormsApp103\bin\Debug。其中 WinFormsApp103 为项目名称。

6．运行程序

在 C#的 IDE 环境下：单击“调试”菜单，选择“开始执行（不调试）”菜单选项或者选择“启动调试”菜单选项；单击工具栏的“▶启动”按钮，运行结果如图 1.18 所示。

1.4.3　ASP.NET 应用程序概述

ASP 是用于创建带有动态内容的 Web 页面的一种 Microsoft 技术。ASP 页面基本是一个嵌有服务器端 VB Script 或 JavaScript 代码块的 HTML 文件。当客户浏览器请求一个 ASP 页面时，Web 服务器就会发送页面的 HTML 部分，并处理服务器端脚本。这些脚本通常会查询数据库的数据，在 HTML 中标记数据。ASP 是客户建立基于浏览器的应用程序的一种便利方式。

ASP.NET 是 ASP 的全新修订版本，它解决了 ASP 的许多问题。两者可以在同一个服务器上并存。C#是编写 ASP.NET 的有力工具之一。

1．ASP.NET 的特性

ASP.NET 页面是结构化的，每个页面都是一个继承了.NET 类 System.Web.UI.Page 的类，可以重写在 Page 对象的生存期中调用的一系列方法。可以把一个页面的功能放在有明

确含义的事件处理程序中，所以 ASP.NET 比较容易理解。

ASP.NET 页面的另一个优点是可以在 Visual Studio 2008 及其之后的版本中创建它们，在该环境下，可以创建 ASP.NET 页面使用的业务逻辑和数据访问组件。Visual Studio 2008 项目（也称为解决方案）包含了与应用程序相关的所有文件。

ASP.NET 的后台编码功能允许进一步采用结构化的方式。ASP.NET 允许把页面的服务器端功能单独放在一个类中，把该类编译为 DLL，并把该 DLL 放在 HTML 下面的一个目录中。放在页面顶部的后台编码指令将把该文件与其 DLL 关联起来。当浏览器请求该页面时，Web 服务器就会在页面的后台 DLL 中引发类中的事件。

2．Web 窗体

为了简化 Web 页面的结构，Visual Studio 2008 及其之后的版本提供了 Web 窗体。允许以创建窗口的方式图形化地建立 ASP.NET 页面。简言之，把控件从工具箱拖放到窗体上，再考虑窗体的代码，为控件编写事件处理程序。在使用 C#创建 Web 窗体时，就是创建一个继承自 Page 基类的 C#类，以及把这个类看作是后台编码的 ASP.NET 页面。

3．Web 服务器控件

用于添加到 Web 窗体上的控件与 ActiveX 控件并不是同一种控件，它们是 ASP.NET 命名空间中的 XML 标记，当请求一个页面时，Web 浏览器会动态地把它们转换为 HTML 和客户端脚本。Web 服务器能以不同的方式显示相同的服务器端控件，产生一个对应于请求者特定 Web 浏览器的转换。这意味着现在很容易为 Web 页面编写相当复杂的用户界面，而不必担心如何确保页面运行在可用的任何浏览器上，因为 Web 窗体会完成这些任务。

可以使用 C#扩展 Web 窗体工具箱。创建一个新服务器端控件，仅是执行.NET 的 System.Web.UI.WebControls.WebControl 类而已。

限于篇幅，对于 ASP.NET 应用程序的创建、编译、发布，在此不赘述。

第2章 C#语法基础知识

2.1 C#的数据类型

在程序设计中的计算对象，不论是常量还是变量，都应该有数据类型。数据类型的描述确定了其在内存所占空间的大小，也确定了其表示的数值范围和能够实施的运算。在计算机存储器中，不同类型的数据所占用的存储空间的大小是不同的。同一种类型的数据也会因为计算机的字长（计算机的性能指标之一）的不同而占用不同的存储空间。

C#语言支持两类数据类型：值类型（value type）和引用类型（reference type）。

值类型变量存储的是数据的实际值，引用类型的变量存储的是其数据的引用。对值类型变量而言，改变其值不影响其他变量，除了 ref 和 out 参数变量之外。对于引用类型而言，存在两个变量引用同一个对象的可能性，因此对两个变量的任意一个变量的操作，结果都有可能影响另一个变量及其引用的对象。

2.1.1 值类型

值类型分为简单类型、自定义结构体类型和枚举类型。

简单类型包含整数类型、浮点类型、高精度数（十进制）类型、布尔类型和字符类型。各种数据类型及取值范围如表 2.1 所示。

表 2.1 C#值类型概述

类型名称		类型标识符	字节数	数值范围及其精度
简单数据类型	Unicode 字符	char	1	−128～127
	短整型	short	2	−32 768～32 767
	无符号短整型	ushort	2	0～65 535
	基本整型	int	4	−2 147 483 648～2 147 483 647
	无符号整型	uint	4	0～4 294 967 295
	长整型	long	8	−9 223 372 036 854 775 808～9 223 372 036 854 775 807
	无符号长整型	ulong	8	0～18 446 744 073 709 551 615
	有符号整型	sbyte	1	−128～127
	无符号整数	byte	1	0～255

续表

类型名称		类型标识符	字节数	数值范围及其精度
简单数据类型	单精度实型	float	4	$\pm 1.5\times 10^{-45} \sim 3.4\times 10^{38}$（精度 7 位）
	双精度实型	double	8	$\pm 5.0\times 10^{-324} \sim 1.7\times 10^{308}$（精度 15 位）
	高精度小数型	decimal	16	$\pm 1.0\times 10^{-28} \sim 7.9\times 10^{28}$（精度 28 位）
	布尔型	bool	1	其值为 true 和 false
枚举类	自定义类型	enum E{…};如：enum Letters{A,B,C,D,E,F,G,H,I,J};		
结构体	自定义结构体	struct ST{…};如：struct info{char sno[13];char sex[3];int age;};		

【说明】

（1）整型类型支持所有有符号或无符号的 8 位、16 位、32 位、64 位整数。Sbyte 代表有符号的 8 位整数，数值范围为-128～127；byte 代表无符号的 8 位整数，数值范围为 0～255。

（2）浮点类型用来表示有小数的数值类型，包含单精度和双精度两种，取值范围和精度都不同。单精度（float）类型的数据的后缀是 F 或者 f，表示 32 位单精度数；双精度（double）类型的数据的后缀是 D 或者 d，表示 64 位双精度数据。

（3）C#提供了高精度的十进制类型（decimal），该类型是一种特殊的实数类型，它的精度是固定的，表示 128 位的十进制小数，主要用于财务计算。decimal 类型的数据的后缀是 M 或者 m，例如 12.3m，而与它相对应的.NET 系统数据类是 System.Decimal。

（4）小数类型和浮点类型之间无隐式转换，如进行强制性转换将会产生数据丢失，因此，一般不在一个表达式中同时使用这两种数据，以避免浮点计算造成的误差。

（5）布尔类型只有 true 和 false 两个取值，分别表示“真”值和“假”值。

（6）字符型数据采用了 Unicode 标准字符集，最多可容纳 65535 个字符，能够表示 ASCII 字符集和多个国家的语言字符及一些专业符号。

（7）字符串类型 string，表示 16 位的 Unicode 编码单元序列。

（8）所有值类型及其引用类型都由对象类（object）发展而来。在 C#语言中，可以通过隐式或显式转换来改变数据类型。隐式转化一般用于不同类型的变量之间，该方法不会造成数据丢失；显式转换一般被用于拆箱（unboxing）操作，可能造成数据丢失或者降低数据的精度。

（9）值类型都设置有各自的默认值：整数类为 0；实数为 0.0；枚举类型为 0；结构体类型的默认值因类型不同有所变化。

1．整型

在 C#语言中，整型包括字节型（byte、sbyte）、短整型（short、ushort）、整型（int、uint）、长整型（long、ulong）等。有符号整数与无符号整数在语法与定义上没有太多的差异，两者占用的存储空间（字节数）相同。无符号数省去了符号位，因此不能表示负数。

2．字符型

字符型与其他整数类型相比有以下两点不同。

（1）不能进行其他类型到 char 类型的隐式转化。在 C#中不允许将 sbyte、byte、ushort 类型隐式转化为 char 类型。char 类型可以完全代表 sbyte、byte、ushort 类型。

（2）只能以字符形式表示 char 类型的常量值。在 C#语言中，如果用整数形式表示 char 类型的常量，须写为显示类型转化的形式。例如，(char)13。

没有类似于结构化 C 语言中的隐式转化。因此，一般情况下，采用赋值操作方式实现这种类型转化。例如：

```
char c1 = 'A', c2 = '\x65';        //\x 开头为十六进制数的表示形式
Console.WriteLine("c1={0},c2={1}", c1,c2);
```

3. 转义字符

在 C#语言中，转义字符是一种特殊的字符，从 C 语言中直接继承而来，具有特殊的含义，如表 2.2 所示。

表 2.2　常用的转义字符及其含义

转义字符	含义或者功能	ASCII 值	十六进制值
\n	换行符	10	0x000A
\t	横向跳隔键，水平 tab 键	9	0x0009
\r	回车符	13	0x000D
\v	纵向跳隔键，垂直 tab 键	11	0x0011
\a	鸣铃（感叹号）警报	7	0x0007
\b	退格键，打印输出时使用	8	0x0008
\f	走纸换页（换页符）	12	0x000C
\\	反斜线字符\本身	92	0x005C
\'	表示单引号字符本身	39	0x0027
\"	表示双引号本身，不能用""表示双引号	34	0x0022
\ddd	ddd 表示 1～3 位八进制数的任意字符，数符可以是 0～7		
\xhh	hh 表示 1～2 位十六进制数的任意字符，数符可以是 0～9 和 A～F，如，\xC1		

字符常量可以用转义字符方式表示。例如，'\n'，'\t'，'\0123'，'\0x9f'。但需要加单引号括起来。

4. 浮点型

C#语言提供了两种浮点型：单精度（float）和双精度（double）。float 类型、double 类型的取值范围参见表 2.1。在二元表达式中，如果一个数是浮点（float、double）型，另一个操作数是整型或浮点型时，先将整型转化为浮点数再计算，最后结果为浮点类型。

5. 小数型

在 C#语言中，小数型的精度可以精确到小数点后面 28 位。在二元表达式中，如果一个数是小数类型，另一个操作数是整型或小数类型时，先将整型转化为小数类型再计算，最后结果为小数类型。小数类型的精度远远高于浮点型，但取值范围小于浮点型。

注意： 小数类型与浮点类型之间不存在隐式或显式的类型转化。

6. 布尔型

在 C#语言中，布尔型是专门用于表示“真”“假”值的。布尔型变量只有 true（表示“真”）和 false（表示“假”）两个取值。没有任何方法或标准可以实施布尔类型和其他类型之间的转化。

2.1.2　引用类型

在 C#语言中，引用类型包括类类型、对象类型和字符串类型。

1. 类类型

类类型是引用类型中的一种数据结构，其中包含数据成员和函数成员。

数据成员包括如常量、字段、事件等数据成员；函数成员包括如方法、属性、索引、操作、构造函数、析构函数等。

2. 对象类型

在C#语言中，所有其他类型的最终基类都是对象类型（object）。对象类型变量是通过关键字 object 定义的。它是 System.object 的简化别名。对象变量定义的一般格式如下：

```
object  变量名
```

3. 字符串类型

在C#语言中，字符串类型是一个密封类，就本质而言，它是从 object 继承而来的。由于继承性的限制，C#语言不允许从字符串类型再派生类。字符串类型的变量是通过关键字 string 类定义的。C#语言规定 String 或者 string 类的对象在创建之后不能再对其进行修改。可以用字符串的形式来表示 string 类型的值。没有任何操作能改变 string 类对象的状态。string 类型变量定义的一般格式如下：

```
string 变量名
```

例如：

```
string ss="You are Welcome ";
```

可以通过运算符“+”实现字符串的连接。要访问字符串的第一个字符可以通过下标方式实现。

【例 2.1】 字符串定义、连接、字符访问实例。

源代码如下（系统生成的 using 语句省略）：

```
namespace ConsoleApp0201
{   class Program
    {   static void Main(string[] args)
        {   string s1 = "You are Welcome ";     //定义 String 类的对象并初始化
            string s2 = "to C# world!";         //定义 String 类的对象并初始化
            Console.WriteLine("{0}",s1);        //输出 String 类的对象到控制台
            Console.WriteLine("{0}", s2);       //输出 String 类的对象到控制台
            //输出连接之后的字符串（s1+s2）到控制台
            Console.WriteLine("{0}", s1+s2);
            //输出字符串的第一个字符,通过下标方式实现
            Console.WriteLine("s1 串中的第一个字符是：{0}", s1[0]);
            string vno = "201606024201",ss=""; //定义变量并初始化
            //从字符串 vno 的左边第 1 个字符(从 0 开始编号)开始截取 8 个字符
            ss = vno.Substring(0, 8);
            //输出原始字符串和截取的字符串
            Console.WriteLine("vno={0},ss={1}", vno,ss);
            //从 vno 串的左边第 9 个字符(从 0 开始编号)开始截取 1 个字符
            ss +="0"+vno.Substring(9, 1);
```

```
            Console.WriteLine("连接生成的新串 ss={0}",ss);  //输出连接生成的新字
                                                        //符串
            Console.ReadKey();                          //暂停程序,等待输入
        }
    } //end for class
}
```

程序运行结果如下：

```
You are Welcome
to C# world!
You are Welcome to C# world!
s1 串中的第一个字符是：Y
vno=201606024201,ss=20160602
连接生成的新串 ss=2016060202
```

4. 接口类型

接口类型定义一组仅存在方法标志，没有执行代码的函数成员（的集合）。在 C#语言中，编译器不允许实例化一个接口，用户只能实例化一个派生于该接口（类）的对象。类或结构能实现多个接口。

【例 2.2】 接口定义实例。

源代码如下：

```
using System;
using System.Threading;      //引用线程的方法 Thread.Sleep
namespace ConsoleApp0202
{   class Program            //默认生成的类 Program
    {   static void Main(string[] args)
        {   //使用接口 MyIPrint,下面是不同的实例,获得不同功能
            MyIPrint obj;    //引用接口,并未实例化其对象
            obj = new A();   //实例化派生于接口的类 A 的对象,实现不同的打印输出
            obj.Print();
            obj = new B();   //实例化派生于接口的类 B 的对象,实现不同的打印输出
            obj.Print();
            Thread.Sleep(10 * 1000); //暂停 10 秒,便于查看打印结果
        }
        //定义接口,定义后不需要改变,需要不同功能,继承时扩展即可
        interface MyIPrint
        {   //接口只包含方法、属性、索引器、事件的声明,但不能定义字段和包含实现的方法;
            //支持多继承;可以用于支持回调;可以作用于值类型和引用类型;C#中不能包含任
            //何静态成员
            //不能被直接实例化,可以通过继承实现其抽象方法
            void Print();    //只声明,不实现（没有函数体或方法体部分）
        }
        //类 A 继承于接口 MyIPrint,并实现其方法 Print(),即给出方法的函数体部分
        class A : MyIPrint
```

```
        {   //实现接口MyIPrint的方法Print()（必须有），还可以再添加其他的字段、属性、方法
            public void Print()
            {   //大括号内，为方法的实现部分
                Console.WriteLine("类A: class A : MyIPrint,继承于接口MyIPrint");
                Console.WriteLine("In Class A.");
            }
        }
        class B : MyIPrint      //类B继承于接口MyIPrint
        {   public void Print()
            {   //大括号内，为方法的实现部分
                Console.WriteLine("类B: class B : MyIPrint,继承于接口MyIPrint");
                Console.WriteLine("In Class B.");
            }
        }
    }//end for class Program
}
```

程序运行结果：

```
类A: class A : MyIPrint,继承于接口MyIPrint
In Class A.
类B: class B : MyIPrint,继承于接口MyIPrint
In Class B.
```

5．数组类型

数组类型包含单维或多维数组。例如，int []; int [,];，int [10]; uint [5,6];等。

6．代理类型

自定义类型代理“delegate;”。例如，“delegate D{…};”。

在 C#语言中，所有类型都可以被看成是对象，而 object 类型正是对象类型，是所有其他类型的基础类型；引用类型可以被认为是对象。引用类型的默认赋值为空。

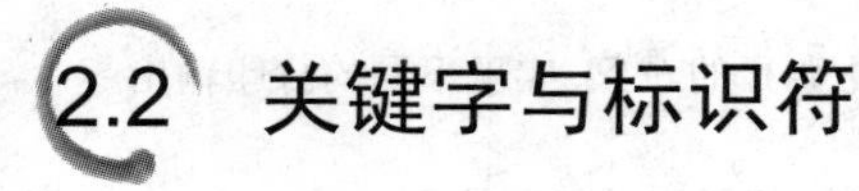

2.2 关键字与标识符

2.2.1 关键字

C#的关键字是对编译器具有特殊意义的预定义保留标识符。它们不能在程序中用作标识符，除非它们有一个@前缀。例如，@if 是一个合法的标识符；而 if 是关键字，if 不是合法的标识符。

在 C#语言中，常用的关键字参见附录 B。下面介绍几个特殊的关键字及其作用。

1．访问关键字

访问关键字包括 base 和 this。

（1）base：用于从派生类中访问基类的成员；用于调用基类上已经被重写的方法；指

定创建派生类实例时应调用的基类构造函数。对基类的访问只能在派生类的构造函数、实例的方法、实例的属性访问器（get 函数，set 函数）中。不能在静态方法中使用 base 关键字。

例如，在子类的方法中写 base.GetInfo();调用基类的方法。

（2）this：用于引用当前对象；用于引用为其调用方法的当前实例。静态成员函数没有 this 指针。可以用于从构造函数、实例方法、实例访问器中访问成员。

this 的一般用途有以下几种。

① 限定被相似的名字隐藏的成员。例如：

```
public void A(int a, int b)
{    this.a=a;           //将形参变量 a 的值赋值给类的成员变量 a
     this.b=b;           //将形参变量 b 的值赋值给类的成员变量 b
}
```

② 将对象作为参数传递到函数中。例如：

```
public void ShowInstance()
{    print(this);    //this 作为函数参数
     console.writeline("this is a test!");
}
```

③ 声明索引器。例如：

```
public int this[int param]
{
    get{ return array[param]; }
    set{ array[param]=value;  }
}
```

静态方法、静态属性访问器或字段声明中不能用 this。

2．转换关键字

转换关键字包括 explicit、implicit 和 operator。

（1）explicit：用于声明用户定义的显式类型转换运算符，格式如下：

public static explicit operator 目标类型（输入类型 参数名）

在 explicit 中，目标类型一般是自定义类型。如 MyType 等，例如：

```
class MyType
{    static explicit operator MyType(int i)
     {  //从 int 显式转换成 MyType 类型的代码!   }
}
```

显式类型转换符必须通过类型转换调用。需要在转换失败时抛出异常。

```
if (转换失败的条件)  throw new ArgumentException();
int i;
MyType x = (MyType)i;
```

如果转换可能导致信息丢失，则使用 explicit 关键字。

（2）implicit：用于声明用户定义的隐式类型转换运算符，格式如下：

```
public static implicit operator 目标类型（输入类型 参数名）
```

在 implicit 中，目标类型一般是封闭类型，如 int、double、byte 等，例如：

```
class MyType
{   public static implicit operator int(MyType i)
    {   //从 MyType 隐式转换成 int 类型的代码!    }
}
MyType i;
int x = i;
```

由于隐式转换在程序员未指定的情况下发生，所以必须防止出现不良的后果。只有在一定不会出现异常和信息丢失时才可以使用 implicit，否则使用 explicit。

（3）operator：用于声明用户在类或结构中自定义的运算符。

3．值关键字

值关键字包括 null、false 和 true。

（1）null：表示不引用任何对象的空引用的值，null 是引用类型的默认值。

（2）false：用户自定义的类型可以重载 false 运算符，用来表示是否满足条件，若不满足则返回 bool 值的 true，否则返回 false。若在自定义类型中定义了 false 运算符，则必须定义 true 运算符。false 表示 bool 的假值。true 和 false 运算符可以用在任何条件判断中。

（3）true：用户自定义的类型可以重载 true 运算符，用来表示是否满足条件，若满足则返回 bool 值的 true，否则返回 false。若在自定义类型中定义了 true 运算符，则须定义 false 运算符。true 表示 bool 的真值。

4．方法参数关键字

方法参数关键字包括 params、ref 和 out。

（1）params：用于指定参数数目可变处，只能有一个 params，并且在它后面不能再有参数。如果对方法中的参数未使用 ref 或 out 声明时，则该参数可以具有关联的值。可以在方法中更改该值，但当控制传递回调用过程时，不会保留更改的值，即该参数值的改变不会影响对应的实参变量。

【例 2.3】 params 声明参数的具体应用实例。

源代码如下（这里省略了系统自动生成的 using 语句。本书后续的一些源代码也会如此省略，不再说明）：

```
namespace ConsoleApp0203
{   class Program
    {   //类的成员函数,用 params 声明参数
        public static void UseParams(params int[] list)
        {
            for (int i = 0; i < list.Length; i++)  //通过参数对象的个数或长度
                                                    //控制循环
            {   //格式化输出。-10 表示每个输出项占 10 位宽度,左对齐输出
```

```
                Console.Write("{0,-10}",list[i]);
            }
            Console.WriteLine();                          //输出换行符号
        }
        //类的成员函数,用 params 声明参数
        public static void UseParams2(params object[] list)
        {   //通过参数对象的个数或长度控制循环
            for (int i = 0; i < list.Length; i++)
            {    //ToString()将输出项转化为字符串
                 //PadLeft(10),右对齐输出,每个输出项 10 位宽度
                 Console.Write("{0}",list[i].ToString().PadLeft(10));
            }
            Console.WriteLine();                      //输出换行符号
        }
        static void Main(string[] args)
        {   UseParams(10, 20, 30);                   //调用类的成员函数,并传递参数
            UseParams2('A', 66, "Test");             //调用类的成员函数,并传递参数
            //定义整型数组并初始化元素的值
            int[] myarray = new int[3] { 10,11,12 };
            UseParams(myarray);        //调用类的成员函数,数组(对象)作为函数参数
            Console.ReadKey();         //暂停程序,等待输入
        }
    }//end for class Program
}
```

程序运行结果如下：

```
10        20        30
         A        66      Test
10        11        12
```

（2）ref：使方法可以引用传递到该方法的参数。当程序跳转到调用方法处时，在方法中对参数所做的任何改动都将传递给参数，类似于传地址。必须将参数作为 ref 参数显式地传递给方法；参数必须显式地初始化；属性不是变量不能作为 ref 参数传递。

【例 2.4】 ref 声明参数的具体应用实例。

源代码如下：

```
class Program
{   public  static  void  TestRef(ref string ss)
    {   //修改 ref 参数 ss 的值,结果值将返回到主调函数
        ss = "change once!";
    }
    public static void TestNoRef(string sa)
    {   //修改非 ref 参数 sa 的值,结果值不能返回到主调函数
        sa = "change twice!";
    }
    static void Main(string[] args)
```

```
    {   string sz = "beginning!";    //定义String类型的变量并初始化
        Console.WriteLine(sz);//第1次输出sz的值,参见输出显示结果
        TestRef(ref sz);      //将sz作为引用传递到被调函数
        Console.WriteLine(sz);//在TestRef()中对sz的修改将返回,第2次输出sz
        TestNoRef(sz);        //将sz作为非引用传递到被调函数
        Console.WriteLine(sz);//在TestNoRef()中对sz的修改不返回,第3次输出sz
        Console.ReadLine();   //输出一个换行,相当于\n
    }
} //end for class Program
```

程序运行结果如下：

```
beginning!
Change once!
Change once!
```

（3）out：使方法可以引用传递到该方法的同一个变量。当程序跳转到方法调用处时，在方法中对变量所做的任何改动都将传递给该变量。

【说明】

① 当希望方法返回多个值时，声明 out 非常有用。

② 一个方法可以有多个 out 参数。

③ 必须将参数作为 out 参数显示的传递到方法。

④ 不必初始化作为 out 参数的变量。

⑤ 属性不是变量不能作为 out 变量。

⑥ ref 参数必须显示初始化，而 out 参数不用。

【例 2.5】 out 声明参数的具体应用实例。

源代码如下：

```
class Program
{   public static int TestOut(out string ss)
    {   //修改out参数ss的值,结果值将返回到主调函数
        ss = "change once!";
        return -1;
    }
    static void Main(string[] args)
    {   string ss = "beginning!";     //定义String类型的变量并初始化
        Console.WriteLine(ss);        //第1次输出ss的值,参见输出显示结果
        Console.WriteLine(TestOut(out ss)); //输出函数TestOut()的返回值-1
        Console.WriteLine(ss);        //第2次输出ss的值,已被修改,参见输出结果
        Console.ReadLine();
    }
} //end for class Program
```

程序运行结果如下：

```
beginning!
-1
```

```
change once!
```

5．修饰关键字

常用修饰符及其含义如表 2.3 所示。

表 2.3　常用修饰符及其含义

修　饰　符	作　　用
public	访问不受限制
protected	访问仅限于包含类或从包含类派生的类
internal	访问仅限于当前项目。如果用 internal 修饰，那么只能在定义它的.cs 文件中访问它，在别的文件中访问就会出错
protected internal	访问仅限于包含类或从包含类派生的当前项目和类
private	访问仅限于包含类
override	提供从基类继承的虚拟成员的新实现。用于修改方法和属性，通过 override 声明重写的方法称为重写基方法。重写的基方法必须与 override 方法具有相同的签名。重写基方法：有重写声明的方法。不能重写非虚方法或静态方法；不能使用以下关键字修饰重写方法：new、static、virtual、abstract；重写的属性与重写的方法的要求是一样的；重写的方法中可以调用基类的原来的 virtual 方法
readonly	只可以使用在字段上，被 readonly 修饰的字段的赋值（初始化）只能作为声明的一部分或者在构造函数中。例如，在声明中初始化：public readonly double a=1.1; 在构造函数中，readonly 关键字与 const 关键字不同：const 字段只能在该字段的声明中初始化。readonly 字段可以在声明或构造函数中初始化。因此，根据所使用的构造函数，readonly 字段可能具有不同的值。另外，const 字段为编译时常数，而 readonly 字段可用于运行时常数
sealed	指定该类不能被继承（即密封类）。不允许用 abstract 修饰密封类。例如：public sealed class MyClass{Public Int　a;}，该类不能被继承
static	声明对象属于类本身不属于特定的对象，即通过类名称直接引用对象（名称）
unsafe	表示不安全的上下文。任何涉及指针的操作都要求有不安全的上下文。unsafe 用作可调用成员的生命修饰符
virtual	用于修饰可以在子类中重写的方法或属性。此种方法或属性称为虚拟成员。虚拟成员可以在派生类中用 override 重写。注意：不能重写非虚方法，不能将其与 static、abstract 和 override 一起使用；不能在静态属性或方法上使用 virtual；在运行时，为虚方法检查对象中是否有重写的方法，如果有，则调用重写的方法，否则调用基类的方法。在派生类中实现具体方法，可以重写
volatile	指示字段可以由操作系统、硬件或并发的线程等在程序中修改。声明为 volatile 的字段不受编译器优化的限制。这样可以确保该字段在任何时间呈现的都是最新的值。volatile 修饰符通常用于由多个线程访问而不使用 lock 语句。volatile 关键字可应用于以下类型：引用类型；指针类型（在不安全的上下文中）；整型，如 sbyte、byte、short、ushort、int、uint、char、float 和 bool；具有整数基类型的枚举类型；已知为引用类型的泛型类型参数；IntPtr 和 UIntPtr。所涉及的类型必须是类或结构的字段，不能将局部变量声明为 volatile
abstract	可用来修饰类、方法和属性。在类的声明中使用 abstract，表示这个类只能作为其他类的基类，即抽象类；在方法和属性中使用 abstract，表示此方法或属性不包含实现，即抽象方法和抽象属性
const	用来指定字段或局部变量的值不能被修改。例如，`Public const int a=1, b=2;`
event	用于指定一个事件。指定当代码中的某些事件发生时调用的委托，此委托可以有一个或多个相关联的方法
extern	表示方法在外部实现。不能将 extern 和 abstract 一起使用

【例 2.6】 关键字 Override 应用实例。

源代码如下：

```
namespace ConsoleApp0206
{
    public class Square                          //自己定义类
    {   public double x;
        public Square(double x)  {  this.x = x;  } //this.x 指代类的成员变量
        public virtual double Area() {  return (x*x); }   //自定义类的虚函数
    }//end for class Square
    class Cube : Square                          //自定义类,基于 Square 类的
    {
        public Cube(double x):base(x)  {}        //空函数
        //调用 base,即基类的方法 Area()
        public override double Area() {  return (6*base.Area()); }
    }
    class Program
    {   static void Main(string[] args)
        {   double x = 5.0;
            Square s = new Square(x);            //创建类 Square 的对象并实例化
            Square c = new Cube(x);              //创建类 Cube 的对象并实例化
            //F2 格式化输出浮点数,保留两位小数
            Console.WriteLine("Area of Square is {0:F2}",s.Area());
            Console.WriteLine("Area of Cube is {0:F2}", c.Area());
            Console.ReadLine();
        }
    }
}
```

程序运行结果如下：

```
Area of Square is 25.00
Area of Cube is 150.00
```

6. 命名空间关键字：namespace

用于声明一个空间，其中可以包含：另一个命名空间、class、interface、struct、enum、delegate。每一个文件中都有默认的全局命名空间。命名空间的默认访问权限是公共的，且不可以改变。可以在多个声明中定义一个命名空间。例如：

```
namespace MyCompany.Proj1
{
    class MyClass1 { … }
}
namespace MyCompany.Proj1
{
    class MyClass2 { … }
}
```

7. 关键字：using

（1）using 指令：用于为命名空间创建别名，以便易于将标识符限定到命名空间或类；允许在命名空间中使用其他命名空间中定义的类型。格式如下：

```
using 别名 = 命名空间或类;
```

其中，命名空间或类是指希望被起别名的类或空间的名称。

【例 2.7】 关键字 using 的应用实例。

源代码如下：

```
using AliasOfMyClass = NameSpace1.MyClass;  //用 using 为类起别名
namespace NameSpace1
{   public class MyClass
    {   public override string ToString()
        { return "You are in NameSpace1.MyClass"; }
    }
}
namespace NameSpace2
{   class MyClass2
    {   public override string ToString()
        { return "You are in NameSpace2.MyClass2"; }
    }
}
namespace ConsoleApp0207
{
    using NameSpace1;  //using 指令,可以使用其中定义的类
    using NameSpace2;  //using 指令,可以使用其中定义的类 MyClass2
    class Program
    {
        static void Main(string[] args)
        {   AliasOfMyClass s1 = new AliasOfMyClass(); //引用类的别名
            MyClass2 s2 = new MyClass2();          //引用 NameSpace2 中定义的类
            Console.WriteLine(s1);                 //输出
            Console.WriteLine(s2);
            Console.ReadKey();                     //暂停程序,等待输入
        }
    }
}
```

程序运行结果如下：

```
You are in NameSpace1.MyClass
You are in NameSpace2.MyClass2
```

（2）using 语句：定义一个范围，在范围的末尾将处理对象。

8. 运算符关键字

运算符关键字包括 as、Is、new、sizeof、Typeof、true 和 false。

（1）as：用于执行可兼容类型之间的转换。语法格式如下：

```
expression as type
```

例如：

```
string s = ob[i] as string;  //将元素值转化为string类型
```

【说明】As运算符类似于类型转换，不同的是，当转换失败时，类型转换将引发异常，而as运算符将返回空（NULL）；其中的expression表达式只被计算一次。

【例2.8】关键字as的应用实例。

源代码如下：

```
namespace ConsoleApp0208
{
    class Class1 { }    //自定义两个空类
    class Class2 { }
    class Program         //系统自动生成的默认的类名称
    {   static void Main(string[] args)
        {   //定义对象类数组,并初始化其元素
            object[] ob = new object[6] { new Class1(), new Class2(),"C#",
            12345,"Hello",null };
            for (int i = 0; i < ob.Length; ++i)
            { string s = ob[i] as string;//as的具体应用,将元素值转化为string类型
                Console.Write("{0}:", i);
                if (s != null) { Console.WriteLine("'" + s + "'"); }
                else { Console.WriteLine("not a string"); }
            }
            Console.ReadKey();
        }
    }
}
```

程序运行结果如下：

```
0:not a string
1:not a string
2:'C#'
3:not a string
4:'Hello'
5:not a string
```

（2）is：用于检查对象在运行时的类型是否与给定类型兼容。语法格式如下：

```
expression is type
```

当expression为非空并且可以被转化为type类型时，整个表达式返回true，否则返回false；is运算符不能被重载。

【例2.9】 关键字is应用实例。

源代码如下：

```
namespace ConsoleApp0209
{   //自定义的三个类
    class Class1 { }
    class Class2 { }
    class IsTest //定义了一个用于测试 Is 的运算的类
    {
        static  void Test(object o)
        {   if (o is Class1) {  Console.WriteLine("o is Class1");   }
            else if (o is Class2) {   Console.WriteLine("o is Class2");  }
            else{ Console.WriteLine("o is neither Class1 nor Class2.");  }
        }
        static void Main(string[] args)
        {   Class1 c1 = new Class1();
            Class2 c2 = new Class2();
            Test(c1);
            Test(c2);
            Test("a test string"); //输出显示为 is neither Class1 nor Class2.
            Console.ReadKey();
        }
    }
}
```

程序运行结果如下：

```
o is Class1
o is Class2
o is neither Class1 nor Class2.
```

（3）new：在 C#语言中，new 可以用作 New 运算符，用于在堆上创建对象和调用构造函数。堆是在运行时根据需要分配的，而栈是在编译时分配的。New 修饰符用于隐藏基类成员的继承成员。

① New 运算符。例如：

```
Class1 o  = new Class1();
int i = new int();   //为值类型调用默认构造函数,i=0;
```

【注意】 为结构声明默认构造函数是错误的，但是可以声明参数化构造函数。值类型对象是在栈上创建的，而引用类型是在堆上创建的，不能重载 new 关键字。

对于值类型，如果不进行人为初始化，编译器会对它进行默认初始化。对引用类型不进行初始化，则默认为空（NULL）。

【例 2.10】 关键字 new 应用实例之一。

源代码如下：

```
namespace ConsoleApp0210
{
```

```
    struct SampleStruct          //自定义数据结构体类型
    {   public int x;
        public int y;
        public SampleStruct(int x, int y){ this.x = x;   this.y = y;   }
    }
    class SampleClass              //自定义类
    {
        public string name;      public int id;
        public SampleClass() { } //类的成员函数
        public SampleClass(int id, string name)  //类的成员函数重载
        {   this.id = id;
            this.name = name;
        }
    }
    class Program
    {
        static void Main(string[] args)
        {
            SampleStruct s1 = new SampleStruct();//定义结构类型变量并默认初始化
            SampleClass c1 = new SampleClass();  //定义类的对象并默认初始化
            //输出结构体变量和类的对象的成员默认的值:
            Console.WriteLine("Default values:");
            Console.WriteLine("   Struct members: {0}, {1}", s1.x, s1.y);
            Console.WriteLine("   Class members: {0}, {1}", c1.name, c1.id);
            SampleStruct s2 = new SampleStruct(10, 20);//创建参数化的结构体对象
            SampleClass c2 = new SampleClass(1234, "China BeiJing ChongQing");
            //输出参数化的结构体变量和类的对象成员值
            Console.WriteLine("Assigned values:");
            Console.WriteLine(" Struct members: {0}, {1}", s2.x, s2.y);
            Console.WriteLine(" Class members: {0}, {1}",  c2.name, c2.id);
            Console.ReadLine();
        }
    }
}
```

程序运行结果在此省略。

② New 修饰符。用于以显式的形式隐藏从基类继承来的成员，即告诉编译器或 CLR 要有意隐藏基类的相同签名的成员。隐藏继承的成员意味着该成员的派生版本将替换基类版本。

③ 通过继承方式实现名称隐藏。引入与基类中要隐藏的成员具有相同签名的派生类成员，在同一成员上同时使用 new 和 override 是错误的。

【例 2.11】 关键字 new 应用实例之二。

源代码如下：

```
namespace ConsoleApp0211
```

```
{
    public class BaseC      //自定义类
    {   public static int x = 55;
        public static int y = 22;
    }
    class Program
    {
        new public static int x = 100;     // 隐藏成员 x
        static void Main(string[] args)
        {   Console.WriteLine(x);            //显示 x 的值
            Console.WriteLine(BaseC.x);      //显示 x 的隐藏值
            Console.WriteLine(BaseC.y);      //显示 y 的非隐藏值
            Console.ReadLine();               //暂停程序等待输入
        }
    }
}
```

程序运行结果如下：

```
100
55
22
```

（4）sizeof：用于获得值类型的大小，以字节为单位。sizeof()只能用于值类型，不能用于引用类型，并且只能用于 unsafe 模式下。sizeof()不能被重载。语法格式如下：

```
sizeof(type)
```

【例 2.12】　关键字 sizeof()应用实例。

源代码如下：

```
static void Main(string[] args)
{    Console.WriteLine("The size of short is {0}.", sizeof(short));
     Console.WriteLine("The size of int is {0}.", sizeof(int));
     Console.WriteLine("The size of long is {0}.", sizeof(long));
}
```

（5）typeof()：用于获得某一类型的 System.Type 对象。typeof()运算符不能重载，要获得一个对象运行时的类型，可以使用.NET 框架中的方法 GetType()。语法格式如下：

```
typeof(type)
```

【例 2.13】　关键字 typeof 应用实例。

源代码如下：

```
using System.Reflection;           //引用 MemberInfo
static void Main(string[] args)
{
  System.Type type = typeof(int);
```

```
    Type t = typeof(SampleClass);
    Console.WriteLine("Methods:");                    //输出类的方法
    MethodInfo[] methodInfo = t.GetMethods();         //得到类的方法集合
    foreach (MethodInfo m in methodInfo)              //foreach 遍历方法的集合
    {
        Console.WriteLine(m.ToString());              //输出方法
    }
    Console.WriteLine("Members:");                    //输出类的成员
    MemberInfo[] memberInfo = t.GetMembers();         //得到类的成员集合
    foreach (MemberInfo m in memberInfo)              //foreach 遍历成员的集合
    {
        Console.WriteLine(m.ToString());              //输出成员
    }
    Console.ReadLine();
}
```

（6）true：用户自定义的类型可以重载 true 运算符，用来表示是否满足条件，若满足则返回 bool 值的 true，否则返回 false。若在自定义类型中定义了 true 运算符，则必须定义 false 运算符。true 文字值：表示 bool 的真。

（7）false：用户自定义的类型可以重载 false 运算符，用来表示是否满足条件，若不满足则返回 bool 值的 true，否则返回 false。若在自定义类型中定义了 false 运算符，则必须定义 true 运算符。false 文字值：表示 bool 的假。true 和 false 运算符可以用在任何条件判断中。

【例 2.14】 关键字 true、false 应用实例。

源代码如下：

```
static void Main(string[] args)
{   bool b = false, a = true;
    Console.WriteLine(a ? "yes" : "no");
    Console.WriteLine(b ? "yes" : "no");
}
```

（8）null：表示不引用任何对象的空引用的值，null 是引用类型的默认值。

9. 流程控制语句关键字

流程控制关键字及其含义如表 2.4 所示。

表 2.4 流程控制关键字及其含义

类　别	关　键　字
选择语句	if , else, switch, case
迭代语句	do, for, foreach, in, while
跳转语句	break, continue, default, goto, return
异常处理	throw, try-catch, try-catch-finally
checked 和 unchecked	checked, unchecked
fixed 语句	fixed
lock 语句	lock

foreach语句使程序为数组和对象集合中的每一个元素重复执行一个嵌入语句组。它用于迭代通过集合以获得信息，但不应用于更改集合内容以避免产生不可预期的副作用。

【说明】 要想迭代通过集合，集合必须满足如下要求。

（1）集合类型必须是interface、class或struct；须包括有返回类型名为GetEnumerator的实例方法。

（2）Enumerator类型须包含一个名为Current的属性，它返回此类型属性访问器（返回当前元素）；一个名为MoveNext()的方法，它递增项计数器并在集合存在更多项时返回true。

（3）集合类（hashtable等）可以直接使用foreach方法。

【例2.15】 foreach应用实例。

源代码如下：

```
using System;
namespace ConsoleApp0215
{
   public class MyCollection
   {   int[] items;
      public MyCollection(){  items = new int[5] { 1, 2, 3, 4, 5 };   }
      public MyEnumerator GetEnumerator() {return new MyEnumerator (this);
      }
      public class MyEnumerator    // 声明枚举类
      {
         int nIndex;
         MyCollection collection;
         public MyEnumerator(MyCollection coll)
         {   collection = coll;
            nIndex = -1;
         }
         public bool MoveNext()
         {   nIndex++;
            return (nIndex < collection.items.GetLength(0));
         }
         public int Current
         {
            get { return (collection.items[nIndex]); }
         }
      }
   }
   class ForEachTest
   {
      static void Main(string[] args)
      {   int[] b = new int[] { 10, 11, 12, 13, 14, 15 };
         //输出数组各个元素值,-10表示每个占10位宽度,左对齐输出
         foreach (int i in b) {  System.Console.Write("{0,-10}",i);  }
```

```
            Console.WriteLine();    //输出换行
            MyCollection col = new MyCollection();
            Console.WriteLine("Values in the collection are:");
            //输出集合中的各个项,PadLeft(10)每个占10位宽度,右对齐输出
            foreach (int i in col){Console.Write("{0}",i.ToString().PadLeft(10));}
            Console.ReadKey();
        }
    }
}
```

10．异常处理关键字

异常处理关键字包括 try、catch 和 finally。

（1）不要在 try 语句块中对在 try 外部声明的变量进行初始化，因为不能保证它一定会被执行。

例如，以下对变量 x 的初始化是错误的。

```
int x;
try{  x = 1; }
catch{…}
Console.Write(x);
```

（2）try…catch 语句：注意 catch 的顺序很重要，要逐步扩大 exception 的范围。

【例 2.16】 try…catch 语句应用实例。

源代码如下：

```
class Program
{
    static void ProcessString(string s)
    {   if (s == null){  throw new ArgumentNullException();  }
    }
    static void Main(string[] args)
    {   try {   string s = null;   ProcessString(s);  }
        catch (ArgumentNullException e){
                Console.WriteLine("{0} :  First exception caught.", e);    }
        catch (Exception e){
                Console.WriteLine("{0} :  Second exception caught.", e);    }
        Console.ReadKey();
    }
}
```

运行结果在此省略，读者自行上机测试结果。

（3）finally：该语句用于清除在 try 块中申请的资源，并且执行即使在发生异常时也必须执行的代码。无论什么情况，finally 语句都一定会执行。

（4）try…catch…finally 语句，通常用法是在 try 块中抛出异常并申请资源，在 catch 块中捕获异常处理异常，在 finally 块中释放资源。

【例 2.17】 try…catch…finally 语句应用实例。

源代码如下：

```
static void Main(string[] args)
{    try
     {   Console.WriteLine("Executing the try statement.");
         throw new NullReferenceException();
     }
     catch (NullReferenceException e){
               Console.WriteLine("{0}: Caught exception #1.", e);   }
     catch{  Console.WriteLine("Caught exception #2.");   }
     finally{ Console.WriteLine("Executing finally block.");  }
     Console.ReadKey();  //暂停程序,使显示停留在 CMD 控制台屏幕上
}
```

运行结果在此省略，读者自行上机测试。

2.2.2　标识符的分类与命名规则

1. 标识符及其作用

标识符是用来标识变量、符号常量、函数、数组、数据类型、文件、类、对象、结构体等名称的有效字符序列。在程序中使用的变量名、函数名、标号、类名称、对象名、结构体、枚举类名称等统称为标识符。例如，变量名称代表了其存储空间的值，并参与相关的运算；通过函数名称调用函数。

2. 标识符的分类

标识符分为系统标识符和用户自定义标识符。

（1）系统标识符（又称为预定义标识符）由系统命名，在程序中直接引用之。例如，所有的库函数名称。

（2）用户自定义标识符。由用户命名的标识符，要遵循命名规则。

3. 用户自定义标识符的命名规则

（1）在 C#语言中，常用的命名方法如下。

① 骆驼命名法。混合使用大小写字母来命名。第一个单词的第一个字母小写，后面的单词的第一个字母大写。例如，myStructData。

② 帕斯卡命名法。首字母大写。例如，MyStructData。

③ 匈牙利命名法。在变量名称前面加上相应的小写字母的符号标识符作为前缀，标识出变量的类型等。如 PowerBuilder 中的命名，w_main 表示窗体类对象。

（2）在 C#语言中，标识符的命名规则如下。

① 有效字符：通常由字母（A～Z，a～z）、数字（0～9）和下画线构成，在 C#语言中，字母要区分大小写。同一个字母的大、小写被认为是两个不同的字符。例如，Ab、ab、aB、AB 是不同的名称。

② 起始字符：标识符必须以字母或下画线开头。例如，2ab 为错误标识符。

③ 有效长度：不同的系统对标识符的字符个数有不同的规定。标识符名称不要太长，

一般不超过 31 个字符。

④ 标识符中不能包含空格、标点符号、运算符等其他符号。

⑤ 标识符不能是 C#语言的关键字。

⑥ 变量名不要与库函数名、类名和对象名相同。

以下标识符是合法的：

```
a,x,x3,BOOK_1,sum5
```

以下标识符是非法的：

3s 以数字开头；s*T 出现非法字符*；-3x 以减号开头；bowy-1 出现非法字符-(减号)

（3）使用标识符的注意事项。

① 标准 C#不限制标识符的长度，但它受到具体机器的限制。

② 在标识符中，大小写是有区别的。例如 BOOK 和 book 是两个不同的标识符。

③ 标识符虽然可由程序员随意定义，但标识符是用于标识某个量的符号，因此，命名应尽量有相应的意义，以便于阅读理解，做到“见名知意”。

④ 系统标识符可以作为用户自定义标识符，但改变了系统标识符原来的含义，重新启动系统可以恢复系统标识符原来的含义。

⑤ 关键字不能作为用户定义标识符。

2.3 常量、变量

2.3.1 常量

常量是指在程序编译时就已经存在，程序运行期间保持不变的值。在 C#语言中，从数据类型的角度看，常量的类型可以是任意一种值类型或引用类型。

定义常量有两种方法：静态变量用 const 来定义；动态常量用 readonly 来定义。

1. 常量的声明

声明常量的语法如下：

属性修饰符 const 数据类型 常量名=常量表达式

【说明】

（1）属性修饰符可以是 new、public、protected、internal、private。

（2）数据类型可以是 sbyte、byte、short、ushort、int、uint、long、ulong、char、float、double、decimal、bool、string。

（3）const 是一个关键字，是定义常量的标识，如果没有此标识则不是常量。

（4）常量标识符，即常量名称，要满足标识符的命名规则。一般用大写字母表示，以便与变量名区别。

（5）常量表达式，有一个结果值。常量值也有数据类型的，即常量定义时指定的数据类型。不同类型的常量的表示形式有不同的规定。例如：

```
public const float pi=3.1415927f;
```

声明常量后，可以使用同一名称表示多处使用的数据，修改也比较方便。

（6）静态常量不能使用关键字 static，但可以像访问静态成员那样访问 const 定义的常量。

（7）一般情况下，引用类型是不能被声明为 const 常量的，不过 string 例外。

（8）用 readonly 定义的常量，类似于类的成员，需要根据常量地址来实现访问。

2．几个特别的常量

（1）null：当一个变量的值是 null 时，它表示这个变量的值不是有效数据。

（2）true：表示真值。

（3）false：表示假值。true 和 false 通常用于条件语句。

3．转义字符

转义字符是一种特殊的字符常量。转义字符以反斜线“\”开头，后跟一个或几个字符。转义字符具有特定的含义，不同于字符原有的意义，故称“转义”字符。转义字符及其含义如表 2.5 所示。

表 2.5　转移字符及其含义

转义字符	含义或者功能	ASCII 值
\n	表示换行	10
\t	横向跳隔键，相当于 tab 键，跳入下一个输出区	9
\r	回车键，其 ASCII 值为 13	13
\v	纵向跳隔键	11
\a	鸣铃	7
\b	退格键，打印输出时使用	8
\f	走纸换页	12
\\	反斜线字符\本身	92
\'	表示单引号字符本身，在 C#语言中，字符串中的单引号一般这样表示	39
\"	表示双引号本身，如果要表示双引号本身，用\""表示，而不能用"""表示	34
\ddd	1～3 位八进制数所代表的字符，数字符号可以是 0～7，例如\234	
\xhh	1～2 位十六进制数所代表的字符，数字符号可以是 0～9，A～F，例如\xC1	

例如，“\n”就是一个转义字符，其意义是“回车换行”。转义字符主要用来表示那些用一般字符不便于表示的控制代码。

例如，'\101'，3 位八进制数，表示字母'A'；'\102'，3 位八进制数，表示字母'B'；'\134'，3 位八进制数，表示反斜线等。字符常量可以用转义字符方式表示。例如，'\n'，'\t'，'\0123'，'\0x9f '。

2.3.2　变量及其定义与初始化

1．变量概述

在程序运行过程中，其值可以改变的运算量称为变量。变量的实质是存储各种类型数据的内存单元的名称，代表其中的值并参与相关的运行。该存储空间的值可以改变。因此，变量必须遵循“先定义，后使用”的准则。这样可以避免很多不必要的编译错误。定义变量的过程实际上就是为变量分配内存单元的过程。

2. 变量的定义与初始化

变量定义与初始化的一般语法格式如下：

```
访问属性 数据类型 变量名称=初始值;
```

其中，访问属性一般是 public、private、projected。数据类型可以是各种合法的数据类型标识符。定义时可以不初始化变量，此时赋值号“=”应该省略。例如：

```
public int c;                      //该变量未被初始化,即定义时未指定初始值
private double s=0;                //定义变量并初始化,定义时指定了初始值
object obj;                        //该变量未被初始化
string name="C#程序设计语言";      //定义变量并初始化
string sno,xm,sex;     //同时定义了多个同类变量,变量名之间用逗号间隔,变量未初始化
```

其中，int、object、double、string 分别表示不同的数据类型。c、s、obj、name、sno、xm、sex 表示变量名称。变量名称可以随意定义，但要满足命名规则，最好能“见名知意”。变量名一般用小写字母表示。

2.3.3 变量的类型、作用域与生存周期

1. 变量的类型

在 C#语言中，变量（variables）可以分为 7 种类型：静态变量（static）、非静态变量（instance）、数组元素（array elements）、值参数（value parameters）、引用参数（references parameters）、输出参数（out parameters）和局部变量（local）。

就数据类型的角度来看，变量分为值类型和引用类型。

（1）值类型：包括简单数据类型、自定义结构体类型（struct）、枚举类型（enum）等。

简单数据类型，包括整型、浮点数型（float、double）、十进制数类型（decimal）、字符类型（char）。整数类型具体有 byte、sbyte、long、ulong、short、ushort、int、uint。例如：

```
char a='X';          // char 存储单个字符（用单引号括起来）
int x=12;
bool yn=true;        //bool 类型的变量只有两个取值（true、false）
decimal t=100;       //十进制数型
```

（2）引用类型：主要包括类类型、对象类型（object）、接口类型、数组类型、委托类型。其中 object 是 C#的通用类型。C#中的其他所有类型都是从 object 发展而来的。引用类型的变量一般初始化为 null。例如：

```
DateTime today;      //日期型
object ob=null;      //object 型
```

【例 2.18】 不同类型的变量的声明演示实例。

源代码如下：

```
using System.Threading;                          //引用类 Thread 及其函数 Sleep()
namespace ConsoleApp0218
{
   class Program
   {   public static int a = 3;                  //定义静态变量 a,可以直接引用
       int b = 10;                               //定义非静态变量 b,通过类的对象引用
       //定义函数成员,其中 v 为数组,x 为值参数,y 为引用参数,z 为输出参数
       static void fun(int[] v, int x, ref int y, out int z)
       {   int j = 12;                           //定义局部变量,只限于本函数使用
           y++;                                  //y 为引用类的参数
           z = ++v[0] + x + y * j++;             //v[0]为数组元素
       }
       static void Main(string[] args)
       {   int[] s = { 1, 2, 3, 4 };             //定义整型数组并直接初始化
           int x = 10, y = 20, z = 0;            //定义局部变量,只能被主函数引用
           fun(s, x, ref y, out z);  //y 引用型变量,y 应该有初始值,z 输出类变量
           Console.WriteLine("s[0]={0}\tx={1}", s[0], x);
           Console.WriteLine("x={0}\ty={1}\tz={2}", x, y, z);
           Thread.Sleep(30 * 1000);             //暂停 30 秒,查看结果
           //Console.ReadKey();                  //暂停程序（等待输入）,以查看结果
       }
   }//end for class Program
}
```

程序运行结果如下：

```
s[0]=2  x=10
x=10    y=21    z=264
```

2. 变量的作用域与生存周期

变量具有一定的作用范围（简称作用域）和生存期限（简称为生存周期）。

作用域是指变量在某一个范围内才有效。如方法、函数中定义的变量只在本方法和函数中才有效。

生存周期是相对于运行状态而言的。即程序在运行某方法或函数时，其中变量值的有效时间。

变量按照其作用域分为 3 种：全局（public）变量、局部变量和静态（static）变量。

（1）全局变量。定义时，使用 public 加以修饰说明，能够被外界访问。例如：

```
public static decimal t=10;
```

严格意义上讲，在 C#语言中没有所谓的全局变量的概念。

① 在类中定义 public static 类型的变量。在类中定义 public static 类型的变量，则可以在其他类中直接通过“**类名.变量名**”的格式直接引用该类型的变量。指定成员变量为 static 时，是为了引用的方便，直接通过“类名.变量名”的格式直接引用静态类成员，而不需要通过类的实例对象引用这类成员变量。

② 构造类的属性作为全局变量。例如，定义一个 common 类，通过 get、set 构造出类的属性，静态变量用于存放所有需要的全局变量，调用时通过 common 来调用即可。

【例 2.19】 类的属性定义及其访问实例。

源代码如下：

```
using System;
using System.Threading.Tasks;
namespace ConsoleApp0219
{ /*age 是封装在类 Test 的一个私有变量（字段），类以外的程序不能直接访问（看不见它）的
  类的 set 和 get 成员是外部程序访问类内部属性的唯一方法*/
    class Test
    {   private int age;                  //类的私有成员,不能被外界直接访问
        public int vAge                   //通过类的属性 vAge 赋值给类的私有成员 age
        {
           get { return this.age; }  //重载的构造函数,定义类的对象时传递参数
           set { this.age = value; }
        }
        public Test(int n)                //重载的构造函数,定义类的对象时传递参数
        {  this.age = n; }                //将 n 值赋值给类的成员 age
    }
    public class Person { public static string sname; } //表示姓名,全局静态
                                                         //类成员
    class Program
    {
       static void Main(string[] args)
        {   //定义有关变量并初始化
            Person.sname = "张三丰";
            Test a = new Test(20);
            Console.Write("姓名:{0}\t",Person.sname);
            Console.WriteLine("初始年龄:{0}\t",a.vAge);
            a.vAge = 23;                  //通过类的实例对象访问类的属性成员 vAge
            Console.WriteLine("改后年龄:{0}", a.vAge);
            Console.ReadKey();
        }
    }
}
```

程序运行结果如下：

```
姓名:张三丰        初始年龄:20        改后年龄:23
```

（2）局部变量。局部变量是指在一个独立的程序块或者独立的作用区域中定义的变量。它只能在定义（或声明）它的范围内有效。这种变量随着程序执行区域的变化而生效或者失效。例如：

```
private int cs=0;
for(int i=0;i<=n;i++)
```

```
{   //i,j,k 均为局部变量,
    int j=i+1,k=x;      //x 的引用为错,x 尚未定义
}
```

局部变量只在定义它的局部范围内有效，因此，在变量未定义之前就引用是不合法的。

（3）静态变量。静态变量是指用 static 修饰符声明的变量。静态变量不能在类的方法中定义，只能在类中定义。静态变量的初始值是该变量类型的初值。定义静态变量的类被加载调用之后，静态变量就会一直存在，直到包含该类的程序运行结束时为止。例如：

```
private static int vi=1;
public static int cs=0;
```

静态变量属于类的实例，一开始就为其分配存储空间。因此不用 new 关键字就可以直接访问它。在同一个类中，所有的实例（对象）共享同一个静态变量，可以通过类名或实例名访问静态变量。

（4）非静态变量。非静态变量是指不带 static 修饰符声明的变量。例如：

```
int a=10;
```

类的非静态变量应该在初始化时就赋值。非静态变量属于实例，每个实例都有自己的变量，只能通过实例名称加以访问。实例变量一开始并不存在，要通过关键字 new 分配内存空间之后才能访问。

2.4　各种运算符及其表达式

2.4.1　C#语言运算符的几个要素及分类

1. C#语言运算符的几个要素

（1）运算符及其作用。运算符因连接的对象（个数、类型）不同其作用可能不同。首先要搞清楚运算符的作用，尤其是重载的运算符。

（2）运算符连接的运算对象。包括运算对象的个数及其数据类型。要特别注意运算对象的类型、个数。运算对象的数据类型不同，可能连接的个数就不同。例如，运算符*、&、–、/、%。

（3）不同运算符的优先级。注意同类的和不同类的运算（即混合运算）时的优先级。尤其要注意逻辑运算的特殊规则。

（4）运算符的结合方向。这是 C 语言（C、C++、C#）中运算的特点。同类运算和不同类运算的结合性（从左到右或从右到左）。因为结合方向的不同，可能导致计算结果不正确。

（5）运算结果及其表示。不同的运算，其运算结果值的类型是不同的，结果值的表示形式也不一样。

2. 运算符的分类

按运算符操作数的个数来分，可以分为一元运算符、二元运算符和三元运算符。

（1）一元运算符也叫单目运算符，连接的运算对象只有一个。如++k、j--。

（2）二元运算符也叫双目运算符，连接两个操作数。两个操作数的类型要相容。如 x+y，a*b。

（3）三元运算符，也叫三目运算符，连接三个操作数。C#语言中只有一个三目运算符，就是条件运算符（?:）。

2.4.2 括号运算符（[]、()）和成员运算符（.）与域成员运算符（::）

1. []运算符

方括号[ ]用于数组、索引器和属性，也可用于指针。

（1）数组类型是一种后跟[]的类型。例如：

```
int[] b = new int[100];   //创建一个有100元素的数组b
```

若要访问数组的一个元素，则用方括号将引用的元素的序号（索引号）括起来。如果数组索引超出范围，则会引发异常。例如：

```
b[0] =b[1] = 1;
for( int i=2; i<100; ++i ) b[i] = b[i-1] + b[i-2];
```

（2）不能重载数组索引运算符，但类型可以定义采用一个或多个参数的索引器和属性。索引器参数用方括号括起来（就像数组索引一样），但索引器参数可声明为任何类型（这与数组索引不同，数组索引必须为整数）。

例如，.NET Framework 定义 Hashtable 类型，该类型将“键”值和任意类型的值关联在一起。

```
Collections.Hashtable h = new Collections.Hashtable();
h["a"] = 123; // 用字符串作为索引
```

（3）方括号还用于指定属性，例如：

```
[attribute(AllowMultiple=true)]
public class Attr{  }
```

（4）可以使用方括号来指定指针索引，例如：

```
unsafe fixed ( int *p = b )
{   p[0] = p[1] = 1;
    for( int i=2; i<100; ++i ) p[i] = p[i-1] + p[i-2];
}
```

2. ()运算符

圆括号除了用于指定表达式中的运算顺序外，还用于指定强制转换或类型转换，例如：

```
double x = 1234.7;
int a = (int)x;     //将浮点数转化为整数,赋值给变量a
```

3．成员运算符（.）

点运算符（.）用于成员访问，指定类型或命名空间的成员。例如，用于访问.NETFramework类库中的特定方法如下：

```
System.Console.WriteLine("hello");
```

4．域成员运算符（::）

命名空间别名限定符运算符（::），用于查找标识符。它通常放置在两个标识符之间。例如：

```
global::System.Console.WriteLine("Hello World");
```

命名空间别名限定符可以是 global，这将调用全局命名空间中的查找，而不是在别名命名空间中。

2.4.3　算术运算符与算术表达式

1．算术运算符与优先级

算术运算包括+、–、*、/、%。

算术运算符属于双目运算符，连接两个数值型运算对象，运算结果是数值型。参与算术运算的对象的数据类型通常是值类型的变量或者常量。最常用的类型是整型、实型。

2．算术运算符使用说明

（1）乘法运算符（*）用于计算操作数的积。所有数值类型都具有预定义的乘法运算符。

（2）乘法运算符还用来声明指针类型和取消引用指针。该运算符只能在不安全的上下文中使用，通过 unsafe 关键字的使用来表示，并且需要 /unsafe 编译器选项。取消引用运算符也称为间接寻址运算符。例如：

```
using System;
class MainClass
{    static void Main()
     {    Console.WriteLine(5 * 2);
          Console.WriteLine(-.5 * .2);
          Console.WriteLine(-.5m * .2m);   // decimal type
     }
}
```

（3）除法运算符（/）用两个操作数相除。运算量均为整数时，结果为整型，舍去小数（不四舍五入）。当运算符“/”连接的运算量之一为实型数时，则结果为双精度实型。例如：

```
5/2=2,2/5=0;  //运算对象均为整数时,运算结果为整商（舍去小数部分）
5.0/2=2.5,5/2.0=2.5,5.0/2.0=2.5,2.0/5=0.4,2/5.0=0.4,2.0/5.0=0.4
```

（4）模数运算符（%）用于计算两个操作数的余数，双目运算符，具有“左至右”结合性。例如：

```
5%2=1,2%5=2,10%2=0,5.5%2=1.5(商为 2,余数为 1.5)
```

（5）减法运算符（-）：双目运算符具有左结合性。但减法运算符（-）也可做负号运算符，此时为单目运算，为单目运算时具有右结合性。

【例 2.20】 算术运算实例。

源代码如下：

```
using System.Threading.Tasks;
static void Main(string[] args)
{   int a = 5;
    Console.WriteLine("5/2={0}\t 2/5={1}\t ", 5 / 2, 2 / 5);
                                            //整数（含负数）相除运算
    Console.WriteLine("-5/2={0}\t 5/-2={1}\t -5/-2={2}", -5 / 2, 5 / -2, -5 / -2);
    Console.WriteLine("5/2.0={0}\t 2.0/5={1}", 5 / 2.0, 2.0 / 5);
                                            //浮点数除法运算
    Console.WriteLine("5%2={0}\t 2%5={1}\t ", 5 % 2, 2 % 5); //整数余数运算
    Console.WriteLine("-5%2={0}\t 5%-2={1}\t -5%-2={2}", -5 % 2, 5 % -2, -5 % -2);
    //浮点数求余运算
    Console.Write("5.5%2={0}\t 5.0 % 2.2={1}\t ", 5.5 % 2, 5.0 % 2.2);
    Console.WriteLine("5.0m % 2.2m={0}", 5.0m % 2.2m);
    Console.WriteLine("a={0}\t -a={1}", a, -a);         //负（符）号运算
    Console.ReadKey();
}
```

运行结果（显示）在此省略，读者自行上机测试验证。

3. 算术表达式与数据类型的自动转化

算术表达式，由算术运算符连接运算对象（常量、变量、函数）组合起来的符合 C#语法规则的式子。

一般格式如下：

表达式 1 算术运算符 表达式 2

例如，以下是合法的算术表达式：

```
int a=10,b=20,r=5,k=0;              //定义 int 类型的变量
double x=12.34,y=98.765;            //定义 double 类型的变量
a+b+(a*2) / c ,(x+r)*8-(a+b) / 7 , ++k+sin(x)+sin(y);
```

有不同类型的数据进行算术混合运算时，可能要发生数据类型的自动转化。转化规则是：低位向高位转化。具体如下：

（1）char、short→int→unsigned int→long→double

（2）float→double→long double

2.4.4 关系运算符与关系表达式

1. 关系运算符与优先级

（1）关系运算符包括>、>=、<、<=、==、!=、is。

关系运算符属于双目运算符，连接两个运算对象。关系成立时，运算结果为 true，否则运算结果为 false。

（2）优先级：>、>=、<、<=优先级是同级的，但比==、!=优先级高。关系运算符的优先级别低于算术运算符，高于赋值运算。

（3）is 运算符用于判断一个变量是否为某一类型。

2．关系表达式与结合性

关系表达式即用关系运算符连接运算量所组成的式子，运算顺序从左到右，一般格式如下：

表达式 1 关系运算符 表达式 2

【说明】

（1）在运算符"<="或">="中，>与=之间不能有空格，等号（=）始终在右边。

（2）运算符"=="为"等于"比较运算符，注意与赋值运算符"="的区别。两等号之间不能有空格；"!="为"不等于"运算符。!与=之间不能有空格。

（3）对于预定义的值类型，如果操作数的值相等，则运算符（==）返回 true，否则返回 false。对于字符串类型 string 以外的引用类型，如果两个操作数引用同一个对象，则运算符（==）返回 true。

（4）对实数进行关系比较运算没有实际意义。

（5）结合方向为"从左到右"。运算结果为 bool 型，条件成立时结果为 true，否则为 false。

例如：

```
int a=2,b=-3,c=4,d=9;
bool m=d>a, n=b>c;
```

运算结果 m 的值为 true，n 的值为 false。注意运算的方向，从左到右。关系运算符的优先级别低于算术运算符，高于赋值运算符。

（6）如果操作数相等，则不等运算符（!=）返回 false，否则，返回 true。为所有类型（包括字符串和对象）预定义了不等运算符。用户定义的类型可重载（!=）运算符。

（7）对于预定义的值类型，如果操作数的值不同，不等运算符（!=）返回 true，否则，返回 false。

（8）对于 string 以外的引用类型，如果两个操作数引用不同的对象，运算符（!=）返回 true。对于 string 类型，运算符（!=）比较字符串的值。

2.4.5　逻辑运算符与逻辑表达式、逻辑运算的特殊规则

1．逻辑运算符及其运算规则与优先级

逻辑运算符包括&&（与运算）、||（或运算）、!（非运算）、&、|、^（异或运算）、～（求反运算）。

逻辑运算符的操作对象可以是逻辑量（true 或 false）或关系表达式。逻辑运算的结果

是一个布尔值，要么为真（true），要么为假（false）。

2．逻辑运算的运算规则

（1）与运算（&&）的运算规则：参与运算的两个量均为 true 时，运算结果值为 true，否则结果为 false。结合方向：从左到右。两个“&”之间不能留有空格。

（2）或运算（||）的运算规则：参与运算的两个量的值之一为 true，运算结果值就为 true，否则结果为 false。结合方向：从左到右。两个“|”之间不能留有空格。

（3）逻辑非运算符（!）是对操作数求反的一元运算符。

运算符“!”作用于关系表达式时，关系表达式要用“()”括起来。当且仅当操作数为 false 时才返回 true，否则运算结果为 false。结合方向：从右到左（右结合性）。

例如，!(2<3)的运算结果为 false；!(2>3)的运算结果为 true。

3．逻辑表达式

逻辑表达式，即用逻辑运算符连接运算对象组成的式子。一般格式如下：

表达式 1 逻辑运算符 表达式 2

【说明】

（1）逻辑运算符中，逻辑非（!）优先级高于逻辑与（&&）和逻辑或（||）运算；逻辑与运算（&&）优先级高于逻辑或（||）运算。

（2）逻辑与运算（&&）、逻辑或运算（||）连接的运算对象为表达式时，运算顺序总是从左到右依次计算，与其表达式中的运算符的优先级无关，这一点要特别注意。

（3）操作 a&&b 对应于操作 a&b；不同的是运算 a&&b 中，如果 a 为 false，则不计算 b，因为不论 b 为何值，“与”操作的结果都为 false。

（4）操作 a||b 对应于操作 a|b；不同的是运算“a||b”中，如果 a 为 true，则不计算 b，因为不论 b 为何值，“或”操作的结果都为 true。

（5）位与运算（&），既可作为一元运算符也可作为二元运算符。一元“&”运算符返回操作数的地址（要求 unsafe 上下文）。为整型和 bool 类型预定义了二进制&运算符。对于整型，“&”对操作数进行逻辑位“与”运算。

（6）位与运算符（&）。对于 bool 操作数，“&”计算操作数的逻辑“与”，进行逻辑“与”运算。

例如，以下程序段：

```
int i = 0;
if (true & ++i == 1)
    {  Console.WriteLine("false & ++i={0} ; i={1}", false & ++i==1,i); }
```

输出结果如下：

```
true & ++i=False; i=2
```

【程序解析】 在 if 语句中，表达式“true & ++i == 1”的 true 表示条件满足，执行输出语句。输出项“false & ++i==1”的值为 False；i 的初始值为 0，经过 2 次“++”运算，i 值变为 2。

（7）位或运算符（|）。二元运算符（|）是为整型和 bool 类型预定义的。对于整型，运算符“|”计算操作数的按位“或”结果。对于 bool 操作数，“|”计算操作数的逻辑“或”

结果；也就是说，当且仅当两个操作数均为 false 时，结果才为 false。

（8）异或运算符（^）。二元运算符“^”是为整型和 bool 类型预定义的。对于整型，“^”将对操作数进行按位“异或”运算。对于 bool 操作数，“^”将计算操作数的逻辑“异或”，当且仅当只有一个操作数为 true 时，结果才为 true。

【例 2.21】 逻辑运算实例解析。

源代码如下：

```
static void Main(string[] args)
{   int a = 1, b = 2, c = 3, d = 5;
    bool e1 = d > a, e2 = b > c;
    Console.WriteLine("e1=d > a=>{0}\t\t e2=b > c=>{1}", e1, e2);
                                                                    //整数的关系运算
    Console.Write("e1 && e2=>{0}\t\t", e1 && e2);                   //逻辑与运算
    Console.WriteLine("e1 & e2=>{0}", e1 & e2);                     //位逻辑与运算
    Console.Write("e1 || e2=>{0}\t\t", e1 || e2);                   //逻辑或运算
    Console.WriteLine("e1 | e2=>{0}", e1 | e2);                     //位逻辑或运算
    Console.Write("false ^ false=>{0}\t\t", false ^ false);         //逻辑异或运算
    Console.WriteLine("false ^ true=>{0}", false ^ true);           //逻辑异或运算
    Console.Write("true | false=>{0}\t\t", true | false);           //逻辑或运算
    Console.WriteLine("false | false=>{0}", false | false);         //逻辑或运算
    Console.Write("0x{0:x}\t\t", 0xf8 & 0x3f);                      //位逻辑与运算
    Console.Write("0x{0:x}\t\t", 0xf8 | 0x3f);                      //位逻辑或运算
    Console.WriteLine("0x{0:x}", 0xf8 ^ 0x3f);                      //位逻辑异或运算
    Console.ReadKey();                                              //暂停程序
}
```

程序运行结果如下：

```
e1=d > a=>True              e2=b > c=>False
e1 && e2=>False             e1 & e2=>False
e1 || e2=>True              e1 | e2=>True
false ^ false=>False        false ^ true=>True
true | false=>True          false | false=>False
0x38        0xff        0xc7
```

（9）位求反运算符（～），对操作数的每个位上的数执行按位求反运算。运算对象的类型可以是 int、uint、long 和 ulong。

【例 2.22】 按位求反运算符实例解析。

源代码如下：

```
static void Main(string[] args)
{
    int[] values = { 0, 0x111, 0xfffff, 0x8888, 0x22000022 };  //定义数组
    foreach (int v in values)
        { Console.WriteLine("～0x{0:x8} => 0x{1:x8}", v, ～v);  }
```

```
        Console.ReadKey();
    }
```

程序运行结果如下：

```
~0x00000000 => 0xffffffff
~0x00000111 => 0xfffffeee
~0x000fffff => 0xfff00000
~0x00008888 => 0xffff7777
~0x22000022 => 0xddffffdd
```

（10）逻辑非运算！。在C#语言中，不能像C语言中那样作用于int类型（或char类型）。

【例2.23】 逻辑非“!”运算符实例解析。

源代码如下：

```
static void Main(string[] args)
{   int a = 3, b = 9;
    //定义c并用逻辑表达式的结果值对其进行初始化
    bool c = b > a && a + 2 < b && !(a == 3);
    Console.WriteLine("a={0},b={1}", a, b);
    //输出“赋值表达式”本身及其值,同时验证逻辑运算（形如：a && b && c）的特殊规则
    Console.WriteLine("c=b>a && a+2<b && !(a==3) => {0}", c);
    Console.WriteLine("!true={0}\t !false={1}", !true, !false); //逻辑求反运算
    Console.ReadKey();
}
```

程序运行结果如下：

```
a=3,b=9
c=b>a && a+2<b && !(a==3) => False  //输出逻辑表达式本身及其运算结果（值）
!true=False      !false=True
```

【思考】 读者自行分析，c的值为什么是false？逻辑表达式是否遵从了运算优先级的一般规则？

3. 逻辑运算的特殊规则

逻辑与运算（&&）、逻辑或运算符（||）连接的运算对象为表达式时，运算顺序总是从左到右依次计算，与其表达式中的运算符的优先级无关，称为逻辑运算的特殊性规则。

逻辑运算有如下几种特殊情况。

（1）a&&b&&c。运算规则：只有当表达式a的值为true时才计算表达式b；当表达式a、b的值均为true时才计算表达式c；只要表达式a的值为false时，就不计算表达式b和表达式c。

【说明】

① a、b、c可以是任意合法的表达式。一般为关系或逻辑表达式。

② 运算符&&中，两个“&”之间不能有空格，运算符“||”中，两个“|”之间不能有空格。

③ 运算顺序从是“从左到右”，即先计算 a，再计算 b，最后再计算 c。无论表达式 a、b、c 中运算符号的优先级别有多高，该特殊运算规则中，不遵从运算的一般优先级别。

例如，以下代码验证了形如 a&&b&&c 的逻辑运算的特殊规则：

```
int a=0,b=0,c=0;      bool d=a++>0 && ++b>0 && ++c>0;
Console.WriteLine("a={0}\tb={1}\tc={2}",a,b,c);
```

输出结果如下：

```
a=1    b=0     c=0
```

【程序解析】 表达式 a++>0 的结果值为 false，则后面的表达式++b>0、++c>0 不再被计算。

（2）a||b||c。运算规则：只有当表达式 a 的值为假（false）时才计算表达式 b；只有当表达式 a 和表达式 b 的值均为假（false）时才计算表达式 c。

例如，以下代码验证了形如 a||b||c 的逻辑运算的特殊规则：

```
int a=0,b=0,c=0;      bool d=a++>0 || ++b>0 || c>0;
Console.WriteLine("a={0}\tb={1}\tc={2}\td={3}",a,b,c,d);
```

输出结果如下：

```
a=1     b=1     c=0     d=True
```

【程序解析】 因为表达式 a++>0 的值为 false，则计算表达式++b>0；因为表达式 a++>0 || ++b>0 的值为 true，则表达式++c>0 不再被计算，c 的值不改变。

（3）a||b&&c。运算规则：当表达式 a 的值为假（false）时才计算表达式 b；只有当表达式 a 的值为 false 和表达式 b 的值均为 true 时才计算表达式 c。

例如，以下代码验证了形如 a||b&&c 的逻辑运算的特殊规则：

```
int a=0, b=0, c=0;     bool d = a++ > 0 || ++b > 0 && ++c > 0;
Console.WriteLine("a={0}\tb={1}\tc={2}\td={3}", a, b, c,d);
```

输出结果如下：

```
a=1     b=1     c=1     d=True
```

【程序解析】 因为表达式 a++>0 的结果 false（a 的值变为 1），则计算表达式++b>0（b 的值变为 1），表达式（a++>0 || ++b>0）的结果为 true，则计算表达式++c>0（c 的值变为 1）。

（4）a&&b||c。运算规则：当表达式 a 的值为 true 时才计算表达式 b；当表达式 a&&b 的值为 false 时才计算表达式 c。

例如，以下代码验证了形如 a&&b||c 的逻辑运算的特殊规则：

```
int a=0, b=0, c=0; bool d = ++a > 0 && ++b > 0 || ++c > 0;
Console.WriteLine("a={0}\tb={1}\tc={2}\td={3}", a, b, c,d);
```

输出结果如下：

```
a=1     b=1     c=0     d=True
```

【程序解析】 表达式++a>0 的值为 true（此时 a 值变为 1），则计算表达式++b>0（b 值变为 1)；表达式（++a>0 && ++b>0）的值为 true，则计算表达式++c>0 不再被计算（c 的值不变）。

【例 2.24】 逻辑运算的特殊规则测试实例。求 1～100 的和，每行输出 10 个数，每个数占 6 位宽度，并输出结果。

源代码如下：

```
static void Main(string[] args)
{   int k=0,s=0;
    //该循环条件验证了形如 a&&b 的逻辑运算的特殊规则：先计算 a,当 a 的值为 true 时,才计算 b
    //当表达式 a 和表达式 b 的值均为 true 时,才执行循环体
    while(k<100 && ++k>0) //先计算 k<100,满足时计算++k>0
    {   //-表示输出的数左对齐,6 表示输出数占的宽度为 6 列
        Console.Write("{0,-6}",k);    s+=k;
        if(k%10==0) Console.WriteLine("");
   }
    Console.WriteLine("s={0}",s);    Console.ReadKey();
}
```

【程序解析】 逻辑表达式 k<100 && ++k>0，先计算 k<100，而不是先计算++k；k<100 为 true 时才计算++k>0，当 k<100 && ++k>0 为 true 时才执行循环体；当 k=99 时，k<100 为 true，计算++k>0（k 值为 100）；当 k=100 时，k<100 为 false，不再计算++k>0，此时循环条件不满足，终止循环。

2.4.6 赋值运算符与赋值表达式

1．赋值运算符与优先级

（1）赋值运算符包括=、+=、−=、*=、/=、%=、&=、^=、|=、<<=、>>=。其中，=为简单赋值运算符，其余为复合赋值运算符。

简单赋值语法格式如下：

变量=表达式

复合赋值语法格式如下：

变量 op=表达式

op 可以是运算符+、−、*、/、%、&、^、|、<<、>>其中之一。

作用：将赋值号（=）右侧表达式的值赋给左边的变量。赋值运算的左边只能是变量。

（2）优先级别。其优先级仅高于逗号运算符，赋值运算的优先级低于其他的所有运算符。

【说明】

① 赋值运算符（=）将右操作数的值存储在左操作数表示的存储位置、属性或索引器中，并将值作为结果返回。操作数的类型必须相同（或右边的操作数必须可以隐式转换为左边操作数的类型）。

② 表达式可以是常量、简单变量、函数调用、合法的运算表达式，在简单赋值语法格式中的“变量”可以没有初始值，在复合赋值语法格式中的变量应有初始值，否则出错。

③ 运算时要把“=”右边的表达式当作一个整体，相当于有“()”括起来的表达式，或者先计算“=”右边的表达式的值再赋值。当“=”右边的表达式为单一变量时，可以不用圆括号起来，否则可能出错。例如：

int x=2;　x+=3 等价于 x=x+3，也等价于 x=x+(3)，数值 3 外面的括号可以省略。

y*=x+6 等价于 y=y*(x+6)，而不等价于 y=y*x+6。因此，(x+6)中的小括号不能省略。

④“=”总是在+、一、*、/、%、&、|、^、<<和>>等运算符的右边。

⑤ 赋值号（=）两边的数据类型应该相容，至少能够实现类型的自动转化。

⑥ 形如“变量=表达式”的简单赋值时，赋值号（=）两边可以是同类的结构体变量。

⑦ 赋值运算可以嵌套，赋值运算的结合方向为“从右到左”。

⑧ 注意赋值号（=）与等于比较运算符（==）之间的区别。

⑨ 与运算符（+）类似，“+=”也可以用于字符串的连接运算。

【例 2.25】 赋值运算测试实例解析。

源代码如下：

```
static void Main(string[] args)
{   double x;          int i = 15;
    x = i;             // 整数隐式转化为 double 类型
    i = (int)x;        // 强制类型转化为整数,x 的类型没有变化
    Console.WriteLine("i is {0}, x is {1}", i, x);
    object obj = i;   // 定义对象类变量,将 i 赋值给对象变量
    Console.Write("boxed value = {0}\t",obj);
    Console.WriteLine("type is {0}",obj.GetType());
    i = (int)obj;
    Console.WriteLine("unboxed: {0}", i);
    Console.ReadKey();
}
```

程序运行结果如下：

```
i is 15, x is 15
boxed value = 15, type is System.Int32
unboxed: 15
```

2. 赋值表达式与运算符的结合性

由赋值运算符连接运算量组成的式子，称为赋值表达式。赋值运算符具有右结合性。即从右到左的运算方向。简单赋值运算符和表达式是由“=”连接变量与运算量组合而成的。其一般形式如下：

变量=表达式

例如：

```
x=a+b
```

```
x=sin(a)+sin(b)
y=++i+--j
```

赋值表达式的功能是先计算赋值号（=）右边表达式的值，再赋予左边的变量。因此：

```
a=b=c=5
```

可理解为：

```
a=(b=(c=5))
```

由赋值表达式加分号结尾构成的语句称为赋值语句。而在C#语言中，把“=”定义为运算符，从而组成赋值表达式。凡是表达式可以出现的地方均可出现赋值表达式。例如：

```
x=(a=5)+(b=8)
```

是合法的。它的意义是把5赋予a，8赋予b，再把a、b相加，将和赋给x，故x等于13。

C#语言规定，任何表达式在其末尾加上分号就构成为语句。例如，以下有两个语句：

```
x=8;a=b=c=5;
```

2.4.7 条件运算符与条件运算表达式

条件运算符是唯一的三目运算符，它需要三个参数。先计算一个条件，当条件为真时，就返回一个值，如果条件为假，则返回另外一个值。

1．条件运算与优先级

条件运算（?:）的一般格式如下：

```
exp?exp1:exp2
```

表达式exp一般是关系表达式，也可以是逻辑表达式。条件运算符具有“右结合”性。

执行过程：先计算exp的值，如果其值为true，则返回表达式exp1的值，否则返回表达式exp2的值，并以此作为运算结果。无论条件是否满足，只计算两个表达式（exp1、exp2）中的一个。

使用条件运算符，有时可以更简洁、直观地表达那些可能要求用if…else结构的计算。

【说明】

① exp1和exp2的值的类型可以不相同，结果值的类型为exp1、exp2中类型最高（占空间长度最大）的一个的数据类型。

② 条件运算可以嵌套，结合方向从“右到左”。

③ 在一定的条件下，条件运算和if…else语句可以交换使用，效果等价。

④ 条件运算“?:”“?”和“:”配合才是一对运算符。因此，不能分开单独使用。

2．条件运算表达式

由条件运算符连接运算量组成的式子称为条件运算表达式。条件运算符具有“右结合”性。条件运算可以嵌套。

【例2.26】 利用条件运算符求三个数的最大值。

源代码如下：

```
namespace ConsoleApp0226
{   class Program
    {   static void Main(string[] args)
        {   int a = 12, b = 23, c = 9,d;
            Console.WriteLine("a={0}\tb={1}\tc={2}",a,b,c);     //输出原始值
            Console.WriteLine("max(a,b,c)=>{0}", max(a,b,c)); //输出最大值
            Console.WriteLine("maxif(a,b,c)=>{0}", maxif(a, b, c));
            Console.ReadKey();
        }
        //用条件运算实现求三个数的最大值,条件运算符的嵌套
        private static int max(int a,int b,int c) {
                         return (a > b ? a > c ? a : c : b > c ? b : c);   }
        //用 if 语句实现的求最三个数的最大值,if 语句的嵌套应用
        private static int maxif(int a, int b, int c)
        {   int d;
            if (a > b)                      //比较技巧：同一变量与其他变量比较
               {  if (a > c) d = a;      //隐含条件 a > b && a > c
                  else d = c;  }         //隐含条件 c > a && a > b
            else                            //隐含条件 b >=a
               {  if (b > c) d = b;      //隐含条件 b >=a  && b > c
                  else d = c; }          //隐含条件 c >= b && b >= a
            return d;                       //返回 a、b、c 的最大值
        }
    }
}
```

程序运行结果如下：

```
a=12      b=23        c=9
max(a,b,c)=>23    maxif(a,b,c)=>23
```

从运行结果可以看出，条件运算符（? :）有时是可以替代 if 语句的，且语句更加简洁。

2.4.8　自增量（++）、自减量运算（– –）、负号运算符（–）及其表达式

1. 自增量（++）、自减量（––）运算符

自增（++）、自减（––）运算符是单目运算符，其功能如下。

（1）自增运算（++）使操作数的值自动加 1。

（2）自减运算（––）使操作数的值自动减 1。

【说明】

① 自增运算（++）、自减运算（––）均为单目运算，运算方向都具有“右结合”性。

② 若++、––是前置运算，则变量值先自增（++）或自减（––）1，再以变化后的值参

与其他运算。

③ 若++、--是后置运算，则变量以原值先参与运算，然后再自增（++）或自减（--）1。

④ ++、--运算只作用于简单变量，不能作用于常量或表达式。

⑤ ++和--运算符两个符号之间不能有空格，也不能有其他符号。

⑥ 当++、--运算符与指针变量结合时，其特殊含义和作用要视其指针变量具体指向什么对象而定。如果指针指向简单的变量时，该指针变量实施++、--运算就没有什么实际意义，如果指向数组（元素）时，实施++、--运算就是改变指针的指向。

⑦ 在理解和使用上容易出错的是 i++和 i--。特别是当它们出在较复杂的表达式或语句中时，常常难于弄清，特别要注意因为其结合方向所产生的副作用。

例如，以下程序求 1～100 的和，但运行结果 s 的值不正确，请读者自行分析原因。

```
int k=1,s=0;
while(k++<=100) s+=k;  //先用 k 值进行比较运算,满足循环条件进入循环体时 k 值已变了
```

当程序改为：

```
int k=1,s=0;
while(k<=100){s+=k; k++;}
```

++运算就没有副作用了。例如，3++、++（x+6）运算都是错误的。

2．负号运算符（-）

运算符（-），连接一个数值量运算对象时是单目运算符，连接两个数值量时，为双目运算符（减法运算），此时结合方向为“从左到右”。作单目运算符时其优先级很高，结合方向“从右到左”。

【例 2.27】 ++、--运算符应用实例。

源代码如下：

```
static void Main(string[] args)
{   int a = 5, b;
    b = a++;          //后缀++运算,注意结合方向,先赋 a 值给 b 变量,然后 a 自加 1
    Console.WriteLine("b = a++: a={0}\tb={1}", a, b);
    b = ++a;         //前缀++运算,注意结合方向,先 a 自加 1,然后赋值运算
    Console.WriteLine("b = ++a: a={0}\tb={1}", a, b);
    b = a--;         //后缀--运算,注意结合方向, 先赋值运算,然后 a 自减 1
    Console.WriteLine("b = a--: a={0}\tb={1}", a, b);
    b = --a;         //前缀--运算,注意结合方向,先 a 自减 1,然后赋值运算
    Console.WriteLine("b = --a: a={0}\tb={1}", a, b);
    Console.ReadKey();
}
```

程序运行的输出结果请读者自行分析，并上机验证。

【程序解析】 ++、--运算符可以在变量名之前（前缀运算），也可以在变量名之后（后缀运算），但含义是不一样的。前缀运算是变量先做自加或自减运算，然后将运算结果用于表达式中；后缀运算是变量的值先在表达式中参与相关运算，然后再做自加或自减运算。

2.4.9　逗号运算符、求字节运算符、指针运算符、其他运算符

1．逗号运算符（,）

在C#语言中，逗号（,）也是一种运算符，称为逗号运算符，其功能是把两个或多个表达式连接起来。逗号运算符是优先级别最低的运算符，直接用逗号连接若干运算对象。

2．逗号表达式

用逗号运算符号连接运算对象所组成的式子称之为逗号表达式。逗号表达式的一般形式如下：

```
表达式 1，表达式 2，…，表达式 n
```

计算顺序：从左到右依次求出表达式 1，表达式 2，…，表达式 n 的值。整个逗号表达式的值等于表达式 n 的值。运算的结合方向为“从左到右”顺序求值。例如：

```
a=(b=3,c=4,d=b+c);
```

括号中的就是一个逗号表达式（b=3,c=4,d=b+c），将 3 赋值 b，将 4 赋值给 c，再将 b+c 的值赋给 d，最后将 d 的值赋值给 a。运算的最后结果为：b=3，c=4，d=7，a=7。

如果将小括号去掉，请读者分析运算结果。

【说明】

① 不是所有出现的逗号都是逗号运算符号，也不是所有逗号间隔的表达式都组成逗号表达式。例如，在变量定义语句中，各个变量的间隔逗号，输出函数 printf()的各输出项之间的逗号，输入函数的各参数项之间的逗号，这些逗号都不是逗号运算符号，只是起语法上的间隔作用。

② 程序中使用逗号表达式，通常是要分别求逗号表达式中各表达式的值，并不一定要求整个逗号表达式的值。

3．求字节运算符（sizeof）

求字节运算符 sizeof 是一个单目运算符，用于动态的测试数据类型所占内存空间的大小（字节数）。其一般形式如下：

```
sizeof（数据类型名称）
```

或者

```
sizeof（变量名称）
```

例如：

```
int a;   float b;   printf("%d,%d,%d",sizeof(a),sizeof(b),sizeof(double));
```

4．->运算符

“->”运算符将指针引用与成员访问组合在一起。其一般形式如下：

```
x->y;
```

其中 x 为 T*类型的指针，y 为 T 的成员。等效于：(*x).y；“->”运算符只能在非托管代码

中使用，不能重载“->”运算符。

2.4.10 位逻辑运算与位移运算符及其表达式

1．位逻辑运算

位逻辑运算符包括位逻辑运算符（^、|、&、～）和位移运算符（<<、>>）。

位逻辑运算使用于整型、字符型、逻辑型数据（true、false）。对于整数，是作用于数的每个二进位。除按位求反运算（～）是单目运算之外，其余都是双目运算符。位求反运算（～）优先级高于其他位逻辑运算。

2．位逻辑运算符的运算规则

（1）位与运算（&）规则。

1&1=1,1&0=0,0&1=0,0&0=0

只有当两个二进位的值均为 1 时，计算结果才为 1；否则，结果为 0。

（2）位或运算（|）规则。

1|1=1,1|0=1,0|1=1,0|0=0

只有当两个二进位的值均为 0 或均为 1 时，计算结果才为 0；否则，结果为 1。

（3）位异或运算（^）规则。

1^1=0,1^0=1,0^1=1,0^0=0

当两个二进位值相异时，计算结果才为 1；当两个二进位值相同时，计算结果才为 0。

（4）位求反运算（～）规则。

～1=0,～0=1

当二进位值为 1 时，计算结果为 0；当二进位值为 0 时，计算结果为 1。

【说明】

① 位逻辑运算的运算量的数据类型一般是整数。

② 位逻辑运算，先将运算量转化为二进制形式，再对数的各二进位进行逻辑运算，再把计算结果转化为一个整数。例如：

```
int a=13,b=6,c=a&b;
```

运算结果 c 值为 4。对 a、b 的二进位的值进行位逻辑与运算，再把计算结果转化为一个整数。

③ &运算符，既可作为一元运算符也可作为二元运算符。一元&运算符返回操作数的地址。&运算符可作用于整型和 bool 类型运算量。对于整型，&计算操作数的逻辑按位“与”。对于 bool 操作数，&计算操作数的逻辑“与”；也就是说，当且仅当两个操作数均为 true 时，结果才为 true。

④ 不同的位逻辑运算有各自不同的特殊作用。位与运算（&）可以将数据的某些位的值置为 0，屏蔽掉某些位。例如，判断一个整数（设名称为 a）是奇数还是偶数，可实施 a&0X0001 运算，如果结果为 1，则变量 a 为基数，否则 a 为偶数。

⑤ 位逻辑反运算可以使数的所有二进位反转（0 变为 1，1 变为 0）；异或运算^可以使数发生转置。交换两个变量的值不用中间变量，按一定的顺序实施三次异或运算即可实现。例如：

```
int a=10,b=20;
x=x^y;  y=x^y;  x=x^y;
```

使得 x、y 的值发生交换。三个赋值语句的顺序不能交换，否则没有交换变量值的效果。

⑥ 位求反运算（～）。优先级高于位移运算和位逻辑运算；位移运算（>>、<<）优先级高于位逻辑运算（&、|、^）。位求反运算（～）是对数的各二进制求反。例如：

```
int a=5;
```

位逻辑求反运算～a 的结果值为 2。

3．位移运算符（<<、>>）

（1）左位移运算符（<<）的表达式形式如下：

```
x<<=y;
```

运算规则：x<<=y 等价于 x=x<<y；“<<”运算符将 x 向左移动至 y 值指定的位数。低位补 0。移动一位的结果，相当于数本身乘以 2。

（2）右位移运算（>>）的表达式形式如下：

```
x >>= y;
```

运算规则：x>>=y 等价于 x=x>>y；“>>”运算符根据 y 指定的量对 x 进行右移位。高位补 0 或者补 1，这与数的正负（数的高位的符号）有关，整个数成倍减少。右移一位相当于整个数除以 2。

【例 2.28】 位运算演示实例。

源代码如下：

```
static void Main(string[] args)
{   int a = 10, b = 20,c;
    Console.WriteLine("a={0}\tb={1}", a, b);   //输出 a、b 的原始值
    a = a ^ b; b = a ^ b; a = a ^ b;        //三次异或运算,交换变量 a、b 的值
    Console.WriteLine("a={0}\tb={1}", a, b);   //输出交换之后的 a、b 的值
    c = a << 2;                       //将 a 值左位移 2 位后赋值给变量 c,a 值本身不变化
    Console.WriteLine("a={0}\tc={1}", a, c);   //输出 a、c 的值
    c = b >> 2;                       //将 b 值右位移 2 位后赋值给变量 c,b 值本身不变化
    Console.WriteLine("b={0}\tc={1}", b, c);   //输出 b、c 的值
    Console.ReadKey();
}
```

程序运行输出结果在此省略，读者自行分析并上机验证。

2.4.11 运算符的优先级

运算符的优先级决定了运算的执行顺序。表达式中的运算顺序按照运算符的优先级的顺序进行计算。表达式中运算符的优先级相同时，根据它们的结合方向进行计算。左结合性运算符按“从左到右”的顺序计算。右结合性运算符按“从右到左”的顺序计算。赋值运算和三目运算符（？：）是右结合性运算符。

例如，a*b/c 的计算顺序为（a*b）/c。

当一个操作数出现在两个具有相同优先级的运算符之间时，运算符的结合性决定运算的执行顺序。

C#语言中的运算符与优先级别及其结合方向如表 2.6 所示。

表 2.6 C#语言运算符与优先级及其结合方向

优先级	运算符	含　义	运算对象个数	结合方向	举　例
1	()	圆括号		从左到右	int a=1,b=2,c=3;(a+b)*c
	[]	下标运算符			int a[12];
	–>	结构体成员运算符			struct st{int a;}t,*p; p->a;
	.	结构体成员运算符			t.a
2	!	逻辑非运算符	1	从左到右	int a=10,b; b=!a
	～	按位取反运算符	（单目运算符）		～a
	++	前置自增运算符			b=++a;++a;
	—	前置自减运算符			b=--a;
	–	负号运算符			b=-a;
	（类型）	类型转换运算符			float f ; f=(double)a;
	sizeof	长度运算符			sizeof(int); sizeof(float)
3	*	乘法运算符	2	从左到右	int a=2,b=3,c=a*b;
	/	除法运算符	（双目运算符）		c=a/b;
	%	求余运算符			c=a%'a';
4	+	加法运算符	2	从左到右	int a=2,b=3,c,d;
	–	减法运算符	（双目运算符）		c=a+b; c=a-b; d=-a;
5	<<	左移运算符	2	从左到右	int a=12,b=3,c;
	>>	右移运算符	（双目运算符）		c=a>>b; c=a<<2;
6	< 、< =	关系运算符	2	从左到右	int a=12,b=3,c;
	>、> =		（双目运算符）		c=a>b; c=a>=b;
	is、as				
7	==	等于运算符	2	从左到右	int a=12,b=3,c;
	! =	不等于运算符	（双目运算符）		c=a==b; c=a!=b;

续表

优先级	运算符	含　义	运算对象个数	结合方向	举　例
8	&	按位与运算符	2（双目运算符）	从左到右	`int a=12,b=3,c; c=a&b;`
9	∧	按位异或运算符	2（双目运算符）	从左到右	`int a=12,b=3,c; c=a^b;`
10	|	按位或运算符	2（双目运算符）	从左到右	`int a=12,b=3,c; c=a|b;`
11	&& ||	逻辑与运算符 逻辑或运算符	2（双目运算符）	从左到右	`int a=12,b=3,c; c=a&&b; c=a||b;`
12	? :	条件运算符	3（三目运算符）	从右到左	`int a=12,b=3,c; c=a>b?a : b;`
13	=、+=、-=、*=、/=、%=、>>=、<<=、&=、^=、|=	赋值运算符	2（双目运算符）	从右到左	`int a=12,b=3,c; c=a>>b; b<<=2; c^=5;`
14	,	逗号运算符		从左到右	`int a=12,c;c=(a+2,a*a);`
15	++,--(后缀运算)		单目运算	从左到右	`int a=12,c; c=a++,c=a--;`

【例 2.29】 运算符的优先级结合方向演示实例。

源代码如下：

```
static void Main(string[] args)
{
    int a=5,b=9,c=12,d=10,e;
    Console.WriteLine("a={0}\tb={1}\tc={2}\td={3}",a,b,c,d);
                                                  //输出 a、b、c、d 的值
    //以下运算验证了&,^,|三种位逻辑运算的优先级：&→^→|(高→低)
    Console.WriteLine("e = a | b ^ c & d; =>{0}", a | b ^ c & d);
    a++;  Console.WriteLine("a++;   a={0}", a);
    //以下运算验证了条件运算符的运算规则，以及++、--的运算规则
    d=c >b ? b-- : c++;                            //条件运算
    Console.WriteLine("d=c >b ? b-- : c++;");  //输出运算表达式本身
    Console.WriteLine("b={0}\tc={1}\td={2}", b,c,d);
    b = b++;                                      //该运算可能导致输出结果不确定
    Console.WriteLine("b=b++; => b={0}", b);   //输出 b 的值
    Console.ReadKey();
}
```

【程序解析】 本程序演示说明了运算符的优先级与结合方向。语句 e = a | b ^ c & d;验证了&、^、|三种位逻辑运算的优先级，从高到低：&→^→|。表达式“a | b ^ c & d”的运算顺序为：

① 先计算 c & d，c 与 d 进行位与运算，中间结果为 8。

② 将第①步的计算结果与 b 进行位异或运算，中间结果为 1。

③ 将第②步的计算结果与 a 进行位或运算，最后结果为 e=5。

如果表达式“a | b ^ c & d”按照“从左到右”依次计算，结果 e=1。以此验证了&、^、|三种位逻辑运算符的优先级。

2.5 数据类型转化

在 C#语言中，一些预定义的数据类型之间存在着预定义的转化。C#语言中的类型的转化有两种分类方法：一是根据转化的方式进行分类；另一种是根据数据源类型和目标类型之间的关系进行分类，分为投影(cast)、变换(conversion)、装箱与拆箱(boxing/unboxing)。对象和变量之间的转化则是“装箱”“拆箱”。C#语言中数据类型的转化可分为以下两类。

（1）隐式转化（implicit conversions），又称之为自动转化。

（2）显式转化（explicit conversions），又称之为强制性转化。

这里考虑整型、实型、字符串型、日期型间的转化。bool 型不需要转化，其他类型转化则更复杂。

2.5.1 数据类型的自动转化及其转化规则

隐式转化是系统默认的，不需要声明就可以进行。在隐式转化过程中，编译器不需要对转化进行详细检查就能够安全地执行转化。隐式转化规则：数据类型由低类型向高类型转化，具体转化如表 2.7 所示。

表 2.7 隐式数据类型及其转化方向

数据源类型	目标数据类型
byte	short、ushort、int、uint、long、ulong、float、double、decimal
sbyte	short、int、long、float、double、decimal
short	int、long、float、double、decimal
ushort	int、uint、long、ulong、float、double、decimal
int	long、float、double、decimal
uint	long、ulong、float、double、decimal
long	float、double、decimal
ulong	float、double、decimal
float	double
char	ushort、int、uint、long、ulong、float、double、decimal

例如，从 int 类型转化到 long 类型就是一种隐式转化。隐式转化一般不会失败，转化

过程中也不会导致信息丢失。例如：

```
int i=10;long l=i;
```

以下几种情况能够进行数据类型的自动转化。

1．隐式数值转化

.NET Framework 数据类型之间的隐式转化及其转换方向如表 2.7 所示。

【说明】

① 从 int、uint 或 long 到 float，以及从 long 到 double 的转化可能会导致精度下降，但决不会引起数量上的丢失。其他的隐式数值转化则不会有任何信息丢失。隐式数值转化实际上就是从低精度的数值类型到高精度的数值类型的转化。

② 不存在到 char 类型的隐式转化，这意味着其他整型值不能自动转化为 char 类型。这一点需要特别注意。浮点类型不能隐式转化为 decimal 类型。

③ 对于算术运算、关系运算、位运算、赋值运算，要求运算符连接的两个操作数（运算量）的类型相同，按表 2.7 中的规则进行自动转化。

【例 2.30】 数据类型转化实例。

源代码如下：

```
static void Main(string[] args)
{   //定义变量并初始化（将发生类型的自动转化）,输出变量的值,验证转化结果
    byte a = 23;       Console.Write("a={0}\t\t", a);
    ushort b = a;      Console.Writ("b={0}\t\t", b);
    b = 65535;         Console.Write("b={0}\t\t", b);
    float c = b;       Console.WriteLine("c={0}", c);
    Console.ReadKey();
}
```

程序运行结果如下：

```
a=23            b=23          b=65535       c=65535
```

【程序解析】 如果在上面程序中的语句“b = 65535;”之后再加上一句“b=b+1;”，再重新编译程序时，编译器将会给出一条错误信息：can not implicitly convert type 'int' to type 'ushort'（无法将类型 int 隐式转化为 ushort）。这说明，从整数类型 65536 到无符号短整型 b 不存在隐式转换。

2．隐式枚举转化

隐式枚举转化允许把十进制整数 0 转化成任何枚举类型，对应其他的整数则不存在这种隐式转化。

【例 2.31】 隐式枚举转化实例。

源代码如下：

```
//自定义枚举数据类型
enum Weekday{ Sunday, Monday, Tuesday, Wednesday, Thursday, Friday, Saturday };
```

```
namespace ConsoleApp0231
{
  class Program
    {   static void Main(string[] args)
        {   Weekday day = 0;
            Console.WriteLine(day);
            Console.ReadKey();
        }
    }
}
```

程序运行结果如下：

```
Sunday
```

【程序解析】 如果把语句“day=0”改写为“day=2”，编译器就会给出错误信息：Can not implicitly convert type 'int' type 'enum'（无法将类型 int 隐式转化为 Weekday），可以把语句“day=0”改写为“day=(Weekday)2”。

3. 隐式引用转化

隐式引用转化包括以下几类。

（1）从任何引用类型到对象类型的转化。

（2）从类类型 s 到类类型 t 的转化，其中 s 是 t 的派生类。

（3）从类类型 s 到接口类型 t 的转化，其中类 s 实现了接口 t。

（4）从接口类型 s 到接口类型 t 的转化，其中 t 是 s 的父接口。

（5）从任何数组类型到 System.Array 的转化。

（6）从任何代表类型到 System.Delegate 的转化。

（7）从任何数据类型或代表类型到 System.ICLoneable 的转化。

（8）从空类型（null）到任何引用类型的转化。

2.5.2 显式类型转化

显式类型转化又叫强制类型转化，与隐式转化正好相反，显式转化需要用户明确地指定转化的类型。它告知 C#的编译器必须要进行这种类型转化，C#编译器按照程序要求进行相应的数据类型转化。例如，把一个类型显式转化为类型：

```
long vl=5000;   int vi=(int)vl;
```

拆箱转化就是一种显式转化。显式转化可以发生在表达式的计算过程中，它并不是总能成功，而且常常可能引起信息丢失。显式转化包括所有的隐式转化，也就是说把任何系统允许的隐式转化写成显式转化的形式都是允许的。例如：

```
int vi=10;  long vl=(long)vi;
```

1．显式数值转化

显式数值转化是指当不存在相应的隐式转化时，从一种数值类型到另一种数值类型的转化。显式转化的数据类型及其转化方法如表 2.8 所示。

表 2.8　显示转化数据类型及其转化方法

数据源类型	目标数据类型
byte	sbyte、char
sbyte	byte、ushort、uint、ulong、char
short	byte、sbyte、ushort、uint、ulong、char
ushort	byte、sbyte、short、char
int	byte、sbyte、short、ushort、uint、ulong、char
uint	byte、sbyte、short、ushort、int、char
long	byte、sbyte、short、ushort、int、uint、ulong、char
ulong	byte、sbyte、short、ushort、int、uint、long、char
float	byte、sbyte、short、ushort、int、uint、long、ulong、char、decimal
double	byte、sbyte、short、ushort、int、uint、long、ulong、char、float、decimal
decimal	byte、sbyte、short、ushort、int、uint、long、ulong、char、float、double
char	byte、sbyte、short

【说明】 这种类型转化有可能丢失信息或导致异常抛出，转化按照下列规则进行。

① 从一种整型到另一种整型的转化，编译器将针对转化进行溢出检测，如果没有发生溢出，转化成功，否则，抛出一个 OverflowException 异常。这种检测还与编译器中是否设定了 checked 选项有关。

② 从 float、double 或 decimal 到整型的转化，源变量的值通过舍入到最接近的整型值作为转化的结果。如果这个整型值超出了目标类型的值域，则将抛出一个 OverflowException 异常。

③ 从 double 到 float 的转化，double 值通过舍入取最接近的 float 值。如果这个值太小，结果将变成正 0 或负 0；如果这个值太大，将变成正无穷或负无穷。

④ 从 float 或 double 到 decimal 的转化，源值将转化成小数形式并通过舍和入取到小数点后 28 位（如果有必要的话）。如果源值太小，则结果为 0；如果太大以致不能用小数表示；或是无穷，则将抛出 InvalidCastException 异常。

⑤ 从 decimal 到 float 或 double 的转化，小数的值通过舍入取最接近的值。这种转化可能会丢失精度，但不会引起异常。例如：

```
long longValue = Int64.MaxValue;
int intValue = (int)longValue;
Console.WriteLine("(int){0}={1}", longValue, intValue);
```

运行结果如下：

```
(int)9223372036854775807=-1
```

从运行结果看出发生了溢出，从而在显式类型转化时导致了信息丢失。

2. 显式枚举转化

显式枚举转化包括以下内容。

（1）从 sbye、byte、short、ushort、int、uint、long、ulong、char、float、double 或 decimal 到任何枚举类型。

（2）从任何枚举类型到 sbyte、byte、short、ushort、int、uint、long、ulong、char、float、double 或 decimal。

（3）从任何枚举类型到任何其他枚举类型。

显式枚举转化实际上是枚举类型的元素类型与相应类型之间的隐式或显式转化。例如：

```
enum Weekday{ Sunday,Monday,Tuesday,Wednesday,Thursday,Friday,Saturday };
public static void Main()
{
    Weekday day;
    day = (Weekday)4;        //显示类型转化,整数到枚举类
    //(int)day,表示显示类型转化,枚举类到整数类
    Console.WriteLine("{0} : {1}",(int)day,day);
}
```

输出结果如下：

```
4 : Thursday
```

3. 显式引用转化

显式引用转化包括以下内容。

（1）从对象到任何引用类型。

（2）从类类型 S 到类类型 T，其中 S 是 T 的基类。

（3）从基类型 S 到接口类型 T，其中 S 不是密封类，而且没有实现 T。

（4）从接口类型 S 到类类型 T，其中 T 不是密封类，而且没有实现 S。

（5）从接口类型 S 到接口类型 T，其中 S 不是 T 的子接口。

（6）从 System.Array 到数组类型。

（7）从 System.Delegate 到代表类型。

（8）从 System.ICloneable 到数组类型或代表类型。

显式引用转化发生在引用类型之间，需要在运行时检测以确保正确。为了确保显式引用转化的正常执行，要求源变量的值必须是 null 或者它所引用的对象的类型可以被隐式引用转化为目标类型。否则显式引用转化失败，将抛出一个 InvalidCastException 异常。

不论隐式还是显式引用转化，虽然可能会改变引用值的类型，却不会改变值本身。

4. 显式转化基本的方法

（1）通过类型说明符进行强制类型转化，如各种值类型之间的显示转化。

（2）用类型中的 ToString()方法，或 Parse()等方法。

（3）用系统的 Convert 对象，该对象就是进行类型转化的。

有些情况，几种方法都可以实现。但不能在数值类型和 bool 值之间进行转化；不允许

转化的结果超出数据类型的表示范围，否则产生数据丢失。

5. 通过类型说明符进行强制类型转化

显式类型转化是通过类型转化运算来实现的，其一般形式如下：

```
(类型说明符)(表达式)
```

其中，“表达式”的值类型是数据源的数据类型；“类型说明符”表示目标数据的类型。其功能是把“表达式”的运算结果值的类型强制转化成“类型说明符”所表示的类型。

数据源的数据类型与目标数据的类型之间的转化关系如表 2.8 所示。例如：

```
(float)a        //把 a 转化为实型,a 本身的数据类型没有变化
(int)(x+y)      //把 x+y 的结果转化为整型,x、y 本身的数据类型没有变化
```

【说明】

① 类型说明符必须用括号括起来。例如，如果把(int)(x+y)写成(int)x+y，则只把 x 转化成 int 型之后再与 y 相加。

②“表达式”如果是简单变量或单一常量对象时，“表达式”可以不用小括号括起来。

③ 无论是强制转化或是自动转化，都只是为了本次运算的需要而对变量的数据长度进行的临时性转化，而不改变数据说明时对该变量定义的类型。

④ 使用强制类型转化时，被转化的源数据的大小要控制在目标数据类型的范围之类，否则可能产生数据溢出，而导致不正确的结果。

2.5.3　数值型与 string 类型之间的转化

1. 将数值类型转化为字符串（string）类型

将数值类型转化为字符串类型（string），都可以使用 ToString()方法。基本格式如下：

```
数值类型.ToString()
```

其中，数值类型是要转化的源数值。可以是各种数值类型的变量，也可以是常量本身。

【例 2.32】 各数值类型转化到 string 类型实例。

源代码如下：

```
static void Main(string[] args)
{
    byte a = 11; short b = a; int c = b;                //定义变量并初始化
    long d = c; float e = d; double f = e;
    Console.WriteLine("byte a ={0}", a.ToString());    //以下语句输出各个变量
                                                        //的转化结果
    Console.WriteLine("short b ={0}", b.ToString());
    Console.WriteLine("int c ={0}", c.ToString());
    Console.WriteLine("long d = {0}", d.ToString());
    Console.WriteLine("float e = {0}", e.ToString());
    Console.WriteLine("double f = {0}", f.ToString());
    Console.ReadKey();
}
```

读者自行分析程序的输出结果。

2. string 类型转化为数值类型

并不是所有数据类型之间都可以自动转化，如字符型到数值型的转化，C#就不能进行自动转化，必须显式转化。从文本类型（string）到数值类型，通常使用方法 Parse()。转化格式如下：

```
数值类型.Parse(string s)
```

其中，数值类型就是将要转化成的目标数值的类型。在 C#语言中，如 short、int、long、double 等数值类型都有这样一个 static Parse()函数。该函数将字符串转化成对应的数值。参数 s 就是将要转化的源数据的类型（即字符串类型），一般由数字组成，例如“55”“55.56789”。

【例 2.33】 各字符串到数值类型的转化实例。

源代码如下：

```
static void Main(string[] args)
{
    int a;  long b;  float c1,c2; double d1,d2; //定义不同类型的数值型变量
    string vstr = "55" , vstring = "55.6789"; //定义 string 类型的变量并初始化
    a = int.Parse(vstr);                          //将 string 转化为 int 类型
    b = long.Parse(vstr);                         //将 string 转化为 long 类型
    c1 = float.Parse(vstring);                    //将 string 转化为 float 类型
    d1 = double.Parse(vstring);                   //将 string 转化为 double 类型
    Console.WriteLine("字符串,vstr ={0}", vstr);
    Console.WriteLine("字符串,vstring ={0}", vstring);
    Console.WriteLine("字符串转化为整数,int.Parse(vstr) ={0}", a);
    Console.WriteLine("字符串转化为长整数,long.Parse(vstr) ={0}", b);
    Console.WriteLine("字符串转化为单精度数,float.Parse(vstring) ={0}", c1);
    Console.WriteLine("字符串转化为双精度数,double.Parse(vstring) ={0}", d1);
    c2 = float.Parse(vstr);                    //将 string 类型转化为 float 类型
    d2 = double.Parse(vstr);                   //将 string 类型转化为 double 类型
    Console.WriteLine("字符串转化为单精度数,float.Parse(vstr) ={0}", c2);
    Console.WriteLine("字符串转化为双精度数,double.Parse(vstr) ={0}", d2);
    Console.ReadKey();
}
```

程序运行结果在此省略，请读者自行分析并上机验证。

【程序解析】 本实例中，字符串 vstr 的值为 55，没有小数位。可以转化为数值型。但是字符串 vstring 有小数位，只能转化实数，不能直接转化整型数，否则出错。

3. 通过 string 类的 Format()方法将数值格式化输出为字符串

C#的 string 类提供了 Format()方法，通过不同格式字符实现数值的格式化输出（为字符串）。其语法格式如下：

```
string.Format（"格式字符串"，输出项列表）
```

其中，格式控制字符串中包含固定文本和格式项。格式项（又简称为占位符）形式为：

{索引[,对齐][：格式控制字符]}

其中，索引从 0 开始编号，每个索引项与输出项列呈一一对应关系。“对齐”选项设置输出宽度与对齐方式，是一个带符号的整数，该数的大小表示输出的宽度，数为正时表示右对齐，数为负时表示左对齐。格式控制字符及其含义如表 2.9 所示。

表 2.9　数值格式化输出控制字符及其含义

格式化字符	作　用
C 或 c	格式化输出货币并指定小数位，默认情况下以当地的货币符号为前缀。默认为￥
D 或 d	格式化输出十进制数，也可以用于指定填充值的最小个数和小数位
E 或 e	用于指数化输出数值数据（科学记数法）
F 或 f	用于小数的格式化输出，也可以用于指定填充值的最小个数和小数位数
G 或 g	代表 general，用于将一个数格式化为定点数或指数格式
N 或 n	格式化输出基本数值，带逗号形式隔开的数值
X 或 x	格式化输出十六进制数值。如果使用大写的 X，十六进制格式中也包含大写的字符
P 或 p	百分比记数法，并指定小数位

【例 2.34】 类 string 的方法 Format()实例。

源代码如下：

```
static void Main(string[] args)
{   ulong a = 12345678;      //定义无符号长整类型的变量 a
    float fs=2.50;           //定义浮点数
    Console.WriteLine("a={0}", a);
    string c, d, e, f, n, p, x1,X2;
    c = string.Format("{0:C3}", a);       //指定 3 位小数位
    Console.WriteLine("c,以货币形式输出 a 值:{0}", c);
    d = string.Format("{0,-12:D3}", a); //指定 12 位输出宽度
    Console.WriteLine("D3,输出 12 位宽度,左对齐: {0}", d);
    d = string.Format("{0,12:d}", a);   //指定 12 位输出宽度
    Console.WriteLine("d,输出 12 位宽度,右对齐: {0}", d);
    f = string.Format("{0,-12:F3}", a); //指定 12 位输出宽度,3 位小数
    Console.WriteLine("F3,输出 a 值,指定 3 位精度: {0}", f);
    f = string.Format("{0,-12:f2}", a); //指定 12 位输出宽度,2 位精度
    Console.WriteLine("f2,输出 a 值,指定 2 位精度: {0}", f);
    e = string.Format("{0,10:E2}", a); //指定 10 位输出宽度,2 位指数部分
    Console.WriteLine("E2,将数 a 的值按指数格式输出: {0}",e);
    n = string.Format("{0,10:N3}", a);
    Console.WriteLine("N3,将 a 值 3 位一组逗号间隔输出,保留 3 位精度: {0}", n);
    x1 = string.Format("{0,-12:X}", a);
    Console.WriteLine("X,按十六进制数输出,左对齐: {0}",x1);
    X2 = string.Format("{0,12:X}", a);
    Console.WriteLine("X,按十六进制数右对齐输出,字母显示为大写: {0}", X2);
    p = string.Format("{0,-12:P}",1.2345678);
    Console.WriteLine("按百分比形式(左对齐)输出 1.2345678: {0}", p);
```

```
    p = string.Format("{0,12:p3}", 1.2345678);
    Console.WriteLine("按百分比形式输出1.2345678(保留3位精度): {0}", p);
    Console.WriteLine("按货币形式输出: {0}",2.5.ToString("C"));
    Console.WriteLine("按浮点输出固定小数位: {0}",25.ToString("F2"));
    Console.WriteLine("按常规输出: {0}",2.5.ToString("G"));
    Console.WriteLine("按常规输出: {0}",2500000.ToString("N"));
    Console.WriteLine("按十六进制数输出: {0}",255.ToString("X"));
    Console.WriteLine("按2位十六进制数输出: {0}",255.ToString("X2"));
    Console.ReadKey();
}
```

输出结果在此省略，请读者自行分析并上机测试验证。

2.5.4 使用 Convert 类的方法进行各种类型之间的强制转化

在 C#中，可以利用 Convert 类的方法进行强制类型转化。Convert 可以将一个基本类型转化为另外一个基本类型，可以从文本类型到数值类型。一般格式如下：

```
Convert.方法
```

类 System.Convert 将一个基本数据类型转化为另一个基本数据类型。该类的常用方法及作用如下。

（1）ToBoolean()将指定的值转化为等效的布尔值。

（2）ToByte()将指定的值转化为 8 位无符号整数；ToChar()将指定的值转化为 Unicode 字符。

（3）ToDecimal()将指定的值转化为 Decimal 数字；ToDouble()将指定的值转化为双精度浮点数。

（4）ToDateTime()将指定的值转化为 DateTime。

（5）ToInt16()将指定的值转化为 16 位有符号整数；ToInt32()将指定的值转化为 32 位有符号整数。

（6）ToInt64()将指定的值转化为 64 位有符号整数。

（7）ToSByte()将指定的值转化为 8 位有符号整数。

（8）ToSingle()将指定的值转化为单精度浮点数字。

（9）ToString()将指定的值转化为 16 位无符号整数。

（10）ToUInt32()将指定的值转化为 32 位无符号整数。

（11）ToUInt64()将指定的值转化为 64 位无符号整数。

（12）Int32.Parse(变量)或 Int32.Parse("常量")，可以将字符型转化为 32 位数字型。

【例 2.35】 Convert 的常用方法进行数据类型转化实例。

源代码如下：

```
static void Main(string[] args)
{
    int x = 123;
```

```
        string s = x.ToString();        //显式转化，将 x 数值转化为字符串类型
        int a = Convert.ToSByte(s);     //字符串显式转化为 8 位的有符号整数
        int b = Convert.ToInt16(s);     //字符串显式转化为 16 位的符号整数(short)
        int c = Convert.ToInt32(s);     //字符串显式转化为 32 位的符号整数
        long d = Convert.ToInt64(s);    //字符串显式转化为 64 位的符号整数
        int e = Convert.ToByte(s);      //字符串显式转化为 8 位的无符号整数
        int f = Convert.ToUInt16(s);    //字符串显式转化为 16 位的无符号整数(ushort)
        uint g = Convert.ToUInt32(s);   //字符串显式转化为 32 位的无符号整数
        ulong h = Convert.ToUInt64(s);  //字符串显式转化为 64 位的无符号整数
        Console.WriteLine("x={0}", x);
        Console.WriteLine("s=x.ToString()=>{0}", s);
        Console.WriteLine("Convert.ToSByte(s)=>{0}", a);
        Console.WriteLine("Convert.ToInt16(s)=>{0}", b);
        Console.WriteLine("Convert.ToInt32(s)=>{0}", c);
        Console.WriteLine("Convert.ToInt64(s)=>{0}", d);
        Console.WriteLine("Convert.ToByte(s)=>{0}", e);
        Console.WriteLine("Convert.ToUInt16(s)=>{0}", f);
        Console.WriteLine("Convert.ToUInt32(s)=>{0}", g);
        Console.WriteLine("Convert.ToUInt64(s)=>{0}", h);
        double y = 234.5678;                 //定义有关数值类变量
        string s1 = y.ToString();            //显式转化,数值到字符串
        float q = Convert.ToSingle(s1);      //字符串显式转化为单精度浮点数
        double w = Convert.ToDouble(s1);     //字符串显式转化为双精度浮点数
        Decimal z = Convert.ToDecimal(s1);   //字符串显式转化为等效的十进制数
        Console.WriteLine("y={0}", y);
        Console.WriteLine("s1=y.ToString()=>{0}", s1);
        Console.WriteLine("Convert.ToSingle(s1)=>{0}", q);
        Console.WriteLine("Convert.ToDouble(s1)=>{0}", w);
        Console.WriteLine("Convert.ToDecimal(s1)=>{0}", z);
        int t = 65;   char ch= Convert.ToChar(t);//将数值转化为等效的 Unicode 字符
        Console.WriteLine("t={0}", t);
        Console.WriteLine("Convert.ToChar(t)=>{0}",ch);
        Console.ReadKey();
    }
```

请读者自行分析程序运行结果，并上机验证。

2.5.5　字符串与字符数组之间的转化

将字符串转化为字符数组，可以通过字符串类 System.String 提供的方法——void ToCharArray()实现。要得到转化之后的字符数组的某个元素（字符），使用 System.String 的[]运算符即可。

【例 2.36】 将字符串转化为字符数组实例。

源代码如下：

```
class Program
{
   static string s1 = "Welcome to C# world.";  //定义类的成员变量
   static char[] chars ={'P','r','o','g','r','a','m','m','i','n','g','\0'};
   static void Main(string[] args)
   {
     char[] s1toarray = s1.ToCharArray(); //将字符串 s1 转化为字符数组 s1toarray
     Console.WriteLine("s1={0}",s1);     //输出字符串 s1 本身
     Console.WriteLine("Length of \"s1\"={0}", s1.Length);
                                         //输出字符串 s1 的长度
     //得到字符数组的长度
     Console.WriteLine("Length of \"s1toarray\"={0}", s1toarray.Length);
     //得到字符数组 s1toarray 的某个字符
     Console.WriteLine("s1toarray[5]={0}", s1toarray[5]);
     Console.Write("chars[]=");           //输出字符数组 chars 的各个元素的值
     //通过循环方式输出字符数组的每个元素值;总有一个 k 值,导致元素值 chars[k]为 0('\0')
     for (int k = 0; chars[k]!='\0'; k++) Console.Write(chars[k]);
     string s2 = new String(chars);       //将字符数组 chars 转化为字符串
     Console.WriteLine("\ns2={0}", s2);    //输出转化得到的字符串 s2
     Console.ReadKey();
   }
}
```

程序运行结果如下：

```
s1=Welcome to C# world.
Length of "s1"=20
Length of "s1toarray"=20
s1toarray[5]=m
chars[]=Programming
s2=Programming
```

程序运行结果请读者自行分析，并上机验证。

2.6 流程控制语句

2.6.1 C#语句分类

C#语言直接借鉴了C、C++的绝大多数语句，并对一些错误进行了修正，同时增加了一些新的语句。因此，C#的很多语句与C、C++的语句是很相似的。

根据功能的不同，C#语言的语句可以分为以下几类。

（1）说明（声明）性语句。用于说明（声明）有关的变量、函数、数据结构等。

（2）表达式语句。表达式之后加一个分号（;），用于计算表达式的值。

（3）函数调用语句。在函数调用格式后面加一个分号（;）。

（4）注释语句。不参与程序运行，对程序的类、方法、变量等的用途做出说明性解释，使得程序代码便于阅读、易于理解。

（5）标签语句。在一行语句里被标识以一个前缀，用于支持 goto 语句。

（6）选择结构语句。提供按条件或多路径执行语句的途径。

（7）循环结构语句。使程序在条件满足的情况下，有限地重复执行有限的步骤（语句）。

（8）跳转语句。使程序流程发生转移。主要用于无条件的转移。

（9）复合语句。也称之为块语句，用一对大括号（{}）括起来的语句集合。注意和函数的函数体的大括号（{}）的区别。复合语句是包含在函数体中，不能脱离函数体单独存在。

（10）空语句。就是一个分号（;），表示什么也不做，往往用于完善一种语法格式。注意不是任何出现分号的地方都表示是空语句，这也是初学者感到难以掌握的地方。

（11）using 语句。用于获得已有的资源。

（12）try…catch 语句。用于定义和捕获异常。

（13）checked/unchecked 语句。用于控制数学运算及类型转化，并做类型数据溢出检查。

（14）lock/unlock 语句。lock 为调用对象设置排他锁，也可以根据 unlock 语句释放 lock 内容。

在 C#语言中，控制语句使用的范围很广，主要用于控制程序中语句的执行顺序，包括选择结构语句、循环结构语句和跳转语句。

1．说明性语句

说明性语句一般包含在函数的函数体中，也可以在函数之外。说明性语句主要有如下 4 个作用。

（1）定义有关的变量。一般放在函数体的开始部分，这是最常用的。例如：

```
int r=5;              //说明了一个整型变量
double s,f=9.76;    //说明了两个实型变量
```

（2）声明外部变量。变量声明可以在函数之外（一般是之前），也可以声明在函数之内（引用之前）。

（3）声明函数。对被调用的函数进行声明。

（4）定义数据结构。例如定义结构体和共同体数据类型。

2．表达式语句

表达式语句由表达式加上分号（;）组成。其一般形式如下：

```
表达式;
```

执行表达式语句就是计算表达式的值。例如：

```
x=y+z;          //赋值表达式语句
y+z;           //加法运算语句,但计算结果不能保留,无实际意义
i++;           //自增 1 语句,i 值增加 1
```

3．赋值语句

赋值语句是由赋值表达式再加上分号（;）构成的表达式语句。其一般形式如下：

```
变量=表达式;
```

赋值语句的功能和特点与赋值表达式相同，它是程序中使用最多的语句之一。

【说明】

① 由于在赋值符（=）右边的表达式也可以又是一个赋值表达式，因此，下述形式：

```
变量=(变量=表达式);
```

是成立的，从而形成赋值运算的嵌套。其展开之后的一般形式如下：

```
变量=变量=…=表达式;
```

例如：

```
a=b=c=d=e=5;
```

按照赋值运算符的右结合性，因此实际上等效于：

```
e=5; d=e; c=d; b=c; a=b;
```

② 注意在变量说明中给变量赋初值和给变量赋值的区别。给变量赋初值是变量说明的一部分，赋初值后的变量与其后的其他同类变量之间仍必须用逗号间隔，而赋值语句则必须用分号结尾。例如：

```
int a=5,b,c;     //a=5 是变量的初始化
c=23;            //c=23 为变量的赋值
```

③ 在变量说明中，不允许连续给多个变量赋初值。如下述说明是错误的：

```
int a=b=c=5;     //变量定义时不能这样做的
```

必须写为：

```
int a=5,b=5,c=5;
```

而赋值语句允许连续赋值。例如：

```
int a,b,c,d;//先定义有关的变量
a=b=c=d=12; //连续赋值是正确的,实质是赋值的嵌套,运算方向右结合性,从右到左依次赋值
```

④ 注意赋值表达式和赋值语句的区别。

赋值表达式是一种表达式，它可以出现在任何允许表达式出现的地方，而赋值语句则不能。

下述语句是合法的：

```
if((x=y+5)>0) z=x;
```

语句的功能是，若表达式 x=y+5 大于 0 则 z=x。

下述语句是非法的：

```
if((x=y+5;)>0)z=x;
```

因为 x=y+5;是语句，不能出现在表达式中。

4．函数（方法）调用语句

由函数名、实际参数加上分号（;）组成。其一般形式如下：

```
函数名(实际参数表);
```

执行函数语句就是调用函数体并把实际参数赋予函数定义中的形式参数，然后执行被调函数体中的语句。例如：

```
string s1="this is test!";
char ch='A';
Console.WriteLine("s1={0}",s1);        //调用类 Console 的方法 WriteLine()
Console.WriteLine("ch={0}",ch);
```

5．流程控制语句

控制语句用于控制程序的流程，以实现程序的各种结构方式。它们由特定的语句定义符组成。C#语言的流程控制语句可分为以下 3 种。

（1）条件判断语句：if 语句、switch 语句。

（2）循环执行语句：do…while 语句、while 语句、for 语句和 foreach 语句。

（3）转向语句：break 语句、continue 语句和 return 语句。

6．空语句

只有分号（;）组成的语句称为空语句。空语句什么也不执行。在程序中空语句可用来作空循环体。例如：

```
for(int k=0,s=0;++k<=100;s+=k);
```

本语句的功能是求 1～100 的和，结果值累计至变量 s 中。这里的循环体为空语句。

7．注释语句

C#语言中注释语句有 3 种形式。

（1）单行注释。用“//”注释语句，两个“/”之间不能有空格。该方法只能注释一行语句。该行“//”之后的文本都会被编译器认为是注释，注释自动在行尾结束，其只能用于单行注释。

（2）多行注释。用“/*”字符串开始，以“*/”字符串结束。“/”与“*”之间不能有空格。“/*”与“*/”的所有语句都被解释为注释，而不被执行。

（3）用“///”注释语句，各个“/”之间不能有空格。该方法有注解语句的作用。

8．using 语句

参见 2.6.11 节的内容。

2.6.2　if 语句

if 语句是选择结构之一。根据给定的条件选择性执行或不执行某个语句块。if 语句有 3 种具体形式。

1．简单 if 语句

单分支 if 语句的格式如下：

```
if（表达式）语句组
```

执行过程：当表达式的值为 true 时，执行语句组，否则不执行语句组。简单 if 语句用于单向选择。

【说明】

① if 语句中“表达式”必须用小括号括起来。“表达式”的形式通常是逻辑表达式或关系表达式。只要其值为 true 就执行语句组，否则执行 if 语句之后的第一条语句。

② 语句组包含多条语句时，须用大括号（{}）将各语句括起来，形成一个复合语句。在{}后面不需要加分号。如果语句组只有一条语句，则不需要用大括号括起来。

③ 一个 if 语句（包括嵌套的 if 语句），宏观上只算一条语句。

④ C#语言中，if 语句中的“表达式”不能像 C/C++语言中那样使用数值表达式。

2．双分支 if…else…语句

双分支 if 语句，无论条件是否满足都要执行一组语句。双分支 if 语句的格式如下：

```
if（表达式） 语句组 1
else  语句组 2
```

执行过程：当“表达式”的值为 true 时，执行语句组 1，否则执行语句组 2。这种格式中，无论表达式的值是否为 true，都要执行一组语句（要么语句组 1，要么语句组 2）。if…else 语句用于双向选择。

【说明】

① if…else 语句中“表达式”必须用小括号（()）括起来。“表达式”的形式可以是常量、数值型变量、任意合法的表达式。通常是逻辑表达式或关系表达式。

② if 和 else 各自可以单独占一行，也可以写在一个屏幕行上；if 子句可以单独使用，但 else 子句不能单独使用。else 子句必须与 if 子句配合使用。

③ if…else 语句可以嵌套，即一个 if 语句中包含一个或多个 if 语句。if 语句嵌套要注意 else 与 if 的配对原则：从最内层的 else 开始，else 总是与它前面、最接近的、尚未配对的 if 配对。如果 if 与 else 的数目不一样，为实现程序设计者的意图，可以用大括号（{}）将有些语句括起来，以明确 else 与 if 之间的配对关系。一个 if 语句只能和一个 else 子句配套。例如：

```
if（表达式 1）
{  if（表达式 2）语句 1  } //内层 if 语句用{}括起来时,就属于上一层 if(表达式 1)的子句
else 语句 2
```

此时用“{}”限定了“if（表达式 2）语句 1”所属范围，“if（表达式 2）语句 1”属于 if（表达式 1）的子句，因此 else 与 if（表达式 1）配对，否则 else 将与之最近的 if（表达式 2）配对。“语句 1”属于 if（表达式 1）的子句。

④ 在 C#语言中，if 语句中的“表达式 1”或“表达式 2”不能像 C/C++语言中那样使用数值表达式。

3．多分支 if…elseif 语句

多分支 if 语句格式如下：

```
if（表达式 1）语句组 1
elseif（表达式 2）语句组 2
elseif（表达式 3）语句组 3
⋮
elseif（表达式 n）语句组 n
else 语句组 n+1
```

执行过程：先计算“表达式 1”，若其值为 true，执行语句组 1，否则计算“表达式 2”。若“表达式 2”的值为 true，则执行语句组 2，否则计算“表达式 3”。若“表达式 3”的值为 true，则执行语句组 3，否则计算“表达式 4”，以此类推。若“表达式 1”至“表达式 n”的值都为 false，则执行语句组 n+1。无论是执行那个语句组，一个语句组执行完，整个 if 语句就结束了。if…elseif 语句用于多向选择。

【例 2.37】 将 if 语句应用实例。输入三角形的三个边，能组成三角形则输出其面积，否则给出提示“不能组成三角形”。

源代码如下：

```
class Program
{   static void Main(string[] args)
    {   double a,b,c,d,area;            bool tri;   //定义有关变量
        Console.WriteLine("输入三角形三个边值,按回车结束：");
        Console.Write("A 边的值：");
        a = Convert.ToDouble(Console.ReadLine()); //赋值给变量 a,并转化为数值
        Console.Write("B 边的值：");
        b = Convert.ToDouble(Console.ReadLine()); //赋值给变量 b,并转化为数值
        Console.Write("C 边的值：");
        c = Convert.ToDouble(Console.ReadLine()); //赋值给变量 c,并转化为数值
        d=(a+b+c)/2.0;
        //判断三个边能否组成三角形,结果值赋值给 tri
        tri = a + b > c && a + c > b && b + c > a;
        if (tri)    //if(){}else{}语句的应用
        {   area = System.Math.Sqrt(d*(d-a)*(d-b)*(d-c));
            Console.WriteLine("\n 三角形三个边长：{0},{1},{2}", a, b, c);
            //ToString("0.00") 使输出的浮点数转化为字符串,并保留 2 为小数
            Console.WriteLine("三角形的面积为：{0}",a,b,c,area.ToString("0.00"));
        }
        else {  Console.WriteLine("\n 输入的三个边值不能组成三角形.");  }
        Console.ReadKey();
    }
}
```

2.6.3　switch 语句

switch 语句是选择结构的另外一种形式。switch 语句的一般格式如下：

```
switch（表达式）
```

```
{
    case 常量表达式 1：语句组 1；
    case 常量表达式 2：语句组 2；
    ⋮
    case 常量表达式 n：语句组 n；
    default：语句组 n+1；
}
```

执行过程：

（1）先计算 switch（表达式）中“表达式”的值，将“表达式”的值从上到下依次与各关键字 case 所标识的“常量表达式”的值进行一一比较，如果“表示式”的值与某个 case 所标识的“常量表达式”的值相等，则该 case 语句作为“入口”，执行该 case 后面的所有语句，且对该 case 之后的每个 case 的“常量表达式”不再计算，即使其后面的各 case（常量表达式）的值与 switch（表达式）中“表达式”的值不相等，也将被执行，直到执行到 break 语句（终止本层 switch 语句或结束整个 switch 语句）。

（2）若没有一个 case（常量表达式）的值与 switch（表达式）中“表达式”的值匹配，且有 default 子句时，则执行 default 后面的语句，结束 switch 语句之后，执行 switch 之后的第一条语句。

【说明】

① 关键字 case 和 default 本身并不改变控制流程，它们只起“入口”标号的作用，找到“入口”时依次执行之后的所有语句，包括之后的所有 case 所标识的语句，直到执行到 break 语句或者 switch 语句本身执行结束。break 使控制转出本层 switch 结构。

② default 情形一般放在所有的 case 之后，但也可以放在所有的 case 之间或之前。如果每个 case 后面的语句中都不包含 break 语句，则 default 情形的放置位置将影响执行的结果。

③ 无论 default 放于何处，总是先将 switch（表达式）中“表达式”的值从上到下依次与每个 case 所标识的“常量表达式”的值进行比较。如果所有的 case 所标识的“常量表达式”的值与 switch（表达式）中“表达式”的值都不等时，才执行 default 情形所标识的语句组。所以，为了不至于产生副作用，应该在每个 case 对应的语句中（之后）包含语句 break;，default 情形的语句中也不例外的写入语句 break;。

④ 多个 case 可以共用一组可执行语句，因此可能产生“副作用”，为了避免这种“副作用”，在每个 case 语句所标识的语句组中都应该包含一条 break;语句，从而使每一个 case 对应的语句组执行完就终止整个 switch 结构。

⑤ switch（表达式）中“表达式”可以是整型、字符型、枚举型或其他任何合法的表达式。一般为整型或字符型变量或表达式。“表达式”的值应有明确的取值范围。

⑥ case 后面只能是常量或常量表达式。case 后面“常量表达式”的值应在 switch（表达式）的“表达式”的值域内，且同一个 switch 结构中，每个 case 后面“常量表达式”的值不能相同，否则出错。

⑦ 每个 case 后面的语句组可以不用大括号（{}）括起来，也可以用大括号（{}）括起来。

⑧ switch 语句可以嵌套，即可以将一个 switch 作为另外一个 switch 语句中每个 case 情形的子语句。宏观上，每个 switch 语句算作一个语句。default 子句可以省略。

【例 2.38】 switch 语句应用实例。输入 100 分制成绩，输出对应的等级字母，成绩不是介于 0～100，输出“数据无效”。

源代码如下：

```
class Program
{   //定义成绩等级字符（数组）并初始化
    static char[] ch = {'A','B','C','D','E','\0'};
    //定义成绩等级字符串（数组）并初始化
    static string[] ss = {"优秀","良好","中等","及格","不及格"};
    static void Main(string[] args)
    {   int a,n;      //n 用于标识成绩等级数组元素的下标值
        Console.Write("输入 100 制成绩：");
        //函数 Console.ReadLine(),用于输入数字串,Convert.ToInt32()将输入值转化为数值
        a = Convert.ToInt32(Console.ReadLine()); //赋值给变量 a,并转化为数值
        //表达式 a/100 将成绩 a 的值转化为一个 10 及以下的整数值（值域：0-10）
        if (a < 1 || a > 100){ Console.WriteLine("输入的成绩数据值无效！"); }
        else
        {   switch (a/10)     //switch 语句的应用
            {   case 10: case 9: n = 0; break;   //两个 case 子句共用一个语句组
                case 8: n = 1; break;
                case 7: n = 2; break;
                case 6: n = 3; break;
                default: n = 4; break;
            }
            Console.WriteLine("成绩：{0},等级：{1},{2}.",a,ch[n], ss[n]);
        }
        Console.ReadKey();
    }
}
```

【程序解析】 本例 switch 语句的使用中，表达式 a/10 很重要，将成绩值本身转化为成绩段的标识数值（0～10）。a 的有效值是 0～100，表达式 a/10 的值域 0～10。switch 语句中所有 case 之后的常量值应该在 a/10 结果值的有效范围内。变量 n 为“等级字符串”数组中各个“元素值”对应的下标（序号值）。

break 语句也很重要的。先计算表达式 a/10 的值，将其与每一个 case 之后的常量值逐一比较，满足时，以此 case 之标签值处作为“入口”，执行之后的所有的 case 语句，直到遇上 break 语句，或者执行完本层的 switch 语句为止。

不同的 case 可以共用同一段程序。如本例中的 case 10：与 case 9：就共用了同一个程序段。在 case 10：的情形里没有 break 语句，当 a 值为 100 时，进入 switch 之后，case 10：处就是执行入口，执行之后所有的 case 情形，直到执行到 break 语句。在 case 9：中有 break;，所以，成绩在 90～100 分时，都是对应等级 A。

各个 case 与 default 之间没有严格的顺序限制。但是总是先判断每一个 case，当所有的 case 情形都不满足时，才执行 default（如果该情形存在的话）。所以每个 case 和 default 的语句块内，要合理正确的使用 break;语句，否则，可能产生意想不到的效果，尤其是对于初学者。

2.6.4 循环结构概述与循环实现的原理

1．循环的概念

循环结构是程序中一种很重要的结构。其特点是，在给定条件成立时，有限的重复执行有限的程序段，直到条件不成立为止。给定的条件称为循环条件，重复执行的程序段称为循环体。C#语言提供了多种循环语句，可以组成各种不同形式的循环结构，具体如下。

（1）while 语句。

（2）do…while 语句。

（3）for(;;)语句。

（4）foreach 语句。

使用循环结构时，循环条件、循环语句的建立是关键。

2．循环实现的原理

迭代：不断地用新值替换旧值，直到条件不满足。这是循环实现中应用最多的一种方法。

穷举：对所有可能的情况进行一一列举（测试），直到测试结束或者测试条件不满足为止。

2.6.5 while 循环语句

while 循环又称为当型循环。当循环条件满足时执行循环体，循环条件不满足则执行循环体之后的第一条语句。其语法格式如下：

```
while（表达式）循环体
```

执行过程：先计算“表达式”的值，其值为 true 时执行循环体，否则结束整个循环。

【说明】

①“表达式”又称为循环控制条件，用于控制循环进行与否。该“表达式”必须用小括号括起来，且表达式不能省略。

②“表达式”一般为关系表达式或逻辑表达式，不能是类似于 C、C++语言中的数值常量或数值常量表达式。

③“表达式”的值要能够改变，如果“表达式”的值不能改变，则在循环体中应该有能使循环终止的语句，一般用 if 语句进行控制，否则形成“死循环”（即无限循环），导致程序无法正常终止。

④ 循环体中包含多条语句时，必须用大括号（{}）将这些被重复执行的语句括起来形成复合语句。在“{}”外面不需要加分号。如果循环体中只有一条语句，可以不用大括号

将这一条语句括起来。

⑤ 循环条件的建立是关键，循环体的建立也是关键。

2.6.6　do…while 循环语句

do…while 循环又称为直到型循环。首先执行循环体，再计算循环条件，循环条件不满足时终止循环。其语法格式如下：

```
do{ 循环体 }while (表达式);
```

执行过程：先执行循环体，再计算“表达式”的值，若“表达式”的值为 true，则执行循环体，当“表达式”的值为 false 时结束循环。

【说明】

① 先执行一次循环体，再计算循环条件“表达式”的值。

②“表达式”用于控制循环是否继续。“表达式”须用小括号括起来，且不能省略。while（表达式）之后的分号（;）不能省略。

③“表达式”一般为关系表达式或逻辑表达式，不能为数值常量或数值常量表达式。

④“表达式”的值要能被改变，若“表达式”的值不能改变，在循环体中应该有使循环结束的语句，一般用 if 语句进行控制，否则循环为“死循环”（即无限循环），导致程序无法正常终止。

⑤ 循环体有多条语句时，须用大括号（{}）将被重复执行的语句括起来。在“{}”外面不需要加分号，因为“{}”内是一个完整的复合语句。如果循环体只有一条语句，则不需要（当然也可以）用大括号将循环语句括起来。

⑥ 循环条件、循环体的建立是关键。while、do…while 循环一般用于循环次数不可知的情况。

2.6.7　for 循环语句

for 循环又称为计数循环。一般在循环次数可知的情况下使用该循环。其语法格式如下：

```
for（表达式 1;表达式 2;表达式 3）{ 循环体 }
```

执行过程：

① 先计算“表达式 1”，且只计算一次。

② 计算“表达式 2”，若“表达式 2”的值为 true，执行循环体。当“表达式 2”的值为 false 时，整个循环终止，执行本循环之后的第一条语句。

③ 循环体执行完后，计算“表达式 3”，然后再转去执行第②步（即再计算“表达式 2”）。

④ 循环结束，执行 for 语句之后的第一个语句。

【说明】

① “表达式 1”的形式一般为逗号表达式，用于给有关的变量赋初值，只执行一次。

“表达式 1”可省略，此时，应该在 for 循环开始之前对有关变量赋值，否则可能出错。

② “表达式 2”为循环控制条件表达式，用于控制循环是否继续。一般为关系表达式或逻辑表达式，不能像 C、C++中用数值常量或数值常量表达式。“表达式 2”的值为 true 时继续执行循环，为 false 循环终止。

③ “表达式 2”也可以省略。“表达式 2”省略时，表示循环条件恒为真（即默认为 true)，此时，应该在循环体中包含能终止循环的语句，一般用 if 语句进行控制，否则循环无法正常终止。

④ “表达式 3”一般为逗号表达式，可被执行多次，一般用于改变循环控制变量或其他有关变量的值。循环体执行完成之后才执行“表达式 3”。

⑤ “表达式 3”可省略。此时，应该在循环体中包含改变有关变量（尤其是循环控制变量）值的语句。

⑥ for 循环中 3 个表达式都省略时，3 个表达式之间的分号（;）不能省略。

2.6.8 foreach 循环语句

语法格式如下：

```
foreach(对象名 in 数据集)循环体
```

执行过程：先检查对象（或变量）的值是否在“数据集”内，如果对象（或变量）的值在“数据集”内，则执行循环体，直到对象（或变量）的值不在“数据集”内。

【说明】 “对象”表示的是一个临时变量，也可以是数组元素，它依次代表“集合”中的每一个项目。对象的值的类型要与“数据集”内的数据的类型一致。如果不知道一个集合中每个项目的类型是什么，可以定义一个 object 类型的临时变量来表示这些项目。in 关键字后面指明需要操作的集合。

【例 2.39】 foreach 循环结构应用实例。

源代码如下：

```
static void Main(string[] args)
{  string ss="C# Programming";
   string[] citys=new string[]{"北京","上海","重庆","深圳","天津","西安"};
   //该数组也可以直接初始化,如下:
   //string[] citys={"北京","上海","重庆","深圳","天津","西安"};
   int k=0,n=0;
   foreach(char c in ss) k++;    //遍历字符串 ss 的每个字符,求得字符串 ss 的长度
   foreach(string city in citys)//利用 foreach 循环遍历字符串数组中字符串的个数
   {   n++;                      //统计城市（字符串）的个数
       //输出各字符串,每个字符串占 10 为宽度,减号表示左对齐输出
       Console.Write("{0,-10}", city);
   }
   Console.WriteLine("\nLength of string ss:{0}",k);
   Console.WriteLine("numbers of citys:{0}",n);
   Console.ReadKey();
}
```

程序运行结果（显示）在此省略，读者自行分析并上机验证。

2.6.9　循环的嵌套及几种循环的相互转化

所谓循环嵌套就是一个循环的循环体中包含了另外一个循环结构。循环可以嵌套但嵌套不能交叉，既循环体之间不能存在交差关系。如图 2.1（a）所示为正确的循环嵌套。

```
while(条件)
{       //while循环的循环体开始
    …
    do
    {       //do…while循环的循环体开始
        …
        for(exp1;exp2;exp3)
        {    //for循环的循环体开始
            …
        }    //for循环的循环体结束
        …
    }while(条件); //do…while循环的循环体结束
    …
}       //while循环的循环体结束
```

（a）正确的循环嵌套

```
while(条件)
{       //while循环的循环体开始
    …
    do
    {       //do…while循环的循环体开始
        …
        for(exp1;exp2;exp3)
        {    //for循环的循环体开始
            …
        }    //for循环的循环体结束
        …
    …
}       //while循环的循环体结束
    }while(条件);//do…while循环的循环体结束
```

（b）错误的循环嵌套

图 2.1　循环的嵌套

如图 2.1（b）所示为错误的循环嵌套格式，因为在该循环嵌套中出现了交叉式嵌套。外循环 while 结束了，而内循环 do…while 还没有结束。内外循环的循环体之间不能是交差关系。

【例 2.40】 循环结构及其嵌套应用实例。求 1!+2!+3!+…+n!的值，并输出中间项的值。每个中间项的值单独占一行。n 值由键盘输入，不得小于 13，否则重新输入。

源代码如下：

```
class Program
{
    static int n;        //定义类的成员变量,存储总项的值
    //getn()类的成员函数,实现输入n的值并要求n>=13,否则重新输入;do…while()循环应用实例
    static void getn()
    {
        do
        {   Console.Write("输入整数[>=13],回车键结束: ");  //给出输入提示
            //Console.ReadLine()实现输入n的值
            //ToInt32()函数将输入的字符串转化为32位整数,并赋值给变量n
            n=Convert.ToInt32(Console.ReadLine());
        } while (n < 13);   //如果n>=13,循环结束,否则重新输入n值
    }
    //calcmid(int t)成员函数,实现计算每个中间项t的值,并返回计算结果值;for(;;)
    //循环应用实例
    static double calcmid(int t)
```

```
    {
        double s=1;
        for (int k = 1; k <= t; k++) s *= k;
        return s;
    }
    //calcsum()是类的成员函数,用来计算每个中间项的阶乘值,并累计求和;循环结构的嵌套应用实例
    //外循环控制了数据项数,并累计各个项的阶乘值;内循环求各个项的阶乘,并输出中间项及其阶乘值
    static void calcsum()
    {
       double s = 0,t=1;     int i=1, j;      //定义有关变量
       Console.WriteLine("\nIn function 实现的求和:");
       for ( ; i <= n; i++)                   //本循环控制各个数据项
       {   t = 1; j = 0;                      //变量 j 为内循环控制变量
          while (++j <= i) {  t *= j; }  //内循环计算每个中间项 i 的阶乘值
          s += t;                             //累计每个中间项 i 的阶乘值到变量 s 中
          // t.ToString("0")将中间项的阶乘值转化为字符串,同时舍去小数部分
          Console.WriteLine("{0}!= {1}", i, t.ToString("0"));//输出中间项值
       }
       //s.ToString("0")将结果值转化为字符串,并舍去小数部分(其值无意义)
       Console.WriteLine("{0}", s.ToString("0"));
    }
    static void Main(string[] args)
    {
       int i = 0;            double t,s = 0;
       getn();   //调用函数 getn(),实现 n 值的输入
       //本循环实现求 1!+2!+3!+…
       while (++i <= n)
       {   t=calcmid(i);          //调用函数 calcmid()实现求任意中间项的阶乘值
           s += t;                //累计中间项的值到变量 s 中
           Console.WriteLine("{0}!= {1}",i,t.ToString("0"));
       }
       Console.WriteLine("{0}", s.ToString("0"));   //输出最后的结果
       calcsum();                    //调用函数输出计算结果
       Console.ReadKey();
    }
}
```

2.6.10 break 语句、continue 语句和 return 语句

1. break 语句

break 语句通常用在循环结构和 switch 语句中。当 break 用于 switch 语句时，可使程序跳出本层 switch 而执行 switch 语句以后的语句；当 break 语句用于 do…while、for、while 循环结构时，可终止本层循环而执行循环语句后面的语句。即 break 用于终止最内层的 while、do…while、for、switch 语句的执行。通常 break 语句与 if 语句联在一起使用。

【例 2.41】 break 语句应用实例。统计 100～999 之间的素数，并输出素数本身。定义函数 prime(int n)用于判断任意整数是否素数，是返回 true，否则返回 false。

源代码如下：

```
class Program
{
   //prime(int n)成员函数：判断任意正整数 n 是否素数,是则返回 true,否则返回 false
   //参数 n,表示任意的正整数;n 是素数函数返回 true,否则返回 false
   static bool prime(int n)
   {   int k = 1;
       while(++k<n)
       {   //只要 n 被 2～n-1 之间的任一数除尽,则 n 不是素数,循环提前终止
           if (n % k == 0) break;  //break;语句提前终止循环结构
       }
       //循环结束时,如果 k 等于 n 值,表示 n 未被 2～n-1 之间的任一整数除尽过
       if(k==n) return true;
       return false;
   }
   static void Main(string[] args)
   {   int gs=0,n=100;      //定义有关变量并初始化
       for(;n<=999;n++)
       if(prime(n))         //调用函数 primae(n)判断 n 值是否素数
       {   gs++;            //统计素数的个数
           //输出素数本身,每个数占 6 位宽度,每行输出 10 个素数
           Console.Write("{0,5}{1}",n,gs%10==0?'\n':' ');
       }
       Console.WriteLine("\n  100-999 之间共有素数：{0}",gs);  //输出素数的个数
       Console.ReadKey();
   }
}
```

2．continue 语句

continue 语句用于结束本层循环结构的本轮循环，不终止循环结构本身。continue 将程序流程控制到循环条件表达式判断处，跳过循环体内剩余的本轮未执行的语句，再次判断循环条件。该命令只能用于循环（for、while、do…while）结构中，只对本层循环起作用。常与 if 条件语句一起使用，用来加速循环。

【例 2.42】 continue 语句的使用实例。统计并输出 1～100 之间能被 13 整除的数的个数，并输出该数。验证 continue 语句对程序流程的转移过程。

源代码如下：

```
static void Main(string[] args)
{
      int gs = 0;
      for (int k = 1; k <= 100; Console.WriteLine("{0,3}", k),++k)
      {   if (k % 13 != 0)    //统计 1～100 之间能被 13 整除的数
```

```
        {   /*continue 语句结束本次循环,将流程转到 Console.WriteLine("{0,3}",
          ++k 处*/
             continue;          //跳过本语句之后的 2 个语句
        }
        gs++;                   //统计 1～100 之间能被 13 整除的数的个数
        Console.Write("{0,3}", k);  //输出能被 13 整除的数本身
    }
    Console.ReadKey();
}
```

【程序解析】 语句 Console.WriteLine("{0,3}", k)没有实际意义，主要用于验证 continue 语句对程序流程的转化过程。continue 语句结束本次循环，将流程转到“Console.WriteLine ("{0,3}",k),++k”处。

3．return 语句

将程序流程返回给调用，或者将程序流程返回给调用并返回一个值。如例 2.42 中的函数 prime(),其中的 return 语句将返回一个逻辑值，并将程序的流程返回给调用，结束 prime()函数的运行。

【例 2.43】 以下函数实现求任意正整数的阶乘值，并通过 return 语句返回其值。

源代码如下：

```
class Program
{
  static int n;          //定义类的成员变量,存储总项的值
   /*getn()类的成员函数,实现输入 n 的值,并要求输入值大于或等于 5,否则重新输入;do…
   while()循环应用实例*/
   static void getn()
   {   do
       {   Console.Write("输入整数[>=5],回车键结束: ");
            //Console.ReadLine()实现输入 n 的值
            //ToInt32()函数将输入的字符串转化为 32 位整数,并赋值给变量 n
             n = Convert.ToInt32(Console.ReadLine());
       } while (n < 5);    //如果 n 大于或等于 5,循环结束,否则重新输入 n 值
   }
   /*fact(int n)类的成员函数,实现计算每个中间项 t 的值,并返回计算结果值;return 语
   句应用实例*/
   static double fact(int n)
   {   double s = 1.0;
       if (n == 0) return 1;   //return 语句的作用
       else
       {   for (int k = 1; k <= n; k++) s *= k;
           return s;            //return 语句的作用
       }
   }
  static void Main(string[] args)
  {   double s;
```

```
        getn();                  //调用函数,以输入 n 的值
        s = fact(n);             //调用函数,得到 n!
        Console.WriteLine("{0}", s.ToString("0.0"));  //输入 n!值舍去小数部分
        Console.ReadKey();     //等待程序输入
    }
}
```

4. exit()函数

exit()函数不是流程控制语句，但能起到流程终止的作用。该函数的作用是终止整个程序的执行，将调用返回给操作系统。其一般格式如下：

```
void exit(int status)
```

当 status 的值为 0（或 EXIT_SUCCESS）时，表示正常结束；其值为非 0（或 EXIT_FAILURE）时，表示为因为程序出现某种错误而导致的异常结束。

2.6.11　using 语句及其使用

using 关键字有两个主要用途。

1. 用作指令

作为指令，用于导入命名空间，或者用于为命名空间创建别名，或导入其他命名空间中定义的类型。命名空间分为两类：用户定义的命名空间和系统定义的命名空间。用户定义的命名空间是在代码中定义的命名空间。

（1）导入名称空间，允许在命名空间中使用类型及其方法，以便不必限定在该命名空间中使用的类型。

其格式如下：

```
using namespace;
```

【例 2.44】 using 语句应用实例，作为指令导入名称空间。

源代码如下：

```
static void Main(string[] args)
{
    //直接引用 System 中的类 Console 及该类的方法 WriteLine
    Console.WriteLine("Hello,C#");
    //冠名引用 System 中的类 Console 及该类的方法 WriteLine
    System.Console.WriteLine("Hello,C#");
    Console.ReadKey();          //是程序暂停,等待输入
}
```

【程序解析】 以上程序有正确的运行结果。导入了名称空间 System，就可以在程序中直接引用它的类（如 Console）及其该类的方法（WriteLine）。如果把导入语句关闭掉（//using System;），编译运行时，则会出现如下出错提示：“错误：当前上下文中不存在名称‘Console’”；但可以冠以命名空间名称以引用 Console 类，编译将不会产生错误。语句如下：

```
System.Console.WriteLine("Hello,C#");
```

（2）为命名空间或类型创建别名。格式如下：

using alias = type|namespace;

【说明】

① alias：用来表示命名空间或类型的用户定义符号，之后就可以使用 alias 来表示命名空间名称。

② type：通过 alias 表示的类型，namespace，通过 alias 表示的命名空间，或者是一个命名空间，它包含在不需要指定完全限定名的情况下使用的类型。例如：

```
using MyCompany = PC.Company;                //命名空间的别名
using Project = PC.Company.Project;          //类型的别名
```

③ using 指令的范围限制为包含它的文件，创建 using 别名，以便将标识符限定到命名空间或类型。

④ using 引入命名空间，并不等于编译器编译时加载该命名空间所在的程序集，程序集的加载决定于程序中对该程序集是否存在调用操作，如果代码中不存在任何调用操作则编译器将不会加载 using 引入命名空间所在程序集。因此，在源文件开头，引入多个命名空间，并非加载多个程序集，不会造成“过度引用”的弊端。

创建别名的另一个重要的原因，在于同一文件中引入的不同命名空间中包括了相同名称的类型，如 SharpMap.Geometries.Point 与 System.Drawing.Point。为了避免出现名称冲突，可以通过设定别名来解决：

```
using SGPoint = SharpMap.Geometries.Point;
using SDPoint = System.Drawing.Point;
```

也可以通过类型全名称来加以区分，显然不是最佳的解决方案，并使程序书写变得复杂。用 using 指令创建别名，有效地解决了这种可能的命名冲突。

【例 2.45】 如何给类定义 using 指令和 using 别名应用实例。

源代码如下：

```
using System;                                 //导入系统定义的名称空间
using AliasOne = NameSpace1.MyClass;          //为自定义名称空间的类取一个别名
using AliasTwo = NameSpace2.MyClass;          //为自定义名称空间的类取一个别名
namespace NameSpace1                          //自定义名称空间 1
{
    public class MyClass
    {   public override string ToString()
        {return "You are in NameSpace1.MyClass";}
    }
}
namespace NameSpace2                          //自己定义名称空间 2
{
    class MyClass
```

```
    {   public override string ToString()
        {  return "You are in NameSpace2.MyClass";  }
    }
}
namespace ConsoleApp0245               //系统生成的名称空间
{   using NameSpace1;                  //导入自定义名称空间 1
    using NameSpace2;                  //导入自定义名称空间 2
    class Program
    {
        static void Main(string[] args)
        {   AliasOne var1 = new AliasOne(); //通过别名引用自定义名称空间 1 的类
            Console.WriteLine(var1);
            AliasTwo var2 = new AliasTwo(); //通过别名引用自定义名称空间 2 的类
            Console.WriteLine(var2);
            Console.ReadKey();
        }
    }
}
```

输出结果：

```
You are in NameSpace1.MyClass
You are in NameSpace2.MyClass
```

2．用作语句

作为语句，用于定义一个范围，在此范围结束时释放对象。当在某个代码段中使用了类的实例，而希望无论是什么原因，只要离开了这个代码段就自动调用这个类实例的 Dispose。要达到此目的，可以用 try…catch 来捕捉异常，但用 using 也很方便。

（1）在 using 语句中，声明同一个类的不同对象。例如：

```
using(Class1 obj1 = new Class1(), obj2 = new Class1())
{  //在代码中使用这两个对象 obj1, obj2
}  //call the Dispose on obj1 and obj2
```

这里触发 obj1 和 obj2 的 Dispose 条件是到达 using 语句末尾或者中途引发了异常并且控制离开了语句块。有多个对象与 using 语句一起使用，但是必须在 using 语句内部声明这些对象。例如：

```
using (Font font3=new Font("Arial",10.0f), font4=new Font("Arial",10.0f))
{   Use font3 and font4.  }
```

（2）可以在 using 语句之前声明对象。例如：

```
Font font2 = new Font("Arial", 10.0f);
using (font2){  use font2   }
```

等价于

```
using (Font font2 = new Font("Arial", 10.0f)) {  use font2  }
```

【使用规则】

① using 只能用于实现了 IDisposable 接口的类型，禁止不支持 IDisposable 接口的类型使用 using 语句，否则会出现编译错误。

② using 语句适用于清理单个非托管资源的情况，而多个非托管对象的清理最好以 try…finally 来实现，因为嵌套的 using 语句可能存在隐藏的 bug。内层 using 块引发异常时，将不能释放外层 using 块的对象资源。

③ using 语句支持初始化多个同类的变量。例如：

```
using(Pen p1 = new Pen(Brushes.Black), p2 = new Pen(Brushes.Blue)){…}
```

④ 初始化不同类型的变量时，可以都声明为 IDisposable 类型，例如：

```
using (IDisposable font = new Font("Verdana", 12), pen = new Pen(Brushes.Black))
{   float size = (font as Font).Size;  Brush brush = (pen as Pen).Brush;  }
```

⑤ using 语句的实质。在程序编译阶段，编译器会自动将 using 语句生成为 try…finally 语句，并在 finally 块中调用对象的 Dispose 方法来清理资源。所以，using 语句等效于 try…finally 语句。

2.7 集合与数据处理

.NET 提供的常用集合包括数组（array）、动态数组（arraylist）、列表（list）、哈希表（hashtable）、字典（dictionary）等。限于篇幅，在此只介绍数组、ArrayList、泛型。

数组是一种数据结构，属于引用类型。数组中所包含的变量，称为数组元素，同一个数组中元素的类型是相同。数组必须先定义、后使用。

2.7.1 数组

1. 一维数组的定义

一维数组的声明格式如下：

```
数据类型[] 数组名称;
数据类型[] 数组名称={初始值列表};
数据类型[] 数组名称=new 数据类型[数组大小];
数据类型[] 数组名称=new 数据类型[数组大小]{初始值列表};
```

方括号只能在中间。例如，声明了一维数组并完整的指定了数组元素的初始值，数组的大小由初始值的个数决定。

```
int[] ia={1,2,3};
for(int k=0;k<ia.Length;k++) Console.Write("{0,6}",ia[k]);//每一项输出 6 位宽度
```

例如，定义时指定了数组的长度，并使用 new 关键字初始化所有的数组元素（其元素值为 0）。

```
int[] ib=new int[5];                //定义一个一维数组,它有 5 个元素
//输出各元素的值,每个元素值占 6 位宽度
for(int k=0;k<ib.Length;k++) Console.Write("{0,6}",ib[k]);
```

例如，如果要声明一个数组变量但不将其初始化，须用 new 运算符将数组分配给此变量。

```
int[] ic;                           //声明一个数组变量未将元素初始化
ic=new int[5]{12,23,34,45,56};      //用 new 进行分配,数组有 5 个元素
for(int k=0;k<ic.Length;k++) Console.Write("{0,6}",ic[k]);
```

例如，定义时未指定数组的长度，对数组进行了初始化，数组大小由初始值的个数决定。

```
int[]id=new int[]{1,2,3,4,5,6,7,8,9};
for(in t k=0;k<id.Length;k++) Console.Write("{0,6}",id[k]);
                                    //每个项输出 6 位宽度
```

例如，定义时指定了数组的长度，并对数组进行了初始化，初始值个数应该与数组大小相同。初始值的个数不能大于或小于指定的数组大小（即元素个数）。

```
int[] a=new int[10]{1,2,3,4,5,6,7,8,9,10};
foreach(int k in a) Console.Write("{0,6}",k);
                                    //输出各元素的值,每个元素值占 6 位宽度
```

例如，以下数组定义和初始化是错误的。初始值个数不等于指定的数组大小（即元素个数）。

```
int[] a=new int[10]{1,2,3,4,5,6,7,8};
int[] b=new int[10]{1,2,3,4,5,6,7,8,9,10,11,12};
```

编译时，出现出错提示“应输入长度为‘10’的数组初始值设定项”。

2. 二维数组的定义

二维数组的声明格式如下：

数据类型[,] 数组名;
数据类型[,] 数组名=new 数据类型[数组大小];
数据类型[,] 数组名=new 数据类型[行数,列数];

方括号只能在中间。例如，二维数组的定义并初始化元素

```
int[,] int A = new int[2, 3];               //定义二维数组未初始化元素
int[,] int B = new int[2, 3] { { 1, 2, 3 }, { 4, 5, 6 } };
                                            //定义二维数组并初始化元素
```

3. 数组的初始化

数组的初始化有以下几种形式：完整的指定数组的内容；指定数组的长度，并使用 new 关键字初始化所有的数组元素。具体格式如下：

数据类型[] 数组名称={初始化数值序列};
数据类型[] 数组名称=new 数据类型[数组大小]{初始化数值序列};
数据类型[] 数组名称=new 数据类型[]{初始化数值序列};

对于第二种初始化方式，数值序列的个数不能大于数组大小，因为显式地指定了数组的大小；对于值类型的数组，系统自动将元素初始化为 0；对于引用类型的数组，系统自动将元素初始化为 null。

（1）例如，二维数组的定义时，直接给予初始化，例如：

```
int j,k,row,cols;
int[,] b = new int[3, 3] { { 1, 2, 3 }, { 4, 5, 6 }, { 7, 8, 9 } };
row = b.GetLength(0);                      //函数 GetLength(0)返回二维的行数
cols = b.GetLength(1);                     //函数 GetLength(1)返回二维数组的列数
for (j = 0; j < row; j++)                  //控制二维数组的行数
{   for (k = 0; k < cols; k++)             //控制二维数组的列数
        Console.Write("{0,6}", b[j, k]);   //输出各个元素,各占 6 位宽度
    Console.WriteLine();                   //输出换行
}
```

（2）二维数组的定义时，也可以初始化数组但不指定级别。例如：

```
int[,]b={{1,2},{3,4},{5,6},{7,8}};
for(j=0;j<4;j++)
{   for(k=0;k<2;k++) Console.Write("{0,6}",b[j,k]);
    Console.WriteLine();       //输出换行
}
```

（3）如果要声明一个数组变量但不将其初始化，须用 new 运算符将数组分配给此变量。例如：

```
int[,]ar;                      //声明一个数组变量未将元素初始化
ar=new int[,]{{11,21},{32,42},{53,63},{74,84}};
for(j=0;j<4;j++)
{  for(k=0;k<2;k++) Console.Write("{0,6}",ar[j,k]);
    Console.WriteLine();       //输出换行
}
```

4．元素的表示与数组的遍历

（1）一维数组元素的表示与访问

数组元素的表示格式如下：

数组名[元素下标]

（2）二维数组元素的表示与访问

数组元素的表示格式如下：

数组名[行下标,列下标]

访问数组的元素格式如下：

数组名[行下标,列下标]

（3）元素的个数测定

① 一维数组的元素个数：使用 Length 属性可以得到数组元素的个数。

② 二维数组的元素个数（矩阵）。

- 使用 Length 属性可以得到数组元素的总个数。
- 使用 GetLength(0)可以得到二维数组的行数。
- 使用 GetLength(1)可以得到二维数组的列数。

③ 二维数组的元素个数（非齐整矩阵）。

- 使用 Length 属性可以得到数组元素的个数。
- 使用 GetLength(0)可以得到数组的行数。
- 使用 GetLength(1)将会越界。
- 非齐整矩阵每行元素的个数的获取：

```
数组名称[行下标].Length
```

【例 2.46】 一维、二维数组应用实例。说明一维、二维数组的定义、初始化、元素的表示、访问。建立控制台应用程序，项目名称为 ConsoleApp0246。

源代码如下：

```
using System;
namespace ConsoleApp0246
{
  class Program                                    //系统自动建立的类名称
   {
      static int [] a =  new int[10];              //定义一维整型数组
      static int[] b = new int[10];                //定义一维整型数组
      static int[,] iA = new int[10, 10];          //定义二维整型数组
      //方法 inita()产生不相同的随机整数,赋值给一维数组 a 的各元素
      private static void inita()   //定义类的方法成员,用于初始化数组元素
      {   //方法之一：指定一个 int 型的参数作为随机种子
          int iSeed=6;
          Random ra=new Random(iSeed);
          //用到 Random.Next()方法产生随机数, 返回一个 iSeed 整数倍的随机整数
          for (int k = 0; k < 10;k++) b[k]=ra.Next()%100;
          //将 1-100 存储到二维数组的各元素中
          for (int k = 0; k < 100; k++) iA[k/10,k%10]=k+1;
      }
      //方法 initb()产生不相同的随机整数,赋值给一维数组 b 的各元素
      private static void initb()
      {   //方法之一：不指定随机种子数;a.Length 测得一维数组的长度（元素的个数）
          Random gen = new Random();
          for(int i = 0; i<a.Length; i++)
          {   //gen.Next(1, 100)产生 1～100 的随机数
              int x = Convert.ToInt32(gen.Next(1, 100));
              /*将产生的随机数与数组 b 现有的各元素值进行比较,不相同时再存储到数组的
              当前元素中,注意内循环的作用,排出相同的元素值*/
              for(int j = 0; j<i; j++)
              {   if(x == a[j])
```

```
                {   //gen.Next(1, 100)产生 1～100 之间的随机数
                    x = Convert.ToInt32(gen.Next(1, 100));
                    j = 0;
                }
            }
            a[i] = x;   //不相同时再存储到数组的当前元素 a[i]中
        }
    }
    //自定义函数 outa()实现输出数组 a、b、iA 的各元素
    private static void outa()      //定义类的方法成员,用于输出数组的元素值
    {   int k = 0;
        Console.Write("数组 a 的各元素值: ");
        for (; k < 10; k++)  //输出数组 a 的元素值:
          { Console.Write("{0,6}",a[k]); } //输出各元素值,每个元素占 6 位宽度
        Console.WriteLine("\n");
        Console.Write("数组 b 的各元素值: ");
        for (k=0; k < 10; k++)                       //输出数组 b 的元素值
          {  Console.Write("{0,6}", b[k]);  }
                                        //输出各元素值,每个元素占 6 位宽度
        Console.WriteLine("\n");
        //方法 1: 通过一个循环控制变量输出二维数组 iA 的元素值;运算符号%、/在其中的
        //具体应用
        Console.WriteLine("二维数组各元素的值: ");
        int s = 0;
        for (k = 0; k < 100; k++)
        { Console.Write("{0,6}{1}",iA[k/10,k%10],(k+1)%10>0?' ':'\n');
            s += iA[k / 10, k % 10];
        }
        Console.WriteLine("\nS={0}",s);
        //方法 2: 输出二维数组 iA 的元素值,通过二重循环控制
        //iA.GetLength(0)获取二维数组 iA 的行数;iA.GetLength(1)获取二维数组
        //iA 的列数
        Console.WriteLine("通过行列控制输出二维数组各元素值: ");
        s = 0;          //该变量用于累计元素值的和
        for (int i = 0; i < iA.GetLength(0); i++) //获取二维数组 iA 的行数
        {   for (int j = 0; j < iA.GetLength(1); j++)//获取二维数组 iA 的列数
            {   Console.Write("{0,6}{1}", iA[i,j],iA[i,j]%10>0? 32:'\n');
                s += iA[i, j];
            }
        }
        Console.WriteLine("\nS={0}", s);
    }
    static void Main(string[] args)
    {   //调用函数以初始化各个数组
```

```
            inita();   initb();   outa();
            Console.ReadKey();
        }
    }
}
```

2.7.2　ArrayList

ArrayList 是一个可动态调整长度的集合。它不限制元素的个数及其数据类型，可以直接、动态地维护，可以根据需要自动扩充，其索引会根据程序和应用的扩展进行重新分配和调整。所以，可将任意类型的数据保存到 ArrayList 中。ArrayList 提供了一系列的方法对其中的元素进行访问、添加、删除操作。

引用 ArrayList 类时，需引入名称空间 System.Collections、using System.Collections.Generic。

1．ArrayList 的初始化

创建 ArrayList 对象的格式如下：

```
ArrayList 对象名列表=new ArrayList([参数])
```

ArrayList 是可以动态维护的，定义时，可以指定容量，也可以不指定容量。

2．ArrayList 集合元素的添加

通过 ArrayList 类的方法 Add()在集合的尾部添加元素，格式如下：

```
int ArrayList.Add(object value)
```

该方法返回 int 类型的整数，表示添加的元素的索引。如果添加的元素是数值型的也会转化为 object 引用类型。

3．ArrayList 集合元素的删除

删除 ArrayList 集合的元素的方法有 3 种，格式如下：

```
void ArrayList.Remove(object name)    //删除集合中指定对象名称(name)的元素
void ArrayList.RemoveAt(int index)    //删除集合中指定索引编号(index)的元素
void ArrayList.Clear()                //删除集合中的所有元素
```

【说明】 在 ArrayList 中添加和删除元素时，ArrayList 集合会自动调整其中元素的索引编号。

4．ArrayList 集合元素的表示与遍历

可以通过 ArrayList 中元素的索引编号表示其中的元素，格式如下：

```
(类型) ArrayList[index]
```

当添加元素到 ArrayList 集合时，会自动转化元素为 object 引用类型，因此，在访问元素时须把元素转化为元素（添加时）本身的数据类型。

ArrayList 对象是个集合，使用类似访问数组（元素）的方法，通过循环等方式访问其中的元素。

【例 2.47】 ArrayList 类及其访问实例。建立 C#控制台应用程序，项目名称为

ConsoleApp0247。

源代码如下：

```
using System.Collections;                //手工添加该引用,为引用类 ArrayList
namespace ConsoleApp0247
{
    class Student    //自定义项目的类
    {   private string sname;              //学生姓名
        public string sName
        {
            get { return sname; }
            set { sname = value; }
        }
        private string sex;                //学生性别
        public string sSex
        {
            get { return sex; }
            set { sex = value; }
        }
        private string university;  //毕业学院
        public string sUniversity
        {
            get { return university; }
            set { university = value; }
        }
        public Student() { }                                         //默认构造函数
        public Student(string xm, string xb, string xy)    //构造函数重构
        {
            this.sname = xm; this.sex = xb; this.university = xy;
        }
        public void show()
        {   Console.Write("姓名: {0},性别: {1}", sname, sex);
            Console.WriteLine("毕业于: {0}", university);
        }
    }
    class Program
    {
        static void Main(string[] args)
        {
            Student st = new Student();//创建类 student 的对象,调用默认的构造函数
            //给对象 st 的每个字段赋值
            st.sName = "赵颖"; st.sSex = "男"; st.sUniversity = "重庆三峡学院";
            //定义 student 类的对象并实例化
            Student zj = new Student("张佳", "女", "重庆大学");
            Student lb = new Student("李斌", "男", "西南师范大学");
```

```
            ArrayList students = new ArrayList(); //定义 ArrayList 集合对象(名
            称 students)
            //给 ArrayList 集合添加元素(每个元素是一个 Student 类的对象)
            students.Add(st);    students.Add(zj);     students.Add(lb);
            Console.Write("ArrayList 集合中的元素个数: {0}", students.Count);
            Console.WriteLine(",各个元素的信息是: ");
            //遍历 ArrayList 集合的元素(每个元素就是一个类 Student 的对象)
            for (int i = 0; i < students.Count; i++)
            {
                Console.Write("{0}: ", i + 1);
                //访问元素及其成成员时须把元素转化为元素(添加时)本身的数据类型(很重要)
                ((Student)(students[i])).show();
            }
            //移除 List 集合的元素(zj、lb)
            students.RemoveAt(1);       //移除集合中的第 2 个元素,即移除 zj
            students.Remove(lb);        //移除集合中的对象 lb
            //遍历删除 List 集合中的对象之后的元素(每个元素就是一个类 Student 的对象)
            Console.Write("\nArrayList 集合的元素被删除后的个数:{0}", students.Count);
            Console.WriteLine(",删除元素之后的信息是: ");
            for (int i = 0; i < students.Count; i++)
            {   //访问元素及其成员时须把元素转化为元素(添加时)本身的数据类型(很重要)
                Console.Write("{0}: ", i + 1); ((Student)students[i]).show();
            }
            Console.ReadKey();
        }
    }
}
```

程序运行结果如下：

```
ArrayList 集合中的元素个数: 3,各个元素的信息是:
1: 姓名: 赵颖,性别: 男,毕业于: 重庆三峡学院
2: 姓名: 张佳,性别: 女,毕业于: 重庆大学
3: 姓名: 李斌,性别: 男,毕业于: 西南师范大学
ArrayList 集合中的元素被删除之后的个数: 1,删除元素之后的信息是:
1: 姓名: 赵颖,性别: 男,毕业于: 重庆三峡学院
```

【程序解析】

① ArrayList students = new ArrayList()定义 ArrayList 的对象 students。

② 语句 students.Add(st)、students.Add(zj)、students.Add(lb)中的方法 Add()用于向 ArrayList 集合添加元素（其类型是类 Student 的对象）。

③ students.RemoveAt(1)中的方法 RemoveAt(1)用于删除 ArrayList 集合中的指定序号（如序号为 1）的元素。

④ students.Remove(lb)中的方法 Remove()用于删除 ArrayList 集合中的指定对象（如对象 lb）。

⑤ students.Count 中的 Count 属性用于统计 ArrayList 集合中元素的个数。

2.7.3 泛型

数组是一个组具有相同数据类型的数据的集合，在程序中用于存储数据，但是数组具有局限性，不能动态的添加、删除数据元素。为此，.NET 提供了集合和泛型，可以很好地实现动态元素的添加、删除操作。

1．泛型概述

所谓泛型，即通过参数化类型来实现在同一份代码上操作多种数据类型。泛型编程是一种编程范式，它利用“参数化类型”将类型抽象化，从而实现更为灵活的复用。C#泛型赋予了代码更强的类型安全，更好的复用，更高的效率，更清晰的约束。泛型最显著的应用就是创建集合类，并且可以约束集合内的元素类型。比较典型的泛型集合是 List<T>和 Dictionary<K，V>，其中，<T>和<K，V>表示该泛型集合的元素类型。

2．泛型的定义

List<T>的用法类似于 ArrayList，但是 List<T>的类型安全性更好。List<T>的 T 是对集合中的元素类型进行约束，表明集合中允许加入的元素类型元素只能是同一类型。

定义一个 List<T>集合的格式如下：

```
List<元素类型> 对象名称 = new List<元素类型>();
```

在 List<T>中添加、删除、访问和遍历元素的方法与 ArrayList 相同。

【例 2.48】 泛型类及其泛型类型实例。建立 C#控制台应用程序，项目名称为 ConsoleApp0248。

源代码如下：

```
using System;
namespace ConsoleApp0248
{   class Program
    {   //根据不同的类型，以下程序显示出不同的值
        static void Main(string[] args)
        {   int a =10;
            Test<int> test1 = new Test<int>(a);
            Console.WriteLine("int:" + test1.obj);
            string b = "C# programming";
            Test<string> test2 = new Test<string>(b);
            Console.WriteLine("String:" + test2.obj);
            Console.Read();
        }
    }
    class Test<T>                    //Test 是一个泛型类。T 是要实例化的范型类型
    {   public T obj;                //T 被实例化什么型，其成员变量 obj 就是什么型：如 int
        public Test(T obj)
        { this.obj = obj; }   //将成员变量 obj 的类型初始化为参数对象 obj 的类型
```

```
    }
}
```

程序运行结果如下：

```
int:2
String:C# programming
```

【程序解析】 Test 是一个泛型类。T 是要实例化的范型类型。T 被实例化什么型，其成员变量 obj 就是什么型。例如，如果 T 被实例化为 int 型，那么成员变量 obj 就是 int 型的，如果 T 被实例化为 string 型，那么 obj 就是 string 型的。

C#泛型能力由 CLR 在运行时支持，使得泛型能力可以在各个支持 CLR 的语言之间进行无缝操作。C#泛型代码在被编译为 IL 和元数据时，采用特殊的占位符来表示泛型类型，并用专有的 IL 指令支持泛型操作。而真正的泛型实例化工作以 on-demand 的方式，发生在 JIT 编译时。

3．泛型的编译机制

第一轮编译时，编译器只为 Test 类型产生“泛型版”的 IL 代码和元数据，并不进行泛型类型的实例化，T 在中间只充当占位符。JIT 编译时，当 JIT 编译器第一次遇到 Test 时，将用 int 类型替换“泛型版”IL 代码与元数据中的 T 进行泛型类型的实例化。CLR 为所有类型参数为“引用类型”的泛型类型产生同一份代码，但如果类型参数为“值类型”，对每个不同的“值类型”，CLR 为其产生一份独立的代码。

【例 2.49】 泛型类及其泛型类型实例。建立 C#控制台应用程序，项目名称为 ConsoleApp0249。

源代码如下：

```
namespace ConsoleApp0249
{
    class Student{…}//自定义类 Student,具体参见例 2.47 中类 class Student 的定义
    class Program
    {
        static void Main(string[] args)
        {
            Student st = new Student();//创建类 student 的对象,调用默认的构造函数
            //给对象 st 的每个字段赋值
            st.sName = "赵颖"; st.sSex = "男"; st.sUniversity = "重庆三峡学院";
            //定义 student 类的对象并实例化
            Student zj = new Student("张佳","女","重庆大学");
            Student lb = new Student("李斌", "男", "西南师范大学");
            //定义一个 List 集合,集合名称为 students
            List<Student> students = new List<Student>();//定义一个 List 集合
            //给 List 集合中添加元素(类 Student 的对象)
            students.Add(st);  students.Add(zj);  students.Add(lb);
            Console.Write("List 集合中的元素个数：{0},",students.Count);
            Console.WriteLine("各个元素的信息是：");
```

```
            //遍历 List 集合的元素(每个元素就是一个类 Student 的对象)
            for (int i = 0; i < students.Count; i++)
            {
                Console.Write("{0}: ",i+1); students[i].show();
            }
            //移除 List 集合的元素(zj、lb)
            students.RemoveAt(1);        //移除集合中的第 2 个元素,即移除 zj
            students.Remove(lb);         //移除集合中的对象 lb
            //遍历删除 List 集合中的对象之后的元素(每个元素就是一个类 Student 的对象)
            Console.Write("\nList 集合中的元素被删除之后的个数:{0},", students.Count);
            Console.WriteLine("删除元素之后的信息是: ");
            for (int i = 0; i < students.Count; i++)
            {
                Console.Write("{0}: ", i + 1); students[i].show();
            }
            Console.ReadKey();
        }
    }//结束类 Program
}
```

程序的运行结果如下：

```
List 集合中的元素个数: 3, 各个元素的信息是:
1: 姓名: 赵颖,性别: 男,毕业于: 重庆三峡学院
2: 姓名: 张佳,性别: 女,毕业于: 重庆大学
3: 姓名: 李斌,性别: 男,毕业于: 西南师范大学
List 集合中的元素被删除之后的个数: 1, 删除元素之后的信息是:
1: 姓名: 赵颖,性别: 男,毕业于: 重庆三峡学院
```

【程序解析】

① List<Student>中的 Student 是实例化的范型类型（即类 Student 的对象）。

② students.Add(st)、students.Add(zj)、students.Add(lb)中的方法 Add()用于向泛型的集合添加元素。

③ students.RemoveAt(1)中的方法 RemoveAt(1)用于删除泛型集合中的指定序号（如序号为 1）的元素。

④ students.Remove(lb)中的方法 Remove()用于删除泛型集合中的指定对象（如类 Student 的对象 lb）。

⑤ students.Count 中的 Count 属性用于统计泛型集合中元素的个数。

2.8 C#语言中的异常及其处理

C#语言提供了异常处理机制，能处理可预见的、反常条件（丢失网络连接，文件丢失）下的异常。当应用程序遇到异常情况，它将“抛”出一个异常，并终止当前方法，直到发现一个异常处理。这意味着如果当前运行方法没有处理异常，那么将终止当前方法，并调

用方法，这样会得到一个处理异常的机会。如果没有调用方法处理它，那么该异常最终会被 CLR 处理，它将终止程序。可以使用 try…catch 块来检测具有潜在危险的代码，并使用操作系统或者其他代码捕捉任何异常目标。catch 块用来实现异常处理，它包含一个执行异常事件的代码块。理想情况下，如果捕捉并处理了异常，那么应用程序可以修复这个问题并继续运行下去。即使应用程序不能继续运行，也可以捕捉这些异常，并显示有意义的错误信息，使应用程序安全终止。

如果在方法中有一段代码无论是否碰到异常都必须运行（例如，释放已经分配的资源，关闭一个打开的文件），那么可以把该代码放在 finally 块中，这样甚至在存在异常的代码中也能保证其运行。

2.8.1　C#语言的异常处理概述

1. 什么是异常

在 C#语言中，异常就是在程序运行期间发生的错误或意外。异常处理是为处理错误情况提供的一种机制。它为每种错误情况提供了定制的处理方式，并且把标识错误的代码与处理错误的代码分离开来。

C#语言中的异常总体上分成两种：一种是人为捕捉到的异常；一种是由系统捕捉到的异常。对于异常可以用 try{}…catch(){}…finally{}语句块去进行处理；try{}是要监控的代码段；catch(){}是指一旦捕获到异常所进行的处理等；finally{}是指无论是否有异常，都会执行的代码块，一般用来释放资源等。

2. 异常引发的条件

异常有两种不同的方式引发。

（1）throw 语句无条件，即时抛出异常。

（2）C#语句和表达式执行过程中激发了某个异常的条件，使得操作无法正常结束，从而引发异常。

例如，整数除法操作分母为零时将抛出一个 System.DivideByZeroException 异常。

2.8.2　使用 try…catch…finally 处理异常

Visual C#语言的异常处理方法：在程序中加入异常控制代码，提供更为明确的处理结果。异常是由 try 语句来处理的，try 语句提供了一种机制来捕捉执行过程中发生的异常。以下是它的 3 种形式：

（1）try{}…catch(){}；

（2）try{}…finally{}；

（3）try{}…catch(){}…finally{}。

对.NET 类来说，一般的异常类 System.Exception 派生于 System.Object。还有许多定义好的异常类（如 System.SystemException 等），派生于 System.Exception 类。其中 System.ApplicationException 异常类是第三方定义的异常类。

1．异常处理的3个代码块

在代码中对异常进行处理，一般要使用3个代码块。

（1）try{}代码块是程序中可能出现错误的操作部分，用于检查发生的异常，并发送任何可能的异常。

（2）catch(){}语句块的代码用于捕获并处理异常，且只在出现异常时执行，以控制权更大的方式处理错误。可以有多个catch子句，也可以没有。

（3）每个catch可以处理一个特定的异常。.NET按照catch的顺序查找异常处理块，如果找到，则进行处理，如果找不到，则向上一层次抛出。如果没有上一层次，则向用户抛出。此时，如果在调试，程序将中断运行，如果是部署的程序，将会中止。如果没有catch块，异常总是向上一层次（如果有）抛出，或者中断程序运行。

（4）finally{}语句块的代码用来清理资源或执行要在 try{}语句块末尾执行的其他操作。finally{}语句块可以没有，也可以只有一个。无论是否产生异常，finally{}的代码块都将被执行。即使在try{}语句块内用了return返回，在返回前，finally总是要执行。若无catch{}语句块，那么finally{}语句块就是必需的。

（5）throw用于引发异常，可引发预定义异常和自定义异常。

2．C#异常处理

C#异常处理的格式如下：

```
try
  {  程序代码块；//执行的代码，其中可能有异常
     一旦发现异常，则立即跳到catch(){}执行；否则不会执行catch里面的内容
  }
catch(Exception e)
  {
     异常处理代码块；除非try里面执行代码发生了异常，否则这里的代码不会执行
  }
finally
  {  无论是否发生异常，均要执行的代码块；
     不管什么情况都会执行，包括try{}…catch(){}里面用了return
     可以理解为只要执行了try{}或者catch{}，就一定会执行finally{}
  }
```

3．try…catch…finally执行顺序

（1）不管有没有出现异常，如果有 finally 代码块的话，finally{}语句块中代码都会执行。

（2）当try{}和catch{}中有return时，任何执行try{}或者catch{}中的return语句之前都会先执行finally{}语句，如果finally{}存在的话。

（3）finally{}是在“return表达式”之后执行的，即返回值是在finally{}执行前确定的。

（4）finally{}中最好不要包含return语句，如果finally中有return语句，否则程序会提前退出，返回值不是try{}或catch{}中保存的返回值。所以finally{}中的return语句是一定会被return的，编译器把finally{}中的return实现为一个warning。

4．异常处理语句使用的几种具体情况

（1）格式 1：

```
try{}…catch(){}
```

try{}语句块中包含可能产生异常的代码，catch(){}中指定对异常的处理。

（2）格式 2：

```
try{}…finally{}
```

try{}语句块包含可能产生异常的代码，finally{}中指定最终都要执行的子语句；与格式 1 比较，程序不提供对异常的处理，只保证 finally{}语句块中的代码一定被执行。

（3）格式 3（常用格式）：

```
try{}…catch(){}…finally{}
```

try{}语句块中包含可能产生异常的代码，catch(){}中指定对异常的处理，finally{}中指定最终都要执行的子语句，放在所有 catch 后，只能出现一次。

（4）throw 语句。throw 语句可以重新引发一个已捕获的异常，还可以引发一个预定义的或自定义的异常，可被外围的 try{}语句接收，throw 引发的异常称为显示引发异常。

情况 1：

```
try{…}
catch(){…}
finally{…}
```

显然程序按顺序执行。

【注意】 finally{}语句块中是不允许写 return 的，如果一定要写，就会得到一个编译期错误："Control cannot leave the body of a finally clause"，意为"控制不能离开 finally 子句主体"。

情况 2：

```
try
{ …
  return;
}
catch(){…}
finally{…}
return;
```

程序执行 try{}语句块中 return 之前（包括 return 语句中的表达式运算）的代码，若无异常再转执行 finally{}语句块，最后执行 try{}中的 return，程序返回；程序执行 try{}语句块中 return 之前（包括 return 语句中的表达式运算）的代码时若遇异常，转执行 catch{}语句块，再转执行 finally{}语句块，再返回执行 try{}的 return 语句。finally{}之后的语句 return，因为程序在 try{}中已经 return，所以不再执行。

情况 3：

```
try{…}
catch()
{  …
   return;
}
finally{…}
return;
```

程序先执行 try{}语句块，如果遇到异常执行 catch(){}语句块，执行 catch(){}中 return 之前（包括 return 语句中的表达式运算）代码，再执行 finally{}语句中全部代码，最后执行 catch(){}语句块中的 return 语句。若无异常，执行完 try{}再执行 finally{}，最后执行 return。

情况 4：

```
try
{  …
   return;
}
catch(){…}
finally
{  …
   return;
}
```

程序执行 try{}块中 return 之前（包括 return 语句中的表达式运算）代码，执行 finally{}语句块，因为 finally{}语句块中有 return，所以提前退出。

情况 5：

```
try{…}
catch(){return;}
finally{return;}
```

程序执行 try{}语句块，遇上异常则执行 catch(){}语句块，执行 catch(){}语句块中 return 之前（包括 return 语句中的表达式运算）代码；再执行 finally{}语句块，因为 finally{}语句块中有 return，所以提前退出。

情况 6：

```
try{return;}
catch(){return;}
finally{return;}
```

程序执行 try{}语句块中 return 之前（包括 return 语句中的表达式运算）代码；若有异常，执行 catch(){}语句块中 return 之前（包括 return 语句中的表达式运算）代码；再执行 finally{}语句块，因为 finally{}语句块中有 return 所以提前退出。若无异常，执行 finally{}语句块，因为 finally{}语句块中有 return，所以提前退出。

5. 异常处理语句使用代码实例

【例 2.50】 try{}…catch(){}…finally{}语句块执行顺序实例（1）。

源代码如下：

```
class Program   //系统生成的using语句省略
{   static void Main(string[] args)
    {   System.Console.WriteLine("In Main,call function az(),a=" + az());
        Console.ReadKey(true);    //暂停程序执行
    }
    public static int az()
    {  int a = 1,b = 10;            //在函数中定义了两个整型变量
        try                          //try{}中的代码会被执行
        {   //try{}中的输出a、b的值,最先输出
            System.Console.WriteLine("In try of az(): a=" + a + ",b=" + b);
            //执行finally之后,在转执行本return a语句,返回try块定义的变量a的值
            return a;
        }
        //处理错误异常的代码放在 catch{}块内,若发生异常,则执行 catch{}块内的代码,
        //捕获错误
        catch (ArgumentNullException ex) {
                Console.WriteLine("{0},FirstException.", ex.Message);   }
        catch (Exception ex){
                Console.WriteLine("{0},SecondException.", ex.Message);  }
       finally                   //finally{}中的代码总会被执行,不能是否发生异常
        {   a += 3;              //修改了函数az()中定义的变量a的值
            System.Console.WriteLine("In finally : a=" + a);
        }
        return b;
    }
}
```

程序运行结果如下：

```
In try of az(): a=1,b=10
In finally : a=4
In Main,call function az(),a=1
```

【程序解析】 从主函数开始执行，因为函数调用关系，转执行 az()函数；先执行 az()中的 try{}语句块代码，第一次输出为：In try，a=1，b=10；在 az()函数中，try{}执行中无异常，两个 catch{}程序块未被执行，转去执行 finally 语句块；第二次输出为：In finally，a=4；再转执行 try{}的“return a;”语句。最后执行主函数的输出语句。注意，try{}中返回的是值类型的数据。

【例 2.51】 try{}…catch{}…finally{}语句块执行顺序实例（2）。

本实例中，try{}中返回的是引用类型的对象，其运行结果是 2，注意和上一个实例（2）的区别。

源代码如下：

```
namespace ConsoleApp0251
{   public class TestClass
```

```
    {   public int value = 1;    }   //定义类,其中只有一个成员变量
    class Program
    {    static void Main(string[] args)
        {   //函数 Func()返回类 testClass 的对象;然后通过返回的类的对象引用其成员变
            //量 value
            Console.WriteLine("{0}", Func().value);
            Console.ReadKey();
        }
        //在类 program 中,定义了一个返回类 TestClass 的成员函数 Func()
        public static TestClass Func()
        {   TestClass t = new TestClass();  //声明类 TestClass 的对象 t
            try {  return t;   }         //try 块中返回类的对象 t
            finally {  t.value++;  }    //finally 块中修改类的对象成员 value 的值
        }
    }
}
```

【程序解析】 当通过压栈传递参数时，参数的类型不同，压栈的内容也不同。如果是值类型，压栈的就是经过复制的参数值，如果是引用类型，那么进栈的只是一个引用；传递值类型时，函数内修改参数值不会影响函数外，如果传递是引用类型则会影响。

在执行 try{}的代码块中的 return 之前，会执行 finally{}块的语句，执行 t.value++语句，这才是真正 return 的结果。Func().value 的值，实质是 Func()中的 t. value，两者指向同一对象，因此 finally 块中的操作会影响到返回值。

【例 2.52】 try{}…catch(){}…finally{}语句应用与错误捕获应用测试实例。源代码注释中标注的序号，表明程序（可能出错时）捕获错误，并执行流程的转移顺序。

源代码如下：

```
namespace ConsoleApp0252
{   class Program
    {   static void Main(string[]args)
        {
            Program test=new Program();
            try
            {   //①调用 getException,转执行 getException
                Console.WriteLine("In Main,调用 getException():");
                test.getException();
            }
            //⑦Main()函数中的异常链不空,捕获异常
            catch(Exception ex)
            {   int i=0;
                Console.WriteLine("\nMain 函数现在所有的异常:");
                while(ex!=null)
                {   //依次输出异常链上的异常
                    Console.WriteLine("\t 异常{0}:{1}",++i,ex.Message);
                    //获取导致当前异常的 Exception 实例
                    ex=ex.InnerException;
                }
```

```
        }
        finally {  Console.WriteLine("Main 到此函数结束!");  }
                                    //⑧执行 finally
        Console.ReadKey(true);    //暂停程序执行
    }//end Main
    void getException()
    {   //②执行 getException
        int cs=0;
        byte[]bytes=new byte[4]{11,12,13,14};
        int m=5;
        //③设置数组发生越界错误,以引发异常
        try
        {   Console.WriteLine("\tIn getException(),try 块: ");
            for(byte k=0;k<m;k++) { Console.Write("{0,10}",bytes[k]); }
            Console.WriteLine("\tgetException()函数的 try 块结束.");
        }
        //④定义了多个 catch 块,只执行最合适的
        catch(IndexOutOfRangeException er)
        {   Console.WriteLine("\n\tIn getException(),Catch 块: ");
            Console.WriteLine("\n\tCatch 第{0}次(越界)异常:{1}",++cs,
            er.Message);
            //⑤抛出一个异常,第二个参数为此异常的 InnerException
            throw new Exception("throw 抛出的异常",er);
        }
        catch(Exception ex)
        {   Console.WriteLine("\n\tIn getException(),Catch 块: ");
            Console.WriteLine("\n\tCatch 第{0}次(普通)异常:{1}",++cs,
            ex.Message);
        }
        //⑥执行 finally
        finally { Console.WriteLine("\tIn getException(),finally 块",cs);  }
    }//end void getException()
  }//end class Program
}
```

程序运行结果如下:

```
In Main,调用 getException():
        In getException(),try 块:
        11        12        13        14
        In getException(),catch 块:
        Catch 第 1 次(越界)异常:索引超出了数组界限。
        In getException(),finally 块
Main 函数现在所有的异常:
        异常 1:throw 抛出的异常。
        异常 2:索引超出了数组界限。
Main 到此函数结束!
```

C#面向对象编程

面向对象编程技术中最重要的概念就是类和对象。类（class）表示对现实生活中一类具有共同特征的事物的抽象，是面向对象编程的基础。简单地说，类是一种抽象的数据类型，是对一类对象的统一描述。类是对某个对象的定义，它包含有关对象动作方式的信息，包括名称、方法、属性和事件。类本身不是对象，因为它不存在于内存中。

面向对象的程序设计具有 3 个特征：封装、继承和多态。可以大大地增加程序的可靠性、代码的可重用性和程序的维护性。

封装：将抽象得到的数据和行为（或功能）形成一个有机的整体，即将数据与操作数据的源代码进行有机地结合，形成“类”，其中数据和函数都是类的成员。

继承：通过继承可以创建父类和子类（派生类）之间的层次关系。子类可以使用现有类的所有功能（实现“代码重用”），并对现有的类的功能进行扩展。通过继承创建的新类称为“子类”或“派生类”。 被继承的类称为“基类”“父类”或“超类”。派生的新类既有基类的特点，又有其本身的新特征。

多态是指不同的类进行同一操作可以有不同的方法。实现多态，有两种方式：覆盖和重载。

覆盖：是指子类重新定义父类的虚函数的做法。

重载：是指允许存在多个同名函数，而这些函数的参数表不同（或许参数个数不同，或许参数类型不同，或许两者都不同）。

3.1 类与对象

C#的类是一种对包括数据成员、函数成员和嵌套类型进行封装的数据结构。其中数据成员可以是常量。函数成员可以是方法、属性、索引器、事件、操作符、实例构建器、静态构建器、析构器。

类是面向对象的程序设计的核心，实际上是一种新的数据类型。

3.1.1 类的结构与定义

类的定义一般分为声明部分和实现部分。声明部分用于声明该类的成员，包括数据成员、成员函数的声明。成员函数用于对数据进行操作，又称之为“方法”。实现部分用于成员函数的定义。

类声明的一般格式如下：

```
[类访问修饰符] class 类名称：[基类名称]
{
    类体
}
```

【说明】 被方括号括起来的选项为可选项。

（1）类访问修饰符，可选项，用于定义类及其成员的可访问性，包括以下内容。

① public：公共的，表示可以被任意访问，访问不受限制。

② private：只可以被本类所访问。

③ protected：表示受保护的，只能被本类和其继承的子类访问。

④ internal：只限于此程序（类所在的程序内，即同一个编译单元：.DLL 或.EXE）访问。

⑤ abstract：抽象类，不允许建立类的实例。

⑥ sealed：密封类，不允许该类被继承。

声明每一个类时，如果省略了访问修饰符，则默认的访问权限为 internal。

（2）关键字 class，表示类的定义，只能是小写字母。

（3）类名称，是 C#中的一个合法的标识符。由用户指定，只要满足命名规则即可；基类名称，可选项，用于声明要继承的类或接口。

（4）类体，用大括号（{}）括起来，称之为类的主体。其中，一般包含两类成员：数据成员和成员函数。数据成员的数据类型可以是任意合法的数据类型，也可以是另外一个类的对象。例如，例 2.47 中的类 Student 的定义。

3.1.2　对象的定义

类是对同类对象的一种抽象，对象是类的实例。一个类定义之后，就可以定义该类的对象。对象是具有数据、行为、标识的编程结构，是面向对象应用程序的一个组成部分。这个组成部分封装了部分应用程序。该应用程序可以是一个过程、数据或一些抽象的实体。

1．对象的定义

类的对象声明与创建格式如下：

```
类名 对象名;                              //类的声明未实例化
类名 对象名 = new 类名称([参数表]);       //类的声明并实例化对象
```

2．对象的使用（成员的引用）

类的对象，通过运算符“.”引用类的成员。格式如下：

```
类名.成员名称
```

当然类的成员能否允许访问要受成员的访问修饰符的控制。在使用“对象名.成员名”来访问对象成员时，一定要确认该对象引用不能为空（null），否则会引起异常。例如：

```
Student st;          //参见例 2.47 中的类 Student 的定义，声明了类的对象，未实例化
```

```
st.sName = "赵颖";//将引发错误,因为st对象为null。st未实例化,即未指向任何存储空间
```

类和对象既有区别也有联系。类是一个相对抽象的概念，对象是一个具体的概念。类为对象的生成提供模板，利用 new 生成类的一个对象。

3.2 类的成员

定义在类体中的元素都是类的成员。类的成员分为数据成员（描述状态）和函数成员（描述操作）。类的成员要么是静态（static）成员，要么是实例（instance）成员。静态成员可以通过类名称直接引用，实例成员要通过类的实例（对象）引用。类中一些常用的成员如下。

（1）常量：与类关联的常量值，包括常成员函数和常数据成员。

（2）字段：类中定义的变量。

（3）方法：类可执行的计算或操作，主要是函数（方法）。

（4）属性：定义一些特性以及与读写这些特性相关的操作。

（5）事件：可由类生成的通知。

（6）索引器：能以数组方式索引类的实例的操作。

（7）运算符：类所支持的运算符。

（8）委托：本质也是类，可以引用一个或多个方法。

（9）构造函数：特殊的成员函数，初始化类的实例或类本身所需要的操作，名称与类名相同。

（10）析构函数：特殊的成员函数，在撤销类实例之前执行的操作。

（11）嵌套类型：在类中声明的类型。

3.2.1 数据成员与函数成员

1. 数据成员

数据成员用于描述类的状态，包括字段（类中定义的变量）、常量（其值不可改变）、事件。数据成员可以是静态数据（与整个类相关）或实例数据（类的每个实例都有它自己的数据副本）。

（1）字段：字段是类中最常见的数据成员，用于表示在类中定义的与类或对象相关的变量。

字段的声明格式如下：

[访问修饰符] 数据类型 字段名 [=初始值]

若省略了访问修饰符，则类的成员的默认访问权限为 private；若声明字段时，省略了“=初始值”，则字段根据其数据类型的不同被自动初始化为相应的默认值。类的 public 字段称为类的公共字段。字段有静态字段与实例字段两种。静态字段是属于类的，实例字段是属于对象的。

（2）只读字段：定义字段时，用关键字 readonly 修饰声明的字段。readonly 声明的字段是不允许被改写的。不过有个例外，在构造函数中，可以改写其只读字段。

【例 3.1】 类的只读数据成员的修改方法实例。

源代码如下：

```
class Program
{   private readonly int i = 0 , j=0;   //声名只读字段 i、j
    Program()  //构造函数,与类的名称相同
    {
       this.j = 20; this.i = 100;        //构造函数中,可以改写只读字段 i、j 的值
    }
    static void Main(string[] args)
    {  Program a = new Program();        //建立对象引用,并实例化
       //a.i=10;                         //如果这样改写 i 的值,将会报错
       Console.Write("j={0}\t",a.j);     //通过类的实例对象输出只读型数据成员的值
       Console.WriteLine("i={0}",a.i);   //通过类的实例对象输出只读型数据成员的值
       Console.ReadKey();
    }
}
```

程序运行结果如下：

```
j=20  i=100
```

（3）静态字段和实例字段：使用关键字 static 修饰声明的字段就是静态字段（又称为静态变量）。静态字段是属于类的数据成员，因此，可以通过类名称直接访问静态字段。格式如下：

类名称.静态字段名称

不用关键字 static 修饰声明的字段就是实例字段（又称之为实例变量）。类的每个实例都包含了该类的所有实例字段的一个独立副本。实例字段通过类的实例（对象）名称访问。

【例 3.2】 类的静态和实例数据成员的访问方法题例解析。

源代码如下：

```
class Program
{   private static int i = 10;                //声名一个静态字段(变量)
    private int j = 100;                      //声名一个实例字段(变量)
    static void Main(string[] args)
    {
       Program a = new Program();             //建立对象引用,并实例化
       Console.WriteLine("instance member j=" + a.j); //用对象来访问字段 j
       Console.WriteLine("static member i=" + Program.i);
                                              //静态字段需要用类名来访问
       Console.ReadKey();                     //暂停程序运行
    }
}
```

程序运行结果如下：

```
instance member j=100
static member i=10
```

（4）常数据成员：const关键字用来声明常量，指定该成员的值只读，不允许修改。常量有别于字段，常量的值是在任何时候都不会被改变的，常量必须是基元类型。常量被默认为static的，但并不声明。例如：

```
public const int c=10;                  //用const关键字来声明一个常量
public const double pi=3.1415926;       //用const关键字来声明一个常量
```

（5）事件：事件是使对象或类能够提供通知的成员。事件的声明与字段类似，不同之处在于事件声明包含一个event关键字，并且事件声明的类型必须是委托类型。

在包含事件声明的类中，事件可以像委托类型的字段一样使用。该字段保存了一个委托的引用，表示事件处理程序已经被添加到事件上。如果尚未添加任何事件处理程序，则该字段为null。

2．函数成员

函数成员提供了操作类中数据的某些功能，包括方法、属性、构造函数、析构函数、运算符以及索引器等。

（1）方法：是与某个类相关的函数，它们可以是实例方法，也可以是静态方法。实例方法处理类的某个实例，静态方法提供了更一般的功能，不需要实例化一个类。

（2）属性：是可以在客户机上访问的函数组，其访问方式与访问类的公共字段类似。

（3）构造函数：是在实例化对象时自动调用的函数。它们必须与所属类同名，且不能有返回类型。构造函数用于初始化字段的值。

（4）析构函数：类似于构造函数，它们的名称与类相同，但前面有一个“～”符号，析构函数在C#语言中用得少，因为CLR会自动进行垃圾收集。

（5）运算符：用于定义类的实例的运算操作，运算符可以重载。

（6）索引器：允许对象以数组或集合的方式进行索引。

在C#语言中，每个函数成员都必须与类相关。C#实际上区分了函数和方法：“函数成员”不仅包含方法，而且也包含类的一些非数据成员，例如索引器、运算符、构造函数和析构函数等，甚至还有属性。

在C#语言中，所有的方法都在类定义中声明和定义（为public或private)。方法的定义包括方法的修饰符、返回值的类型、方法名、输入参数的列表和方法体。

3.2.2 静态成员与实例成员

在C#语言中，类可以有两类成员：静态成员和实例成员。非静态类可以包含静态的方法、字段、属性或事件。即使没有创建类的实例，始终通过类名而不是实例名称访问静态成员。

类的每一个实例都会复制这些实例成员，静态成员只会被复制一次，被复制后在整个应用程序的声明周期内都存在。默认情况下，成员是被定义为实例成员的。

1. 静态成员

要将一个成员声明为静态成员，需要在成员名前面使用关键字 static。静态成员的特点如下。

（1）静态成员属于类，能被该类的所有实例共享。

（2）一个静态变量，在创建类的多个实例时，在内存中占用同一存储区域（永远只有一个副本）。

（3）静态函数成员（方法、属性、事件、构造函数）属于类的成员，在其代码体内不能直接引用实例成员，否则出现编译错误。

（4）静态成员只能通过类名称引用。

静态成员的引用格式如下：

```
类名称.静态成员名
```

2. 实例成员

实例成员属于具体的对象（类的实例），即每个对象都有实例成员的不同副本。实例成员的特点如下。

（1）实例成员必须通过类的对象来引用。

（2）类的变量属于类的对象，即每一个类的实例（对象）都有这些实例成员的副本。

（3）实例函数成员（方法、属性、构造函数、析构函数）作用于类给定的实例（对象），在实例函数体代码内可以直接使用实例成员，也可以直接使用类的静态成员。

实例成员的引用格式如下：

```
对象名称.实例成员名
```

3.2.3 属性

字段和常量用于描述类的数据，通过访问修饰符 public、private、protected 设置对数据的访问权限。若需要分别限制对某些字段的读写操作，增强类的安全性和灵活性，C#利用属性来读取、修改或计算字段的值。定义属性的一般语法格式如下：

```
[访问修饰符] 数据类型 属性表
{
    get{  取得属性的代码，用 return 语句返回值  }
    set{  设置属性的代码，用 value 赋值    }
}
```

一个属性内可以包含一个 get 和一个 set 代码段，分别称之为 get 访问器和 set 访问器。get 访问器相当于一个具有属性类型返回值的无参数的方法，当在表达式中引用属性时，将调用该属性的 get 访问器计算属性的值。get 访问器必须用 return 语句返回值，并且所有的 return 语句都必须返回一个可隐式转换为属性类型的值。

set 访问器相当于一个具有单个属性类型值参数和 void 返回类型的方法。set 访问器的隐式参数始终命名为 value。当一个属性作为赋值的目标被引用时，就会调用 set 访问器，所传递的参数将提供新值。因为，set 访问器存在隐式的参数 value，所以，在 set 访问器中不能自定义（使用）名称为 value 的局部变量或常量。

根据属性中是否存在 get 访问器、set 访问器，将属性分为以下 3 种。

（1）可读、可写属性：包含 get 访问器和 set 访问器。

（2）只读属性：只包含 get 访问器。

（3）只写属性：只包含 set 访问器。

【例 3.3】 类的属性及其 get 访问器、set 访问器实例解析。

源代码如下：

```
namespace ConsoleApp0303
{   class Student                                         //自定义项目的类
    {   private string sname;                             //学生姓名
        public string sName                               //定义读、写型属性
        {
           get { return sname; }
           set { sname = value; }                         //value 为 set 访问器的隐式参数名称
        }
        private string sex;                               //学生性别
        public string sSex                                //定义读、写型属性
        {
            get { return sex; }                           //定义 get 访问器
            set { sex = value; }
        }
        private int age;                                  //学生年龄
        public int sAge                                   //定义读、写型属性
        {
            get { return age; }                           //定义 get 访问器
            set                                           //定义 set 访问器
            {  if (value >= 17 && value <= 35) { age = value; }
                 else { age = 20;  }
            }
        }
       public Student() { }                               //默认构造函数
       public Student(string xh,string xm, string xb, int vage){
                                                          //重载构造函数
              this.sname = xm; this.sex = xb; this.age = vage;  }
       public void show(){
          Console.WriteLine("姓名：{0},性别：{1},年龄：{2}", sname, sex,
          age)    }
   }//end for class Student
   class Program
   {
       static void Main(string[] args)
       {
           Student st = new Student();  /*创建类 student 的对象,调用默认的构造函
```

```
                                                   数给对象 st 的每个字段赋值（年龄为赋值）*/
            st.sName = "赵颖"; st.sSex = "男";
            Console.Write("输入学生的年龄: ");
            //ReadLine()输入一个年龄数字值,函数 Convert.ToInt32()将数字串转化为数值
            st.sAge = Convert.ToInt32(Console.ReadLine());
            st.show();    //调用类的成员函数,输出类的成员的值
            Console.ReadKey();
        }
    }
}
```

程序运行结果如下：

```
输入学生的年龄: 15                //输入的年龄值不满足条件,参见属性 sAge
姓名: 赵颖,性别: 男,年龄: 20
```

【说明】

（1）在类的某个字段的任一位置处，按组合键 Ctrl+R+E，弹出“封装字段”对话框，在“属性名”输入框处输入属性名称（其他选项采用默认值），单击“确定”按钮，即可创建字段相关的属性。

（2）选择类的某个字段，然后右击，在弹出的快捷菜单中选择“重构”菜单选项，在弹出的级联菜单中，选择“封装字段”菜单选项，弹出“封装字段”对话框，在“属性名”输入框处输入属性名称（其他选项采用默认值），单击“确定”按钮，也可创建指定字段的属性。

以上方法都能创建与“字段”相关联的“属性”，将字段和属性封装在一起。封装用于隐藏内部实现，对外只是展示对类的基本操作，而不影响类的内部实现。

3.2.4　构造函数与析构函数

1．构造函数

类的定义中不能对数据成员进行初始化，为了能给数据成员赋某些初值，就要用到构造函数。构造函数的最大特点是在对象建立时自动执行。因此，对数据成员的初始化一般放在构造函数中完成。

C#规定构造函数必须与相应的类同名，它可以有参数，也可以没有参数，而且可以重载。

在定义类时，如果没有显式的定义构造函数，编译器自动为该类生成一个不带任何参数的默认构造函数。在定义类时，如果已定义了构造函数，则默认的构造函数将不再显式地调用，如果要显式地调用构造函数，在类中得显式地给出默认构造函数的定义。

构造函数和普通函数的区别如下。

（1）构造函数的名称必须与类名称相同，且一个类可以有一个或多个构造函数。

（2）构造函数不能有返回类型（包括 void 类型）。

2. 析构函数

析构函数名与对应的类名相同，析构函数（destructor）与构造函数相反，只是在函数名前面加一个波浪符（～），以区别于构造函数。它不能带任何参数，也没有返回值（包括void 类型）。只能有一个析构函数，且不能重载。如果用户未显式定义析构函数，编译系统会自动生成一个缺省的析构函数。

当对象脱离其作用域时（例如对象所在的函数已调用完毕），系统自动执行析构函数做“清理性”工作。当程序运行结束，需要回收对象所占用的内存资源。在对象被销毁之前，.NET 的公共语言运行时会自动调用析构函数，并使用垃圾回收器回收对象所占用的内存资源。

3. 对象成员的初始化

在类的定义中，不能直接对数据成员进行初始化，可借助于构造函数对数据成员进行初始化。

【例 3.4】 类的构建、类的构造函数、析构函数实例解析。

源代码如下：

```
namespace ConsoleApp0304
{   class MyCalcs                          //自定义类
    {   private int a;                     //定义类的数据成员（字段变量）
        public int vA                      //定义类的字段（变量）相关的属性
        {   get { return a; }
            set { a = value; }             //value 为 set 访问器隐式的参数变量
        }
        //默认的构造函数
        public MyCalcs() { Console.WriteLine("成员,a: {0}",this.a); }
        //构造函数重载,参数的个数不同
        public MyCalcs(int a,int b) {
              Console.WriteLine("输出形参变量: a: {0};b: {1}", a, b); }
        //构造函数重载,参数的个数不同
        public  MyCalcs(int b) { Console.WriteLine("成员,a: {0};参数,b: {1}",
        this.a,b); }
        //构造函数重载,参数的个数和数据类型不同
        public  MyCalcs(string a,string b) { Console.WriteLine("输出形参,a+b={0}",
        a+b); }
        ～MyCalcs() { Console.WriteLine("这是析构函数,信息处理完毕！"); }
    }
    class Program
    {   static void Main(string[] args)
        {   MyCalcs c0 = new MyCalcs();          //创建类的对象,调用默认的构造函数
            MyCalcs c1 = new MyCalcs(10);        //创建类的对象,调用重载的构造函数
            MyCalcs c2 = new MyCalcs(10, 20); //创建类的对象,调用重载的构造函数
            MyCalcs c3 = new MyCalcs("10", "20");
                                                //创建类的对象,调用重载的构造函数
            Console.ReadKey();
```

```
            }
        }
    }
```

程序运行结果（其中的注释语句不是程序运行结果）如下：

```
成员,a: 0                    //调用默认的构造函数（输出的结果）
成员,a: 0;参数,b: 10         //调用重载的构造函数（输出的结果）
输出形参变量: a: 10;b: 20    //调用重载的构造函数（输出的结果）
输出形参,a+b=1020            //调用重载的构造函数（输出的结果）
```

【程序解析】 调用默认的构造函数时，数据成员 a 没有任何值，输入结果为 0；调用重载的构造函数，没有初始化数据成员 a 时，输入结果为 0；输出结果之后，按任一键时，调用析构函数，逐一释放（类的）对象及其相关所有的内存空间。

3.3 类的方法与函数

C#语言中方法就是与类相关的函数。在 VB、C++语言中，可以定义与类完全无关的全局函数，但在 C#语言中，每个函数都必须与类或结构相关。方法用于实现由类执行的计算和操作，是以函数的形式来定义的。方法是由 C#语句组成的可以完成特定功能的例程。C#语言中的类库中的各个类都提供了很多方法。

3.3.1 方法和函数的定义、调用

方法（或函数）由首部和方法体组成。

1. 方法（函数）的基本结构

方法（函数）的基本语法结构如下：

```
[访问属性] 返回值类型 方法名称（[形式参数]）
{
    方法（函数体）
}
```

（1）方法的首部：方法的首部包括访问属性、类别、方法（函数）名称、形式参数。

① 访问属性：可以省略，主要是指 public、private、protected 这 3 种。默认访问权限为 private。

② 返回值类型：表示方法执行相应操作后返回值的数据类型，主要有整型、字符、字符串、空类、布尔型、对象型等。如果方法（函数）是空类型（void）时，即函数无返回值要求的情况下，此时函数类型符须写为 void，函数体中不能有返回表达式值的语句“return<表达式>”。如果方法有返回值，则通过语句“return<表达式>”返回。

③ 方法的名称：遵循标识符的命名规则。方法名最好“见名知意”，以增加代码的可读性。

④ 方法的参数：包括实际参数（简称实参）和形式参数（简称形参）。定义时指定的参数为形式参数，调用时指定的参数为实际参数。参数列表可以省略，表示该方法没有参数，但小括号不能省略。若有多个参数时，参数之间用逗号分隔，方法定义时每个参数的数据类型也不能省略。

（2）方法体部分：即方法要执行的语句序列，须用成对的大括号（{}）括起来。方法体包括说明语句、可执行语句部分。对其他方法的调用，方法体可以为空，但大括号不能省略。

① 声明语句部分：一般放在可执行语句之前，用于声明变量、外部变量或函数等。该语句可以省略。

② 执行语句部分：由若干语句构成。这些语句的基本结构包括顺序结构、选择结构、循环结构，还包括 C#的其他语句，如 using 语句、try 语句、catch 语句、finally 语句。函数体可以省略，但最外层的大括号不能省略。

2．方法的定义

方法的定义，就是根据方法的结构给出方法的首部和方法体部分。定义时，一般要指定方法的访问属性、数据类型、名称和形式参数。当方法无形式参数时，函数名称之后的小括号不能省略。方法体中可以没有任何语句（即方法体可以是空的），但最外层的大括号不能省略。

3．方法的调用

类的方法的调用，分为两种情形：被类的函数成员调用；被外部访问。当方法的访问属性不是 public 时，该方法只能被类的函数成员直接访问（调用）。当方法的访问属性为 public 时，可以被外部访问。

3.3.2 静态方法和实例方法

方法也是所属类的成员，和数据成员相似，方法也有静态方法和实例方法。

1．静态方法及其定义

若类的方法前加了 static 关键字，则该方法称为静态方法，反之称为实例方法。静态方法为类所有，可以通过类的对象来使用，也可以通过类的名称直接使用。但一般提倡通过类名来使用，因为静态方法只要定义了类，不必建立类的实例就可使用。静态方法只能用类的静态成员。

静态方法（函数）的结构和定义格式如下：

```
[访问属性] static 返回值类型 方法名称（[形式参数]）
  {
      方法（函数体）
  }
```

2．静态方法调用

静态方法的调用通过类名直接调用，调用格式如下：

```
类名.方法名
```

【使用规则】

（1）静态方法只能访问类的静态成员，不能访问类的非静态成员。

（2）非静态方法可以访问类的静态成员，也可以访问类的非静态成员。

（3）静态方法既可以用实例来调用，也可以用类名来调用。

（4）.NET Framework 类库中提供了很多包含静态方法的类，如 Math 类、String 类、StringBuild 类、Convert 类。

3．实例方法

不使用 static 修饰声明的方法为实例（instance）方法，实例方法对类的某个特定的实例进行操作，且能够访问静态成员和实例成员。在调用实例方法时，可以通过 this 指针显式地访问实例。

4．实例方法的调用

实例方法的调用通过类的实例对象调用，调用格式如下：

```
对象名.方法名
```

【例 3.5】 静态方法与实例方法实例解析。输入一个正整数，通过调用静态方法和实例方法计算其阶乘值，最后输出结果。

源代码如下：

```
namespace ConsoleApp0305
{   class MyFactClass   //自定义类 MyFactClass：其中定义了静态方法与实例方法
    {
        //定义静态方法，计算参数 n 的阶乘值；并返回阶乘值 n!
        //调用：通过类的实例调用；或者直接通过类名称调用；参数 n 表示任意正整数
        public static double staticfact(int n)
        {
            double p=1.0;
            for(int k=0;++k<=n;) p*=k;
            return p;
        }
        //实例方法，计算参数 n 的阶乘值；调用：通过类的实例调用
        //参数 n 表示任意正整数；函数返回：double 类型值，即参数 n 的阶乘值 n!
        public double instancefact(int n)
        {   double p=1.0;
            for(int k=0;++k<=n;)p*=k;
            return p;
        }
    }//END class MyFactClass
    //系统自定生成的类 Program：静态方法与实例调用实例
    class Program
    {
        private static int n;                    //静态数据成员
        static void Main(string[]args)
        {
            Console.Write("输一个正整数[>5]:");
```

```
            //从键盘读入数字串,通过类 int 的方法 Parse()转化为整数赋值给 n
            n=int.Parse(Console.ReadLine());
            MyFactClass a=new MyFactClass();//定义类 MyFactClass 的实例(对象)名称
            double s1=a.instancefact(n);//通过类的对象引用类的方法 instancefact
            //通过类名称(MyFactClass)引用静态方法 staticfact
            double s2=MyFactClass.staticfact(n);
            //调用类 Program 的静态成员函数 outvalue()输出结果
            outvalue(s1,s2);
            Console.ReadKey();//暂停程序运行等待输入
        }
        //方法：outvalue(double s1,double s2); 作用：输出参数 s1、s2 的值
        private static void outvalue(double s1,double s2)
        {
            Console.WriteLine("\t 实例方法计算结果：{0}",s1);
            Console.WriteLine("\t 静态方法计算结果：{0}",s2);
        }
    }//end class program
}
```

程序运行结果如下：

```
输一个正整数[>5]:6
    实例方法计算结果：720
    静态方法计算结果：720
```

3.3.3 方法的参数与传递机制

方法的参数包括实际参数（简称为实参）和形式参数（简称为形参）。方法定义时指定的参数称为形式参数，方法调用时指定的参数称为实际参数。

方法的调用一般伴随着函数之间的参数传递，参数实现了方法（函数）之间的数据传递或数据交换。方法中有 4 种类型的参数。

（1）值形式参数（values parameter）：定义时不带修饰符。

（2）引用参数（reference parameter）：定义时用 ref 加以修饰。

（3）输出参数（output parameter）：定义时用 out 加以修饰。

（4）形参数组（parameter array）：定义时用 parameter 加以修饰。

调用方法时，实际参数的类型、个数应与定义时指定的形式参数的类型、个数一一对应。即实际参数与形式参数在数量、数据类型、顺序上应严格一致，否则会发生“类型不匹配”的错误。

1．值形式参数

方法定义时，如果形式参数只是指定了参数的类型而未加其他修饰说明，则该参数为值形式参数。其初始值为对应实参的值（是实参值的副本，实参值的类型隐式的转化为形参的类型），与实际参数占用不同的存储空间。形式参数值的改变不影响对应的实际参数的值。

2．引用参数

定义方法时，用 ref 修饰的形式参数为引用形式参数，用于输入参数的传递。当形式参数为引用参数时，实参和形参都必须显式地使用 ref 关键字加以说明，且实参应为变量，并具有初值（否则出错）。引用参数传递的不是实参的值，而是实参变量所在存储空间的地址。在调用方法时，并不为形参重新分配存储空间，而是占用实参的存储空间。因此在方法调用的过程中，形参和实参实际上是“同一个变量”，如果形参变量值发生了变化，那么对应的实参变量值也会发生同样的变化。

3．输出（out）参数及应用实例

使用输出参数可以让一个函数返回多个值。定义输出参数的方法是在定义方法的参数时，在形参前面加上 out 关键字。方法定义和调用时，形式参数指定为输出参数，则形式参数都须显式的使用 out 关键字加以说明。输出参数传递的不是实参的值，而是实参变量所在存储空间的地址。

指定输出参数的方法调用时，并不为形参重新分配存储空间，而是与实参占用同一存储空间。因此，形参变量值的改变导致实参变量值同样的变化。在函数返回时，out 类形参应该有明确的值，否则出错。

【例 3.6】 函数的参数及其传递机制，值传递和引用传递的区别。

源代码如下：

```
namespace ConsoleApp0306
{
   class Program
   {
      static void Main(string[] args)    //主函数,程序入口
      {  double s=0,t;
         int n=getinteger();          //调用类的成员函数以输入一个整数存储于 n 中
         Console.WriteLine("n={0}",n);  //输出 n 本身的值
         getfact(ref s,n);            //s 作为引用类的输入参数,应该有初始值
         getjc(out t,n);              //t 作为引用类的输出参数,可以不初始化
         Console.WriteLine("n={0},{1}!={2}",n,n,s);
         Console.WriteLine("n={0},{1}!={2}",n,n,t);
         Console.WriteLine("n={0},{1}!={2}",n,n,Math.Round(s,0).ToString());
         Console.ReadKey();
      }
      private static int getinteger() //自定义函数,用于输入一个整数并返回。函
                                      //数无参数
      {
         int n;
         do  //do…while()循环的使用
         {  Console.Write("输入一个十进制整数[>5]: ");
            //从键盘输入一个整数,通过类 int 的方法 Parse()转化为整数赋值给变量 n
            n=int.Parse(Console.ReadLine());
         }while(n<5);
         return n;
```

```
        }
        /*自定义函数 getfact(ref double p,int n),计算值参数 n 的阶乘值,通过引用
        参数 p 返回;参数 p 为引用类输入参数,应有初始值;n 为值参数,接受实际参数的值*/
        private static void getfact(ref double p,int n)
        {   int k=0;
            Console.WriteLine("ref double p={0}",p);
            p=1;                    //给引用参数 p 另外赋一个初始值
            while(++k<=n) p=p*k;    //计算 n! 存储于变量 p 中
        }
        //自定义函数,getjc(out double p,int n);参数 p 为引用类输出参数,可以无初始值
        //作用: 计算值参数 n 的阶乘值,通过输出参数 p 返回给实际参数(变量)
        //p 值的改变直接影响对应的实际参数的值;通过参数 p“返回”n!
        private static void getjc(out double p,int n)//p 输出类参数可以无初始值
        {
            int k=0;
            p = 1;                  //给输出类参数 p 赋一个初始值,否则出错
            while(++k<=n) p=p*k;   //函数返回时,out 类参数变量须有明确的值,否则出错
        }
    }
}
```

【程序解析】

（1）方法 getinteger()没有参数，实现输入一个整型数，并返回输入值。函数 getfact(ref double p,int n)和函数 getjc(out double p,int n)都没有“返回值”，数据交换都是通过引用参数传递实现的。

（2）函数 getfact(ref s,n)调用时，s 作为引用类输入参数，应初始化；函数 getjc(out t,n)调用时，t 作为输出类参数，可以不初始化。这是 ref 参数与 out 参数的区别。两者都进行“引用”传递，通过引用参数实现函数之间的数据交换。

（3）参数进行引用传递时，形式参数值的改变将影响对应的实际参数变量的值（以此实现函数之间的数据交换）。

【例 3.7】 ref、out 类参数应用实例解析。

源代码如下：

```
namespace ConsoleApp0307
{
   class Program
    {
        //说明: 静态方法,分解文件所在的路径和文件名称,并通过输出参数返回
        //参数: vdir,vname: 为输出(out)参数,形式参数值的改变将返回给对应的实际参数
        private static void SplitPath(
                    ref string path, out string vdir, out string vname)
        {   //获取文件所在的目录名称及其文件名称本身
            int n = path.Length;
            int k = path.LastIndexOf(@"\");//得到路径中最后一个字符\在路径串中的位置
```

```
            vdir = path.Substring(0, k + 1);          //得到目录名称
            vname = path.Substring(k + 1, n - k - 1);//得到文件名称
        }
        static void Main(string[] args)
        {
            string dir="",name="",path="";
            //得到可执行文件及其所在的完整路径
            path=Process.GetCurrentProcess().MainModule.FileName;
            Console.WriteLine("执行文件及其所在路径：");
            Console.WriteLine("{0}",path);
            //形参明确为 ref（或者 out）时，方法调用时，实参也应该明确为 ref（或者 out）
            SplitPath(ref path,out dir,out name);   //实参为输出(out)参数
            Console.WriteLine("当前目录：{0}",dir);   //输出返回的路径
            Console.WriteLine("文件名称：{0}",name);  //输出返回的文件名称
            Console.ReadKey();
        }
    }//end for class Program
}
```

程序运行结果在此省略，请读者自行分析并上机验证。

【程序解析】 方法 SplitPath(ref string path,out string vdir,out string vname)的类型是 void，因此没有返回值。但是通过输出 out 参数，返回了两个 string 类的值。方法 SplitPath 调用时，实际参数 vdir、vname 为空串，调用结束之后，实际参数 vdir、vname 有明确的值；在方法定义时，方法的形式参数明确为 ref（或者 out）时，则方法调用时，实际参数也应该明确为 ref（或者 out）。实际参数为 ref 时，应该有明确的值；形式参数为 out 时，函数返回（或结束）时应有明确的值。

C#获取执行程序所在的当前路径的方法有以下几种。

（1）获取和设置当前目录的完全路径，代码如下：

```
string str=System.Environment.CurrentDirectory;
```

（2）获取启动了应用程序的可执行文件的路径，不包括可执行文件的名称，代码如下：

```
string str=System.Windows.Forms.Application.StartupPath;
```

（3）获取新的 Process 组件并将其与当前活动的进程关联的主模块的完整路径及文件名。代码如下：

```
string str=Process.GetCurrentProcess().MainModule.FileName;
```

（4）获取 Thread 的当前应用程序域的基目录，代码如下：

```
string str=System.AppDomain.CurrentDomain.BaseDirectory;
```

（5）获取应用程序的当前工作目录，代码如下：

```
string str=System.IO.Directory.GetCurrentDirectory();
```

（6）获取和设置包含应用程序的目录名称，代码如下：

```
string s=System.AppDomain.CurrentDomain.SetupInformation.ApplicationBase;
```

（7）获取当前进程的完整路径及文件名，代码如下：

```
string s=this.GetType().Assembly.Location;
```

（8）获取启动了应用程序的可执行文件的路径及其可执行文件名，代码如下：

```
string s=System.Windows.Forms.Application.ExecutablePath;
```

（9）获取启动应用程序的可执行文件的路径及其可执行文件名，代码如下：

```
string s=System.Environment.CommandLine;
```

4．形参数组

在定义方法时，可以将函数的最后一个参数定义为参数数组，需要使用 params 关键字修饰。参数数组必须是形式参数表的最后一个参数，且只能是一维数组。params 关键字不能与 ref、out 组合使用。参数数组主要用于传递个数可变的参数。

【例 3.8】 参数数组即 params 关键字应用实例解析。建立控制台应用程序，系统生成的 using 语句在此省略。

源代码如下：

```
namespace ConsoleApp0308
{
    class Program
    {   //函数 void  showelem(),用于显示参数数组的元素个数及元素值
        //a 为形参数组,用 params 修饰
        static private void showelem(params int[] a)
        {
            Console.WriteLine("形参数组元素个数：{0}", a.Length);
                                                    //a.Length 为数组长度
            Console.Write("形参数组各元素的值：");
            foreach (int k in a) Console.Write("{0,6}", k);
                                                    //输出各元素,每位占 6 位宽度
            Console.WriteLine("");
        }
        /*方法重载：str 为 string 类的形参数组,用 params 修饰;显示数组元素个数及其各
        元素值*/
        static private void showelem(params string[] str)
        {
            //str.Length 为数组的长度,即元素(字符串)的个数
            Console.WriteLine("形参数组元素个数：{0}", str.Length);
            Console.Write("形参数组元素(城市)值：");
            //输出形参数组的元素值,{0,-6}表示每个输出项占 6 位宽度,左对齐输出
            foreach (string ss in str) Console.Write("{0,-6}", ss);
            Console.WriteLine("");
```

```
        }
        static void Main(string[] args)
        {   int[] ar = { 11, 12, 13, 14, 15 };
            showelem(ar);     //调用方法,输出数组 ar 的大小及各个元素的值
            string[] citys = { "深圳", "北京", "上海", "大连", "重庆", "成都" };
            showelem(citys); //调用重载方法,输出数组 citys 的大小及其各个元素的值
            Console.ReadKey();
        }
    }
}
```

运行结果显示在此省略，请读者自行分析并上机验证。

3.3.4　方法的返回值

方法可以有返回值，也可以没有返回值。当方法的类型指定为非 void 类型时，就应该有返回值。返回值通过“return 表达式”实现。return 语句的一般形式如下：

```
return 表达式;
```

或者

```
return (表达式);
```

【说明】

① 方法的值是指方法被调用之后返回的值。

② 在方法中允许有多个 return 语句。调用方法时只有一个 return 语句被执行。第一个被执行的“return 表达式”语句起作用。

③ 方法的值的类型和定义方法时指定的类型应保持一致，如果两者不一致，返回值的类型由方法定义的类型决定，并将返回值的类型转化为定义的类型，不能自动转化时将出现语法性错误。

④ 当方法的类型指定为 void 时，函数就没有返回值。不返回值的函数，应明确定义为“空类型（void）”。

⑤ 方法为 void 类型时，方法体中可以有 return 语句，但不能是返回“表达式”值的 return 语句，也不能在程序中使用被调函数的方法值，否则出现语法性错误。

⑥ return 语句有终止方法并返回给调用的作用。因此要注意 return 语句的位置关系。

3.3.5　方法重载

方法重载就是同一个方法名可以对应多个方法的实现，即允许多个同名的方法同时存在。方法重载须满足以下条件。

（1）方法名称必须相同。

（2）形式参数的个数不同。

（3）相同位置上的参数的数据类型不同。

【例 3.9】 函数的重载实例解析。

源代码如下：

```
namespace ConsoleApp0309
{
    class Program
    {    static void Main(string[]args)        //程序入口
         {
             Console.WriteLine("{0}+{1}={2}",10,20,add(10,20));
             Console.WriteLine("{0}+{1}={2}","中国","重庆",add("中国","重庆"));
             Console.ReadKey();
         }
        //函数：add,参数的类型为 int;功能：实现两个形式参数变量求和;返回：两个变量之和
        private static int add(int a,int b){  return a+b;  }
       //重载函数 add,参数类型不同（为 string）;功能：实现字符串相加;返回连接之后的字符串
        private static string add(string a,string b)  {  return a+b;  }
    }
}
```

程序运行结果如下：

```
10+20=30
中国+重庆=中国重庆
```

3.3.6 C#的 Main 函数

在 C#语言中，无论是控制台应用程序，还是 winform 程序，其程序框架中有一个重要的文件 program.cs。该文件的结构参见例 3.8。

【例 3.10】 C#的 Main 函数及其结构。以下框架由系统自动生成，导入名称空间，程序将以新建项目名称自动创建一个命名空间。

源代码如下：

```
namespace ConsoleApp0310
{
     class Program    //系统自动生成的默认的类 program
     {   static void Main(string[] args){ …… }
                        //C#的主函数 Main 是程序入口
         自定义类的函数（或方法）
     }
}
```

在此只给出了 Main()函数及其结构（框架）。具体的实例请参阅之前的所有源代码中的 Main()。

3.3.7 C#消息对话框类 MessageBox 及方法 show

要引用此类，首先通过引用该方法的项目的属性选项，手动添加引用 System.Windows.

Forms.dll，同时，在代码中添加 using System.Windows.Forms。原型如下：

```
DialogResult MessageBox.Show (Text,Caption,buttons,icon,DefaultButtons,
Option);
```

该类的方法的作用就是弹出一个如图 3.1 所示的 MessageBox 消息框对话框，其中显示的文本、标题、按钮、图标可以根据需要具体设置。

图 3.1　MessageBox 消息对话框

【参数及其作用】

（1）Text：字符串（string）类型，消息框中显示的正文，如图 3.1 所示。

（2）Caption：字符串（string）类型，消息框的标题。

（3）buttons：用于设置对话框上显示的按钮类型和个数，是一个枚举值，集成在枚举类型（MessageBoxButtons）中，有以下几种按钮。

① MessageBoxButtons.OK：只有“确定”按钮，返回值为 DialogResult.OK。

② MessageBoxButtons.OKCancel：按钮类型，包括“确定”“取消”。

③ MessageBoxButtons.AbortRetryIgnore：按钮类型，包括“终止”“重试”“忽略”。

④ MessageBoxButtons.YesNoCancel：按钮类型，包括“是”“否”“取消”。

⑤ MessageBoxButtons.YesNo：按钮类型，包括“是”“否”。

⑥ MessageBoxButtons.RetryCancel：按钮类型，包括“重试”“取消”。

⑦ 设置“确定”按钮时，对话框的返回值为 DialogResult.OK；设置“取消”按钮时，对话框的返回值为 DialogResult.Cancel；设置“终止”按钮，对话框的返回值为 DialogResult.Abort；设置“重试”按钮时，对话框的返回值为 DialogResult.Retry；设置“忽略”按钮时，对话框的返回值为 DialogResult.Ignore；设置“是”按钮时，对话框的返回值为 DialogResult.Yes；设置“否”按钮时，对话框的返回值为 DialogResult.No。

（4）icon：设置对话框上显示的图标样式，也是一个枚举值，集成在枚举类型 MessageBoxIcon 中，其值的含义如下。

① MessageBoxIcon.Information：该图符由一个圆圈加其中的一个字母 i 组成。

② MessageBoxIcon.Question：该图符由一个圆圈加其中的一个？组成。

③ MessageBoxIcon.Asterisk：该图符由一个圆圈加其中的一个字母 i 组成。

④ MessageBoxIcon.Error：该图符由一个红色背景的圆圈加其中的一个白色的字母 X 组成。

⑤ MessageBoxIcon.Exclamation：该图符由一个黄色背景的三角形加其中的一个感叹号(！)组成。

⑥ MessageBoxIcon.Hand：该图符由一个红色背景的圆圈加其中的一个白色的字母 X 组成。

（5）option：设置对话框的默认操作，也是一个枚举值，集成在枚举类型 MessageBoxOptions 中，其值的含义如下。

① MessageBoxOptions.DefaultDesktopOnly：消息框显示在活动桌面上，此乃默认操作设置。

② MessageBoxOptions.RightAlign：消息框的文本右对齐。

③ MessageBoxOptions.RtlReading：消息框显示在活动桌面上，此乃默认操作设置。

④ MessageBoxOptions.ServiceNotification：消息框显示在活动桌面上，此乃默认操作设置。

【例 3.11】 MessageBox 类的 Show 实例解析。

源代码如下：

```
using System.Windows;                   //手工方式添加的引用
using System.Windows.Forms;             //手工方式添加的引用
namespace ConsoleApp0311                //项目名称
{
   class Program
   {
       static void Main(string[] args)
       {   string t = "这是关于 MessageBox 类的方法 Show 的测试用例";
          MessageBoxButtons a = MessageBoxButtons.YesNo;//定义按钮的类型和个数
          MessageBoxIcon b = MessageBoxIcon.Information; //定义图标的类型
          MessageBoxDefaultButton d = MessageBoxDefaultButton.Button1;
                                                  //设置默认按钮
          MessageBoxOptions op1 = MessageBoxOptions.DefaultDesktopOnly;
                                                  //设置默认操作
          MessageBoxOptions op2 = MessageBoxOptions.RightAlign;
          MessageBoxOptions op3 = MessageBoxOptions.RtlReading;
          MessageBoxOptions op4 = MessageBoxOptions.ServiceNotification;
          /*MessageBox.Show(t, "对话框的标题", a, b, d, op1);用 show 方法弹出
          对话框*/
          DialogResult res = MessageBox.Show(t,"对话框的标题",a,b,d,op1);
          //以下 if 语句测试对话框的“返回值”(保存在 res 变量中),并加以利用
          if (res == DialogResult.Yes)
               {  Console.WriteLine("单击了对话框上的'是(Y)'按钮"); }
          else { Console.WriteLine("单击了对话框上的'否(N)'按钮"); }
          Console.ReadKey();
       }
   }
}
```

3.4 this 指针

this 可以理解为引用类的对象。在 C#语言中，this 指代当前运行所在的类。this 关键

字将引用类的当前实例，通过 this 调用类自身的变量、属性和方法。特别是在方法或函数的参数变量和类的变量或属性同名时能用 this 指针指代加以区分。静态成员函数没有 this 指针，在静态的方法中不能使用 this，如 Main 方法就是一个静态的方法，因此，不能在 Main 方法中使用 this。

在 C#语言中，关于 this 总结如下。

（1）this 关键字用于引用被访问成员所在的当前实例，静态成员函数没有 this 指针。this 关键字可以用来在构造函数、实例方法和实例化访问器中访问成员。不能在静态方法、静态属性访问器或者域声明的变量初始化程序中使用 this 关键字，否则将产生错误。

（2）在类的构造函数中出现 this，作为一个值类型，表示对正在构造的对象本身的引用。

（3）在类的方法中出现 this，作为一个值类型，表示对调用该方法的对象的引用。

（4）在结构的构造函数中出现 this，作为一个变量类型，表示对正在构造的结构的引用。

（5）在结构的方法中出现 this，作为一个变量类型，表示对调用该方法的结构。

【例 3.12】 this 指针应用实例解析。

源代码如下：

```
namespace ConsoleApp0312
{
    class Program
    {
        private string name;   private int age;     //定义类的私有成员
        static void Main(string[] args)
        {
            Program t = new Program(); //定义类 Program 的对象（实例）
            t.SetLocalValues();          //通过类的实例 t 引用类的方法
            t.GetLocalValues();          //通过类的实例 t 引用类的方法
            Console.WriteLine("在类的主函数 Main 中：");
            Console.WriteLine("输出类 Program 的私有成员：this.age={0}",
            t.getage1(100));
            Console.WriteLine("输出类成员函数 getage2(int age)的形参变量：
            age={0}", t.getage2(100));
            Console.ReadKey();
        }
        private void SetLocalValues()
        {
            //以下语句通过 this 指针引用类的私有数据成员,并为其数据成员赋值
            this.name = "张三丰"; //this.name 表示类 Program 中定义的成员变量 name
            this.age = 45;         //this.age 表示类 Program 中定义的成员变量 age
        }
        public void GetLocalValues()
        {
            string name; int age;      //定义本函数的局部变量 name、age
```

```
            name = this.name;  /*通过 this 引用类的数据成员 name,赋值给本函数的局部
                                    变量 name*/
            age = this.age;    /*通过 this 引用类的数据成员 age,赋值给本函数的局部
                                    变量 age*/
            Console.WriteLine("在成员函数 GetLocalValues 中: ");
            Console.WriteLine("成员函数的局部变量 name 的值为:" + name);
            Console.WriteLine("成员函数的局部变量 age 的值为:" + age);
        }
        public int getage1(int age)
         //函数的形式参数 age 和类 Program 的私有成员 age 同名
        {   //虽然形参变量 age 接收了实参的值 100,但返回的是类 Program 的私有成员 age 的值
            return this.age;//返回类 Program 的私有成员 age 的值,而非形参 age 的值
        }
        public int getage2(int age) //函数的参数 age 和类 program 的私有成员 age 重名
        {  return age;   }             // 返回本函数的形式参数变量 age 的值
    }
}
```

程序运行结果如下：

```
在成员函数 GetLocalValues 中:
  成员函数的局部变量 name 的值为:张三丰
  成员函数的局部变量 age 的值为:45
在类的主函数 Main 中:
  输出类 Program 的私有成员: this.age=45
  输出类成员函数 getage2(int age)的形参变量: age=100
```

3.5 类的继承性与多态性

类的三大特征为封装性、继承性和多态性。本节介绍类的继承性、多态性及其实现方法。

3.5.1 类的继承性

在大型软件的设计与开发过程中，程序的可维护性和可扩展性是亟待解决的问题。类的可继承性，不仅可以扩展类的功能，使程序的扩展性得以极大的发挥，并能很好的实现代码的重用。

在 C#语言中，一个类可以继承另外一个类。被继承的类称之为基类（或父类），继承其他类的类简称为子类，又称之为派生类。在具有继承关系的两个类中，子类不仅具有自己独有的成员和特征，还具有父类的成员和特点。

1. 子类的派生

C#语言中派生子类的语法格式如下：

```
[访问修饰符] class 子类名称：基类名称
{
   子类的成员（包括数据成员、函数成员）
}
```

【说明】 被方括号括起来的选项为可选项。

（1）类访问修饰符，参见 3.1.1 节的介绍。继承一个类时，父类成员的可访问性是一个主要问题。子类不能访问父类的私有（private）成员，可以访问父类的公有（public）成员。但是任何类都能访问类的公有（public）成员，这给程序和数据带来安全隐患。为了解决这一问题，C#提供了一种保护性访问修饰机制，类的继承时，通过访问修饰符 protected，使得被访问修饰符 protected 修饰的成员允许被其子类访问，而不被其他非子类访问。为此，通过 this 指针访问本类的成员，通过关键字 base 访问父类的成员。

（2）关键字 class，表示类的定义，只能是小写字母。

（3）子类名称，是派生新生成的类的名称，父类名称是被继承的类的名称。

（4）类体，用大括号（{}）括起来，称之为类的主体，其成员包括数据成员、函数成员。成员均可省略，但大括号不能省略。

【例 3.13】 类的继承与派生实例解析。

源代码如下：

```
namespace ConsoleApp0313          //ConsoleApp0313 为控制台应用程序项目名称
{
   //自定义类,封装个人基本信息
   public class Person
   {   protected string name, sex;
       protected int age;
       public string Sex          //定义类的属性
       {  get { return sex; }
          set { sex = value; }
       }
       public string Name          //定义类的属性
       {  get { return name; }
          set { name = value; }
       }
       protected int Age           //定义类的属性
       {  get { return age; }
          set { age = value; }
       }
      public Person(){}                                    //默认构造函数
      public Person(string name,string sex,int age)    //重载构造函数
      {
         this.name = name;   //将参数变量的 name 赋值给类的私有成员 name
```

```
        this.sex = sex;       //将参数变量的 sex 赋值给类的私有成员 sex
        this.age = age;       //将参数变量的 age 赋值给类的私有成员 age
    }
}//end class Person
class Students : Person             //定义派生类,继承于基类 Person
{
    private string university;   //毕业学院
    public string University
    {   get { return university; }
        set { university = value; }
    }
    public Students() { }           //子类 Students 的默认构造函数
    //重载子类 Students 的构造函数;成员 name,sex,age 继承自父类 Person 的属性
    //该子类的构造函数中的: base(参数)中的参数与父类的构造函数的参数类型、个数应该相同
    public Students(string name,string sex,int age,string xy):base(name,
    sex,age)
      {  //基类的参数 base(name,sex,age),表示继承自父类的属性 (name,sex,age)
        this.university = xy;     //个人身份: 学生,子类 Students 的扩展属性
    }
    public void show()
    {
      Console.Write("学生: {0},性别: {1},年龄: {2},",base.Name,base.Sex,
      base.Age);
      Console.WriteLine("毕业学院: {0}", this.university);
    }
}//end class Student
class Teachers : Person
{
      Teachers() { }  //子类 Teacher 默认构造函数
    //重载子类 Teachers 的构造函数;成员 name,sex,age 继承自父类 Person 的属性
    //该子类的构造函数中的: base(参数)中声明的参数与父类的构造函数的参数类型、个
    //数应该相同
    public Teachers(string name,string sex,int age,string zc):base(name,
    sex,age)
    {   //基类参数 base(name,sex,age),表示继承自父类的属性(name,sex,age)
        this.job_title = zc;          //教师职称,子类 Teachers 的扩展属性
    }
    private string job_title;         //职称
    public string Job_title
    {
        get { return job_title; }
        set { job_title = value; }
    }
    public string getmessage()      //返回个人信息字符串
    {   //格式化生成字符串,并连接到变量 xx 中
```

```
            string xx = string.Format("教师: {0},性别: {1},", base.Name, base.Sex);
            xx += string.Format("年龄: {0},职称: {1}", base.Age, this.job_title);
            return xx;
        }
    }
    class Program
    {
        static void Main(string[] args)
        {   Students s = new Students("李嘉","女",20,"清华大学");
            Teachers t = new Teachers("张婧", "女", 33, "副教授");
            s.show();              //调用类 Student 的方法 show()输出学生信息
            Console.WriteLine(t.getmessage());
                                   //调用类 Teacher 的方法返回信息字符串
            Console.ReadKey();
        }
    }
}
```

程序运行结果如下：

```
学生: 李嘉,性别: 女,年龄: 20,毕业学院: 清华大学
教师: 张婧,性别: 女,年龄: 33,职称: 副教授
```

【程序解析】 首先定义了基类（Person），以此作为基类，定义派生（子）类 Students 和 Teachers。两个子类中未定义字段 name、sex、age，而是继承了（具有）基类的该属性。在子类中使用关键字 base 直接引用基类的该属性，通过在子类的构造函数之后添加“: base（参数变量表）”。

【说明】

① 在子类中可以使用关键字 base 直接引用基类的属性、方法、构造函数，方法是在子类的构造函数之后添加“: base（参数变量表）”，以用于指定该子类的构造函数调用哪个基类的构造函数，这样便可以初始化被继承的父类的属性。如本例中的重载构造函数 Teacher(string name, string sex, int age, string zc): base(name,sex,age)、Students(string name, string sex, int age, string xy): base(name, sex, age)。

② 子类可以具有基类的特征，也可以具有自己的特征。例如，子类 Student 中没有定义父类的同名字段（name、sex、age），但可以具有父类的这些字段（特征），但子类 Student 中有自己的字段（university），这是父类中没有的。

③ 派生类中，如果声明了与基类同名的成员，可以使用 new 对基类中的同名成员进行覆盖。

④ 当用关键字 sealed 修饰一个类时，该类不能被继承。

⑤ 在 C#语言中，一个子类不能同时继承多个父类，即只能从一个父类中继承，这称之为继承的单根性。

⑥ 继承实现了代码重用。合理的使用继承，使代码更加简洁。继承使得程序的结构简单，父类与子类的层次结构清晰。使得子类只关注自己的相关行为和状态，不需要关注

父类的行为与状态。

2. 子类对基类方法的访问

【例 3.14】 以下几个实例，简要介绍了 C#语言中子类调用父类的方法及其具体实现。通过实例解析也说明了类中初始化构造函数的执行顺序。

（1）通过子类无参数的构造函数创建子类实例。

创建父类 Person 和子类 Student。

```
namespace ConsoleApp031401              //控制台应用程序的项目名称
{
    public class Person
    {
        public Person() {   Console.WriteLine("我是学生");  } //基类的默认构造函数
    }
    public class Student : Person     //定义派生类,基类为 Person
    {
        public Student(){ Console.WriteLine("我是在校本科大学生"); }
                                                    //子类的默认构造函数
    }
    class Program
    {
        static void Main(string[] args)
        {  Student student = new Student();  //通过子类无参构造函数创建子类实例
           Console.ReadKey();
        }
    }
}
```

程序运行结果如下：

```
我是学生
我是在校本科大学生
```

【程序解析】 从程序运行结果可见，通过调用子类无参构造函数创建子类实例，会默认调用父类无参构造函数。如果把父类的无参构造函数去掉，结果会报“Person 不包含 0 个参数的构造函数”之错。

（2）通过子类有参构造函数创建子类实例，同时为子类和父类添加有参构造函数。

```
namespace ConsoleApp031402
{
    public class Person                    //定义基类 Person
    {  public Person() { Console.WriteLine("我是学生"); } //基类默认构造函数
    }
    public class Student : Person  //定义派生类 Student,基类是 Person
    {  //子类的有参构造函数
       public Student(string name){ Console.WriteLine("我的名字叫{0}", name); }
    }
```

```
    class Program
    {
        static void Main(string[] args)
        { //通过子类的有参数构造函数创建子类实例,调用基类的构造函数
            Student student = new Student("李佳");
            Console.ReadKey();
        }
    }
}
```

程序运行结果如下：

```
我是学生
我的名字叫李佳
```

从程序运行结果可出，通过调用子类有参构造函数，同样默认会调用父类无参构造函数。

（3）在子类中明确指出调用父类相应的构造函数。

以上实例，默认调用了父类的无参构造函数。在子类中，通过使用 base 可以指定调用父类的某个有参构造函数。

```
namespace ConsoleApp031403
{
    public class Person
    {
        private string name;        //定义基类的字段
        public string Name          //设置基类的属性
        {   get { return name; }
            set { name = value; }
        }
        public Person(){ Console.WriteLine("我是学生."); } //基类默认构造函数
        public Person(string name) {                      //基类构造函数重载
            this.Name = name;       //通过参数 name 的值修改了基类的属性 Name 的值
            Console.WriteLine("我的名字叫: {0}",name); }//输出参数变量 name 的值
    }
    public class Student : Person //定义基类 Person 的派生类 Student
    {
        //在子类中,通过 base(name)访问基类的字段 name 值,并将其中字母转化为大写
        //调用子类的方法 ConvertToUpper(name)将 name 变量值中的字母转化为大写字母
        public Student(string name) : base(ConvertToUpper(name))
                                    //重载子类构造函数
        {   //输出子类 Student 实例中的参数 name 的值
            Console.WriteLine("我是在校大学生,名字叫: {0}", name);
        }
        private static string ConvertToUpper(string name)  //定义子类的方法
        {  return name.ToUpper();  }
```

```
        }
        class Program
        {
            static void Main(string[] args)
            {   //通过子类的有参数构造函数创建子类实例
                Student student = new Student("Michael");
                Console.WriteLine("子类获取父类的Name属性值为：{0}", student.Name);
                Console.ReadKey();    }
        }
    }
```

程序运行结果如下：

```
我的名字叫：MICHAEL                   //调用基类的有参数构造函数,输出参数变量name的值
我是在校大学生,名字叫：Michael      //调用子类的重载构造函数,输出name变量的值
子类获取父类的Name属性值为：MICHAEL   //在子类中访问了基类Person的属性Name的值
```

【程序解析】

① 通过子类设置父类的公共属性。在子类的构造函数中加入"：base（参数变量）"，通过参数变量设置父类的属性的值。在子类中，当父类通过base拿到子类的参数时，还可以对该参数做一些处理，例如代表父类的base把从子类拿到的参数（变量中的字母）转换成大写。

② 代码执行过程。调用子类有参构造函数，并把该参数传值给父类有参构造函数→调用父类有参构造函数，并给父类公共属性Name赋值（this.Name = name）→子类实例调用父类的公共属性（如本实例中的Name）。

3.5.2 类的多态性

多态性是指两个或多个属于不同类的对象，对于同一个消息（如方法调用）作出不同的相应。多态的实现有如下两种方法。

1. 使用虚方法实现多态

在父类中定义虚方法，在子类中重写该虚方法，以实现多态。定义虚方法的语法格式如下：

```
[访问修饰符] virtual 返回类型 方法名()
{
   方法体
}
```

在子类中，使用override重写虚方法。语法格式如下：

```
[访问修饰符] override 返回类型 方法名()
{
   方法体
}
```

【例 3.15】 类的多态性的实现应用实例解析。

源代码如下：

```
namespace ConsoleApp0315
{   class classA
    {   static int x=1;
        //基类默认的构造函数
        public classA() { Console.WriteLine("类 classA 的构造函数！"); }
        virtual public void m(){ Console.Write(x); }   //定义基类的虚函数
    }
    class classB : classA
    {
        new static int x=2;            //声明与基类同类型同变量名称的变量
        override public void m(){      //重载基类的虚函数
            base.m();                  //通过“base.”调用了基类的方法 m()
            Console.Write(x);    }     //输出子类的变量的 x 的值
    }
```

程序运行结果如下：

```
类 classA 的构造函数！     //调用基类的构造函数输出的结果
1                          //调用基类的方法 m()输出的结果
2                          //调用子类的方法 m()输出的结果
```

2．使用抽象类和抽象方法实现多态

（1）抽象类。定义类时，用关键字 abstract 修饰的类就是抽象类。其中可以直接定义抽象方法（同样用关键字 abstract 声明之）。抽象类中，也可以不是抽象方法（即有具体的实现）。但含有抽象方法的类一定是抽象类。但是抽象类不能被实例化。由于无法创建该类的实例，所以只能通过该类的派生（子）类来实现它的方法，除非它的子类也是一个抽象类。

（2）抽象方法。定义方法时，通过关键字 abstract 声明抽象方法。抽象方法是一个没有实现的方法。其语法格式为：

```
访问修饰符 abstract 返回类型 方法名称();
```

【说明】 抽象方法是没有实现的方法，因此，没有方法体，也就没有配对的大括号（{}），之后直接跟一个分号（;）结尾。

（3）抽象方法的实现与多态的实现。抽象方法必须在其子类中实现（除非它的子类也是一个抽象类）。在子类中通过关键字 override 重写抽象方法。其语法格式如下：

```
[访问修饰符] override 返回类型 方法名()
{
  方法体
}
```

【例 3.16】 抽象类及其抽象方法的定义与实现实例解析。

源代码如下：

```
namespace ConsoleApp0316
{   abstract class Vehicle                              //定义抽象类（交通工具）
    {
        private string name;                            //定义基类的字段
        public string Name
        {   get { return name; }
            set { name = value; }
        }
        public Vehicle(string name) { this.Name = name; }
        public abstract void run();                     //定义类的抽象方法
    }
    class Train:Vehicle                                 //定义抽象类的子类（火车类）
    {
        private string name;
        //子类中通过:base(name)传递数据name到基类Vehicle的Name属性
        public Train(string name):base(name)
        {   this.Name = name;         //通过子类的name字段值修改基类的属性Name值
            Console.Write("{0},是交通工具.", name);
        }
        public override void run()                      //实现基类Vehicle的抽象方法
        {   //子类Train中引用基类Vehicle的属性Name的值,并输出
            Console.WriteLine("{0},运行在铁路上。",this.Name);
        }
    }
    class Cars : Vehicle                                //定义抽象类的子类（小车类）
    {   //子类中通过:base(name)传递数据到基类Vehicle的Name属性
        public Cars(string name):base(name)
        {   //通过子类的name字段值修改基类Vehicle的属性Name值
            this.Name = name;
            Console.Write("{0},是交通工具.", name);     }
        public override void run()                      //实现基类Vehicle的抽象方法
        {   //子类Cars中引用基类Vehicle的属性Name的值,并输出
            Console.WriteLine("{0},运行在公路上。", this.Name);   }
    }
    class Program
    {   static void Main(string[] args)
        {   Train t = new Train("火车");   //定义子类Train的对象并实例化
            t.run();                      //调用子类Train的抽象方法run()
            Cars c = new Cars("小车");     //定义子类Cars的对象并实例化
            c.run();                      //调用子类Cars的抽象方法run()
            Console.ReadKey();   }        //暂停程序运行
    } // class Program
}
```

3.6 接口

在 C#语言中，接口是一种引用类数据类型。接口把定义和实现进行分离，使得程序依赖于抽象而非具体，不代表实际的操作。例如，USB 接口只是一个定义，但实现 USB 接口的设备很多。

接口只表达了一个规范，规定了一系列标准。接口成员可以是方法、属性、事件、索引器，但不包括字段、构造函数。所有接口成员必须是公有（public）类型。

理论上，接口是继承者的父类，因此，它可以作为实现类的引用，以封装类的复杂实现。接口只定义了实现该接口的类所需的成员，接口本身不提供它所定义的成员的实现。

1. 接口的声明

声明接口须使用关键字 interface，其语法格式如下：

```
[访问修饰符] interface 接口名称 [: 继承的接口列表]
{
   接口成员
}
```

访问修饰符包括 public、private、protected 等，默认为 public。接口名称与类名称的命名规则相同。为了便于区别，接口名称一般使用大写字母 I 开头。类、结构、接口也可以继承其他多个接口。

2. 接口的实现

接口的成员通过类继承加以实现，其实现方式分显示实现和隐式实现。一个类只能继承一个基类，但可以继承多个接口，因此，继承接口的类中必须实现接口中所有属性、方法、所引器、事件。

【例 3.17】 接口与类应用实例解析。本实例演示了接口的定义、继承，接口方法的实现。

源代码如下：

```
namespace ConsoleApp0317
{
   public interface IStudent              //定义接口,名称为 IStudent
   {   //private string sno、sname;接口中作此定义将产生语法性错误,接口中不能定义字段
      string Sno { get; set; }
      string Sname { get; set; }
      void show();                        //接口中,声明一个方法,无实现部分
   }
   class Program : IStudent               //定义类,继承于接口 IStudent
   {
      string strNo="", strName="";        //定义类的成员
      public string Sno                   //实现类的属性
      {   get { return strNo; }
```

```
            set { strNo = value; }
        }
        public string Sname                     //实现类的属性
        {   get { return strName; }
            set { strName = value; }
        }
        public void show(){                     //接口的方法 show()在类中的实现
            Console.WriteLine("学号：{0};姓名：{1}", Sno, Sname);   }
        static void Main(string[] args)
        {
            Program t = new Program();          //定义类的对象
            IStudent s = t;                     //使用派生类的对象实例化接口对象
            s.Sno = "201606024205";   s.Sname = "李俊";    s.show();
            Console.ReadKey();
        }
    }
}
```

程序运行结果如下：

学号：201606024205； 姓名：李俊

3．接口的继承

接口可以从一个接口继承，也可以从多个接口继承。接口从多个接口继承时，基接口名称之间用逗号隔开。

【例 3.18】 接口与类应用实例解析。本实例演示了接口的定义、继承，接口方法的实现。

源代码如下：

```
namespace ConsoleApp0318
{   interface IPeople                               //定义接口,名称为 IPeople
    {   string Name { get; set; }                   //声明基接口的属性
        string Sex { get; set; }                    //声明基接口的属性
        int Age { get; set; }                       //声明基接口的属性
    }
    interface ITeacher : IPeople                    //继承公共接口 IPeople
    {  void teacher();  }                           //声明继承的接口的方法
    interface IStudent : IPeople                    //继承公共接口
    {  void student();  }                           //声明继承的接口的方法
    class Program : IPeople, ITeacher,IStudent      //继承多个接口
    {
        string name, sex; int age;                  //定义类的字段
        public string Name                          //实现基接口 IPeople 的属性 Name
        {   get { return name; }
            set { name = value; }
        }
```

```
        public string Sex                          //实现基接口 IPeople 的属性 Sex
        {   get { return name; }
            set { sex = value; }
        }
        public int Age                             //实现基接口 IPeople 的属性 Age
        {  get { return age; }
            set { age = value; }
        }
        //在派生类中,实现基类接口中声明的方法
        public void teacher() {
            Console.WriteLine("教师: {0},性别: {1},年龄: {2}",Name,Sex,Age); }
        public void student() {
            Console.WriteLine("学生:{0},性别:{1},年龄:{2}", Name, Sex, Age); }
        static void Main(string[] args)
        {   Program p = new Program();//实例化类的对象
            ITeacher t = p;                //使用派生类的对象实例化接口对象 ITeacher
            t.Name = "吴俊"; t.Sex = "男"; t.Age = 45;
            t.teacher();
            IStudent s = p;                //使用派生类的对象实例化接口对象 IStudent
            s.Name = "李佳"; s.Sex = "女"; s.Age = 23;
            s.student();                   //调用接口的方法
            Console.ReadKey();
        }
    }
}
```

程序运行结果如下：

```
教师: 吴俊,性别: 男,年龄: 45
学生: 李佳,性别: 女,年龄: 23
```

.NET Framework 常用类库

本章主要介绍 Windows 文件系统及其基本操作，包括磁盘驱动器、物理文件、文件夹的基本操作及其相关类的作用与编程应用。

4.1 文件系统与 I/O 流

文件可以看作是数据的集合。文件可以用于永久地保存应用程序的数据。.NET Framework 的 System.IO 命名空间包含了用于文件和流操作的各种类。

在.NET Framework 中进行的所有输入和输出工作都要使用到流。流是串行化设备的抽象，以线性方式存储数据，并以同样的方式访问（一次访问一个字节）。此设备可以是磁盘文件、打印机、内存位置或任何其他支持以线性方式读写的对象。

4.1.1 软件系统环境与 System.Environment 类

System.Environment 类包含了应用程序运行环境的相关信息的基础类，该类提供了用于获取 Windows 系统文件夹或程序文件夹的路径，当前登录的用户名称、操作系统的版本等信息的方法与属性。在 C#语言中，通过 System.Environment 类的方法与属性可以很容易地获取软件系统环境的相关信息。System.Environment 类提供的基本的方法与属性如表 4.1 所示。

表 4.1 System.Environment 类的基本方法与属性

成　员	含义（或作用）
CurrentDirectory	程序开始的文件夹名称
MachineName	当前运行的计算机的名称
OSVersion	当前运行的操作系统的版本信息
UserName	当前操作应用程序的用户名称
Version()	返回 System.Version 对象，描述 CLR 完整的版本信息
Exit()	终止当前的程序
GetFolderPath()	获取 Windows 操作系统中各种标准文件的完整路径。如程序文件、开始菜单等
GetLogicalDriver()	返回一个字符序列，包含当前系统的各种驱动器的序列
System	Windows 文件夹所在的 System 目录
ApplicationData	应用程序的数据文件夹
CommonApplicationData	普通应用程序的数据文件夹
LocalApplicationData	本地程序的数据文件夹
Cookies	用于存储 Cookies 设置的文件夹

其中，方法 GetFolderPath()可以获取当前机器的各种 Windows 标准文件夹的完整路径。该方法的参数是来自于 System.Environment.SpecialFolder 的枚举值。该枚举值常用成员及其含义如表 4.2 所示。

表 4.2 System.Environment.SpecialFolder 的枚举值及其含义

成员	含义（或作用）
ProgramFiles	通用程序所安装的 program files 文件夹名称
CommonProgramFiles	程序文件通用文件夹名称
DesktopDirectory	用户桌面文件夹名称
Favorities	链接文件存储文件夹（即收藏夹的位置）
History	历史文件存储文件夹
Personal	我的文档文件夹名称
Programs	展示开始菜单中程序的文件夹名称
System	Windows 文件夹所在的 System 目录名称
ApplicationData	应用程序的数据文件夹名称
CommonApplicationData	普通应用程序的数据文件夹名称
LocalApplicationData	本地程序的数据文件夹
Cookies	用于存储 Cookies 设置的文件夹
Recent	最近文档的文件夹
SendTo	发送到文件夹
StartMenu	开始菜单文件夹
Startup	开始菜单的所有程序的文件夹名称

【例 4.1】 System.Environment 类的应用实例。显示当前文件夹和 Windows 标准目录的有关信息，即 System.Environment 类的方法 GetFolderPath()应用实例。

建立一个 Windows 窗体应用程序，项目名称为 WinFormApp0401。窗体中添加如下控件。

① 列表空控件（名称为 lstInfo）。

② 命令按钮：标题为“关闭”命令按钮（名称为 btexit），标题为“运行”的命令按钮（名称为 btrun），标题为“获取文件夹信息”命令按钮（名称为 btgetfolder）。

相关事件代码如下：

(1)“关闭”按钮的单击事件代码。功能：调用 Environment.Exit(0)方法结束当前程序。

```
private void btexit_Click(object sender, EventArgs e) { Environment.
Exit(0); }
```

(2)“运行”按钮的单击事件代码。功能：展示 Environment.GetLogicalDrives()方法的应用，演示了 Environment 类的有关属性的作用。

```
private void btrun_Click(object sender, EventArgs e)
{
    OperatingSystem os = Environment.OSVersion;//定义变量保存获取操作系统的版本信息
    PlatformID osid = os.Platform;          //获取操作系统平台信息
    //用 GetLogicalDrives()获取系统所有逻辑驱动器名的字符序列,存储到 string 类数组中
    string[] drives = Environment.GetLogicalDrives();
    //遍历所有的驱动器名称（字母），并连接到字符串变量 drvstring 中
```

```
    string drvstring="" ;
    //foreach 循环结构的使用,drv 包含在 drives 中时,连接 drv 到 drvstring 中
    foreach (string drv in drives) drvstring = drvstring + drv+" , ";
    drvstring = drvstring.TrimEnd(' ',','); //移除字符数组中的最后一个字符','
    //显示输出所有相关系信息到 listBox 控件中
    this.lstInfo.Items.Add("计算机名称: \t"+Environment.MachineName);
    this.lstInfo.Items.Add("操作系统版本: \t" + Environment.OSVersion);
    this.lstInfo.Items.Add("操作系统 ID: \t" + osid);
    this.lstInfo.Items.Add("当前文件夹: \t" + Environment.CurrentDirectory);
    this.lstInfo.Items.Add("CLR 版本信息: \t" + Environment.Version);
    this.lstInfo.Items.Add("逻辑驱动器: \t" + drvstring);  //显示所有逻辑驱动
                                                            //器名称(字母)
}
```

(3)"获取文件夹信息"按钮的单击事件代码。功能:演示了 Environment.SpecialFolder 的各枚举成员的作用及其应用方法。

```
private void btgetfolder_Click(object sender, EventArgs e)
{
    //获取通用程序所安装的 program files 文件夹名称
    string prg= Environment.GetFolderPath(Environment.SpecialFolder.ProgramFiles);
    this.lstInfo.Items.Add("Program Files: \t" + prg);
    //获取程序文件通用文件夹名称
    string comprg = Environment.GetFolderPath(
                    Environment.SpecialFolder.CommonProgramFiles);
    this.lstInfo.Items.Add("Common Program Files: \t" + comprg);
    string dsk = Environment.GetFolderPath(         //获取用户桌面文件夹名称
                    Environment.SpecialFolder.DesktopDirectory);
    this.lstInfo.Items.Add("Desktop Directory: \t" + dsk);
    //获取历史数据文件夹名称
    string his = Environment.GetFolderPath(Environment.SpecialFolder.History);
    this.lstInfo.Items.Add("History: \t\t" + his);
    //获取我的文档文件夹名称
    string mydoc = Environment.GetFolderPath(Environment.SpecialFolder.Personal);
    this.lstInfo.Items.Add("Persional: \t\t" + mydoc);
    //获取展示开始菜单里的程序的文件夹名称
    string prgs = Environment.GetFolderPath(Environment.SpecialFolder.Programs);
    this.lstInfo.Items.Add("Program: \t\t" + prgs);
    //获取最近文档的文件夹名称
    string rec = Environment.GetFolderPath(Environment.SpecialFolder.Recent);
    this.lstInfo.Items.Add("Recent: \t\t" + rec);
    //获取发送到文件夹名称
    string to = Environment.GetFolderPath(Environment.SpecialFolder.SendTo);
    this.lstInfo.Items.Add("Send To: \t\t" + to);
    //获取展示开始菜单的所有程序的文件夹名称
    string sup = Environment.GetFolderPath(Environment.SpecialFolder.Startup);
```

```
    this.lstInfo.Items.Add("Startup: \t\t" + sup);
    //获取开始菜单 StartMenu 文件夹名称
    string st=Environment.GetFolderPath(Environment.SpecialFolder.StartMenu);
    this.lstInfo.Items.Add("Start Menu: \t\t" + st);
    string appdata = Environment.GetFolderPath(//获取应用程序的数据文件夹名称
                     Environment.SpecialFolder.ApplicationData);
    this.lstInfo.Items.Add("Application Data: \t" + appdata);
    string comappdata = Environment.GetFolderPath(//获取普通应用程序的数据文件夹名称
                     Environment.SpecialFolder.CommonApplicationData);
    this.lstInfo.Items.Add("CommonApplicationData: \t" + comappdata);
    string locprgdata = Environment.GetFolderPath(//获取本地程序数据文件夹名称
                     Environment.SpecialFolder.DesktopDirectory);
    this.lstInfo.Items.Add("LocalApplicationData: \t" + locprgdata);
    //获取用于存储 Cookies 设置的文件夹的名称
    string cook = Environment.GetFolderPath(Environment.SpecialFolder.Cookies);
    this.lstInfo.Items.Add("Cookies: \t\t" + cook);
    //获取 Windows 文件夹所在的 System 目录名称
    string sys = Environment.GetFolderPath(Environment.SpecialFolder.System);
    this.lstInfo.Items.Add("System: \t\t" + sys);
    //获取链接文件（即收藏夹）文件夹名称
    string fav = Environment.GetFolderPath(Environment.SpecialFolder.Favorites);
    this.lstInfo.Items.Add("Favorites: \t\t" + fav);
}
```

程序运行结果在此省略，读者自行上机验证（测试）。

4.1.2　System.IO 命名空间常用的类

（1）File 类：提供创建、复制、删除、移动和打开文件的静态方法，并协助创建 FileStream 对象。

（2）FileInfo 类：提供创建、复制、删除、移动和打开文件的实例方法，并且帮助创建 FileStream 对象。

（3）FileStream 类：以随机方式访问（读、写）文件，支持同步或异步读写。

（4）BinaryReader 类：用特定的编码将基元数据类型读作二进制值，即读取二进制数据。

（5）BinaryWriter 类：以二进制形式将基元类型写入数据流，并支持用特定的编码写入字符串。

（6）Directory 类：提供了用于创建、移动和枚举目录和子目录的静态方法，无法被继承。

（7）DirectoryInfo 类：提供用于创建、移动和枚举目录和子目录的实例方法，无法被继承。

（8）Path 类：用于处理路径名称。

（9）StreamReader 类：从流中读取字符数据，并通过使用 FileStream 实现一个 Text Reader，使其以一种特定的编码从字节流中读取字符。

（10）StreamWriter 类：向流写字符数据，可通过使用 FileStream 实现一个 TextWriter，使其以一种特定的编码向流中写入字符。

（11）Directory、File、DirectoryInfo 以及 FileInfo 类：创建、删除并移动目录和文件，通过属性获取特定目录和文件的相关信息。

（12）MemoryStream 类：访问存储在内存中的数据，如读写图片数据。

（13）StringReader、StringWriter 类：运用字符串缓冲读写文本数据信息。

（14）FileSystemInfo 类：为 FileInfo 和 DirectoryInfo 对象提供基类。

4.1.3 Directory 类和 DirectoryInfo 类与文件夹操作

本节主要讨论基于 Directory 类和 DirectoryInfo 类的文件夹操作。例如文件夹的建立、删除、复制、移动、更名等操作，都是通过使用 Directory 类和 DirectoryInfo 类的方法进行的。

Directory 类提供的成员和方法是静态的（通过类名称直接引用），DirectoryInfo 类提供的各种成员和方法是实例化的（通过类的对象引用）。

1. System.IO.Directory 类与文件夹操作

提供的静态成员和方法如下。

（1）CreateDirectory("文件夹绝对路径")：创建文件夹。

（2）Delete("文件夹绝对路径")：从指定路径删除空文件夹。

（3）Delete("文件夹绝对路径", true)：删除文件夹，true 表示删除目录下的子目录。

（4）GetCurrentDirectory()：获取应用程序的当前工作目录。

（5）GetDirectories(path)：获取指定文件夹中子文件夹的名称到字符串数组，返回一个 string[]。

（6）GetFiles(path)：获取指定文件夹下的文件名称到字符串数组，返回一个 string[]。

（7）SetCurrentDirectory(path)：设置应用程序的当前工作目录。

（8）Exists("文件夹绝对路径")：判断文件夹是否存在。

（9）GetFileSystemEntries()：返回指定的目录中包含的文件夹和文件名集合，返回一个 string[]。

（10）Move("文件夹原绝对路径", "目标绝对路径")：把文件夹从 A 路径移动到 B 路径。

【例 4.2】 Directory 及其方法应用示例。

源代码如下：

```
using System.IO;        //该引用为获取文件、文件夹操作的相关类及其方法
namespace ConsoleApp0402
{   //System.Directory 类、System.DirectoryInfo 类的应用
    class Program
    {
```

```
    //类 Directory 及其方法应用实例函数
    private static void directorydemo()
    {   int fs = 0, ps = 0, fps = 0;
        Console.WriteLine("测试文件夹"+@"F:\CSharpDemo"+"是否存在? "+
                              Directory.Exists(@"F:\CSharpDemo"));
        Directory.CreateDirectory(@"F:\CSharpDemo\Test");
        Console.WriteLine("测试文件夹"+@"F:\CSharpDemo\Test"+"是否建立成功? ");
        bool yn=Directory.Exists("F:\\CSharpDemo\\Test");
        Console.WriteLine("文件夹:F:\\CsharpDemo\\Test"+
                              (yn?"已存在, 建立成功":"建立失败"));
        Console.WriteLine("测试文件夹"+@"F:\CSharpDemo\Test"+"是否删除成功? ");
        //参数 true，表示递归性的删除 F:\CSharpDemo\Test 下的子文件夹及其文件
        Directory.Delete("F:\\CSharpDemo\\Test", true);
        Console.WriteLine("文件夹:" + @"F:\CSharpDemo\Test" +
                                  (yn ? "不存在，删除成功" : "删除失败"));
        //以下程序段获取指定文件夹下的子文件夹和文件到字符串数组中
        //获取指定文件夹下的所有文件(名称)到字符串数组 files 中
        string[] files = Directory.GetFiles(@"F:\CSharpDemo");
        fs = files.Length;             //文件名称的数量
        Console.WriteLine("\nF:\\CSharpDemo\\下的文件名如下("+fs+"个文件) :");
        //遍历输出该文件夹下的所有文件名称
        foreach (string ss in files){ Console.WriteLine("{0}", ss);  }
        //获取指定文件夹"F:\CSharpDemo"下的所有子文件夹到字符串数组 paths 中
        string[] paths = Directory.GetDirectories(@"F:\CSharpDemo");
        ps = paths.Length;             //子文件夹名称的数量
        Console.WriteLine("\n"+@"F:\CSharpDemo\"+"下有"+ps+"个文件夹):");
        foreach (string ss in paths)//遍历输出该文件夹下的所有子文件夹的名称
        {  Console.WriteLine("{0}", ss);  }
        //获取指定文件夹"F:\CSharpDemo"下的所有子文件夹和文件到字符串数组 pathfiles 中
        string[] pathfiles = Directory.GetFileSystemEntries(@"F:\CSharpDemo");
        fps = pathfiles.Length;        //子文件夹名称及其中文件的数量
        Console.WriteLine(@"F:\CSharpDemo\"+"下子文件夹和文件名("+fps+"个) :");
        foreach (string ss in pathfiles)//遍历输出该文件夹下的所有子文件夹和文件名称
          {  Console.WriteLine("{0}", ss); }
    }
    static void Main(string[] args){ directorydemo(); Console.ReadKey(); }
  }
}
```

【程序解析】 应用 DirectoryInfo 类的对象，可对目录及其中的文件实施相关操作。例如，要获得某个目录（如 D:\Pictures）下的所有 JPG 文件，那么通过下面的代码就可以实现该功能。

```
DirectoryInfo dir = new DirectoryInfo(@"D:\Pictures");
FileInfo[] jpgfiles = dir.GetFiles("*.jpg");
Console.WriteLine("Total number of jpg files", jpgfiles.Length);
```

```
Foreach( FileInfo fs in jpgfiles)
{
    Console.WriteLine("Name is : {0}", fs.Name);
    Console.WriteLine("Length of the file is : {0}", fs.Length);
    Console.WriteLine("Creation time is : {0}", fs.CreationTime);
    Console.WriteLine("Attributes of the file are : {0}",fs.Attributes
    .ToString());
}
```

2. System.IO.DirectoryInfo 类与文件夹操作

DirectoryInfo 类和 FileInfo 类的基类都是 FileSystemInfo 类，这个类是一个抽象类（即不可以实例化该类），只能通过继承产生其子类并实例化其子类对象。但可以运用由该类定义的各种属性。

DirectoryInfo 类及其各种属性和方法如下。

（1）Attributes：返回和文件相关的属性值，运用了 FileAttributes 枚举类型值。

（2）CreationTime：返回文件的创建时间。

（3）Name：表示文件或文件夹的名称。

（4）FullName：属性表示文件夹或文件所在的完整路径名称。

（5）Parent：表示文件夹的父路径的完整名称。

（6）Extension：返回文件或文件夹的扩展名。

（7）LastAccessTime：返回文件的上次访问时间。

（8）LastWriteTime：返回文件的上次写操作时间。

（9）Exists：该属性测试指定的文件夹是否存在。

（10）Delete()：删除一个指定的文件夹，请务必谨慎地运用该方法。

（11）Create()：建立一个指定的文件夹。

（12）GetDirectories()：获取指定文件夹中子文件夹的名称到字符串数组，返回一个 DirectoryInfo[]。

（13）GetFiles()：获取指定文件夹下的文件名称到字符串数组，返回一个 FileInfo[]。

（14）GetFileSystemInfos()：返回指定目录中包含的文件夹和文件名集合，返回一个 FileSystemInfo[]。

（15）MoveTo()：将目录及其文件移动到指定的路径。

例如，应用 Directory 类的属性应用，实例代码如下：

```
DirectoryInfo sdir = new DirectoryInfo(@"F:\C#Test");
Console.WriteLine("Full Name is : {0}", sdir.FullName);
Console.WriteLine("Attributes are : {0}", sdir.Attributes.ToString());
```

应用 DirectoryInfo 类的方法 CreateSubdirectory()，可以很容易创建子目录，实例代码如下：

```
DirectoryInfo dir = new DirectoryInfo(@"F:\");
try
{  dir.CreateSubdirectory("TXT");          //在 F:\下建立子目录 TXT
```

```
    dir.CreateSubdirectory(@"TXT\MyTXT");  //在 F:\TXT 下建立子目录 MyTXT
}
catch(IOException ex){ Console.WriteLine(ex.Message);  }
```

【例 4.3】 以下实例函数演示了类 DirectoryInfo 及其属性、方法的作用与具体应用。

源代码如下：

```
private static void directoryinfodemo()
{  int fs = 0, ps = 0, fps = 0;
   //得到当前 EXE 的全路径名称
   //string folder = Environment.GetFolderPath(Environment.SpecialFolder.System);
   //创建类 DirectoryInfo 的对象并以 F:\Test 初始化之
   DirectoryInfo fldinfo = new DirectoryInfo(@"F:\Test");
   //应用类 DirectoryInfo 的属性测试其具体的对象(路径)是否存在
   Console.WriteLine("\n 测试文件夹" + @"F:\Test" + "是否存在? " + fldinfo.Exists);
   //以下程序段获取指定文件夹下的所有子文件夹和文件到相应类的数组中
   //获取指定文件夹下的所有文件到 FileInfo 类数组 files 中
   FileInfo [] files = fldinfo.GetFiles();
   fs = files.Length;                                    //文件名称的数量
   Console.WriteLine("\n" + @"F:\Test\" + "下的文件名如下(" + fs + "个文件) :");
   foreach (FileInfo ss in files){
        Console.WriteLine("{0}", ss.FullName);  }   //显示出文件名称的全路径
   //获取指定文件夹"F:\Test"下的所有子文件夹到 DirectoryInfo 类数组 paths 中
   DirectoryInfo[] paths = fldinfo.GetDirectories();
   ps = paths.Length;                                    //子文件夹名称的数量
   Console.WriteLine("\nF:\\Test\\下子文件夹名如下(" + ps + "个文件夹) :");
   foreach (DirectoryInfo ss in paths){
        Console.WriteLine("{0}", ss.FullName);  }   //显示出名称的全路径
   //获取指定文件夹"F:\Test"下的所有子文件夹和文件到 FileSystemInfo 类数组 pathfiles 中
   FileSystemInfo[] pathfiles = fldinfo.GetFileSystemInfos();
   fps = pathfiles.Length;                         //子文件夹名称及其中文件的数量
   Console.WriteLine("\nF:\\Test\\下子文件夹和文件名如下(" +fps+"个):");
   foreach (FileSystemInfo ss in pathfiles){
          Console.WriteLine("{0}", ss.FullName);  }     //显示出名称的全路径
}
```

限于篇幅，程序运行结果省略，请读者自行上机验证。

4.1.4 File 类和 FileInfo 类与文件操作

1. 流文件概述

在编程过程中，总存在着各种各样的流（Stream）。对流的概述无统一的定论，主要存在以下两种说法。

（1）流是对数据文件进行读、写的对象。

（2）流是一个抽象的比特序列。

System.Stream 类是其他流文件的抽象类，其他的流都是通过对该类的属性和方法进行重写而来的。System.IO 命名空间中提供的文件操作类有 File 和 FileInfo。File 类和 FileInfo 类提供了文件基本操作的方法，包括复制、移动、重命名、创建、删除文件；打开文件、读取文件内容、追加内容到文件；获取和设置文件属性或有关文件创建、访问及写入操作的 DateTime 信息。

这两个类的功能基本相同，只是 File 是静态类，其中所有成员和方法都是静态的，可以通过类名称直接引用。而 FileInfo 是普通类，只有实例化对象后才可以调用其中的成员和方法。

2．System.IO.File 类与文件操作

System.IO.File 类包含了各种对文件进行操作的静态成员方法。使用这些方法时，不需要对类进行实例化，通过类名称即可直接引用。System.IO.File 类提供的文件操作静态方法如下。

（1）Copy()：将指定的文件复制到指定的新文件或指定的路径中。

（2）Create()：在指定路径中创建指定的文件。

（3）OpenText()：打开指定的 UTF-8 编码文件的 System.IO.StreamReader 对象，进行读操作。

（4）CreateText()：创建或打开一个用于写入的 UTF-8 编码的文本文件，返回 StreamWriter 对象。

（5）AppendText()：创建一个 StreamWriter 对象，将 UTF-8 编码的文本追加到文件，用于写文件。

（6）AppendAllText()：将指定的字符串追加到现有文件，若文件不存在则创建该文件。

（7）Delete()：删除指定的文件，如果指定的文件不存在，则引起异常。

（8）Exists()：确定指定的文件是否存在，返回 bool 类型的值。

（9）Move()：将指定文件移到新位置，并提供指定新文件名的选项。

（10）Open()：打开指定的文件，并返回该文件的 System.IO.FileStream 对象。

（11）GetCreationTime()：返回指定文件或目录的创建日期和时间。

（12）OpenRead()：打开指定的文件用于只读，返回该文件只读的 System.IO.FileStream 对象。

（13）OpenWrite()：打开现有文件进行写操作，返回该文件可写的 System.IO.FileStream 对象。

（14）ReadAllBytes()：打开文件，将文件内容读入到一个字符串，生成 Byte[]，然后关闭文件。

（15）ReadAllLines()：打开文本文件，读取所有的行到一个字符串数组(string[])中，然后关闭文件。

（16）ReadAllText()：打开文本文件，将文件所有行读入到一个字符串中，然后关闭文件。

（17）WriteAllBytes()：创建新文件，写入内容，然后关闭文件。源文件存在则覆盖原内容。

（18）WriteAllLines()：创建新文件，写入字符串内容，然后关闭文件。源文件存在则覆盖原内容。

（19）WriteAllText()：创建新文件，写入内容，然后关闭文件。源文件存在则覆盖原内容。

例如，使用 Create()建立文件 F:\Test\MyText.txt，创建一个 FileStream 对象，代码如下：

```
using (FileStream fs = File.Create(@"F:\Test\MyText.txt"){ 使用 fs }
```

使用 Open()打开文件 F:\Test\MyText.txt，创建一个 FileStream 对象，代码如下：

```
using (FileStream fs = File.Open(
    FileMode.OpenOrCreate,FileAccess.ReadWrite,FileShare.None)){使用 fs}
```

使用 OpenRead()打开文件 F:\Test\MyText.txt，创建一个用于只读的 FileStream 对象，代码如下：

```
using (FileStream fs = File.OpenRead(@"F:\Test\MyText.txt"){ 使用 fs }
```

使用 OpenWrite()打开文件 F:\Test\MyText.txt，创建一个用于写入的 FileStream 对象，代码如下：

```
using (FileStream fs = File.OpenWrite(@"F:\Test\MyText.txt"){ 使用 fs }
```

使用 OpenText()打开文件 F:\Test\MyText.txt，创建一个 StreamReader 对象，代码如下：

```
using (StreamReader sr = File.OpenText(@"F:\Test\MyText.txt"){ 使用 sr }
```

使用 CreateText()建立文件 F:\Test\MyText.txt，创建一个 StreamWriter 对象，代码如下：

```
using (StreamWriter sw = File.CreateText(@"F:\Test\MyText.txt"){ 使用 sw }
```

或者

```
using (StreamWriter sw = File.AppendText(@"F:\Test\MyText.txt"){ 使用 sw }
```

3．System.IO.FileInfo 类与文件操作

System.IO.FileInfo 类包含了各种对文件进行操作的成员方法。使用这些方法时，需要对类进行实例化，通过类的实例名称引用这些方法。核心成员或方法如下。

（1）Directory()：获取父目录的实例。

（2）DirectoryName()：获取父目录的完整路径。

（3）Exists()：判断文件是否存在，存在时返回 true，否则返回 false。

（4）FullName()：获取目录或文件的完整目录。

（5）Length()：获取当前文件的大小。

（6）Name：获取文件名。

（7）CopyTo()：将指定的文件复制到指定的新文件。

（8）Open()：按指定的读写权限和共享权限打开（或建立）文件。

例如，打开文件 F:\Test\MyText.txt，用于读写操作，不共享文件，代码如下：

```
FileInfo fi = new FileInfo(@"F:\Test\MyText.txt");
```

```
using (FileStream fs = fi.Open(
    FileMode.OpenOrCreate,FileAccess.ReadWrite,FileShare.None)){使用 fs}
```

（9）Delete()：删除 FileInfo 实例指定的文件，如果指定的文件不存在，则引起异常。

（10）Create()：在指定路径中创建指定的文件，返回 System.IO.FileStream 对象。

例如，建立文件 F:\Test\MyText.txt，代码如下：

```
FileInfo fi = new FileInfo(@"F:\Test\MyText.txt");
FileStream fs=fi.Create();
```

或者

```
using(FileStream fs=fi.Create()){ 使用 fs  }
fs.Close();
```

（11）OpenText()：打开指定文件，返回 StreamReader 对象，进行读取操作。

例如，打开文件 F:\Test\MyText.txt，用于读操作，返回一个 StreamReader 对象，代码如下：

```
FileInfo fi = new FileInfo(@"F:\Test\MyText.txt");
using (StreamReader sr = fi.OpenText()) { 使用 sr  }
```

（12）CreateText()：创建一个新文本文件，返回该文件的 StreamWriter 对象，用于写入文本。

例如，打开文件 F:\Test\MyText.txt，用于写操作，返回一个 StreamWriter 对象，代码如下：

```
FileInfo fi = new FileInfo(@"F:\Test\MyText.txt");
using (StreamWriter sw = fi.CreateText()) { 使用 sw  }
```

（13）AppendText()：创建一个 StreamWriter 对象，用于追加文本到现有文件。

例如，打开文件 F:\Test\MyText.txt，用于写操作，返回一个 StreamWriter 对象，代码如下：

```
FileInfo fi = new FileInfo(@"F:\Test\MyText.txt");
using (StreamWriter sw = fi.AppendText()) { 使用 sw }
```

（14）OpenRead()：打开指定的文件，返回该文件只读的 System.IO.FileStream 对象，用于只读操作。

例如，打开文件 F:\Test\MyText.txt，用于只读操作，返回一个 FileStream 对象，代码如下：

```
FileInfo fi = new FileInfo(@"F:\Test\MyText.txt");
using (FileStream fs = fi.OpenRead()){使用 fs}//得到一个只读的 FileStream 对象
```

（15）OpenWrite()：打开现有文件，返回该文件只写的 System.IO.FileStream 对象，用于只写操作。

例如，打开文件 F:\Test\MyText.txt，用于只写操作，返回一个 FileStream 对象，代码如下：

```
FileInfo fi = new FileInfo(@"F:\Test\MyText.txt");
using (FileStream fs=fi.OpenWrite()){使用 fs}//得到一个只写的 FileStream 对象
```

4．File 类和 FileInfo 类操作文件实例代码

（1）用 Create()方法建立文件，File 类的 Create 方法有 4 种重载方法。

① public static FileStream Create(string path)

② public static FileStream Create(string path,int bufferSize)

③ public static FileStream Create(string path,int bufferSize,FileOptions options)

④ public static FileStream Create(string path,int bufferSize,FileOptions options, FileSecurity fileSecurity)

File 类 Create 方法参数说明：

① path，表示文件名。

② bufferSize，用于读取和写入文件的已放入缓冲区的字节数。

③ options，FileOptions 值之一，它描述如何创建或改写该文件。

④ fileSecurity，FileSecurity 值之一，它确定文件的访问控制和审核安全性。

例如：

```
File.Create("F:\\test\\Mytext.txt")
```

或者

```
FileInfo finfo = new FileInfo("F:\\test\\Mytext.txt")
FileStream fs = finfo.Create();
fs.Close();    //使用 fs 关闭文件流
```

（2）通过 FileInfo.Open()创建文件。方法 FileInfo.Open()既可以打开文件，也可以创建新文件。

```
FileInfo fi = new FileInfo("F:\\test\\Mytext2.txt")
using(FileStream fs=
    fi.Open(FileMode.Create,FileAccess.ReadWrite,FileShare.None)){使用 fs}
```

该方法重载了 3 个参数。

① 第一个参数，枚举值，用于指定 I/O 请求的基本方式（例如新建、打开、追加等），其值由 FileMode 枚举值指定。

- CreateNew 用于新建文件，如果文件存在，则抛出 IOException 异常。
- Create 用于新建文件，如果文件存在，则文件被覆盖。
- Open 用于打开现有文件，如果文件不存在，则抛出 FileNotFoundException 异常。
- OpenOrCreate 用于打开现有文件，如果文件不存在，则新建文件。
- Append 用于打开文件，移动指针到文件的尾部，开始写操作（只能与只写流一起使用）。如果文件不存在则新建文件。

② 第二个参数，枚举值，用于决定流的读写行为。其值由 FileAccess 枚举值指定。

- FileAccess.Read 表示读取文件内容。
- FileAccess.Write 表示写入内容到文件。

- FileAccess.ReadWrite 表示可以对文件进行读写操作。

③ 第三个参数，枚举值，用于指定文件的共享方式，由 FileShare 枚举值指定。

- FileShare.Read，其他流可以对文件进行读取操作。
- FileShare.Write，其他流可以对文件进行写操作。
- FileShare.ReadWrite，其他流可以对文件进行读、写操作。
- FileShare.Delete，其他流可以对文件进行删除操作。
- FileShare.None，除了本流之外，其他流不能对文件进行操作。

例如，用 File 类的 Open 方法打开文件“F:\\test\\Mytext.txt”，代码如下：

```
FileStream fs=File.Open("F:\\test\\Mytext.txt",FileMode.Open);
FileInfo fi=new FileInfo("F:\\test\\Mytext.txt");
```

用 FileStream 类的 Open 方法，打开文件“F:\\test\\Mytext.txt”，代码如下：

```
FileStream fs=fi.Open(FileMode.Open);
```

（3）测试文件是否存在。

```
File.Exists("F:\\test\\Mytext.txt");
```

或者

```
FileInfo finfo = new FileInfo("F:\\test\\Mytext.txt")
if(finfo.Exists){…}
```

（4）删除文件用 Delete 方法。

```
File.Delete("F:\\test\\Mytext.txt")
```

或者

```
FileInfo finfo = new FileInfo("F:\\test\\Mytext.txt");
finfo.Delete("F:\\test\\Mytext.txt");
```

4.1.5 文本文件的基本操作

1. 应用 StreamReader 和 StreamWriter 类操作文本文件

对文件的读写是文件的常用操作。System.IO 命名空间为提供了很多文件读写操作类，其中，StreamReader 类和 StreamWriter 类是最常用也是最基本的。需要读写基于字符（如字符串）的数据时，StreamReader 类、StreamWriter 类是非常有用的。这两个类都是基于流的读写操作类，默认都是使用 Unicode 字符。当然可以通过 System.Text.Encoding 对象的引用改变默认设置。

StreamReader 类及相关的 StringReader 类型，是继承于 TextReader 基类派生的。StreamWriter 类及其相关的 StringWriter 类型，是 TextWriter 基类派生的。

（1）TextWriter 类的核心成员函数如下。

① Write()：将一行文本写入文本文件，不跟行结束符。

② WriteLine()：将一行文本写入文本文件，跟行结束符。

③ NewLine：产生一个新行，自带行结束字符串(\r\n)。

④ Flush()：清理当前编写器的所有缓冲区，将缓冲区数据写入设备，但不关闭编写器。

⑤ Close()：关闭当前编写器，释放任何与编写器关联的系统资源，所有缓冲区被自动清理，其功效等价于调用方法 Dispose()。

【说明】 System.Console 类型中有 Write()、WriteLine()方法，用于向标准输出设备写入文本数据。Console.In 属性包含了 TextWriter；Console.Out 属性包含了 TextReader。StreamWriter 类中提供了 Write()、WriteLine()、Flush()方法，还定义了属性 AutoFlush。当该属性设置为 true 时，StreamWriter 在每次执行写操作后，立即写入数据并清除缓冲区；设置该属性为 false 时，使用 StreamWriter 完成写操作后需要调用 Close()方法。

（2）TextReader 类的核心成员函数如下。

① Read()：从输入流读取数据，读取一个字符。

② ReadLine()：从文本中流读取一行文本并返回，但其中不包括标识该行结束的回车换行符。

③ ReadToEnd：一次性读取文本到文本流的尾部，即提取文件的所有剩余内容。

④ ReadBlock()：清理当前编写器的所有缓冲区，将缓冲区数据写入设备，但不关闭编写器。

⑤ Peek()：返回一个可用的字符。

⑥ Close()：关闭 StreamReader，如果不这么做，会导致文件一直锁定，无法执行其他过程。

可以把 StreamReader 类关联到 FileStream 上，其优点是可以显示指定是否创建文件和共享许可。

例如，打开文件，用于读取，不共享。代码如下：

```
FileStream fs = new FileStream(
    @"F:\Test\ReadMe.txt",FileMode.Open,FileAccess.Read,FileShare.None);
StreamReader sr = new StreamReader(fs);
```

（3）File 类、FileInfo 类的 OpenText()方法。通过 FileInfo 类和 File 类的 OpenText()方法可以获取一个 StreamReader 对象，通过该对象可以实现对文本文件的直接读操作。例如：

```
StreamReader sr = File.OpenText("MyText.txt");
string reads = null;
while ((reads = sr.ReadLine()) != null){ Console.WriteLine(reads);  }
sr.Close();
```

（4）FileInfo 类、File 类的 CreateText()方法。通过 FileInfo 类和 File 类的 CreateText()方法可以获取一个 StreamWriter 对象，调用 StreamWriter 类的 WriteLine()方法实现向文本文件写入数据。例如：

```
FileInfo fs = new FileInfo("MyText.txt")
StreamWriter w = fs.CreateText();
```

```
w.WriteLine("This is test");
w.WriteLine("write contents into txtFile");
w.Write(w.NewLine);
w.WriteLine("Thanks for your time");
w.Close();
```

【例 4.4】 通过 StreamReader 和 StreamWriter 类对文本文件进行读写操作。建立一个 Windows 窗体应用程序。窗体名称 FormTxtreadwrite。添加两个 TextBox 控件，名称分别为 txtwrite（用于输入文本信息）和 txtread（用于显示文本信息）；建立 3 个命令按钮（Button）控件，名称分别为 btsave（用于保存输入文本）、btread（用于读取文本文件内容）、btclear（用于清除文本框内容）。各个按钮的单击事件（clicked）参见源代码，运行结果如图 4.1 所示。系统生成的 using 命令语句省略。各事件代码如下：

```
using System.IO;                                          //手工添加该引用语句行
private string txtfilename = "textdemo.txt", vnr = "";//定义文件名及有关变量
```

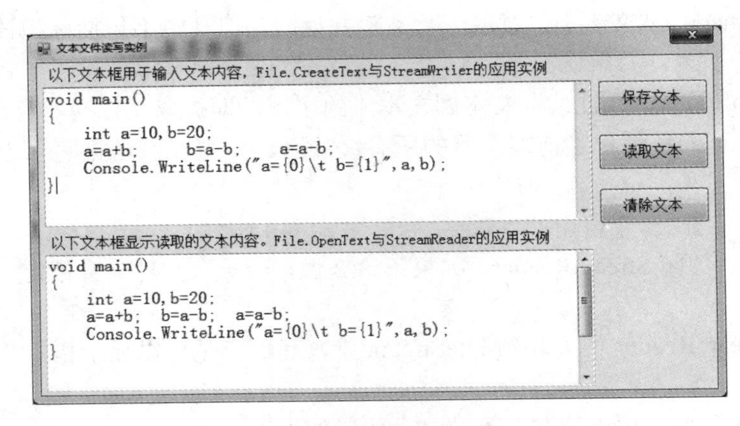

图 4.1　File 类及其方法的应用实例

① 事件 btsave_Click：“保存文本”按钮 btsave 的单击事件，将文本框的输入框的文本内容写入到指定文件。应用：File 类的 CreateText()方法，该方法返回（得到）一个 StreamWriter 类的对象。通过 StreamWriter 类的对象的方法 WriteLine()写入文本框的信息到文本文件之中，并自动写入换行字符到文本文件 textdemo.txt 中，代码如下：

```
private void btsave_Click(object sender, EventArgs e)
{
    //通过File类的方法CreateText()建立指定的文本文件，并返回一个StreamWriter对象
    using (StreamWriter wr = File.CreateText(txtfilename))
    {   //通过方法WriteLine写入一行数据到文本文件并自动写入换行字符
        vnr = this.txtwrite.Text;   //保存输入框控件txtwrite的值到变量vnr
        wr.WriteLine(vnr);          //将vnr的值写入wr指向的文本文件
        wr.WriteLine(wr.NewLine);   //在wr指向的文本文件插入一个新行
        wr.WriteLine("这是一个StreamWriter对象写入文本的测试实例......");
        wr.Close();
    }
```

```
    this.btread.Enabled = true;     //保存输入的文本后，使得命令按钮 btread 可用
}
```

② 事件 btread_Click：“读取文本”按钮 btread 的单击事件 Click，将文本文件的内容读出并显示在文本框中。应用：File 类的 OpenText()方法，该方法返回一个 StreamReader 类的对象。作用：通过 StreamReader 类的对象读取文本文件的内容，显示在文本框中，代码如下：

```
private void btread_Click(object sender, EventArgs e)
{
    vnr = "";   this.txtread.Clear();           //清除文本框 txtread 的内容
    //File.OpenText(txtfilename)打开文件 txtfilename，返回 StreamReader 的对象
    if (File.Exists(txtfilename))   //测试文件 txtfilename 是否存在
    {
        using (StreamReader sr = File.OpenText(txtfilename))
        {   string lines = null;
            //方法 sr.ReadLine()，从文件中读取一行，并作为字符串返回
            while ((lines = sr.ReadLine()) != null)  //文本行没有读完时循环
            {   //返回的行中不包含回车和换行字符，所以要人为的加上"\r\n"字符
                vnr = vnr + lines + "\r\n";   //连接读取的所有行到变量 vnr
            }
            this.txtread.Text = vnr;          //显式所有的行到文本编辑框
            sr.Close();                       //关闭读写流
        }
    }//结束 if (File.Exists(txtfilename))   //测试文件 txtfilename 是否存在
}
```

③ 事件 btclear_click：“清除文本”按钮 btclear 的单击事件 Click，将两个文本输入框的内容清除，代码如下：

```
private void btclear_Click(object sender, EventArgs e)
{   this.txtwrite.Clear();        //清除文本输入框 txtwrite 的内容
    this.txtread.Clear();         //清除文本输入框 txtread 的内容
    this.txtwrite.Focus();        //使得文本输入框 txtwrite 获得焦点
}
```

【程序解析】 使用 StreamReader 类和 StreamWriter 类能方便地读写文本文件的内容。读写时可以根据流的内容，自动检测出停止读取文本的位置。

StreamReader.ReadLine()在读取文件时，流会自动确定下一个回车符的位置，并在该处停止读取。StreamWriter.WriteLine()在写入文件时，流会自动把回车符和换行符添加到文本的末尾。

使用 StreamReader 类和 StreamWriter 类，不需担心文件中使用的编码方式（文本格式）。可能的编码方式是 ASCII（一个字节表示一个字符）或者基于 Unicode 的格式，Unicode、UTF 7 和 UTF 8，Windows 9x 系统上的文本文件总是 ASCII 格式，目前的 Windows 系列基本上都支持 Unicode，所以文本文件除了包含 ASCII 数据之外，理论上可以包含 Unicode、UTF 7 或 UTF 8 数据。

（5）FileInfo 类、File 类的 Open()方法。在对文件进行读写操作之前必须打开文件，FileInfo 类、File 类提供了一个 Open()方法，该方法返回一个 FileStream 对象。该方法包含了两个枚举类型值的参数，一个为 FileMode 枚举类型值，另一个为 FileAccess 枚举类型值。通过设定这两个参数值，可以对文件的访问模式和操作权限进行控制。

① FileMode 枚举类型的值及其含义。

- Append：打开文件并添加数据，运用该方法时 FileAccess 枚举类型值应为 Write。
- Create：创建一个新文件，有可能会覆盖已经存在的文件。
- CreateNew：创建一个新文件，如果该文件已经存在，则抛出 IOException 异常。
- Open：打开一个已经存在的文件。
- OpenOrCreate：打开文件，如果该文件不存在，则创建之。

② FileAccess 枚举类型的值及其含义。

- Read：可以从一个文件中读取数据。
- ReadWrite：可以从一个文件中读取数据，同时还可以向文件中写入数据。
- Write：可以向文件中写入数据。

Open()方法的具体运用，打开文件 F:\MyFile.txt 用于读取，代码如下：

```
FileInfo f = new FileInfo("F:\MyFile.txt");
FileStream s = f.Open(FileMode.OpenorWrite, FileAccess.Read);
```

（6）利用 StreamReader 和 StreamWriter 类的对象操作文本文件。

【例 4.5】 通过 StreamReader 和 StreamWriter 类的对象对文本文件进行读写操作。

源代码如下：

```
using System.IO;                                    //手工方式添加该引用语句
//通过 StreamReader 类读取文本文件的内容；通过 StreamWriter 类写入文本串到文本
class Program
{   string txtFile = @"F:\Test\MyTxtFile.TXT"; //txtFile 表示文本文件的名称
    private void readtxt()//类的成员函数：readtxt(),从文件中读取文本并显示到屏幕上
    {
      System.Text.Encoding cn = Encoding.GetEncoding("GB2312");//避免写入乱码
      //建立 StreamReader 类的对象，以读写文本文件 srd.Peek()
      StreamReader srd = new StreamReader(txtFile,cn);
      //函数 srd.Peek()读写文本文件中的一个字符，返回字符的 int 值
      while (srd.Peek()!= -1)//Peek()返回 int 类值，文件读取结束时，函数返回-1
      {   string str = srd.ReadLine();              //每次读取一行
          Console.WriteLine(str);                   //显示每次读取的行
      }
      srd.Close();                                  //关闭数据流式对象
    }
    //类的成员函数：txtwrite(),通过 StreamWriter 类写入文本数据到指定的文本文件
    private void txtwrite()
    {   // Encoding.GetEncoding("GB2312")避免写入的文本是乱码
       System.Text.Encoding cn = Encoding.GetEncoding("GB2312");
       //打开文件（txtFile 标识文件名称）用于写入数据;true 表示追加文本到文件尾部
```

```
        using (StreamWriter sw = new StreamWriter(txtFile,true,cn))
        {   //写入文本内容（若干行）到文本文件中,写入之后自动加上换行符
            sw.WriteLine("**********************");
            sw.WriteLine("这是一个写入文本的测试");
            sw.WriteLine("此行为追加的文本内容");
            sw.Close();
        }
    }
    private void readtxtallLine()        //类的成员函数,打开文本文件用于读取数据
    {   //此行代码使文本内容的读写不为乱码
        System.Text.Encoding cn = Encoding.GetEncoding("GB2312");
        //方法 ReadAllLines()读取文本文件中所有行存储到字符串数组中
        string[] line = File.ReadAllLines(txtFile,cn);
        //遍历数组中所有的元素（相当于所有的行）并输出其内容
        for (int i = 0; i<line.Length; i++) { Console.WriteLine(line[i]);  }
    }
    static void Main(string[] args)
    {
        Program t = new Program();
        t.txtwrite();                        //调用类的成员函数,实现相应的功能
        t.readtxt();                         //调用类的成员函数,实现相应的功能
        Console.WriteLine("--------------------------");
        t.readtxtallLine();                  //调用类的成员函数,实现相应的功能
        Console.ReadKey();
    }
}//end for class Program
```

（7）运用 FileInfo 类创建、删除文件。通过 FileInfo 类，可以方便地创建文件，并可以访问文件的属性，同时还可以对文件实施打开、关闭、读写等基本操作。

例如，创建一个文本文件，并且访问其创建时间、绝对路径以及文件其他属性等信息，最后删除该文件。代码如下：

```
FileInfo fi = new FileInfo(@"F:\Test\Myprogram.txt");//创建类对象并实例化
FileStream fs = fi.Create();                          //通过对象的方法创建文件
Console.WriteLine("Creation Time:{0}",fi.CreationTime);//显示创建文件的时间
Console.WriteLine("Full Name: {0}",fi.FullName);   //显示文件的存储路径
Console.WriteLine("FileAttributes:{0}",fi.Attributes.ToString());//显示文件属性
fstr.Close();                                        //关闭文件
fi.Delete();                                         //删除文件
```

2. 用 System.IO.FileStream 类操作文本文件

（1）通过 FileStream 类的对象读取文本文件的内容。建立一个 Windows 窗体应用程序，添加一个命令按钮控件（名称为 btreadcpp）和文本框控件（名称为 txtan）。相关事件代码如下：

```
//命令按钮 btreadcpp 的单击事件 Click。用于将 CPP 文件的内容读出显示在文本框（ttxan）中
```

```
private void btreadcpp_Click(object sender, EventArgs e)
{
    string filekt="C201406084113.CPP"; //生成一个 CPP 源程序的文件名称
    //通过 FileStream 类打开文本文件，用于读取文件内容
    FileStream fs = new FileStream(filekt,
                         FileMode.Open, FileAccess.Read, FileShare.None);
     byte[] msg=new byte[fs.Length];//创建一个byte字节数组,fs.Length表示文件的大小
     fs.Read(msg,0,msg.Length);//将文件的内容一次读入该数组中,必须从 0 开始读取
     //将字节数组的内容转化为字符串显示在文本框（控件名称为 txtan）中
     this.txtan.Text = System.Text.Encoding.ASCII.GetString(msg);
    fs.Close();                   //关闭文件流
}
```

（2）通过 FileStream 类对象写入内容到文本文件。建立一个 Windows 窗体应用程序，添加一个命令按钮控件（名称为 btsav）和文本框控件（名称为 txtan）。相关的实例代码如下：

```
//命令按钮 btsave 的单击事件 Click，用于将文本框中的内容保存到文本文件中
private void btsave_Click(object sender, EventArgs e)
{   string tmpfile ="C201406084113BAK.CPP";  //生成临时文本文件的名称
    //通过 FileStream 类打开文本文件，用于写入文件内容
    FileStream fs2 = new FileStream(
        tmpfile,FileMode.OpenOrCreate, FileAccess.Write, FileShare.None);
    //创建一个 byte 字节数组,并用答题内容文本框的数据初始化该数组
    byte[] msg2 = System.Text.Encoding.ASCII.GetBytes(this.txtan.Text);
    fs.Write(msg2,0,msg2.Length);//将字节数组的内容一次读入该文本中,必须从 0 开始读取
    fs2.Close();                    //关闭文件流
}
```

4.1.6 二进制文件的基本操作

.NET Framework 提供了对二进制文件的读写操作类。二进制文件的操作总体上分为两个步骤。

（1）读写文件转成流对象。其实就是读写文件流。.NET Framework 提供的 File、FileInfo、FileStream 三个类可以将打开文件，并变成文件流。

① System.IO.File 类提供用于创建、复制、删除、移动和打开文件的静态方法，并协助创建 FileStream 对象。

② System.IO.FileInfo 类提供创建、复制、删除、移动和打开文件的实例方法，并且帮助创建 FileStream 对象，无法继承此类。

③ System.IO.FileStream 类支持同步读写操作，也支持异步读写操作。它继承于 Stream。在此主要介绍 FileStream 类的应用。

（2）通过流对象读写流数据。使用 FileStream 类的局限性在于只能读写文件的比特流。在使用此类时，需要将其他的数据类型转化为比特流之后才能对文件进行读写操作。.NET

针对这一局限性，提供了 System.IO.BinaryReader 和 System.IO.BinaryWriter 类，可以对文件的原始数据进行读写操作。这两个类的构造函数都需要传入一个文件流。读写文本文件用 System.IO.TextReader 和 System.IO.TextWriter 类。读二进制文件用 System.IO.BinaryReader 和 System.IO.BinaryWriter 类。

1. FileStream 类

.NET Framework 类提供了对二进制文件进行读写操作的类 FileStream、BinaryReader、BinaryWriter。FileStream 类通过其 seek 方法能随机的访问文件。BinaryReader、BinaryWriter 类在 Stream 中读写字符串和基元数据类型。FileStream 对象表示指向文件的流。FileStream 类提供了文件的打开、读写、关闭等操作方法。FileStream 类提供了在文件中读写字节的方法，操作的是字节和字节数组，经常使用 StreamReader 或 StreamWriter 执行这些功能。FileStream 类并支持同步读写和异步读写操作。

有几种方法可以创建 FileStream 对象。最简单的构造函数能够创建该对象，且仅带有两个参数，即文件名和 FileMode 枚举值。例如：

```
FileStreama file=new FileStream(filename,FileMode.Member,FileAccess.Member);
```

三个参数的含义如下。

（1）参数 filename 为文件名称。

（2）参数 FileMode.Member 为打开模式。其中，Member 可以是：

① Read 表示打开文件，用于只读。

② Write 表示打开文件，用于只写。

③ ReadWrite 表示打开文件，用于读、写。

（3）参数 FileAccess.Member 为访问方式，是枚举类型 FileAccess 的一个成员，它指定了流的作用。其中，Member 可以是：

① Append 表示文件存在时则打开文件，流指向文件的末尾，只能与枚举 FileAccess.Write 联合使用；如果文件不存在时创建一个新文件，只能与枚举 FileAccess.Write 联合使用。

② Create 表示文件存在时则删除该文件，然后创建新文件；文件不存在时创建新文件。

③ CreateNew 表示文件存在时抛出异常，文件不存在时创建新文件。

④ Open 表示文件存在时打开文件，流指向文件的开头。文件不存在时抛出异常。

⑤ OpenOrCreate 表示文件存在时打开文件，读写流指向文件的开头；文件不存在时创建新文件。

⑥ Truncate 表示文件存在时打开现有文件，清除其内容，流指向文件的开头，保留文件的初始创建日期；文件不存在时抛出异常。

2. FileStream 类的主要方法及其作用

（1）Close：用于关闭当前文件，并释放与之关联的所有资源。

（2）Dispose：用于释放占用的非托管资源。

（3）Seek：通过字节偏移量（相对于参考点，文件开始 SeekOrigin.Begin、文件当前位置 SeekOrigin.Current、文件尾部 SeekOrigin.End），将流的读写位置移动到任意处。

（4）Read：用于从流中读取字节块（数据）到缓冲区。

（5）Write：用于将缓冲区的字节块（数据）写入到文件中。

（6）Length：用于测试文件的长度（字节数）。

（7）Position：用于获取或设置流的当前位置。

3．BinaryWriter 类的主要方法及其作用

（1）BaseStream：该属性提供了 BinaryWriter 对象使用的基层流的访问。

（2）Close()：用于关闭二进制流。

（3）Flush()：用于刷新二进制流。

（4）Seek()：设置当前流的位置（文件开始 SeekOrigin.Begin、文件当前位置 SeekOrigin.Current、文件尾部 SeekOrigin.End），将流的读写位置移动到任意处。

（5）Write()：将数据写入当前流。

4．BinaryReader 类的主要方法及其作用

（1）BaseStream：该属性提供了 BinaryReader 对象使用的基层流的访问。

（2）Close()：该方法用于关闭二进制流阅读器。

（3）PeekChar()：返回一个可用字符，不改变指向当前字符或字节的指针位置。

（4）Read()：用于读取字符或字节，并存储到数组中。

（5）ReadXXXX()：用于读取各种类型数据的函数。如 ReadByte()、ReadInt32()等。

【例 4.6】 二进制文件读写实例。将 1～100 存入二进制文件之中，再读出数据求和，并显示所有的数，每行显示 10 个数，每个数占 6 列宽度。

源代码如下：

```
using System.IO;                    //手工添加的引用语句
class Program                       //控制台应用程序系统默认生成类名称 Program
{   static int n=0;
    //定义两个 string 类型的变量
    static string path1="",s1, bfile="BinData.dat";   //设置二进制文件的名称
    static void Main(string[] args)
    {
      try
      {   //得到当前可执行文件（EXE）所在的路径存储于变量 path1
          path1=Directory.GetCurrentDirectory();
          Console.WriteLine("EXE 文件所在目录：{0}",path1);
          //测试字符串 ConsoleApp0406 在 path1 中出现的起开始位置
          n = path1.IndexOf("ConsoleApp0406") + @"ConsoleApp0406\".Length;
          s1=path1.Substring(0,n);
          Console.WriteLine("二进制文件所在目录：{0}",s1);
          //如果截取的目录路径字符串的最后字符是\

          if(s1.Substring(s1.Length-1,1)=="\\"){  bfile=s1+"BinData.dat"; }
          else {   bfile=s1+@"\BinData.dat";   }
          //File 类方法操作实例解析;如果二进制文件"BinData.dat"存在时,则删除该文件
          if(File.Exists(bfile))
          {   Console.WriteLine("二进制文件:{0},已存在! 将被删除.",bfile);
              File.Delete(bfile);    //删除该二进制文件
```

```
            }
            //以下演示了 FileStream 类的函数 BinaryReader、BinaryWriter 读写二进
            //制文件方法
            //参数 FileMode.CreateNew 指示文件不存在则自动建立之
            //参数 FileAccess.ReadWrite 指示源文件的访问方式，打开用于读取和写入
            //注意此处 using 的用法与作用（代替了 try{}代码块）
            using(FileStream fs=new FileStream(
                    bfile,FileMode.CreateNew,FileAccess.ReadWrite))
            {   //通过 BinaryWriter 类建立二进制文件的写入对象（传入文件流），以此写入数据
                BinaryWriter bw=new BinaryWriter(fs);
                for(int k=0;++k<=100;) bw.Write((int)k);//写入 1～100 数据到二
                                                        //进制文件中
                fs.Seek(0,SeekOrigin.Begin);//将文件的读写指针移动到文件的开始处
               //通过类 BinaryReader 建立二进制文件的读取对象，以读取二进制文件的数据
               BinaryReader br=new BinaryReader(fs);
               int a=0,s=0;
               //br.BaseStream.Position 指示文件的当前读取位置
               //br.BaseStream.Length 指示文件的最后读取位置
               while(br.BaseStream.Position<br.BaseStream.Length)
               {  a=br.ReadInt32();//从二进制文件中通过 br 读取 32 位的整数赋值给变量 a
                  s+=a;            //将变量 a 的值累计至变量 s 中
                  Console.Write("{0,5}{1}",a,a%10==0?'\n':' ');
               }
               Console.WriteLine("\ns={0}",s);
               fs.Close();   br.Close();   bw.Close();
           }
        }//end using
        catch(Exception ex)
        {  Console.WriteLine("\n 二进制文件的读写操作中出现错误: " + ex.Message); }
        finally  //该部分始终要被执行
        {   Console.WriteLine("\n 二进制文件的读写操作到此结束! ");
            Console.ReadKey();     }
    }
}
```

4.1.7 通过内存流读写显示图片文件

通过内存流读取显示图片数据的步骤如下。

（1）实例化一个文件流，打开一个图片文件。例如：

```
FileStream fs = new FileStream(picFileName, FileMode.Open);
```

（2）通过文件流对象把图片文件数据读取到字节数组中。例如：

```
byte[]  bindata=new byte[fs.Length];//定义字节类数组（大小等于图片文件的大小）
fs.Read(bindata, 0, data.Length);  //通过流对象将图片数据存储到字节数组中
```

（3）实例化一个内存流对象，把从图片文件流中读取的内容[存储在字节数组中]置放于内存流中。用文件流读取的图片数据初始化内存流对象。例如：

```
MemoryStream ms = new MemoryStream(bindata);
```

（4）设置图片框 pictureBox1 中 Image 属性为内存流对象，实现图片的显示。例如：

```
this.picBox.Image = Image.FromStream(ms);
```

【例 4.7】 通过内存流读写显示图片文件实例。建立一个 Windows 窗体应用程序，添加一个窗体：名称为 FormFileDemo，标题为“【内存】流式文件的读写演示实例”；添加控件：①图片框控件（名称为 pictureBox1），无标题；②命令按钮控件：名称分别为 btshowpic（其标题为“显示图片内容”）、btexit（其标题为“关闭窗体”）；③标签控件（名称为 lblpics，标题为“文件总数”），运行结果如图 4.2 所示。

图 4.2　通过 MemoryStream 对象读取显示图片数据

```
using System.IO;                        //手工添加的 using 语句
```

窗体类的成员变量及其成员函数（包括事件与代码）如下：

```
string picpath = @"F:\TTT\pics\";   //定义类的数据成员。用于设置图片文件的存储路径
string picFileName = "";             //定义类的数据成员变量,用于存储图片文件的名称
```

（1）“关闭窗体”按钮 btexit 的单击事件 Click，实现窗体的关闭。

```
private void btexit_Click(object sender, EventArgs e) {  this.Close();  }
```

（2）窗体的 Load 事件，代码的作用：显示指定路径下的（图片）文件的总数。

```
private void FormFileDemo_Load(object sender, EventArgs e)
{
//定义 string 数组,存储指定路径下的图片文件的名称
//方法 Directory.GetFiles(picpath)返回指定文件夹下的文件名称,存储到字符数组中;
    string[] sfile = Directory.GetFiles(picpath);
```

```
    this.lblpics.Text="文件总数: "+sfile.Length.ToString();  //显示图片文件
    //遍历数组将文件名称显示在组合框控件（cmbpics）上;
    foreach (string ss in sfile) this.cmbpics.Items.Add(ss);
}
```

（3）“显示图片内容”按钮 btshowpic 的单击事件 Click，通过内存流读取并显示图片。

```
private void btshowpic_Click(object sender, EventArgs e)
{
    this.label1.Text = "";      //清空标签控件的文本内容
    //打开一个图片文件,以实例化一个文件流
    FileStream fs = new FileStream(picFileName, FileMode.Open);
    byte[] bindata = new byte[fs.Length];  //生成一个字节类的数组,与文件等大
    fs.Read(bindata, 0, bindata.Length);     //将图片文件内容读取到字节数组
    fs.Close();
    //实例化一个内存流,把从文件流中读取的内容[字节数组]放到内存流中去
    MemoryStream ms = new MemoryStream(bindata);
    //通过方法 FromStream()将图片数据流还原为图片显示的图片控件的 Image 属性中
    this.picBox.Image = Image.FromStream(ms);
}
```

（4）事件：cmbpics_SelectedIndexChanged，组合框的选项改变事件；得到图片文件的名称。

```
private void cmbpics_SelectedIndexChanged(object sender, EventArgs e)
{   //得到当前选定的图片文件的名称（含全路径）,保存到变量 picFileName 中
    picFileName = this.cmbpics.SelectedItem.ToString().Trim();
    this.btshowpic.Enabled = true;      //使"显示图片内容"按钮可用
    this.btshowpic.Focus();             //使"显示图片内容"按钮获得焦点
}
```

4.2 System.Console 类

Console 类封装了基于控制台应用程序的输入输出和错误流等操作。

4.2.1 Console 类与基本输入输出

Console 类定义了实现输入输出的方法，都被定义为静态的。常用的函数如下。

（1）WriteLine()方法将文本字符串输送到输出流，并输出一个回车符。

（2）Write()方法将文本字符串（不包括回车符）输送到输出流。

（3）ReadLine()方法从输入流接受信息直到遇上回车符。

（4）Read()方法从输入流接受一个字符。

4.2.2 Console 类与格式化控制台输出

.NET 引入了一种字符串格式化输出的新风格，可以在输出字符串中嵌入诸如{0}、{1}、{2}的标识占位符。C#中使用这种花括号语法在文本内部指定占位符。在运行时，每个输出“数据项”值会传入到 Console.WriteLine()或 Console.Write()，以替代相应的占位符。每个占位符用大括号（{}）括起来。{0}、{1}、{3}，{4}分别表示第一、第二、第三、第四个占位符，以此类推。大括号占位符数字编码总是从 0 开始。传给 WriteLine()或 Console.Write()的“输出项参数”是要插入到各对应占位符的值。

如果占位符的个数多于要替换并填充占位符的参数值的个数，则在运行时会产生格式异常；如果占位符的个数少于要替换并填充占位符的“输出项参数”值的个数，没有使用过的填充数则被忽略。

【例 4.8】 Console 类与格式化控制输出实例。

源代码如下：

```
static void Main(string[] args)
{
    Console.Write("输入你的姓名：");
    string usrname = Console.ReadLine();            //暂停程序等待输入姓名字符串
    Console.Write("输入你的年龄：");
    string usrage = Console.ReadLine();             //暂停程序等待输入年龄字符串
    int age=Convert.ToInt32(usrage);                //将年龄字符串转化为整型数值
    ConsoleColor prevColor=Console.ForegroundColor;     //获得背景颜色
    Console.ForegroundColor=ConsoleColor.Yellow;        //设置背景颜色
    //输出用户数据：第一个数据输出项 usrname 替换并填充占位符{0}
    //第二个数据输出项 usrage 替换并填充占位符{1}
    Console.WriteLine("你好！你的姓名:{0},你的年龄是：{1}",usrname,usrage);
    Console.ForegroundColor = prevColor;                //恢复背景颜色
    Console.ReadKey();                                  //让程序暂停等待输入
}
```

运行结果在此省略，读者自行分析，并上机运行。

4.2.3 Console 类与数值数据的格式化输出

在 C#语言中，通过占位符中包含不同的格式字符，实现数值数据的精确格式化输出。格式控制字符及其含义如表 2.9 所示。

【例 4.9】 Console 类与格式化控制输出实例。

源代码如下：

```
static void Main(string[] args)
{  ulong a = 12345678;     //定义无符号长整类型的变量 a
   //以下语句为各字符格式的作用实例演示
```

```
    Console.WriteLine("a={0}", a);
    Console.WriteLine("c,以货币形式输出 a 值,format:{0:c}", a);
    Console.WriteLine("C,以货币形式输出 a 值,format:{0:C3}", a);
    Console.WriteLine("d9,输出 9 位宽度,不足补 0,format:{0:d9}", a);
    Console.WriteLine("D9,输出 9 位宽度,不足补 0,format:{0:D9}", a);
    Console.WriteLine("d,十进制方式输出 12 位宽度,左对齐,format:{0,-12:d}", a);
    Console.WriteLine("D, 十进制方式输出 12 位宽度,右对齐,format:{0,12:D}", a);
    Console.WriteLine("f3,输出 a 值,指定 3 位小数位数,format:{0:f3}", a);
    Console.WriteLine("F3,输出 a 值,指定 3 位小数位数,format:{0:F3}", a);
    Console.WriteLine("F,实数形式输出 a 值,默认 2 位精度,format:{0:F}", a);
    Console.WriteLine("G,将数 a 的值格式化为定点数或指数格式,format:{0:G}", a);
    Console.WriteLine("g,将数 a 的值格式化为定点数或指数格式,format:{0:g}", a);
    Console.WriteLine("N,将 a 值 3 位一组逗号间隔输出,保留 2 位精度,format:{0:N}", a);
    Console.WriteLine("n,将 a 值 3 位一组间隔输出,保留 2 位精度,format:{0:n}", a);
    Console.WriteLine("E,按指数形式输出 a 值,format:{0:E}", a);
    Console.WriteLine("e,按指数形式输出 a 值,format:{0:e}", a);
    Console.WriteLine("X,按十六进制数形式输出 a 值,X 显示为大写:{0:X}",a);
    Console.WriteLine("x,按十六进制形式输出 a 值:{0:x}", a);
    Console.WriteLine("X,按十六进制数形式输出 a 值,X 显示为大写:{0:X}", a);
    Console.WriteLine("P3,按百分比格式输出 2.345678:{0:P3}", 2.345678);
    Console.WriteLine("p2,按百分比格式输出 2.345678:{0:p2}", 2.345678);
    Console.ReadKey();
}
```

输出结果（显示）此处省略，读者自行分析，并上机验证。

4.3 字符串、日期时间、数值处理类

4.3.1 字符串处理

1. 创建字符串

创建字符串（string）类型对象的最简单形式是直接定义一个 string 类型的变量，并用字符串常量初始化该变量。其一般格式如下：

```
String 变量名="字符串值"
```

例如，定义 string 类型的变量并初始化。

```
string s1 = "Welcome to C# world.";
```

也可以通过定义字符数组并初始化其元素的方法定义字符串，须注意字符数组的结束标识字符'\0'。

例如，通过定义字符数组，并以单个字符方式初始化字符数组的元素，实现字符串的定义。该方法须加上字符串的结束标识'\0'，一般加在字符串的尾部。

```
static char[] chars = { 'P','r','o','g','r','a','m','m','i','n','g','\0'};
static char[] s2 = new char[]{'T','e','s','t','\0'};
Console.WriteLine(chars);   //输出字符数组(各个元素的值),相当于输出字符串 chars
Console.WriteLine(s2);      //输出字符数组(各个元素的值),相当于输出字符串 s2
```

定义字符数组，并以单个字符方式初始化字符数组的元素时，最后要加上字符串的结束标识符'\0'，否则可能产生意想不到的结果。

例如，通过循环方式输出字符数组的每个元素值；总有一个 k 值，导致元素值 chars[k] 为'\0'，但是如果字符数组中没有结束标识符'\0'，循环将会出错。

```
for (int k = 0; chars[k] != '\0'; k++) Console.Write(chars[k]);
```

例如，字符串的连接。

```
string s1 = "Programming";
string s2 = "C# ";
Console.WriteLine(s2+s2);     //输出连接之后的字符串
```

2. 字符串类 System.String 及其常用函数

String 类是程序中使用非常频繁的类。使用字符串 String 类，可以动态的构造自定义字符串，执行许多字符串的基本操作。用于字符串操作的常用方法如下。

（1）String.Compare(s1,s2)：比较 String 对象 s1、s2；s1 等于 s2 时返回 0，否则返回非 0 值。例如：

```
string s1="Test",s2="test";
Console.WriteLine("Compare(s1,s2)={0}", string.Compare(s1, s2));
```

（2）bool string Equals(string values)：比较两个字符串是否相等，相等时函数返回 true；否则返回 false。例如：

```
string s1="Test",s2="test";
Console.WriteLine("s1.Equals(s2)={0}", s1.Equals(s2));  //返回 False
```

（3）String.Length：获取字符串中的字符个数（不包含字符串结束标志字符）。

（4）String.Substring(startIndex)：从字符串的起始位置 startIndex 开始，截取之后的所有字符。例如：

```
string s1="Test Programming";
Console.WriteLine("s1.Substring(startIndex)={0}",s1.Substring(5));
```

字符串中字符的序号从 0 开始编号，此例中的 5 表示物理位置为第 6 个字符。返回值为字符串"Programming"。

（5）String.Substring(startIndex, length)：返回字符串 string 中从 startIndex 开始的长度为 length 的子字符串。startIndex 为子字符串的起始位置的索引。length 为截取的子字符串的字符个数。例如，从编号为 5 的字符开始，输出 7 个字符。输出结果为：Program。

```
string s1="Test Programming";
```

```
Console.WriteLine("{0}",s1.Substring(5, 7));
```

（6）左截取：String.Substring(0,i)，返回字符串中左边的 i 个字符。

（7）右截取：String.Substring(str.Length−i,i)，返回字符串 string 右边的 i 个字符。例如：

```
int i=2;
string str="123456";
string sLeft=str.Substring(0,i);           //截取字符串 str 左边的 2 个字符
string sRight=str.Substring(str.Length-i,i);//截取字符串 str 右边的 2 个字符
Console.WriteLine("sLeft={0}",sLeft);//输出为 12;输出字符串 str 左边的 2 个字符
Console.WriteLine("sRight={0}",sRight);//输出为 56;输出字符串 str 右边的 2 个字符
```

（8）String.IndexOf(子串)：从左到右查询“子串”在字符串 string 中首次出现的位置（绝对位置，从 0 开始编号），返首索引值。如为空则返回-1。例如，查找字符"\"在 str 中第一次出现的索引值（位置）。输出结果为 2。

```
string str=@"D:\Test\Programming";
Console.WriteLine("{0}", str.IndexOf(@"\"));       //返回结果值为 2
Console.WriteLine("{0}", str.IndexOf(@"\",3,10)); //返回结果值为 7
```

（9）str.IndexOf("字"，start,end)：从 str 的第 start+1 个字符起，在之后的 end 个字符范围内，查找“字”在字符串 str 中的位置。start+end 不能大于字符串 str 的长度。例如，查找字符"\"在 str 中第一次出现的索引值（位置）。输出结果为 2。

```
string str=@"D:\Test\Programming";
Console.WriteLine("{0}", str.IndexOf(@"\",3,10)); //返回结果值为 7
```

从 str 的第 3+1 个字符开始之后的 10 个字符中查找字符串"\"出现的起始位置。

如果需要更强大的字符串解析功能应该用 Regex 类，使用正则表达式对字符串进行匹配。

（10）String.LastIndexOf(子串)：查找子串在字符串中最后出现（即最后一个匹配项）的索引位置。注意：字符序号（索引）从 0 开始编号。例如，查找字符"\"在字符串 str 中最后出现的索引位置。

```
string str=@"D:\Test\Program\ing";
Console.WriteLine("{0}", str.LastIndexOf(@"\"));   //返回结果为 15
```

（11）String.Insert(int index,string values)：在字符串的指定位置 index 处插入子串 values，之后的字符串向后移动。例如：

```
string str=@"D\Test\Program\ing";
Console.WriteLine("{0}",str.Insert(1,":"));//输出结果：D:\Test\Program\ing
```

（12）String.Remove(startIndex)，String.Remove(startIndex，intvalue)：从字符串中指定位置开始删除之后的所有字符或指定个数（values）的字符。例如：

```
string str=@"D:\Test\Program\ing";
Console.WriteLine("{0}", str.Remove(7));  //删除字符索引为 7 及其之后所有字符
Console.WriteLine("{0}", str.Remove(15, 1));//删除字符索引为 15 及其之后的 1 个字符
```

```
Console.WriteLine("{0}", str.Remove(15, 4));//删除字符索引为 15 及其之后的 4 个字符
```

输出结果分别是：D:\Test；D:\Test\Programing；D:\Test\Program。

（13）String.Ltrim(string)：将字符串前面（即左边）的空格去掉；String.Rtrim(string)：将字符串后面（右边）的空格去掉；String.Trim(string)：将字符串前后（即左右）的空格去掉。

（14）String.Replace(原字符，替换字符)：将字符串的“原字符”用“替换字符”替换。

（15）String.ToLower(string str)：将字符串 str 中的大写字母转化为小写字母。

（16）String.ToUpper(string str)：将字符串 str 中的小写字母转化为大写字母。

（17）String.Split(char separator)：将字符串根据分隔符 separator 拆分字符串成为一维字符数组，其中 separator 用于标识子字符串的界限。如果省略，默认使用空格（' '）作为分隔符。

例如：

```
string st = "Where are you?";                    //定义字符串
string[] aa = st.Split(' ');              //用空格(作为间隔字符)折分字符串到字符数组中
Console.WriteLine("aa[0]={0}",aa[0]);    //输出数组第 1 个元素(下标序号为 0)
Console.WriteLine("aa[1]={0}",aa[1]);    //输出数组第 2 个元素(下标序号为 1)
Console.WriteLine("aa[2]={0}",aa[2]);    //输出数组第 3 个元素(下标序号为 2)
```

（18）String.Join(char separator,string[]arrayname)：将字符数组 arrayname 中的每个字符串，用分隔符 separator 连接起来新城一个字符串。Join()方法是 string 类的静态方法，通过类名称直接引用。例如：

```
string ss,st = "Where are you?"; //定义字符串
string[] aa = st.Split(' ');       //用空格(作为间隔字符)折分字符串到字符数组中
ss = string.Join("-", aa);//用连接字符(-)将数组的各个字符串连接起来形成新字符串
Console.WriteLine("{0}",ss);       //输出结果:Where-are-you?
```

（19）String.Concat(string s1,string s2)：将字符串 s1 和字符串 s2 连接成新字符串。例如：

```
string s1="C# ",s2 = "Programming.";              //定义字符串
Console.WriteLine("{0}",string.Concat(s1,s2));//输出结果: C# Programming.
```

3．字符串类 System.Text.StringBuilder 及其常用方法

String 对象是不可改变的。每次使用 System.String 类的方法时，都要在内存中创建一个新的字符串对象，这就需要为该新对象分配新的空间。如果要修改字符串而不创建新的对象，则可以使用 System.Text.StringBuilder 类。例如，当在一个循环中将许多字符串连接在一起时，使用 StringBuilder 类可以提升性能。例如：

```
StringBuilder MySql=new StringBuilder("select * from student");
```

（1）Append 方法。可用来将文本或对象的字符串添加到当前 StringBuilder 对象表示的字符串的结尾处。

① Append（数据类型），将数据类型的对象的值直接添加在当前串的尾部。

② Append(字符串,次数)，将指定的“字符串”按指定的次数添加到当前字符串的尾部。

例如，将一个 StringBuilder 对象初始化为“Hello World”，然后将文本追加到该对象的结尾处。

```
StringBuilder str=new StringBuilder("Hello World!");//初始化一个StringBuilder对象
str.Append("What a beautiful day.");  //添加指定字符串到当前字符串的尾部
```

（2）AppendFormat(格式串,设置格式的对象)。将文本添加到 StringBuilder 的结尾处。可用此方法自定义变量的格式，并将这些值追加到 StringBuilder 对象的后面。各个格式字符及其作用如表 2.9 所示。

例如，使用 AppendFormat 方法将一个设置为货币值格式的整数值放置到 StringBuilder 对象的结尾。

```
int k=25;
StringBuilder str=new StringBuilder("Your totalis: ");
str.AppendFormat("{0:C}",k);
Console.WriteLine("{0}", str);   //输出新的字符串
```

程序运行结果如下：

```
Your totalis$: 25.00
```

（3）Replace 方法。用另一个指定的字符来替换 StringBuilder 对象内的字符。

例如，使用 Replace 方法来搜索 StringBuilder 对象中的感叹号字符（!），用问号字符（?）替换之。

```
StringBuilder str=new StringBuilder("Hello World!");
str.Replace('!','?');//查找字符串中所有感叹号字符(!),并用问号字符(?)来替换它们
Console.WriteLine("{0}", str);     //输出替换之后的新字符串
```

程序运行结果如下：

```
Hello World?
```

4.3.2 日期时间处理

日期时间类 System.DateTime 表示时间上的一刻，通常以日期和当天的时间表示，常用的函数如下。

（1）Date()：获取“日期时间实例”的日期部分。

（2）Day()：获取“日期时间实例”所表示的日期为该月的第几天。

（3）DayOfWeek()：获取“日期时间实例”所表示的日期是星期几。

（4）DayOfYear()：获取“日期时间实例”所表示的日期是该年的第几天。

（5）Hour()：获取“日期时间实例”所表示日期的小时部分。

（6）Millisecond()：获取“日期时间实例”所表示日期的毫秒部分。

（7）Minute()：获取“日期时间实例”所表示日期的分钟部分。
（8）Month()：获取“日期时间实例”所表示日期的月份部分。
（9）Now()：获取一个 DateTime，它是计算机的当前本地日期和时间。
（10）Second()：获取“日期时间实例”所表示日期的秒部分。
（11）Ticks()：获取“日期时间实例”的日期和时间的刻度数。
（12）TimeOfDay()：获取“日期时间实例”的当天的时间。
（13）Today()：获取当前系统日期。
（14）Year()：获取“日期时间实例”所表示日期的年份部分。
其中，DateTime.Now 和 DateTime.Today 是两个非常有用的函数。

【例 4.10】 日期时间类及其属性的应用实例解析。

源代码如下：

```
static void Main(string[] args)
{   //定义日期时间变量，获取当前的时间和日期
    System.DateTime ct = System.DateTime.Now;    //定义日期时间变量:
    Console.WriteLine("显示年、月、日、时、分：{0}", ct.ToString("f"));
    Console.Write("当前年份：{0}\t\t", ct.Year); //获取当前的时间和日期的年份
    Console.WriteLine("当前月份：{0}", ct.Month);//获取当前的时间和日期的月份
    Console.Write("当月第几天：{0}\t\t", ct.Day);//获取当前的时间和日期的天数
    Console.WriteLine("当前小时：{0}", ct.Hour); //获取当前的时间和日期的小时数
    Console.Write("当前分钟：{0}\t\t",ct.Minute);//获取当前的时间和日期的分钟数
    Console.Write("当前秒数：{0}\t\t",ct.Second);  //获取当前的时间和日期的秒数
    Console.WriteLine("当前毫秒：{0}",ct.Millisecond);//获取当前的时间和日期的毫秒数
    Console.Write("显示年-月：{0}\t\t", ct.ToString("y"));
    Console.WriteLine("显示月-日：{0}", ct.ToString("m"));
    Console.WriteLine("显示当前年-月-日：{0}",ct.ToString("d"));
    Console.WriteLine("显示当前年-月-日：{0}",ct.ToString("yyyy年MM月dd日"));
    Console.WriteLine("显示当前年月日：{0}",ct.ToString("D"));
    Console.WriteLine("显示当前时-分：{0}", ct.ToString("t"));
    Console.ReadKey();                                   //暂停程序执行
}
```

程序运行结果在此省略，读者自行分析并上机运行。

4.3.3 数值处理与随机数

1. Math 类与常用方法

在 C#语言中，System.math 类提供了很多数学函数、常数、静态方法。该类中常用的函数及作用如下：

（1）Abs()：返回指定数值的绝对值。
（2）Asin()：返回正弦值为指定数值的角度；Acos()：返回余弦值为指定数值的角度。
（3）Atan()：返回正切值为指定数值的角度；Atan2()：返回正切值为两个指定数值的商的角度。

（4）BigMul()：生成两个 32 位数值的完整乘积。

（5）Ceiling()：返回大于或等于指定数值的最小整数。

（6）Sin()：返回指定角度的正弦值；Cos()：返回指定角度的余弦值；tan()：返回指定角度的正切值。

（7）DivRem()：返回两个数值的商，将余数作为输出参数传递。

（8）Exp()：返回 e 的指定次幂；Pow()：返回指定数值的指定次幂。

（9）Floor()：返回小于或等于指定数值的最大整数。

（10）Log()：返回指定数值的对数；Log10()：返回指定数值以 10 为底的对数。

（11）Max()：返回两个数值中较大的一个；Min()：返回两个数值中较小的一个。

（12）Round()：返回最接近指定值的数字；Sign()：返回表示数值符号的值。

（13）Sqrt()：返回指定数值的平方根。

这些函数都是静态函数，可以通过类名称直接引用之。

2．System.Random 类及其常用方法与随机数的生成

在 C#语言中，类 System.Random 表示伪随机数生成器，产生能够满足某些随机性统计要求的数值序列。但产生随机数的方法必须由 Random 类创建的对象调用。随机对象的产生格式如下：

```
Random obj=new Random();
```

obj 为随机对象名称。类 System.Random 的常用方法如下。

（1）Next()：产生一个非负的随机整数。

（2）Next(n)：产生大于等于 0，小于 n 的随机数。n 为非负整数。

例如，Next(10)，产生 0～9（包括 0 和 9）之间的随机数。

（3）Next(n,m)：产生大于等于 n，小于 m 的随机整数。n、m 均为整数。

例如，Next(-10，20)，产生-10～19 之间的随机数。

（4）NextDouble()：产生大于等于 0.0，小于 1.0 的随机浮点数。

4.4 正则表达式

正则表达式在英文中写作 Regular Expression，简写为 Regex。正则表达式在程序设计中有着重要的位置，是用来检验和操作字符串的工具，用于处理字符串信息。

简单地理解正则表达式可以认为是一种特殊的验证字符串，用于描述一个特征，然后去验证另一个“字符串”是否符合这个特征。例如，表达式“ab+”描述的特征是“一个'a'和任意个'b'”，那么'ab'、'abb'、'abbbb'都符合这个特征。

一个正则表达式就是由普通字符（例如字符 a～z）以及特殊字符（称为元字符）组成的文字模式。正则表达式作为一个模板，将某个字符模式与所搜索的字符串进行匹配。正则表达式的功能如下。

（1）验证字符串是否符合指定特征。例如，验证是否是合法的邮件地址，验证用户输入信息格式。

（2）用来查找字符串。在长文本中，查找符合指定特征的字符串比查找固定字符串更加灵活方便。

（3）实现替换操作。比普通的替换功能更强大。

可以说，只要运用字符串的地方都可以使用正则表达式。

4.4.1 正则表达式类

不同的正则表达式有不同的引擎。正则表达式引擎是一种可以处理正则表达式的软件。通常，引擎是应用程序的一部分，不同的正则表达式并不互相兼容。许多引擎都很类似，但不完全一样。例如，.NET 正则库，JDK 正则包。根据正则表达式的使用范围和单词意思，.NET 将其命名空间设置为 System.Text.RegularExpressions。

在该命名空间内包括了 8 个基本类：Capture、CaptureCollection、Group、GroupCollection、Match、MatchCollection、Regex 和 RegexCompilationInfo，一个枚举，一个委托。

1. System.Text.RegularExpressions 及其作用

（1）Capture 类：表示单个表达式捕获的结果。

（2）CaptureCollection 类：用于一个序列进行字符串捕获。

（3）Group 类：表示一次组记录捕获的结果。

例如：

```
//设置要匹配的字符串
string text = "1A 2B 3C 4D 5E 6F 7G 8H 9I 10J 11Q 12J 13K 14L 15M 16N ffee80
#800080";
string pattern = @"((\d+)([a-z]))\s+";        //设置正则表达式
//使用 RegexOptions.IgnoreCase 枚举值表示不区分大小写
Regex r = new Regex(pattern, RegexOptions.IgnoreCase);
```

使用正则表达式匹配字符串，仅返回一次匹配结果：

```
Match m = r.Match(text);
```

（4）GroupCollection 类：表示捕获组的集合。

（5）Match 类：表示单个正则表达式的匹配结果。

（6）MatchCollection 类：通过迭代方式应用正则表达式得到匹配结果（集合）。

（7）Regex 类：表示只读正则表达式的表达式类，该类中提供了一些实用的静态方法。

（8）RegexCompilationInfo 类：提供编译器用于将正则表达式编译为独立程序集的信息。

（9）RegexOptions：提供用于设置正则表达式的枚举值。

2. Regex 类及其方法

构造正则表达式需要涉及 Regex 类，在 Regex 类中包括如下方法。

（1）IsMatch()方法：该方法返回 Bool 值，如果测试字符满足正则表达式返回 True，否则返回 False。

例如，判断是重庆地区电话号码的合法行。重庆地区电话号码组成 023********，前面为固定区号 023，后面满足 8 位数字；设计正则表达式：023\d{8}。

解析：023 区号固定，\d 表示数字，{8}表示 8 个数字组成。

（2）Replace()方法：该方法实际上是一种替换的方法，替换匹配正则表达式的模式。

例如，在发布带有公开电子邮件地址的文章时，替换@位避免产生垃圾邮件。分析：首先判断文章中电子邮箱地址，判断电子邮箱的正则表达式："\w{1,}@w{1,}\\."。

（3）Split()方法：实际上是拆分操作，根据匹配正则表达式进行拆分，并将结果储存在字符串数组中。

例如，建立一个合法 ISBN 验证格式。分析：ISBN 格式为 X-XXXXX-XXX-X，正则表达式格式：\d-\d{5}-\d{3}-\d。

（4）Match()方法：用于捕获第一个匹配，并返回第一次匹配的实例。例如：

```
Regex r=new Regex("(abc)+");                //查找模式"abc"
Match m=r.Match("strabcinabcd");            //设定要查找的字符串
Console.WriteLine(m.ToString ());           //输出第一个匹配的实例串 abc
```

4.4.2 正则表达式基本语法（规则）与实例

正则表达式通常包含普通字符（字母文本）和特殊字符（元字符，meta character）。如，"abcde"可匹配字符串中任何包含"abcde"的字符串。

1．普通字符（集）匹配语法

字母、数字、汉字、下画线以及没有特殊定义的标点符号，都是"普通字符"。正则表达式中的普通字符，在匹配一个字符串时，匹配与之相同的一个字符。

例如，表达式"ac"，在匹配字符串"acsde"时，匹配成功；匹配到的内容是"ac"，匹配到的位置开始于 0，结束于 2（注：下标从 0 开始还是从 1 开始，因当前编程语言的不同而可能不同）。

例如，表达式"bcd"，在匹配字符串"abcde"时，匹配成功；匹配到的内容是"bcd"。

元字符则更加灵活，运用通用的表达式，以匹配所有符合此表达式规律的字符串。以下字符（又称之为元字符）被保留作特殊用途，它们是：

[ ] \ ^ $. | ? * + ( ) { }

若要匹配这些特殊字符本身（即元字符本身），必须用转义字符，因为它们会被解释成其他的意思。在这些字符前面加反斜线字符"\"。例如"\\"表示"\"。

置于单引号中的字符也可以使用"\"转义符表示特定意义，例如，"\n"表示换行。这种字符串转义符与模式转义符有类似的作用，但是用途有较大区别。因此模式串置于单引号内时，应在所有"\"前面再加一个"\"以表示模式表达式中的转义符。

例如，模式串"\w+"，置于单引号中应表示为"\\w+"。为避免混淆以及书写方便，模式字符串应置于双引号内（此时"\"转义符仅适用于模式语义）。

例如，若要搜索"+"文本字符，可使用表达式"\+"。

如果要查找文本中的"."或者"*"，应该使用"\."和"*"。要查找"\"本身，使用"\\"。

例如，表达式"www\.unibetter\.com"匹配"www.unibetter.com"；

表达式"c:\\Windows"匹配"c:\Windows"。

正则导向的引擎总是返回最左边的匹配。在编程语言中，一些特殊的字符会先被编译器处理，然后再传递给正则引擎。

例如，正则表达式“1\+1=2”，在C++中要写成“1\\+1=2”。

例如，表达式“C:\\temp”，匹配字符串“C:\temp”。

在正则表达式中拥有一套自己的语法规则，常见语法包括：

（1）字符匹配；

（2）重复匹配；

（3）字符定位；

（4）转义匹配和其他高级语法（字符分组、字符替换和字符决策）。

2．字符（集）匹配语法

正则表达式中的一些表示方法，可以匹配“多种字符”中的任意一个字符，虽然可以匹配其中任意字符，但是只能是一个。例如，表达式“\d”可以匹配任意一个数字。主要字符如下：

字符	语法解释	语法例子
\a	匹配一个字母	
\c	匹配控制字符	
\d	匹配0～9之间的任意一个数字	例如，\d匹配5，不匹配15
\i	匹配ASCII字符(字节码 < 0x80)	
\l	匹配小写字母	
\p	匹配标点字符	
\s	匹配任意一个空白字符，即[\t\n\f\r\x0B]	例如，\d\s\w匹配5s，不匹配5bs
\u	匹配大写字母	
\w	匹配字母或数字或下画线中的任意一个字符	\w\w匹配A3，不匹配@3
\x	匹配十六进制数字	
.	匹配除换行符（\n）之外的任何一个字符	匹配Ax5，不匹配换行
[⋯]	匹配括号中指定区间的任一字符	[b-d]匹配b、c、d，不匹配e
\z	表示'\0'，输入的结尾	

【说明】

（1）句点字符（.）特别有用，可以用它来表示任何一个字符，表示的字符范围相当广泛。

（2）使用元字符“[]”定义一个字符集合，方括号中的表达式只匹配一个字符。意为必须是包含在集合里的字符之一，以匹配指定的多个字符（集）中的某一个。

（3）在使用正则表达式时，会用到字符区间0～9、A～Z等。为了简化字符区间的定义，字符区间可以使用连字符（-）来定义字符范围作为字符集。还可以使用不止一个范围，也可以结合范围定义和单个字符定义。特别强调，字符和范围定义的先后顺序对结果没有影响。举例如下：

① 表达式“[0-9a-fA-F]”，匹配单个的十六进制数字，并且大小写不敏感。

② 表达式“[0-9a-fxA-FX]”，匹配一个十六进制数字或字母X。

③ 想匹配一个“a”或一个“i”，可使用表达式“[ai]”。

④ 表达式“[0-9]”的意义和“[0123456789]”是相同的，“[b-d]”等价于“[bcd]”。

⑤ 也可以使用多个区间，表达式“[A-Za-z0-9]”匹配所有字母和数字。

⑥ 表达式“t[aeio]n”匹配“tan”“ten”“tin”“ton”，但不匹配“Toon”，因为，只能匹配方括号内的字符之一，且只能是 aeio 这四个字符。字符集中的字符顺序并没有什么关系，结果都是相同的。

⑦ 表达式“[abc]”，表示匹配 a、b、c 三者任一字符。

⑧ 表达式“[^abc]”，表示匹配字符 a、b、c 之外的任何字符，即不包含字符 a、b、c。

⑨ 表达式“[a-zA-Z]”，表示匹配 a～z 或 A～Z 的字符。

⑩ 表达式“[a-d[m-p]]”，表示匹配 a～d 或 m～p，即[a-dm-p]（并集）。

⑪ 表达式“[a-z&&[def]]”，表示匹配 d、e 或 f（交集）。

⑫ 表达式“[a-z&&[^bc]]”，表示匹配 a～z 之间的字符，但排除了字符 b 和 c。

⑬ 表达式“ac.\d”，在匹配“acc123”时，匹配成功；匹配到的内容是“acc1”。

（4）在模式串是纯文本时，'\0'表示模式串结束，所以需要用"\z"表示'\0' 。

（5）当在字符类的开始或末尾处使用小数点（.）时，它将失去其特殊通配符的意义，只能成为一个小数点号字符。在字符类的外部使用点号时，必须对其转意，使其能够匹配一个点号。

① 表达式“(-?\d*)\.?\d+”，匹配信息中的浮点数（即小数）。

② 表达式“(-?\d*)(\.\d+)?”，匹配信息中的任何数字。

③ 表达式“\d+”，匹配信息中的整数。

④ 表达式“(\d+)\.(\d+)\.(\d+)\.(\d+)”，匹配任一 IP 地址。“\.”被转义，以得到小数点本身。因此得到被小数点（.）间隔的四组数字，即 IP 地址。

⑤ 表达式“^\d{2}-\d{5}”，验证一个 ID 号码是否由一个 2 位数字，一个连字符（-）以及一个 5 位数字组成。{2}对\d（数字）重复 2 次，{5}对\d（数字）重复 5 次。

⑥ 表达式 “\d\d”匹配“xyz3456”时，匹配成功；匹配到的内容是“34”。

⑦ 表达式“x.\d”匹配“xxx345”时，匹配成功；匹配到的内容是“xx3”。

⑧ 表达式“[zxy][xyz]”，匹配“xyz123”时，匹配到的内容是“xy”。

【思考题】 “[xyz]”匹配串“xyz123”，“[yzx]”匹配串“xyz123”，“[zxy]”匹配串“xyz123”各得到什么字符？

例如，表达式“[^xyz]”，匹配“xyz123”时，匹配成功；匹配到的内容是“1”。

（6）元字符“\w”等价于“[A-Za-z0-9_]”。

（7）\xn，匹配 n，其中 n 为十六进制值。该十六进制值必须为确定的两个数字长。

例如，“\x41”匹配“A”。正则表达式中可以使用 ASCII 编码。

3. 反义（字符）匹配法

有时需要查找不属于某个能简单定义的字符类的字符。例如想查找除了数字以外，其他任意字符都行的情况，这时需要用到反义。在左方括号“[”后面紧跟一个尖括号“^”，将会对字符集取反。结果是字符集将匹配任何不在方括号中的字符。不像“.”，取反字符集是可以匹配回车换行符的。

在表达式“\s”“\d”“\w”“\b”表示特殊意义的同时，对应的大写字母表示相反的意义。特别强调的是，取反字符集必须要匹配一个字符。

语法	语法解释	语法例子
\A	表示输入的开头	
\B	匹配不是单词开头或结束的位置	
\C	不是控制字符的字符	
\D	匹配任意的非数字字符，即[^0-9]	\D 匹配 c，不匹配 3
\F	匹配不是换页符	
\R	匹配不是回车键的字符	
\L	匹配不是小写字母的字符	
\P	匹配不是标点符号的字符	
\I	匹配不是 ASCII 字符(字节码 >= 0x80)	
\V	匹配不是垂直制表符的字符	
\S	匹配任意非空白符的字符，即[^\s]	\S\S\S 匹配 A#4,不匹配 3d
\U	匹配不是大写字母的字符	
\W	匹配所有字母、数字、下画线之外的字符	\W 匹配@，不匹配 c
\X	匹配不是十六进制数字的字符	
\Z	输入的结尾，匹配不是'\0'的字符，仅用于最后的结束符（如果有的话）	

【说明】

（1）前面“字符（集）匹配语法”字符类的大写形式的字母表示小写字母所代表集合的补集，大写字符类可匹配所有多字节字符，例如“\P”“\S”可同时匹配汉字，但在中括号内也就是自定义字符中，这些字符类仅匹配单字节字符。

（2）当把元字符（脱字符号）“^”包括在方括号里面时，表示否（取非匹配），通常是为了排除不需要得到的字符。“^”效果将作用于给定字符集合里的所有字符和字符区间。

① 表达式“[^x]”，匹配除字符 x 以外的任意字符。

② 表达式“[^b-z]”，不匹配 b～z 之间的任一字符。

③ 表达式“[^aeiou]”，匹配除了 aeiou 这几个字母以外的任意字符。

④ 表达式“[^abc]”，表示匹配 a,b,c 之外的任意一个字符。

⑤ 表达式“[^A-F0-5]”，表示匹配“A”～“F”,“0”～“5”之外的任意一个字符。

⑥“India[^u]”,匹配一个 a,且后面跟着一个不是 u 的字符。所以它不会匹配“Indiau”,而会匹配“India is a country”。空格符是匹配中的一部分，因为它是一个“不是 u 的字符”。

⑦ 表达式“[0-9]”，表示 0～9 间的字符，表达式“[^0-9]”表示不是 0～9 之间的字符。[^0-9]和[0-9]表示的字符正好相反。

⑧ “\B(abc)”表示单词的中间包含有“abc”，匹配“xyabcyz”，不匹配“xyabc”“abcyz”。

⑨ “\B”匹配非单词边界。例如，“er\B”能匹配“verb”中的“er”，但不能匹配“never”中的“er”。

（3）行结束符是一个或两个字符的序列，标记输入字符序列的行结尾。以下代码被识别为行结束符。

① 新行（换行）符（'\n'）。

② 后面紧跟新行符的回车符（“\r\n”）。

③ 单独的回车符（'\r'）。

④ 下一行字符（'\u0085'）。

⑤ 行分隔符（'\u2028'）或段落分隔符（'\u2029）。

4．转义匹配语法

转义字符“\”将下一个字符标记为一个特殊字符，或一个原义字符，或一个后向引用，或一个八进制转义符。

例如，表达式“n”，匹配字符“n”。“\n”匹配一个换行符。序列表达式“\\”匹配“\”，而表达式“\(”则匹配“(”。

例如，想匹配“1+1=2”，正确的表达式为“1\+1=2”，对符号“+”进行转义。

转义符的作用具体包括：

<table>
<tr><th>转义语法</th><th>涉及字符(语法解释)</th><th>语法例子</th></tr>
<tr><td>\r</td><td>匹配回车，等价于\x0d</td><td></td></tr>
<tr><td>\t</td><td>匹配水平制表符，等价于\x09</td><td></td></tr>
<tr><td>\v</td><td>匹配垂直制表符，等价于\x0b</td><td></td></tr>
<tr><td>\f</td><td>匹配换页符，等价于\x0c</td><td></td></tr>
<tr><td>\nnn</td><td>匹配一个八进制 ASCII</td><td></td></tr>
<tr><td>\xXX</td><td>匹配 2 个十六进制 ASCII（编号在 0～255 范围的字符）</td><td>如"\x20"表示空格</td></tr>
<tr><td>\uXXXX</td><td>匹配 4 个十六进制的 Uniode</td><td></td></tr>
<tr><td>\c+大写字母</td><td>匹配 Ctrl-大写字母</td><td>\cS-匹配 Ctrl+S</td></tr>
<tr><td>\.</td><td>匹配字符小数点“.”本身</td><td></td></tr>
<tr><td>\\</td><td>匹配字符“\”本身</td><td></td></tr>
<tr><td>\^</td><td>匹配字符“^”本身</td><td></td></tr>
<tr><td>\+</td><td>匹配字符“+”本身</td><td></td></tr>
<tr><td>\?</td><td>匹配字符“?”本身</td><td></td></tr>
<tr><td>*</td><td>匹配字符“*”本身</td><td></td></tr>
<tr><td>\|</td><td>匹配字符“|”本身</td><td></td></tr>
</table>

【说明】

（1）字符：[ ] \ ^ $. | ? * + ( )，在正则表达中称之为特殊字符（又称之为元字符），具有特殊的含义。如果要匹配这些特殊字符（元字符）本身，必须用转义字符，因为它们会被解释成其他的意思。

（2）字符“$”，匹配输入字符串的结尾位置，要匹配“$”字符本身，要使用“\$”。

（3）字符 “(”“)”，分别标记一个子表达式的开始和结束位置，要匹配左右小括号本身，要使用表达式“\(”和表达式“\)”。

（4）字符“[”“]”，用来自定义能够匹配“多种字符”的表达式，要匹配左右方括号本身，需使用表达式“\[”和表达式“\]”。

（5）字符“{”“}”，修饰匹配次数的符号，要匹配左右大括号本身，需使用表达式“{”和表达式“}”。

（6）字符“|”，左右两边表达式之间“或”关系，要匹配字符“|”本身，需使用表达式“\|”。

（7）任何字符可以使用“\u”再加上其编号的4位十六进制数表示，例如“\u4E2D”。

5．字符重复匹配语法

语法	语法解释	语法例子
{n}	重复n次	\d{3}匹配\d\d\d，不匹配\d\d或\d\d\d\d
{n,}	重复n次及以上，至少n次	\w{2,}匹配\w\w和\w\w\w及以上，不匹配\w
{n,m}	重复n次到m次，最多m次	\s{1,3}匹配\s，\s\s，\s\s\s，不匹配\s\s\s\s
?	重复0次或1次，相当于{0,1}	5?匹配5或55，不匹配非5和0
+	至少重复1次，相当于{1,}	表达式“a+b”可以匹配“ab”“aab”“aaab”。
*	重复0次或多次，相当于{0,}	表达式“\^*a”可以匹配“a”“^a”“^^a”“^^^a”

【说明】

（1）放在大括号{}中的数字表达式用于指定内容允许重复的次数。可以指定一个确切的重复次数。“次数修饰”放在“被修饰的表达式”后边。

例如，表达式“Windows\d+”表示匹配Windows后面跟1个或多个数字。“\d+”表示“\d”至少重复一次；表达式“[bcd][bcd]”，可以写成“[bcd]{2}”，{2}表示重复 2 次；表达式“\w{2}”，相当于“\w\w”；表达式“a{5}”相当于“aaaaa”。

（2）{n，m}指定重复次数的范围，n和m均为非负整数且n <= m。至少匹配 n 次，最多匹配m次。

① 表达式“xy{2,4}”，可以匹配“xyy”“xyyy”“xyyyy”，其中，{2,4}表示字符y重复2～4次；也可以表示开底域的重复范围，如{2，}表示至少要重复两次，也可以匹配更多次。

② 表达式“ba{1,3}”，可以匹配“ba”“baa”或“baaa”，但不匹配“baaaa”。其中，{1，3}表示之前的子串“a”可以重复1～3次，至少重复一次，最多重复3次。

③ 表达式“\w\d{2,}”，可以匹配“x23”“_567”“T1235”等。其中，“\w”可以匹配任意一个字母或数字或下画线，“\d”可以匹配任一数字“（0～9）”“{2,}”表示数字“\d”至少出现两次。

（3）元字符“？”，表示重复之前的子表达式0次或1次。即标记一个子模式为可选的。

例如，表达式“a[cd]?”可以匹配“a”“ac”“ad”。其中“？”表示c或d可以不出现，或者要么出现c，要么出现d。匹配结果为“a”时，表示字符a没有与“[]”中的任何字符组合；匹配结果为“ac”时，表示字符a与字符c组合；匹配结果为“ad”时，表示字符a与字符d组合。

例如，表达式“Do(es)?”可以匹配“Do”或 “Does”。“es”用小括号括起来，表示“es”将作为一个整体进行匹配，此处的“?”等价于 {0,1}。

【思考题】 如果将“es”之外的一对小括号去掉，将如何匹配？匹配结果是什么？

（4）当字符“？”紧跟在任何一个其他限制符（*, +, ?, {n}, {n,}, {n,m}）后面时，匹配模式是非贪婪的。非贪婪模式尽可能少地匹配所搜索的字符串，而默认的贪婪模式则尽可能多地匹配所搜索的字符串。贪婪匹配原则是从一段文本的开始，一直匹配到这段文本的结束。只想匹配到第一个重复时，使用懒惰性元字符的简单写法，即在贪婪性元字符上加上一个“?”后缀即可。

例如，*?，+?，{n,}?。

表达式“a+?”，对于字符串“aaaaaa”，将匹配单个“a”，而表达式“a+”，对于字符串“aaaaa”，将匹配所有的“a”。

（5）“+”“*”，两个符号应该放在要作用的表达式的后面。元字符“*”主要用来匹配一个可有可无的字符（集），匹配它之前的子表达式 0 次或多次。

① 表达式“[\t]*$”匹配一个空白行。其中，“*”表示重复之前的方括号内的字符“\t”（表示空格）多次。

② 表达式“xo*”，能匹配“x”“xo”或“xoo” 或“xooo”等。其中，“*”表示它之前的字符“o”可以重复 0 次或多次。此处的“*”等价于“{0,}”。而“+”表示匹配它之前的子表达式至少一次或多次。注意“+”和“*”的区别。

③ 表达式“(very)*large”，可以匹配“large”，此时“*”之前的子表达式“(very)”一次也没有重复；也可以匹配“very large”，此时“*”之前的子表达式“(very)”重复了一次；也可以匹配“very very large”，此时“*”之前的子表达式“(very)”重复了两次，以此类推。

④ 表达式“(go\s*)+”，匹配字符串“Let's go go go!”时，匹配成功；匹配到内容是“go go go”。“(go\s*)”，其中配对的小括号“()”，将“go\s*”作为一个整体。go 后面跟任一空白字符，空白字符出现 0 次或任意次。因此，匹配到内容是“go go go”。

【思考题】 表达式“.\b.”，匹配“@@@abc”时，匹配结果是成功还是失败？如果匹配成功，匹配到的内容是什么？

（6）字符“{”，表示最小/最大量记号的开始。字符“}”，表示最小/最大量记号的结束。

① 表达式“13\d{9}”，表示匹配 13 后面必须跟 9 个\d（即数字 0～9 之间任一个），结果表示中国的手机号。

② 表达式“https?”匹配 http，此时字符 s 出现 0 次；也可匹配 https，字符 s 匹配一次。

③ 表达式“go{1,8}gle”，在匹配 “Alts by gooooogle”时，匹配成功；匹配到的内容是“gooooogle”。

6. 字符（集）及边界定位与分支语法

语法	语法解释	语法例子
^	与字符串开始处匹配，不匹配任何字符	"^[A-Za-z]+$"，英文字母组成的字符串
$	与字符串末尾处匹配，不匹配任何字符	"^[A-Z]+$"，大写英文字母组成的字符串
\A	前面模式开始位置	
\Z	前面模式结束位置（换行前）	
\b	匹配一个单词边界（单词的开始或结束），即单词与空格间的位置，不匹配任何字符	\bcar\b，匹配 car 字符集（单词）
		表达式左右两边选择其一	
(	表示子模式的开始	
)	表示子模式的结束	(x)把 x 作为一个整体进行捕获（匹配）
-	用于指明字符范围	"^[A-Za-z]+$"，英文字母组成的字符串

【说明】

（1）“\b”匹配一个单词边界，也就是单词和空格之间的位置，不匹配任何字符。但是它要求它在匹配结果中所处位置的左右两边，其中一边是“\w”范围，另一边是非“\w”的范围。

① 表达式“\bcar\b”，在一个句子中查找“car”单词本身。

② 表达式“\bend\b”，匹配“weekend，endfor，end”时，匹配成功，匹配到的内容是“end”。

③ 表示式“er\b”，可以匹配“never”中的“er”，但不能匹配“verb”中的“er”。

④ 表达式“Tom|Jack”，在匹配字符串“I'm Tom，he is Jack”时，匹配成功，匹配到的内容是“Tom”；匹配下一个时，匹配结果也是成功；匹配到的内容是“Jack”。

（2）脱字符号“^”用于正则表达式字符串的开始，表示子字符串必须出现在被搜索字符串的开始处。如果设置了 RegExp 对象的 Multiline 属性，“^”也匹配“\n”或“\r”之后的位置。

例如，表达式“^door”在匹配“at door open”时，匹配失败。因为“^”要求与字符串开始的地方匹配。当“door”位于字符串的开头时，如匹配“door at open”才能匹配成功。

（3）字符“$”，用于正则表达式字符串的结尾，表示子字符串必须出现在字符串的末尾。如果设置了 RegExp 对象的 Multiline 属性，$ 也匹配“\n”或“\r”之前的位置。

① 表达式“door$”，在匹配“at door open”时，匹配失败。因为“$”要求与字符串结束的地方匹配。当“door”位于字符串的结尾时，如匹配“at open door”才能匹配成功。

② 表达式“^[a-z]$”，这个模式将匹配只包含 a～z 之间一个字符组成的字符串。

③ 表达式“(^bac).*(abc$)”，表示以“bac”开头以“abc”结尾的行。

④ 表达式“\b(abc)”，匹配以“abc”开始或结束的单词，包含有“abc”“abcdk”“rexabc”等。

⑤ 正则表达式中，可以用字符“|”（一条竖线）来表示多种之中的一个选择。表达式“x|y”，表示匹配 x 或 y。

⑥ 表达式“z|food”能匹配“z”或“food”。表达式“(z|f)ood”能匹配“zood”或“food”。

⑦ 如果要匹配“com”或“edu”或“net”，就可以使用表达式“com|edu|net”。

⑧ 表达式“(very){1，3}”，可以匹配“very”“very very”和“very very very”，小括号使得“very”作为一个整体被匹配。此处，“(”表示子模式 very 的开始，“)”表示子模式 very 的结束。

⑨ 表达式“(very)*large”可以匹配“large”（此时 very 不出现），可以匹配“very large”（字符串 very 出现一次），可以匹配“very very large”，字符串“very”还可以出现更多次。元字符“*”表示匹配之前的字符串“very”不出现（匹配 0 次）或出现多次。

⑩ 表达式“^[A-Za-z0-9]+$”，表示由数字和 26 个英文字母组成的字符串。元字符“+”表示方括号中的字符 A～Z 或 a～z 或 0～9 之间的任一个可以重复一次或多次，以组成字符串。

⑪ 表达式“^\w+$”，表示由数字（0～9）、26 个英文字母或者下画线组成的字符串。

⑫ 表达式“^13\d{9}$”，匹配 13 后面跟 9 个数字（表示中国的手机号）。“{9}”表

示“\d”（数字）重复 9 次。

⑬ 表达式“^((\+86)|(86))?(13)\d{9}$”，匹配电话号码之前带 86 或是+86 的手机号码。“?”表示之前的子表达式“+86”或“86”匹配零次或一次。配对的小括号使得+86 或者 86 作为一个整体匹配。元字符“|”使得要么匹配“+86”，要么匹配“86”。

⑭ 电话号码与手机号码同时验证，则用表达式“^(\d{3，4}-)?\d{7，8})$|(13[0-9]{9}$”。其中的元字符“$”表示一个字符串结束。

⑮ 表达式“[1-9]{1}\d{5}”，用以提取中国的邮政编码。“[1-9]{1}”表示 1～9 之间的数字只能有一个且重复一次，后面跟 5 个数字。“{5}”表示“\d”被重复 5 次。

⑯ 表达式“^\d{2}-\d{5}”，验证一个 ID 号码是否由一个两位数字、一个连字符（-）以及一个 5 位数字组成。

⑰ 表达式“\d{18}|\d{15}”，提取中国身份证号码。重复 18 位数字（\d）或者重复 15 位数字。

⑱ 表达式“(abc)”，表示把“abc”作为一个整体进行捕获。

代码示例：

```
public static bool IsValidMobileNo(string MobileNo)
{ conststring regPattern=@"^(130|131|132|133|134|135|136|137|138|139)\d{8}$";
    return Regex.IsMatch(MobileNo, regPattern);  //匹配所有移动电话号码
}
```

7. 匹配次数中的贪婪与非贪婪

（1）“\w+”在匹配时总是尽可能多地匹配符合匹配规则的字符。带“*”和“{m，n}”的表达式都是尽可能多匹配，带“?”的表达式在可匹配或可不匹配时，也是尽可能的“要匹配”。这种匹配原则称之为“贪婪”匹配模式。在使用修饰匹配次数的特殊符号时，有几种表示方法，可以使同一个表达式能够匹配不同的次数。

例如：“(d)(\w+)”，“\w+”表示将匹配第一个“d”之后的所有字符，针对匹配文本串“dxxxdxxxd”时，匹配结果为“xxxdxxxd”；(d)(\w+)(d)，“\w+”将匹配第一个“d”和最后一个“d”之间的所有字符，针对匹配文本串“dxxxdxxxd”时，匹配结果为“xxxdxxx”。尽管“\w+”也能够匹配上最后一个“d”，为了使整个表达式匹配成功，“\w+”可以“让出”它本来能够匹配的最后一个“d”。

（2）在修饰匹配次数的特殊符号后再加上一个“?”号，则可以使匹配次数不定的表达式尽可能少地匹配，使可匹配或可不匹配的表达式，尽可能的“不匹配”，这种匹配原则叫作“非贪婪”模式，也叫作“勉强”模式。如果少匹配就会导致整个表达式匹配失败的时候，与贪婪模式类似，非贪婪模式会最小限度的再匹配一些，以使整个表达式匹配成功。

4.4.3 常用的表达式属性设置

正则表达式常用属性有 Ignorecase、Singleline、Multiline、Global，其含义及作用如表 4.3 所示。

表 4.3 正则表达式“常用的表达式”属性设置

属 性	属 性 说 明
Ignorecase	默认情况下，表达式中的字母是要区分大小写的。配置为 Ignorecase，可使匹配时不区分大小写。有的表达式引擎把“大小写”概念延伸至 UNICODE 范围的大小写
Singleline	默认情况下，小数点（.）匹配除了换行符（\n）以外的字符。配置为 Singleline，使小数点可匹配包括换行符在内的所有字符
Multiline	默认情况下，表达式“^”和“$”只匹配字符串的开始 ① 和结尾 ④ 位置。如： ①xxxxxxxxx②\n ③xxxxxxxxx④ 配置为 Multiline，可使“^”匹配①外，还可以匹配换行符之后，下一行开始前③的位置，使“$”匹配④外，还可以匹配换行符之前，一行结束②的位置
Global	主要在将表达式用来替换时起作用，配置为 Global 表示替换所有的匹配

^(abc)表示以 abc 开头的字符串。注意编译时要设置参数 MULTILINE，如下：

```
Pattern pre = Pattern.compile(regex,Pattern.MULTILINE);
```

Windows 窗体应用程序与控件

前面介绍了控制台应用程序。在实际应用中，所使用的大部分应用程序多为 Windows 应用程序。本章主要介绍 Windows 应用程序的有关概念及 Windows 应用程序的创建，介绍相应的控件及其常用属性。

5.1 Windows 应用程序

从广义上讲，基于 Windows 运行的应用程序都可以称为 Windows 应用程序，包括扩展名为.EXE/.DLL 等的应用程序。从狭义的范围讲，Windows 应用程序主要是指拥有图形用户界面，并能与用户进行交互的程序。窗体应用程序主要运行于本地机，提供了丰富的用户界面，实现用户交互，能够实现各种复杂的功能。Windows 窗体应用程序涉及复杂的用户界面和事件处理，一般在 Visual Studio 集成开发环境中进行开发与调试和测试。涉及的命名空间和程序集如下。

（1）命名空间：System.Windows.Forms。

（2）程序集：System.Windows.Forms（在 System.Windows.Forms.dll 中）。

5.1.1 Windows 应用程序的创建

创建 Windows 应用程序有两种方法。

（1）通过 Visual Studio 集成开发环境（IDE）的向导，可视化建立。

（2）通过编程的方式建立。

【例 5.1】 通过 Visual Studio 集成开发环境（IDE），可视化的建立 Windows 应用程序实例。

参阅 1.4.2 节的有关内容，可视化的建立一个 Windows 应用程序（框架），默认会生成一些组件对象。如图 5.1 所示，在“资源管理器”浏览器中，展示了此实例项目 FormApp0501 的具体组成对象。包括以下几个组成部分。

（1）Form1.cs：窗体（设计）程序文件。

（2）Form.Designer.cs：窗体控件及属性设计文件。

（3）Program.cs：程序入口文件，其中包含了主函数 Main()。

（4）App.config：系统配置文件。

（5）Properties：系统属性文件夹。

（6）References：系统引用文件夹。

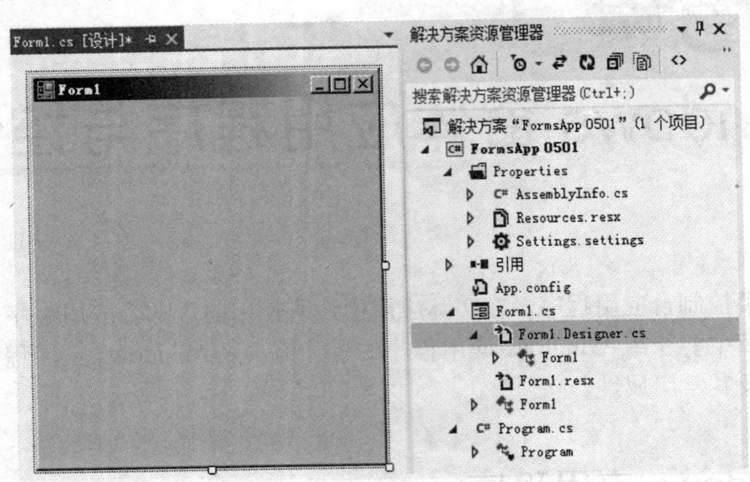

图 5.1　对象浏览器与空白窗体

其中，App.config、Properties、References 三个部分的内容属于 C#高级编程范畴，在此不予赘述。

下面主要对 Form1.cs（窗体界面设计文件）、Form.Designer.cs（窗体控件及属性设计文件）、Program.cs（程序入口文件）分别予以介绍。

5.1.2　窗体程序文件 Form1.cs

自.NET 2.0 开始，C#语言采用了部分类的概念。例如，在项目 FormApp0501 的组成部分中，窗体文件 Form1.cs 和窗体控件与属性设计文件 Form1.Designer.cs 是同一类的两个部分。窗体界面设计文件、窗体控件及属性设计文件，两者加起来才是一个完整的类。Form1.Designer.cs 是设计器自动生成的，Form1.cs 是完成窗体界面设计的主体部分。在 Form1.cs 文件中，添加相应的以实现具体功能的函数，使 Windows 应用程序满足用户的需求。所以，在 Windows 应用程序的开发中，一般情形只需修改 Form1.cs 即可。

系统自动生成的 using 语句在此省略。窗体程序文件 Form1.cs 的源代码（框架）如下：

```
namespace FormsApp0501 //名称空间 FormsApp0501，系统根据输入的项目名称自动生成
{
    public partial class Form1 : Form //系统自动生成的窗体子类 Form1,基类是 Form
    {
        此处添加对类的成员变量的说明
        public Form1() { InitializeComponent(); } //默认的构成函数
        在此实现类的成员函数的定义
        系统生成的控件事件(函数)也将添加在此
    }
}
```

【程序解析】

（1）InitializeComponent()方法是 Visual Studio 设计器自动生成的一个方法，完成相关的初始化任务。

（2）using 命令导入名称空间。C#的名称空间代替了 C++和 C 的文件包含。名称空间中包含了各种相应的类，Windows 程序设计一般设计到窗体、控件、绘画等。因此，需要导入相应的名称空间。例如：

```
using System;                          //可以引用类 System 的方法
using System.Collections.Generic;
using System.Drawing;
using System.ComponentModel;
using System.Windows.Forms;        //类 Form 包含了 Windows 窗体的类及其操作方法等
```

（3）文件 Form1.cs 中包含了窗体及其控件的所有事件（函数）源代码。

（4）与 Form1.cs 相对应的还有“Form1.cs[设计]”部分，用于 Windows 应用程序的窗体界面的可视化设计，包括与之相关的控件。

5.1.3 程序入口文件 Program.cs

无论是控制台应用程序，还是 Windows 窗体应用程序，都有一个入口程序（主函数 Main）。通过向导方式创建控制台应用程序或 Windows 窗体应用程序，系统能自动生成应用程序的框架。

（1）自动生成的导入名称空间的 using 命令。

（2）自动生成的项目名称空间。

（3）自动生成的类名称。

（4）自动生成的主程序框架（主函数 Main）。

1. program.cs 程序文件框架

program.cs 程序文件框架，系统自动生成的 using 命令在此省略。源代码如下：

```
namespace FormsApp0501 //系统根据输入的项目名称 FormsApp0501，自动生成的名称空间
{
   static class Program          //系统自动生成的类 Program 的框架
    {  //应用程序的主入口点
      [STAThread]
       static void Main()
       {    //启用应用程序可视外观样式,WindowsXP 风格,其作用是让控件显示出来(包括窗体)
          Application.EnableVisualStyles();
          //在应用程序范围内设置控件显示文本的默认方式
          //false 使用 GDI 方式显示文本;true 使用 GDI+方式显示文本
          Application.SetCompatibleTextRenderingDefault(false);
          //创建本窗体的实例对象(new Form1())并运行(显示)窗体
          Application.Run(new Form1());
       }
```

```
    }
}
```

2．Windows 应用程序的启动

基于 C#的应用程序的启动，都是从主函数（Main）开始的。Main 函数是整个应用程序的入口点。语句 Application.Run(new Form1())启动了 Windows 应用程序的一个窗体 Form1。在此，可以启动 Windows 应用程序的任何一个窗体（如密码认证窗体），包括系统的主窗体（参阅第 9 章的内容）。只需要改变 new 后面的窗体类名称即可。

在 Windows 应用程序中，一般先启动密码认证窗体，先进行系统的密码认证，以取得系统的使用权限。请参阅第 8 章的有关内容。

5.1.4 窗体及控件与属性设计文件 Form1.Designer.cs

Form1.Designer.cs 文件是设计器自动生成，记录 Windows 应用程序中引用的控件和相关属性的设置。一般情况下，用户不需要对该文件进行编辑，随着窗体控件的增减、控件属性、事件的修改或改变而自动变化。该文件的框架如下：

```
namespace FormsApp0501
{
  partial class Form1
    {  // 必需的设计器变量,仅当添加了组件时该变量的值才不会为 null
        private System.ComponentModel.IContainer components = null;
        // 清理所有正在使用的资源
        // <param name="disposing">如果应释放托管资源,为 true;否则为 false</param>
        protected override void Dispose(bool disposing)
        {
            if (disposing && (components != null)) {  components.Dispose();  }
            base.Dispose(disposing);
        }
        /*#region 之后的代码表示,在使用 VS 代码编辑器的大纲显示功能时,指定可展开或折
          叠的代码块*/
        #region Windows 窗体设计器生成的代码
        // 设计器支持所需的方法,使用代码编辑器修改此方法的内容
        private void InitializeComponent()
        {
            this.SuspendLayout();
            //窗体类 Form1 的有关信息:尺寸、字体、名称、标题内容
            this.AutoScaleDimensions = new System.Drawing.SizeF(6F, 12F);
            this.AutoScaleMode = System.Windows.Forms.AutoScaleMode.Font;
            this.ClientSize = new System.Drawing.Size(273, 273);
            this.Name = "Form1";            //窗体默认名称
            this.Text = "Form1";            //窗体默认的标题
            this.ResumeLayout(false);
        }
```

```
        #endregion                              //必须用#region 指令终止#endregion 块
    }
}
```

#region、#enregion 组成一对，用于程序的折叠（收起），可增加程序的可读性。

5.1.5　C#中的 Form 类

.NET 框架中提供了开发图形用户界面（GUI）的窗体设计体系，即 Windows.Form（Windows 窗体），使得 Windows 应用程序的开发变得简洁方便，也简化了 Windows 程序设计。

在 C#语言中，窗体是通过 System.Windows.Forms 类或该类派生类的对象创建的。窗体能够代表任意类型的窗口，其中包括程序的主窗口、子窗口、对话框。创建窗体的 Form 类中，封装了创建窗体、显示窗体及所需的基本功能。

如图 5.1 所示，创建 Windows 应用程序时所建立的窗体默认就是一个空白窗口，其中没有任何的控件。如果要使这个窗体满足用户需求，并能完成一定的业务逻辑，需要对该窗体的属性和事件进行设置；需要添加必要的控件并对其属性和事件进行设置。进行 Windows 程序设计时，须引用 Form 类，需要添加如下引用（语句）。建立 Windows 应用程序时，系统会自动生成该语句：

```
using System.Windows.Forms;
```

5.1.6　Form 类的常用属性

在 Windows 窗体应用程序中，窗体是向用户显示信息的可视化界面。Form 类的属性用于设置窗体的外观（显示）特征等操作。窗体的常用属性如表 5.1 所示。

表 5.1　窗体的常用属性及其含义

属 性 名 称	属性的含义（作用）
name	标识窗体的名称。在程序中用此属性引用窗体
WindowState	用来获取或设置窗体的窗口状态，其值有三种：Normal，窗体正常显示；Minimized，窗体显示之后，窗体最小化；Maximized，窗体以最大化形式显示
StartPosition	用来获取或设置运行时窗体的起始位置。该属性的取值具体有：①CenterParent，窗体在其父窗体中居中；②CenterScreen，窗体在“当前显示窗口”中居中，其尺寸在窗体大小中指定。如果显示窗体是“屏幕”，则在屏幕上居中；③Manual，窗体的位置由 Location 属性确定；④WindowsDefaultBounds，窗体定位在 Windows 默认位置，其边界也由 Windows 默认决定；⑤WindowsDefaultLocation（默认值），窗体定位在 Windows 默认位置，其尺寸在窗体大小中指定。例如，this.StartPosition=FormStartPosition.CenterScreen;
Text	该属性用来设置或获取在窗口标题栏中显示的文字（其值为字符串）
Size、Width、Heigh	分别用来获取或设置窗体的大小、宽度和高度
Left、Top	分别用来获取或设置窗体的左边缘的 x 坐标、y 坐标（以像素为单位）

续表

属 性 名 称	属性的含义（作用）
ControlBox	用于获取或设置一个值，该值指示在该窗体的标题栏中是否显示控制框。值为 true 时将显示控制框，值为 false 时不显示控制框（即最大化、最小化、关闭三个按钮不显示在标题栏）
MaximizeBox、MinimizeBox	MaximizeBox、MinimizeBox 分别用于获取或设置一个值，指示是否在窗体的标题栏中显示最大化和最小化按钮。其值为 true 时显示最大、最小化按钮，为 false 时不显示最大化和最小化按钮
Font	用来获取或设置控件显示的文本的字体（字号）
Visible	用于获取或设置一个值，该值指示是否显示该窗体或控件。值为 true 时显示窗体或控件，为 false 时不显示
Enabled	用来获取或设置一个值，该值指示控件是否可以对用户交互作出响应。如果需要控件对用户交互作出响应，则设置为 true（默认值）；否则设置为 false
ForeColor、BackColor	分别用来获取或设置控件的前景色和背景色
AcceptButton	该属性用来获取或设置一个值，该值是一个按钮的名称。当按 Enter 键时，就相当于单击了窗体上的该按钮（即触发该按钮的单击事件），无论焦点在窗体什么控件上
CancelButton	该属性用来获取或设置一个值，该值是一个按钮的名称。当按 Esc 键时，就相当于单击了窗体上的该按钮（即触发该按钮的单击事件），无论焦点在窗体什么控件上
Modal	该属性用来设置窗体是否为有模式显示窗体。如果要模式化的显示该窗体，该属性值为 true，否则为 false。当为模式化显示窗体时，只能对模式窗体上的对象进行输入；只有当隐藏或关闭模式窗体时，才能对另一窗体进行操作。模式窗体通常用作应用程序中的对话框
FormBorderStyle	设置窗体边框的样式，其枚举成员有：①Fixed3D，固定的三维边框；②FixedDialog，固定的对话框样式的粗边框；③FixedSingle，固定的单行边框；④FixedToolWindow，不可调整大小的工具窗口边框。工具窗口不会显示在任务栏中，也不会显示在当用户按 Alt+Tab 时出现的窗口中。尽管指定 FixedToolWindow 的窗体通常不显示在任务栏中，还是必须确保 ShowInTaskbar 属性设置为 false，因为其默认值为 true；⑤None，无边框；⑥Sizable，可调整大小的边框；⑦SizableToolWindow 属性。可调整大小的工具窗口边框。 显示时，使窗体为固定边框的设置：this.FormBorderStyle=FormBorderStyle.Fixed3D;
ActiveControl	用来获取或设置容器控件中的活动控件。窗体也是一种容器控件
ActiveMdiChild	用来获取多文档界面（MDI）的当前活动子窗口
AutoScroll	用来获取或设置一个值，该值指示窗体是否实现自动滚动。如果此属性值设置为 true，则当任何控件位于窗体工作区之外时，会在该窗体上显示滚动条。另外，当自动滚动打开时，窗体的工作区自动滚动，以使具有输入焦点的控件可见
BackgroundImage	用来获取或设置窗体的背景图像
IsMdiChild	获取一个值，该值指示该窗体是否为多文档界面（MDI）子窗体。属性值为 true 时，是子窗体，属性值为 false 时，不是子窗体
KeyPreview	用来获取或设置一个值，以指示在将按键事件传递到具有焦点的控件前，窗体是否将接收该事件。属性值为 true 时，窗体将接收按键事件，属性值为 false 时，窗体不接收按键事件
MdiParent	用来获取或设置此窗体的当前多文档界面（MDI）父窗体
Dock	用来获取或设置一个值，该值指示是否在 Windows 任务栏中显示窗体
TabIndex	用来获取或设置控件的 Tab 键顺序

5.1.7 Form 类的常用事件和方法

1．常用事件及其作用与触发时机

（1）Load：该事件在窗体加载到内存时被触发，即在第一次显示窗体前发生。

（2）Activated：激活窗体时发生。

（3）Deactivate、GetFocus：Deactivate 事件在窗体失去焦点成为不活动窗体时发生；GetFocus 事件在控件接受焦点时发生。

（4）Resize、Paint：Resize 事件在改变窗体大小时发生；Paint 事件在重绘窗体时发生。

（5）VisibleChanged：在 Visible 属性值发生改变时发生。

（6）Click：用户单击窗体时触发该事件。

（7）DoubleClick：用户双击窗体时触发该事件。

（8）Leave、Enter：Leave 事件，焦点离开控件时发生；Enter 事件，焦点进入控件时发生。

（9）FormClosing：在窗体关闭时触发 FormClosing 事件。窗体关闭时，此事件会得到处理，从而释放与此窗体关联的所有资源。如果取消此事件，则该窗体保持打开状态。若要取消窗体的关闭操作，将传递给事件处理程序的 FormClosingEventArgs 的 Cancel 属性设置为 true 即可。

当窗体显示为“模式对话框”时，单击“关闭”按钮会隐藏窗体并将 DialogResult 属性设置为 DialogResult.Cancel。通过在窗体的 FormClosing 事件的事件处理程序中设置 DialogResult 属性，可以在用户单击“关闭”按钮时重写分配给 DialogResult 属性的值，以此决定是关闭或不关闭窗体。

（10）FormClosed：在窗体关闭之后发生。

（11）KeyDown、KeyUp：分别表示在控件获得焦点时按下某个键并释放键时发生。

（12）KeyPress：在控件获得焦点，且有键按下时发生。

（13）MouseDown、MouseUp：分别表示当鼠标指针位于控件上按下鼠标键、释放鼠标键时发生。

（14）MouseHover、MouseLeave：分别表示在鼠标指针停放在控件上、离开控件时发生。

（15）MouseMove：在鼠标指针移到控件上时发生。

2．常用方法及其作用

（1）Show：让窗体显示出来，其调用格式：窗体名.Show()。

（2）Hide：把窗体隐藏出来，其调用格式：窗体名.Hide()。

（3）Refresh：刷新并重画窗体，其调用格式：窗体名.Refresh()。

（4）Activate：激活窗体并给予它焦点，其调用格式为：窗体名.Activate()。

（5）Close：关闭窗体，其调用格式为：窗体名.Close()。

（6）ShowDialog：将窗体显示为模式对话框，其调用格式为：窗体名.ShowDialog();

其中，以上的“窗体名”是要引用或作用的窗体的名称。

5.1.8 为窗体添加控件并布局

通过向导方式创建的 Windows 应用程序，最初的窗体都是空白的。要实现某些功能，则需要向窗体添加相应的控件。如文本输入框、命令按钮、列表框等。窗体本身就是容器类控件，容纳其他控件。控件只是窗体上的组件，用于显示信息或接收用户输入，实现交互操作，使人机交互的处理变得简单。

1. 向窗体类中添加控件

窗体设计包括窗体的建立、控件的添加与布局等。向窗体添加控件的方法如下。

（1）在 Visual Studio IDE 左边的工具栏里，将要添加的控件拖放到窗体合适的位置（再释放鼠标）。

（2）在工具箱中双击要添加的控件，则此控件会出现在窗体的左上角处的默认位置。

（3）在工具箱中单击要添加的控件，鼠标形状变成小十字（+）状态，然后在窗体上的适当位置拖动鼠标到控件适当的大小时释放鼠标。

（4）编码实现向 Windows 窗体添加控件，并设置其属性。

以下代码演示说明了通过编程方式向窗体添加控件并设置其属性。

```
public Button btOk;     //定义一个按钮类的对象,类的成员
public WinFormApp501()//显式的定义一个类的构造函数,初始化有关对象的属性
{
        btOk=new Button();                    //建立按钮对象 btOk 的具体实例
        btOk.Size=new Size(158,58);           //设置按钮的大小
        btOk.Location=new Point(80,40);       //设置按钮对象的位置
        btOk.Text="单击此按钮";                //设置按钮对象的标题
        this.Controls.Add(btOk);              //添加此按钮到窗体的空间集合中
        this.Text="编程方式建立的窗体";         //设置窗体的标题
        this.FormBorderStyle=FormBorderStyle.Fixed3D;//设置窗体的边框样式
        //设置窗体启动之后的显示位置
        this.StartPosition=FormStartPosition.CenterScreen;
        btOk.Click+=new EventHandler(btOk_Click);
}
```

2. 调整窗体控件的布局

控件添加到窗体上，需要对控件进行布局，使窗体及其控件外观满足要求。可以通过如图 5.2 所示的“控件布局按钮”实现控件的布局。

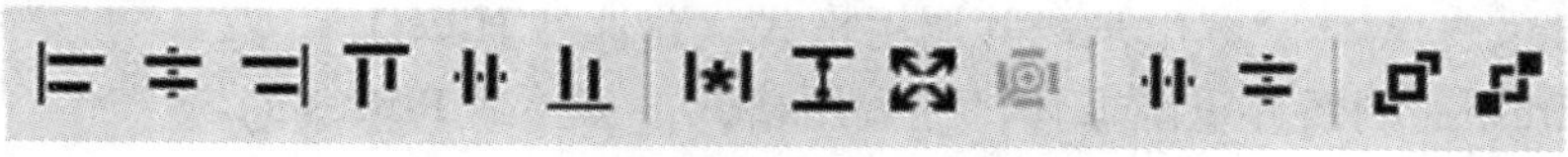

图 5.2 窗体控件布局按钮

“控件布局按钮”从左到右依次为左对齐、中心垂直对齐、右对齐、上对齐、中心水平对齐、下对齐、宽度相同、高度相同、控件等大小、按网格调整控件大小、使控件水平

间距相等、使控件垂直间距相等、置控件于顶层、置控件于底层。

控件布局之后，控件就设置在窗体的相应位置上。当窗体的大小改变时，窗体上控件的布局可能随之发生改变，而不再如布置时的那样工整。为了避免发生上述现象，需要对窗体的相关属性进行设置。主要有两个相关的属性。

（1）Anchor 属性。用于设置控件绑定到的容器的哪个边缘，并确定控件如何随其父容器一起调整大小。在属性窗口单击 Anchor 属性右边的下三角按钮，弹出如图 5.3（a）所示的 Anchor 属性设置框。可以选择 Top、Bottom、Left、Right 四个属性的组合。默认为与窗体的 Top、Left 绑定。可以选择其中之一，也可以设定为 Top、Bottom、Left、Right 四个属性值的组合。Bottom、Right，使控件与窗体的底部、右边缘绑定。绑定之后，窗体大小改变时，控件相对于窗体的边缘不变。

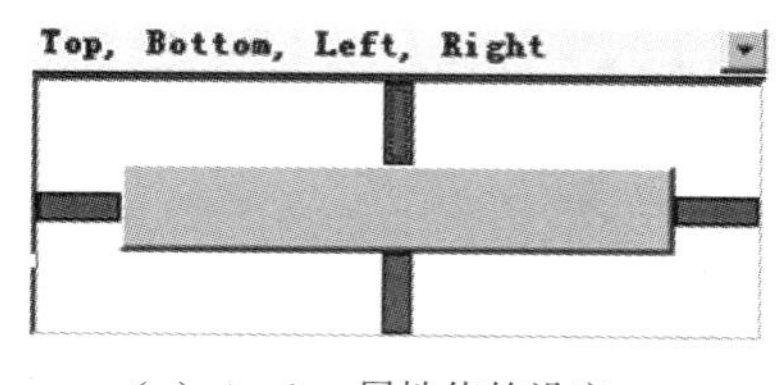

（a）Anchor 属性值的设定

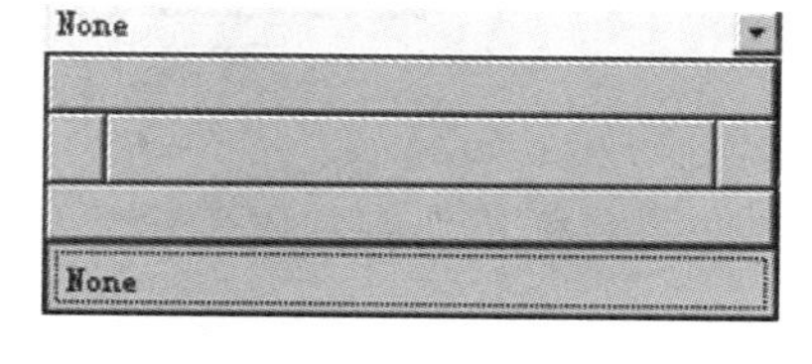

（b）Dock 属性值的设定

图 5.3　窗体控件的停靠属性设置

Anchor 属性值是 AnchorStyles 枚举值的组合，枚举成员值及其含义如下。

① None：当调整父控件大小时，控件的大小保持不变。

② Top：当调整父控件的大小时，控件的上边缘与其父控件的上边缘相对位置保持不变。

③ Bottom：当调整父控件的大小时，控件的下边缘与其父控件的下边缘相对位置保持不变。

④ Left：当调整父控件的大小时，控件的左边缘与其父控件的左边缘相对位置保持不变。

⑤ Right：当调整父控件的大小时，控件的右边缘与其父控件的右边缘相对位置保持不变。

（2）Dock 属性。用于设置控件停靠在窗体（容器）的哪个边缘。对 Dock 属性值的设定如图 5.3（b）所示，默认值为 None。Dock 的属性值是 DockStyle 枚举值的组合。各枚举元素及其含义如下。

① None：控件未停靠在父控件上。

② Top：控件的上边缘停靠在父控件的顶端。

③ Bottom：控件的下边缘停靠在父控件的底端。

④ Left：控件的左边缘停靠在父控件的左端。

⑤ Right：控件的右边缘停靠在父控件的右端。

【说明】 在 Visual Studio 中，Anchor 和 Dock 属性是相互排斥的，最后设定的属性优先。所以，每次只可以设置一个属性；可以可视化地设置控件的 Anchor 属性、Dock 属性，也可以通过编程方式设置控件的 Anchor 属性、Dock 属性值。

设置输入框控件 txtID 在窗体大小发生改变时，相对于窗体的上边缘和左边缘的位置相对不变，代码如下：

```
this.txtID.Anchor = (AnchorStyles.Top | AnchorStyles.Left);
```

【例 5.2】 窗体控件的添加与布局实例。打开例 5.1 中的 Form1.cs[设计]视图，进入窗体设计视图页面，按照控件添加的方法，向窗体添加如图 5.4 所示的控件，并进行如下的属性设置：两个标签（Label）控件；两个文本输入框（TextBox）控件；两个命令按钮（Button）控件。

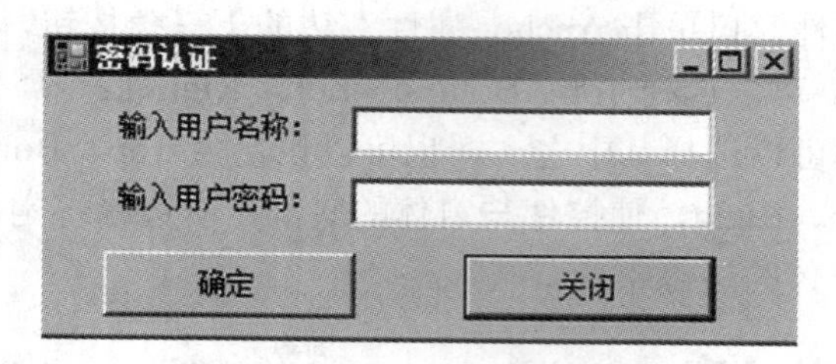

图 5.4 控件应用实例

各个控件的名称及其有关属性设置如表 5.2 所示。

表 5.2 密码认证窗体的控件及有关属性设置

控件类型	控件对象名称	属性	属性值	作用说明
标签	Label1	Text	输入用户名称：	提示输入用户名称
(Label)	Label2	Text	输入用户密码：	提示输入用户密码
命令按钮 Button	btOk	Text	确定	单击事件用于验证用户名称和密码的正确性
	btNo	Text	关闭	单击事件用于关闭窗体
文本框	txtID	Text		用于输入用户名称
TextBox	txtPW	Text		用于输入用户密码

5.1.9 添加控件事件处理程序

事件处理程序，是各控件的事件的功能代码，用于确定在事件触发时程序要执行的操作。当触发一个事件时，程序会自动执行该事件的处理程序。处理控件的事件有以下 3 种方法。

(1) 双击控件，则会进入控件默认事件处理程序，并自动生成该事件处理程序（函数）框架，并在窗体的程序文件中添加该函数的框架。对于不同的控件该方法产生的默认事件是不相同的。

例如，在例 5.2 中双击按钮控件时（如"关闭"按钮），进入 Click 事件，并在窗体 Form1.cs 中生成如下框架函数：

```
private void btNo_Click(object sender, EventArgs e) //"关闭"按钮的事件代码
{
    //单击"关闭"按钮时，将触发该事件，并执行本程序代码，给出提示性操作，实现窗体的关闭
    DialogResult a;
    string ss="是否真的要关闭本窗体[Y/N]?\n";
    ss = ss + "单击"是(Y)"按钮就关闭窗体，单击"否(N)"按钮不关闭窗体!\n";
```

```
    MessageBoxButtons b = MessageBoxButtons.YesNo;//定义按钮类的对象,表示"是""否"
    MessageBoxIcon b = MessageBoxIcon.Question;//定义图标类的对象
    a = MessageBox.Show(ss,"窗体关闭提示",b,c);  //模式方式显示对话框
    if(a==DialogResult.Yes) {                   //如果单击对话框中的"是(Y)"按钮
        this.Close();    }                        //关闭窗体,this 指代窗体本身
}
```

同时，系统自动在 Form1.Designed.cs 文件中添加如下代码：

```
this.btNo.Click += new System.EventHandler(this.btNo_Click);
```

在例 5.2 中双击“窗体”本身（空白处）时，进入窗体的 Load 事件，并在窗体 Form1.cs 中生成如下框架函数：

```
private void Form1_Load(object sender, EventArgs e){  添加功能代码  }
```

在 Form1.Designed.cs 文件中添加如下代码：

```
this.Load += new System.EventHandler(this.Form1_Load);
```

（2）在窗体的“属性”窗口中，单击“事件”按钮（闪电图标），罗列出窗体的所有事件。双击某个事件名称（如 Click），则会进入控件该事件的处理程序，并在 Form1.cs 文件中自动生成该事件的框架。

（3）在窗体的“属性”窗口中，单击“事件”按钮（闪电图标），将罗列出窗体的所有事件。然后进入指定事件的右边对应的输入框，直接按回车键，也将进入控件该事件的处理程序，并在 Form1.cs 文件中自动生成该事件处理函数的框架；如果在指定默认事件的右边对应的输入框输入该事件的新名称，则会自动生成一个以输入名称命名的该事件的处理程序（函数框架），并添加在 Form1.cs 文件中。

例如，为“确定”按钮的单击事件 Click 新命名一个事件别名 OkButtonClick，并以此新名称生成该事件处理程序（函数）的框架（实质是 clicked 的事件处理程序），并编写如下代码：

```
private void OkButtonClick(object sender, EventArgs e)
{   DialogResult a;
    string ss = "该事件是"确定"按钮的单击事件,\n";
    ss=ss+"但原事件名称 btOk_Click 已重新命名别名"OkButtonClick";
    MessageBoxButtons b = MessageBoxButtons.OK;
    MessageBoxIcon c = MessageBoxIcon.Information;
    MessageBox.Show(ss, "事件代码演示", b, c);
}
```

运行该代码，单击窗体，便会显示一个信息提示对话框。系统自动在 Form1.Designed.cs 文件中添加如下代码：

```
this.btOK.Click += new System.EventHandler(this.OkButtonClick);
```

该语句将控件 btOk 的事件 Click 与该事件的处理方法 OkButtonClick 关联起来。OkButtonClick 为原事件 Click 的重新命名的方法名称。

5.2 多窗体与多文档应用程序设计

在实际的 Windows 应用程序中，往往包含多个应用窗体。本节介绍多个窗体的建立以及多文档窗体的建立方法。

5.2.1 多窗体程序设计

在 C#语言中，新建立 Windows 应用程序时，默认只有一个名为 Form1 的窗体。要建立多窗体应用程序，应在 Windows 应用程序项目中添加窗体。方法如下：

启动 Visual Studio 2012 进入 IDE 环境，打开“解决方案资源管理器”，在“解决方案资源管理器”中右击 Windows 应用程序项目名称（例如，如图 5.1 所示中的 FormsApp0501），在弹出式菜单中选择“添加”菜单项，在弹出的级联式菜单中选择“新建项”菜单项，在弹出的如图 1.8 所示的“新建项目”对话框中选择“Windows 窗体”模板，在“名称”栏对应的文本框中输入新窗体名（添加的第二个窗体的默认名称为 Form2，添加的第三个窗体的默认名称为 Form3，以此类推），然后单击“添加”按钮，即可在当前 Windows 应用程序项目中添加了一个新窗体。

参照这种方法可以给指定的 Windows 应用项目添加若干窗体，每个窗体名是不能相同的。添加一个窗体，实质是生成了一个窗体的类。同时生成了该窗体[设计]文件（FormX.cs）和窗体控件属性设计文件（FormX.Designer.cs）。此处的 X 表示建立新窗体时生成的默认序号。

5.2.2 MDI 应用程序设计

1. MDI 应用程序的概念

前面章节中所创建的都是单文档界面（SDI）应用程序。这样的程序（如记事本和画图程序）仅支持一次打开一个窗口或文档。如果需要编辑多个文档，必须创建 SDI 应用程序的多个实例。而使用多文档界面（MDI）程序（如 Word）时，用户可以同时编辑多个文档。

MDI 程序中的应用程序窗口称为父窗口，应用程序内部的窗口称为子窗口。虽然 MDI 应用程序可以具有多个子窗口，但是每个子窗口却只能有一个父窗口。此外，只有一个子窗口是处于当前活动状态。子窗口本身不能再成为父窗口，而且不能移动到父窗口区域之外。除此以外，子窗口的行为与任何其他窗口一样（如可以关闭、最小化和调整大小等）。一个子窗口在功能上可能与父窗口的其他子窗口不同，例如，一个子窗口可能用于编辑图像，另一个子窗口可能用于编辑文本，第 3 个子窗口可以使用图形来显示数据，但是所有的窗口都属于相同的 MDI 父窗口。

2. C#中 MDI 窗体的创建

参照上面介绍的添加窗体的方法，在弹出的如图 1.8 所示的“新建项目”对话框中，选择“MDI 父窗体”模板，在“名称”栏对应的文本框中输入窗体名（添加的第一个 MDI 窗体的默认名称为 MDIParent1，添加的第二个 MDI 窗体的默认名称为 MDIParentForm2，以此类推），然后单击“添加”按钮，即可在当前 Windows 应用程序项目中添加一个 MDI 新窗体，如图 5.5 所示。

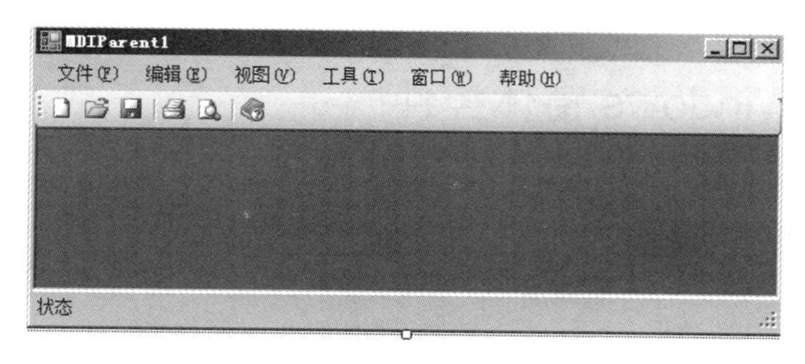

图 5.5　MDI 窗体示例

和 SDI 类窗体的最大区别是，MDI 窗体默认有菜单栏、工具按钮栏、状态栏，如图 5.5 所示。使用 MDI 窗体时应注意：

（1）设置父窗体，将父窗体的 IsMDICContainer 属性设置为 True。

（2）设置子窗体，在调用打开子窗体的 Show()方法前，在代码中将子窗体的 MdiParents 属性设置为 this。

（3）为父窗体添加子窗体列表。

3．为 MDI 应用程序设计有关的属性、方法和事件

常用的 MDI 父窗体属性如下。

（1）ActiveMdiChild：该属性用来表示当前活动的 MDI 子窗口，如果当前没有子窗口，则返回 null。

（2）IsMdiContainer：该属性用来获取或设置一个值，该值指示窗体是否为多文档界面（MDI）子窗体的容器，即 MDI 父窗体。其值为 true 时，表示是父窗体，其值为 false 时，表示不是父窗体。

（3）MdiChildren：该属性以窗体数组形式返回 MDI 子窗体，每个数组元素对应一个 MDI 子窗体。

（4）MdiChildActivate：当激活或关闭一个 MDI 子窗体时将发生该事件。

4．常用的 MDI 子窗体的属性

（1）IsMdiChild：该属性用来获取一个值，该值指示该窗体是否为多文档界面（MDI）的子窗体。其值为 true 时表示是子窗体，其值为 false 时表示不是子窗体。

（2）MdiParent：该属性用来指定该子窗体的 MDI 父窗体。与 MDI 应用程序设计有关的方法中，一般只使用父窗体的 LayoutMdi 方法，该方法的调用格式如下：

```
MDI 父窗体名.LayoutMdi(Value);
```

该方法用来在 MDI 父窗体中排列 MDI 子窗体，以便导航和操作 MDI 子窗体。参数 Value 决定排列方式。

① MdiLayout.ArrangeIcons：所有 MDI 子窗体以图标的形式排列在 MDI 父窗体的工

作区内。

② MdiLayout.TileHorizontal：所有 MDI 子窗口均水平平铺在 MDI 父窗体的工作区内。

③ MdiLayout.TileVertical：所有 MDI 子窗口均垂直平铺在 MDI 父窗体的工作区内。

④ MdiLayout.Cascade：所有 MDI 子窗口均层叠在 MDI 父窗体的工作区内。

5.3 常用 Windows 窗体控件

控件是 Windows 窗体程序设计的重要元素，也是显示数据或接收数据输入的用户界面元素。如文本框、命令按钮、列表框、表格控件等。用户还可以使用 UserControl 类创建自定义控件以实现特殊的功能。

使用.NETFramework 提供的丰富的 Windows 窗体组件，可以快速地进行各种复杂的用户界面设计及其应用编程。使用拖放功能，通过鼠标可以轻松地将控件拖放到 Windows 窗体上。通过“属性”窗口，可以方便地设置控件的有关属性，通过各控件事件代码的编写，以实现各控件相应的逻辑功能。

在 Windows 窗体控件中，每组控件都有一组属性、方法和事件，用于特定的目的。当设计和修改 Windows 窗体应用程序的用户界面时，需要对控件进行添加、布局等操作。

Windows 窗体控件在 Visual Studio 中的命名空间为 System.Windows.Forms。按照前面介绍的控件添加方法即可将该控件添加到窗体上。

5.3.1 Label、LinkLabel 控件

Label 控件主要用来显示简短的文本或信息提示。程序运行时用户不能直接更改其显示文本。设计时可以通过其 Text 属性设置其信息，也可通过代码方式在程序运行时修改其内容。该控件在 Visual Studio 工具箱中的名称为 Label。

LinkLabel 控件用于提供超链接的标签控件。除了可显示超链接之外，其他功能与 Label 控件相似。该控件在 Visual Studio 工具箱中的名称为 LinkLabel。

1．基本属性

（1）Text：用来设置或返回标签控件中显示的文本。

（2）AutoSize：用来获取或设置一个值，指示是否自动调整控件的大小以完整显示其内容。其值为 true 时，控件将自动调整到刚好能容纳文本的大小；其值为 false 时，控件的大小为设计时指定的大小，默认值为 false。

（3）Anchor：确定本控件与其容器控件的固定关系。容器控件又称之为父控件，Anchor 属性规定子控件与父控件之间的位置关系，即当父控件的位置、大小变化时，子控件按如何改变其位置、大小。

（4）BackColor：用来获取或设置控件的背景色。

（5）BorderStyle：用来设置或返回边框。有 3 种选择：BorderStyle.None 为无边框（默认）；BorderStyle.FixedSingle 为固定单边框；BorderStyle.Fixed3D 为三维边框。

（6）TabIndex：用来设置或返回对象的 Tab 键顺序。

（7）Enabled：用来设置或返回控件的状态。其值为 true 时允许使用控件；其值为 false 时禁止使用控件，此时标签呈暗淡色。

（8）Name：标签控件的名称。

（9）Image：指定标签显示的图像。

（10）Visible：确定本控件是否可见，默认值为 true（表示可见），其值为 false 时控件不可见。

（11）FlatStyle：用以显示鼠标移动到该控件且单击该控件时的外观。该属性是一个 FlatStyle 类型的枚举值，其枚举成员值及其含义为：Flat，平面外观；Popup，正常情况下为平面外观，当有鼠标滑过时，改为三维的外观；Standard，标准型外观；System，由操作系统决定的外观。

例如，设置 Label 的外观为三维外观的代码如下。

```
this.Label1.FlatStyle = Popup;
```

（12）AutoEllipsis：当 AutoSize 属性值设置为 false 时，如果 Label 的文本长度超过 Label 控件的长度，可以通过 AutoEllipsis 属性优化 Label 的视觉效果。AutoEllipsis 属性设置为 true 时，通过省略号的形式表示存在尚未显示的文本。

2. LinkLabel 控件的特有属性

（1）LinkColor：用于显示 LinkLabel 控件中所有链接的原始颜色。

（2）ActiveLinkColor：用于设置显示链接是活动时的文本颜色。

（3）DisableLinkColor：用于设置显示链接不能使用时的文本颜色。

（4）LinkBehavior：指定 LinkLabel 控件的链接行为，其值是一个枚举值，其枚举成员及含义如下。

① AlwaysUnderLine：超链接总是显示为带下画线的文本。

② HoverUnderLine：当鼠标经过此链接时，超链接的外观显示为带下画线的文本。

③ NeverUnderLine：超链接显示为不带下画线的文本。

④ SystemDefault：超链接的外观取决于系统的设置。

3. 常用事件

（1）Click：单击标签时发生该事件。

（2）DoubleClick：双击标签时发生该事件。

（3）MouseHover：当鼠标指针悬停在控件上时发生该事件。

（4）LinkClicked：当鼠标单击超链接标签时发生该事件。

4. LinkCollection 集合

LinkCollection 集合保存了超链接。LinkLabel 的 Links 属性是一个 LinkCollection 类的变量，它表示在 LinkLabel 控件中的文本链接的集合。LinkCollection 类是 Link 类对象的集合。

Link 类表示的是 LinkLabel 控件的一个超链接，其主要的属性有 Length、Start、LinkData、Name。在 LinkCollection 类中，可以通过 Add 方法向 LinkCollection 集合添加新的 Link 对象；使用 Clear 方法可以清除 LinkCollection 集合中的所有超链接对象；使用 Remove 方法可以从 LinkCollection 集合中移除超链接对象；使用 RemoveAt 方法可以从

LinkCollection 集合中指定的位置移除超链接对象。

例如，通过 LinkLabel 超链接标签的单击事件，打开一个指定的网页，实现代码如下：

```
this.lnkLbl.Text = "www.microsoft.com";     //指定超链接控件的显示文本
//指定超链接文本显示的方式
this.lnkLbl.LinkBehavior=System.Windows.Forms.LinkBehavior.NeverUnderline;
this.lnkLbl.LinkArea = new LinkArea(0,18);
//LnkLbl 控件的单击事件
private void lnkLbl_LinkClicked(object sender,LinkLabelLinkClickedEventArgs e)
{   try
    {   lnkLbl.LinkVisited = true;            //标识超链接被访问过
        //启动进程,打开指定的网页
        System.Diagnostics.Process.Start("http://www.microsoft.com");
    }
    catch (Exception ex){ MessageBox.Show("不能打开被单击的超链接！"); }
}
```

5.3.2 TextBox 控件

在 Visual Studio 中，文本编辑框控件主要包括以下几种。

（1）实现文本单行输入的标准 TextBox 控件。

（2）能够以 RTF 格式显示的实现多行编辑的 RichTextBox 控件。

（3）约束用户输入格式的 MaskedTextBox 控件（又称之为密码字符屏蔽编辑框）。

这三者统称为 Windows 文本框控件。

TextBox 控件用法很灵活，既可以用作编辑文本信息，也可以设置其属性，使其成为只读控件；可以用于显示单行短文本，也可以用于显示复杂的多行长文本，也可以使文本实现换行显示。是使用最多的控件之一。该控件在 Visual Studio 工具箱中的名称为 TextBox。

1. 基本属性

TextBox 控件派生于 TextBoxBase 类和 Control 类，具有多种属性。在属性面板中，开发者可以方便地对该控件的属性进行编辑操作。常用的 TextBox 属性如表 5.3 所示。

表 5.3 TextBox 控件的常用属性

属 性	说 明
CausesValidation	当控件的该属性设置为 true，且该控件获得焦点时，将会触发 Validating 事件和 Validated 事件。通过这两个事件可以验证失去焦点的控件中数据的有效性
CharacterCasing	该属性用于设置 TextBox 控件是否会改变输入的大小写。可取值如下：①Lower，文本框中输入的所有文本都转换为小写；②Normal，不对文本框内容进行任何转换；③Upper，文本框中输入的所有文本都转换为大写
MaxLength	该属性用于设置能输入到 TextBox 中字符的数量。如果这个属性值设置为 0，表示最大字符长度仅限于可用的内存。文本框控件默认能输入 2G 的字符数
Multiline	该属性用于设置该控件是否为一个多行控件。如果该属性值设置为 true，那么用户可以输入多行文本信息
PasswordChar	该属性用于设置使用密码字符替换在单行文本框中输入的字符。如果 Multiline 属性为 true，该属性将不起作用

续表

属　性	说　明
ReadOnly	该属性用于设置文本框是否为只读，即其值不可修改
ScrollBars	该属性用于设置指定为多行文本框时是否显示滚动条
SelectedText	该属性用于设置或获取在文本框中选择的文本
Text	该属性用于设置或获取文本框中的文本内容
WordWrap	该属性用于设置在多行文本框中，如果一行的宽度超出了控件的宽度，其文本是否应自动换行。WordWrap 属性设置为 true 时，能自动换行，否则不能自动换行
AcceptsTab	用于设置 TextBox 控件中按 Tab 键时 TextBox 所产生的反应。当该属性设置为 true 时，TextBox 控件中可以接受 Tab 字符，否则不能

除了表 5.3 中的属性外，TextBox 控件还继承了 System.Windows.Forms 命名空间中 Control 类的各种属性和事件。其中 Text 是 TextBox 控件最重要的属性，代表显示在 TextBox 控件中的文本内容。本节各个例题中的 TextBox 文本框控件的名称约定为 txtID，除非特殊说明。

例如，获取文本框控件的内容，代码如下：

```
string ss = this.txtID.Text;
```

设置文本框控件的内容，代码如下：

```
this.txtID.Text = "这是一个文本输入框动态赋值测试";
```

设置文本框控件为只读控件，代码如下：

```
this.txtID.ReadOnly=true;
```

TextBox 文本框控件的属性 ReadOnly 设置为 true 时，该控件中显示的 Text 的值不能被修改，只能用于显示；TextBox 文本框控件的属性 ReadOnly 设置为 false 时，TextBox 控件的 Text 内容值可被修改。

设置文本框控件可多行显示，并编辑其中的文本，代码如下：

```
this.txtID.Multiline = true;
```

TextBox 文本框控件的属性 Multiline 设置为 true 时，TextBox 控件可以输入多行文本；TextBox 文本框控件的属性 Multiline 设置为 false 时，TextBox 控件不能输入多行文本。

【说明】 多行文本的内容不能在 Text 属性中设置（编辑），应该在 Line 属性中设置（编辑）。

方法是：进入 TextBox 文本编辑框控件的属性窗体，单击属性 Lines 旁边的向下箭头，会打开如图 5.6 所示的“字符串集合编辑器”对话框，在其中编辑多行文本，单击“确定”按钮完成编辑。

集合编辑器中的每一行就是多行文本框中的每一行。当然，也可以使用代码方式向文本框控件添加多行文本，代码如下：

```
this.txtID.Text="第一个文本测试行\r\n 第二个文本测试行\r\n 第三个文本测试行\r\n";
```

以上代码方法设置的文本，在文本框控件中显示的格式与属性 Multiline 的关系很大。

当属性 Multiline 的设置为 true 时，显示结果如图 5.7（a）所示；当属性 Multiline 的设置为 false 时，显示结果如图 5.7（b）所示。

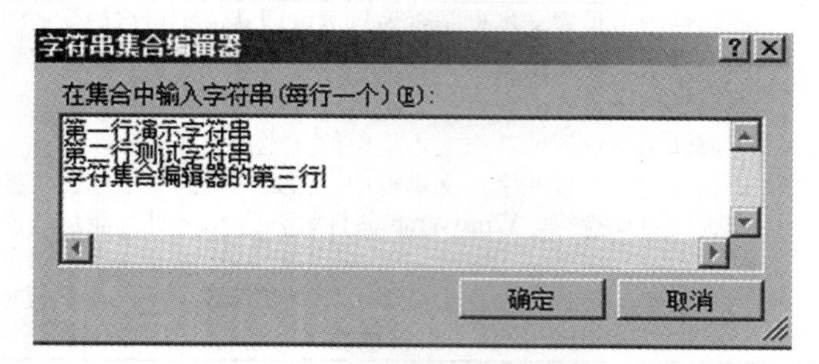

图 5.6 “字符串集合编辑器”对话框

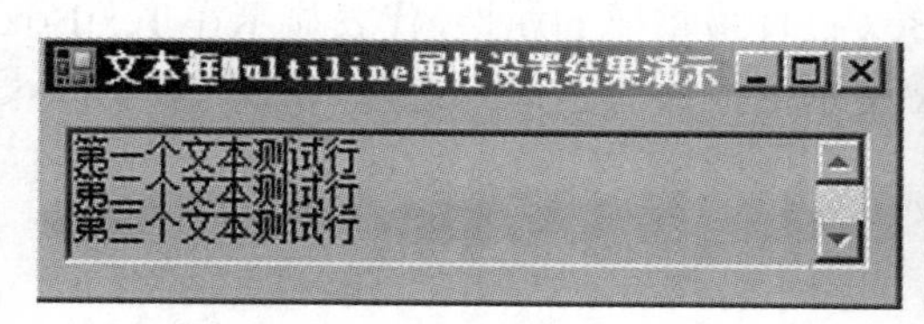

（a）多行文本框控件

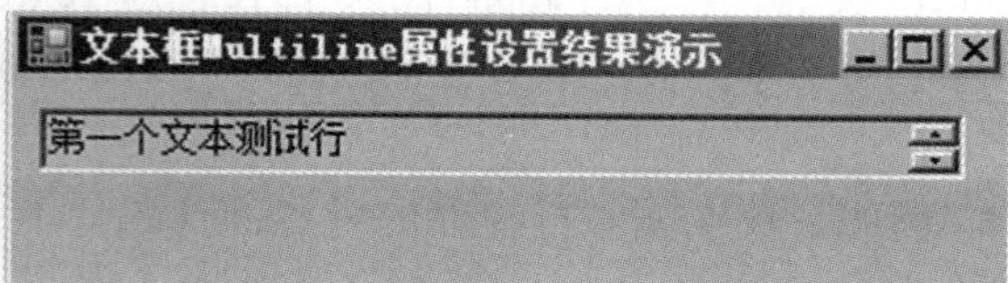

（b）单行文本框控件

图 5.7 文本输入框控件

可以为文本框控件设置滚动条，以滚动显示文本，代码如下：

```
//设置文本框控件能垂直显示文本
this.txtID.ScrollBars = System.Windows.Forms.ScrollBars.Vertical;
//设置文本框控件能水平显示文本
this.txtID.ScrollBars = System.Windows.Forms.ScrollBars.Horizontal;
//设置文本框控件没有滚动条
this.txtID.ScrollBars = System.Windows.Forms.ScrollBars.None;
//设置文本框控件垂直、水平滚动显示文本
this.txtID.ScrollBars = System.Windows.Forms.ScrollBars.Both;
```

【说明】 当 ScrollBars 属性设置为 Vertical 时（垂直滚动条），则 WorWrap 属性的值设置为 true 时就没有实际意义。

设置文本框控件为密码框，即设置内容显示的屏蔽字符（设置 TextBox 控件名称为 TxtPW），此例中设置屏蔽字符为“*”，输入内容时，不显示内容本身，用“*”替换。同时设置密码输入的最大长度为 10 个字符，代码如下：

```
this.txtPW.Text = "";
this.txtPW.PasswordChar = '*';
this.txtPW.MaxLength = 10;
```

以上属性设置是通过编程方式实现的。控件的属性设置可以通过控件的属性窗体直接操作，那样更简便。通过属性窗体设置属性之后，将在窗体的设置文件（*.Designed.cs）中添加相应的属性设置代码。

2．常用事件

在窗体上，TextBox 控件提供了如表 5.4 所示的事件。

表 5.4　TextBox 控件常用事件

名　称	描　述
Enter Leave	统称为“焦点事件”，当控件得到焦点时，触发事件 Enter；当控件失去焦点时，触发事件 Leave
Validating Validated	Validating 和 Validated 仅在控件接收了焦点，且其 CausesValidation 属性设置为 true 时引发。当控件验证数据时，触发事件 Validating；当控件验证数据之后，触发事件 Validated
KeyDown KeyPress KeyUp	这 3 个事件称为“键事件”，它们可以监视和改变输入到控件中的内容。KeyDown 和 KeyUp 接收与所按下键对应的键码，这样就可以确定是否按下了特殊的键，如 Shift、Control 或 F1；另一方面，KeyPress 接收与键对应的字符，例如字母 a 的值与字母 A 的值是不同的
TextChange	只要文本框中的文本发生了改变，无论发生什么改变，都会引发该事件

3．常用方法

（1）AppendText：把一个字符串添加到文件框中文本的后面，调用的一般格式如下：

```
文本框对象.AppendText(str)
```

参数 str 是要添加的字符串。

（2）Clear：从文本框控件中清除所有文本，该方法无参数。调用的一般格式如下：

```
文本框对象.Clear()
```

例如，清除文本的文本内容（设定文本控件的名称为 txtID），代码如下：

```
this.txtID.Clear();
```

或

```
this.txtID.Text="";
```

（3）Focus：为文本框设置焦点。调用的一般格式如下（该方法无参数）：

```
文本框对象.Focus()
```

5.3.3　RichTextBox 控件

RichTextBox 是一种既可以输入文本，又可以编辑文本的文字处理控件。与 TextBox 控件相比，RichTextBox 控件的文字处理功能更加丰富，不仅可以设定文字的颜色、字体，还具有字符串检索功能。另外，RichTextBox 控件还可以打开、编辑和存储.rtf 格式文件、ASCII 文本格式文件及 Unicode 编码格式的文件。该控件在 Visual Studio 工具箱中的名称为 RichTextBox。

1．常用属性

TextBox 控件具有的属性，RichTextBox 控件基本上都具有，除此之外，该控件还具有一些其他属性。

（1）RightMargin：用来设置或获取右侧空白的大小，单位是像素。如希望右侧空白为50像素，可使用如下语句：

```
RichTextBox1.RightMargin=RichTextBox1.Width=50;
```

（2）Rtf：用来获取或设置RichTextBox控件中的文本，包括所有RTF格式代码。可以使用此属性将RTF格式文本放到控件中进行显示，或提取控件中的RTF格式文本。此属性通常用于在RichTextBox控件和其他RTF源（如MicrosoftWord或Windows写字板）之间交换信息。

（3）SelectionColor：用来获取或设置当前选定文本或插入点处的文本颜色。

（4）SelectionFont：用来获取或设置当前选定文本或插入点处的字体。例如，设置选择字符串的颜色、字体。例如：

```
this.richTxt.SelectionColor=Color.Red;      //设置选择的字符串文本颜色为红色
this.richTxt.SelectionFont=new Font("新宋体",16);//设置所选文本的字体为新宋体,字号16
```

2. 常用方法

TextBox控件具有的方法，RichTextBox控件基本上都具有，除此之外，该控件还具有一些其他方法。

（1）Redo：用来重做上次被撤销的操作。调用的一般格式如下（该方法无参数）：

RichTextBox对象.Redo()

（2）Find：用来从RichTextBox控件中查找指定的字符串。调用格式如下：

格式1：RichTextBox对象.Find(str)

在指定的RichTextBox控件中查找文本，并返回搜索文本的第一个字符在控件内的位置。如果未找到搜索字符串或者str参数指定的搜索字符串为空，则返回负数值。

格式2：RichTextBox对象.Find(str，RichTextBoxFinds)

在RichTextBox对象指定的文本框中搜索str参数中指定的文本，并返回文本的第一个字符在控件内的位置。如果未找到所搜索的文本字符串，则返回负值。还可以使用此方法搜索特定格式的文本。参数RichTextBoxFinds指定如何在控件中执行文本搜索。

格式3：RichTextBox对象.Find(str，start，RichTextBoxFinds)

这里Find方法与前面的格式2基本类似，不同的只是通过设置控件文本内的搜索起始位置来缩小文本搜索范围，start参数表示开始搜索的位置。此功能使用户得以避开可能已搜索过的文本或已经知道不包含要搜索的特定文本的文本。如果在options参数中指定了RichTextBoxFinds.Reverse值，则start参数的值将指示反向搜索结束的位置，因为搜索是从文档底部开始的。

（3）SaveFile：用于把RichTextBox中的信息保存到指定的文件中，调用格式有以下3种。

格式1：RichTextBox对象名.SaveFile(文件名)

将 RichTextBox 控件中的内容保存为 RTF 格式文件中。

格式 2：RichTextBox 对象名.SaveFile(文件名,文件类型)

将 RichTextBox 控件中的内容保存为“文件类型”指定的格式文件中。

格式 3：RichTextBox 对象名.SaveFile(数据流,数据流类型)

将 RichTextBox 控件中的内容保存为“数据流类型”指定的数据流类型文件中。

（4）LoadFile：使用 LoadFile 方法将文本文件、RTF 文件装入 RichTextBox 控件。主要的调用格式有以下 3 种。

格式 1：RichTextBox 对象名.LoadFile(文件名)

将 RTF 格式文件或标准 ASCII 文本文件加载到 RichTextBox 控件中。

格式 2：RichTextBox 对象名.LoadFile(数据流,数据流类型)

将现有数据流的内容加载到 RichTextBox 控件中。

格式 3：RichTextBox 对象名.LoadFile(文件名,文件类型)

将特定类型的文件加载到 RichTextBox 控件中。

加载一个文本文件 WinAppByProg.txt 到 RichTextBox 控件，源代码如下：

```
string file = "winAppByProg.txt";   //设置需要打开的文本文件的名称之变量
this.richTextBox1.Clear();          //清除 RichTextBox 控件的原有数据
//加载文本文件到 RichTextBox 控件。参数 RichTextBoxStreamType.PlainText 指定加载
//的文件类型
this.richTextBox1.LoadFile(file,RichTextBoxStreamType.PlainText);
```

5.3.4 按钮控件（Button/RadioButton）

1. Button 控件

Button 控件又称命令按钮控件，几乎存在于所有 Windows 对话框中，是 Windows 应用程序中最常用的控件之一，通常用它来执行命令。如果按钮具有焦点，就可以使用鼠标左键、Enter 键触发该按钮的 Click 事件。通过设置窗体的 AcceptButton 或 CancelButton 属性，无论该按钮是否有焦点，都可以使用户通过按 Enter 或 Esc 键来触发按钮的 Click 事件。该控件在 Visual Studio 工具箱中的名称为 Button。

（1）基本属性。

该控件具有许多如 Text、ForeColor 等的常规属性，此处只介绍该控件常用属性。

① DialogResult：当使用 ShowDialog 方法显示窗体时，可以使用该属性获取当前对话框的“返回值”。当用户按了该按钮后，通过 ShowDialog 方法返回的值如下。

- DialogResult.OK：返回值是 OK，从标签为“确定”的按钮返回。
- DialogResult.Cancel：返回值是 Cancel，从标签为“取消”的按钮返回。
- DialogResult.Abort：返回值是 Abort，从标签为“终止”的按钮返回。

- DialogResult.Retry：返回值是 Retry，从标签为“重试”的按钮返回。
- DialogResult.Ignore：返回值是 Ignore，从标签为“忽略”的按钮返回。
- DialogResult.Yes：返回值是 Yes，从标签为“是”的按钮返回。
- DialogResult.No：返回值是 No，从标签为“否”的按钮返回。

② Image：用来设置显示在按钮上的图像。

③ FlatStyle：用来设置按钮的外观。

（2）常用事件。

① Click：当用户用鼠标左键单击按钮控件时触发该事件。

② MouseDown：当用户在按钮控件上按下鼠标按钮时触发该事件。

③ MouseUp：当用户在按钮控件上释放鼠标按钮时触发该事件。

2．RadioButton 控件

RadioButton 又称单选按钮，该按钮通常成组出现，用于提供两个或多个互斥选项，即在一组单选钮中只能选择一个。该控件在 Visual Studio 工具箱中的名称为 RadioButton。

（1）基本属性。

① Checked：用来设置或返回单选按钮 RadioButton 控件是否被选中。RadioButton 被选中时该属性值为 true，未被选中时该属性值为 false。

② AutoCheck：默认值为 true。如果 AutoCheck 属性被设置为 true，那么当某一个 RadioButton 控件被选中时，自动设置 Checked 属性为 true，将自动清除该组中所有其他单选按钮 RadioButton 控件的选择状态。对一般用户来说，不需改变该属性，采用默认值 true 即可。

③ Appearance：该属性用来获取或设置单选按钮控件的外观。其属性值为两种枚举状态。

- 该属性值为 Appearance.Button 时，单选按钮的外观像命令按钮一样。
- 该属性值为 Appearance.Normal 时，就是默认的单选按钮的外观。

④ Text：用来设置或返回单选按钮控件内显示的文本，该属性也可以包含访问键，即前面带有&符号的字母，这样用户就可以通过同时按 Alt 键和访问键来选中控件。

（2）常用事件。

① Click：单击单选按钮时，将把单选按钮的 Checked 属性值设置为 true，同时触发 Click 事件。

② CheckedChanged：当 Checked 属性值更改时，将触发 CheckedChanged 事件。

在程序中，可以通过对一组 RadioButton 控件的 Checked 属性值进行判断，以决定程序流程或实现一些特定的功能。例如：

```
if (this.radioButton1.Checked) { 此处添加功能代码 }//单选按钮控件 radioButton1 被选中
if (this.radioButton2.Checked){ 此处添加功能代码 } //单选按钮控件 radioButton2 被选中
```

5.3.5 容器控件(Group/Panel)

Group（分组框控件）、Panel 控件属于容器类控件，用于为其他控件提供组合容器，可以对控件进行分组。它们没有自己的 GUI 能力，而是依赖于被包含的控件来执行相应的功能。把控件放于一个容器中，其主要作用在于用户能够把放在其中的控件作为一个整体进行。

GroupBox 控件与 Panel 控件类似，但 GroupBox 控件可以显示标题，Panel 控件不能显示标题。设计时，放到 GroupBox 控件和 Panel 控件内的所有对象将随着容器控件一起显示、隐藏、移动和消失。Panel 控件派生于 ScrollableControl，因此具有 AutoScroll 属性，该属性的默认值为 False，即不加滚动条。当一个面板的可用区域上有过多的控件需要显示，就应当将 AutoScroll 属性设为 True。这样就可以滚动（显示）所有的控件了。

1．常用属性

（1）GroupBox 控件：最常用的属性有 Name、Text、Visible。

其中，Text 属性用于标识框架的标题，方便用户了解框架的用途。设置 GroupBox 为 GroupBox 控件名称，设置该分组框的标题；Visible 属性用于设置框架控件是否可见。例如：

```
this.GroupBox.Text="请选择月份：";      //给出操作提示
this.GroupBox.Visible=false;           //使得该控件及其所分组的其他控件不可见
```

（2）Panel 控件：最常用的属性有 Name、Visible、AutoScroll、BorderStyle。

其中，AutoScroll 属性用于设置框内是否加滚动条；BorderStyle 属性用于控制 Panel 控件是否显示边框，边框样式有 3 种设定值：①nome，无边框；②Fix3D，立体边框；③FixSingle，简单边框。其默认值为 None，表示不显示边框。

2．常用事件

（1）checkedchanged：当 Checked 属性值更改时，将触发 CheckedChanged 事件。

（2）DoubleClick：指当用户双击 GroupBox 控件时发生。

3．GroupBox 控件和 Panel 控件的 3 个区别

（1）Panel 控件可以设置 BorderStyle 属性，选择是否有边框。

（2）Panel 控件可以把其 AutoScroll 属性设置为 True，进行滚动。

（3）Panel 控件没有 text 属性，不能设置标题。

5.3.6　多页容器控件 TabControl

在 Windows 应用程序编程中，TabControl 控件主要用于生成包含有多个页面的对话框，每一页都可以理解成一个容器控件。该控件在 Visual Studio 工具箱中的名称为 TabControl。

一个 TabControl 控件中可以包含多个 TabPage。TabControl 控件可以理解为 TabPage 容器控件。每个 TabPage 控件可以理解为子容器控件。TabControl 控件处于激活状态时，通过属性窗体对 TabControl 控件的属性进行设置。同样，TabPage 控件处于激活状态时，通过属性窗体对 TabPage 控件的属性进行设置，以满足具体的应用需求。

1．常用属性

（1）Alignment：用于设置 TabControl 控件中的 TabPage 的排列方式。Alignment 属性值是一个 TabAlignment 枚举值，其枚举成员及其含义如下。

① Top：TabPage 的标签头在 TabControl 控件的顶端。

② Bottom：TabPage 的标签头在 TabControl 控件的底端。

③ Left：TabPage 的标签头在 TabControl 控件的左端。

④ Right：TabPage 的标签头在 TabControl 控件的右端。

设计时，可以在控件的属性窗体中，对 TabControl 控件的属性 Alignment 进行可视化的设置，也可以通过编程方式设置 TabControl 控件的 Alignment 属性。TabPage 控件在 TabControl 控件中的默认排列方式是在 TabControl 控件的顶部。属性 Alignment 能设置 tabControl 控件显示的外观。

编程设置 TabControl 控件中的 TabPage 标签的显示位置为父容器控件的顶端。

```
this.tabControl1.Alignment = TabAlignment.Top;
```

（2）Appearance：用于设置在 TabControl 控件中 TabPage 标签头的显示样式。Appearance 属性值是一个 TabAppearance 枚举类型，其枚举成员及其含义如下。

① Normal：TabPage 标签头的外观是标准的样式。

② Buttons：TabPage 标签头的外观类似于 Buttons。

③ FlatButtons：TabPage 标签头的外观类似于平面按钮。

编程方式设置 TabControl 控件（tabControl1）中的 TabPage 标签头的显示样式为平面按钮，代码如下：

```
this.tabControl1.Appearance = TabAppearance.FlatButtons;
```

（3）Multiline：用于设置在 TabControl 控件中的 Tabpage 控件的标签头是否能以多行的方式显示。Multiline 属性值为 true 时，则当 TabPage 的标签头的宽度之和大于 TabControl 控件的宽度时，TabPage 控件将以多行方式排列的。

编程方式设置 TabControl 控件（tabControl1）中的 TabPage 标签头可以多行方式排列。

```
this.tabControl1.Multiline = true;
```

（4）RowCount 和 TabCount：当 Multiline 属性值为 true 时，RowCount 属性值表示 TabControl 控件中 TabPage 标签头的行数；TabCount 属性值表示 TabControl 控件中 TabPage 的个数。

例如，编程方式获取 TabControl 控件（tabControl1）中的 TabPage 标签头行数和 TabPage 的个数。

```
int row = this.tabControl1.RowCount;        //获取 TabPage 标签头的行数
int count = this.tabControl1.TabCount;      //获取 TabPage 的个数
```

（5）SizeMode：用于标识 TabControl 控件中 TabPage 标签头的宽度方式。SizeMode 属性值是一个 TabSizeMode 枚举值，其枚举成员及含义如下。

① Normal：TabPage 标签头的宽度自适应于 Tabpage 标签头的内容。

② Fixed：TabControl 控件中的 TabPage 的宽度一样；当 SizeMode 属性值设置为 TabSizeMode.Fixed 时，可以通过 ItemSize 属性设置 TabPage 标签头的宽度。

③ FillToRight：TabControl 控件的 Multiline 属性值为 true 时，每行 TabPage 标签头的

宽度等于 TabControl 控件的宽度。

例如，编程方式设置 TabControl 控件中的 SizeMode 属性和 ItemSize 属性值。

```
this.tabControl1.SizeMode = TabSizeMode.Fixed;
this.tabControl1.ItemSize = 80;
```

（6）SelectedIndex：用于编程指定 TabControl 控件中当前选择的标签页的索引号，即选定指定索引号的 TabPage 标签页为当前标签页。标签页的索引号从 0 开始编号。

例如，编程方式激活 TabControl 控件中的第二个选项卡。

```
this.tabControl1.SelectedIndex = 1;
```

（7）SelectedTab：返回或设置选中的标签。注意这个属性在 TabPages 的实例上使用。

例如，编程方式激活 TabControl 控件中名称为 tabpage2 的选项卡为当前标签页。

```
//通过 SelectedTab 属性激活名称为 tabPage2 的选项卡
this.tabControl1.SelectedTab = this.tabPage2;
```

（8）TabPages：是控件中的 TabPage 对象集合。使用这个集合可以添加和删除 TabPage 对象。

例如，编程方式添加一个 TabPage 选项卡到 TabControl 控件上。

```
TabPage newpage = new TabPage("测试选项卡");
this.tabControl1.TabPages.Add(newpage);
```

2. 常用事件

（1）SelectedIndexChanged：此事件在 TabControl 控件的 SelectedIndex 属性发生变化时被触发。

例如，SelectedIndexChanged 事件的功能代码：

```
private void tabControl1_SelectedIndexChanged(object sender, EventArgs e)
{
    switch (this.tabControl1.SelectedIndex)  //按标签页的索引号处理
    {   case 0:     //选择了索引号为 0 的标签页
            此处添加功能性代码;   break;
        case 1:     //选择了索引号为 1 的标签页
            此处添加功能性代码; break;
        case 2:     //选择了索引号为 2 的标签页
            此处添加功能性代码; break;
    }
}
```

（2）Selected：在选中 TabControl 控件上的某个标签页面之后发生。

（3）Clicked：单击 TabControl 控件时被触发。

3. 常用方法

（1）Add()：用于向 TabControl 控件添加 TabPage 标签页。参阅之前对 TabPages 属性的介绍。

（2）Clear()：清除 TabControl 控件上的所有 TabPage 标签页面。例如：

```
this.tabControl1.TabPages.Clear();
```

（3）RemoveAll()：移除 TabControl 控件的所有 TabPage 标签页。例如：

```
this.tabControl1.RemoveAll();
```

（4）Remove()：移除 TabControl 控件中选定的 TabPage 标签页。例如：

```
this.tabControl1.TabPages.Remove(this.tabControl1.SelectedTab);
```

4．给 TabControl 控件添加标签页

在默认情况下，一个 TabControl 控件有两个 TabPage 标签页，给 TanControl 控件添加 TabPage 标签页有两种方法。

（1）通过可视化的方法。单击 tabControl 控件右上角的小箭头，弹出 TabControl 任务对话框，其中有两个选项："添加选项卡""删除选项卡"，分别用于向 TabControl 控件中添加、删除标签页。

单击 TabControl 控件属性窗体上的 TabPages 属性右侧的"省略符号"按钮，将打开如图 5.8 所示的"TabPage 集合编辑器"对话框，在该集合编辑器中，可以实现 TabPage 标签页的添加、删除，也可以对现有的 TabPage 标签页进行属性设置。

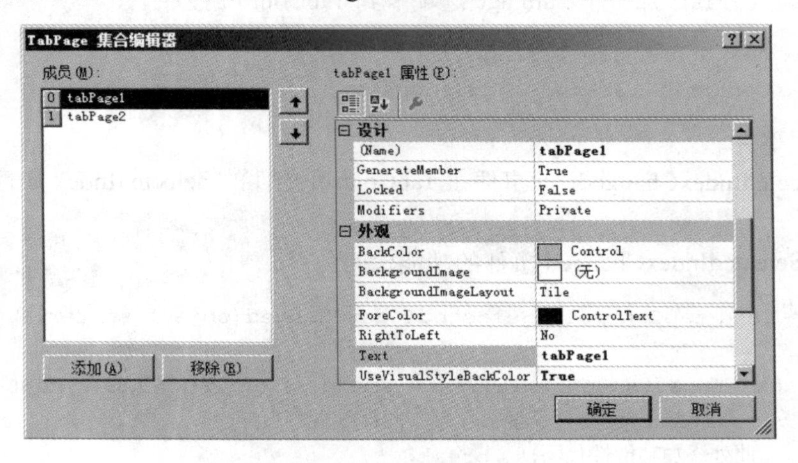

图 5.8 "TabPage 集合编辑器"对话框

（2）通过编程方式添加 TabPage 页面到 TabControl 控件中。代码如下：

```
TabPage mypage = new TabPage("新添加的选项卡");
this.tabControl1.TabPages.Add(mypage);//TabControl1 为 TabControl 类控件的对象名称
```

属性 TabPages 中包含了所有 TabControl 控件中的 TabPage。TabPages 属性返回的是一个 TabControl 控件的 TabPageCollection 类型的对象。

5.3.7 NumericUpDown 控件

NumericUpDown 控件是一个文本框与一对箭头的组合，用户可以单击箭头来调整值。

该控件显示并设置选择列表中的单个数值。用户可以通过单击向上和向下按钮，也可以按向上键（↑）和向下键（↓）或键入一个数字来增大和减小数字。单击向上按钮时，值增加；单击向下按钮时，值减少。

1．常用属性

（1）DecimalPlaces：获取或设置该控件中显示的小数位数。

（2）Hexadecimal：获取或设置一个值，指示该控件是否以十六进制格式显示所包含的值。

（3）Increment：获取或设置单击控件的向上或向下按钮时，或者在该控件获得焦点，按“上箭头键↑”“下箭头键↓”时，Value 属性递增或递减的值，默认值为 1。

（4）Maximum：获取或设置该控件显示的最大允许值，默认值为 100。

（5）Minimum：获取或设置该控件显示的最小允许值，默认值为 0。

（6）Value：获取或设置该控件显示的当前值。

（7）Text：在属性窗体中不可见。

（8）Updownalign：设置微调按钮的位置，Left 或者 Right，默认值为 Right。

（9）InterceptArrowKeys：设置其显示值是否接受上下箭头的控制。

给 NumericUpDown 控件（名称为 numUpDn）设置最大、最小、增量步长值。

```
this.numUpDn.Value = 1;              //设置当前值
this.numUpDn.Minimum = 0;            //设置最小值
this.numUpDn.Maximum = 100;          //设置最大值
this.numUpDn.Increment = 1;          //设置增量步长值
```

Text 和 Value 的区别：Text 值只要键盘 KeyUp 发生后就改变（就是按下又松开了某个键）。Value 要等待回车确认或该控件失去输入焦点时改变，此时触发该控件的 ValueChanged 事件。

由于 Text 和 Value 存在着上述区别，所以如果需要 NumericUpDown 控件即时响应键盘输入时，就不能在 ValueChanged 事件中写代码，而要在 KeyUp 事件中编写相关的代码。

设置 numUpDn 为控件名称。代码如下：

```
this.numUpDn.Value = Convert.ToInt32(numUpDown.Text);
```

Text 的有效性校验还是需要手工写出来。

2．常用事件

NumericUpDown 控件的常用事件如下。

（1）ValueChanged：控件的值发生改变时被触发。

（2）GotFocus：控件获得焦点时被触发。

（3）LostFocus：控件失去焦点时被触发。

编写 NumericUpDown 控件的 ValueChanged 事件，将控件的当前值显示在文本框 txtPW 上。

```
private void numUpDn_ValueChanged(object sender, EventArgs e)
{   this.txtPW.Text = this.numUpDn.Value.ToString();  }
```

当单击 NumericUpDown 控件的上、下箭头按钮，或者是直接按键盘上的↓、↑箭头按钮时，或者输入数值按回车键之后，都将改变控件 NumericUpDown 的属性值。如果从键盘输入的值大于 NumericUpDown 控件的 Maximum 的属性值，其 value 值为属性 Maximum 的值；如果从键盘输入的值小于 NumericUpDown 控件的 Minimum 的属性值，其 value 值为属性 Minimum 的值。

5.3.8　CheckBox 控件

CheckBox 为复选框控件，该控件和单选按钮一样都是用来表示“选中”或“不选”这两种状态。其中，复选框用√表示被选中。在一个运行的窗体上，可以同时选取多个复选框。在应用程序中，经常为用户提供可选择一个或多个选项的“选择集”。该控件在 Visual Studio 工具箱中的名称为 CheckBox。

1．常用属性

（1）TextAlign：用来设置控件中文字的对齐方式，有 9 种选择（在此省略，读者可自行上机测试）。该属性的默认值为“文字左对齐、居控件垂直方向中央”，其枚举值为 ContentAlignment.MiddleLeft。

（2）ThreeState：用来返回或设置复选框是否能表示 3 种状态。3 种状态分别是：①选中（CheckState.Checked）；②未选中（CheckState.Unchecked）；③中间态（CheckState.Indeterminate）。

如果 ThreeState 属性值为 true 时，CheckBox 的选中状态不再由 Checked 属性标识，而是由 CheckState 属性值来标识；如果 ThreeState 属性值为 false 时，只能表示两种状态：选中和未选中。

（3）Checked：用来设置或返回复选框是否被选中，其值为 true 时，表示复选框被选中，CheckBox 控件中的小方框会被选中；其值为 false 时，表示复选框未被选中，CheckBox 控件中的小方框的对钩被取消。当 ThreeState 属性值为 true 时，中间态也表示选中。

例如，检查 CheckBox 各控件的选中状态，并设置相应的功能，代码如下：

```
if (this.checkBox1.Checked)   //如果 CheckBox 控件 1 被选中
{   添加相应的功能代码   }
if (this.checkBox2.Checked)   //如果 CheckBox 控件 2 被选中
{   添加相应的功能代码   }
```

（4）CheckState：用来设置或返回复选框的状态。只有在 ThreeState 属性值为 true 时，CheckState 属性值才有意义，CheckState 属性值可以是枚举值，其含义如下。

① CheckState.Checked：表示控件为选中状态，CheckBox 控件的小方块被选中。

② CheckState.Unchecked：表示控件为未选中状态，CheckBox 控件的小方块为未被选中状态。

③ CheckState.Indeterminate：表示控件为不确定状态，复选框小方框显示为浅灰色选中状态，该状态通常表示该选项下的多个子选项未完全选中。

（5）Appearance：用于确定 CheckBox 控件的显示外观。Appearance 属性值是一个

Appearance 属性枚举值，枚举成员及其含义如下。

① Button：类似于 Button 按钮的外观。

② Normal：系统默认的外观。

例如，用代码方式设置 CheckBox 控件（checkBox1）的外观为类似于按钮 Button 的外观。

```
this.checkBox1.Appearance = Appearance.Button;
```

（6）AutoCheck：该属性值为 true，且 CheckBox 控件被单击时，CheckBox 控件会自动更改 Checked 属性值和 CheckState 属性值。

以上属性可以在设计控件时，通过控件的属性窗体可视化的设置，也可以通过编程方式设置。

2. 常用事件

CheckBox 控件的常用事件如下。

（1）Click：单击某复选框控件时被触发。

（2）CheckedChanged："选择状态"改变时被触发。

例如，通过 CheckBox 的 Click 事件，对 CheckBox 控件的属性 Checked 进行检测。复选框 checkBox1 的单击事件代码，检查 checkBox 控件的属性 Checked，设计相应的功能代码。

```
private void checkBox1_Click(object sender, EventArgs e)
{   if (checkBox1.Checked)
    {  如果复选框 checkBox1 被选中,设计相应的功能    }
    else
    {  如果复选框 checkBox1 未被选中,设计相应的功能  }
}
```

例如，通过 CheckBox 的 Click 事件，对 CheckBox 控件的属性 CheckState 进行检测。复选框 checkBox1 的单击事件代码，检查 checkBox 控件的属性 CheckState，设计相应的功能代码。

```
private void checkBox1_Click(object sender, EventArgs e)
{    switch(checkBox1.CheckState)
     {   case CheckState.Checked:            //表示 CheckBox 被选中
             在此设计相应的功能; break;
         case CheckState.Unchecked:          //表示 CheckBox 未被选中
             在此设计相应的功能; break;
        case CheckState.Indeterminate:       //表示 CheckBox 为不确定状态
            在此设计相应的功能; break;
     }
}
```

5.3.9　ListBox 控件

ListBox 控件又称列表框，其作用是显示一个项目列表供用户选择。在列表框中，用户一次可以选择一项，也可以选择多项。在缺省时列表框单列垂直显示所有的选项，如果项目数目超过了列表框可显示的数目，控件上将自动出现滚动条。该控件在 Visual Studio 工具箱中的名称为 ListBox。

1．常用属性

（1）Items：集合类属性，用于存放列表框中的列表项。通过该属性可以添加列表项、移除列表项和获得列表项的数目。

例如，以下代码演示了 ListBox 控件的 Item 属性及其方法 Add 的应用：

```
string[] deps = new string[]    //定义 string 类型的数组并初始化其元素
{ "计算机科学与工程学院","电子工程学院","化工与环境保护学院","机械学院","美术学院" };
//添加数组各元素到 ListBox 控件上，演示 ListBox 控件的 Item 属性及其 Add 方法的应用与使用
foreach(string ss in deps) this.listBox1.Items.Add(ss);//添加元素到 ListBox 控件上
```

（2）MultiColumn：用来获取或设置一个值，该值指示 ListBox 是否支持多列显示。其值为 true 时，表示当各个选项的高度之和超过 ListBox 控件的总高度时，支持多列显示；该属性值为 false 时，则不支持多列显示。当使用多列模式时，可以使控件得以显示更多可见项。

（3）ColumnWidth：用来获取或设置多列显示时 ListBox 控件中列的宽度。

（4）SelectionMode：用来获取或设置在 ListBox 控件中选择列表项的方法。该属性是一个 SelectMode 枚举类型的值，其枚举成员及其含义如下。

① None：表示 ListBox 控件的选项无法进行选择。

② One：表示 ListBox 控件的选项最多可以选择一项。

③ MultiSimple：表示 ListBox 控件的选项可以进行多项选择。

④ MultiExtended：表示 ListBox 控件可进行多行选择，且支持键盘上的 Shift、Ctrl 键和方向键。

例如，设置 ListBox 控件的选项模式，代码如下：

```
this.listBox1.SelectionMode = SelectionMode.MultiSimple;
```

（5）SelectedIndex：获取或设置 ListBox 控件中当前选定项的索引。选项的索引号默认从 0 开始。

（6）SelectedIndices：用于获取 ListBox 控件中所有选定项的从零开始的索引的集合。

（7）SelectedItem：获取或设置 ListBox 中的当前选定项（只有一个选项）。

（8）SelectedItems：获取 ListBox 控件中选定项的集合（多个选项），通常在 ListBox 控件的 SelectionMode 属性值设置为 SelectionMode.MultiSimple 或 SelectionMode.MultiExtended 时使用。

（9）Sorted：获取或设置一个值，指示 ListBox 控件中的列表项是否按字母顺序排序。

（10）Text：用于获取或搜索 ListBox 控件中当前选定项的文本。注意与 SelectedItem 的区别。

（11）Count：该属性返回 ListBox 控件之 Items 中的列表项的数目。

例如，得到列表框控件选项的总数，代码如下：

```
int n = this.listBox1.Items.Count;
```

（12）HorizontalScrollbar：设置 ListBox 控件的水平滚动条。

（13）ScrollAlwaysVisible：设置 ListBox 控件总是显示滚动条，不论选项的多少。

设置水平滚动条和滚动条总是显示，代码如下：

```
this.listBox1.HorizontalScrollbar = true;  //设置 ListBox 控件的水平滚动条
this.listBox1.ScrollAlwaysVisible = true;  //设置 ListBox 控件总是显示滚动条
```

（14）TopIndex：设定显示在 Listbox 控件的第一项的选项在 Items 属性中的索引号。

设置 Items 集合中的第 3 项显示在 ListBox 控件的第一项上，代码如下：

```
this.listBox1.TopIndex=3;
```

（15）IntegralHeight：设置或获取 ListBox 控件中显示在屏幕上的选项是否完整的显示。该属性值为 true 时，控件中显示在屏幕上的选项将完整的显示出来，否则，可能显示不完整。

让显示出来的选项完整地显示出来的属性设置，代码如下：

```
this.listBox1.IntegralHeight = true;
```

（16）PreferredHeight：设定或获取 Listbox 控件的高度，使得所有选项完整地显示出来。该属性值为 int 类型。

设置 ListBox 控件的高度使所有控件完全显示出来，代码如下：

```
this.listBox1.Height = this.listBox1.PreferredHeight;
```

2．常用事件

SelectedIndexChanged 事件，列表框的选项发生改变时被触发。列表框的选项发生改变，可以通过代码方式实现，也可以是在运行时，用户选定了某个选项而发生改变。

获取列表框控件中当前选项的索引号，通过列表框的不同属性得到当前选项的文本值，显示当前选项的信息。代码如下：

```
private void listBox1_SelectedIndexChanged(object sender, EventArgs e)
{
   int n = this.listBox1.SelectedIndex;          //得到当前选项的索引号
   string s1 = this.listBox1.SelectedItem.ToString();//得到当前选项的文本
   string s2 = this.listBox1.Text.ToString();   //通过属性 Text 得到选项的文本
   //弹出一个信息显示对话框，以显示出当前选项的信息
   string ss = "当前选项文本 SelectedItem:" + s1 + "\n";
   ss = ss+"当前选项文本 Text:" + s2 + "\n";
   ss = ss + "当前选项的索引号:" + n.ToString() + "\n";
   MessageBoxButtons a = MessageBoxButtons.OK;
   MessageBoxIcon b = MessageBoxIcon.Information;
   MessageBox.Show(ss,"当前选项有关信息",a,b);
}
```

3．常用方法

（1）FindString：用来查找列表项中，以指定字符串开始的第一个项，有两种调用格式：

```
格式 1：ListBox 对象.FindString(s);
```

在 ListBox 对象指定的列表框中查找字符串 s，如果找到，返回该项从零开始的索引。如果找不到匹配项，则返回 ListBox.NoMatches。

```
格式 2：ListBox 对象.FindString(s, n);
```

在 ListBox 对象指定的列表框中查找字符串 s，查找的起始项为 n+1，即 n 为开始查找的前一项的索引。如果找到，返回该项从零开始的索引；如果找不到匹配项，则返回 ListBox.NoMatches。

（2）SetSelected：用来选中某一项或取消对某一项的选择，调用格式如下：

```
ListBox 对象.SetSelected(n, varbool);
```

其中，n 表示 ListBox 控件中索引号为 n 的选项；参数 varbool 的值为 true 时，表示选中 ListBox 控件的第 n 个选项；参数 varbool 的值为 false 时，表示不选中 ListBox 控件的第 n 个选项。

（3）ClearSelected()：取消选中 ListBox 控件中的所有选项。

（4）Items.Add：用来向列表框中增添一个列表项，调用格式如下：

```
ListBox 对象.Items.Add(s);
```

把参数 s 添加到“listBox 对象”指定的列表框的列表项中。

（5）Items.Insert：用来在列表框中指定位置插入一个列表项，调用格式如下：

```
ListBox 对象.Items.Insert(n,s);
```

参数 n 代表要插入的项的位置索引，参数 s 代表要插入的项，其功能是把 s 插入到“listBox 对象”指定的列表框的索引为 n 的位置处。n 值介于 0 至 ListBox 控件的总项数之间。

例如，插入新的选项到 ListBox 控件，代码如下：

```
int n = this.listBox1.Items.Count; //得到列表框控件的总项数
string ss="新添加的选项"+n.ToString();
this.listBox1.Items.Insert(n,ss);  //插入新的选项到列表框控件的第 n 项处
```

（6）Items.Remove：用来从列表框中删除一个列表项，调用格式如下：

```
ListBox 对象.Items.Remove(n);
```

从 ListBox 对象指定的列表框中，删除索引号为 n 的列表项。n 从 0 开始计算。

例如，删除 ListBox 控件上指定的选项，代码如下：

```
string ss=this.listBox1.Text;         //得到当前选项的文本
int n=this.listBox1.SelectedIndex; //得到当前选项的索引号
```

或者

```
n=indexOf(listbox1.items[ss]);        //查找列表项文本值为 ss 的选项的索引号
this.listBox1.Items.Remove(n);        //从 ListBox 控件中删除指定索引号 n 的选项
//如果 n+1 的值在列表框控件的总项数的范围之内
if (n + 1 < this.listBox1.Items.Count)
```

```
{   //删除列表框控件的第 n+1 项
    this.listBox1.Items.RemoveAt(n + 1);
}
```

（7）Items.Clear：清除列表框中的所有项，调用格式如下（该方法无参数）：

```
ListBox 对象.Items.Clear();
```

（8）BeginUpdate 和 EndUpdate：这两个方法均无参数，调用格式分别如下：

```
ListBox 对象.BeginUpdate();
ListBox 对象.EndUpdate();
```

这两个方法的作用是保证使用 Items.Add 方法向列表框中添加列表项时，不重绘列表框。即在向列表框添加项之前，调用 BeginUpdate 方法，以防止每次向列表框中添加项时都重新绘制 ListBox 控件。完成向列表框中添加项的任务后，再调用 EndUpdate 方法使 ListBox 控件重新绘制。

以下为按钮的单击事件，用于演示 BeginUpdate()、EndUpdate()方法的使用。

```
private void btListfresh_Click(object sender, EventArgs e)
{   this.listBox1.Items.Clear();              //清除 ListBox 控件的所有选项
    this.listBox1.BeginUpdate();              //停止 ListBox 控件的绘画功能
    string ss="";
    for (int k = 1; k<=1000; k++)          //循环方式向 ListBox 控件添加选项
    {
        if (k < 10) ss = "0000" + k.ToString();
        else if (k < 100) ss = "000" + k.ToString();
        else if (k < 1000) ss = "00" + k.ToString();
        else ss = "0" + k.ToString();
        this.listBox1.Items.Add(ss);
    }
    this.listBox1.EndUpdate();                //开启 ListBox 控件的绘画功能
}
```

（9）GetSelected(int n)：检测 ListBox 控件中指定的第 n 项是否被选中，如果选中返回 true，否则返回 false。测试代码如下：

```
bool isselect=this.listBox1.GetSelected(3);//检测 ListBox 中第 3 项是否被选中
if (isselect){
     this.listBox1.SetSelected(3,false);  }      //如果选中,则取消其选中状态
     else{this.listBox1.SetSelected(3, true);}   //如果未选中,则设置其为选中状态
```

（10）AddRange()：将选项集添加到 ListBox 控件上。

定义字符类数组，并初始化其元素，然后添加如下的院系名称到 ListBox 控件 ListBox1 上，代码如下：

```
string[] deps = new string[]{
     "计算机科学与工程学院","电子工程学院","化工与环境保护学院","机械学院" };
this.listBox1.Items.AddRange(deps);//通过方法 AddRange(deps)添加选项集到控件上
```

5.3.10 CheckedListBox 控件

CheckedListBox 控件又称复选列表框，它扩展了 ListBox 控件的功能，几乎能完成列表框可以完成的所有任务，并且还可以在列表项旁边显示复选标记。

复选列表框只支持 DrawMode.Normal，并且只能有一项选定或没有任何选定。此处需要注意一点：选定的项是指窗体上突出显示的项，已选中的项是指左边的复选框被选中的项。该控件在 Visual Studio 工具箱中的名称为 CheckedListBox。

1．常用属性

除具有列表框的全部属性外，它还具有以下属性。

（1）CheckOnClick：获取或设置一个值，以指示当某项被选定时，如何更改被选项的 Checked 状态，即是否切换左侧的复选框。若其值为 true，当选中或取消某一项时，立即切换选中标记（即改变此项的选中状态）；其属性为 false，用户若要改变某项的选中状态，则要选中 CheckListBox 控件中某一选项左边的复选框。该属性的默认值为 false。ChecOnClick 属性相当于 CheckBox 控件的 AutoChecked 属性。

【说明】 CheckListBox 控件也可以通过属性 SelectionMode 设置控件的选择模式，但 selectionMode 属性只能设置为 SelectionMode.None 或者 SelectionMode.One 这两个枚举值。但是，如果将 CheckListBox 控件的属性 SelectionMode 设置为 SelectionMode.One，则 CheckListBox 控件中的各个选项是不能被选择的，也不能更改 CheckListBox 控件中的各个选项的选中状态。

（2）CheckedItems：该属性是复选列表框 CheckListBox 控件中被选中项的集合，只代表处于 CheckState.Checked 或处于 CheckState.Indeterminate 状态的那些项。该集合中的索引按升序排列。

（3）CheckedIndices：表示 CheckListBox 控件中被选中项的索引的集合。

2．常用事件

当 CheckListBox 控件的属性值列表框选项发生改变时触发 SelectedIndexChanged 事件。

通过 SelectedIndexChanged 事件，获取当前被选项的文本及其所选项的索引编号。属性 checkedListBox1.Items[n]表示被选项（文本的）集合；索引 checkedListBox1.SelectedIndex 表示当前被选项的索引号。代码如下：

```
private void checkedListBox1_SelectedIndexChanged(object sender, EventArgs e)
{
    int n = this.checkedListBox1.SelectedIndex;//属性 SelectedIndex 得到所选项的索引号
    string ss="当前选项为：\n";
    //得到当前选项的文本，存储在属性 Items 集合中
    ss=ss+"文本："+this.checkedListBox1.Items[n].ToString()+"\n";
    ss=ss+"索引号："+n.ToString()+"\n";
    MessageBox.Show(ss,"当前选项");              //显示当前选项的信息
}
```

3．常用方法

（1）add(string s)：用于添加选项 s 到 Items 集合中。例如：

```
checkedListBox1.Items.Add("Java 项目开发");
```

（2）GetItemChecked(int i)：判断第 i 项是否选中，选中时返回 true，否则返回 false。例如：

```
if (checkedListBox1.GetItemChecked(i)) {    return true;   }
else {   return false;    }
```

（3）SetItemChecked(i, true)：设置 CheckedListBox 第 i 项是否选中，第二个参数为 true 时，表示选中，第二个参数为 false 时表示没有选中。例如：

```
checkedListBox1.SetItemChecked(n, true);    //true 表示设置第 n 项为选中状态
```

（4）Clear()：清除 checkedListBox1 中所有的选项。例如：

```
checkedListBox1.Items.Clear();
```

（5）Remove(object value)：删除 CheckListBox 控件中的指定选项 value。

（6）RemoveAt(int index)：删除 CheckListBox 控件中的指定的第 index 项。

（7）Contains(int k)或 Contains(string s)。

如果 CheckedItems（被选项的文本）集合中包含 s 或者 CheckedIndices（被选项索引的集合）包含 k，则返回逻辑真 true，否则返回 false。

【例 5.3】 实现将数据项添加到左边的 CheckListBox 控件的对象（名称为 chkLstboxL）上，然后将控件 chkLstboxL 上被选项添加到右边的 CheckListBox 控件的对象（名称为 chkLstboxR）上，并删除 chkLstboxL 的被选项。演示说明 CheckListBox 控件有关属性、方法的使用。建立 Windows 应用程序。项目名称为 WinFormsApp0503。添加以下控件：①窗体（名称为 Form）；②CheckListBox 控件；③命令按钮（名称分别为：bttoRight、btClear、bttoLeft）。运行的初始界面如图 5.9（a）所示。3 个按钮均不可用。功能说明：

（1）在左边的 CheckListBox 控件中，选择某些院系名称，按钮>>、Clear 可用。

（2）单击按钮>>，将右边的 CheckListBox 控件中选择的院系名称显示在右边的 CheckListBox 控件中，显示结果如图 5.9（b）所示。

（3）单击按钮 Clear，删除左边 CheckListBox 控件中被选中的院系名称，并激活按钮<<。

（4）单击按钮<<，将右边 CheckListBox 控件中院系名称添加到左边的 CheckListBox 控件中，并清除所有选项的选中状态，显示结果如图 5.9（a）所示。

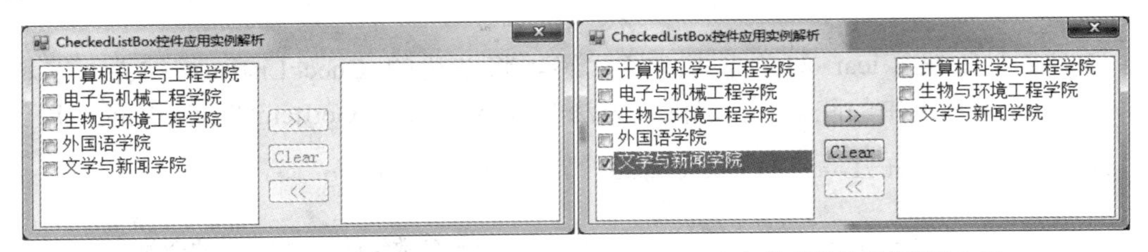

（a）运行的初始界面　　（b）选择了选项并移动之后

图 5.9　CheckedListBox 控件应用实例

以下给出主要的源代码：

（1）在窗体类中，定义 string 类型的数组并初始化其元素。

```
string[] deps = new string[]{"计算机科学与工程学院","电子与机械工程学院",
                            "生物与环境工程学院","外国语学院","文学与新闻学院"};
int n;  //定义类的数据成员变量
```

（2）窗体的 Load 事件及代码。

```
private void Form1_Load(object sender, EventArgs e)
{  //通过 foreach 循环遍历数组元素，并添加到 CheckedListBox 控件上
   foreach (string s in deps)this.chkLstboxL.Items.Add(s);//Add 方法的应用与使用
}
```

（3）命令按钮>>的单击事件及代码。将左边 CheckListBox 控件（名称为 chkLstboxL）中被选中的院系名称显示在右边的 CheckListBox 控件中。

```
private void bttoRight_Click(object sender, EventArgs e)
{     //清除 CheckedListBox 控件对象 chkLstboxR 中原有的所有选项
      this.chkLstboxR.Items.Clear();
      foreach(string ss in chkLstboxL.CheckedItems)//检测对象 chkLstboxL 上的被选项
      {    //添加 ss 变量的值到 CheckedListBox 控件对象 chkLstboxR 上
         this.chkLstboxR.Items.Add(ss);
      }
 }
```

（4）命令按钮<<的单击事件及代码。将右边的 CheckListBox 控件中选择的院系名称显示在右边的 CheckListBox 控件中。

```
private void bttoLeft_Click(object sender, EventArgs e)
{
   foreach (string ss in chkLstboxR.Items)//检测控件对象 chkLstboxR 上的所有选项
   {  this.chkLstboxL.Items.Add(ss);  }   //添加选项到控件对象 chkLstboxL 上
   foreach (int i in chkLstboxL.CheckedIndices)
   {   //取消左边的 CheckedListBox 控件中每个选项的选中状态
      chkLstboxL.SetItemChecked(i, false);
   }
   this.bttoRight.Enabled = false; //使得(三个)命令按钮不可用
   this.chkLstboxR.Items.Clear();  //清除右边的 CheckedListBox 控件中所有选项
}
```

（5）命令按钮 Clear 的单击事件及代码。将左边的 CheckListBox 控件（名称为 chkLstboxL）中被选中的院系名称删除。方法 RemoveAt(k)、GetItemChecked()的应用。

```
private void btclear_Click(object sender, EventArgs e)
{
    n = deps.Length;                          //得到数组的长度(元素的个数)
    for (int i = n - 1; i >= 0; i--)       //从后向前遍历被选中的选项,并删除之
    {   //如果当前项被选中，GetItemChecked(i)返回 true
```

```
        if(chkLstboxL.GetItemChecked(i)) this.chkLstboxL.Items.RemoveAt(i);
    }
    this.bttoLeft.Enabled = true;         //使得左移按钮<<可用
}
```

（6）左边的 CheckListBox 控件（名称为 chkLstboxL）的选项改变事件。

```
private void chkLstboxL_SelectedIndexChanged(object sender, EventArgs e)
{   //左边的 CheckListBox 控件中,有选项选中时,使得按钮>>、Clear 可用
    if (this.chkLstboxL.SelectedItems.Count > 0)
    { this.bttoRight.Enabled = true;  this.btclear.Enabled = true; }
    else  //左边的 CheckListBox 控件中,无选项选中时,使得按钮>>、Clear 不可用
    { this.bttoRight.Enabled = false;  this.btclear.Enabled = false; }
}
```

5.3.11　ComboBox 控件

ComboBox 控件又称组合框。默认情况下，组合框分两个部分显示：顶部是一个允许输入文本的文本框，下面的列表框则显示列表项。

可以认为 ComboBox 就是文本框与列表框的组合，与文本框和列表框的功能基本一致。ComboBox 控件和 ListBox 控件在功能上很相似。很多情况下，这两个控件是可以互换使用的，但还是有某种特定的环境下只适合使用一种控件的情况。通常，ComboBox 控件适合于建议用户选择控件所列举的选项、同时又可以让用户自行在文本框中输入列表中不存在的选项的情况；而 ListBox 控件适合于限制用户只能选择列表中的选项的情况。该控件在 Visual Studio 工具箱中的名称为 ComboBox。

1．常用属性

（1）BackColor：获取或设置 ComboBox 控件的背景色。

（2）DropDownStyle：获取或设置指定组合框样式的值，确定用户能否在文本部分中输入新值以及列表部分是否总显示。包含 3 个值，默认值为 DropDown，各属性值的含义如下：

① DropDown：文本部分可编辑。用户必须单击箭头按钮来显示列表部分。此为默认属性。

② DropDownList：用户不能直接编辑文本部分。用户必须单击箭头按钮来显示列表部分。

③ Simple：文本部分可编辑，列表部分总可见。

（3）DropDownWidth：用于获取或设置组合框下拉部分的宽度（以像素为单位），有些列表项太长，则需要通过改变该属性来显示该列表项的全部文字。如果未设置 DropDownWidth 的值，该属性返回组合框的 Width。

需要注意的是，下拉部分的宽度不能小于 ComboBox 的宽度。设置 DropDownWidth 的值，如果小于 ComboBox 的宽度时，下拉列表框的宽度还是与文本框的宽度一样。

（4）DroppedDown：获取或设置一个值，指示组合框是否正在显示其下拉部分。如果

显示下拉部分，其值为 true；否则为 false，默认值为 false。

（5）IntegralHeight：指定是否自动调整编辑框或列表框控件的高度，以便正确显示控件中的最后一项。设计时可用，运行时只读，默认为 false。如果列表框控件的高度不合适，则控件中的最后一行文字会只显示一部分，将 IntergralHeight 设置为 True，可以自动调整控件的高度，这样可以正确显示控件中的最后一项。

【说明】 当 integralheight 属性设置为 True 时，Height 属性的值可能与控件的真实高度不符。

（6）Items：获取一个对象，该对象表示该 ComboBox 中所包含项的集合。

（7）MaxDropDownItems：下拉部分中可显示的最大项数。该属性的最小值为 1，最大值为 100。

（8）Text：ComboBox 控件中文本输入框中显示的文本。

（9）SelectedIndex：该属性返回当前选定列表项的索引号，可以编程更改它，列表中相应项将出现在组合框的文本框内。如果未选定任何项，则 SelectedIndex 为-1；如果选择了某个项，则 SelectedIndex 是该选中项在 ComboBox 控件中的序号值。ComboBox 控件中，各个选项的编号从 0 开始，依次递增 1。

（10）SelectedItem：SelectedItem 属性与 SelectedIndex 属性类似，但是 SelectedItem 属性返回的是被选项的文本。

（11）SelectedText：表示组合框中当前选定文本的字符串。如果 DropDownStyle 属性值设置为 ComboBoxStyle.DropDownList，则返回值为空字符串（""）。如果组合框中当前没有选定的文本，则此属性返回一个零长度字符串。

（12）AutoCompleteCustomSource：用于定义 ComboBox 控件的输入框在执行输入数据自动匹配功能时，进行匹配所需要的数据源。对于 AutoCompleteCustomSource 属性的设置可以在 ComboBox 控件定义时设置，也可以通过代码方式实现。例如：

```
//定义 string 类型的数组并初始化其元素,设置其为匹配数据源
string[] deps = new string[]{"计算机科学与工程学院","电子工程学院","机械学院"};
//设置 ComboBox 控件的 AutoCompleteCustomSource 属性,自动匹配的数据源
this.comboBox1.AutoCompleteCustomSource.AddRange(deps);
```

（13）AutoCompleteSource：获取或设置一个值，该值指定用于自动完成的完整字符串数据源。AutoCompleteSource 属性值是一个 AutoCompleteSource 枚举类型值，其枚举成员值及其含义如下。

① AutoCompleteSource.AllSystemSources：表示将 AutoCompleteSource.AllUrl 罗列的数据和 AutoCompleteSource.FileSystem 罗列的数据的集合作为匹配的数据源。

② AllUrl：表示将用户近期访问的 URL 及其历史数据作为匹配的数据源。

③ AutoCompleteSource.CustomSource：表示将 AutoCompleteCustomSource 属性指定的字符串集作为匹配的数据源。即将用户在控件上的输入值与 AutoCompleteCustomSource 属性指定的字符串数据集元素进行自动匹配（比较）。

④ AutoCompleteSource.FileSystem：表示将计算机文件系统的所有文件和文件夹作为匹配数据源。

⑤ AutoCompleteSource.FileSystemDirectories：表示将计算机文件系统中的所有文件夹作为匹配数据源。

⑥ AutoCompleteSource.HistoryList：表示将用户访问的 URL 的历史数据作为匹配数据源。

⑦ AutoCompleteSource.ListItems：表示将 ComboBox 控件中的所有数据项作为匹配的数据源。

⑧ AutoCompleteSource.RecentlyUsedList：表示将用户近期访问过的 URL 作为数据源。

⑨ AutoCompleteSource.None：表示没有指定匹配数据源。

在自动匹配实现中，将 AutoCompleteSource 属性值设置为 AutoCompleteSource.ListItems。例如：

```
this.comboBox1.AutoCompleteSource=AutoCompleteSource.ListItems;
```

表示将用户在控件上输入的字符串，与 ComboBox 控件中所有的数据项（作为匹配数据源）进行自动匹配，也可以将 AutoCompleteSource 属性值设置为 AutoCompleteSource.CustomSource 枚举值，此时需要对 AutoCompleteCustomSource 属性进行设置。

（14）AutoCompleteMode：用于设置或获取控制自动完成如何作用于 ComboBox 控件，即输入的字符串与 AutoCompleteSource 属性值设定的字符串数据源的数据进行匹配的模式。AutoCompleteMode 属性是一个 AutoCompleteMode 类型的枚举值，其枚举成员及其含义如下。

① AutoCompleteMode.Append：当用户在控件上输入字符串时，控件将输入的字符串与 AutoCompleteSource 属性值设定的字符串数据源的数据进行自动匹配，并将匹配出的项按照字段顺序排列，将匹配的第一项自动添加到用户输入的字符串的后面。

② AutoCompleteMode.Suggest：当用户在控件上输入字符串时，控件将输入的字符串与 AutoCompleteSource 属性值设定的字符串数据源的数据进行自动匹配，并将匹配出的第一项添加到控件下方的列表中。

③ AutoCompleteMode.SuggestAppend：当用户在控件上输入字符串时，控件将输入的字符串与 AutoCompleteSource 属性值设定的字符串数据源的数据进行自动匹配，并将匹配出的第一项添加到控件下方的列表中，同时将列表中的第一项添加到用户已输入的字符串的后面。

④ AutoCompleteMode.None：当用户在控件上输入字符串时，控件不会将输入的字符串与 AutoCompleteSource 属性值设定的字符串数据源的数据进行自动匹配。

以上属性的设置可以在 ComboBox 控件设计时，通过该控件的属性窗体对相应的属性进行设置，也可以通过编程的方式进行设置。

2. 常用事件

（1）SelectedIndexChanged：在 SelectedIndex 索引值改变时发生该事件，最常用的事件。

（2）SelectionChangeCommitted：在下拉列表中选定选项，关闭下拉列表时发生。

（3）SelectValueChanged：在下拉列表控件的 SelectedValue 属性值更改时发生。

（4）DropDown：单击组合框控件右边的下拉按钮，显示组合框的下拉部分时发生。

（5）DropDownClosed：组合框控件的下拉部分关闭后发生。

3．常用方法

（1）BeginUpdate、EndUpdate：当向列表添加大量的选项时使用此方法，以防止每次向列表添加项时控件都重新绘制。当使用 BeginUpdate 方法，完成向列表添加项的任务后，就可调用 EndUpdate 方法来启用 ComboBox，进行重新绘制。使用这种方法添加选项可以防止绘制 ComboBox 时闪烁。

（2）Add：Items 属性的方法之一，添加选项到组合框控件。

（3）Clear：Items 属性的 Clear 方法，清除组合框控件所有的列表项。

（4）FindString、FindStringExact：FindString 方法用于查找 ComboBox 中以指定字符串开始的第一个项，该方法是模糊查询，但是查找的字符串一定在匹配项的开始位置。FindStringExact 方法用于查找与指定字符串完全匹配的项。

（5）GetItemText：返回指定项的文本表示形式。使用形式如下：

```
GetItemText(item)
```

【例 5.4】 Windows 应用程序常用窗体控件应用实例解析。建立一个 Windows 应用程序。设置窗体有关属性：窗体名称命名为 FormControlTest；窗体标题（Text）属性设置为"窗体常用控件应用实例"；窗体边框（FormBorderStyle 属性）设置为 Fixed3D；取消窗体的最大化、最小化按钮。添加控件并进行布局。控件及其属性设置如表 5.5 所示。进行相关控件的事件编程。

表 5.5　控件及其属性设置

控件类型	控件名称	属性名称	属性值	（作用）说明
GroupBox（分组框控件）	GroupBox1	Text	个人信息	分组显示个人基本信息控件
	GroupBox2	Text	个人爱好	分组个人爱好复选框控件
Panel	Panel1			分组性别单选按钮控件
NumericUpDown（数字按钮控件）	numage	Minimum	18	最小值
		Maximum	35	最大值
		Increment	1	每次的增量
ComboBox（组合框控件）	cmbnj	Items		存储年级数据
		DropDownStyle	DropDownList	只能从列表中选取
ListBox（列表框控件）	listzy	Items		显示专业数据，如图 5.10（a）所示
	listzt	Items	"粗体""斜体"	显示字体，如图 5.10（b）所示
		SelectionMode	MultiExtended	允许选择多个选项
CheckBox（复选框）	checkBoxrun	Text	跑步	用于显示个人爱好的标题（文本）
	checkBoxswim	Text	游泳	
	checkBoxplayer	Text	打篮球	
	checkBoxread	Text	看书	
Label（标签控件）	label1	Text	姓名：	显示对应信息的提示
	label2	Text	性别：	
	label3	Text	年龄：	
	label4	Text	年级：	
	label5	Text	专业：	
	label6	Text	字体：	

续表

控件类型	控件名称	属性名称	属性值	（作用）说明
Label （标签控件）	lblinfo	BorderStyle Text	Fixed3D	设置本标签控件的边框样式 其内容动态设置，显示选择的个人爱好
Button （命令按钮）	btshow btreset	Text Text	显示 重置	其编码显示个人信息和爱好 重置各控件的初始态
RadioButton （单选按钮）	radbtman radbtwoamn	Text Text	男 女	设置性别“男” 设置性别“女”

运行结果如图 5.10 所示。

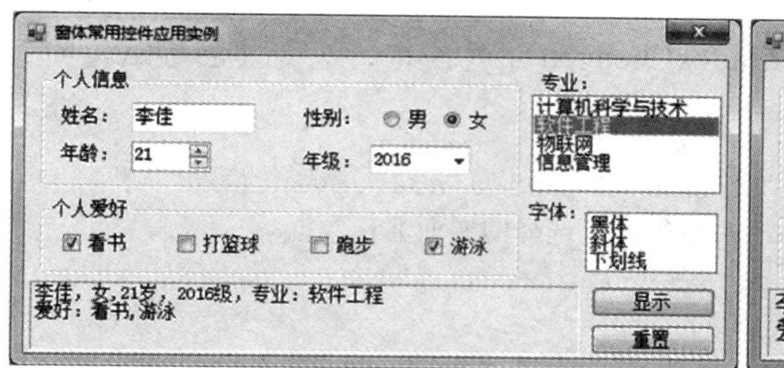

（a）未应用字体之前的信息显示

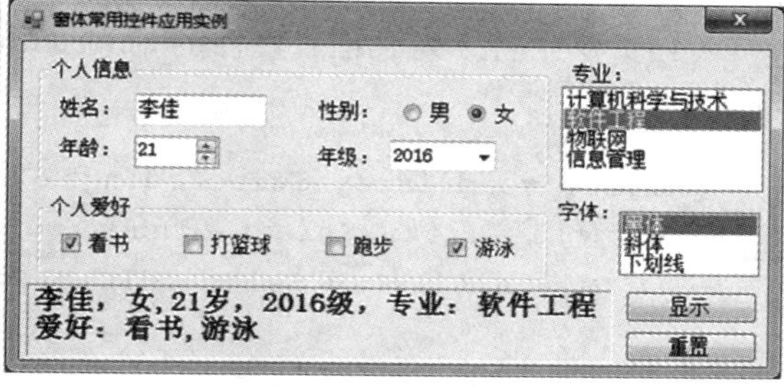

（b）应用字体之后的信息显示

图 5.10　窗体控件的简单应用实例

相关控件的有关事件及其编码均封装在 FormControlTest.cs 类文件中。主要源代码如下：

（1）类中定义的变量成员（又简称字段）及其含义。

```
private static string xm="",xb="",nj="",zy="",ah="";
private static int flag=0,age=17;
```

其中，变量 xm、xb、nj、zy、ah、age 分别表示姓名、性别、年级、专业、爱好、年龄；flag 表示是否选择了爱好，flag=0 表示没有选择爱好。

（2）窗体的加载事件 Load 及编码。添加数据项到列表框（控件）lstzy 中。

```
private void FormControlTest_Load(object sender,EventArgs e)
{   //通过编程方式添加数据项到列表框(控件)lstzy中,语句代码如下(其他添加语句省略)
    this.listzy.Items.Add("计算机科学与技术");
    //通过编程方式添加字体格式项到列表框(控件)lstzt中
    this.listzt.Items.Add("黑体");  this.listzt.Items.Add("斜体");
    //设置列表框控件 lstzt 的属性 SelectionMode 为 MultiExtended,表示允许多选
    this.lstzt.SelectionMode=true;
    show6nj();//调用类中自定义的方法 show6nj()添加年级数据到组合框框(控件)cmbnj中
}
```

（3）“字体列表框控件”的 SelectedIndexChenged 事件及其编码，用于设置标签控件 lblinfo 的文本的字体、字号和显示风格。

```
private void lstzt_SelectedIndexChanged(object sender,EventArgs e)
{   int Style=0,k=1;   //Style=0 正常字体,1=黑体,2=斜体,3=黑斜体等
    for(int i=0;i<this.lstzt.Items.Count;i++)
    {  //例如,GetSelected(0)=true 表示粗体被选中
    if(lstzt.GetSelected(i)){  Style=Style|k;  }              //增加指定风格
    else  {  Style=Style&(~k);  }                              //取消指定风格
    k=k*2;
}
FontStyle m=new FontStyle(); m=(FontStyle)Style;               //字体风格
this.lblinfo.Font=new Font(this.lblinfo.Font.Name,15,m);//动态设置字体、字号
}
```

（4）“专业名称列表框”控件的 SelectedIndexChenged 事件，将所选专业名称赋值给变量 zy。

```
private void lstzy_SelectedIndexChanged(object sender,EventArgs e)
{  if(this.lstzy.SelectedIndex>=0)  //得到所选择的专业名称数据
   {  zy=this.lstzy.SelectedItem.ToString().Trim();  }
}
```

（5）“年级列表框”控件的 SelectedIndexChenged 事件，将所选的年级值赋值给变量 nj。类似于事件 lstzy_SelectedIndexChanged 的代码，在此省略。

（6）“显示”按钮的单击事件(Click)，用于显示个人信息和爱好到标签控件 lblinfo。

```
private void btshow_Click(objectsender,EventArgse)
{    if(ah.Length>0) ah="爱好:"+ah+"\n";        //得到爱好数据项,并复制给变量 ah
     else  ah="爱好:未选择\n";
     if(xb.ToString().Trim()==""){  this.groupBox1.Text="选择性别";  }
     xm=this.txtxm.Text.ToString().Trim(); //得到姓名数据项
     //如果没有输入姓名,清空姓名输入框,并使之得到焦点
     if(xm=="")  {    this.txtxm.Clear();   this.txtxm.Focus();}
     //如果没有选择年级,提示选择年级
     if(nj.ToString().Trim()==""){  this.groupBox1.Text="选择年级";  }
     //如果没有选择专业,提示选择专业
     if(zy.ToString().Trim()==""){  this.groupBox1.Text="选择专业";  }
     //将个人数据项和爱好等信息连接成字符串,通过标签控件 lblinfo 显示出来
     string ss=xm+","+xb+","+age.ToString().Trim()+","+nj+"\n";
     ss=ss+"专业:"+zy+"\n"+ah;
     this.lblinfo.Text=ss.ToString().Trim();
}
```

（7）窗体的 FormClosing 事件。当用户关闭窗体，在窗体已关闭并指定关闭原因之前触发本事件。当 e.Cancel=false，关闭窗体；e.Cancel=true，不关闭窗体。

```
private void FormControlTest_FormClosing(object sender,FormClosingEventArgs e)
{    stringt="是否真的要关闭本窗体[是/否]?\n";
     t=t+"单击是按钮将关闭本窗体,单击否按钮不关闭本窗体!\n";
```

```
        MessageBoxButtons a=MessageBoxButtons.YesNo;
        MessageBoxIcon b=MessageBoxIcon.Exclamation;
        if(MessageBox.Show(t,"出错提示",a,b)==DialogResult.Yes) e.Cancel=false;
        else e.Cancel=true;              //不关闭窗体
    }
```

（8）性别“男”“女”单选按钮的选中状态改变事件。将选中的性别文本赋值给变量 xb。

```
private void rbman_CheckedChanged(object sender,EventArgs e)
{   //表示选择性别"男"单选按钮
    if(this.rbman.Checked){  xb=this.rbman.Text.ToString().Trim();   }
}
```

（9）性别“女”单选按钮的选中状态改变事件。类似于 rbman_CheckedChanged 事件代码。

（10）NumericUpDwon 控件 nudage 的值改变事件 ValueChanged。用于将年龄值赋值给变量 age。

```
private void nudage_ValueChanged(object sender,EventArgs e){
    age=(int)(this.nudage.Value);   }    //数据类型的强制转化
```

（11）复选框（CheckBox）按钮的选择改变事件 CheckedChanged。选择了该爱好，将其文本值赋值给变量 ah；如果选择了某一个爱好，则变量 flag 自增 1，否则 flag 的值为 0；连接各个爱好（文本字符串）。if 语句的作用是，每个爱好之间用逗号间隔开。

```
private void checkBoxrun_CheckedChanged(object sender,EventArgs e)
                                                        //选择"跑步"爱好
{   flag+=1;
    if(ah.Length>0)ah=ah+","+this.checkBoxrun.Text;
    else ah=this.checkBoxrun.Text;
}
//选了“游泳、打篮球、看书”爱好,代码类似于 checkBoxrun_CheckedChanged 事件的代码,
//在此省略
```

（12）“重置”按钮 btreset 的单击事件 Click，用于重置各控件的初始态。伪代码如下：

```
private void btreset_Click(objectsender,EventArgse)
{   清空姓名输入框 txtxm 并使之获得焦点
    使单选按钮 rbman、rbwoman 处于未选中状态
    this.nudage.Value=this.nudage.Minimum; //使年龄置于最小年龄值
    //使年级组合框 cmbnj、专业组合框 cmbzy 置为选中状态
    //代码设置所有的“爱好”复选框 checkBox1-checkBox8 处于未选中状态,例如:
    this.checkBox1.Checked=false;
    this.lstzt.SelectedIndex=-1;              //使"字体"列表框处于未选中状态
}
```

（13）类的成员函数 show6nj()，用于显示年份数据。

```
private void show6nj()
{   DateTime DT=System.DateTime.Now;     //得到当前的日期数据赋值给变量 DT
```

```
    int k=5,y=DT.Year;                          //得到当年的年份数值
    try
    {   //将年份数据转化为字符串添加到组合框控件 cmbnj 中
        for(;k>=0;--k) this.cmbnj.Items.Add((y-k).ToString());
    }
    catch(Exceptionex){  MessageBox.Show("生成年级数据时出现问题:"+ex.Message); }
    this.cmbnj.SelectedIndex=-1;
}
```

5.3.12 PictureBox 控件的使用

PictureBox 控件称之为图片框控件，常用于图形设计和图像处理应用程序。该控件可以加载的图片文件格式有：位图文件(.Bmp)、图标文件(.ICO)、图元文件(.wmf)、.JPEG、.JPG 和.GIF 文件。

该控件在 Visual Studio 工具箱中的名称为 PictureBox。

1. 常用属性

（1）Image：用来设置控件要显示的图像。可以通过 PictureBox 控件的属性窗体进行 Image 属性的设置。也可以通过 PictureBox 控件进行设置，如图 5.11（a）所示。

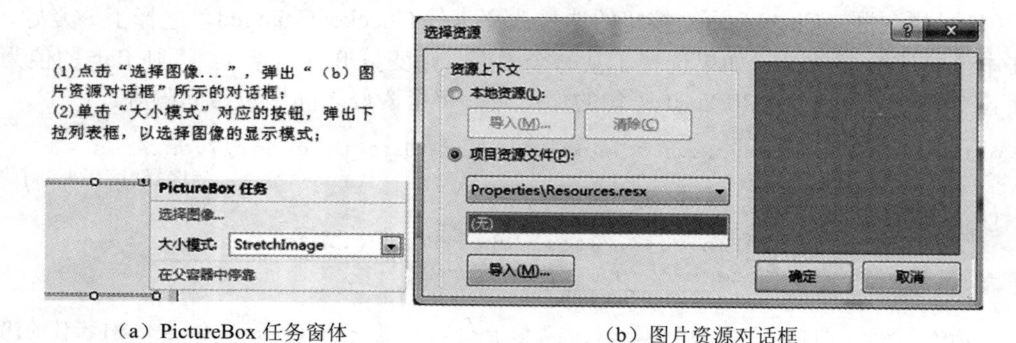

（a）PictureBox 任务窗体　　（b）图片资源对话框

图 5.11　PictureBox 应用实例

在如图 5.11（b）所示的图像资源选择对话框中，单击“⊙本地资源”单选按钮，再单击“导入”按钮，将弹出“打开”对话框（在此省略），以便从本地机上导入图像（文件）；或者单击“⊙项目资源文件”单选按钮，再单击“导入”按钮，也将弹出“打开”对话框（在此省略），将从本地机上导入图像（文件）到项目的资源中，即导入到 Resources.resx 中；最后单击“确定”按钮，即可完成图像的设置。

也可以通过代码方式设置 PictureBox 控件的 Image 属性，设图片文件名为 Flower12.jpg。代码如下：

```
this.pictureBox1.Image=Image.FromFile("Flower12.jpg");
```

或者

```
this.pictureBox1.Load("Flower12.jpg");
```

（2）SizeMode：用来决定图像的显示模式。可以通过 PictureBox 控件的属性窗体进行设置，也可以通过如图 5.10（a）所示的 PictureBox 控件的任务窗体中的“大小模式”进行设置；也可以通过代码方式设置。其值是类 PictureBoxSizeMode 的一个枚举值，其枚举成员及其含义如下。

① PictureBoxSizeMode.StretchImage：能自动调整图片大小，以适应图片控件（PictureBox）的实际大小，即图片的大小随图片控件的大小自动变化，以便将图片完整地的显示出来。

② PictureBoxSizeMode.AutoSize：自动调整图片控件（PictureBox）的实际大小，以适应加载的图片的实际大小；即控件的大小随图片的实际大小自动变化。

③ PictureBoxSizeMode.CenterImage：图片控件比加载的图片大，图像居于图片控件中间；加载的图片比图片控件（PictureBox）大，加载的图片中心部分显示在图片控件（PictureBox）中，图片四周超出的部分被自动剪裁掉。

④ PictureBoxSizeMode.Normal：加载到 PictureBox 控件的图像居于控件的左上角，如果图像被超出，超出图片控件的部分自动剪裁。

⑤ PictureBoxSizeMode.Zoom：加载到 PictureBox 控件的图像，其大小按其原有的比例进行缩放，以能够完整地显示在 PictureBox 控件中。

（3）ErrorImage：加载图片失败时显示的图片。

（4）BorderStyle：设置 PictureBox 控件的外观。例如：

```
this.pictureBox1.BorderStyle = BorderStyle.Fixed3D;
```

2. 常用事件

（1）SizeModeChanged：当 SizeMode 属性修改时触发该事件，SizeMode 属性可通过编程修改。

（2）TextChang：当 Text 属性被修改时触发该事件。

（3）Click：当单击图片时，触发该事件。

3. 常用方法

（1）LoadAsync(string picname)：异步加载参数 picname 指定的图片文件（名称）到 pictureBox 上。例如，通过编码方式异步加载图片文件（psb13.jpg）到 pictureBox1 控件上。

```
this.pictureBox1.LoadAsync("psb13.jpg");
```

（2）Load(string picname)：加载参数 picname 指定的图片文件（名称）到 pictureBox 上。通过编码方式用方法 Load()加载图片文件 Flower12.jpg 到 pictureBox1 控件上。

```
this.pictureBox1.Load("Flower12.jpg");
```

（3）CancelAsync()：该方法主要用于取消异步图像加载。

（4）Refresh()：刷新 pictureBox1 控件。

5.3.13　ImageList 控件

ImageList 控件用于存储和管理图像（图片），该图片列表中的图片可以被 Windows 窗体应用程序中的其他控件所引用。ImageList 控件中存储的图片文件的格式有位图文件（.Bmp）、图标文件（.ICO）、图元文件（.wmf）、.JPEG、.JPG 文件。该控件在 Visual Studio 工具箱中的名称为 ImageList。

ImageList 控件不能添加到 Windows 窗体上，它将出现在窗体设计器的底部的组件托盘区域中。

打开如图 5.12（a）所示的 ImageList 控件属性窗体，单击属性窗体中的 Image 属性项中右边的带省略号的按钮，可以打开如图 5.12（b）所示的“图像集合编辑器”对话框。

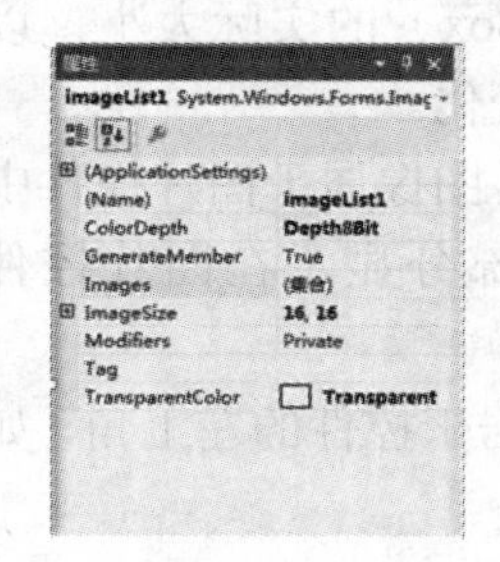
（a）ImageList 控件属性窗体

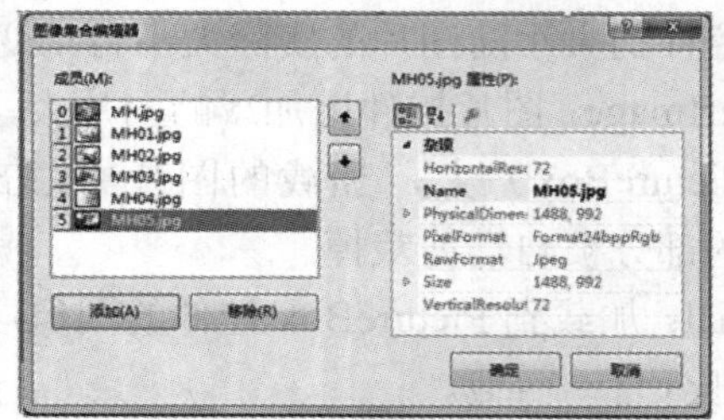
（b）ImageList 控件图像集合编辑器

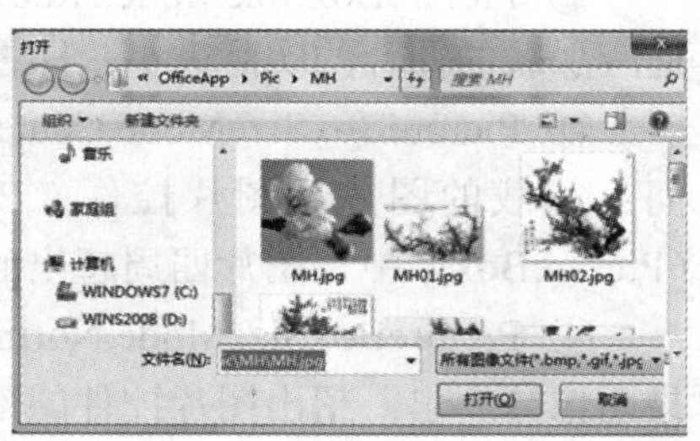
（c）文件“打开”选择对话框

图 5.12　ImageList 控件相关属性设置与图片处理

单击如图 5.12（b）所示的“添加”按钮，将打开如图 5.12（c）所示的文件选择打开对话框，在此可以选择要添加到 ImageList 控件中的图片文件。选择图片文件之后，单击“打开”按钮，将返回到如图 5.12（b）所示的对话框，同时，选择的图片文件名称也显示在如图 5.12（b）所示的在“成员：”列表框中。单击如图 5.12（b）所示的“确定”按钮，将完成图片的添加。也可以通过代码方式向 ImageList 控件添加（设置）图片。

代码方式向 ImageList 控件 imageList1 添加图片文件，示例代码如下：

```
Image myimage = Image.FromFile("MH07.JPG");this.imageList1.Images.Add(myimage);
myimage = Image.FromFile("MH08.JPG"); this.imageList1.Images.Add(myimage);
myimage = Image.FromFile("MH09.JPG"); this.imageList1.Images.Add(myimage);
```

设置好一个 ImageList 控件之后，其他控件中可以使用该 ImageList 控件中的图片。要访问 ImageList 控件的每个图片，可以通过图片的索引值（从 0 开始编号）和键值进行访问。

能够访问（使用）ImageList 控件中的图片的控件有 ListView、TreeView、RadioButton、CheckBox、ToolBar（ToolStrip）和 TabControlButton。

在 ImageList 控件中，所有图片的大小都是一致的。该大小有属性 ImageSize 的值决定。

5.3.14　Timer 控件

Timer 控件又称之为定时器控件或计时器控件。该控件的主要作用是按一定的时间间隔，周期性地触发一个名为 Tick 的事件。因此，在该事件的代码中，可以放置一些需要每隔一段时间重复执行的程序段。在程序运行时，定时器控件是不可见的。Timer 控件可用设置有关属性，不能添加到 Windows 窗体上，它将出现在窗体设计器底部的组件托盘区域中。

在.NET 中，提供了 3 种定时器，分别是 Forms.Timer、Timers.Timer 和 Thread.Timer。这 3 种定时器具有相同之处，也有不同之处。在此主要介绍 Forms.Timer 控件。该控件在 Visual Studio 工具箱中的名称为 Timer。

1．常用属性

（1）Enabled：用来设置定时器是否正在运行。其值为 true 时，启动 Timer，使定时器处于运行状态；其值为 false 时，使定时器处于非运行状态。例如：

```
this.timer1.Enabled = true;
//启动 Timer，使之可用，处于运行状态，自动定时触发 Tick 事件
```

（2）Interval：用来设置定时器控件两次 Tick 事件发生的时间间隔，以毫秒为单位。如设其值为 500，则将间隔 0.5 秒触发一次 Tick 事件。该值尽量与 CPU 的时钟频率同步。

设置 Tick 事件的触发时间间隔为 500 毫秒，代码如下：

```
this.timer1.Interval = 500;
```

2．常用事件

Tick：定时器控件响应的事件。按 Interval 属性值设置的时间间隔，自动将触发该事件。可将需要定期执行的程序代码编写在 Tick 事件中。

以下 Timer 控件的 Tick 事件及代码，表示在窗体的标题上显示当前的时间和日期。

```
DateTime dt=DateTime.Now;                          //得到系统当前的日期和时间
this.Text = dt.ToString("yyyy年M月d日，HH:mm:ss");//显示当前日期、时间于窗体标题栏
```

显示格式为（以当前的时间为准）：2017 年 6 月 3 日，16:35:55

3．常用方法

（1）Start：用来启动定时器。该方法无参数。调用的一般格式如下：

```
Timer 控件名.start();
```

该方法的作用与 Timer 控件的 Enabled 属性值设置为 true 的作用和效果是一样的，都是触发 Timer 控件的 Tick 事件。

（2）Stop：用来停止定时器。该方法无参数。调用的一般格式如下：

```
Timer 控件名.stop();
```

该方法的作用与 Timer 控件的 Enabled 属性值设置为 false 的作用和效果是一样的，用于关闭计时器（Timer）控件。

5.3.15　ProgressBar 控件和 TrackBar 控件

1．ProgressBar 控件

ProgressBar 控件又称进度条控件。该控件在水平栏中显示适当长度的矩形来指示进程的进度。当执行进程时，进度条用系统突出显示颜色在水平栏中从左向右进行填充。进程完成时，进度栏被填满。当某进程运行时间较长时，如果没有视觉提示，用户可能会认为

应用程序不响应，通过在应用程序中使用进度条，就可以告诉用户应用程序正在执行冗长的任务且应用程序仍在响应。该控件在 Visual Studio 工具箱中的名称为 ProgressBar。

（1）常用属性。

① Maximum：用来设置或返回进度条能够显示的最大值，默认值为 100。

② Minimum：用来设置或返回进度条能够显示的最小值，默认值为 0。

③ Value：用来设置或返回进度条的当前位置。

④ Step：用来设置或返回一个值，用以决定每次调用 PerformStep 方法时，Value 属性增加的幅度。例如，如果要复制一组文件，则可将 Step 属性的值设置为 1，并将 Maximum 属性的值设置为要复制的文件总数。在复制每个文件时，可以调用 PerformStep 方法，按 Step 属性的值增加进度栏。

（2）常用事件。ProgressBar 控件能响应很多事件，但一般很少使用，在此省略。

（3）常用方法。

① Increment：用来按指定的数量增加进度条的值，调用格式如下：

```
progressBar对象.Increment(n);
```

其功能是把 progressBar 对象指定的进度条对象的 Value 属性值增加 n，n 为整数。调用该方法之后，若 Value 属性大于 Maximum 属性的值，则 Value 属性值就是 Maximum 值，若 Value 属性小于 Minimum 属性值，则 Value 属性值就是 Minimum 值。

② PerformStep：按 step 属性值增加进度条的 Value 属性值，该方法无参数。调用格式如下：

```
progressBar对象.PerformStep();
```

2. TrackBar 控件

TrackBar 控件又称滑块控件、跟踪条控件。该控件主要用于在大量信息中进行浏览，或用于以可视形式调整数字设置。TrackBar 控件有两部分：缩略图（也称为滑块）和刻度线。缩略图是可以调整的部分，其位置与 Value 属性相对应。刻度线是按规则间隔分隔的可视化指示符。跟踪条控件可以按指定的增量移动，并且可以水平或者垂直排列。该控件在 Visual Studio 工具箱中的名称为 TrackBar。

（1）常用属性。

① Maximum：用于获取或设置 TrackBar 控件可表示的范围上限，即最大值。

② Minimum：用于获取或设置 TrackBar 控件可表示的范围下限，即最小值。

③ Orientation：用于获取或设置一个值，以指示跟踪条是在水平方向还是在垂直方向。

④ LargeChange：用于获取或设置一个值，指示当滑块长距离移动时，对 Value 属性增减的值。

⑤ SmallChange：用于获取或设置当滑块短距离移动时对 Value 属性增减的值。

⑥ Value：用于获取或设置滑块在跟踪条控件上的当前位置（值）。

⑦ TickFrequency：用于获取或设置一个值，以指定控件上绘制的刻度之间的增量。

⑧ TickStyle：用来获取或设置一个值，该值指示如何显示跟踪条上的刻度线。

（2）常用事件。

TrackBar 控件的常用事件是 ValueChanged，该事件在 TrackBar 控件的 Value 属性值改

变时触发。

5.4 消息显示对话框和通用对话框控件

通用对话框是 Windows 系统中，一种用于和使用者实现交互的特殊窗口。根据使用方式和性质的不同分成以下 6 种类型。

（1）文件打开对话框（OpenFileDialog）。

（2）文件保存对话框（SaveFileDialog）。

（3）字体选择对话框（FontDialog）。

（4）颜色选择对话框（ColorDialog）。

（5）打印机设置对话框（PrintDialog）。

（6）文件打印预览对话框（PrintPreviewDialog）。

C#语言使用上述 6 个类来处理与对话框相关的操作。这 6 种常用对话框控件在结构上有相似之处，表现在某些类有很多名称、作用相同的组成成员。另外它们的方法结构都比较简单，其作用都是显示对话框，其中最为重要的方法是 ShowDialog。

消息显示对话框是一个特殊的 Windows 应用程序对话框，用于向用户显示提示、警告等相关信息。在 Windows 应用程序中，使用消息对话框时，用户根据显示的信息提示进行相应的判断，并单击不同的消息按钮，以进行不同的选择，程序代码通过获取的用户选择，控制程序的运行流程。

在.NET 框架中，消息对话框的命名空间为 System.Windows.Forms。

5.4.1 消息对话框

1. 消息对话框的显示

MessageBox 类可以显示一个消息对话框。MessageBox 类是无实例化的，可以直接调用其方法 show()显示消息对话框。启动消息对话框的 show()方法的一般格式如下：

```
MessageBox.Show(string Text,string Caption, MessageBoxButtons.Buttons,
        MessageBoxIcon.Icons,MessageBoxDefaultButton.Button1,int n,bool var);
```

该方法有 7 个参数，各个参数的含义和作用如下。

（1）string Text：String 类型，显示在消息对话框中的文本，不能省略。

（2）string Caption：String 类型，显示在消息对话框中标题文本，可省略。

（3）MessageBoxButtons.Buttons：MessageBoxButtons 类型，消息对话框中显示的按钮类型，可省略；默认是 OK 按钮。

（4）MessageBoxIcon.Icons：MessageBoxIcon 类型，消息对话框中显示的图标类型，可省略。

（5）MessageBoxDefaultButton.Button1：第(3)个参数指定之后，该参数用于指定默认的按钮，该参数项可省略。

（6）n：int 类型，指示消息对话框的显示形式，可省略。

（7）var：bool 类型，用于指示在消息对话框中是否显示帮助按钮，其值为 true 时，显示帮助按钮；其值为 false 时，不显示帮助按钮，可省略。默认值为 false。

2．启动消息对话框的 show()方法的几种常用格式

（1）show("窗体显示文本")

只有窗体的文本信息和默认的确定按钮，消息对话框无标题。

```
MessageBox.Show("窗体显示文本");
```

（2）show("窗体显示文本"，"窗体标题")

显示窗体的文本信息和默认的确定按钮，消息对话框有指定的标题名称。

```
MessageBox.Show("窗体显示文本","窗体标题");
```

（3）show("窗体显示文本"，"窗体标题"，显示的按钮)

有窗体显示文本信息和指定的显示按钮，消息对话框有标题。

```
MessageBox.Show("此为演示显示提示", "信息提示", MessageBoxButtons.YesNo);
```

（4）show("窗体显示文本"，"窗体标题"，显示的按钮，显示的图标)

有窗体的文本信息、指定的显示按钮和图标，消息对话框有标题。

```
MessageBox.Show("此为演示显示提示", "信息提示", MessageBoxButtons.
YesNo,MessageBoxIcon.Information);
```

或者

```
MessageBoxButtons a = MessageBoxButtons.YesNo;      //定义按钮类对象 a
MessageBoxIcon b = MessageBoxIcon.Information;      //定义图标类对象 b
MessageBox.Show("此为演示显示提示", "信息提示",a,b);   //显示消息对话框
```

（5）show("窗体显示文本"，"窗体标题"，显示的按钮，显示的图标，默认的按钮)

有窗体的文本信息、指定的显示按钮和图标，消息对话框有标题，指定了默认按钮。

```
MessageBoxButtons a = MessageBoxButtons.YesNo;   //定义按钮类对象 a,两个按钮
MessageBoxIcon b = MessageBoxIcon.Information;     //定义图标类对象 b
//指定默认的按钮为"取消"按钮
MessageBoxDefaultButton c = MessageBoxDefaultButton.Button2;
MessageBox.Show("此为演示显示提示", "信息提示",a,b,c);
```

（6）show("窗体显示文本"，"窗体标题"，显示的按钮，显示的图标，默认的按钮，0，true)

窗体有文本信息、按钮、图标、标题、默认按钮，还有显示形式、帮助按钮。代码如下：

```
MessageBoxButtons a = MessageBoxButtons.YesNo; //定义按钮类对象 a,有两个按钮
MessageBoxIcon b = MessageBoxIcon.Information; //定义图标类对象 b
//指定默认的按钮为"取消"按钮
MessageBoxDefaultButton c = MessageBoxDefaultButton.Button2;
```

```
MessageBox.Show("此为演示显示提示", "信息提示",a,b,c,0,true);
```

第 6 个参数值为 0，指示了消息对话框的显示形式；第 7 个参数值为 true，表示除了显示指定的按钮外，还要显示出帮助按钮；第 7 个参数值为 false 时，不显示帮助按钮。

3．消息对话框的按钮设置

无论是否显式指定对话框上的按钮类型，消息对话框上都会显示按钮。这些按钮是 MessageBoxButtons 类的枚举值。单击其中的任何一个按钮都将返回一个 DialogResult 类的枚举成员值。程序可以通过此返回值来判断用户的选择。MessageBoxButtons 类的枚举成员及其含义如下。

（1）MessageBoxButtons.OK：对话框上显示“确定”按钮。

（2）MessageBoxButtons.OKCancel：对话框上显示“确定”“取消”按钮。

（3）MessageBoxButtons.YesNo：对话框上显示“是”“否”按钮。

（4）MessageBoxButtons.RetryCancel：对话框上显示“重试”“取消”按钮。

（5）MessageBoxButtons.YesNoCancel：对话框上显示“是”“否”“取消”按钮。

（6）MessageBoxButtons.AbortRetryIgnore：对话框上显示“终止”“重试”“忽略”按钮。

4．消息对话框上显示的图标

消息对话框上除了显示文本提示信息、命令按钮之外，还可以显示相应的提示性图标。这些图标是 MessageBoxIcon 类型的枚举值。其枚举成员及其含义如下。

（1）MessageBoxIcon.Asterisk：显示的图标是在一个圆圈中显示一个字母 i。

（2）MessageBoxIcon.Error：显示的图标为红色背景的圆圈中显示白色的字母 x。

（3）MessageBoxIcon.Exclamation：显示的图标为黄色背景的三角形中显示一个感叹号（!）。

（4）MessageBoxIcon.Hand：显示的图标为红色背景的圆圈中显示白色的字母 x。

（5）MessageBoxIcon.Information：显示的图标为圆圈中显示一个字母 i。

（6）MessageBoxIcon.None：表示消息对话框中不显示任何图标。

（7）MessageBoxIcon.Question：显示的图标为圆圈中显示符号？。

（8）MessageBoxIcon.Stop：显示的图标为红色背景的圆圈中显示白色的字母 x。

（9）MessageBoxIcon.Warning：显示的图标为黄色背景的三角形中显示一个感叹号（!）。

5．消息对话框的返回值

单击消息对话框上的任一按钮，都返回一个 DialogResult 类型的枚举值。枚举成员及其含义如下。

（1）DialogResult.Abort：单击了对话框上的“终止”按钮值。

（2）DialogResult.Cancel：单击了对话框上的“取消”按钮。

（3）DialogResult.Ignore：单击了对话框上的“忽略”按钮。

（4）DialogResult.No：单击了对话框上的“否”按钮。

（5）DialogResult.None：表示对话框还处于运行状态中。

（6）DialogResult.OK：单击了对话框上的“确定”按钮。

（7）DialogResult.Retry：单击了对话框上的“重试”按钮。

（8）DialogResult.Yes：单击了对话框上的“是”按钮。

【例 5.5】 MessageBox 消息对话框应用实例解析。该实例展示了 MessageBox 的使用。建立一个 Windows 应用程序，项目名称命名为 WinFormsApp0505，将生成的默认窗体名称更名为 FormHelp；添加一个命令按钮控件，命名为 btexit，标题为“关闭窗体”。程序运行结果主窗体如图 5.13（a）所示。

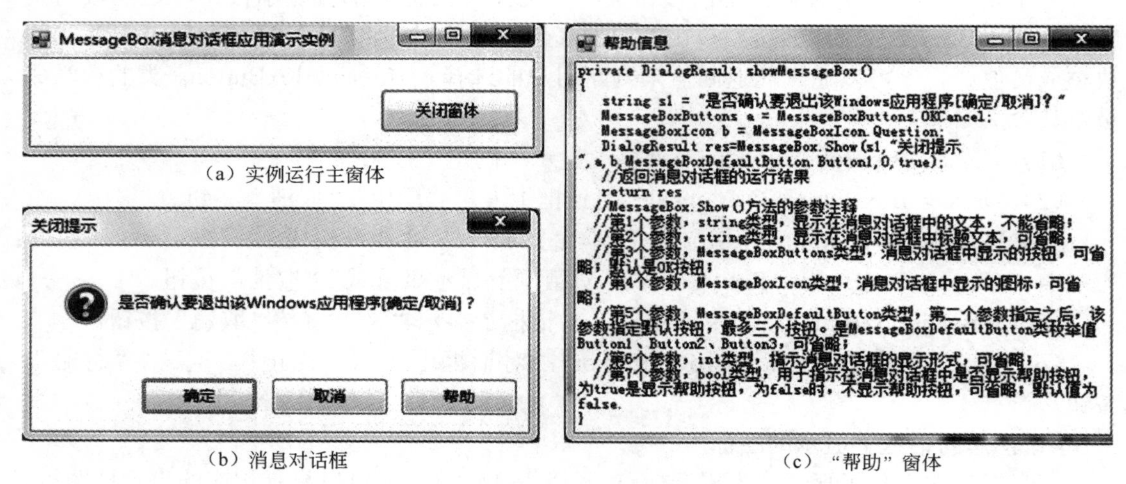

图 5.13 消息对话框应用实例

设置窗体的 HelpRequested 事件；设置命令按钮 btexit 的单击事件。具体代码参加文件 FormHelp.cs。

【程序解析】 单击如图 5.13（a）所示的主窗体上的“关闭窗体”按钮，弹出如图 5.13（b）所示的消息对话框。在消息对话框中单击“确定”按钮将关闭本窗体；单击“取消”按钮时，消息窗体处于运行状态，单击“帮助”按钮时，触发窗体的 HelpRequested 事件，弹出如图 5.13（c）所示的帮助信息窗体。

窗体类的成员函数、控件的相关事件及其编码均包含在 FormHelp.cs 文件中，部分源代码如下：

（1）窗体上“关闭窗体”按钮 btexit 的单击事件 btexit_Click。实现窗体的提示性关闭，代码如下：

```
private void btexit_Click(object sender, EventArgs e)
{   //调用类的成员函数 showMessageBox(),并返回 DialogResult 类型的值
    DialogResult r = showMessageBox();  //调用窗体类的成员函数,显示出对话框
    //当 MessageBox.Show()返回的值是 DialogResult.Ok 时,则关闭窗体
    if (r == DialogResult.OK) { this.Close(); }  //关闭窗体本身
}
```

（2）主窗体窗体 FormHelp 的 HelpRequested 事件。用户调用控件的帮助时，触发该事件。用于显示 MessageBox 对话框各个参数的含义与作用以及 MessageBox 信息对话框的返回值。代码如下：

```
private void FormHelp_HelpRequested(object sender, HelpEventArgs hlpevent)
```

```
{    Form dlg = new Form();      //创建一个 Form 类的实例对象,用于显示帮助信息
     dlg.StartPosition = FormStartPosition.CenterScreen; //设置窗体的显示位置
     dlg.Size = new Size(800,400);                      //设置 dlg 窗体的大小
     dlg.Text = "帮助信息";                              //设置窗体的标题
     Label lb = new Label();     //通过代码方式,实例化一个标签控件(lb)
     dlg.Controls.Add(lb);       //将标签控件添加到 dlg 窗体上
     lb.Dock = DockStyle.Fill;   //编程方式设置标签控件的 Dock 属性为填充模式
     //设置标签控件上显示的文本内容。其余内容在此省略,显示的具体内容如图 5.13(c)所示
     string ts = "private DialogResult showMessageBox()\r\n";
     //显示 MessageBox 函数的参数及其含义, 将此内容显示在帮助窗体的标签控件上
     lb.Text = ts;
     this.AddOwnedForm(dlg);     //向本窗体添加附属窗体,以显示帮助信息
     dlg.ShowDialog();           //显示帮助信息显示窗体 dlg
     hlpevent.Handled = true;
}
```

（3）窗体 FormHelp 类的成员函数：showMessageBox()，显示出有“帮助”按钮的消息对话框。用于获取并返回在 MessageBox 信息对话框中单击按钮时的返回值，代码如下：

```
private DialogResult showMessageBox()
{   string s1="是否确认要退出该 Windows 应用程序[确定/取消]?";
    MessageBoxButtons a=MessageBoxButtons.OKCancel;
    MessageBoxIcon b=MessageBoxIcon.Question;
    MessageBoxDefaultButton c=MessageBoxDefaultButton.Button1;
    DialogResult res=MessageBox.Show(s1,"关闭提示",a,b,c,0,true);
    return res;              //返回消息对话框的运行结果
}
```

5.4.2 OpenFileDialog 控件

OpenFileDialog 控件又称文件打开对话框，主要用来弹出 Windows 中标准的“打开文件”对话框。可以实例化 System.Windows.Forms.OpenFileDialog 类获得文件打开对话框对象。该控件不显示在窗体上，而显示在窗体下方的组建托盘区域中。该控件在 Visual Studio 工具箱中的名称为 OpenFileDialog，其名称空间为 System.Windows.Forms。

1. 常用属性

（1）Title：用于获取或设置对话框的标题，默认值为空字符串（""）。如果标题为空字符串，则系统将使用默认标题为“打开”。

（2）Filter：用于获取或设置当前文件名筛选器字符串，该字符串决定对话框的“另存为”文件类型或“文件类型”框中出现的选择内容。对于每个筛选项，筛选器字符串都包含筛选器说明、垂直线条（|）和筛选器模式。不同筛选项的字符串由垂直线条隔开。

设置打开的文件为文本文件类型，代码如下：

```
this.openFileDialog1.Filter = "文本文件(*.txt)|*.txt|所有文件(*.*)|*.*";
```

还可以通过管道符号（|）来分隔各种文件类型，可以将多个筛选器模式添加到筛选器中。

设置选择多种类型的图片文件，每种类型之间用管道符号（|）间隔分开，代码如下：

```
openFileDialog1.Filter = "图像文件(*.BMP)|*.bmp|图像文件(*.JPG)|*.JPG|图像文件(*.JPEG)|*.JPEG|所有文件(*.*)|*.*";
```

单击"打开文件"对话框中文件类型组合框的下箭头，可以发现，每种类型的图片文件分别是文件类型组合框的一个类型选项。选择其中任意一项，如图像文件(*.BMP)、图像文件(*.JPG)。

（3）FilterIndex：用于获取或设置"打开文件"对话框中当前选定筛选器的索引。第一个筛选器的索引为 1，默认值为 1。

（4）FileName：用于获取在"打开文件"对话框中选定的文件名的字符串。文件名既包含文件路径也包含扩展名。如果未选定文件，该属性将返回空字符串（""）。

（5）InitialDirectory：用于获取或设置"打开文件"对话框显示的初始目录，默认值为空字符串（""）。

设置打开文件的初始路径（文件夹）为 E:\OfficeApp\Pic\MH

```
this.openFileDialog1.InitialDirectory = @"E:\OfficeApp\Pic\MH";
```

（6）ShowReadOnly：用于获取或设置一个值，该值指示对话框是否包含只读复选框。如果对话框包含只读复选框，则其属性值为 true，否则其属性值为 false，默认值为 false。

指示在文件打开对话框中，显示"以只读方式打开"复选框。

```
this.openFileDialog1.ShowReadOnly = true;
```

（7）ReadOnlyChecked：用于获取或设置一个值，该值指示是否选定只读复选框。如果选中了只读复选框，则其属性值为 true，反之，属性值为 false。默认值为 false。

（8）Multiselect：用于获取或设置一个值，该值指示对话框是否允许选择多个文件。如果对话框允许同时选定多个文件，则该属性值为 true，反之，属性值为 false，默认值为 false。

设置能同时选择打开多个文件：

```
this.openFileDialog1.Multiselect = true;
```

（9）FileNames：用于获取对话框中所有选定文件的名称。每个文件名既包含文件路径又包含文件扩展名。如果未选定文件，该方法将返回空数组。

```
//获取选择的多个文件的名称,返回到string类型的数组中
string[] files = this.openFileDialog1.FileNames;
string filename = "";
foreach(string file in files){    //遍历文件名集合中的所有文件名称,最后显示出来
  filename = filename+file + "\r\n";   }
MessageBox.Show(ss + filename, "选择的文件");
```

（10）RestoreDirectory：用来获取或设置一个值，该值指示对话框在关闭前是否还原当前目录。假设用户在搜索文件的过程中更改了目录，且该属性值为 true，那么，对话框会将当前目录还原为初始值，若该属性值为 false，则不还原成初始值。默认值为 false。

2．常用事件

（1）FileOk：当用户单击“打开”或“保存”按钮时要处理的事件。

（2）HelpRequest：当用户单击“帮助”按钮时要处理的事件。

3．常用方法

常用方法有 OpenFile 和 ShowDialog。在此只介绍 ShowDialog，该方法的作用是显示通用对话框，其一般调用形式如下：

```
通用对话框对象名.ShowDialog();
```

调用将返回一个 Dialogresult 类型的枚举值。通用对话框运行时，如果单击对话框中的“确定”按钮，则返回值为 DialogResult.OK；否则返回值为 DialogResult.Cancel。其他对话框控件均具有 ShowDialog 方法，以后不再重复介绍。

4．打开选择的文件

在文件选择对话框中，选择文件之后，可以启动相关的应用程序进程，打开选择的文件。

选择了文本文件，启动记事本程序，直接打开选定的文本文件。代码如下：

```
//设置打开的文件的类型,即实现文件过滤
this.openFileDialog1.Filter = "文本文件(*.txt)|*.txt|所有文件(*.*)|*.*";
this.openFileDialog1.Multiselect = true;        //设置能同时选择打开多个文件
DialogResult r = this.openFileDialog1.ShowDialog();    //弹出文件打开对话框
if (r == DialogResult.OK)             //以下代码,用于显示选择用于打开的文件的名称
{  string ss = "选择的文件名称是:\r\n";
   //获取同时选择的多个文件的名称,返回到 string 数组中
   string[] files = this.openFileDialog1.FileNames;
   string filename = "";
   foreach(string file in files) {  filename = filename+file + "\r\n";  }
   MessageBox.Show(ss + filename, "选择的文件");
   //启动记事本进程,打开指定的文本文件
   System.Diagnostics.Process.Start("notepad",openFileDialog1.FileNames);
}
```

5.4.3　SaveFileDialog 控件

SaveFileDialog 控件又称“保存文件”对话框，主要用来弹出 Windows 中标准的“保存文件”对话框。其名称空间为 System.Windows.Forms。该控件在 Visual Studio 工具箱中的名称为 SaveFileDialog。

1．常用属性

（1）SaveFileDialog 控件也具有 FileName、Filter、FilterIndex、InitialDirectory、Title

等属性，这些属性的作用和设置方法与 OpenFileDialog 对话框控件基本一致，此处不再赘述。

（2）CreatePrompt：bool 类型，设置其值为 true，表示指定的文件不存在时，程序将给出是否创建新的文件的提示对话框（在此省略）。代码方式设置如下：

```
this.saveFileDialog1.CreatePrompt = true;
```

（3）OverwritePrompt：bool 类型，设置其值为 true，表示指定的文件存在时，程序将给出是否覆盖文件的提示对话框（在此省略）。代码方式设置如下：

```
this.saveFileDialog1.OverwritePrompt = false;
```

2．常用事件与方法

SaveFileDialog 控件的常用事件与常用方法与 OpenFileDialog 对话框控件基本一致。

OpenFileDialog 对话框和 SaveFileDialog 对话框只返回要打开或保存的文件名，并没有真正提供打开或保存文件的功能，程序员必须自己编写文件打开或保存程序，才能真正实现文件的打开和保存功能。

btsavedlg_Click：为“文件另存为对话框”按钮（btsavedlg）的单击事件。实现将文本框 txtBox1 的文本 Text 写入到指定的文本文件 Text5_5.txt 中，实现真正的数据保存到文件的功能，代码如下：

```
private void btsavedlg_Click(object sender, EventArgs e)
{   //设置要保存的文件的类型,即文件过滤
    this.saveFileDialog1.Filter = "文本文件(*.txt)|*.txt|所有文件(*.*)|*.*";
    //CreatePrompt = true时,如果指定的文件不存在,程序不直接创建新的文件,要给出提示
    this.saveFileDialog1.CreatePrompt = true;
    //如果保存的文件名称存在时,直接覆盖原有文件的内容,不提示
    this.saveFileDialog1.OverwritePrompt = false;
    DialogResult r = this.saveFileDialog1.ShowDialog();//弹出文件保存对话框
    //以下程序段,用于文本数据的保存(写入文本文件)
    if (r == DialogResult.OK)
    {  string ss = "选择的文件名称是:\r\n";
       //获取用户在保存对话框输入栏输入的要保存的文件的名称
       string filename = this.saveFileDialog1.FileName;
       //向指定的保存文件中写入文本框的内容,实现数据的真正保存(到指定文件)
       //参数Encoding.GetEncoding("gb2312")保证写入的文本不是乱码
       StreamWriter wr = new  StreamWriter(
       filename,false,Encoding.GetEncoding("gb2312"));
       wr.Write(this.textBox1.Text);
       wr.Flush();   //清理写入缓冲区,将数据直接写入基础流
       wr.Close();   //关闭写入流
    }
}
```

5.4.4 FontDialog 控件

FontDialog 控件又称“字体”对话框，主要用来弹出 Windows 中标准的“字体”对话框。字体对话框的作用是显示当前安装在系统中的字体列表，供用户进行选择。其名称空间为 System.Windows.Forms。该控件在 Visual Studio 工具箱中的名称为 FontDialog。该控件不会出现在 Windows 窗体上，是出现在窗体下方的组建托盘中。

1. 常用属性

（1）Font：该属性是字体对话框的最重要属性，通过它可以设定或获取字体信息。

（2）Color：用来设定或获取字符的颜色。可以通过代码方式进行设置或获取。示例代码如下：

```
//弹出字体选择对话框,如果对话框返回的是 OK 按钮值
if (this.fontDialog1.ShowDialog() == DialogResult.OK)
{   //用字体颜色对话框的选择结果以设置文本输入框的字体和颜色
    this.textBox1.Font = this.fontDialog1.Font;      //设置文本输入框的字体属性
    this.textBox1.ForeColor=this.fontDialog1.Color; //设置文本输入框的颜色属性
}
```

（3）MaxSize：用来获取或设置用户可选择的最大磅值。

（4）MinSize：用来获取或设置用户可选择的最小磅值。

（5）ShowColor：用来获取或设置一个值，该值指示对话框是否显示颜色选择框。如果对话框显示颜色选择框，其属性值为 true，反之，其属性值为 false。默认值为 false。

可以通过代码方式进行设置。代码如下：

```
this.fontDialog1.ShowColor = true;
```

（6）ShowEffects：用来获取或设置一个值，该值指示对话框是否包含允许用户指定“删除线、下画线和文本颜色” 选项的控件。如果对话框包含设置删除线、下画线和文本颜色选项的控件，其属性值为 true，反之，其属性值为 false。默认值为 true。可以通过代码方式进行设置。代码如下：

```
this.fontDialog1.ShowEffects = true;
```

（7）ShowHelp：用于获取是否显示“帮助”按钮。

（8）ShowApply：用于设置字体对话框中是否显示“应用”按钮，如果该属性值为 true，则显示应用按钮，该属性值为 false 时，则不显示应用按钮。可以通过代码方式进行设置，代码如下：

```
this.fontDialog1.ShowApply = true;
```

当用户在“字体”对话框中，单击了“应用”按钮时，将触发“字体”对话框的 Apply 事件。因此，可以在将触发“字体”对话框的 Apply 事件中编程实现一些特定的功能。

以下实例演示了“字体”对话框的 Apply 事件的应用。代码如下：

```
private void btFontdlg_Click(object sender, EventArgs e)
```

```
{  this.fontDialog1.ShowColor = true;        //字体对话框中显示颜色选项
   this.fontDialog1.ShowApply = true;        //字体对话框中显示"应用"按钮
   this.fontDialog1.ShowEffects = true;      //字体对话框中显示效果
  this.fontDialog1.ShowHelp = true;          //字体对话框中显示"帮助"按钮
  System.Drawing.Font font=this.textBox1.Font;//保存 TextBox 控件的原有字体
  this.fontDialog1.Apply += new System.EventHandler(fontDialog1_Apply);
  //弹出字体选择对话框,如果对话框返回的是 OK 按钮值
  if (this.fontDialog1.ShowDialog() == DialogResult.OK)
  {   //调用 fontDialog1 对话框的 Apply 事件
      fontDialog1_Apply(this.btFontdlg,new System.EventArgs());
      this.textBox1.Font=this.fontDialog1.Font;//设置文本输入框的字体属性
      this.textBox1.ForeColor = this.fontDialog1.Color;//设置文本输入
                                             //框的字体颜色
  }
  else { this.textBox1.Font = font; }        //还原原来的字体
}
```

程序运行效果如图 5.14 所示。

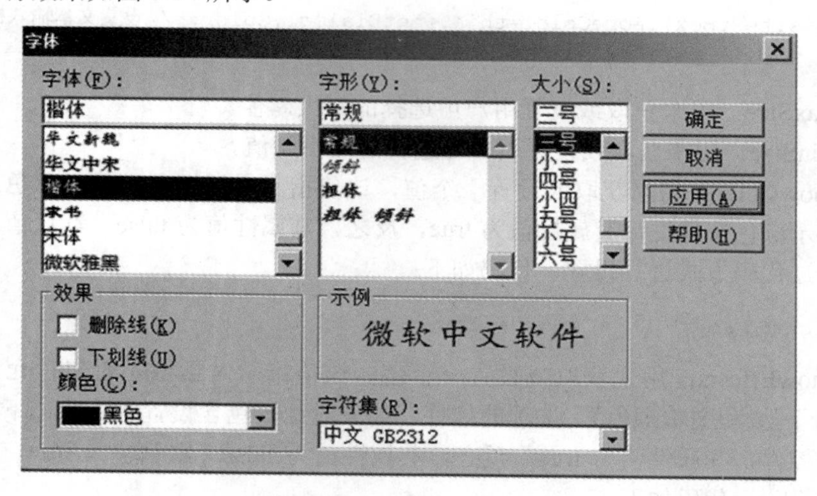

图 5.14 有“应用”“帮助”按钮的“字体”对话框

以下为 FontDialog 对话框的 Apply 事件。单击“应用”按钮时，将选择的字体和颜色值应用到 TextBox1 控件上。当单击字体对话框中的“应用”按钮时，将触发 FontDialog 对话框的 Apply 事件。演示了 fontDialog1 对话框的 Apply 事件触发时机。

```
this.fontDialog1.ShowApply = true
private void fontDialog1_Apply(object sender, EventArgs e)
{   this.textBox1.Font = this.fontDialog1.Font;      //设置文本输入框的字体属性
    this.textBox1.ForeColor=this.fontDialog1.Color;//设置文本输入框的颜色属性
}
```

2. 常用事件

（1）Apply：当单击“应用”按钮时要处理的事件，请参阅上面的实例代码。

（2）HelpRequest：当单击“帮助”按钮时要处理的事件。

5.4.5 ColorDialog 控件

ColorDialog 控件又称“颜色”对话框，主要用来弹出 Windows 中标准的“颜色”对话框。颜色对话框的作用是供用户选择一种颜色，并用 Color 属性记录用户选择的颜色值。其名称空间为 System.Windows.Forms。该控件在 Visual Studio 工具箱中的名称为 ColorDialog。

1. 常用属性

（1）AllowFullOpen：用来获取或设置一个值，指示用户是否可以使用自定义颜色对话框。如果允许用户自定义颜色，其属性值为 true，否则其属性值为 false，默认值为 true。

（2）FullOpen：用来获取或设置一个值，指示用于创建自定义颜色的控件在对话框打开时是否可见。其值为 true 时可见，其值为 false 时不可见。

（3）AnyColor：用来获取或设置一个值，指示对话框是否显示基本颜色集中所有颜色。其值为 true 时，显示所有颜色，否则不显示所有颜色。

（4）SolidColorOnly：其值为 true，指示用户不能选择使用仿色，只有纯色可供选择；否则，不能选用仿色。

（5）Color：用来获取或设置用户选定的颜色。

2. 常用事件

（1）HelpRequest：当单击颜色对话框上的“帮助”按钮时要触发本事件。

（2）btcolordlg_Click：“颜色选择对话框”按钮 btcolordlg 的单击事件。实例代码演示说明了，如何将颜色对话框的取值用于文本输入框的文本颜色。同时演示说明了“颜色对话框”中帮助按钮的事件的触发时机。代码如下：

```
private void btcolordlg_Click(object sender, EventArgs e)
{   //指示用户不能选择使用仿色,只有选用纯色
    this.colorDialog1.SolidColorOnly = true;
    this.colorDialog1.AllowFullOpen=true; //指示允许用户使用"自己定义颜色对话框"
    this.colorDialog1.AnyColor = true;     //颜色对话框的颜色集内显示所有可用的颜色
    this.colorDialog1.ShowHelp = true;     //颜色对话框中显示帮助按钮
    this.colorDialog1.HelpRequest +=
                    new System.EventHandler(colorDialog1_HelpRequest);
    //如果在颜色对话框中单击了"确定"按钮
    if (this.colorDialog1.ShowDialog().Equals(DialogResult.OK))
    {   //用颜色对话框中选择的颜色设置文本输入框的文本颜色
        this.textBox1.ForeColor=this.colorDialog1.Color;//设置文本框的前景颜色
        this.btcolordlg.BackColor=this.colorDialog1.Color;  //设置文本框的
                                                             //背景颜色
    }
}
```

（3）colorDialog1_HelpRequest：颜色对话框的 HelpRequest 事件。只做演示说明之用，无实际意义。

```
private void colorDialog1_HelpRequest(object sender, EventArgs e)
```

```
{ MessageBox.Show("选择的颜色，将用于文本输入框的字符颜色"); }
```

5.4.6 PrintDocument 打印控件

PrintDocument 类的命名空间为 System.Drawing.Printing。该控件在 Visual Studio 工具箱中的名称为 PrintDocument。添加 PrintDocument 控件之后，该控件放置在窗体下方的组建托盘区域中。PrintDocument 控件用于设置打印内容的属性，用于在 Windows 应用程序中打印文档。其他打印控件可以通过通用打印对话框对 PrintDocument 组件的各个属性进行设置，以控制文档的打印。

1. 常用属性

在调用 PrintDocument 对象的 Print()方法并打印开始之前，触发 PrintDocument 对象的 BeginPrint 事件；PrintDocument 对象的 EndPrint 事件在打印结束后触发。

DocumentName：用于设置打印文档的名称。例如：

```
this.printdoc.DocumentName = savefile;
```

此处的 savefile 变量是 string 类型变量，保存了文件的名称字符串。

2. 常用事件

（1）PrintPage：需要打印文本的新的一页时触发，用于文档的打印。通过 PrintDocument 控件打印某个文档的当前页面时，将触发 PrintDocument 对象的 PrintPage 事件。因此，在 PrintDocument 对象的 PrintPage 事件处理程序中，添加打印文件的事务处理逻辑，设置有关的参数。

（2）BeginPrint：在调用 Print()方法之后，在文档第一页开始打印之前发生。该事件一般用于打印的初始化，设置在打印时所有页的相同属性或共用资源。例如，共同使用的字体、建立要打印的文件流等。

（3）EndPrint：在文档的最后一页打印后发生。该事件进行打印善后工作。

以上的事件的第 2 个参数 System.Drawing.Printing.PrintEventArgs e 提供了以下一些附加信息。

① e.Cancel：布尔变量，设置为 true，将取消这次打印作业。

② e.Graphics：所使用的打印机的设备环境。

③ e.HasMorePages：布尔变量。PrintPage 事件处理函数打印一页后，仍有数据未打印，退出事件处理函数前设置 HasMorePages=true，退出 PrintPage 事件处理函数后，将再次引发 PrintPage 事件，打印下一页。

④ e.MarginBounds：打印区域的大小，是 Rectangle 结构，元素包括左上角坐标 Left 和 Top，宽和高：Width 和 Height。单位为 1/100 英寸。

⑤ e.MarginBounds：打印纸的大小，是 Rectangle 结构。单位为 1/100 英寸。

⑥ e.PageSettings：PageSettings 类的对象，包含用对话框 PageSetupDialog 设置的页面打印方式的全部信息，可用帮助查看 PageSettings 类的属性。

3. 常用方法

Print()用于文档的打印，this.printdoc.Print()实现文档的打印。

需要打印时，首先创建 PrintDocument 组件的对象。然后使用页面设置对话框 PageSetupDialog 设置页面打印方式，这些设置作为要打印的所有页的默认打印参数设置。使用打印对话框 PrintDialog 控件设置文档打印的打印机参数。

5.4.7 PageSetupDialog 控件

“页面设置”对话框是 Windows 系统中用于“打印页面设置”的通用对话框。为用户提供了文档布局、页面大小等的选择与设置。其名称空间为 System.Windows.Forms。该控件在 Visual Studio 工具箱中的名称为 PageSetupDialog。添加 PageSetuDialog 控件之后，该控件放置在窗体下方的组建托盘区域中，该对话框的外观如图 5.15 所示。

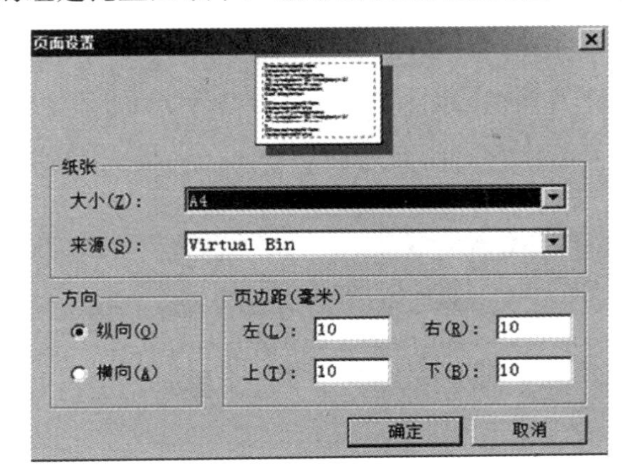

图 5.15 “页面设置”对话框

1. 常用属性

（1）Document：用于指定打印的文档。该属性指定的文档必须是 PrintDocument 对象。

（2）AllowOrientation：该属性值指示是否启用“页面设置”对话框的方向选择部分（横向与纵向）。其值为 true 时，启用页面设置对话框的方向选择部分，否则不启用。可以通过如下代码方式设置：

```
this.pageSetupdlg.AllowOrientation = true;
```

（3）AllowPaper：该属性值指示是否启用“页面设置”对话框的打印纸张设置部分。其值为 true 时，启用页面设置对话框的纸张设置部分。用于设置纸张的大小、来源等，否则不启用。

可以通过如下代码方式设置：

```
this.pageSetupdlg.AllowPaper=true;
```

（4）AllowPrinter：该属性值指示是否启用“页面设置”对话框的“打印机”按钮。其值为 true 时，启用页面设置对话框的“打印机”按钮，以设置“打印机”参数；否则不启用。代码方式设置如下：

```
this.pageSetupdlg.AllowPrinter = true;
```

（5）AllowMargins：该属性值指示是否启用“页面设置”边距设置部分。其值为 true 时，启用页面设置对话框的边距设置部分，否则不启用。代码方式设置如下：

```
this.pageSetupdlg.AllowMargins = true;
```

2．常用方法

ShowDialog()方法显示 PrintPreviewDialog 类型的对话框，并返回一个 Dialogresult 类型的值。若要显示该对话框，必须调用其 ShowDialog 方法。

5.4.8 PrintPreviewDialog 控件

PrintPreviewDialog 提供标准的“打印预览”对话框，用于预览文档的打印效果。该控件包含用于打印、放大、显示一页或多页的按钮。其名称空间为 System.Windows.Forms。该控件在 Visual Studio 工具箱中的名称为 PrintPreviewDialog。添加 PrintPreviewDialog 控件之后，该控件放置在窗体下方的组建托盘区域中。PrintPreviewDialog 控件运行效果如图 5.16 所示。

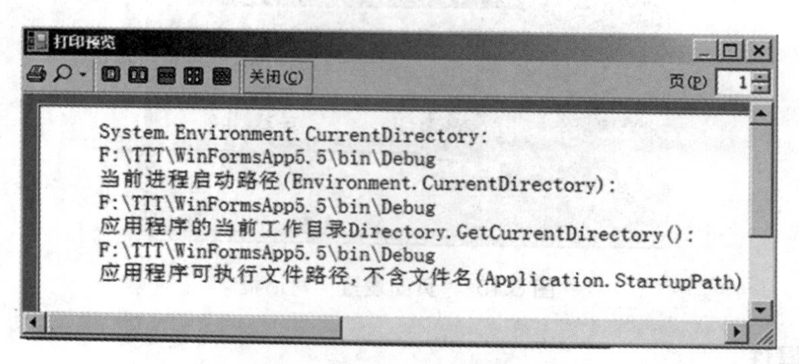

图 5.16 “打印预览”对话框

1．常用属性

（1）Document：用于获取或设置要预览的文档。该属性指定的文档必须是 PrintDocument 对象。

（2）UseAntiAlias：该属性值指示是否使用操作系统的抗锯齿功能，使预览页面的文字显得更整齐和平滑。该属性值为 true 时，使用操作系统的抗锯齿功能，否则不使用。

2．常用方法

ShowDialog()方法，显示 PrintPreviewDialog 类型的对话框，并返回一个 DialogResult 类型的值。若要显示该对话框，必须调用它的 ShowDialog 方法。

5.4.9 PrintDialog 打印控件

打印相关控件用于完成 Windows 应用程序的打印功能。在.NET 框架中，包括用于页面设置的 PageSetupdialog 控件、打印预览的 PrintPriviewDialog 控件、用于打印设置的 PrintDialog 控件、PrintPriviewControl、PrintDocument 控件。通过 PrintDocument 控件的

PrintPage 事件可以设置打印内容。PrintDocument 类的名称空间为 System.Drawing.Printing。

PrintDialog 类的命名空间为 System.Windows.Forms。该控件在 Visual Studio 工具箱中的名称为 PrintDialog。添加 PrintDialog 控件之后，该控件放置在窗体下方的组建托盘区域中。PrintDialog 控件用于 Windows 应用程序中，实现打印机选择、打印页码选择、与打印相关的参数设置。

通过实例化 System.Windowss.Forms.PrintDialog 类获取一个如图 5.17 所示的打印对话框。

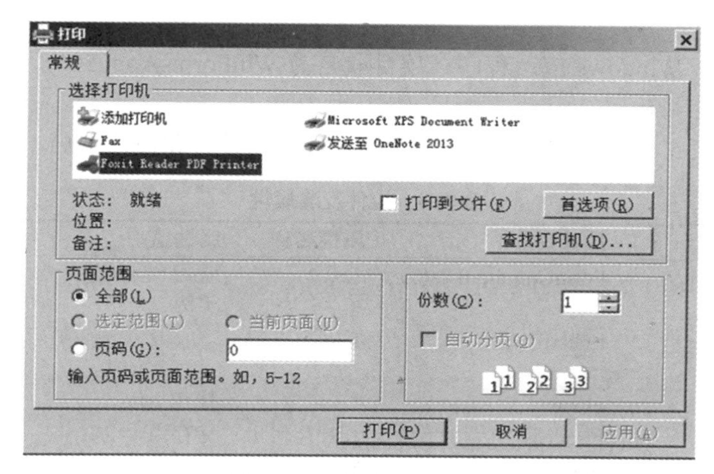

图 5.17 “打印”对话框

实现打印功能的核心是 PrintDocument 类。该类属于 System.Drawing.Printing 名字空间，该类封装了当前的打印设置、页面设置以及所有的与打印有关的事件和方法。

1. 常用属性及其含义

（1）AllowPrintToFile：指示是否启用“打印到文件”复选框。

（2）AllowSelection：获取或设定一个值，指示是否启用了页码范围选项按钮。

（3）AllowSomePages：指示是否启用“页”选项按钮。

（4）Document：用于获取 PrinterSettings 的 PrintDocument。

（5）PrintToFile：指示“打印到文件”复选框是否选中。

（6）ShowHelp：指示是否显示“帮助”按钮。

（7）ShowNetwork：指示是否显示“网络”按钮。

2. 常用事件

HelpRequest 事件，当单击“帮助”按钮时要处理的事件。

3. 常用方法

ShowDialog()方法，显示 PrintDialog 对话框，并返回一个 DialogResult 类型的值。

5.4.10 通用控件实例解析

【例 5.6】 通用对话框控件简单应用实例。本实例的作用演示各种通用对话框（控件）的应用与使用。通过“打开对话框”控件选择需要加载的文件，本实例中设置了 5 种具体

的文件类型：ClassSourcecode(*.cs);|*.cs、WordDocuments(*.doc)|*.doc、TextDocuments(*.txt)|*.txt、Picture 文件（*.jpeg;*.jpg;*.bmp)|*.jpeg;*.jpg;*.bmp、"AllFiles（*.*）|*.*"。

C#实现打印功能操作通常包括以下功能。

① 打印设置：设置打印机的一些参数，例如更改打印机驱动程序等。

② 页面设置：设置页面大小纸张类型等。

③ 打印预览：类似于 Word 中的打印预览。

④ 打印。

实现步骤如下。

（1）新建一个 Windows 应用程序，项目取名为 WinFormsApp0506，窗体名称为 Form CommonDialog。

（2）添加如表 5.6 所示的窗体、控件，并进行属性设置和控件布局。

表 5.6 控件及其属性

控件类型	控件名称	属性名称	属性值	（作用）说明
Form(窗体控件)	FormCommonDialog	Text	通用对话框演示实例	
RichTextBox	richtxtbox	Text		显示加载的文本内容
Button（命令按钮）	btopen	Text	打开文件	各种命令按钮用于对应的操纵控制
	btsaveas	Text	另存为	
	btpreview	Text	打印预览	
	btprint	Text	打印设置	
	btcolor	Text	颜色设置	
	btfont	Text	字体设置	
OpenFileDialog	opendlg	Title	文件打开	打开文件供选择
SaveFileDialog	savedlg	Title	文件另存为	将文件另存为（备份）
FontDialog	fontdlg			用于设置字体、字号
ColorDialog	colordlg			用于设置颜色
PrintDialog	printdlg			用于文档打印
PrintPreviewDialog	previewdlg			用于打印预览
PageSetupDialog	pagsetupdlg			用于打印页面设置
PrintDocument	printdoc			用于打印文档参数设置
PictureBox(控件)		SizeMode	StretchImage	图片大小随控件自动调整

（3）各控件的有关事件及其对应的处理函数均封装在类 FormCommonDialog.cs 中，各控件及其事件的代码和作用，请参阅不同控件的相应事件及其描述和语句的注释。程序运行结果如图 5.18 所示。

类的成员函数、成员变量、控件事件与编码如下：

（1）类的成员变量及其作用。filename，打开对话框选择的文件的名称；savefile，另

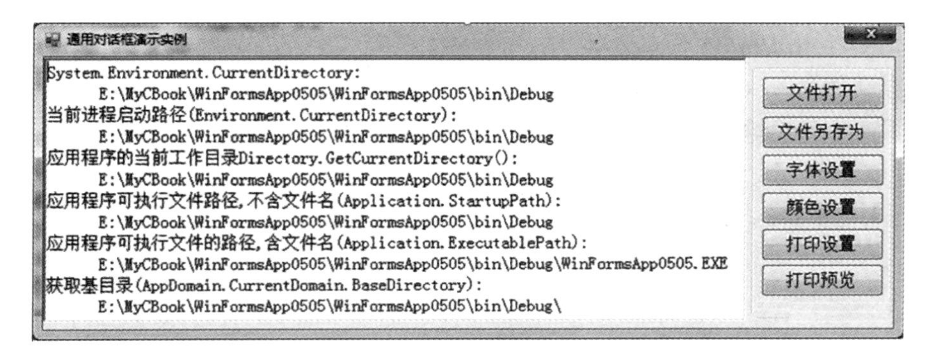

图 5.18 “对话框”简单应用

存为对话框指定的文件名称；pFont，存储字体的变量；initpath，文件对话框、另存为对话框的初始路径。

```
string savefile = "", filename = "", initpath = "";
Font pFont = null;                  //字体对象变量
private StringReader mysr;          //mysr 为 StringStream 类流的一个对象
```

（2）FormCommonDialog 窗体的 Load 事件，初始化指定控件的有关参数。用于获取有关的路径。

```
private void FormCommonDialog_Load(object sender, EventArgs e)
{   //以下注释部分说明了得到不同执行程序所在当前路径的几种方法
    string ss = "System.Environment.CurrentDirectory:\n";
    ss = ss + "\t" + System.Environment.CurrentDirectory + "\n";
    ss = ss + "当前进程启动路径(Environment.CurrentDirectory):\n";
    ss = ss + "\t" + System.Environment.CurrentDirectory + "\n";
    ss = ss + "应用程序的当前工作目录 Directory.GetCurrentDirectory():\n";
    ss = ss + "\t" + Directory.GetCurrentDirectory() + "\n";
    ss = ss + "应用程序可执行文件路径,不含文件名(Application.StartupPath):\n";
    ss = ss + "\t" + Application.StartupPath + "\n";
    ss = ss + "应用程序可执行文件的路径,含文件名(Application.ExecutablePath):\n";
    ss = ss + "\t" + Application.ExecutablePath + "\n";
    ss = ss + "获取基目录(AppDomain.CurrentDomain.BaseDirectory):\n";
    ss = ss + "\t" + AppDomain.CurrentDomain.BaseDirectory + "\n";
    this.richtxtbox.Text = ss;
    initpath = System.Environment.CurrentDirectory;
}
```

（3）窗体的 FormClosing 事件。请参阅 5.3.11 节中的 FormClosing 事件及代码。

（4）“打开文件”按钮 btopen 的单击（Click）事件。

用于设置文件类型；选择并打开某个文件；设置文件过滤，每个分号间隔一类文件，每类文件在文件类型列表框中各显示一行；每类文件之间用分号（;）间隔，形成文件过滤字符串，例如：

第一类文件为 ClassSourcecode(*.cs);|*.cs；其 FilterIndex=1。

第二类文件为 WordDocuments(*.doc)|(*.doc)；其 FilterIndex=2。

第三类文件为 TextDocuments(*.txt)|*.txt；其 FilterIndex=3。

第四类文件为 Picture 文件（*.jpeg;*.jpg;*.bmp)|*.jpeg;*.jpg;*.bmp;"。

其 FilterIndex=4。

```
private void btopen_Click(object sender, EventArgs e)
 {   try
     {   this.opendlg.Title = "打开窗体类的源代码文件"; //改变对话框标题
         this.opendlg.Multiselect = true;              //允许同时选择多个文件
         this.opendlg.FilterIndex = 1;                 //设置罗列的文件类型的顺序
         this.opendlg.RestoreDirectory = true;
         String filestr = "ClassSourcecode(*.cs);|*.cs"; //设置文件过滤字符串
         this.opendlg.Filter = filestr;
         //在"打开文件"对话框上选择了文件类型和文件名称之后,单击"确定"按钮
         if (opendlg.ShowDialog() == DialogResult.OK)
         {
            //如果文件存在,且是源代码(.CS)或文本文件(.TXT),加载其内容到 richTextBox
            //控件中
            filename = opendlg.FileName.ToString().Trim();
            //判断文件是否存在,存在时加载到 RichTextBox/控件中
            if (File.Exists(filename))
            {   //如果选择的是文本类文件.txt 或.cs 类型的文件
                bool isfile=this.opendlg.FilterIndex == 1);
                isfile=(isfile || (this.opendlg.FilterIndex == 3));
                if (isfile==true)  //如果选择的是文本类文件.txt 或.cs 类型的文件
                {   //使用 StreamReader 和 StreamWriter 读写 Text 文件
                    //Encoding.GetEncoding("gb2312")避免读取的文本显示是乱码
                    Encoding enc=Encoding.GetEncoding("gb2312");
                    StreamReader sr = new StreamReader(filename,enc);
                    //this.ActiveMdiChild.ActiveControl.Text=sr.ReadToEnd();
                    //读取文件的内容直到文件的尾部,并将数据写入到控件 RichTextBox
                    this.richtxtbox.Text = sr.ReadToEnd();
                    sr.Close();
                }
                else if ((this.opendlg.FilterIndex == 4))
                {  //在"打开文件"对话框上选择图片文件类型,选择图片文件并显示之,如
                   //图 5.19 所示
                   readwritepic();//调用类的成员函数读取指定的图片文件的内容加以显示
                }
            }
            else {    给出出错提示,代码省略   }
         }
     }//end for try
     catch (Exception ex){给出出错提示,代码省略}
 }
```

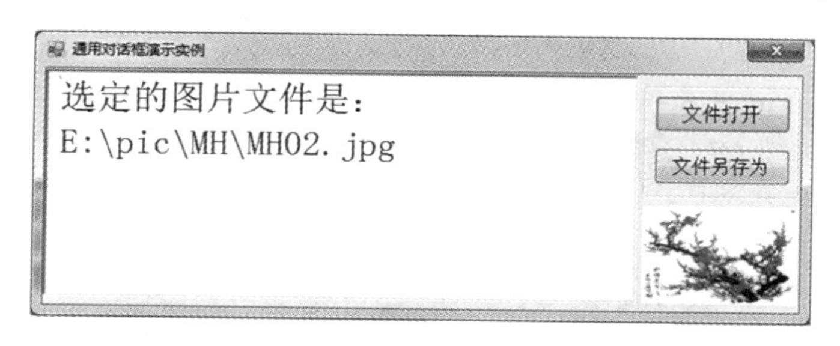

图 5.19　图片文件打开（加载）结果

（5）“文件另存为”按钮 btsaveas 的单击事件。弹出另存为对话框，将 RichTextBox 控件的内容保存到指定的文件之中。

```
private void btsaveas_Click(object sender, EventArgs e)
{ try
  {  this.savedlg.InitialDirectory = initpath;   //设置初始路径
     this.savedlg.Title = "将现在打开的文件另存为"; //设置"另存为对话框"的标题
     this.savedlg.FilterIndex = 3;//设置各文件类型的显示顺序,先显示.txt 文件
     this.savedlg.RestoreDirectory = true;
     String filestr = "ClassSourcecode(*.cs);|*.cs"; //设置文件过滤字符串,
                                                      //其他文件省略
     this.opendlg.Filter = filestr;
     if (this.savedlg.FilterIndex == 1)
         this.savedlg.FileName = filename + ".cs";
     if (this.savedlg.FilterIndex == 2)
         this.savedlg.FileName = filename + ".doc";
     if (this.savedlg.FilterIndex == 3)
         this.savedlg.FileName = filename + ".txt";
     if (this.savedlg.FilterIndex == 4)
         this.savedlg.FileName = filename + ".bak";
     //当在"文件另存为"对话框中选择了文件,单击"确定"按钮
     if (savedlg.ShowDialog() == DialogResult.OK)
     {   savefile = this.savedlg.FileName;
         //使用 StreamWriter,将 RichTextBox 的内容写入文件:
         //创建一个文件流,用以写入或者创建一个 StreamWriter
         //判断文件是否存在,文件存在时读取其内容加载到 RichTextBox 控件中
          string t = "文件[" + savefile.ToUpper();
          t = t + "]不存在,是否创建该文件[Yes/No]?\n";
          MessageBoxButtons a = MessageBoxButtons.YesNo;
          MessageBoxIcon b = MessageBoxIcon.Information;
          if (MessageBox.Show(t, "新建文件", a, b) == DialogResult.Yes)
          {   //使用 StreamReader 和 StreamWriter 读写 Text 文件
              StreamReader sr = new StreamReader(opendlg.FileName);
              //用 FileStream 写数据到文件,实例化文件流,使之与写入文件关联
              FileStream fs = new FileStream(savefile,FileMode.Create);
              Encoding enc = Encoding.GetEncoding("GB2312");
```

```
                StreamWriter sw = new StreamWriter(fs, enc);
                string line = "";
                //逐行读取文本文件的内容写入另外一个文件之中
                while ((line = sr.ReadLine()) != null) { sw.WriteLine(line); }
                //获得字节数组
                byte[]data=new UTF8Encoding().GetBytes(this.richtxtbox.Text);
                //开始写入 fs.Write(data,0,data.Length);
                sw.Flush();    sw.Close();    //清空缓冲区;关闭流
                fs.Close();    sr.Close();    //关闭文件流和数据读写流
                //给出文件名称及其内容到文本文件成功的提示信息,代码在此省略
            }
        }
    }//endtry
    catch (Exception ex){ 给出出错提示,代码省略 }
}
```

【程序解析】 可以生成唯一文件名，代码如下：

```
string FileName = Guid.NewGuid().ToString() + ".txt";
```

创建的时候需要指定编码格式，默认是 UTF-8，避免中文显示乱码。代码如下：

```
StreamWriter sw=new StreamWriter(filePath,Encoding.GetEncoding("GB2312"));
sw.WriteLine(ckpw.ToString());
sw.Close();
```

（6）“设置字体”按钮的单击事件代码。

```
private void btfont_Click(object sender, EventArgs e)
{
  this.fontdlg.AllowScriptChange = true;  this.fontdlg.ShowColor = true;
    if (this.fontdlg.ShowDialog()==DialogResult.OK)//字体对话框,单击"确定"按钮
    {
        if (this.richtxtbox.SelectedText != null)      //改变选中文本的字体
        { this.richtxtbox.SelectionFont = fontdlg.Font; }
        else                                           //改变当前字体
        { this.richtxtbox.Font = fontdlg.Font; }
        this.richtxtbox.Refresh();
    }
}
```

（7）“颜色设置”按钮 btcolor 的单击事件。为 RichTextBox 控件中选择的文本或者文本设置颜色。

```
private void btcolor_Click(object sender, EventArgs e)
{   this.colordlg.AllowFullOpen = true;
    this.colordlg.FullOpen = true;
    this.colordlg.ShowHelp = true;
    //初始化当前文本框中的字体颜色;当用户在 ColorDialog 对话框中单击"取消"按钮
```

```
        this.colordlg.Color = Color.Black;
        if(this.colordlg.ShowDialog()==DialogResult.OK)//显示颜色对话框,单击"确定"按钮
        {
            if (this.richtxtbox.SelectedText != null)        //改变选中文本的颜色
            { this.richtxtbox.SelectionColor = colordlg.Color; }
            else { this.richtxtbox.ForeColor = colordlg.Color; }  //改变当前颜色
        }
    }
```

（8）“打印设置”按钮 btprint 的单击事件 Click。用于弹出 PrintDialog 对话框。
C#实现打印功能，其操作通常包括以下 4 个环节。
① 打印设置，设置打印机的一些参数。
② 页面设置，设置页面大小纸张类型等。
③ 打印预览，类似于 word 中的打印预览。
④ 打印。
源代码如下：

```
private void btprint_Click(object sender, EventArgs e)
{  this.pagsetupdlg.AllowOrientation = true;
                                    //设置是否启用"页面设置"对话框的方向选择
   this.pagsetupdlg.AllowPaper = true;
                                    //设置是否启用"页面设置"对话框的打印纸张设置
   this.pagsetupdlg.AllowPrinter = true;
                                    //设置是否启用"页面设置"对话框的"打印机"按钮
   this.pagsetupdlg.AllowMargins = true;//设置是否启用"页面设置"边距设置部分
   //该属性值指示是否使用操作系统的抗锯齿功能,使预览页面的文字显得更整齐和平滑
   this.previewdlg.UseAntiAlias = true;
   this.printdlg.AllowSomePages = true;          //允许进行多页打印
   this.printdlg.ShowHelp = true;                //允许打印对话框上显示帮助按钮
   this.printdoc.DocumentName = savefile;        //设置打印文档的名称
   this.printdlg.Document = this.printdoc;       //设置打印预览的文档
   mysr = new StringReader(this.richtxtbox.Text);  //获取需要打印的文本内容
   this.printdoc.PrintPage += new PrintPageEventHandler(printdoc_PrintPage);
   //显示打印对话框,如果单击"确认"按钮,将会覆盖所有的打印参数设置
   if (this.printdlg.ShowDialog() == DialogResult.OK)
   {  try
      {   //页面设置对话框(可以不使用,其实 PrintDialog 对话框已提供页面设置)
          this.pagsetupdlg.Document = printdoc;
          if (DialogResult.OK == this.pagsetupdlg.ShowDialog())
          {   this.previewdlg.Document = printdoc;   //打印预览
              if (DialogResult.OK == previewdlg.ShowDialog())
              { this.printdoc.Print(); }                //实现文档的打印
          }
      }
      catch (Exception ex) { MessageBox.Show("出错:" + ex.Message); }
```

```
        finally { mysr.Close(); }           //finally 语句块总会被执行
    }
}
```

（9）“打印预览”按钮 btprivew 的单击事件 Click。弹出打印预览对话框，进行打印设置。将近一个具体的打印文档赋值给 PrintPreviewDialog 组件的 Document 属性，使之可以在预览窗体中进行预览。

```
private void btprivew_Click(object sender, EventArgs e)
{   try
    {   this.previewdlg.AllowTransparency = true;     //允许进行多页打印
        this.printdoc.DocumentName = savefile;        //设置打印文档的名称
        this.previewdlg.Document = this.printdoc;    //设置打印预览的文档
        mysr = new StringReader(savefile);            //获取需要打印的文本内容
        this.previewdlg.FormBorderStyle = FormBorderStyle.Fixed3D;
        //页面设置对话框(可以不使用,其实 PrintDialog 对话框已提供页面设置)
        //this.pagSetupdlg.Document=this.prnDocument;
        this.previewdlg.ShowDialog();
    }
    catch (Exception ex){ 给出出错信息,代码在此省略 }
    finally { mysr.Close(); }     //finally 语句块总会被执行的
}
```

（10）类的成员函数，读取指定的图片文件的数据，通过内存流读取图片文件显示到 PictureBox 控件上。

```
private void readwritepic()
{   //实例化一个文件流
    FileStream fs = new FileStream(this.opendlg.FileName, FileMode.Open);
    byte[] data = new byte[fs.Length];     //定义与文件长度等大的字节类型的数组
    fs.Read(data, 0, data.Length);         //把图片文件的内容读取到字节数组
    fs.Close();
    //实例化一个内存流。把从文件流中读取的内容[字节数组]放到内存流中去
    MemoryStream ms = new MemoryStream(data);
    this.picbox.Image=Image.FromStream(ms);//设置图片框 pictureBox1 中的图片
    //清除 RichTextBox 控件的文本内容,然后显示出图片文件的名称(含路径)
    this.richtxtbox.Text = "";                    //清除 RichTextBox 控件的文本内容
    this.richtxtbox.ForeColor = Color.Red; //设置 RichTextBox 控件的文本颜色
    //代码方式设置 richtxtbox 控件的文本的字体、字号
    pFont = new Font(FontFamily.GenericMonospace, 30, FontStyle.Regular);
    this.richtxtbox.Text = "选定的图片文件是:\r\n";
    this.richtxtbox.Text += this.opendlg.FileName;//显示图片文件的名称(含路径)
    this.richtxtbox.SelectAll();                        //选择所有的文本内容
    this.richtxtbox.SelectionFont = pFont;         //设置字体、字号如图 5.18 所示
}
```

（11）类的成员函数。printdoc_BeginPrint，PrintDocument 对象的 BeginPrint 事件及其

代码：

```
private void printdoc_BeginPrint(object sender, PrintEventArgs e)
{   //获取或设置一个值,该值指示是否发送到文件或端口
    this.printdoc.PrinterSettings.PrintToFile = true;
    this.printdoc.DefaultPageSettings.Landscape=true;//设置打印时横向还是纵向
    //获取文本的字体到变量 printFont:  //printFont=this.richTxtBox.Font;
    printFont = new System.Drawing.Font("宋体", 11);//当前的打印字体
    mysr = new StringReader(this.richtxtbox.Text); //打印使用的字体
}
```

（12）“打印文档”时引发的打印事件 printdoc_PrintPage。源代码如下：

```
private void printdoc_PrintPage(object sender, PrintPageEventArgs e)
{   float linesPerPage = 0;                              //页面的行号
    float yPos = 0;                                      //打印字符串的纵向位置
    int Linecount = 0;                                   //行计数器
    float leftMargin = e.MarginBounds.Left;              //左边距
    float topMargin = e.MarginBounds.Top;                //上边距
    string textLine = null;                              //行字符串
    Color clr = this.richtxtbox.SelectionColor;          //设置当前的打印颜色
    SolidBrush b = new SolidBrush(Color.Black);          //刷子:SolidBrush(clr)
    //计算每页可打印的行数
    linesPerPage = e.MarginBounds.Height / printFont.GetHeight(e.Graphics);
    while (Linecount < linesPerPage && ((textLine = mysr.ReadLine()) != null))
    {   //计算出要打印的下一行所基于页面的位置,即求出已经打印的范围
        yPos = topMargin + Linecount * printFont.GetHeight(e.Graphics);
        //打印出 richTextBox1 中的下一行的本行的内容,设置页面的属性
        //e.Graphics.DrawString(textLine, printFont, b, leftMargin,yPos);
        e.Graphics.DrawString(
        textLine, printFont, b, leftMargin, yPos, new StringFormat());
          Linecount++;
    }
    //如果文本部位空,判断如果还要下一页,则继续打印
    if (textLine != null){e.HasMorePages=true;} //要打印的文本不为空时换页
    else { e.HasMorePages = false; }            //要打印的文本为空时不换页
    b.Dispose();
}
```

（13）PrintDocument 对象的 EndPrint 事件及其代码。

```
private void printdoc_EndPrint(object sender, PrintEventArgs e)
{  if (mysr != null) mysr.Close(); }     //打印结束时释放不用的资源
```

5.5 其他控件（MenuStrip/ToolsStrip）

Windows 的菜单系统是图形用户界面（GUI）的重要组成之一。在 Visual C#中使用 MenuStrip 控件可以很方便地实现 Windows 的菜单。在.NET 中主要提供了 3 种常用的菜单型控件，它们是 MenuStrip 控件、ToolStrip 控件和 ContextMenuStrip 控件。在此主要介绍 MenuStrip 控件。

5.5.1 菜单（MenuStrip）控件

MenuStrip 是菜单控件，用于在 Windows 应用程序中向用户提供常用菜单。使用该控件，可以使开发人员自由轻松的定义类似于 Microsoft Office 那样的菜单项及其子菜单项。MenuStrip 控件支持多文档界面（MDI）和菜单合并、工具提示。可以通过添加访问键、快捷键、选中标记、图像和分隔条，以增强菜单的可用性和可读性。在 Windows 应用程序中，添加 MenuStrip 控件后，在窗体设计器的底部的组建托盘区中出现一个 MenuStrip 控件对象。可在 MenuStrip 控件对象的属性窗体对其属性进行设置。

菜单控件的名称空间是 System.Windows.Forms。在 Visual Studio 工具箱中，菜单控件的名称为 MenuStrip。

1．菜单的结构

顶层菜单（又简称为主菜单项）一般是横着排列的，单击某个菜单项后弹出的菜单称之为下拉菜单或子菜单，它们均包含若干个菜单项。菜单项其实是 MenuItem 类的一个对象。菜单项灰色显示时，表示该菜单项当前是被禁止使用的。有的菜单项的提示文字中有带下画线的字母，该字母称为热键（或访问键），若是顶层菜单，可通过按 ALT+热键打开该菜单，即弹出该主菜单对应的下拉式子菜单（项）。

有的子菜单项右边有一个按键或组合键，称为快捷键，在不打开菜单的情况下按此快捷键，将执行相应的命令。如果菜单项是加粗显示的，该菜单项称为默认项。菜单项之间可能有一个灰色的线条，该线条称为分隔线或分隔符。如果菜单项前面有一个√号，称为选中标记，菜单项加上选中标记表示该菜单项代表的功能当前正在起作用。

2．建立菜单对象

（1）建立 MDI 类型窗体时，在窗体上直接添加了菜单对象（含默认的主菜单及其相应的下拉菜单），参见之前介绍的 MDI 窗体的建立。可以在现有菜单对象上建立其他主菜单及其下拉菜单。

（2）在 SDI 窗体上建立菜单对象。进入窗体设计状态，打开 Visual Studio 工具箱，展开“菜单与工具栏”，将其中的 MenuStrip 控件拖放到窗体上，将建立一个 MenuStrip 控件对象（默认名称为 menuStrip1），显示在窗体设计器的底部的组建托盘区中。在 Windows 窗体的顶部（默认位置）将出现如图 5.20（a）所示的菜单条。

3．为菜单对象添加主菜单项

（1）添加主菜单项。在如图 5.20（a）所示的菜单编辑器中，单击主菜单栏中的“请在

此处键入”编辑框，进入编辑状态，即可输入主菜单项的标题（Text 属性的值）。例如，“数据查询”，如图 5.20（b）所示。按照同样的方法，单击如图 5.20（b）所示的“请在此键入”编辑框，即可建立其他主菜单项。

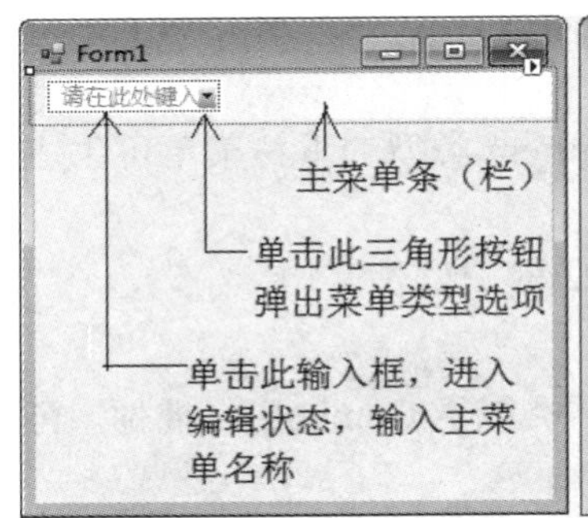

（a）菜单建立示意图

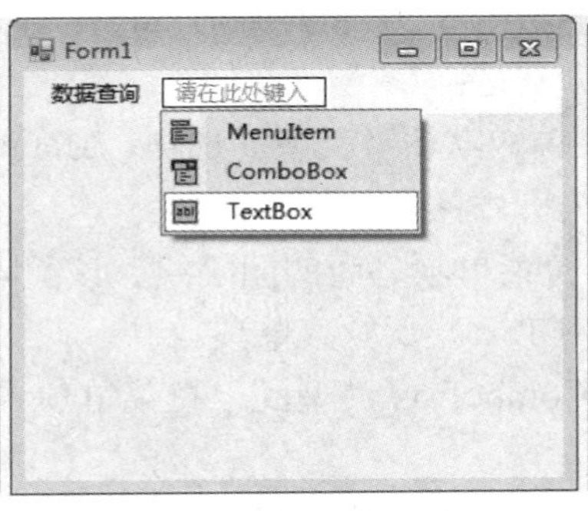

（b）再建立主菜单

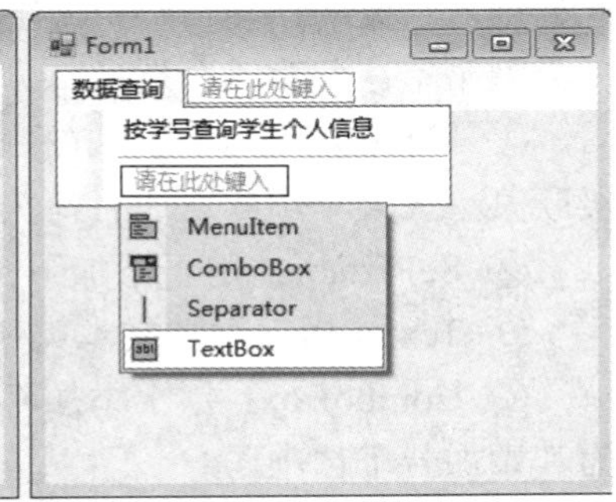

（c）建立主菜单的下拉菜单项

图 5.20　建立菜单

（2）每个菜单项的常用属性。

① Text：获取或设置菜单项的标题。如图 5.20 所示的“数据查询”。

② name：菜单项的名称。需要编程访问某个菜单项时，就要涉及菜单项的名称。命名满足“见名知意”的原则，遵循命名规则即可。

③ Enabled：菜单项的可用性，布尔类型值。每个菜单项默认是可用的，即该属性值为 true。当设置该属性值为 false，且其 Visible 属性值为 true 时，运行时菜单可见，但是不可用（显示为灰色的状态）。针对不同的用户，通过此属性值可以对菜单项的操作权限实施控制。

④ Visible：菜单项的可见性，布尔类型值。每个菜单项默认是可见的，即该属性值为 true。当设置该属性值为 false（Enabled 属性值不起作用）时，运行时菜单不可见（即不显示出来）。针对不同的用户，通过此属性值可以对菜单项的操作权限实施控制。

（3）删除菜单项。

在如图 5.20（c）所示的菜单编辑器中，右击某个要删除的主菜单项（如“数据查询”），在弹出式菜单中，单击菜单项“删除”，即可删除指定的菜单项。删除主菜单时，同时删除其所有的下拉菜单项。

同样的方法，在如图 5.20 所示的菜单编辑框中，弹出某个主菜单的下拉菜单，右击某个要删除的下拉菜单项（如“按学号查询学生个人信息”），在弹出式菜单中，单击菜单项“删除”，即可删除指定的下拉菜单项及其级联菜单项。

（4）插入主菜单项。右击某一个主菜单项（标题），在弹出式菜单（在此省略）中，选择“插入”命令，在弹出的级联式菜单中，选择 MenuIten 选项，将在当前菜单项之前添加一个主菜单。

4. 为主菜单项建立下拉菜单

（1）建立下拉菜单项，输入菜单标题。在如图 5.20（c）所示的菜单编辑器中，单击需要添加下拉菜单的某一个主菜单的标题（如“数据查询”），弹出如图 5.20（c）所示的下拉菜单编辑框，单击下拉菜单栏编辑框中的“请在此处键入”编辑框，进入编辑状态，在此输入下拉菜单项的标题（即该下拉的属性 Text 的值）。

（2）设置下拉菜单（项）的类型。在如图 5.20（c）所示的菜单编辑器中，点击“请在此处键入”处的三角箭头符号，如图 5.20（a）所示，将弹出如图 5.20（c）所示的下拉菜单类型菜单。共有 4 个选项，分别是：

① MenuItem：此乃下拉菜单的默认（类型）选项，MenuItem 类型的下拉菜单可生成级联菜单（菜单项的右边有箭头符号▶）。

② SeParator：用于添加下拉菜单项之间的间隔线。该间隔线起修饰之用。

③ Text：用于添加文本类（Text）下拉菜单项。

④ ComboBox：用于添加 ComboBox 类型的下拉菜单项。类似于 ComboBox 控件，可为其添加若干选项。

（3）设置下拉菜单项之间的间隔线。操作方法：在下拉菜单编辑框中单击“请在此处键入”编辑框右边黑色的下箭头符号（如图 5.20（a）所示），在如图 5.20（c）所示的弹出式菜单中，选择 SeParator 选项，将在下拉菜单项之间添加一个暗灰色的间隔线。

（4）将下拉菜单项设置为级联式菜单项。右击一个具体的下拉菜单项的标题，弹出如图 5.21 所示的弹出式菜单，单击“转换为”菜单项，然后在弹出式菜单中选择 MenuItem 菜单选项，即可将该下拉菜单项转化为级联式菜单；同样的方法，如果当前下拉菜单选项是级联式菜单项（菜单项的右边有一个左箭头符号），在最后的弹出式菜单中选择 TextBox 菜单选项，可将级联式菜单项转换为下拉菜单项。

（5）插入下拉菜单项。在现有的下拉菜单中，右击某一个下拉菜单项，在如图 5.21 所示的弹出式菜单中，选择“插入”命令，在弹出式菜单中：

① 选择 MenuIten 选项，将在当前下拉菜单项之前添加一个级联式菜单。

② 选择 TextBox 选项，将在当前下拉菜单项之前添加一个下拉式菜单。

③ 选择 SeParator 选项，将在当前下拉菜单项之前添加一个暗灰色的间隔线。

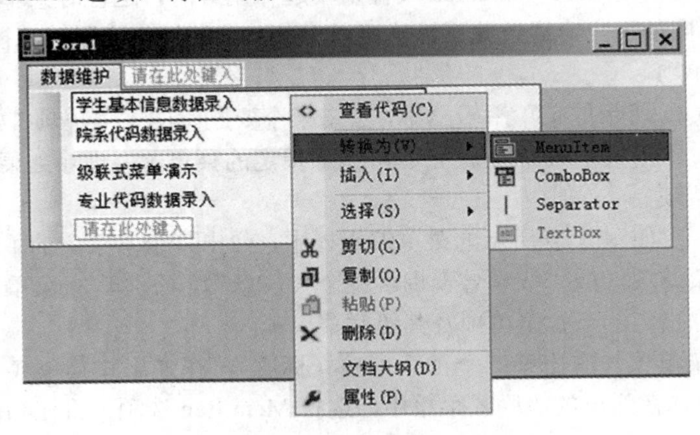

图 5.21　下拉菜单项与级联菜单项之间的转化

（6）更改各个菜单项的名称。右击各个菜单选项（主菜单或下拉菜单选项），在弹出式菜单中选择“属性”，在打开的属性窗体中修改 name 属性的值，即可给主菜单和下拉菜单重新命名。

5．在“菜单集合编辑器”中添加菜单

单击窗体上的 MenuStrip 菜单条之右上角的黑色右箭头，将打开如图 5.22（a）所示的“MenuStrip 任务”窗体，单击“编辑项”标签，将打开如图 5.22（b）所示的菜单项“集合编辑器”对话框。

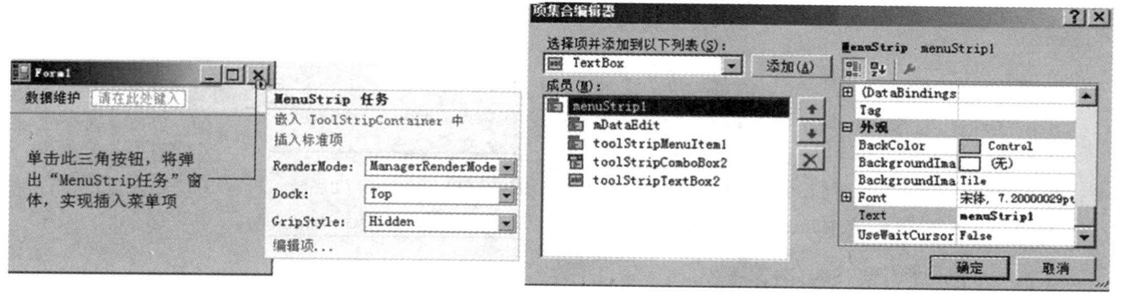

（a）“MenuStrip 任务”窗体　　（b）菜单项“集合编辑器”

图 5.22　在菜单项“集合编辑器”中建立菜单

在菜单项“集合编辑器”对话框中，可以向菜单控件（MenuStrip）添加 MenuStrip、ComboBox、TextBox 3 种类型的菜单项。

通常，在窗体的菜单条中直接操作主菜单及其下拉菜单或级联式菜单，实现菜单项的添加、删除、标题修改、菜单更名、菜单类型转换等。

限于篇幅，基于“菜单集合编辑器”的菜单项操作与实现，在此不作赘述。

6．通过编程方式添加菜单项

如果在程序运行过程中，需要动态的添加窗体的菜单，可用编程方式给 Windows 应用程序的窗体添加主菜单及其相应的下拉菜单项。

【例 5.7】 通过编程方式给窗体添加菜单项演示实例。项目名称为 WinFormsApp0506；窗体名称命名为 Formmenumydefine。为了简便起见，先建立一个 Windows 应用程序，在其中可视化的添加一个菜单控件（MenuStrip）对象，并命名为 menuStripobj。设置菜单的字体、字号为“"微软雅黑",12F”；自动将窗体的 MainMenuStrip 属性设置为菜单对象的名称（menuStripobj）。

运行结果如图 5.23 所示。以下给出了主要代码，其他代码在此省略。

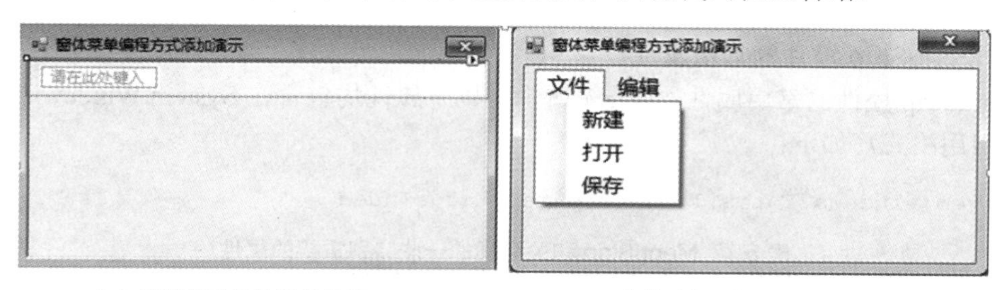

（a）空菜单对象的运行结果　　（b）菜单对象添加了菜单项的运行结果

图 5.23　编程方式添加菜单到窗体

系统自动在文件 Formmenumydefine.Designer.cs 中生成有关代码（此处给出相关部分），

代码如下：

```
private System.Windows.Forms.MenuStrip menuStripobj;
```

在窗体类 Formmenumydefine 中，添加如下：

（1）成员变量。定义类的成员变量（菜单对象），表示各个“菜单项”变量（对象）的名称：

```
private System.Windows.Forms.ToolStripMenuItem fileItem;  //"文件"主菜单
private System.Windows.Forms.ToolStripMenuItem editItem;  //"编辑"主菜单
private System.Windows.Forms.ToolStripMenuItem openItem;  //"打开"子菜单
private System.Windows.Forms.ToolStripMenuItem newItem;   //"新建"子菜单
private System.Windows.Forms.ToolStripMenuItem saveItem;  //"保存"子菜单
```

（2）修改类的默认构造函数。

```
public Formmenumydefine()  //构造函数
{   InitializeComponent();
    //在此改写构造函数,编码实现菜单对象(menuStripobj)中菜单项的添加
    fileItem = new System.Windows.Forms.ToolStripMenuItem();
    fileItem.Text = "文件";              //设置"文件"主菜单的标题
    editItem = new System.Windows.Forms.ToolStripMenuItem();
    editItem.Text = "编辑";              //设置"编辑"主菜单的标题
    openItem = new System.Windows.Forms.ToolStripMenuItem();
    openItem.Text = "打开";
    newItem = new System.Windows.Forms.ToolStripMenuItem();
    newItem.Text = "新建";
    saveItem = new System.Windows.Forms.ToolStripMenuItem();
    saveItem.Text = "保存";
    cutItem = new System.Windows.Forms.ToolStripMenuItem();
    //在当前菜单栏(即菜单对象)上添加两个主菜单项
    menuStripobj.Items.AddRange(new ToolStripItem[] { fileItem, editItem });
    //在"文件"主菜单项上添加三个下拉菜单项
    fileItem.DropDownItems.AddRange(
            new ToolStripItem[] { newItem, openItem, saveItem });
}
```

7. MenuStrip 控件的常用属性

MenuStrip 控件的常用属性如表 5.7 所示。以下属性均包含在 System.Windows.Forms。属性的引用格式形如下：

```
System.Windows.Forms.ToolStripItem.MergeIndex
```

表 5.7　MenuStrip 和关联类的一些特别重要的属性

属　性	说　明
MdiWindowListItem	获取或设置用于显示 MDI 子窗体列表的 ToolStripMenuItem
ToolStripItem.MergeAction	获取或设置 MDI 应用程序中子菜单与父菜单合并的方式
ToolStripItem.MergeIndex	获取或设置 MDI 应用程序的菜单中合并项的位置
Form.IsMdiContainer	获取或设置一个值，该值指示窗体是否为 MDI 子窗体的容器

续表

属　　性	说　　明
ShowItemToolTips	获取或设置一个值，该值指示是否为 MenuStrip 显示工具提示
CanOverflow	获取或设置一个值，该值指示 MenuStrip 是否支持溢出功能
ShortcutKeys	获取或设置与 ToolStripMenuItem 关联的快捷键
ShowShortcutKeys	获取或设置一个值，该值指示与 ToolStripMenuItem 关联的快捷键是否显示在 ToolStripMenuItem 旁边

8．MenuStrip 控件的常用事件

菜单项的常用事件主要有 Click 事件，该事件在用户单击菜单项时发生。

5.5.2　工具栏(ToolStrip)控件和状态栏(StatusStrip)控件

使用工具条控件（ToolStrip）可以创建功能强大的工具栏。工具栏可以包含按钮、标签、下拉按钮、文本框、组合框等，可以显示文字、图片或文字加图片。工具栏控件在主菜单栏之下。

状态条控件（StatusStrip）常常和工具条、菜单栏等配合使用，用来显示一些基本信息。状态条常常放在窗体的底部。ToolStrip 控件的名称空间是 System.Windows.Forms。

在 Visual Studio 工具箱中，该控件的名称为 ToolStrip。在 Windows 应用程序中，添加 ToolStrip 控件后，在窗体设计器的底部的组建托盘区中出现一个 ToolStrip 控件对象，同时在 Windows 应用程序窗体的顶部添加如图 5.24 所示的工具条。通过 ToolStrip 控件对象的属性窗体对其属性进行设置，使之达到应用程序的功能要求。

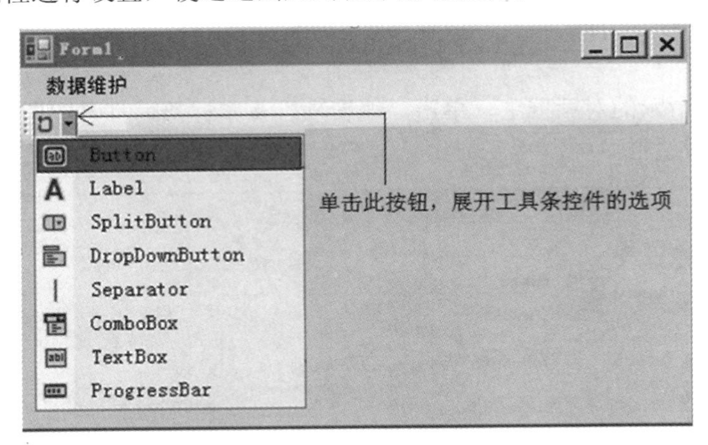

图 5.24　工具条控件及其可添加的选项

1．添加工具条的选项

（1）工具条控件上能够添加的（工具）选项如图 5.24 所示，各个选项的含义如下。

① ToolStripButton：用于生成命令按钮，其选项的名称为 Button。

② ToolStripLabel：用于生成文本标签，其选项的名称为 Label。

③ ToolStripDropDownButton：下拉式控件项，类似于菜单中的一个子项，用户可以单击该选项旁的下拉按钮，在下拉列表框中选择所需选项，其选项的名称为 DropDownButton。

④ ToolStripSplitButton：是 ToolStripButton 选项和 ToolStripDropDownButton 选项的组合型选项。用户可以直接单击此选项进行相应的操作，可以单击该选项旁的下拉按钮，在下拉列表框中选择所需选项，其选项的名称为 SplitButton。

⑤ ToolStripProgressBar：用于产生类似于进度条的功能，用于指示用户操作的进度，其选项的名称为 ProgressBar。

⑥ ToolStripComboBox：用于产生类似于下拉列表框的功能，用于用户在下拉列表框中选择所需的选项（或数据），其选项的名称为 ComboBox。

⑦ ToolStripSeParator：生成工具栏上各项之间的间隔线，起到选项分组的作用。

⑧ ToolStripText：生成一个 TextBox 的文本框，提供类似于 TextBox 的功能，获取用户的输入信息。

直接选择以上的一个选项，即可实现工具栏上选项的添加。通过其属性窗体设置其相关的属性。

（2）通过 ToolStrip 的项集合编辑器添加 ToolStrip 选项。在如图 5.25 所示的界面中，单击 ToolStrip 控件上的“▶”按钮，弹出如图 5.25 所示的“ToolStrip 任务”对话框。

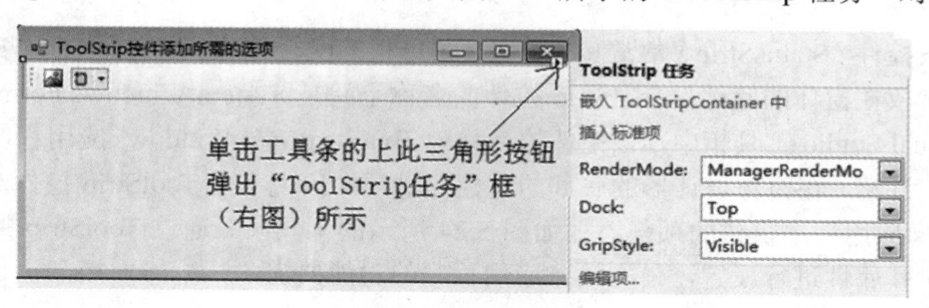

图 5.25 “ToolStrip 任务”对话框

在如图 5.25 所示的对话框中，单击“编辑项”文本标签，打开如图 5.26 所示的“控件集合编辑器”对话框。

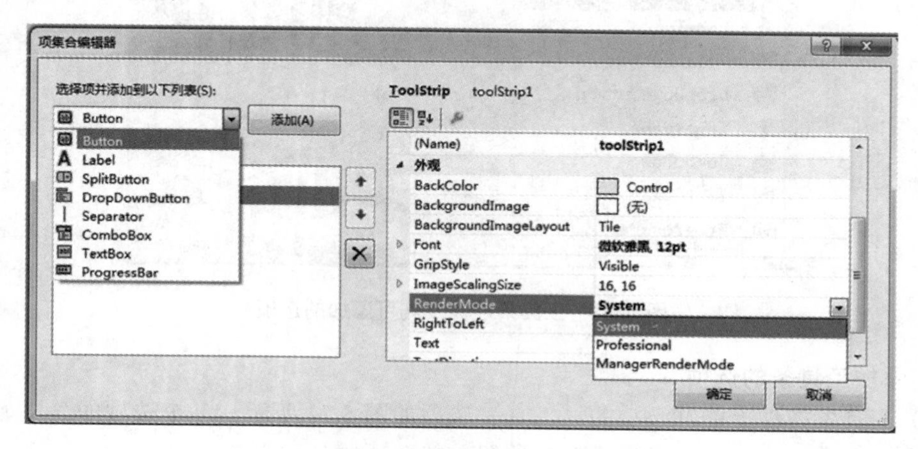

图 5.26 “控件集合编辑器”对话框

单击集合编辑器中“选择项并添加到以下列表（s）：”组合框的下拉按钮，展开选项列表框，选择需要添加的选项类型，如 Button，单击“添加”按钮，即可将所选的选项添加

ToolStrip 控件上，并在“成员”列表框中添加该选项类的一个成员。

同时，可以在 ToolStrip 的项集合编辑器中，修改 ToolStrip 选项的有关属性。

2．ToolStrip 控件样式设置

在如图 5.26 所示的 ToolStrip 任务对话框中，可以对 ToolStrip 控件的外观和各个子项进行设置。通过设置工具栏控件的 RenderMode 属性，可以绘制 ToolStrip 控件的样式。工具栏控件的 RenderMode 属性有以下几种设置值。

（1）ToolStripRenderMode.System：使用系统颜色和平面视觉样式处理 ToolStrip 对象的绘制功能。

（2）ToolStripRenderMode.Professional：使用简化样式处理 ToolStrip 对象的绘制功能。

（3）ToolStripRenderMode.ManagerRenderMode：绘制效果与使用属性值 Professional 时相似。

3．常用属性

（1）ImageScalingSize：设置工具条或状态条中选项显示的图像大小。

（2）Items：在工具条或状态条上显示的项的集合，单击该属性按钮可打开项集合编辑器

（3）DisplayStyle：设置图像和文本的显示方式：显示文本和图像、显示文本和不显示图像、什么都不显示。

（4）Text：按钮/标签控件上显示的文本。

（5）Image：按钮/标签上显示的图片。

（6）CanOverflow：获取或设置一个值，指示是否将 ToolStrip 中的选项发送到溢出菜单。当工具栏的总长度小于各个项的总长度时，在工具栏的最右侧可以出现一个下拉箭头。用户单击该下拉箭头，将打开一个下拉菜单，在里面显示了所有不能在工具栏上显示的工具选项。

当 CanOverflow=true 时，程序将自动实例化一个 ToolStripOverflowButton 类，并将它添加到工具栏中；当 CanOverflow=false 时，工具栏中不能显示出来的工具选项就不能发挥作用。当工具栏发生溢出时，还需要指定工具栏中各个工具选项的 Overflow 属性的值，以指示发生溢出时，各个工具选项的行为。

Overflow 属性的值是一个 ToolStripItemOverflow 类型的枚举值。其枚举成员及其含义如下。

- 当工具栏选项的 Overflow 属性值为 ToolStripItemOverflow.Always 时，无论工具栏溢出是否发生，该工具栏的该选项都只出现在工具栏的溢出菜单中。
- 当工具栏选项的 Overflow 属性值为 ToolStripItemOverflow.AsNeeded 时，根据工具栏是否发生溢出，以决定工具栏的该选项显示的位置。如果工具栏发生溢出，此时，工具栏上无法正常显示的工具选项将出现在工具栏的下拉菜单中。工具栏不发生溢出时，该项显示在工具栏上。
- 当工具栏选项的 Overflow 属性值为 ToolStripItemOverflow.Never，无论工具栏是否发生溢出，工具栏的该选项都只出现在工具栏中，不会显示在 ToolStrip 工具栏的下拉菜单中。

4．常用事件

Click：单击某个工具选项时，触发该事件。

MenuStrip、ToolStrip、StatusStrip 三类控件的具体应用，参见相关章节的有关内容。

5.6 常用事件处理

5.6.1 键盘事件

键盘事件在用户按下键盘上的键时发生，可分为以下两类。

（1）第一类事件是 KeyPress。当按下的键表示的是一个 ASCII 字符时就会触发这类事件，可通过它的 KeyPressEventArgs 类型参数的属性 KeyChar 来确定按下键的 ASCII 码。使用 KeyPress 事件无法判断是否按下了控制类键，如 Shift、Alt、Ctrl 键。

（2）第二类事件是 KeyUp 或 KeyDown。这些事件为了解决以上的问题，能判断是否有诸如 Shift、Alt、Ctrl 这类控制键按键动作。该类事件有一个 KeyEventArgs 类型的参数，通过该参数可以测试是否按下了某个控制键、功能键等特殊按键。

1．KeyPressEventArgs 类主要常用属性

KeyPressEventArgs 类是 KeyPress 事件的一个参数类型，其常用的主要属性如下。

（1）Handled：用来获取或设置一个值，该值指示是否处理过 KeyPress 事件。

（2）KeyChar：用来获取按下的键对应的字符，通常是该键的 ASCII 码。

2．KeyEventArgs 类的主要属性

KeyEventArgs 类是 KeyUp 和 KeyDown 事件的一个参数，其常用的主要属性如下。

（1）Alt：用来获取一个值，该值指示是否按下 Alt 键。

（2）Control：用来获取一个值，该值指示是否按下 Ctrl 键。

（3）Shift：用来获取一个值，该值指示是否按下 Shift 键。

（4）Handled：用来获取或设置一个值，该值指示是否处理过此事件。

（5）KeyCode：以 Keys 枚举型值返回键盘按键的键码，该属性不包含控制键（Alt、Control 和 Shift 键）信息，用于测试指定的键盘键。

（6）KeyData：以 Keys 枚举类型值返回键盘按键的键码，并包含控制键信息。

（7）KeyValue：以整数形式返回键码，而不是 Keys 枚举类型值。用于获得按键的（数值）键码。

（8）Modifiers：以 Keys 枚举类型值返回所有按下的控制键（Alt、Control 和 Shift 键），仅用于判断控制类按键的信息。

5.6.2 鼠标事件处理

对鼠标操作的处理是应用程序的重要功能之一，在 Visual C#中有一些与鼠标操作相关的事件，利用它们可以方便地进行与鼠标有关的编程。常用事件及其相关属性如下。

（1）MouseEnter：在鼠标指针进入控件时发生。

（2）MouseMove：在鼠标指针移到控件上时发生。事件处理程序接收一个 MouseEventArgs 类型的参数，该参数包含与此事件相关的数据。该参数的主要属性及其含义如下。

① Button：用来获取按下的是鼠标哪个按钮。该属性是 MouseButtons 枚举型的值，取值及含义为：Left（按下鼠标左按钮）、Middle（按下鼠标中按钮）、Right（鼠标右按钮）、None（没有按下鼠标按钮）、XButton1（按下了第一个 XButton 按钮，仅用于 Microsoft 智能鼠标浏览器）和 XButton2（按下了第二个 XButton 按钮，仅用于 Microsoft 智能鼠标浏览器）。

② Clicks：用来获取按下并释放鼠标按钮的次数。

③ Delta：用来获取鼠标轮已转动的制动器的计数。

④ X：用来获取鼠标所在位置的 X 坐标。

⑤ Y：用来获取鼠标所在位置的 Y 坐标。

（3）MouseHover：当鼠标指针悬停在控件上时将发生该事件。

（4）MouseDown：当鼠标指针位于控件上并按下鼠标键时将发生该事件。事件处理程序也接收一个 MouseEventArgs 类型的参数。

（5）MouseWheel：当移动鼠标轮并且控件有焦点时触发该事件。该事件的事件处理程序接收一个 MouseEventArgs 类型的参数。

（6）MouseUp：当鼠标指针在控件上并释放鼠标键时触发该事件。事件处理程序也接收一个 MouseEventArgs 类型的参数。

（7）MouseLeave：在鼠标指针离开控件时触发该事件。

5.7　控件的布局与基本操作

在 C#语言中，设计 Windows 应用程序界面时，将控件添加到窗体上仅仅完成了界面设计的基本工作，接下来还必须对各个控件对象的位置、大小、间距等进行调整，对窗体上的所有对象进行整体布局，这样才能设计出美观的界面。

5.7.1　调整控件对象的位置和大小

1. 通过鼠标和键盘调整控件的位置和大小

通过鼠标调整控件对象的位置和大小的方法是：用鼠标选择（单击）要调整的控件对象，此时对象周围将出现八个蓝色小方块（称为拖拽柄），表示该对象处于选中状态。接下来如果要移动对象，通过按住鼠标，将选择的对象拖至目标位置，然后松开鼠标即可，以实现对象的移动。如果要调整对象的大小，用鼠标移到对象相应的拖拽柄上，然后按住鼠标左键进行拖放即可。

除了使用鼠标进行调整以外，也可以使用键盘上的 Ctrl、Shift 和方向键对控件对象的位置和大小进行调整。按住 Ctrl 键的同时，按下相应的方向键可以对对象的位置进行调整；按住 Shift 键的同时，按下相应的方向键可以对对象的大小进行调整。

设计界面时经常会遇到需要同时对一组对象的位置和大小进行调整的情况，这就需要在窗体上同时选中多个对象，具体操作方法是：按住 Shift 键，逐个单击需要调整的对象。

一组对象同时被选中后，接下来的调整方法同单个对象。

设计界面时，要求一组对象高度相同或宽度相同或两者都相同的情况也会经常遇到。具体操作步骤是：在窗体上同时选中要进行处理的各个对象，然后再执行相关的菜单命令，单击“格式”→“使大小相同”菜单项，其级联菜单中有3项。

（1）使宽度相同：使选中的各控件的宽度相同。

（2）使高度相同：使选中的各控件的高度相同。

（3）使两者相同：使选中的各控件的高度和宽度均相同。

2．通过控件的属性窗体设置和调整控件的位置和大小

通过控件的属性窗体设置和调整控件的位置和大小，实现控件大小的“精确”设置和定位。

（1）Location：指示控件的左上角相对其所在容器控件的左上角的位置。包括X值，相对于左边的距离；Y值，相对于顶部（上边）的距离。

（2）Size：包括width，设置其宽度；Hight，设置其高度。

5.7.2 控件对象的对齐

设计界面时经常需要对一组对象进行对齐处理，方法如下。

先选择一组控件，可以通过单击“格式”主菜单，选择“对齐”菜单项，其级联菜单中有如下对齐方式（无论控件的大小），或者通过工具栏上相应的布局工具（即对齐方式）按钮（如图5.2所示），实现对齐。

（1）左对齐：使选中的各控件的左边对齐，以第一个选中的对象的“左边”位置为基准。

（2）居中对齐：使选中的各控件居于容器的中间（对齐）。

（3）右对齐：使选中的各控件的右边对齐，以第一个选中的对象的“右边”位置为基准。

（4）顶端对齐：使选中的各控件的顶部对齐，以第一个选中的对象的“顶部”位置为基准。

（5）底端对齐：使选中的各控件的底部对齐，以第一个选中的对象的“底边”位置为基准。

（6）中间对齐：使选中的各控件以其中线对齐（一般要重叠）。

5.7.3 控件对象的间距调整

不管界面上的对象是横向排列，还是纵向排列，合理调整对象之间的间距，对于界面的美观都是非常必要的。操作时，先选中需要调整的一组控件（对象），然后对于纵向排列的一组对象，可通过执行“格式”菜单中的“垂直间距”子菜单中的相应命令来调整彼此间的间距；对于横向排列的一组对象，可通过执行“格式”菜单中的“水平间距”子菜单中的相应命令来调整彼此间的间距，或者通过如图5.2所示的“工具栏”上相应的布局工具（即“对齐方式”）按钮，实现控件之间的间距的调整。

无论控件是横向排列，还是纵向排列；无论是通过菜单进行操作，还是通过工具栏的工具按钮进行操作，一般都选择“相同间距”，使各控件（对象）的间距相同。

第6章 ADO.NET 与数据库编程

6.1 ADO.NET 简介

ADO（Active Data Object）对象是继 ODBC 之后，微软推出的数据存取技术。ADO 对象是程序开发平台与 OLEDB 之间沟通的媒介。

ADO.NET 是一组包含在.NET Framework 框架中的类库，是 ADO 的更新版本。ADO.NET 为创建分布式数据共享应用程序提供了一组丰富的组件，是.NET Framework 中不可缺少的一部分。它提供了对关系数据、XML 和应用程序数据的访问。ADO.NET 支持 3 种数据访问模式，包括数据库的连接性访问、数据库的离线访问和 XML 访问。ADO.NET 支持多种开发需求，包括创建由应用程序、工具、语言或 Internet 浏览器使用的前端数据库客户端和中间层业务对象。

6.1.1 ADO.NET 体系结构

ADO.NET 组件的表现形式是.NET 的类库，它拥有两个核心组件：.NET DataProvider（数据提供者）；DataSet（数据集）对象。DataSet 中可以存储一个或多个数据集，以表格的形式存储数据。ADO.NET 组件体系结构如图 6.1 所示。

.NET 数据提供者，是专门为数据处理以及快速地只进、只读访问数据而设计的组件，包括 Connection、Command、DataReader 和 DataAdapter 四大类对象，其主要功能如下。

（1）在应用程序中连接数据源，如连接 SQL Server 数据库服务器。

（2）通过 SQL 语句的形式执行数据库操作，并以多种形式把查询结果集填充到 DataSet 里。

（3）DataSet 对象是支持 ADO.NET 的离线式、分布式数据方案的核心对象。它是专门为独立于任何数据源的数据访问而设计的。DataSet 在内存中暂存并处理各种从数据源取回的数据。无论数据源是什么，它都会提供一致的关系编程模型，以便应用程序访问。把应用代码中的业务执行结果更新到数据库中。并且，DataSet 对象能在离线的情况下管理存储数据，这在海量数据访问控制的场合是非常有利的。

（4）DataSet 对象是包含一个或多个 DataTable 对象的集合。这些对象由数据行、数据列，以及主键、约束和有关 DataTable 对象中数据的关系信息组成。

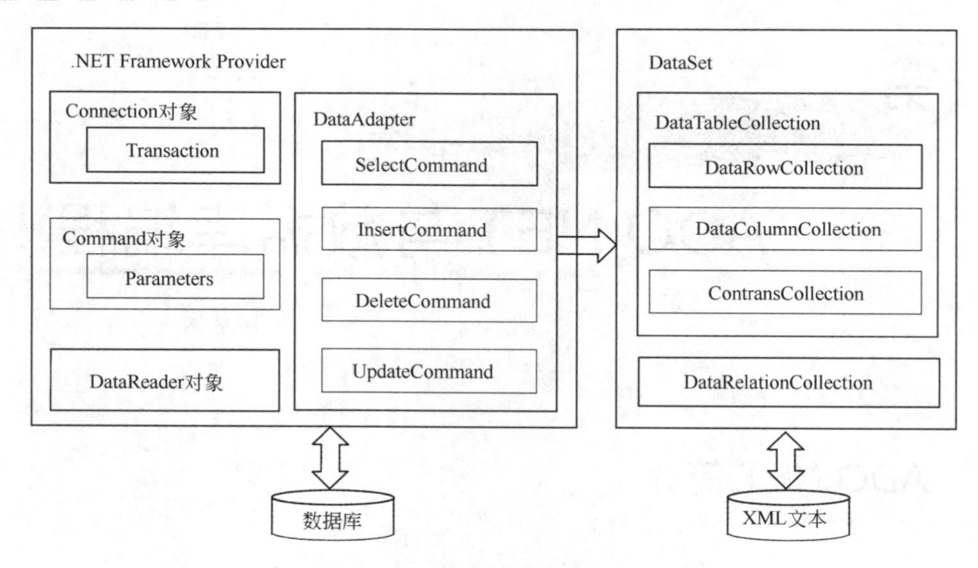

图 6.1 ADO.NET 体系结构

6.1.2 ADO.NET 对象模型

ADO.NET 对象模型中有 5 个主要的数据库访问和操作对象，分别是 Connection、Command、DataReader、DataAdapter 和 DataSet。

（1）Connection：提供与数据库的连接功能，负责与特定数据库的连接。所有 Connection 对象的基类均为 DbConnection 类。

（2）Command：提供运行访问数据库的命令，传送数据或修改数据的功能，负责生成并执行 SQL 语句或存储过程。所有 Command 对象的基类均为 DbCommand 类。

（3）DataReader：通过 Command 对象运行 SQL 查询命令，从数据源中读取只进且只读的数据流，进行高速、只读的数据浏览操作。所有 DataReader 对象的基类均为 DbDataReader 类。

（4）DataAdapter：是 DataSet 对象与数据源之间的桥梁。DataAdapter 使用 4 个 Command 对象执行（查询、新建、修改、删除）SQL 语句后，把数据填充到 DataSet 和 DataTable，或者把 DatSet 内的数据传送回数据源。所有 DataAdapter 对象的基类均为 DbDataAdapter 类。

（5）DataSet：主要负责存取和更新数据。

ADO.NET 主要提供了两种数据提供者（Data Provider），分别是 SQL Server.NET Provider 和 OLEDB.NET Provider。

SQL Server.NET Framework 数据提供程序，使用它自身的协议与 SQL Server 数据库服务器通信，而 OLEDB.NET Framework 则通过 OLEDB 服务组件（提供连接池和事务服务）和数据源的 OLEDB 提供程序与 OLEDB 数据源进行通信。

对于不同的数据提供者，上述 4 种对象的类名是不同的，如表 6.1 所示，而它们连接访问数据库的过程却大同小异。这是因为它们以接口的形式，封装了不同数据库的连接访问动作。正是由于这两种数据提供者使用数据库访问驱动程序，屏蔽了底层数据库的差异，所以从用户的角度来看，它们的差别仅仅体现在命名上。

表 6.1　ADO.NET 对象的不同数据提供者的不同类名

对 象 名	OLEDB 数据提供者的类名	SQL Server 数据提供者类名
Connection	OleDbConnection	SqlConnection
Command	OleDbCommand	SqlCommand
DataReader	OleDbDataReader	SqlDataReader
DataAdapter	OleDbDataAdapter	SqlDataAdapter

除了前面表中所列出的核心类之外，.NET Framework 数据提供程序还包含如表 6.2 中列出的类。

表 6.2　ADO.NET 数据提供程序包含的其他类

对　　象	说　　明
Transaction	将命令登记在数据源的事务中。所有 Transaction 对象的基类均为 DbTransaction 类。ADO.NET 还使用 System.Transactions 命名空间中的类，提供对事务的支持
CommandBuilder	一个帮助器对象，它自动生成 DataAdapter 的命令属性或从存储过程中派生参数信息，并填充 Command 对象的 Parameters 集合。所有 CommandBuilder 对象的基类均为 DbCommandBuilder 类
ConnectionStringBuilder	一个帮助器对象，它提供一种用于创建和管理由 Connection 对象使用的连接字符串的内容的简单方法。所有 ConnectionStringBuilder 对象的基类均为 DbConnectionStringBuilder 类
Parameter	定义命令和存储过程的输入输出和返回值参数。所有 Parameter 对象的基类均为 DbParameter 类
Exception	在数据源中遇到错误时返回。对于在客户端遇到的错误，.NET Framework 数据提供程序会引发一个.NET Framework 异常。所有 Exception 对象的基类均为 DbException 类
Error	公开数据源返回的警告或错误中的信息
ClientPermission	为.NET Framework 数据提供程序代码访问安全属性。所有 ClientPermission 对象的基类均为 DBDataPermission 类

用于 SQL Server 的.NET Framework 数据提供程序(SqlClient)，使用自己的协议与 SQL Server 进行通信。它是轻量的且性能良好，因为它进行了优化，可直接访问 SQL Server，而不需要添加 OLEDB 或开放式数据库连接（ODBC）层。

若要使用用于 SQL Server 的.NET Framework 数据提供程序，必须具有对 SQL Server 7.0 或更高版本的访问权限。用于 SQL Server 类的.NET Framework 数据提供程序位于 System.Data.SqlClient 命名空间中。

用于 SQL Server 的.NET Framework 数据提供程序支持本地事务和分布式事务。对于分布式事务，默认情况下，用于 SQL Server 的.NET Framework 数据提供程序会自动登记在事务中，并自动从 Windows 组件服务或 System.Transactions 获取事务详细信息。

6.2　ADO.NET 数据提供程序与命名空间

6.2.1　ADO.NET 数据提供程序概述

.NET Framework 数据提供程序，如表 6.3 所示，用于连接到数据库、执行命令和检索结果。检索结果放置在 DataSet 中，以便根据需要向用户公开，与多个源中的数据组合，或在层之间进行远程处理。

表 6.3 .NET Framework 中所包含的数据提供程序

.NET Framework 数据提供程序	说　明
.NET Framework 用于 SQL Server 的数据提供程序	提供对 Microsoft SQL Server 7.0 或更高版本中数据的访问。使用 System.Data.SqlClient 命名空间
.NET Framework 用于 OLEDB 的数据提供程序	提供对使用 OLEDB 公开的数据源中数据的访问。使用 System.Data.OleDb 命名空间
.NET Framework 用于 ODBC 的数据提供程序	提供对使用 ODBC 公开的数据源中数据的访问。使用 System.Data.Odbc 命名空间
.NET Framework 用于 Oracle 的数据提供程序	适用于 Oracle 数据源。用于 Oracle 的.NET Framework 数据提供程序支持 Oracle 客户端软件 8.1.7 和更高版本，并使用 System.Data.OracleClient 命名空间
EntityClient 提供程序	提供对实体数据模型（EDM）应用程序的数据访问。使用 System.Data.EntityClient 命名空间

6.2.2 C#程序中使用命名空间

1．.NET 基础类库提供的相关 ADO.NET 的命名空间

.NET 基础类库提供的与 ADO.NET 相关的主要命名空间如下。

（1）Microsoft.SqlServer.Server：所提供的类型用于 CLR 和 SQL Server 2005 及之后版本的集成服务。

（2）System.Data：该命名空间提供对 ADO.NET 结构的类的访问。通过 ADO.NET 可以生成一些组件，用于有效管理多个数据源的数据。C#代码中，使用 ADO.NET 的第一步是引用 System.Data 名称空间，其中含有所有的 ADO.NET 类。在断开连接的情形中（如 Internet），ADO.NET 提供在多层系统中请求、更新和协调数据的工具。ADO.NET 结构也在客户端应用程序（如 ASP.NET 创建的 Windows 窗体或 HTML 页）中实现。

（3）System.Data.Common：该命名空间包含了各种数据提供程序共享的类型和公共抽象的基类。

（4）System.Data.Sql：该命名空间能够使用户发现安装在本地网络的 SQL Server 的实例。

2．System.Data 命名空间常用的类

System.Data 命名空间作为 ADO.NET 的根命名空间，提供了与 ADO.NET 相关的基本类和接口，定义了各种数据提供程序所需的主要类型，包括公共接口和断开连接层的许多类型，如 DataSet 和 DataTable 等，主要的类如表 6.4 所示。

表 6.4 System.Data 命名空间常用的类

类 名 称	说　明
DataSet	由多个 DataTable 对象组成的内存中的数据缓存
DataTable	内存中数据的一个表
DataTableCollection	DataSet 的表的集合

续表

类 名 称	说　明
DataColumn	某个 DataTable 对象中的一列
DataColumnCollection	DataTable 的 DataColumn 的集合
DataRow	某个 DataTable 对象中的一行，即一个数据记录行
DataRowCollection	DataTable 的行的集合
DataTableReader	以一个或多个只读、向前推进结果集的形式，获取一个 DataTable 对象的内容
DataView	用于排序、筛选、检索、编辑、导航的 DataTable 的可绑定数据的自定义视图
DataException	使用 ADO.NET 组件发生错误时引发的异常

3. System.Data 命名空间提供的数据驱动程序

System.Data 命名空间还包含了 4 个主要的.NET Framework 数据提供程序，将数据源的数据以 DataSet 的形式存储到内存。每个.NET Framework 数据提供程序都有相应的 DataAdapter，可以将它用作数据源和 DataSet 之间的桥梁。

下面的代码示例说明 C#中如何将相应的命名空间包括在应用程序中。using 指令放在使用 ADO.NET 的程序开端。

（1）使用 System.Data.SqlClient 命名空间，用于 SQL Server 的.NET Framework 数据提供程序。命名空间引用如下：

```
using System.Data;
using System.Data.SqlClient;
```

（2）用于 ODBC 的.NET Framework 数据提供程序 ODBC，使用本机 ODBC 驱动程序管理器来启用数据访问。需要 MDAC2.6 或更高版本，建议使用 MDAC2.8SP1。命名空间引用如下：

```
using System.Data;
using System.Data.Odbc;
```

（3）用于 OLEDB 类的.NET Framework 数据提供程序，需要 MDAC2.6 或更高版本的支持，建议使用 MDAC2.8 ServicePack1（SP1）。使用 System.Data.OleDb 命名空间。命名空间引用如下：

```
using System.Data;
using System.Data.OleDb;
```

（4）用于 Oracle 类的.NET Framework 数据提供程序位于 System.Data.OracleClient 命名空间中，并包含在 System.Data.OracleClient.dll 程序集中。当编译使用该数据提供程序的应用程序时，必须同时引用 System.Data.dll 和 System.Data.OracleClient.dll。命名空间引用如下：

```
using System.Data;
using System.Data.OracleClient;
```

用于 Oracle 的.NET Framework 数据提供程序（OracleClient）通过 Oracle 客户端连接

软件，启用对 Oracle 数据源的访问。该数据提供程序支持 Oracle 客户端软件 8.1.7 版或更高版本，同时支持本地事务和分布式事务。

6.2.3 ADO.NET 访问数据库的过程

ADO.NET 访问数据库的过程如下。

（1）建立数据库的连接。

建立 Connection 对象，创建一个数据库连接。例如，从 Windows 应用程序的 App.config 配置文件中读取数据库连接字符串，建立数据库连接信息字符串 constr，创建连接类 SqlConnection 的对象 cn。

代码如下：

```
public static string constr=System.Configuration.
ConfigurationManager.AppSettings["sqlconstring"].ToString();
public SqlConnection cn=new SqlConnection(cnstr);//创建一个连接类的对象cn,实现连接
```

（2）通过 Command 对象执行 SQL 命令。

在建立连接的基础上，使用 Command 对象对数据库发送查询、添加、修改、删除等命令。

（3）返回结果，分两种情况。

① 返回 DataReader 对象。该对象不能通过 New 方法显式的建立，只能由 Command 对象的 ExecuteReader()方法创建。

② 返回 DataSet 对象。该对象的创建借助于 DataApter 这个桥梁，利用 DataApter 对象的 Fill()方法，将结果填充到 DataSet 对象中（才能使用之）。步骤是：创建 DataApter 对象，从数据库中获取数据，创建 DataSet 对象，用 DataApter 对象的 Fill()方法，将第（2）步执行命令的结果填充到 DataSet 对象中。一个 DataSet 对象中可以包含多个数据集合。

（4）关闭数据库的连接。

（5）对数据结果（DataReader 对象或 DataSet 对象）进行数据处理。

6.3 Connection 类（对象）与数据库连接

6.3.1 Connection 对象的常用属性与方法

1. Connection 对象的常用属性

Connection 对象主要用于连接数据库，其常用属性如下。

（1）ConnectionString：用于获取或设置（连接）打开（诸如 SQL Server）数据库的字符串。

（2）DataBase：用于获取或设置当前（打开与连接）的数据库名称。

（3）DataSource：用于获取或设置连接的数据源实例名称，例如 SQLServer 的 Local

服务实例。

（4）State：是一个 ConnectionSate 类型的枚举成员值，用来表示同当前数据库的连接状态。该枚举成员值及其含义如下。

① Broken：连接对象与数据源的连接处于中断状态。只有当连接打开后再与数据库失去连接才会导致这种情况。可以关闭处于这种状态的连接，然后重新打开。

② Closed：连接对象正在与数据源断开连接，即连接状态被关闭。

③ Connecting：连接对象正在与数据源连接。

④ Executing：连接对象正在执行数据库操作的命令。

⑤ Fetching：连接对象正在检索数据。

⑥ Open：数据库连接处于打开状态。

2．Connection 对象的 State 属性简单应用实例

State 属性一般是只读不写的，以下代码演示了使用 State 属性管理控制数据连接的方式。

```
SqlConnection cn;     //定义连接对象
if(cn.State==ConnectionState.Closed){  cn.Open();  }
                                    /*若数据库关闭则打开数据库连接*/
访问数据库的代码
⋮
if(cn.State==ConnectionState.Open) {  cn.Close();  }
                                    /*若数据处于打开状态关闭数据库连接*/
```

6.3.2　Connection 对象的连接字符串

在 ConnectionString 连接字符串里，包括的连接参数信息有：连接的数据源的种类、数据库服务器的名称、数据库名称、登录用户名、密码、等待连接时间、安全验证设置等，各参数项之间用分号隔开。下面将详细描述这些常用参数及其使用方法。

1．Provider 参数

Provider 参数用来指定要连接数据源的种类。如果使用的是 SQL Server DataProvider，则不需要指定 Provider 参数，因为 SQL Server DataProvider 已经指定了所要连接的数据源是 SQL Server 服务器。如果使用的是 O1eDB Data Provider 或其他连接数据库，则必须指定 Provider 参数。Provider 参数值和连接数据源类型之间的关系如下。

（1）SQLOLEDB：对应于数据源：Microsoft OLEDB Provider for SQLServer。

（2）MSDASQL：对应于数据源：Microsoft OLEDB Provider for ODBC。

（3）Microsoft.Jet.OLEDB.4.0：对应于数据源：Microsoft OLEDB Provider for Access。

（4）MSDAORA：对应于数据源：Microsoft OLEDB Provider for Oracle。

2．Server 参数和 Data Source 参数

（1）Server：用来指定需要连接的数据库服务器或 IP 地址。例如 Server=(local)，指定连接的数据库服务器是在本地。如果本地的数据库还定义了实例名，Server 参数可以写成 Server=(local)\实例名。另外，可以使用计算机名作为服务器的值。如果连接的是远程数据

库服务器，Server 参数可以写成“Server=IP”或“Server=远程计算机名”的形式。

（2）Data Source：也用于指定需要连接的数据库服务器名称或 IP 地址，作用与 Server 等价。例如：

```
server=(local);DataBase=student;userId=sa;password=;
```

或

```
Data Source=(localhost);Initial Catalog=student;userId=sa;password=;
```

3．DataBase 参数、Initial Catalog 参数

（1）DataBase：用来指定连接的数据库名。例如 DataBase=Master，说明连接的数据库是 Master。

（2）Initial Catalog：用来指定连接的数据库名，与 DataBase 等价。例如 Initial Catalog=Master。

4．Uid 参数和 Pwd 参数

（1）Uid：指定登录数据源的用户名，可以写成 UserID。例如 UserID=sa，表示登录用户名是 sa。

（2）Pwd：指定连接数据源的密码，可以写成 Password。例如 Password=123，表示登录密码是 123。

5．ConnectTimeout 参数

ConnectTimeout 指定打开数据库时的最大等待时间，单位是秒（s）。如果不设置此参数，默认是 15s。如果设置成-1，表示无限期等待，一般不推荐使用。

6．Integrated Security 参数、Persist Security Info 参数

（1）Integrated Security 参数。

该参数用于设置登录连接到数据库时的“身份验证”方式，即说明登录到数据源时是否使用 SQL Server 的集成安全验证。该参数取值有 True、False、Yes、No、SSPI。其中，True 与 SSPI 等效。

Integrated Security=true（或 SSPI 或 Yes），表示以“Windows 身份验证”模式连接 SQL，即不需要通过 Uid 和 Pwd 方式登录，即可打开数据库，这种模式只允许 SQL 安装在本机上才能成功登录。如果是远程登录模式，那么就应该使用用户名，密码的方式连接。

Integrated Security=false（或 no）时，需要在连接字符串中指定 UID 和 PWD 选项，即登录 SQL Server 时需要使用用户名（Uid）和用户密码（Pwd）。一般来说，使用集成安全验证的登录方式比较安全，因为这种方式不会暴露用户名和密码。

安装 SQL Server 时，如果选中“Windows 身份验证模式”单选按钮，则应该使用如下的连接字符串：

```
DataSource=(local);InitCatalog=students; Integrated Security=SSPI;
```

当 Integrated Security=SSPI，表示连接时使用的验证模式是 Windows 身份验证模式。

SSPI 是 Microsoft 安全支持提供器接口，是定义得较全面的公用 API，用来获得验证、信息完整性、信息隐私等集成安全服务，以及用于所有分布式应用程序协议的安全方面的服务。

（2）Persist Security Info 参数。

Persist Security Info 参数的意思是表示是否“保存安全信息”，其实可以简单地理解为“ADO 在数据库连接成功后是否保存密码信息”，其值为 True 表示保存，其值为 False 表示不保存。

7. Pooling、MaxPoolSize 和 MinPoolSize 参数

（1）Pooling：用以说明在连接到数据源时，是否使用连接池，默认是 True。其值为 True 时，系统从适当的连接池中提取 SQLConnection 对象，或在需要时创建该对象并将其添加到适当的连接池中。当取值为 False 时，不使用连接池。

当应用程序连接到数据源或创建连接对象时，系统不仅要开销一定的通信和内存资源，还必须完成诸如建立物理通道，与服务器进行衔接，分析连接字符串信息，由服务器对连接进行身份验证，运行检查以便在当前事务中登记等任务，因此，往往成为最为耗时的操作。

实际上，大多数应用程序仅使用一个或几个不同的连接配置。这意味着在执行应用程序期间，许多相同的连接将反复地打开和关闭。为了使打开的连接成本最低，ADO.NET 使用称为 Pooling（即连接池）的优化方法。

（2）MaxPoolSize、MinPoolSize：这两个参数分别表示连接池中最大和最小连接数量，默认值分别是 100 和 0。根据实际应用适当地取值将提高数据库的连接效率。

【连接字符串实例解析】

（1）如果连接字符串是：

```
"Provider=Microsoft.Jet.OleDB.4.0;DataSource=D:\login.mdb"
```

数据源种类 Microsoft.Jet.OleDB.4.0，Access 数据库 login.mdb 位于 D:\下，不需要用户名和密码。

（2）如果连接字符串是：

```
"Server=(local);DataBase=Master;Uid=sa;Pwd=;ConnectionTimeout=20"
```

因未指定 Provider，所以可以看出该连接字符串用于创建 SqlConnection 对象，连接 SQL Server 数据库。需连接的 SQL Server 数据库服务器是 local，数据库是 Master，用户名是 sa，密码为空，而最大连接等待时间是 20s。

6.3.3 Connection 对象的常用方法

Connection 类型的对象用来连接数据源。在不同的数据提供者的内部，Connection 对象的名称是不同的，在 SQL Server Data Provider 内，对应的连接类名称是 SqlConnection，而在 OLEDB Data Provider 里，对应的连接类名称是 OleDbConnection。下面将介绍 Connection 类型对象的常用方法。

1. 构造函数

构造函数用来构造 Connection 类型的对象。对于 SqlConnection 类，其构造函数说明有以下几种情形。

（1）不带参数的构造函数 SqlConnection()，创建 SqlConnection 对象。例如：

```
String constring="server=(local);InitialCatalog=student; ";
SqlConnection cn=new SqlConnection();//用默认的构造函数,创建连接对象,不带参数
cn.ConnectionString=conString;
cn.Open();
```

（2）带参数的构造函数 SqlConnection(string Connectionstring)，参数为数据库连接信息字符串本身，根据连接字符串，创建 SqlConnection 对象。例如：

```
String constring="server=(local);InitialCatalog=student;";
SqlConnection cn=new SqlConnection(constring);
cn.Open();
```

显然，使用第（2）种方法输入的代码要少一点，但是两种方法执行的效率并没有什么不同，另外，如果需要重用 Connection 对象去使用不同的身份连接不同的数据库时，使用第(1)种方法则非常有效。例如：

```
String constring1="..............";
String constring2="..............";
SqlConnection cn=new SqlConnection();
cn.ConnectionString=constring1;     //连接一个需要访问的数据库
cn.Open();
访问数据库，做些连接工作
cn.Close();                         //关闭之前的数据库连接
cn.ConnectionString=constring2;     //连接另外一个需要访问的数据库
cn.Open();
访问数据库，做另外一些事情
cn.Close();
```

【注意】 只有当一个连接关闭以后才能把另一个不同的连接字符串赋值给 Connection 对象。如果不知道 Connection 对象在某个时候是打开还是关闭时，可以检查 Connection 对象的 State 属性，它的值可以是 Open，也可以是 Closed，这样就可以知道连接是处于打开状态还是关闭状态。

同样地，OleDbConnection 连接类的构造函数，也有以下两种使用情形。

（1）不带参数的构造函数 OleDbConnection()：创建 OleDbConnection 对象。

（2）带参数的构造函数 OleDbConnection(string Connectionstring)：参数为连接字符串，根据连接字符串，创建 OleDbConnection 对象。

2. Open 和 Close 方法

Open 和 Close 方法分别用来打开和关闭数据库连接，都不带参数，均无返回值。

（1）Open 方法：使用 ConnectionString 所指定的属性设置打开数据库连接。

（2）Close 方法：关闭与数据库的连接，这是关闭任何打开连接的首选方法。

注意： 数据库连接是很有价值的资源，因为连接要使用到宝贵的系统资源，如内存和网络带宽，因此对数据库的连接必须小心使用，要在最晚的时候建立连接（调用 Open 方法），在最早的时候关闭连接（调用 Close 方法）。也就是说在开发应用程序时，不再需要数据连接时应该立刻关闭数据连接。

6.4 Command（命令）对象与查询及其实现

建立数据库连接之后，即可访问和操作数据库。其操作主要包括 Create、Read（Select）、Update 和 Delete。ADO.NET 中定义了 Command 类及其方法以执行这些操作。

和 Connection 对象类似，在.NET 中存在 SqlCommand 和 OleDbCommand，除了 OleDbCommand 类没有 ExecuteXmlReader 方法之外，OleDbCommand 与 SqlCommand 非常类似。

Command 对象主要用来执行 SQL 语句。利用 Command 对象，可以查询数据和修改数据。

Command 对象是由 Connection 对象创建的，其连接的数据源也将由 Connection 来管理。而使用 Command 对象的 SQL 属性获得的数据对象，将由 DataReader 和 DataAdapter 对象填充到 DataSet，从而实施对数据库数据的操作。

6.4.1 Command 对象常用属性

Command 对象的常用属性有 Connection、ConnectionString、CommandType、CommandText 和 CommandTimeout。

1. Connection 属性

Connection 为读写属性，用于获得或设置该 Command 对象的连接数据源。例如，某 SqlConnection 类型的对象（设名称为 cn）连在 SQL Server 服务器上，又有一个 Command 类型的对象 cmd，可以通过 cmd.Connection=cn 来让 cmd 在 cn 对象所指定的数据库上进行操作。

不过，通常的做法是直接通过 Connection 对象来创建 Command 对象，而 Command 对象不宜通过设置 Connection 属性来更换数据库，所以并不推荐上述做法。

2. ConnectionString 属性

该属性用于获得或设置连接数据库时使用的连接信息字符串，用法和上述 Connection 属性相同。同样，不推荐使用该属性来更换数据库。

3. CommandType 属性

该属性用于获得或设置 CommandText 属性中的语句类型，包括 SQL 语句、数据表名或存储过程。该属性的取值有 3 个。

（1）设置该属性为 Text 或不设置，说明 CommandText 属性值是一个 SQL 语句。

（2）设置该属性为 TableDirect，说明 CommandText 属性的值是一个要操作的数据表对象。（SQL Server.NET 数据提供程序不支持该属性值）。只有 OLEDB 的.NET Framework 数据提供程序才支持 TableDirect。

（3）设置该属性为 StoredProcedure，说明 CommandText 属性值是一个存储过程名称。如果不显示设置 CommandType 的值，CommandType 属性值默认为 Text。

以下代码说明了 Command 命令的使用：

```
String sqlcon = "Server= WIN7PC; DataBase=DBTeachingDemo;";
SqlConnection cn=new SqlConnection(sqlcon);
cn.Open();
SqlCommand cmd = new SqlCommand("select * from Student", cn);
```

4．CommandText 属性

该属性为读写属性，根据 CommandType 属性的不同取值，用 CommandText 属性获取或设置 SQL 语句、数据表名（仅限于 OLEDB 数据库提供程序）或存储过程。

6.4.2 Command 对象常用方法

在不同的数据提供者内部，Command 对象的名称是不同的，在 SQL Server Data Provider 中名称为 SqlCommand，而在 OLEDB Data Provider 中名称为 OleDbCommand。

下面介绍 Command 类的常用方法，包括构造函数、执行不带返回结果集的 SQL 语句方法、执行带返回结果集的 SQL 语句方法和使用查询结果填充 DataReader 对象的方法。

SqlCommand 提供了 4 个执行方法。

（1）ExecuteNonQuery()：执行数据更新（添加、删除、修改）命令，返回更新成功的记录行数。

（2）ExecuteScalar()：执行数据查询操作，返回对象（object），单行单列的结果值。

（3）ExecuteReader()：执行数据查询，返回一个只读型的记录集合（或空集，或多行或多列）。

（4）ExecuteXmlReader()：执行一个 Xml 查询操作，返回一个 XmlReader 对象。

1．构造函数

构造函数用来构造 Command 对象。对于 SqlCommand 类型的对象，其构造函数有以下几种形式。

（1）不带任何参数的 SqlCommand()，创建 SqlCommand 对象。例如：

```
SqlCommand cmd = new SqlCommand(); //不带参数的构造函数 SqlCommand()
cmd.Connection = cnObject;         //cnObject 为 SqlConnection 类对象名称
cmd.CommandText = "select sno,sname,sex from student";
```

上面代码段使用默认的构造函数创建一个 SqlCommand 对象。然后，把 Connection 对象名和查询命令（文本串）分别赋给了 Command 对象的 Connection 属性和 CommandText 属性。

例如，CommandText 可以是从数据库检索数据的 SQL select 语句：

```
cmd.CommandText = "select sno,sname,sex from student";
```

除此之外，许多关系型数据库，例如 SQL Server 和 Oracle 都支持存储过程。可以把存储过程名称指定为命名文本。例如：

```
cmd.CommandType=CommandType.StoredProcedure;
```

（2）带参数的构造函数 SqlCommand(string cmdText)。参数 cmdText，string 类型，表

示 SQL 语句字符串，根据 SQL 语句字符串，创建 SqlCommand 对象。该构造函数可以接受一个命令文本。

```
String ss="select sno,sname,sex from student";
SqlCommand cmd=new SqlCommand(ss);    //带参数的构造函数,实例化 Command 对象
cmd.Connection=cnObject;              //cnObject 为连接类对象名称
```

上面的代码用参数实例化了一个 Command 对象。然后，使用 Connection 对象（cnObject）对 Command 对象的 Connection 属性进行赋值。

（3）SqlCommand(string cmdText，SqlConnection Object)，该构造函数接受一个 Connection 和一个命名文本。函数参数含义如下。

① 第一个参数 cmdText：String 类型的 SQL 命令文本（字符串）。

② 第二个参数 Object：SqlConnection 类型的对象。

根据数据源和 SQL 语句，创建 SqlCommand 对象，例如：

```
String sqlcon = "Server=WIN7PC; DataBase=DBTeachingDemo;";//定义连接信息字符串
SqlConnection cn = new SqlConnection(sqlcon);           //定义连接类对象
String sql = "select sno,sname,sex from student";       //定义 SQL 查询字符串
SqlCommand cmd = new SqlCommand(sql,cn);        //带参数的构造函数 SqlCommand()
```

（4）SqlCommand(string cmdText，SqlConnection Obj，SqlTransaction Object)，构造函数参数含义如下。

① cmdText：string 类型，SQL 语句字符串。

② Obj：SqlConnection 类型，连接的数据源。

③ Object：SqlTransaction 类型，表示事务对象。

根据数据源和 SQL 语句和事务对象，创建 SqlCommand 对象。代码如下：

```
SqlCommand cmd=new SqlCommand(cmdText,SqlConnection,SqlTransaction)
```

该构造函数接受三个参数，第三个参数是 SqlTransaction 对象，这里不做讨论。

另外，Connection 对象提供了 CreateCommand 方法，该方法将实例化一个 Command 对象，并将其 Connection 属性赋值为建立该 Command 对象的 Connection 对象。

无论在什么情况下，当把 Connection 对象赋值给 Command 对象的 Connection 属性时，并不需要 Connection 对象是打开的。但是，如果连接没有打开，则在命令执行之前必须首先打开连接。

对于 OleDbCommand 类型的对象，其构造函数非常类似于 SqlCommand 的几种使用情形，在此省略。

2. ExecuteNonQuery 方法

Command 类的 ExecuteNonQuery 方法，用于执行 Insert、Update、Delete 等非查询语句和其他没有返回记录结果集的 SQL 语句。该方法返回命令执行后影响的行数。如果 Update 和 Delete 命令所对应的目标记录不存在，返回 0。如果出错，返回-1。

3. BeginExecuteNonQuery 方法

BeginExecuteNonQuery 方法与 ExecuteNonQuery 方法的作用类似，只是 BeginExecute

NonQuery 方法是异步执行 Transact 语句或存储过程指定的操作，通常为不返回记录结果集的操作。

Command对象通过ExecuteNonQuery方法更新数据库的过程非常简单，操作步骤如下。

（1）创建数据库连接。

（2）创建 Command 对象，并指定一个 Insert、Update、Delete 等非查询 SQL 语句或存储过程。

（3）把 Command 对象绑定到数据库连接上。

（4）调用 ExecuteNonQuery 方法。

（5）关闭连接。

例如，以下代码为更新记录的实例：

```
String constr="Sever=.; database=DBTeachingDemo; "; //定义数据连接信息字符串
SqlConnection cn=new SqlConnection(constr);//建立 SqlConnection 类的连接对象
cn.Open();                                  //打开到数据库的连接
//定义更新数据的 SQL 语句(字符串)
string sql="update sc set score=98 where sno='201206014101'and cno='C135'";
SqlCommand cmd=new SqlCommand(sql,cn);      //定义 SqlCommand 对象并实例化
int row=cmd.ExecuteNonQuery();//调用方法 ExecuteNonQuery(),并返回受影响的行数
cn.Close();                                 //关闭到数据库的连接
```

ExecuteNonQuery()方法返回值是一个整数，代表操作所影响到的行数。操作失败返回-1。

4. ExecuteScalar()方法

该方法同步执行查询操作，适用于需要从 SQL 语句返回一个结果的情况。该方法执行一个 SQL 命令，并返回结果集中的第一行第一列（即执行返回单个值的命令）。如果结果集的数据有多行多列，则忽略其他行和列的数据。该方法通常用于执行包含 Count、Sum 等聚合函数的 SQL 语句。

【例 6.1】 应用 SqlConnection 类及其方法连接数据库，应用 ExecuteScalar()方法查询学生表 student 中的总人数，演示实例。

（1）基于 SQL Server 2008，建立 DBTeachingDemo 数据库，建立学生数据表（录入数据）；建立 Window 的应用程序，其项目名称为 WinFormsApp0601，运行结果如图 6.2（a）、图 6.2（b）所示。

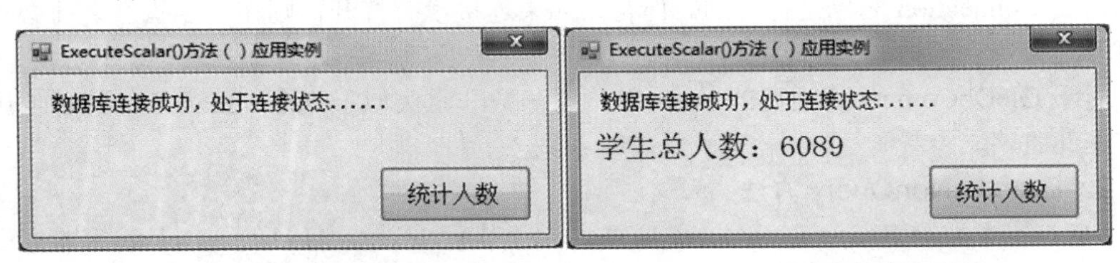

（a）数据库连接测试　　　　（b）数据统计结果显示

图 6.2　数据库连接测试与数据统计

（2）窗体与控件及属性设置如下。

① 窗体控件：命名为 FormCountTotals。设置 AcceptButton 属性为 btcount，Text 属性

为“ExecuteScalar()方法应用实例”，FormBorderStyle 属性为 Fixed3D，StartPosition 属性为 CenterScreen，MaximizeBox、MinimizeBox 属性均为 false。

② 标签：控件 1：name 属性为 Label1；控件 2：name 属性为 Label2。

③ 命令按钮：name 属性为 btcount，Text 属性为“统计人数”。

（3）相关引用。手工添加以下 using 命令，以便于引用操作 SQL 数据库的相关类及其方法、属性。

```
using System.Data.SqlClient;
```

（4）类的成员变量、相关的事件与编码。类的成员变量、相关的事件与编码均包含在类文件 FormConnectTest.cs 中，源代码如下（系统自动生成的 using 引用语句省略）：

① 定义类的成员变量，类 SQLConnection 的对象,类的所有函数均可引用之。

```
SqlConnection cn = null;
```

② 窗体 FormCountTotals 的加载 Load 事件，窗体加载显示时自动触发本事件，用于定义数据库连接信息字符串，实例化 SqlConnection 类的对象 cn，连接数据库，数据库连接成功，给出提示信息（显示在标签控件 Label1 上），如图 6.2（a）所示。

```
private void FormCountTotals_Load(object sender, EventArgs e)
 {   try
     {  //定义数据库连接信息字符串
       String sqlcon = "Server=WIN7PC; DataBase=DBTeachingDemo;";
       sqlcon = sqlcon+" Integrated Security=SSPI;persist security info=false;";
       cn = new SqlConnection(sqlcon); //实例化 SQLConnection 类的对象 cn
       if (cn.State != ConnectionState.Open)/*若数据库不处于打开状态*/
       {   cn.Open();                    //打开数据库的连接
           if (cn.State == ConnectionState.Open)
           { this.label1.Text = "数据库连接成功，处于连接状态......"; }
       }
     }
     catch (Exception ex) { this.label1.Text = "数据库连接失败！" + ex.Message; }
 }
```

③ 窗体的 FormClosing 事件，用于关闭窗体。请参阅 5.3.11 节中 FormClosing 事件及其代码。

④ “统计人数”按钮 btcount 的单击_Click 事件。用于定义 SQL 查询字符串。建立 SqlCommand 对象并实例化；调用 SqlCommand 类的方法 ExecuteScalar()，统计人数并显示结果到如图 6.2（b）所示的标签控件上。

```
private void btcount_Click(object sender, EventArgs e)
{   try
    {   String sql = "select count(*) from student"; /*定义 SQL 查询字符串，得
                                                     到学生人数*/
        SqlCommand cmd = new SqlCommand(sql, cn);/*定义 SqlCommand 类的对象并实例化*/
```

```
        Object obj = cmd.ExecuteScalar();//调用 SqlCommand 类的方法 ExecuteScalar()
        this.label2.Text = "学生总人数: " + obj.ToString();/*转化 obj 为 string
                                                                   类型,并显示之*/
    }
    catch (Exception ex) { MessageBox.Show("统计人数时出错: " + ex.Message); }
    finally{  //该语句块总会被执行,无论 try 程序块中是否有错误
      if (cn.State == ConnectionState.Open) { cn.Close();}/*若数据库打开则关闭之*/
    }
}
```

本实例中，ExecuteScalar()方法的返回值类型是 Object，根据具体情况，需要将它转换为合适的类型。finally{}该语句块总会被执行，无论 try 程序块中是否有错误。

5. ExecuteReader()方法

ExecuteReader()方法，同步执行 Transact-SQL 语句或存储过程指定的查询操作，将查询结果返回到数据读取器中，并用结果集填充 DataReader 对象。返回一个向前读取的只读的 DataReader 对象。ExecuteReader()方法在 Command 对象中用得比较多，通过 DataReader 类的对象，应用程序能够获得执行 SQL 查询的结果集。该方法的两种定义为：

（1）不带参数的 ExecuteReader()，直接返回一个 DataReader 结果集。

（2）ExecuteReader(CommandBehaviorbehavior)，根据参数 CommandBehaviorbehavior 的取值类型，决定 DataReader 的类型。如果 CommandBehaviorbehavior 取值是 CommandBehavior.SingleRow 这个枚举值，返回的 ExecuteReader 只获得结果集中的第一个数据。如果取值是 CommandBehavior.SingleResult，返回在查询结果中多个结果集里的第一个。

一般来说，应用代码可以随机访问返回的 ExecuteReader 列，但如果 behavior 取值为 CommandBehavior.SequentialAccess，对于返回的 ExecuteReader 对象，只能向前顺序读取其中的列。

【例 6.2】 类 SqlCommand 的方法 ExecuteReader()的应用。查询显示学生表 student 中学号（sno）字段的数据；统计显示学生的总人数。建立一个控制台应用程序，项目名称为 ConsoleApp0602，生成默认的类 Program。

源代码如下：

（1）手工添加如下引用语句，为引用操作 SQL 数据库的有关类及其方法。

```
using System.Data;
using System.Data.SqlClient;
```

（2）主函数源代码如下：

```
static void Main(string[] args)                 //程序的入口,主函数
 {   String vsno = "";  int totals = 0;         //定义类的变量并初始化
     try
     {   //定义数据库连接信息字符串,指定服务器、数据库名称
         String sqlcon = "Server= WIN7PC; DataBase=DBTeachingDemo;";
         sqlcon = sqlcon + " Integrated Security=SSPI; ";
         sqlcon = sqlcon + " persist security info=false;";
```

```
        SqlConnection cn = new SqlConnection(sqlcon); /*定义 SqlConnection
                                                        的对象 cn*/
        if (cn.State != ConnectionState.Open) { cn.Open(); } /*若数据库未打
                                                              开则打开之*/
        string sql = "select sno from student";  /*定义 SQL 查询字符串,查询学
                                                   号 sno 信息*/
        SqlCommand cmd = new SqlCommand(sql, cn);  //定义执行对象并实例化
        //调用类 SqlCommand 的方法 ExecuteReader(),实现查询,得到所有学号的记录集
        SqlDataReader dr = cmd.ExecuteReader();  /*得到只读数据记录集,只能向
                                                   前读取记录*/
        while (dr.Read())                  //通过循环遍历记录集中每一行的数据
        {   totals++;                      //统计记录集中记录的总行数
            vsno = dr["sno"].ToString();//读取当前行的学号(sno)值,转化为字符串
            Console.WriteLine(vsno);       //在控制台中显示学号值(vsno 的值)
        }
        dr.Close();  cn.Close();/*关闭记录集对象 dr;通过连接对象 cn 才能关闭数据
                                  库的连接*/
    }//end for try
    catch (Exception ex){                  //try 语句块中出错时,执行本语句块
        Console.WriteLine("读取数据库中的数据显示时出错!" + ex.Message);  }
    Console.WriteLine("学生总人数:" + totals.ToString());  //输出总人数
    Console.ReadKey();                     //暂停程序
}//end for Main
```

【程序解析】 类 SqlCommand 的方法 ExecuteReader()实现查询，得到所有学号的记录集，只取结果集的第一行第一列的数据，而忽略其他行其他列的数据。类 SqlDataReader 的对象（如 dr），对其中数据的读取要基于数据库的连接状态，即不能离线操作该对象的数据。SqlDataReader 类的方法 read()，如果记录集对象 dr 不为空，自动向前推进记录指针，且首次将记录指针指向第一条记录，且函数 Read()返回 true。dr 中的数据读取结束时，方法 Read()返回 false。

6．BeginExecuteReader()方法

BeginExecuteReader()方法与 ExecuteReader()方法作用相似，只是 BeginExecuteReader()方法是异步执行 Transact-SQL 语句或存储过程指定的查询操作，将查询结果返回到数据读取器中，并用结果集填充 DataReader 对象。它返回一个向前读取的只读的 DataReader 对象，通过该对象可以读取查询所得的数据。

7．执行方法 Cancel

Cancel：试图取消 SqlCommand 命令的执行操作。

8．执行方法 ExecuteXmlReader

ExecuteXmlReader 为 SqlCommand 特有的方法，OleDbCommand 无此方法。该方法执行将返回 XML 字符串的命令。它将返回一个包含所返回的 XML 的 System.Xml.XmlReader 对象。

6.4.3 SQL 命令的参数化和格式化

使用 Command 类的基本方法的过程中，几乎都要涉及 SQL 命令的参数问题。对于要执行的 SQL 命令（字符串），有以下两种基本的生成方式。

1．字符串连接方式

可以直接定义命令字符串，把执行命令时需用到的参数直接静态书写在字符串中，命令格式很直观，但其中的参数值不能修改。例如，如下的 SQL 查询的命令字符串，实现查询用户表 users 中指定用户 ID（200131500145）和指定密码（200131500145）的用户信息：

```
string sql = "select * from users where uID='200131500145' and uPW=
'200131500145'";
```

查询字符串变量 sql 是在程序中静态定义的，用户无法和应用程序交互。在实际中，执行的 SQL 命令应该根据用户输入的信息进行动态生成并处理。

例如，密码认证窗体中，用户在文本框中输入了用户名称和密码以后，单击“登录”按钮，程序将在用户表 users 中根据输入的名称和用户密码进行动态查询。要达到这个目的，就必须依据用户输入的数据（名称和密码）动态的构造 SQL 查询命令，使得条件值“名称和密码”动态可变。

构造命令可以有多种形式。假设已将用户输入的数据（名称和密码）保存到了以下变量中：

```
string vid=this.txtID.Text.ToString().Trim();    //获取输入的用户名称
string vpw=this.txtPW.Text.ToString().Trim();    //获取输入的用户密码
```

变量 vid 和 vpw 分别保存了用户的名称和密码，查询 SQL 命令字符串可以通过如下形式构造：

```
string sql="select * from users where uID='"+vid+"' and upw='"+vpw+"'"
```

这种用连接方式构造的（查询）命令，语句形式上直接、简单、明了，但是不安全。该方式中，要特别注意两个变量 vid、vpw 两边的单引号是不能省略的，且各个项之间必要的间隔（空格符号）也是不能省略的，稍不注意就容易出错。

2．字符串参数化方式

以上介绍的字符串生成方式，有一定的安全隐患，可以采用参数化方式来实现相同的功能。

SQL Server.NET 和 OLEDB.NET 数据提供程序，在指定参数时区别非常大，限于篇幅，在此只介绍 SQL Server.NET 的相关参数。

在 SQL Server.NET 数据提供程序中指定参数。SQL Server.NET 数据提供程序支持指定的参数。当在指定具体文本命令时，必须指出哪一部分是在运行时进行设置的（即参数部分）。每个参数前面都必须有一个@前缀。例如：

```
string sql="select count(*) from users where uid=@vid and upw=@vpw"
```

这个命令中，@vid 和@vpw 为参数，它们的值在运行时是可变的。当命令中带参数时，构造 Command 对象的方法和前面介绍的方法并没有任何不同，但要注意两者形式上的区别：

```
string sql="select count(*) from users where uid=@vid and upw=@vpw"//生成SQL命令
//生成SqlConnection类连接对象,注意参数的表示。constr为数据库连接信息字符串,在此省略
SqlConnection cn = new SqlConnection(constr);
SqlCommand cmd = new SqlCommand(sql, cn);//生成SqlCommand类对象,注意参数的表示
```

SqlCommand 对象 cmd 实例化时，应用了动态参数的 SQL 语句（命令），在调用某个方法执行命令之前，需要为命令中的每一个参数创建一个 Parameter 对象，以动态的传递参数值。SqlCommand 类提供了一个 Parameters 集合属性，用于保存命令执行所需的参数。通过 Parameters 集合的 Add 方法，在集合中添加一个新的参数，格式如下：

```
cmd.Parameters.Add("@vid", vid);    //名称参数变量vid
cmd.Parameters.Add("@vpw", vpw);    //密码参数变量vpw
```

上面 Add()方法中，第一个参数@vid 为命令中的参数名，后面的 vid 是用于定义的变量，保存了用户输入的信息。除此之外，可以用其他方法创建 Parameter 对象，然后添加到 Parameters 集合中。

直接将实例化的参数对象添加到参数集合之中，这种方法更为简捷。

```
cmd.Parameters.Add(new SqlParameter("@vpw",vpw));
```

带参数的命令设置好以后可以和往常一样执行 ExecuteScalar 方法，这并没有任何不同。除了直接使用 SQL 语句作为命令以外，还可以使用存储过程作为命令内容。为了在 ADO.NET 应用程序中执行存储过程，需要把存储过程的名称赋给命令文本，同时将命令的 CommandType 属性设置为“存储过程”类型。如果存储过程返回值，或者有一些参数，还必须创建参数，并把创建的参数添加到命令的 Parameters 集合中。

例如，在数据库 DBTeachingDemo 建立名为 CheckUserbyScalar 的存储过程。代码如下：

```
CREATE PROCEDURE CheckUserbyScalar
    @vid nvarchar(12),@vpw nvarchar(12)//为参数指定了类型为SqlDbType.NVarChar,
                                       //长度为12
AS
BEGIN
    SET NOCOUNT ON;
    //根据传递的用户名称vid和密码vpw，在用户表users中，实现动态条件查询
    SELECT uid,upw from users where uid=@vid and upw=@vpw;
END
GO
```

为了执行该存储过程，必须创建一个 Command 对象并将存储过程的名称传入它的构

造函数。

```
SqlConnection cn = new SqlConnection(constr);
```

定义 Command 类型的对象，并将存储过程名称 CheckUserbyScalar 作为构造函数的参数。

```
SqlCommand cmd=new SqlCommand("CheckUserbyScalar",cn);
```

设置 Command 命令对象的 CommandType 属性值为 StoredProcedure。

```
cmd.CommandType=CommandType.StoredProcedure;
```

后续步骤和参数化命令是相同的，先设置参数然后执行对应命令，也可以先定义参数类型的数组并用参数初始化其元素，再通过遍历的方式，将参数数组元素添加到 SqlCommand 命令的参数集合中。示例代码如下（将参数进行数组化，即定义参数类（SqlParameter[]）数组）：

```
SqlParameter[] paras ={
    new SqlParameter("@vip", vip), new SqlParameter("@vpw", vpw) };
```

上面的代码，首先新建了一个 SqlParameter 对象（paras），该对象对应于命令中的@vid 参数，在 SqlParameter 的构造函数中为参数指定了类型为 SqlDbType.NVarChar，长度为 12。接着为 paras 指定了 Value 属性值，表示在运行时将用这个值代替命令中的@vid。最后是调用 Add 方法，将参数添加到 SqlCommand 命令的参数集合中，这一步很容易被初学者忽略，要格外注意。

6.4.4 SqlCommand 对象与命令的参数传递

【例 6.3】 本实例演示了 SqlCommand 对象及其方法 ExecuteScalar()的应用，说明了查询命令字符串的生成方法、参数表示形式，以及给 SqlCommand 对象传入参数的几种具体方法。

设计一个基于 Windows 的应用程序。程序运行界面以及控件的布局如图 6.3（a）所示。

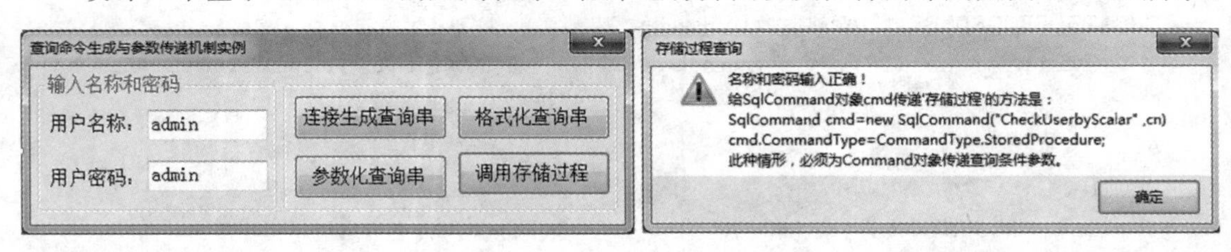

（a）参数值的输入与生成方法　　（b）存储过程调用时密码或名称出错的信息提示

图 6.3 查询命令字符串及其参数化生成实例

1. 窗体与控件及其属性设置

窗体与控件及其属性设置如表 6.5 所示。

表 6.5　控件及其属性设置

控件类型	控件对象名称	属性名称	属　性　值	说　　明
Form（窗体控件）	FormSelectParas	Text	见图 6.3（a）	设置窗体标题
		StartPosition	CenterScreen	窗体运行时居中
		FormBorderStyle	Fixed3D	固定对话框
		MaximizeBox	false	取消最大化
		MinimizeBox		最小化按钮
		CancelButton	btExit	Esc 键触发该按钮事件
GroupBox（分组框控件）	groupBox1	Text	输入用户名称和密码	输入框控件分组
	groupBox2	Text		命令按钮控件分组
Button（命令按钮）	btselect	Text	连接生成查询串	按钮有两个功能
	btformat	Text	格式化查询串	设置按钮的标题
	btparas	Text	参数化查询串	设置按钮的标题
	btproc	Text	调用存储过程	设置按钮的标题
Label（标签控件）	label1	Text	用户名称：	提示输入用户名称
	label2	Text	用户密码：	提示输入用户密码
TextBox（文本输入框）	txtID	Text		输入用户名称
		TabIndex	1	设置控件焦点转移顺序
		Enable	true	名称输入框开始可用
	txtPW	Text		输入用户密码
		TabIndex	2	设置控件焦点转移顺序
		Enable	false	密码输入框开始不可用

2. 功能设计

各个命令按钮有不同的功能，具体参见各个按钮的事件代码（功能）。

（1）数据库连接。定义了类 SqlConnection 的成员变量 sqlconstr，存储 SQL 类数据库连接信息字符串。通过类的成员函数 getmachinename()，获取主机的有关信息，组成数据库的连接信息字符串，并初始化该字符串变量。

（2）命令按钮的功能代码设计。具体代码参加有关的（事件）代码部分。

① “连接生成查询串”按钮的代码功能。直接生成数据查询连接字符串实现查询。通过字符串连接方式直接生成查询字符串，字符串的连接和格式如下：

```
String sql = "select count(*) from users ";
       sql += " where uid='" + vid+ "' and upw='" + vpw + "'";
```

这种方式中，间隔符（如空格）不能省略，查询条件两边的单引号不能省略。

② “格式化查询串”按钮的代码功能。生成 StringBuilder 类的对象(sql)，通过 sql.AppendFormat 方法生成查询字符串，对其中的参数变量进行格式化。字符串的生成格式如下：

```
sql.AppendFormat("select count(*) from users where uid='{0}' and upw=
'{1}'",vid,vpw)
```

执行时，vid 的值替换{0}，vpw 的值替换{1}。这种格式生成的查询字符串中，配对的大括号（{}）和单引号（''）均不能省略，否则出错。

③ “参数化查询串”按钮的代码功能。生成 StringBuilder 类的对象（sql），通过 sql.AppendFormat 方法格式化的生成查询字符串，对其中的参数进行格式化，同时，对查

询条件变量进行参数化，即在其中引用的变量名称前面加上@字符（注意和“格式化查询串”的区别），此时，必须需向 SqlCommand 对象传递相应的参数。字符串的生成格式之一如下：

```
sql.AppendFormat("select count(*) from users where uid='{0}' and upw=
'{1}'",@vid,@vpw);
```

或者采用格式生成查询字符串（推荐格式），语句显得更简略：字符串的生成格式之二如下：

```
sql.AppendFormat("select count(*) from users where uid=@vid and upw=@vpw");
```

④“调用存储过程”按钮的代码功能。为类 SqlCommand 的对象指定存储过程名称，指定类 SqlCommand 的对象执行的命令的类型为“存储过程”。但存储过程先在连接的数据库中建立好并编译通过。指定存储过程的语句格式如下：

```
SqlCommand cmd = new SqlCommand("CheckUserbyScalar", cn);//指定"存储过程"名称
cmd.CommandType = CommandType.StoredProcedure;//指定命令类型为"StoredProcedure"
```

给 SqlCommand 的对象传递相应的参数，请参阅相关的 Click 事件代码。

3. 窗体类文件的成员（变量与函数）与有关控件的事件及其编码

本实例涉及的名称空间、类的成员变量、各个控件的事件及其编码，全部封装在类 FormSelectParas.cs 文件中。为了便于理解，类的成员及控件的有关事件及其编码进行分别介绍。

（1）定义类的成员变量 vid、vpw、sqlcon。sqlcon 用于存储数据库连接信息字符串，并通过类的成员函数 getmachinename()的返回值初始化之。

```
public static string sqlcon = getmachinename();
SqlConnection cn = null;//定义数据库连接类 SqlConnection 的对象 cn，未实例化
String vid, vpw;          //vid 存储输入的用户名称；vpw 存储输入的用户密码
```

（2）定义类的成员函数 getmachinename()。用于得到当前计算机的主机名称，生成数据库连接信息字符串，并返回给调用。函数中相关项的定义如下。

① Server=：用于指定数据库服务器所在的机器名称。

② Database=：用于指定连接的数据库。DBTeachingDemo 为本实例连接的数据库的名称。

③ Integrated Security=SSPI：表示以“Windows 验证”身份登录连接数据库。

```
private static string getmachinename()
{   //动态获取主机名称:System.Environment.MachineName.ToString();
    string ss = "Server=System.Environment.MachineName.ToString().Trim();
    ss = ss + ";Database=DBTeachingDemo;Integrated Security=SSPI;";
    ss = ss + " persist security info=false;";
    return ss;
}
```

（3）窗体 FormSelectParas 的有关事件及其编码。

① 窗体 FormSelectParas 的加载事件 Load，窗体加载、显示时自动触发。用于根据数据库连接信息字符串，实例化 SqlConnection 类的对象 cn；连接数据库，数据库连接失败时，给出提示信息。

```
private void FormSelectParas_Load(object sender, EventArgs e)
{   try
    {   cn = new SqlConnection(sqlcon);  //实例化 SQLConnection 类的对象 cn
        if (cn.State != ConnectionState.Open){ cn.Open(); }/*数据库关闭时打
                                                            开数据库*/

    }
    catch (Exception ex){ 捕获程序的异常,给出出错提示信息,代码省略 }
}
```

【说明】 连接类 SqlConnection 的 State 属性标识着数据库的连接状态，其属性值是几个枚举值，包含在枚举类 ConnectionState 中。

② 窗体的 FormClosing 事件，用于关闭窗体。请参阅 5.3.11 节中 FormClosing 事件有关内容。

（4）“连接生成查询串”按钮的单击事件（Click）及编码。用于通过字符串连接方式，连接查询条件变量以生成查询字符串，对查询条件变量不需要参数化和格式化。

【说明】

① 采用这种方式时，字符串中必要的空格间隔符不能省略，如 and 两边的空格字符。

② 查询字符串中，变量名称两边须加上单引号；此种情形，不需为 SqlCommand 对象传递参数。

```
private void btselect_Click(object sender, EventArgs e)
{   if (vid != "" && vpw != "")       //当用户名称和密码不为空时
  {   try
      {   /*连接字符串,生成查询命令,字符串中必要的空格间隔符不能省略,如 and
       两边的空格字符*/
          String sql = "select count(*) from users where uid='" + vid;
          sql = sql + "' and upw='" + vpw + "'";
          cn = new SqlConnection(sqlcon);
                                     //实例化 SQLConnection 类的连接对象 cn
          if (cn.State == ConnectionState.Closed) cn.Open();
                                     //若数据库关闭则打开之
          SqlCommand cmd = new SqlCommand(sql.ToString(), cn);
                                     //建立执行对象并实例化
          //执行 SqlCommand 类的 ExecuteScalar()方法,只返回结果集中的第一行第一列的值
          if (cmd.ExecuteScalar() != null)
                                     //查询结果(单值)不为空则给出相应的提示
          {   String ts="名称和密码输入正确!\n";//定义 String 类的变量并初始化
              MessageBoxButtons a = MessageBoxButtons.OK;
              MessageBoxIcon b = MessageBoxIcon.Information;
              MessageBox.Show(ts, "查询提示", a, b);
          }
```

```
            if (cn.State==ConnectionState.Open){ cn.Close(); }//关闭数据库连接
        }
        catch (Exception ex) { 捕获程序的异常,给出出错提示信息,代码省略 }
    }
    else //用户名称或用户密码为空
    {  this.groupBox1.Text = "输入用户名称和密码";
       清空名称输入框 txtID、密码输入框 txtPW 的值,名称输入框 txtID 获得焦点,代码省略 }
}
```

（5）“格式化查询串”按钮 btformat 的单击事件 Click。通过 StringBuilder 类的方法 AppendFormat()，格式化生成查询命令字符串，查询条件变量不需要（也未）参数化（即在变量名称前面没有加字符@）；实现查询操作。

【说明】 查询时，查询条件变量进行格式化置换：第 1 个格式化输出项{0}，被输出项中的第 1 个变量值置换；第 2 个格式化输出项{1}，被输出项中的第 2 个变量值置换；以此类推。此类情形，不需要给 SqlCommand 对象传递参数：

```
private void btformat_Click(object sender, EventArgs e)
{  if(vid!="" && vpw!="")   //如果用户输入的名称和密码都不为空时
   {  try
      {  StringBuilder sql=new StringBuilder();//定义StringBuilder类的对象sql
         //通过 StringBuilder 类的方法 AppendFormat()，格式化的生成查询命令字符串
         //对变量未进行参数化（即变量名称前面没有加字符@）
         //通过此类情形，不需要为 SqlCommand 对象传递参数
         sql.AppendFormat("select count(*) from users
                          where uid='{0}' and upw='{1}'",vid,vpw);
         cn = new SqlConnection(sqlcon);  //实例化 SqlConnection 类的对象 cn
         if (cn.State == ConnectionState.Closed) cn.Open();//数据库关闭时打开之
         SqlCommand cmd=new SqlCommand(sql.ToString(),cn); //建立执行对象并实例化
         //调用 SqlCommand 类的 ExecuteScalar()方法执行查询，若查询结果不为空给出提示
         if(cmd.ExecuteScalar().ToString().Trim()!="")
         {  string ts="名称和密码输入正确！\n";
            ts += "查询字符串的格式为:\n" + sql.ToString() + "\n";
            MessageBoxButtons a=MessageBoxButtons.OK;
            MessageBoxIcon b=MessageBoxIcon.Information;
            MessageBox.Show(ts,"查询提示",a,b);    //显示信息提示对话框
         }
         cn.Close();   //关闭数据库的连接状态
      }
      catch(Exception ex) { 捕获程序的异常，给出出错提示信息，代码省略 }
   }
   else  //用户名称或用户密码为空
   {  this.groupBox1.Text = "输入用户名称和密码";
      清空名称输入框 txtID、密码输入框 txtPW 的值，名称输入框 txtID 获得焦点，代码省略 }
}
```

（6）“参数化查询串”按钮 btparameter 的单击事件 Click 及编码。通过 StringBuilder

类的方法 AppendFormat()，生成格式化的查询字符串，实现查询。

```
private void btparameter_Click(object sender, EventArgs e)
{
    if (vid != "" && vpw != "")   //如果用户输入的名称和密码都不为空时
    {   try
        {   StringBuilder sql=new StringBuilder();//生成StringBuilder类的对象sql
            //通过 sql 对象生成格式化字符串,并参数化变量(在变量名称之前加有字符@)
            sql.AppendFormat("select count(*) from users
                            where uid='{0}' and upw='{1}'",@vid,@vpw);
            //或者,直接写成如下等价查询语句,也需要给 SqlCommand 对象传递参数:
            //sql.AppendFormat("select count(*) from users
            //                where uid=@vid and upw=@vpw");
            cn = new SqlConnection(sqlcon);  //实例化 SqlConnection 类的对象 cn
            if (cn.State == ConnectionState.Closed) cn.Open();//数据库关闭时
                                                             //打开其连接
            SqlCommand cmd = new SqlCommand(sql.ToString(), cn);//定义执行对
                                                             //象并实例化
            //查询字符串中变量被参数化(变量名前面加@)时,须为 SqlCommand 对象传递参数
            cmd.Parameters.Add(new SqlParameter("@vid",vid));
            cmd.Parameters.Add(new SqlParameter("@vpw",vpw));
            //调用 SqlCommand 类的 ExecuteScalar()方法,执行查询,若查询结果不为空给出提示
            if(cmd.ExecuteScalar().ToString().Trim()!="")
            {   string  ts="名称和密码输入正确!\n";
                MessageBoxButtons a=MessageBoxButtons.OK;
                MessageBoxIcon b=MessageBoxIcon.Information;
                MessageBox.Show(ts,"参数化格式查询串",a,b);//显示出提示信息对话框
            }
            cn.Close();   //关闭数据库的连接状态
        }
        catch (Exception ex) { 捕获程序的异常,给出出错提示信息,代码省略 }
    }
    else{  //用户名称或用户密码为空
        this.groupBox1.Text = "输入用户名称和密码";
        清空名称输入框 txtID、密码输入框 txtPW 的值,名称输入框 txtID 获得焦点,代码省略  }
}
```

【说明】

① 查询串中，参数变量进行格式化置换（每个格式化输出项要加单引号括起来）。

② 第 1 个格式化输出项{0}，被输出项中的第 1 个变量值置换。

③ 第 2 个格式化输出项{1}，被输出项中的第 2 个变量值置换；以此类推。

④ 对字符串中的查询条件变量进行了参数化（在变量名称前面加上字符@）。

⑤ 以下情形，须为 SqlCommand 对象传递参数：

本事件代码中，("select count(*) from users where uid='{0}' and upw='{1}'",@vid,@vpw)是查询命令字符串。命令中的“查询条件值”变量被格式化并进行了参数化（变量名称前

加有@字符）。执行时，第一个占位符{0}将被第一个变量@vid 的值置换，第二个占位符{1}将被第二个变量@vpw 的值置换，以此类推。占位符是用{}括起来的数值编号，从 0 开始编号，依次递增。每个格式串都加单引号括起来。

其中的查询条件变量 vid、vpw，每个变量名称之前加上@，是变量参数化的一种格式。注意，在@vid 和@vpw 变量的两边不能加单引号。

此种情形，必须为 SqlCommand 对象传递相应的参数，代码如下：

```
cmd.Parameters.Add(newSqlParameter("@vid",vid));  //vid 参数表示用户名称值
cmd.Parameters.Add(newSqlParameter("@vpw",vpw));  //vpw 参数表示用户密码值
//或变量 vid 对应于用户表的 uid 字段,指定变量的数据类型(NVarChar)其宽度为 12 位
SqlParameter paras=new SqlParameter("@vid",SqlDbType.NVarChar,12);
paras.Value=vid;
cmd.Parameters.Add(paras);
cmd.Parameters.Add(new SqlParameter("@vpw",vpw));
```

事件代码中，操作数据库的代码均在 try{}结构中，因此代码不仅能正常地操作数据库，更能在操作过程中发生异常时抛出异常。

（7）“调用存储过程”按钮 btproc 的单击事件 Click 及代码。不需要生成查询字符串，通过调用定义在数据库中的存储过程，实现查询。

【说明】 定义 SqlCommand 类的对象并实例化时，存储过程名称作为 SqlCommand()函数的参数；指定 SqlCommand 对象执行的命令类型为“存储过程”；此时，须为 SqlCommand 对象传递参数。

```
private void btproc_Click(object sender, EventArgs e)
{   if (vid != "" && vpw != "")            //如果用户输入的名称和密码都不为空时
   {   try
    {   cn = new SqlConnection(sqlcon);   //实例化 SqlConnection 类的对象 cn
        if (cn.State == ConnectionState.Closed) cn.Open();
                                     //数据库关闭时打开数据库连接
        //定义 SqlCommand 类的对象并实例化,CheckUserbyScalar 为过程名称
        SqlCommand cmd = new SqlCommand("CheckUserbyScalar", cn);
        cmd.CommandType = CommandType.StoredProcedure; //指定命令类型为"存储过程"
        SqlParameter[] pars = {   //定义参数类数组,并用参数值初始化其元素
            new SqlParameter("@vid", vid), new SqlParameter("@vpw", vpw) };
        //遍历参数数组,将各个元素值(参数对象)添加到 SqlCommand 对象的参数集合中:
        foreach (SqlParameter p in pars) { cmd.Parameters.Add(p); }
        //调用 SqlCommand 类的 ExecuteScalar()方法,执行查询,若查询结果不为空给出提示
        if (cmd.ExecuteScalar() != null){
           String ts = "名称和密码输入正确!\n";//定义 String 类的变量并初始化
           MessageBox.Show(ts,"存储过程查询",a,b);}//a、b 变量含义请参阅本例第(6)的代码
      }
      catch (Exception ex) { 捕获程序的异常,给出出错提示信息,代码省略 }
      finally { cn.Close(); }   //cn.Close()实现关闭数据的连接
   }
   else{  //用户名称或用户密码为空
```

```
        this.groupBox1.Text = "输入用户名称和密码";
        清空用户名称输入框 txtID、用户密码输入框 txtPW，使用户名称输入框 txtID 获得焦点，
    代码省略}
  }
```

本实例中调用的存储过程内容如下：

```
CREATE PROCEDURE CheckUserbyScalar
@vid nvarchar(12),@vpw nvarchar(12)
AS
BEGIN
    --SET NOCOUNT ON addedtopreventextraresultsetsfrom
    --interfering with SELECT statements.
    SET NOCOUNT ON;
    --Insert statements for procedure here
    SELECT uid,upw from users where UID=@vid and upw=@vpw;
END
GO
```

CheckUserbyScalar 为存储过程名称；@vid nvarchar(12),@vpw nvarchar(12)为存储过程中使用的参数（变量）的数据类型、宽度。

【SQL Server 2008 建立数据库存储过程】

（1）单击数据库下的“可编程性”，选择“存储过程”，右击，选择“新建存储过程”。

（2）在 create PROCEDURE 后输入存储过程名字，指定存储过程的参数，编写存储过程的语句。

（3）编译存储过程。在工具栏上按下执行按钮，如果没有错误，就编译成功了。

（4）调用存储过程。在 sql server 的查询分析框中，输入：exec 存储过程名 参数，单击“执行”按钮即可，代码如下：

```
exec CheckUserbyScalar 'admin','admin'
```

6.4.5　操作其他数据源所需名称空间

对于不是 SQL Server 的数据源（如 Microsoft Access）而言，可以使用 OLEDB.NET 数据提供者，按如下方式使用 using 指令引用：

```
usingSystem.Data.OleDb;
```

这个提供者会为特定的数据库使用 OLEDB 提供者 DLL。许多常见数据库的 OLEDB 提供者会随 Windows 一起安装，例如 Microsoft Access，后面的示例将使用它。

如果使用的是 Oracle 数据库，内置 Oracle.NET 驱动程序是最佳选择，.NET Framework 提供了这个驱动程序，可以用下面的 using 指令来引用：

```
usingSystem.Data.OracleClient;
```

Oracle 本身提供了一个.NET 数据提供者，表示为 Oracle.DataAccess.Client，须从 Oracle

中单独下载。

如果数据源没有内置的或 OLEDB 提供者，则可以使用 ODBC.NET 数据提供者，因为大多数数据库都提供了 ODBC 接口。ODBC 提供者可以通过下面的 using 指令来引用：

```
usingSystem.Data.Odbc;
```

6.5 DataReader 对象与数据获取

在实际应用中，需要从结果集中提取数据。处理结果集数据的方法有以下两个。

（1）使用数据阅读器 DataReader。

（2）使用数据适配器 DataAdapter 和 ADO.NET 数据集 DataSet。

基于连接状态的数据库访问模式下，数据记录的读取通常通过 DataReader 类来完成。DataReader 是一个连接的、只向前的、只读的结果集。简言之，使用 DataReader 对象遍历数据时，数据库连接要一直保持打开状态，否则将不能通过 DataReader 读取数据，且只能从头到尾遍历记录集。这意味着，不能在某条记录处停下来向回移动。因此，数据阅读器（DataReader）类不提供任何修改数据库记录的方法。

在 ADO.NET 中，由每个数据提供程序实现自己的 DataReader。数据读取器（DataReader）是从一个数据源中选择某些数据最简单的方法，其功能较弱。

在 SQL Server DataProvider 里的 DataReader 对象称为 SqlDataReader。SqlDataReader 类是 ADO.NET 提供的用于读取 SQL Server 数据库记录的只读的且只能向前推进的数据记录读取器。在 OLE DB DataProvider 中的 DataReader 对象称之为 OleDb DataReader。

6.5.1 DataReader 对象及其常用属性

1. DataReader 对象

DataReader 类没有构造函数，所以不能直接实例化它，需要从 Command 对象中返回一个 DataReader 实例，具体做法是通过调用 Command 类的 ExecuteReader()方法。

DataReader 类提供了向前顺序推进读取结果集数据的方法。由于 DataReader 只执行读操作，并且每次只在内存缓冲区里存储结果集中的一条数据，所以使用 DataReader 对象的效率比较高，如果要查询大量数据，同时不需要随机访问和修改数据，DataReader 是优先选择。

2. DataReader 对象常用属性

（1）FieldCount：只读属性，表示由 DataReader 得到的一行数据中的字段数。

（2）HasRows：只读属性，表示 DataReader 是否包含数据（即存在一行或多行数据）。

（3）IsClosed：只读属性，表示 DataReader 对象是否被关闭。

6.5.2 DataReader 类的常用属性和方法

DataReader 对象使用指针的方式管理所连接的结果集，其常用方法如下。

1. Close()

该方法不带参数，无返回值，用于关闭 DataReader 对象。由于 DataReader 在执行 SQL 命令时一直要保持与数据库的连接，所以在 DataReader 对象开启的状态下，该对象所对应的 Connection 连接对象不能用来执行其他的操作。所以，在使用 DataReader 对象时，一定要使用 Close 方法关闭该 DataReader 对象，否则不仅会影响到数据库连接的效率，更会阻止其他对象使用 Connection 连接对象来访问数据库。

DataReader 对象关闭后，IsClosed 属性值为 true。

2. Read()

该方法使记录指针指向本结果集中的下一条记录，返回值是 true 或 false。当 Command 的 ExecuteReader 方法返回 DataReader 对象后，须用 Read 方法来获得第一条记录；当读取一条记录想获得下一条记录时，也使用 Read 方法。如果当前记录已经是结果集的最后一条，再调用 Read 方法将返回 false。也就是说，只要该方法返回 true，则可以访问当前记录所包含的字段。

在完成数据读取后，需要调用 Close()方法关闭 DataReader 对象。Command 对象的 Execute 方法有一个重载版本，该重载版本接受命令行参数。

如果创建 DataReader 对象时，使用的是 ExecuteReader 方法的另一个重载，代码如下：

```
SqlDataReader dr=cmd.ExecuteReader(CommandBehavior.CloseConnection);
```

则关闭 DataReader 对象时会自动关闭底层连接，不再需要显示调用 Connection 对象的 Close()方法关闭数据库的连接。

ADO.NET 在 System.Data 命名空间中定义了 CommandBehavior 枚举值，如表 6.6 所示。

表 6.6 CommandBehavior 枚举值及其含义

成员名称	说明
CloseConnection	在执行该命令时，如果关闭关联的 DataReader 对象，则关联的 Connection 对象也将关闭
Default	此查询可能返回多个结果集。执行查询可能会影响数据库状态。Default 不设置 CommandBehavior 标志，因此，调用 ExecuteReader(CommandBehavior.Default)在功能上等效于调用 ExecuteReader()
KeyInfo	此查询返回列和主键信息。执行此查询时不锁定选定的行。注意：当使用 KeyInfo 时，用于 SQLServer 的.NET Framework 数据提供程序将 FORBROWSE 子句追加到正在执行的语句
SchemaOnly	此查询只返回列信息，而不影响数据库状态
SequentialAccess	提供一种方法，以便 DataReader 处理包含带有二进制值的列的行。SequentialAccess 不是加载整行，而是使 DataReader 将数据作为流来加载。然后可以使用 GetBytes 或 GetChars 方法来指定开始读取操作的字节位置以及正在返回的数据的有限的缓冲区大小 当指定 SequentialAccess 时，尽管不需要读取每个列，但是需要按照列的返回顺序读取它们。一旦已经读过返回的数据流中某个位置的内容，就不能再从 DataReader 中读取该位置或该位置之前的数据。当使用 OleDbDataReader 时，可重新读取当前列的值，直到读过它。当使用 SqlDataReader 时，一次只能读取一个列值
SingleResult	查询返回一个结果集
SingleRow	查询返回一行。执行查询可能会影响数据库状态。一些.NET Framework 数据提供程序可能（但不要求）使用此信息来优化命令的性能。在执行返回多个结果集的查询时，可以指定 SingleRow。在这种情况下，仍返回多个结果集，但每个结果集只有一行

当 ExecuteReader 方法返回 DataReader 对象时，如果当前记录指针的位置在第一条记录之前，必须调用阅读器的 Read()方法把光标移动到第一条记录上（第一条记录将变成当前记录）。如果 DataReader 对象中所包含的记录不止一条，Read 方法就返回一个 Boolean 值 true。想要移到下一条记录，需要再次调用 Read 方法。重复上述过程，直到最后一条记录，再调用 Read 方法将返回 false。

使用 while 循环来遍历记录的格式如下：

```
while(dr.Read()){  读取数据并处理数据，dr 为 DataReader 类的对象  }
```

只要 Read 方法返回的值为 true，就可以访问当前数据集中当前记录包含的各个字段。

3．NextResult()

该方法使记录指针指向下一个结果集。当调用该方法获得下一个结果集后，依然要用 Read 方法来开始访问该结果集的记录。

4．ObjectGetValue(int i)

该方法根据属性列索引值 i，返回当前记录行里指定（序号）列的值。由于事先无法预知返回的属性列的数据类型，所以该方法使用 Object 类型来接收返回数据。

5．int GetValues(Object[] values)

该方法把当前记录行里所有列的数据保存到一个数组里并返回。可以使用 FieldCount 属性来获知记录的字段总数，据此定义接收返回值的数组长度。

6．获得指定字段值的方法

ADO.NET 提供了两种访问记录中字段（值）的方法。

（1）第一种是 Item 属性。每一个 DataReader 类都定义了一个 Item 属性，此属性返回由字段索引或字段名指定的字段值。Item 属性是 DataReader 类的索引。需要注意的是 Item 属性的字段索引总是从 0 开始编号的。例如（sname 为学生姓名字段的名称，1 为该字段 sname 的索引号）：

```
object FieldValue=reader[FieldName];
```

例如：

```
string vname=dr["sname"];
```

或

```
object FieldValue=reader[FieldIndex];
```

例如：

```
string vname=dr[1];
```

可以把包含字段名的字符串传入 Item 属性，也可以把指定字段索引的 32 位整数传递给 Item 属性。例如，如果命令是 SQL select 查询，将得到一个 DataReader 的记录集合，设定记录集合的名称为 dr：

```
Select ID,cname from course
```

使用下面任意一种方法，都可以得到两个被返回字段的值：

```
object Id=dr["ID"]
object cName=dr["cname"];
```

或者：

```
object Id=dr[0];          //记录中的第一个字段 ID 的序号为 0
object kcm=dr[1];         //记录中的第二个字段 cname 的序号为 1
```

另外，需要注意的是，在使用数据时需要自己负责类型转换，如下所示：

```
int Id=(int)dr[0];
String kcm=(string)dr[1];
```

注意：如果类型转换错误（例如，将非数字类型转化为整型），将会在运行时抛出异常。

（2）第二种方法是 Get 类方法。DataReader 类有一个索引符，可以使用常见的数组语法访问任何字段。此方法返回由字段索引获取的指定字段值。既可以通过指定数据列的名称，也可以通过指定数据列的索引编号来访问特定列的值。第一列的编号是 0，第二列编号是 1，第三列编号是 2，以此类推。

获得指定字段的方法如下。

① GetString()：按字符串类型 string 获取指定字段的数据。

② GetChar()：按字符类型 char 获取指定字段的数据。

③ GetInt16()：按照 16 位整数类型 short 读取指定字段的数据。

④ GetInt32()：按照 32 位整数类型 int 读取指定字段的数据。

⑤ GetInt64()：按照 64 位整数类型 long 读取指定字段的数据。

⑥ GetDouble()：按照双精度浮点数 double 读取指定字段的数据。

⑦ GetDecimal()：按照 decimal 类型读取指定字段的数据。

⑧ GetDateTime()：按照日期时间类型 DateTime 读取指定字段的数据。

⑨ GetBoolean()：按照逻辑类型 bool 读取指定字段的数据。

⑩ GetByte()：按照字节类型 byte 读取指定字段的数据。

这些方法都带有一个表示列索引（序号）的参数，返回均是 Object 类型。用户可以根据字段的类型，通过输入列索引，分别调用上述不同的方法，获得指定列的值。

在数据库里，如果 id 的列索引是 0，"学号" 列索引是 1，"姓名" 列索引是 2，则通过以下代码可以分别获得 id 字段、学号字段、姓名字段的值。设 dr 为 DataReader 类的对象。

```
string id=GetString(0);     //得到当前行中 id 列的值
Object value1=dr["学号"];    //得到当前行中学号列的值
Object value1=dr[2];        //得到当前行中姓名列的值,姓名列的索引号为 2
```

7. 返回列的数据类型、列名称及其列序号的方法

（1）通过调用 GetDataTypeName()方法，通过输入列索引，获得该列的类型。这个方法调用如下：

```
string GetDataTypeName(int i)
```

（2）通过调用 GetFieldType()方法，获得指定属性列（序号为 i）的数据类型。调用格式如下：

```
type GetFieldType(int i)
```

例如，设 dr 为 SqlDataReader 类型的对象（数据记录集）：

```
for (int i = 0; i < dr.FieldCount; i++)
{   Console.WriteLine(dr.GetName(i)+":"+dr.GetFieldType(i).FullName);  }
```

（3）通过调用 GetName()方法，获取指定属性列（序号）的名称。这个方法调用如下：

```
string GetName(int i);
```

（4）通过调用 GetOrdinal()方法，获取指定属性列的序号值，该方法调用如下：

```
int GetOrdinal(string fieldname);
```

综合使用上述两方法，可以获得数据表中属性列的相关数据。

8. IsDBNull(int i)方法

参数 i 用来指定列的索引号，该方法用来判断指定索引号的列的值是否为空，返回 true 或 false。

6.5.3 DataReader 对象访问数据库实例

【例 6.4】 本实例说明如何利用 DataReader 类对象获得查询结果并访问结果集。建立一个基于控制台应用程序的项目，项目名称为 ConsoleApp0604。

自定义类的函数 showdataReader()，该函数实现：根据 SQL 查询命令，通过 SqlCommand 对象得到查询结果，并将结果赋值给 Sqldataredaer 对象，最后遍历 SqlDataReader 对象，实现数据的显示。所有的事件代码封装在类文件 Program.cs 中。

相关源代码如下（系统自动生成的 using 引用语句省略）：

（1）手工方式添加 using 引用语句，为引用相关数据（库）操作的类及其方法。

```
using System.Data;
using System.Data.SqlClient;
```

（2）类 Program 的成员变量与成员函数。

① 定义类的成员变量 constr：存储数据库连接信息字符串，并通过类的成员函数的返回值初始化之。

```
public static string constr = getmachinename();
```

② 类的成员函数 getmachinename()：得到当前计算机的主机名称，且生成数据库连接信息字符串，并返回给调用。DBTeachingDemo 为连接的数据库的名称。

```
private static string getmachinename()
{   //动态获取主机名称:System.Environment.MachineName.ToString();
    string ss = "Server=";
```

```
        ss = ss + System.Environment.MachineName.ToString().Trim();
        ss = ss + ";Database=DBTeachingDemo;Integrated Security=SSPI;";
        return ss;
    }
```

③ 类的成员函数 showdataReader()：用于连接数据库，定义 SQL 查询字符串；通过 SqlCommand 对象的方法 ExecuteReader()获取 DataReader 记录集，赋值给 SqlDataReader 对象 dr；通过 DataReader 记录阅读器获取 dr 中每一行各字段的值，显示在控制台上；最后显示记录集合中记录的总数。

```
private static void showdataReader()
{   string vxh, vxm;       //定义有关的变量:vxh 存储学号值;vxm 存储姓名值
    int rs = 0, vage;      //rs 表示总人数:vage 存储年龄值
    //定义数据库连接对象 cn,并实例化:SqlConnection cn = new SqlConnection(constr)
    using (SqlConnection cn = new SqlConnection(constr))
    {   //定义 SQL 查询字符串,从学生表 student 中查询学号、姓名、年龄字段的信息
        string sql = "SELECT sno,sname,age FROM Student";
        SqlCommand cmd = new SqlCommand(sql, cn);//定义 SqlCommand 对象,并实例化
        //如果数据库不是处于打开(连接)状态,打开数据库连接
        if (cn.State == ConnectionState.Closed) cn.Open();
        //diaoyong SqlCommand 类的方法 ExecuteReader(),获取运行结果(记录集)
        SqlDataReader dr = cmd.ExecuteReader();
        //通过循环,逐行获取结果集中当前行的"学号、姓名"字段的值
        //如果 DataRead 对象成功获得数据,函数 Read()返回 true,否则返回 false
        while (dr.Read())
        {   //dr["sno"]为学号字段的值,通过字段名获取当前行"学号"sno 字段的值
            vxh = dr["sno"].ToString();
            //dr[1]为当前行的姓名字段的值,通过字段的索引号获取当前行索引字段的值
            //1 表示 DataReader 集合中姓名字段的索引号
            vxm = dr[1].ToString(); //等价于:vxh = dr["sname"].ToString();
            //读取结果集中第 3 列(列序号为 2)的数据值,即 age 字段的值
            vage = dr.GetInt16(2);   //通过 GetInt16()方法获取数据型字段的值
            //每一行的字段数据各作为一个数据项,显示在控制台上
            //学号显示 16 位宽度,姓名显示 12 位宽度,年龄显示 4 位宽度
            Console.Write(string.Format("{0,-16}", vxh));
            Console.Write(string.Format("{0,-12}", vxm));
            Console.WriteLine("{0,4}", vage);
            rs++;    //变量 rs 累计记录集中的记录数总数(即总的行数)
        }
        Console.WriteLine("共:{0} 人", rs);  //显示记录集合中的记录总数
        Console.ReadKey();
        if (cn.State == ConnectionState.Open) cn.Close();//关闭数据库连接
        if (dr.IsClosed == false) dr.Close();              //关闭 DataRead 对象
    }
}
```

④ 项目的入口程序 main()。调用类的成员函数，实现相应的功能。

```
static void Main(string[] args){    showdataReader();    }
```

【程序解析】 代码中给出了 3 种使用 DataReader 对象访问结果集的方式：一种是直接根据字段名，例如 dr["sno"]，获得指定字段学号 sno 的值；另一种方式是通过字段的索引编号，例如 dr[1]，获得指定索引编号的字段的值；还有就是使用 get 方法，如 dr.GetInt16(2)。如果字段较多，利用 FieldCount 属性得到字段数，利用 GetValue 方法，依次访问数据集的每个字段。

对于检索大量数据时，DataReader 是一种适合的选择。另外值得注意的是，DataReader 在读取数据时，限制每次只能读一条，这样无疑提高了读取效率。DataReader 对象提供只读单向数据的快速传递。单向表示只能依次读取下一条数据；DataReader 数据集合中的数据是只读的，不能修改；相对地，DataSet 中的数据可以任意读取和修改。

在 ADO.NET 中，从来不会显式地使用 DataReader 对象的构造函数创建 DataReader 对象。事实上，DataReader 类没有提供公有的构造函数。通常调用 SqlCommand 类的 ExecuteReader()方法，这个方法将返回一个 DataReader 对象。上述的代码阐明了如何创建 SqlDataReader 对象。

DataReader 对象有一个很重要的方法 Read()，其返回值为布尔值，作用是前进到 DataReader 对象的下一条数据。

6.6 DataAdapter 类（对象）与数据库操作

如果需要大量的处理数据，且处理时间较长，不宜在连接状态下操作，就采用基于无连接的数据库访问方式。DataSet 对象可以用来存储从数据库查询到的数据结果，由于它在获得数据或更新数据后立即与数据库断开，所以程序员能用此高效地访问和操作数据库。并且，由于 DataSet 对象具有离线访问数据库的特性，它更能用来接收海量的数据信息。

DataAdapter 对象用于承接 Connection 和 DataSet 对象，是本地 DataSet（或 Datatable）与数据库服务器的连接器，它表示用于填充 DataSet 对象和更新 SQL Server 数据库的一组命令和一个数据库连接操作。DataSet 对象只关心访问操作数据，而不关心其数据来自哪个 Connection 连接到的数据源，而 Connection 对象只负责数据库连接而不关心结果集的表示。所以，在 ASP.NET 的架构中使用 DataAdapter 对象来连接 Connection 和 DataSet 对象。

另外，DataAdapter 对象能根据数据库中表的字段结构，动态地塑造 DataSet 对象的数据结构。

6.6.1 DataAdapter 对象的常用属性

1. DataAdapter 对象的工作步骤

（1）通过 Command 对象执行 SQL 语句，应用 DataAdapter 对象的方法 Fill()将获得的结果集填充到 DataSet 对象中。

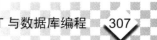

（2）将 DataSet 里更新数据的结果返回到数据库中，此步骤视具体情况而定。

2．DataAdapter 对象的常用属性

DataAdapter 对象的常用属性形式上表述为 XXXCommand，用于描述和设置操作数据库。使用 DataAdapter 对象，可以读取、添加、更新和删除数据源中的记录。对于每种操作的执行方式，DataAdapter 适配器支持以下类型为 Command 的相关属性，以管理数据操作的“增加”“删除”“修改”“查询”动作。

（1）SelectCommand：表示从数据库服务器上获取数据记录的 Transact-SQL 语句或存储过程。该属性用于从数据库中检索数据。

（2）InsertCommand：表示向数据库服务器添加数据记录的 Transact-SQL 语句或存储过程。该属性用来向数据库中插入数据。

（3）DeleteCommand：表示删除数据库服务器上数据记录的 Transact-SQL 语句或存储过程。该属性用于删除数据库里的记录数据。

（4）UpdateCommand：表示更新数据库服务器上数据记录的 Transact-SQL 语句或存储过程。该属性用来更新数据库里的数据。

（5）UpdateBatchSize：表示每次到数据库服务器的往返过程中处理的数据记录的行数。

（6）ContinueUpdateOnError：表示行更新过程中遇到错误时是否继续更新下一条数据记录，还是产生异常而终止更新操作。

（7）AcceptChangesDuringFill：表示在 Fill 操作过程中，是否接受本地记录中已经存在的数据记录更新。

（8）AcceptChangesDuringUpdate：表示在 Update 操作过程中，是否接受本地记录中已经存在的数据记录更新。

例如，以下代码给 DataAdapter 对象的 selectCommand 属性赋值：

```
//生成连接字符串
string constr="Server=(local);Database=DBTeachingDemo;Integrated Security=SSPI";
SqlConnetion cn=new SqlConnection(constr);      //创建 SqlConnection 对象 cn,并实例化
SqlDataAdapter da=new SqlDataAdapter();     //创建 DataAdapter 对象
//给 DataAdapter 对象 SelectCommand 属性赋值
da.SelectCommand=new SqlCommand("select * from users",cn);
```

同样，可以使用上述方式给其他的 InsertCommand、DeleteCommand 和 UpdateCommand 属性赋值。当在代码里使用 DataAdapter 对象的 SelectCommand 属性获得数据表的数据时，如果表中数据有主键，就可以使用 CommandBuilder 对象来自动为这个 DataAdapter 对象隐形地生成其他 3 个（InsertCommand、DeleteCommand 和 UpdateCommand）属性。这样，在修改数据后，就可以直接调用 Update 方法将修改后的数据更新到数据库中，而不必再使用 InsertCommand、DeleteCommand 和 UpdateCommand 这 3 个属性来执行更新操作。

6.6.2　DataAdapter 对象的常用方法

DataAdapter 对象主要用来把数据源的数据填充到 DataSet 中，以及把 DataSet 里的数据更新到数据库。同样有 SqlDataAdapter 和 OleDbAdapter 两种对象。它的常用方法有构造

函数、填充或刷新 DataSet 的方法，将 DataSet 中的数据更新到数据库的方法和释放资源的方法。

1. 构造函数

不同类型的数据 Provider 使用不同的构造函数来完成 DataAdapter 对象的构造。对于 SqlDataAdapter 类，其构造函数包括如表 6.7 所示的几个重载的版本。

表 6.7　SqlDataAdapter 类的构造函数

函 数 定 义	参 数 说 明	函 数 说 明
SqlDataAdapter()	不带参数（参数在后期指定）	创建一个默认的 SqlDataAdapter 对象
SqlDataAdapter(SqlCommand cmd)	cmd 指定查询 SQL 语句，即指定 SelectCommand 属性的值	创建一个有查询命令的 SQL 语句的 SqlDataAdapter 对象
SqlDataAdapter(string selectCommandText, SqlConnection cn)	参数 selectCommandText：表示查询 SQL 语句，即对象的 SelectCommand 属性值；cn：数据库的连接对象	创建一个具有指定查询命令和指定数据库连接的 SqlDataAdapter 对象
SqlDataAdapter(string selectCommandText, String conString)	selectCommandText：表示查询 SQL 语句，为该对象的 SelectCommand 属性的值；conString：新建对象的数据库连接字符串	创建一个具有指定查询命令和数据库连接字符串的 SqlDataAdapter 对象

O1eDbDataAdapter 的构造函数类似 SqlDataAdapter 的构造函数，在此省略。

2. Fill()方法

当调用 Fill()方法时，它将向数据存储区传输一条 SQL 的 SELECT 语句。该方法从数据库获取数据，并填充到数据集（DataSet）或数据表（DataTable）中，返回值是影响 DataSet 的行数。该方法的常用定义如表 6.8 所示。

表 6.8　DataAdapter 类的方法说明

函 数 定 义	参 数 说 明	函 数 说 明
int Fill(DataSet dataset)	dataset：需要更新的 DataSet	根据匹配的数据源，添加或更新参数所指定的 DataSet，返回值是影响的行数
int Fill(DataSet dataset, string srcTable)	dataset：需要更新的 DataSet srcTable：填充 DataSet 的 dataTable 名称	根据 dataTable 名填充 DataSet

3. FillSchema()方法

当调用 FillSchema()方法时，从数据库服务器获取数据结构，填充到本地数据集（DataSet）或数据表（DataTable）。只复制数据的结构到数据集中，仅用此方法。

4. Update()方法

将本地数据集或数据表的数据记录的改变提交（更新）到数据库服务器，这个方法返回影响 DataSet 的行数。当程序调用 Update()方法时，DataAdapter 将检查本地的 DataSet 每一行的 RowState 属性，根据 RowState 属性来检查 DataSet 里的每行是否改变和改变的类型，为 DataSet 中每个插入、更新、删除的行并依次执行所需的 Insert、Update 或 Delete 语句。更准确地说，Update 方法将会更改解析回数据源，但自上次填充 DataSet 以来，其他客户端可能已修改了数据源中的数据。若要使用当前数据刷新 DataSet，应使用

DataAdapter 和 Fill 方法。新行将添加到该表中，更新的信息将并入现有行。Fill()方法通过检查 DataSet 中行的主键值及 SelectCommand 返回的行来确定是要添加一个新行还是更新现有行。如果 Fill()方法发现 DataSet 中某行的主键值与 SelectCommand 返回结果中某行的主键值相匹配，则它将用 SelectCommand 返回的行中的信息更新现有行，并将现有行的 RowState 设置为 Unchanged。如果 SelectCommand 返回的行所具有的主键值与 DataSet 中行的任何主键值都不匹配，则 Fill()方法将添加 RowState 为 Unchanged 的新行。

6.6.3 SqlDataAdapter 获取数据库记录应用实例

【例 6.5】 SqlDataAdapter 获取数据库数据记录的演示实例。建立一个控制台应用程序，项目名称为 ConsoleApp0605。生成默认的类 Program。应用程序功能及其相关程序解析如下：

（1）手工方式添加的名称空间的引用，为引用相关数据（库）操作的类及其方法。

```
using System.Data;
using System.Data.SqlClient;
```

（2）定义类 Program 的成员变量，用于存储数据库连接信息字符串，调用类的成员函数 getmachinename()返回数据库连接信息字符串，初始化该成员变量。

```
public static string constr = getmachinename();
```

（3）定义类 Program 的成员函数。

① 函数 getmachinename()。其中，System.Environment.MachineName.ToString().Trim()用于动态获取数据库服务器的机器名称；连接的数据库的名称为 DBTeachingDemo。

```
private static string getmachinename()
{   //动态获取主机名称:System.Environment.MachineName.ToString();
    string ss = "Server="+ System.Environment.MachineName.ToString().Trim();
    ss = ss + ";Database=DBTeachingDemo;Integrated Security=SSPI;";
    return ss;
}
```

② 函数 showDataAdapterReader()。实现数据库的连接，将 SQL 查询命令得到的数据集，通过 Adapter 对象的 Fill()方法将数据填充到 DataSet 对象中，通过 DataSet 的方法 CreateDataReader()将 DataSet 对象中的数据集转储到 SqlDataReader 对象 dr 中，最后通过 DataReader 记录阅读器获取 dr 中每一行各字段的值，显示在控制台上。显示记录集合中记录的总数。

```
private static void showDataAdapterReader()
 {   string vxh, vxm;       //定义有关的变量:vxh 存储学号值;vxm 存储姓名值
     int rs = 0, vage;      //rs 表示总人数:vage 存储年龄值
     //定义数据库连接对象并实例化:SqlConnection cn = new SqlConnection(constr);
     using (SqlConnection cn=new SqlConnection(constr))//定义数据库连接对象并实例化
     {
         //定义 SQL 查询字符串,从学生表中查询学号、姓名、年龄字段的信息
         string sql = "SELECT sno,sname,age FROM Student";
```

```
//建立SqlDataAdapter对象并进行实例化,同时绑定了数据库和数据表的查询操作
SqlDataAdapter da = new SqlDataAdapter(sql, cn);
//建立一个默认DataSet对象并实例化,将其中的数据集命名为xs_tables
DataSet ds = new DataSet("xs_tables");
da.FillSchema(ds, SchemaType.Mapped);   //填充数据结构
da.Fill(ds);        //将从数据库中通过sql查询字符串获取的数据填充到ds中
//用数据集ds的数据表数据创建一个DataReader对象,赋值给DataTableReader
//类的对象dr
DataTableReader dr = ds.CreateDataReader();
//如果数据库处于关闭状态,打开数据库的连接:cn.Open()
if (cn.State == ConnectionState.Closed) cn.Open();
//输出DataSet类的对象ds的名称和其中数据表的个数
Console.Write("ds数据集的名称:{0}  , ", ds.DataSetName);
Console.Write("ds数据集中数据表的个数:{0}", ds.Tables.Count);
Console.ReadKey();        //暂停程序,等待输入
//通过循环,逐行获取只读数据集中当前行的学号字段和姓名字段的值
//如果DataRead对象成功获得数据,函数Read()返回true,否则返回false
while (dr.Read())
{
    vxh = dr["sno"].ToString();  //dr["sno"]读取当前行的学号字段的值
    //dr[1]为当前行的姓名字段的值,通过字段索引号获取当前行索引字段的值
    vxm = dr[1].ToString();//等价于vxh = dr["sname"].ToString();
    //读取结果集中第3列(年龄列序号为2)的数据值,即age字段的值
    vage = dr.GetInt16(2);          //通过GetInt16()读取整数字段的值
    //显示各记录行每个字段的值。学号显示16位宽度,姓名显示12位宽度,年龄显
    //示4位宽度
    Console.Write(string.Format("{0,-16}", vxh));  //输出学号值
    Console.Write(string.Format("{0,-12}", vxm));  //输出姓名值
    Console.WriteLine("{0,4}", vage);              //输出年龄值
    rs++;       //变量rs累计记录集中的记录数(即行数);
}
Console.WriteLine("共:{0} 人", rs);//显示dataReader记录集中记录总数;
Console.ReadKey();
if (cn.State == ConnectionState.Open) cn.Close();//检测数据库连接状
                                                 //态并关闭之
if (dr.IsClosed==false) dr.Close();//检测DataRead对象的状态并关闭之
    }
}
```

③ 函数 Main(string[] args)，控制台应用应用程序的主函数，程序的入口处。调用自定义函数 showDataAdapterReader()

```
static void Main(string[] args){showDataAdapterReader();}//调用类的成员函数
```

6.7 DataSet 与 DataTable 类与数据库操作

DataSet 和 DataTable 类是 ADO.NET 的核心，用于管理和保存数据记录。同时支持数据记录的添加、删除、插入、修改等操作。

6.7.1　DataSet 对象概述

DataSet 是 ADO.NET 的核心对象。该对象可以用来存储从数据库查询到的数据结果(即读取到内存中的数据集合，也可以看作是一个简单的内存数据库)。一个 DataSet 中可以包含多个 DataTable，且可以包含 DataTable 之间的关系等信息。DataSet 中数据的存储实际是通过 DataTable 来实现的，DataSet 中的所有数据表都可以通过它的 Tables 属性访问。

由于它在获得数据或更新数据后立即与数据库断开，所以程序员能用此高效地访问和操作数据库。因为 DataSet 对象具有离线访问数据库的特性，所以它更能用来接收海量的数据信息。

由于其在访问数据库前不知道数据库里表的结构，所以在其内部，用动态 XML 的格式来存放数据。这种设计使 DataSet 能访问不同数据源的数据。

DataSet 对象本身不与数据库发生关系，而是通过 DataAdapter 对象从数据库里获取数据并把修改后的数据更新到数据库。在 DataAdapter 的描述中，可以看出，在同数据库建立连接后，程序员可以通过 DataApater 对象的方法 Fill()填充或通过 Update()方法更新 DataSet 对象。

由于 DataSet 独立于数据源，DataSet 可以包含应用程序本地的数据，也可以包含来自多个数据源的数据。与现有数据源的交互通过 DataAdapter 来控制。

1. 通过 DataAdapter 对象向 DataSet 填充数据

DataSet 对象常和 DataAdapter 对象配合使用。通过 DataAdapter 对象，向 DataSet 中填充数据的一般步骤如下。

（1）创建 DataAdapter 和 DataSet 对象。

（2）使用 DataAdapter 对象，为 DataSet 产生一个或多个 DataTable 对象。

（3）DataAdapter 对象把从数据源中取出的数据填充到 DataTable 中的 DataRow 对象中，然后将该 DataRow 对象追加到 DataTable 对象的 Rows 集合中。

（4）重复第（2）步，直到数据源中所有数据都已填充到 DataTable 中。

（5）将第（2）步产生的 DataTable 对象加入 DataSet 中。

2. 通过 DataSet 更新数据库

使用 DataSet，将程序里修改后的数据更新到数据源的步骤如下。

（1）创建待操作 DataSet 对象的副本，以免因误操作而造成数据损坏。

（2）对 DataSet 的数据行（如 DataTable 中的 DataRow 对象）进行插入、删除或更改操作，此时的操作不能影响到数据库。

（3）调用 DataAdapter 的 Update 方法，把 DataSet 中修改的数据更新到数据源中。

3. DataSet 对象的常用属性

Tables：只读属性，表示包含在 DataSet 中的表（DataTable）的集合。可以用 DataSet 的表的序号表示，也可以用表的名称表示其 Table。例如，ds.Table[0]，表示 DataSet 中的第一表；ds.Table[1]，表示 DataSet 中的第二表，以此类推；ds.Table["users"]，表示 DataSet 中名称为 users 的数据表。

4. DataSet 对象的常用方法

（1）AcceptChanges()：该方法用于提交当前 DataSet 中所有未接受或拒绝的数据变化。

（2）Clear()：该方法用来清空 DataSet 中的所有数据，通过清除 DataSet 中所有表的数据实现。

（3）DataSet.Copy()：该方法把 DataSet 的内容（结果和数据）复制到其他 DataSet 中。

（4）DataSet GetChanges()：该方法用于获得在 DataSet 里已经被更改后的数据行，并把这些行填充到 Dataset 里并返回。

（5）bool HasChanges()：如果 DataSet 在创建后或执行 AcceptChanges 后，其中的数据没有发生变化，返回 True，否则返回 False。

（6）void RejectChanges()：该方法撤销 DataSet 自创建或调用 AcceptChanges 方法后的所有变化。

（7）CreateTableReader()：该方法为每个 DataTable 创建一个带有结果集的 DataTableReader 对象，可以只读向前的访问该数据表的数据记录。

5．使用 DataSet 类的步骤

（1）创建 DataSet 对象。通过 DataSet 类的构造函数创建类 DataSet 的实例对象，具体格式如下。

① DataSet()：创建一个不带参数默认的 DataSet 对象，数据集的名称为默认值。

② DataSet(string name)：创建一个指定名称的 DataSet 对象，name 用于指定数据集合的名称（并非 DataSet 对象的名称）。

（2）为 DataSet 添加数据表。DataSet 对象建立好之后，是空的数据集，不含任何数据（表）。通常通过 DataSet 类的 Tables 属性完成。如果需要，还可以为 DataSet 中的表添加关系。

（3）为 DataSet 中的每个数据表（DataTable）添加数据记录。通常通过 DataSet 的某个 DataTables 对象添加，也可以在创建 DataTable 对象时直接添加数据。

6．DataSet 对象与 DataAdapter 结合使用

（1）创建 DataAdapter 和 DataSet 对象，并用 DataAdapter 的 SQL 语句生成的表填充到 DataSet 的 DataTable 中。

（2）使用 DataTable 对表进行操作，例如做增加、删除、修改等动作。

（3）使用 DataAdapter 的 update 语句将更新后的数据提交到数据库中。

6.7.2 DataSet 对象模型

从前面的讲述中可以看出，DataSet 对象主要用来存储从数据库得到的数据结果集。为了更好地对应数据库里数据表和表之间的联系，DataSet 对象包含了 DataTable 和 DataRelation 类型的对象。其中，DataTable 用来存储一张表里的数据，其中的 DataRows 对象用来表示表的字段结构以及表里的一条数据。另外，DataTable 中的 DataView 对象用来产生和对应数据视图。而 DataRelation 类型的对象则用来存储 DataTable 之间的约束关系。DataTable 和 DataRelation 对象都可以用对象的集合（Collection）对象类管理。

DataSet 中的方法和对象与关系数据库模型中的方法和对象一致，DataSet 对象可以看

作是数据库在应用代码里的映射，通过对 DataSet 对象的访问，可以完成对实际数据库的操作。DataSet 的对象模型如图 6.4 所示。

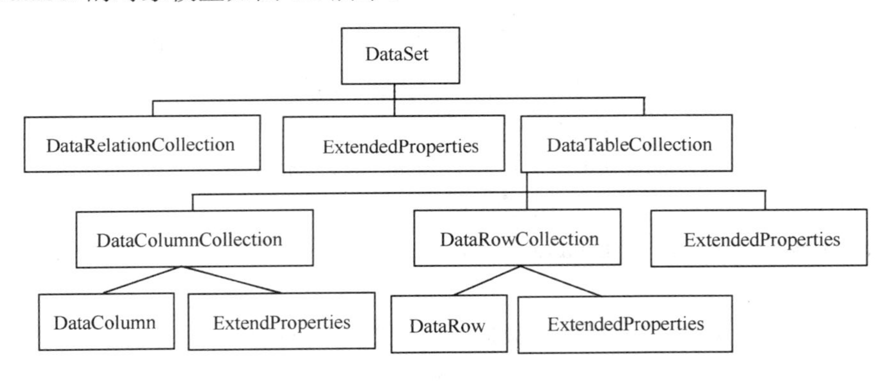

图 6.4　DataSet 类的对象模型

DataSet 对象模型中的各重要组件说明如下。

1. DataRelationCollection 和 DataRelation

DataRelation 对象用来描述 DataSet 中各表之间的诸如主键和外键的关系，它使一个 DataTable 中的行与另一个 DataTable 中的行相关联，也可以标识 DataSet 中两个表的匹配列。

DataRelationCollection 是 DataRelation 对象的集合，用于描述整个 DataSet 对象里数据表之间的关系。

2. ExtendedProperties

DataSet、DataTable 和 DataColumn 全部具有 ExtendedProperties 属性。可以在其中加入自定义信息，例如，用于生成结果集的 SQL 语句或生成数据的时间。

3. DataTableCollection 和 DataTable

在 DataSet 中，用 DataTable 对象来映射数据库中的表，而 DataTableCollection 用来管理 DataSet 中的所有 DataTable。

6.7.3　DataTable 类

DataTable 是 ADO.NET 中用来访问数据库的核心对象，表示内存中的一个数据表。一个 DataTable 对象通过 DataColumnCollection 属性来表示其中的列结构。如果 DataTable 从数据库中获取，则不需要设置列结构属性。如果以编程方式创建的 DataTable 对象，则须现将多个 DataColumn 对象添加到 DataColumnCollection 中，完成其列框架的设定之后，才能向表中添加数据记录。

表中添加数据记录时，先使用 DataTable 的 NewRow()方法生成一个新的 DataRow 对象，并设置 DataRow 对象的各个属性列赋值，然后将 DataRow 对象添加到 DataTable 中，完成添加一条记录。

1. DataTable 类的常用属性

（1）TableName：用来获取或设置 DataTable 的名称。

（2）DataSet：用来表示该 DataTable 从属于哪个 DataSet（对象）。

（3）Rows：用来表示该 DataTable 的 DataRow 对象的集合，也就是对应着相应数据表里的所用记录。通过此属性，依次访问 DataTable 里的每条记录。该属性有如下方法。

① Add：把 DataTable 的 AddRow 方法创建的行追加到末尾。

② InsertAt：把 DataTable 的 AddRow 方法创建的行追加到索引号指定的位置。

③ Remove：删除指定的 DataRow 对象，并从物理上把数据源中的对应数据删除。

④ RemoveAt：根据索引号，直接删除数据。

（4）Columns：用来表示该 DataTable 的 DataColumn 对象的集合，通过此属性，能依次访问 DataTable 里的每个字段。

（5）PrimaryKey：获取或设置充当数据表主键的列的数组。

（6）IsInitialized：指示是否已经初始化 DataTable。

2. DataTable 类的常用方法

（1）DataTable()：构造函数，用于建立 DataTable 数据表对象。DataTable()函数有 3 个重载版本。

① DataTable()：创建一个表名称为空字符串的数据表（对象）。

② DataTable(string name)：创建一个具有指定表名称（name）的数据表（对象）。

③ DataTable(string name，string namespace)：创建一个表名称为 name、XML 格式中名称空间为 namespace 的数据表（对象）。

（2）NewRow()：创建与该 DataTable 表结构相同的一个新行，返回表示记录行的 DataRow 对象，但该方法不会把创建好的 DataRow 添加到 DataRows 集合中，而是需要通过调用 DataTable 对象 Rows 属性的 Add 方法，才能完成添加动作。

（3）void Merge(DataTable table)：该方法能把参数中的 DataTable 和本 DataTable 合并。

（4）void Load(DataReader reader)：该方法通过参数里的 DataReader 对象，把对应数据源里的数据装载到 DataTable 里。如果 DataTable 对象中已包含了行，则从数据源导入的行将与现有的行进行合并。

（5）void Clear()：该方法用来清除 DataTable 里的数据，通常在获取数据前调用。

（6）void Reset()：该方法重置 DataTable 对象为初始状态。

（7）Select()：该方法执行后，会返回一个 DataRow 对象组成的数组（DataRow[]）。

（8）AcceptChanges()：提交 DataTable 中所有未接受或拒绝的数据记录更改。

（9）RejectChanges()：回滚（撤销）DataTable 中所有未接受或拒绝的数据记录更改。

（10）CreateDataReader()：返回与此 DataTable 中的数据相对应的 DataTableReader。

（11）LoadDataRow()：查找或更新特定的行，如果找不到任何匹配的行，则使用给定值创建新行。

3. DataTable 类的常用事件

（1）TableNewRow：插入新 DataRow 行时触发该事件。

（2）ColumnChanging：在 DataRow 中指定的 DataColumn 的值发生改变时触发该事件。

（3）ColumnChanged：在 DataRow 中指定的 DataColumn 的值改变之后触发该事件。

（4）RowChanging：当 DataRow 正在被改变时触发该事件。

（5）RowChanged：DataRow 被成功更改之后触发该事件。

（6）RowDeleting：表中的行被删除之前触发该事件。

（7）RowDeleted：表中的行被删除之后触发该事件。

（8）TableClearing：DataTable 被清除时触发该事件。

（9）TableCleared：清除 DataTable 之后触发该事件。

6.7.4　DataColumn 和 DataRow 类与对象

在 DataTable 里，用 DataColumn 对象来描述对应数据表的字段，用 DataRow 对象来描述对应数据库的记录。值得注意的是，DataTable 对象一般不对表的结构进行修改，所以一般只通过 Column 对象读列。例如，通过以下命令格式来获取列的有关信息或数据：

```
DataTable.Table["TableName"].Column["columnName"]
```

1. DataColumn 对象的常用属性

（1）Caption：用来获取和设置列的标题。

（2）ColumnName：用来描述该 DataColumn 在 DataColumnCollection 中的名字。

（3）DataType：用来描述存储在该列中数据的类型。

在 DataTable 中，用 DataRow 对象来描述对应数据库的记录。DataRow 对象和 DataTable 中的 Rows 属性相似，都用来描述 DataTable 里的记录。同 ADO 版本中的同类对象不同的是，ADO.NET 下的 DataRow 有“原始数据”和“已经更新的数据”之分，并且，DataRow 中修改后的数据是不能即时反映到数据库中的，只有调用 Update 方法才能更新数据。

DataRow 对象的重要属性有 RowState 属性，用来表示该 DataRow 是否被修改和修改方式。RowState 属性可以取的值有 Added、Deleted、Modified 或 Unchanged。

2. DataColumn 类的构造函数

通过 DataColumn 类建立数据列对象，并添加到 DataTable 的 DataColumn 属性中，得到 DataTable 的数据结构。DataColumn 类有 3 个版本的重载函数。

（1）DataColumn (string name，DataType type)：创建一个列名称为 name 的数据列，其数据类型为 type，数据类型可以是数据库支持的任意数据类型。

（2）DataColumn (string name，DataType type，string exp)：创建一个列名称为 name 的数据列，其数据类型为 type，参数 exp 用于创建该列的表达式。

（3）DataColumn (string name，DataType type，string exp，MappingType maptype)：创建一个列名称为 name 的数据列，其数据类型为 type。参数 exp 用于创建该列的表达式，maptype 为该列映射到 XML 数据源的节点类型。

3. DataRow 对象的主要方法

（1）AcceptChanges()：该方法用来向数据库提交上次执行 AcceptChanges 方法后对该行的所有修改。

（2）void Delete()：该方法用来删除当前的 DataRow 对象。

（3）设置当前 DataRow 对象的 RowState 属性的方法有以下两种。

① void SetAdded()：把 DataRow 对象设置成 Added。

② void SetModified()：把 DataRow 对象设置成 Added 和 Modified。

（4）void BeginEdit()：该方法用来对 DataRow 对象开始编辑操作。

（5）void cancelEdit()：该方法用来取消对当前 DataRow 对象的编辑操作。

（6）void EndEdit()：该方法用来终止对当前 DataRow 对象的编辑操作。

例如，设 ds 为 DataSet 类的对象，其中包含了一个具有 3 个字段（sno、sname、age）的数据表（命名为 xs）。通过数据表名称作为索引值读取 ds 中指定的数据表，将其复制给 DataTable 类的对象 dt。

以下代码段说明了 DataTable、DataRow 类及其方法对 dt 对象中的数据集的访问方法：

```
DataTable dt = ds.Tables["xs"].Copy();//复制ds中名为xs的表到DataTable类的对象dt
//定义DataTable对象时，也通过DataSet集合中的表的序号作为索引值，复制数据表的数据
//以上语句的等价语句:DataTable dt = ds.Tables[0].Copy();
//循环遍历dt中所有记录行dt.Rows;用DataRow类的对象r访问每一行的所有列(各个字段)的值
foreach (DataRow r in dt.Rows)      //dt.rows表示dt中行的集合
{
    //利用DataRow类的对象r读取本行第1列(学号字段sno,列索引号为0)的数据;列序号
    //从0开始编号
    vxh = r[0].ToString();     //通过列(字段)的索引号0获取r对象"学号"字段的值
    vxm = r["sname"].ToString();//通过列(字段)名sname读取r对象"姓名"字段的值
    //通过列的索引号,读取r对象第3列(年龄字段age,列索引号为2)的数据,转化为int型
    vage = Convert.ToInt16(r[2]);//通过列(字段)的索引号获取r对象"年龄"字段的值
    Console.Write(string.Format("{0,-16}", vxh)); //显示学号值在控制台上
    Console.Write(string.Format("{0,-12}", vxm)); //显示姓名值在控制台上
    Console.WriteLine("{0,-6}", vage);              //显示年龄值在控制台上
    rs++;                                          //变量rs累计dt对象中记录总行数
}
dt.Dispose();                                      //释放DataTable对象dt占用的资源
```

【程序解析】 使用 DataTable、DataColumn 和 DataRow 对象访问数据的一般方式有以下几种。

（1）使用表名称和表索引序号访问 DataSet 类的对象中各个数据表（DataTable）。为了提高代码的可读性，推荐使用表名称方式来访问每个数据表。示例代码参见上面的代码段。

（2）使用 Rows 属性获取“数据表”中记录的总数，使用 DataRow 类的对象 r 访问数据表的每个行。

（3）还可以综合使用 DataRow 和 DataColumn 类的对象访问 DataTable 类的对象的数据。DataTable 对象的 Rows 属性对应于 DataRow 类的对象，DataTable 对象的 Columns 属性对应于 DataColumn 类的对象。

以下代码段说明了，通过 DataRow 类的对象 r 遍历数据表（DataTable）对象中行的集合 rows，通过 DataColumn 类的对象 c 遍历数据表对象中列的集合 Columns 的方法。dt 为 DataTable 类的对象

```
foreach (DataRow r in dt.Rows)                     //dt.rows表示dt中行的集合
```

```
{    //定义 DataColumn 类的对象 c 访问 dt 对象中列的集合 dt.Columns;遍历当前行 r 的所
//有列(字段 c)的值
    foreach (DataColumn c in tb.Columns)   //dt.Columns 表示 dt 中列的集合
    {    obj = r[c];              //用数组方式 r[c]读取当前行 r 当前列(字段 c)的数据
        Console.Write(string.Format("{0,-16}", obj.ToString()));
                                          //格式化显示字段值
    }
    Console.WriteLine("");                //每一行各字段值输出之后换行
    rs++;                                 //变量 rs 累计 dt 对象中记录总行数
}
```

以上两个代码段的作用是等价的，均在 Visual Studio 2012 中测试通过。

6.7.5　DataSet 类、DataTable 类、DataColumn 类、DataRow 类综合应用实例

【例 6.6】 本实例演示说明 DataSet 类、DataTable 类、DataColumn 类、DataRow 类的综合应用。基于 C#建立一个“控制台应用程序”的项目，项目名称为 ConsoleApp0606。问题描述如下：

（1）建立一个 DataSet 类对象（命名为 ds），在该对象中存储两个数据表：一个数据表（DataTable）的数据来源于用户表（users），通过 DataAdapter 对象的 Fill()方法进行数据填充；另外一个数据按步骤（2）的方式处理。演示说明了 SqlDataAdapter、SqlDataReader、DataSet 类的使用和应用。

（2）建立 DataTable 类的对象 dt，将 dt 对象的数据表名称取名为 students。然后构造 DataColumn 类的对象 col，并通过 col 对象为 dt 对象添加 3 个列，其数据类型宽度是：

```
sno, nvarchar(12); sname, nvarchar(10); age, smallint
```

演示说明了 SqlDataReader、DataTable、DataColumn、DataRow 类的使用和应用。

（3）通过查询语句读取学生表（student）的数据，数据集返回给 DataReader 类的对象 dr，遍历 dr 的所有数据写入步骤（2）生成的 dt 对象中。具体方法：通过 DataTable 类的 NewRow()方法创建一个基于当前表（dt）结构的 DataRow（数据行）对象，为该对象设置相应字段的值，并将 DataRow 对象添加到 DataTable 对象的 Rows 属性中，实现向 DataTable 对象添加任意多的新数据行。

演示说明了 SqlDataReader 对象中数据的遍历方法，DataTable 类对象中数据行的新增方法。

（4）将 dt 对象添加到步骤（1）的 ds 对象中。至此，ds 中包含有名为 users、students 的 DataTable 类型的对象（数据表），分别存储数据库中的用户表（users）、学生表（student）的数据。该成员函数实现显示 ds 及其中各个 DataTable 对象的有关信息。

（5）输出 ds 对象的基本信息。数据集合名称（DataSetName 属性的值）、ds 中包含的 DataTable 对象的个数；ds 中各 DataTable 对象的基本信息：数据表的名称、列数（即字段数）、行数（记录数）。

（6）输出 ds 对象中包含的各个数据表（DataTable）对象的数据（每个表所有记录行的数据）。

以上问题的求解，说明了 SqlConnection、SqlCommand、SqlDataAdapter、SqlDataReader、DataSet、DataTable、DataColumn、DataRow 类及有关方法的使用和综合应用。

本例的算法思路如下。

（1）定义类的静态成员变量 cn、ds、constr。constr 存储数据库连接信息字符串，通过数据库连接类 SqlConnection 的对象 cn 实现数据库的连接，并打开数据库的连接。ds 为 DataSet 类的对象。

（2）定义类的成员函数 createdataset()，实例化数据集合类（DataSet）对象 ds，该数据集取名为“用户数据集”，并通过 DataAdapter 对象的 Fill()方法，将数据表 users 的数据填充该 DataSet 对象中，在 DataSet 对象中生成第一个数据表（命名为 usrs）。

（3）定义类的成员函数 addDataTableTods()。功能是：定义一个 SqlDataReader 类的对象（命名为 dr），将来自学生表（student）的数据（含 3 个字段：sno、sname、age）赋值给该 dr 对象；建立 DataTable 类的对象 dt，将 dt 对象的数据表取名为 students；建立 DataColumn 类的对象 col，通过 col 对象为 dt 对象添加 3 个属性（即字段）。这 3 个字段与 dr 中的 3 个字段呈一一对应关系；然后将 dr 对象的数据逐行复制到 dt 对象中。最后，将 dt 添加到 ds 对象中。到此，ds 对象中包含了两个数据表 users 和 students。

（4）定义类的成员函数 showDataSetObjInfo()，显示对象 ds 及其包含的数据表的有关信息。

① 对象 ds 的数据集合的名称（DataSetName 属性值），ds 中包含的 DataTable 对象的个数。

② 对象 ds 包含的各个 DataTable 对象的基本信息：数据表名称、字段数、记录总行数。

（5）定义类的成员函数 displayrows()，显示 ds 对象中包含的数据表 users 和 students 的数据。

【程序解析】 类的成员变量、成员函数及其源代码封装在类文件 Program.cs 中。为了便于读者理解，给出了源代码的相关注释。相关代码如下：

（1）手动添加的 using 命令，为引用操作 SQL 数据库的相应类及其方法等。

```
using System.Data;
using System.Data.SqlClient;
```

（2）类 Program 的成员变量。

定义类的成员变量：cn、ds、constr；类中任何成员函数均可引用之。

```
private static SqlConnection cn = null;          //cn 用于连接数据库
//constr 存储数据库连接信息字符串,并通过类的成员函数的返回值初始化之
public static string constr = getmachinename();//constr 中存储了数据库连接信息
public static DataSet ds = null;        //DataSet 的对象,存储 DataTable 对象
```

（3）类的成员函数。

① 函数 getmachinename()：参见例 6.5 中的相关函数的介绍。

② 函数 createdataset()：用于建立 DataSet 对象，用数据库的用户表 users 的数据填充

该对象的第一个数据表。

```
private static void createdataset()
{   string sql = "select uid,upw,ulv from users";//定义 SQL 查询字符串
    SqlDataAdapter da = new SqlDataAdapter(sql,cn);//实例化一个 SqlDataAdapter
                                                  //对象
    ds = new DataSet("用户数据集");          //实例化 DataSet 类的对象,将其数据集取名
                                          //"用户数据集"
    da.Fill(ds,"usrs");                   //将查询得到的数据集取名为 usrs,作为第一
                                          //个 table 填充到 ds 对象中
}
```

③ 函数 addDataTableTods()：用于定义 SqlDataReader 类的对象 dr，将查询获取的学生表 student 中数据集赋值给 dr，数据集合中含 sno、sname、age 3 个字段；定义 DataTable 类的对象 dt；定义 DataColumn 类的对象，以此为 dt 对象添加 3 个属性（sno、sname、age），该属性与 dr 对象中的属性呈一一对应关系；将 dr 的数据转存到新建的 dt 对象中，该数据表的取名为 students；最后将 dt 添加到 ds 对象中。

```
private static void addDataTableTods()
{   DataColumn col = null;                      //定义 DataColumn 类的对象 col
    string sql = "select sno,sname,age from student";
                                                //定义查询语句,获取学生数据集
    SqlCommand cmd = new SqlCommand(sql, cn);//实例化 SqlCommand 类的对象 cmd
    SqlDataReader dr = cmd.ExecuteReader();//得到一个 SqlDataReader 数据集对象
    DataTable dt = new DataTable("students");//实例化一个 DataTable 类的对象 dt
    //针对字段 sno,设置列 DataColumn 对象 col 的相关属性
    col = new DataColumn("sno", Type.GetType("System.String"));
                                    //设置 col 的类型属性
    col.AllowDBNull = false;        //设置列(DataColumn)对象 col 不允许为空
    col.MaxLength = 12;             //设置列对象 col 的最大宽度为 12,存储学号值
    dt.Columns.Add(col); //将列对象 col 添加到对象 dt 中(以添加新的列)
    //针对字段 sname,设置列(DataColumn)对象的相关属性
    col = new DataColumn("sname", Type.GetType("System.String"));
                                    //设置 col 类型属性
    col.AllowDBNull = false;        //设置列(DataColumn)对象 col 不允许为空
    col.MaxLength = 10;             //设置列对象 col 的最大宽度为 10,存储姓名值
    dt.Columns.Add(col);            //将列对象 col 添加到对象 dt 中(以添加新的列)
    //针对字段 age,设置列(DataColumn)对象 col 的相关属性
    col = new DataColumn("age", Type.GetType("System.Int32"));
                                    //设置类型属性为 int
    col.AllowDBNull = true;//设置列(DataColumn)对象 col 允许为空,存储年龄数值
    dt.Columns.Add(col);            //将列对象 col 添加到对象 dt 中(以添加新的列)
    DataRow rw = null;              //定义类 DataRow 的对象 rw
    //本循环将 SqlDataReader 类的对象 dr 中的所有行的数据复制到新的 DataTable 对象 dt 中
    while (dr.Read())
    {   rw = dt.NewRow();           //将新增的行赋值给 DataRow 对象
```

```
        rw["sno"] = dr["sno"].ToString();//读取dr中的学号字段值赋值rw中的学号字段
        rw["sname"] = dr["sname"].ToString();   //姓名字段
        rw["age"] = Convert.ToInt32(dr["age"]); //年龄字段
        dt.Rows.Add(rw);                        //将新行rw添加到DataTable对象dt中
    }
    //将新建的名为"students"数据表(table)对象添加到DataSet对象ds的数据集中
    ds.Tables.Add(dt);
    dr.Dispose();                               //关闭SqlDataReader对象
}
```

④ 函数 showDataSetObjInfo()：用于显示 DataSet 对象 ds 及其各个 DataTable 对象的相关信息。

```
private static void showDataSetObjInfo()
{   Console.WriteLine("DataSet对象的名称:{0}\t", ds.DataSetName);
                                                //显示ds对象的名称
    //显示DataSet对象ds中数据表(Datatable)的个数:ds.Tables.Count
    Console.WriteLine("DataSet对象中数据表的个数:{0}", ds.Tables.Count);
    int k = 0;
    //依次显示ds中每个tables类对象(即数据表)的有关信息:表名称、字段数、记录数
    foreach (DataTable dt in ds.Tables)
    {   Console.Write("\tDataTable {0} =>",++k);
        Console.Write("表名称:{0}",dt.TableName);
        Console.Write(" ,列数:{0}",dt.Columns.Count);
        Console.WriteLine(" ,行数:{0}",dt.Rows.Count);
    }
    Console.ReadKey();                          //暂停程序,等待输入
}
```

⑤ 函数 displayrows()：用于显示 ds 对象中所有 DataTable 对象中的数据（所有行所有列）。

```
private static void displayrows()
{
    foreach(DataTable dt in ds.Tables)  //控制ds中数据表的个数
    {   Console.Clear();                //清除控制台上显示的屏幕信息
        Console.WriteLine("ds中的名为[{0}]的数据表的数据:", dt.TableName);
        //显示每个表的列标题名称,每一列名称占16位宽度,"-"表示左对齐输出
        for (int c = 0; c < dt.Columns.Count; c++)
        {  Console.Write("{0,-16}",dt.Columns[c].ColumnName);  }
        Console.WriteLine("");          //输出一个换行
        //显示ds中每个数据表(DataTable)对象dt的数据记录
        foreach(DataRow dr in dt.Rows ) //控制dt中的行数
        {   //显示dt中某一行的所有各列的数据(字段的值)
            for (int col = 0; col < dt.Columns.Count; col++)//控制每一行的列数
            { Console.Write("{0,-16}",dr[col].ToString());  }//左对齐输出数据项
            Console.WriteLine("");      //每一行的数据输出完之后换行
```

```
        }
        Console.Write("\n 当前表的行数为:{0} , ",dt.Rows.Count);
        Console.WriteLine("按任意键继续,............");
        Console.ReadKey();                  //暂停程序运行,等待输入
    }
}
```

⑥ 函数 Main()：主函数，项目的入口程序，由系统自动生成其框架，用户完善其函数体。

```
static void Main(string[] args)        //主函数,项目的入口程序
{  try
  {   cn = new SqlConnection(constr);   //实例化数据库连接对象 cn
      if (cn.State != ConnectionState.Open) cn.Open(); //打开数据库的连接
      Console.WriteLine("数据库的连接状态[state()] :{0}", cn.State);
      //cn.ServerVersion,在数据库的连接处于打开状态时,才能正确的执行
      Console.WriteLine("数据库的版本(Server Servion):{0}", cn.ServerVersion);
      ds = createdataset();//实例化 DataSet 类的对象 ds,ds 中已填充了相关的数据
      addDataTableTods(ds);//添加一个 Datatable 对象到现有的 DataSet 对象 ds 中
      showDataSetObjInfo(ds);//显示 DataSet 对象 ds 及其中所有 DataTable 对象的有
                             //关信息
      displayrows(ds);       //显示 DataSet 对象 ds 中所有 DataTable 对象的数据
  }
  Catch (Exception ex)
      { Console.WriteLine("\n 连接不上 SQLServer 数据库!"+ex.Message); }
  finally                    //finally 程序块始终会被执行的,无论 try 部分是否有错
  {   if (cn.State == ConnectionState.Open)  //数据库打开时,关闭数据库的连接
      {   cn.Close();        //关闭与数据库的连接
          Console.Write("\nSQLServer 数据库连接已经关闭!");
          Console.WriteLine(" state()=[ {0} ]", cn.State);  }
  }
  Console.ReadKey();         //暂停程序,等待输入
}
```

程序运行结果显示和函数 displayrows(ds)执行后的结果在此省略，因为学生表 students 的数据太多。

6.8 数据显示控件(DataGridView)

6.8.1 DataGridView 控件简介

DataGridView 是用于 Windows Froms 2.0 的新网格控件。相比之前的版本 DataGrid 控件有了很大的改进。通过 DataGridView 控件，可以显示和编辑表格式的数据，而这些数据可以取自多种不同类型的数据源。DataGridView 能够显示非绑定的数据或绑定的数据源，

或同时显示绑定和非绑定的数据。

DataGridView 控件具有很高的可配置性和可扩展性，提供了大量的属性、方法和事件，可以用来对该控件的外观和行为进行自定义。DataGridView 及其相关类被设计为用于显示和编辑表格式数据的灵活、可扩展的体系。这些类都位于 system.Windows.Forms 命名空间，它们的名称也都有共同的前缀 DataGridView。

6.8.2 DataGridView 控件常用属性

（1）AdvancedCellBorderStyle：获取 DataGridView 中单元格的边框样式。

（2）AllowUserToAddRows：获取或设置一个值，该值指示是否向用户显示添加行的选项。

（3）AllowUserToDeleteRows：获取或设置一个值，指示是否允许用户从 DataGridView 中删除行。

（4）AllowUserToResizeColumns：获取或设置一个值，该值指示用户是否可以调整列的大小。

（5）AllowUserToResizeRows：获取或设置一个值，该值指示用户是否可以调整行的大小。

（6）AutoGenerateColumns：逻辑值，表示在设置 DataSource 或 DataMember 属性时是否自动创建列。

（7）AutoSizeColumnsMode：获取或设置一个值，该值指示如何确定列宽。

（8）AutoSizeRowsMode：获取或设置一个值，该值指示如何确定行高。

（9）BackgroundColor：获取或设置 DataGridView 的背景色。

（10）BorderStyle：获取或设置 DataGridView 的边框样式。

（11）CellBorderStyle：获取 DataGridView 的单元格边框样式。

（12）ColumnCount：获取或设置 DataGridView 中显示的列数。

（13）ColumnHeadersBorderStyle：获取应用于列标题的边框样式。

（14）ColumnHeadersDefaultCellStyle：获取或设置默认列标题样式。

（15）ColumnHeadersHeight：获取或设置列标题行的高度（以像素为单位）。

（16）ColumnHeadersHeightSizeMode：是否可以调整列标题的高度，由用户调整还是自动调整。

（17）ColumnHeadersVisible：获取或设置一个值，该值指示是否显示列标题行。

（18）Columns：获取一个包含控件中所有列的集合。

（19）Controls：获取包含在控件内的控件的集合。

（20）CurrentCell：获取或设置当前处于活动状态的单元格。

（21）CurrentCellAddress：获取当前处于活动状态的单元格的行索引和列索引。

（22）CurrentRow：获取包含当前单元格的行。

（23）DataBindings：为该控件获取数据绑定。

（24）DataMember：获取或设置数据源中 DataGridView 显示其数据的列表或表的名称。

（25）DataSource：获取或设置 DataGridView 所显示数据的数据源。

（26）DefaultBackColor：获取控件的默认背景色。

（27）DefaultFont：获取控件的默认字体。

（28）DefaultForeColor：获取控件的默认前景色。

（29）EditingControl：获取当前单元格承载的控件（如果包含编辑控件的单元格处于编辑模式下）。

（30）EditMode：获取或设置一个值，该值指示如何开始编辑单元格。

（31）Enabled：获取或设置一个值，该值指示控件是否可以对用户交互做出响应。

（32）Focused：获取一个值，该值指示控件是否有输入焦点。

（33）Font：获取或设置 DataGridView 显示的文本的字体。

（34）ForeColor：获取或设置 DataGridView 的前景色。

（35）Item：提供索引器以获取或设置位于指定行和指定列交叉点处的单元格。

（36）ModifierKeys：获取一个值，该值指示哪一个修改键（Shift 键、Ctrl 键和 Alt 键）处于按下的状态。

（37）MultiSelect：指示是否允许用户一次选择 DataGridView 的多个单元格、行或列。

（38）NewRowIndex：获取新记录所在行的索引。

（39）Resizable：指定是否可以改变表格控件的行列宽度。

（40）RowCount：获取或设置 DataGridView 中显示的行数。

（41）RowHeadersBorderStyle：获取或设置行标题单元格的边框样式。

（42）RowHeadersDefaultCellStyle：获取或设置应用于行标题单元格的默认样式。

（43）RowHeadersVisible：获取或设置一个值，该值指示是否显示包含行标题的列。

（44）Rows：获取一个集合，该集合包含 DataGridView 控件中的所有行。

（45）SelectedRows：获取用户选定的行的集合。

（46）SelectionMode：获取或设置一个值，该值指示如何选择 DataGridView 的单元格。

（47）SortedColumn：获取 DataGridView 内容的当前排序所依据的列。

（48）ShowCellToolTips：指示是否显示单元格的提示信息。

（49）TabIndex：获取或设置在控件的容器的控件的 Tab 键顺序。

（50）TabStop：获取或设置一个值，该值指示用户能否使用 Tab 键将焦点放到该控件上。

（51）Visible：获取或设置一个值，该值指示是否显示该控件及其所有父控件。

以上常用属性的基本使用参见 6.8.5 节的有关问题描述。

6.8.3 DataGridView 控件的常用方法

（1）AutoResizeColumnHeadersHeight：调整列标题的高度，以适应标题内容。

（2）AutoResizeColumns：调整所有列的宽度，以适应其单元格的内容。

（3）AutoResizeRow：调整指定行的高度，以适应其单元格的内容。

（4）AutoResizeRowHeadersWidth：调整行标题的宽度，以适应标题内容。

（5）AutoResizeRows：调整某些或所有行的高度，以适应其内容。

（6）BeginEdit：将当前的单元格置于编辑模式下。

（7）CancelEdit：取消当前选定单元格的编辑模式并丢弃所有更改。

（8）ClearSelection：取消对当前选定的单元格的选择。

（9）CommitEdit：将当前单元格中的更改提交到数据缓存，但不结束编辑模式。

（10）DisplayedColumnCount：返回向用户显示的列数。

（11）DisplayedRowCount：返回向用户显示的行数。

（12）Dispose：释放 DataGridView 控件使用的所有资源。

（13）Focus：为控件设置输入焦点。

（14）GetCellCount：获取满足所提供筛选器的单元格的数目。

（15）GetNextControl：按照子控件的 Tab 键顺序向前或向后检索下一个控件。

（16）GetType：获取当前实例的 Type。

（17）Hide：对用户隐藏控件。

（18）InvalidateRow：使 DataGridView 中的指定行无效，并强制对它进行重新绘制。

（19）IsKeyLocked：确定 CapsLock、NumLock 或 ScrollLock 键是否有效。

（20）NotifyCurrentCellDirty：通知 DataGridView 当前单元格有未提交的更改。

（21）PreProcessControlMessage：在调度键盘或输入消息之前，在消息循环内对它们进行预处理。

（22）PreProcessMessage：在调度键盘或输入消息之前，在消息循环内对它们进行预处理。

（23）Remove、RemoveAt：删除指定的列或行。

（24）Refresh：强制控件使其工作区无效并立即重绘自己和任何子控件。

（25）ResetBackColor：将 BackColor 属性重置为其默认值。

（26）ResetBindings：使绑定到 BindingSource 的控件重新读取列表中所有项，并刷新这些项的显示值。

（27）SelectAll：选择 DataGridView 中的所有单元格。

（28）SelectNextControl：激活下一个控件。

（29）Show：向用户显示控件。

（30）Update：使控件重绘其工作区内的无效区域。

以上方法的基本使用参见 6.8.5 节的有关问题描述。

6.8.4 DataGridView 控件的常用事件

（1）CancelRowEdit：在 DataGridView 控件的 VirtualMode 属性为 true 并且取消行中的编辑时发生。

（2）CellClick：在单元格的任何部分被单击时发生。

（3）CellContentClick：在单元格中的内容被单击时发生。

（4）CellContentDoubleClick：在用户双击单元格的内容时发生。

（5）CellDoubleClick：在用户双击单元格中的任何位置时发生。

（6）CellEndEdit：在为当前选定的单元格停止编辑模式时发生。

（7）CellEnter：在 DataGridView 控件中的当前单元格更改或者该控件接收到输入焦点

时发生。

（8）CellFormatting：在单元格的内容需要设置格式，以便于显示时发生。

（9）CellPainting：在单元格需要绘制时发生。

（10）CellParsing：在单元格值已修改的情况下，当单元格退出编辑模式时发生。

（11）CellToolTipTextNeeded：在需要单元格的工具提示文本时发生。

（12）CellValidating：在单元格失去输入焦点时发生，并启用内容验证功能。

（13）Click：在单击控件时发生。

（14）ColumnDataPropertyNameChanged：在某一列的 DataPropertyName 属性值更改时发生。

（15）CurrentCellChanged：当 CurrentCell 属性更改时发生。

（16）DataBindingComplete：在数据绑定操作完成之后发生。

（17）DataMemberChanged：当 DataMember 属性的值更改时发生。

（18）DataSourceChanged：当 DataSource 属性的值更改时发生。

（19）Disposed：当通过调用 Dispose 方法释放组件时发生。

（20）DockChanged：当 Dock 属性的值更改时发生。

（21）DoubleClick：在双击控件时发生。

（22）EditingControlShowing：在显示用于编辑单元格的控件时发生。

（23）GotFocus：在控件接收焦点时发生。

（24）HelpRequested：当用户请求控件的帮助时发生。

（25）ImeModeChanged：在 ImeMode 属性更改时发生。

（26）Invalidated：在控件的显示需要重绘时发生。

（27）KeyPress：在控件有焦点的情况下按下键时发生。

（28）LostFocus：当控件失去焦点时发生。

（29）MultiSelectChanged：当 MultiSelect 属性的值更改时发生。

（30）PreviewKeyDown：在焦点位于控件上，当有按键动作时发生（在 KeyDown 事件之前发生）。

（31）ReadOnlyChanged：当 ReadOnly 属性更改时发生。

（32）RowsRemoved：在从 DataGridView 中删除一行或多行时发生。

（33）RowValidating：在验证行时发生。

（34）UserAddedRow：在用户完成向 DataGridView 控件中添加行时发生。

（35）UserDeletingRow：在用户从 DataGridView 控件中删除行时发生。

（36）Validating：在控件正在验证时发生。

以上常用事件的使用参见 6.8.5 节的有关问题描述。

6.8.5 DataGridView 控件常用属性、方法、事件的常规操作

在.NET 类库中，DataGridView 控件提供了一种强大而灵活的、以表格形式显示数据的方式，利用 DataGridView 控件可以显示少数量的只读视图，也可以显示大数量的可编辑视图。

1．DataGridView 动态添加新行

在实际应用中，需要用表格显示数据时 DataGridView 控件非常实用。可以静态绑定数据源，这样就自动为 DataGridView 控件添加相应的行，也可以为 DataGridView 控件动态添加新行。下面介绍为 DataGridView 控件动态添加新行的两种方法（设定 DataGridView 控件的名称为 dtgrid）：

（1）通过新行的行号操作各数据单元。

```
int r=this.dtgrid.Rows.Add();                    //返回添加新行的索引号赋值给 r 变量
this.dtgrid.Rows[r].Cells[0].Value="201106084160";//第 r 行的第 0 列,表示学号
this.dtgrid.Rows[r].Cells[1].Value="张佳";  //第 r 行的第 1 列,表示姓名
this.dtgrid.Rows[r].Cells[2].Value="男";    //第 r 行的第 2 列,表示性别
```

（2）利用 dtgrdv.Rows.Add()事件为 DataGridView 控件增加新的行，该函数返回添加新行的索引号，通过该索引号操作该行的各个单元格。

```
DataGridViewRow row=new DataGridViewRow();
                                   //实例化一个 DataGridViewRow 表格行新对象
DataGridViewTextBoxCell txtcell=new DataGridViewTextBoxCell();
                                   //建立文本单元格对象
txtcell.Value="201306084115";      //为新单元格赋值
row.Cells.Add(txtcell);            //为表格新行的列集合添加单元格
//建立一个新组合框单元格控件对象
DataGridViewComboBoxCell comboxcell=new DataGridViewComboBoxCell();
row.Cells.Add(comboxcell);         //将组合框单元格控件对象添加到新行中
dtgrid.Rows.Add(row);              //为表格控件添加新行
DataGridViewRow row=new DataGridViewRow(); //创建 DataGridView 的新行对象
```

DataGridViewTextBoxCell 类表示单元格类型是 TextBox，DataGridViewComboBoxCell 类表示单元格的类型是下拉列表框。同理可知，DataGridViewButtonCell 表示单元格的类型是按钮等。

2．取得或者修改 DataGridView 中当前单元格的内容

当前单元格是指 DataGridView 焦点所在的单元格，它可以通过 DataGridView 对象的 CurrentCell 属性取得。如果当前单元格不存在时，返回 null。

```
Console.WriteLine(dtgrid.CurrentCell.Value);  //输出当前单元格的值到控制台
Console.WriteLine(dtgrid.CurrentCell.ColumnIndex);//输出当前单元格的列编号到
                                                  //控制台
Console.WriteLine(dtgrid.CurrentCell.RowIndex);//输出当前单元格的行编号到控制台
```

另外，使用 DataGridView.CurrentCellAddress 属性（而不是直接访问单元格）来确定单元格所在的行：DataGridView.CurrentCellAddress.Y；所在的列：DataGridView.CurrentCellAddress.X。

这对于避免取消共享行的共享非常有用。设置某单元格为当前单元格，可以通过设定 DataGridView 对象的 CurrentCell 属性来改变，也可以通过 CurrentCell 来设定 DataGridView 的激活单元格。将 CurrentCell 设为 null 可以取消激活的单元格。

```
this.dtgrid.CurrentCell = this.dtgrid[0, 0];//设定(0,0)第一行第一列为当前单元格
```

在整行选中模式开启时，也可以通过 CurrentCell 来设定选定行。

```
private void buttonNext_Click(object sender,EventArgs e)   //向下遍历
{   int r=this.dtgrid.CurrentRow.Index+1;//获取当前行的行号,再定位到下一行(+1)
    if(r>this.dtgrid.RowCount-1) r=0;
    this.dtgrid.CurrentCell=this.dtgrid[0,r]; //设定[0,r]为新的当前单元格位置
}
private void buttonPrev_Click(object sender,EventArgs e)   //向上遍历
{   int r=this.dtgrid.CurrentRow.Index-1;//获取当前行的行号,再定位到下一行(-1)
    if(r<0)  r=this.dtgrid.RowCount-1;
    this.dtgrid.CurrentCell=this.dtgrid[0,r];  //设定当前单元格
}
```

this.dtgrid 索引器的参数是 columnIndex、rowIndex 或是 columnName。

3. 设定 DataGridView 的单元格的读写模式

（1）使用 ReadOnly 属性，设置单元格为只读模式。如果希望 DataGridView 内所有单元格都不可编辑，只要设置 dtgrdv 为只读即可，代码如下：

```
this.dtgrid.ReadOnly=true; //此时,用户的新增行操作和删除行操作也被屏蔽了
```

如果希望 DataGridView 内某个单元格不可编辑，只要设置 DataGridView 的某个单元格为只读即可。代码如下：

```
this.dtgrid.Columns[1].ReadOnly=true;  //例如,设置第 2 列整列单元格为只读模式
this.dtgrid.Rows[2].ReadOnly=true;     //设置dtgrid的第3行整行单元格为只读模式
this.dtgrid[0,0].ReadOnly=true;        //设置 dtgrid 的[0,0]单元格为只读模式
```

（2）使用 EditMode 属性。

① DataGridView.EditMode 属性被设置为 DataGridViewEditMode.EditProgrammatically 时，用户就不能手工编辑单元格的内容了。但是可以通过程序调用 DataGridView.BeginEdit 方法，使单元格进入编辑模式（进行编辑）。例如：

```
this.dtgrid.EditMode = DataGridViewEditMode.EditProgrammatically;
```

② DataGridView.EditMode 属性被设置为 DataGridViewEditMode.EditOnEnter 时，表示光标进入单元格时进入编辑模式。例如：

```
this.dtgrid.EditMode = DataGridViewEditMode.EditOnEnter;
```

（3）根据条件设定单元格的不可编辑状态。单个设定单元格 ReadOnly 属性的方法太麻烦，可以通过 CellBeginEdit 事件来取消单元格的编辑模式。CellBeginEdit 事件处理方法代码如下：

```
private void dtgrid_CellBeginEdit(object sender, DataGridViewCellCancel-
EventArgs e)
{   DATAGRIDVIEW DGV = (DATAGRIDVIEW)SENDER;
    //是否可以进行编辑的条件检查.检查列名称是否为 COLUMN1, 是则取消编辑该列
```

```
    if (this.dtgrid.Columns[e.ColumnIndex].Name == "Column1"){e.Cancel = true; }
}
```

4. 不显示 DataGridView 最下面的添加的新行

通常，DataGridView 最下面的一行是用户新追加的新行（空白行，行头显示*）。如果不想让该新行显示出来，可以将 DataGridView 对象的 AllowUserToAddRows 属性设置为 False。

```
this.dtgrid.AllowUserToAddRows=false;  //设置用户不能手动给 dtgrdv 添加新行
```

但是，可以通过程序添加新行，代码如下：

```
DataGridViewRowCollection.Add
```

为 DataGridView 追加新行。如果 DataGridView 的 DataSource 绑定的是 DataView，还可以通过设置 DataView.AllowAdd 属性为 False 来达到同样的效果。

DataGridView 判断新增行：DataGridView 的 AllowUserToAddRows 属性为 True 时，也就是允许用户追加新行的场合下，DataGridView 的最后一行就是新追加的行（行头带有*的行）。使用属性 DataGridViewRow.IsNewRow 可以判断哪一行是新追加的行。另外，通过 DataGridView.NewRowIndex 可以获取新行的行号。在没有新行的时候，属性值 NewRowIndex=−1。

5. 指定 DataGridView 行的删除操作方法

（1）无条件的限制行删除操作。默认时，DataGridView 是允许用户进行数据行删除操作的。如果设置 DataGridView 对象的 AllowUserToDeleteRows 属性为 False 时，就禁止用户进行数据行删除操作。

```
this.dtgrid.AllowUserToDeleteRows=false;  //禁止 dtgrid 的行删除操作
```

但是，通过 DataGridViewRowCollection.Remove 还是可以进行数据行的删除。如果 DataGridView 绑定的是 DataView 的话，通过 DataView.AllowDelete 也可以控制行的删除。

（2）删除数据行时进行条件判断处理。用户在删除行的时候，将会引发 DataGridView.UserDeletingRow 事件。在这个事件里，可以设置删除条件，以判断是否确认或取消删除操作。

表格控件（dtgrid）的 UserDeletingRow 事件，实现删除记录之前提供用户确认，代码如下：

```
private void dtgrid_UserDeletingRow
        (object sender, DataGridViewRowCancel-EventArgs e)
{   //定义消息对话框中显示的按钮和图标(类的对象)
    MessageBoxButtons a = MessageBoxButtons.YesNo;
    MessageBoxIcon b = MessageBoxIcon.Question;
    if (MessageBox.Show("确认要删除该行数据吗?", "删除提示", a, b) != DialogResult.Yes)
    {   e.Cancel = true;   }//如果在确认对话框中不是单击的 Yes 按钮,则取消删除操作
}
```

6. DataGridView 行、列的隐藏和删除

（1）行、列的隐藏。

```
this.dtgrid.Columns[0].Visible=false;  //隐藏 dtgrid 的第一列
this.dtgrid.Rows[0].Visible=false;     //隐藏 dtgrid 的第一行
```

（2）行头、列头的隐藏。

```
this.dtgrid.ColumnHeadersVisible=false;    //隐藏 dtgrid 的列头标题列的列头
this.dtgrid.RowHeadersVisible=false;//隐藏 dtgrid 控件每行的行头列(即左边的空列)
```

（3）行和列的删除。

```
this.dtgrid.Columns.Remove("Column1");     //删除名为 Column1 的列
this.dtgrid.Columns.RemoveAt(0);           //删除第一列
this.dtgrid.Rows.RemoveAt(0);              //删除第一行
```

（4）删除选中行。

```
foreach(DataGridViewRow r in this.dtgrid.SelectedRows)
{
  if(!r.IsNewRow) {    this.dtgrid.Rows.Remove(r); }  //如果不是新行就删除
}
```

7. DataGridView 禁止列或者行的 Resize

（1）禁止所有的列或者行的 Resize。

```
this.dtgrid.AllowUserToResizeColumns = false;//禁止用户改变 dtgrid 的所有列的列宽
this.dtgrid.AllowUserToResizeRows = false;//禁止用户改变 dtgrid 所有行的行高
```

可以通过 DataGridViewColumn.Width 或者 DataGridViewRow.Height 属性设定列宽和行高。

（2）禁止指定行或者列的 Resize。

```
this.dtgrid.Columns[0].Resizable = DataGridViewTriState.False;
                                          //禁止改变第一列的列宽
this.dtgrid.Rows[0].Resizable = DataGridViewTriState.False;
                                          //禁止改变第一行的行宽
```

当 Resizable 属性设为 DataGridViewTriState.NotSet 时，实际上会默认以 DataGridView 的 AllowUserToResizeColumns 和 AllowUserToResizeRows 的属性值进行设定。例如：

```
DataGridView.AllowUserToResizeColumns=False;
```

当表格控件的 Resizable 是 NoSet 设定时，判断 Resizable 是否继承了表格 DataGridView 的 AllowUserToResizeColumns 和 AllowUserToResizeRows 属性的设定值，可以根据 State 属性判断。如果 State 属性含有 ResizableSet，那么说明没有继承设定。

（3）列宽和行高的最小值的设定。

```
this.dtgrid.Columns[0].MinimumWidth=100;   //第一列的最小列宽设定为 100
this.dtgrid.Rows[0].MinimumHeight=50;      //第一行的最小行高设定为 50
```

8. 禁止用户改变行头的宽度以及列头的高度

```
this.dtgrid.ColumnHeadersHeightSizeMode=
    dataGridViewColumnHeadersHeightSizeMode.DisableResizing;
                                                        //禁止改变列头的高度
this.dtgrid.RowHeadersWidthSizeMode=
    dataGridViewRowHeadersWidthSizeMode.EnableResizing;
                                                        //设置为可改变行头的宽度
```

9. 设置 DataGridView 的列宽与行高的自动调整

（1）设定行高和列宽自动调整。

```
//设定包括 Header 和所有单元格的列宽自动调整
this.dtgrid.AutoSizeColumnsMode=DataGridViewAutoSizeColumnsMode.AllCells;
//设定包括 Header 和所有单元格的行高自动调整
this.dtgrid.AutoSizeRowsMode=DataGridViewAutoSizeRowsMode.AllCells;
```

AutoSizeColumnsMode 属性的设定枚举值及含义请参阅 MSDN 关于 DataGridViewAutoSizeRowsMode 的有关说明。限于篇幅在此不赘述。

（2）指定列或行自动调整。

```
//设置第一列自动调整
dtgrid.Columns[0].AutoSizeMode=dataGridViewAutoSizeColumnMode.DisplayedCells;
```

AutoSizeMode 设定为 NotSet 时，默认继承的是 DataGridView.AutoSizeColumnsMode 属性。

（3）设定列头的高度和行头的宽度自动调整。

```
this.dtgrid.ColumnHeadersHeightSizeMode=
    dataGridViewColumnHeadersHeightSizeMode.AutoSize;//设列头的宽度可自由调整
this.dtgrid.RowHeadersWidthSizeMode=
    dataGridViewRowHeadersWidthSizeMode.AutoSizeToAllHeaders;
                                                        //设行头的宽度可自由调整
```

（4）随时自动调整。

让列宽自动调整，这和指定 AutoSizeColumnsMode 属性一样。

```
//让 dtgrid 的所有列宽自动调整
this.dtgrid.AutoResizeColumns(DataGridViewAutoSizeColumnsMode.AllCells);
//让 dtgrid 的第一列的列宽自动调整
this.dtgrid.AutoResizeColumn(0,DataGridViewAutoSizeColumnMode.AllCells);
```

上面调用的 AutoResizeColumns 和 AutoResizeColumn，当指定的是 DataGridViewAutoSizeColumnMode.AllCells 的时候，参数可以省略。即：

```
this.dtgrid.AutoResizeColumn(0)和 dtgrid.AutoResizeColumns()
//设置表格控件的(dtgrid)的所有行高自动调整
this.dtgrid.AutoResizeRows(DataGridViewAutoSizeRowsMode.AllCells);
//让 dtgrid 的第一行的行高自动调整
```

```
this.dtgrid.AutoResizeRow(0,DataGridViewAutoSizeRowMode.AllCells);
```

上面调用的 AutoResizeRows 和 AutoResizeRow，当指定的是 DataGridViewAutoSizeRowMode.AllCells 时，参数可以省略。即：

```
this.dtgrid.AutoResizeRow(0); 或 this.dtgrid.AutoResizeRows();
this.dtgrid.AutoResizeColumnHeadersHeight();   //列头高度自动调整
this.dtgrid.AutoResizeRowHeadersWidth(
     dataGridViewRowHeadersWidthSizeMode.AutoSizeToAllHeaders);
                                                //行头宽度自动调整
```

（5）自定义列的宽度。

```
this.dtgrid.Columns[0].Width=80;               //设置第 1 列的宽度为 80
this.dtgrid.Columns[1].Width=100;              //设置第 2 列的宽度为 100
```

10. 动态改变列是否显示和格式设置的优先级

（1）动态设置某列为不可用。

```
this.dtgrid.Columns["dname"].Visible=false;    //使字段 dname 列不可见
```

（2）DataGridView 设置应用格式时，将遵循以下优先顺序（从最高到最低）。

① DataGridViewCell.Style

② DataGridViewRow.DefaultCellStyle

③ DataGridView.AlternatingRowsDefaultCellStyle

④ DataGridView.RowsDefaultCellStyle

⑤ DataGridViewColumn.DefaultCellStyle

⑥ DataGridView.DefaultCellStyle

11. 冻结 DataGridView 的列或行

（1）列冻结：DataGridViewColumn.Frozen 属性为 True 时，该列左侧的所有列被固定，横向滚动时固定列不随滚动条滚动而左右移动。这对于重要列固定显示很有用。设置表格控件 dtgrid 的左侧 2 列固定：

```
dtgrid.Columns[1].Frozen=true;
```

将指定列及以前（左边）的列固定不动。将“性别”列 sex 及其左边的列固定（冻结）：

```
this.dtgrid.Columns["sex"].Frozen=true;
```

当属性 DataGridView.AllowUserToOrderColumns=True 时，固定列不能移动到非固定列，反之亦然。

（2）行冻结：DataGridViewRow.Frozen 属性为 True 时，该行上面的所有行被固定，纵向滚动时固定行不随滚动条滚动而上下移动。固定表格控件（dtgrid）的上 3 行。

```
this.dtgrid.Rows[2].Frozen=true;
```

12. 设置行的选择模式

（1）设置行的选择方式为整个行被选定。

```
this.dtgrid.SelectionMode=DataGridViewSelectionMode.FullRowSelect;
```

（2）设置不能选择多行。

```
this.dtgrid.MultiSelect=false;
```

13. DataGridView 列顺序的调整

（1）设定 DataGridView 的整列的顺序。

设定 DataGridView 的 AllowUserToOrderColumns 属性值为 True 时，可以自由调整列的顺序。当用户改变列的顺序时，列其本身的 Index 不会改变，但是 DisplayIndex 改变了。可以通过程序改变 DisplayIndex 以改变列的顺序。列顺序发生改变时会引发 ColumnDisplayIndexChanged 事件，代码如下（为表格控件的名称 dtgrid）：

```
private void dtgrid_ColumnDisplayIndexChanged(
object  sender,DataGridViewColumnEventArgs e)
{ Console.WriteLine("{0}的位置改变到{1}",e.Column.Name,e.Column.DisplayIndex); }
```

行头列头的单元格代码如下：

```
this.dtgrid.Columns[0].HeaderCell.Value="第一列";//改变 dtgrid 的第一列列头内容
this.dtgrid.Rows[0].HeaderCell.Value="第一行";  //改变 dtgrid 的第一行行头内容
this.dtgrid.TopLeftHeaderCell.Value="左上";//改变 dtgrid 的左上头部单元内容
```

也可以通过 HeaderText 来改变他们的内容。例如：

```
this.dtgrid.Columns[0].HeaderText="第一列"; //改变 dtgrid 的第一列列头内容
```

（2）动态改变列的显示顺序。

```
this.dtgrid.Columns["sno"].DisplayIndex=0; //字段 sno 显示在第 1 列(序号为 0)
this.dtgrid.Columns["sname"].DisplayIndex=1;//字段 sname 显示在第 2 列(序号为 1)
this.dtgrid.Columns["sex"].DisplayIndex=2; //字段 sex 显示在第 3 列(序号为 2)
```

14. DataGridView 单元格的 ToolTip 的设置

DataGridView.ShowCellToolTips=True 的情况下，单元格的 ToolTip 可以表示出来。对于单元格窄小，无法完全显示的单元格，ToolTip 可以显示必要的信息。

（1）设定单元格的 ToolTip 内容。

```
this.dtgrid[0, 0].ToolTipText = "该单元格的内容不能修改";//设定单元格的 ToolTip 内容
this.dtgrid.Columns[0].ToolTipText = "该列只能输入数字";
                                        //设定列头的单元格的 ToolTip 内容
//设定行头的单元格的 ToolTip 内容
this.dtgrid.Rows[0].HeaderCell.ToolTipText = "该行单元格内容不能修改";
```

（2）CellToolTipTextNeeded 事件。在批量的单元格的 ToolTip 设定时，逐个地设定效率比较低，这时可以利用 CellToolTipTextNeeded 事件。当单元格的 ToolTipText 变化时也会引发该事件。但是，当 DataGridView 的 DataSource 被指定且 VirualMode=True 的时候，该事件不会被引发。

CellToolTipTextNeeded 事件处理方法，代码如下：

```
private void dtgrid_CellToolTipTextNeeded(
            object sender,DataGridViewCellToolTipTextNeededEventArgs e)
{
  e.ToolTipText = e.ColumnIndex.ToString() + "," + e.RowIndex.ToString();
}
```

15. DataGridView 的右键菜单（ContextMenuStrip）

DataGridView、DataGridViewColumn、DataGridViewRow、DataGridViewCell 有 Context MenuStrip 属性。可以通过设定 ContextMenuStrip 对象来控制 DataGridView 的右键菜单的显示。DataGridViewColumn 的 ContextMenuStrip 属性设定了除列头以外的单元格的右键菜单。DataGridViewRow 的 ContextMenuStrip 属性设定了除行头以外的单元格的右键菜单。DataGridViewCell 的 ContextMenuStrip 属性设定了指定单元格的右键菜单。例如：

```
this.dtgrid.ContextMenuStrip = this.ContextMenuStrip1;
                                            //设定 ContextMenuStrip
//列的 ContextMenuStrip 设定
this.dtgrid.Columns[0].ContextMenuStrip = this.ContextMenuStrip2;
//列头的 ContextMenuStrip 设定
this.dtgrid.Columns[0].HeaderCell.ContextMenuStrip = this.ContextMenuStrip2;
//行的 ContextMenuStrip 设定
this.dtgridows[0].ContextMenuStrip = this.ContextMenuStrip3;
//单元格的 ContextMenuStrip 设定
this.dtgrid[0, 0].ContextMenuStrip = this.ContextMenuStrip4;
```

对于单元格上的右键菜单的设定，优先顺序是：

Cell>Row>Column>DataGridView，触发 CellContextMenuStripNeeded、RowContextMenu StripNeeded 事件。利用 CellContextMenuStripNeeded 事件可以设定单元格的右键菜单，尤其是需要右键菜单根据单元格值的变化而变化时。比起使用循环遍历，使用该事件来设定右键菜单的效率更高。但是，在 DataGridView 使用了 DataSource 绑定而且是 VirtualMode 的时候，该事件将不被引发。

CellContextMenuStripNeeded 事件处理方法，代码如下：

```
private void dtgrid_CellContextMenuStripNeeded (object seuder,
         DataGridViewCellContextMenuStripNeededEventArgs e)
{   DataGridView dgv=(DataGridView)sender;
    if(e.RowIndex<0)              //设定列头的 ContextMenuStrip
    {    e.ContextMenuStrip=this.ContextMenuStrip1;   }
    else if(e.ColumnIndex<0)   //设定行头的 ContextMenuStrip 设定
    {    e.ContextMenuStrip=this.ContextMenuStrip2;   }
    else if(dgv[e.ColumnIndex,e.RowIndex].Valueisint)
    {    e.ContextMenuStrip=this.ContextMenuStrip3;   } //如果单元格值是整数时
}
```

同样，可以通过 RowContextMenuStripNeeded 事件来设定行的右键菜单。例如：

```
private void dtgrid_RowContextMenuStripNeeded(
        object sender,DataGridViewRowContextMenuStripNeededEventArgs e)
```

```
{
    DataGridView dgv=(DataGridView)sender;
    //当 Column1 列是 Bool 型且为 True 时设定其 ContextMenuStrip
    object boolVal=dgv["Column1",e.RowIndex].Value;
    Console.WriteLine(boolValue);
    if(boolValue is bool && (bool) boolValue)
    { e.ContextMenuStrip=this.ContextMenuStrip1; }
}
```

CellContextMenuStripNeeded 事件处理方法的参数中 e.ColumnIndex=–1 表示行头、e.RowIndex=–1 表示列头。RowContextMenuStripNeeded 不存在 e.RowIndex=–1 的情况。

16. DataGridView 的单元格的边框、网格线样式的设定

（1）DataGridView 的边框线样式的设定。

DataGridView 的边框线的样式是通过 DataGridView.BorderStyle 属性来设定的。BorderStyle 属性设定值是一个 BorderStyle 枚举值：FixedSingle（单线，默认）、Fixed3D、None。例如：

```
this.dtgrid.BorderStyle=BorderStyle.Fixed3D;
```

（2）单元格的边框线样式的设定。

单元格的边框线的样式是通过 DataGridView.CellBorderStyle 属性来设定的。CellBorderStyle 属性设定值是 DataGridViewCellBorderStyle 枚举值。

另外，通过 DataGridView.ColumnHeadersBorderStyle 和 RowHeadersBorderStyle 属性可以修改 DataGridView 的头部的单元格边框线样式。属性设定值是 DataGridViewHeader BorderStyle 枚举。例如：

```
this.dtgrid.CellBorderStyle=DataGridViewCellBorderStyle.None;
//设置行标题头的边线为单边线
this.dtgrid.RowHeadersBorderStyle=DataGridViewHeaderBorderStyle.Single;
//设置列标题头的边线为单边线
this.dtgrid.ColumnHeadersBorderStyle=DataGridViewHeaderBorderStyle.Single;
```

（3）单元格的边框颜色的设定。

单元格的边框线的颜色可以通过 DataGridView.GridColor 属性来设定的。默认是 ControlDarkDark。但是只有在 CellBorderStyle 被设定为 Single、SingleHorizontal、SingleVertical 的条件下才能改变其边框线的颜色。同样，ColumnHeadersBorderStyle 以及 RowHeadersBorderStyle 只有在被设定为 Single 时，才能改变颜色。例如：

```
this.dtgrid.GridColor=Color.BlueViolet;
```

（4）单元格的上下左右的边框线式样的单独设定。

CellBorderStyle 只能设定单元格全部边框线的式样。要单独改变单元格某一边边框式样的话，需要用到 DataGridView.AdvancedCellBorderStyle 属性。

17. 设定 DataGridView 新增加行的默认值和单元格表示值的自设定

（1）设定新增加行的默认值。

需指定新增加行的默认值时，可以在 DataGridView.DefaultValuesNeeded 事件里处理。

在该事件中处理除了可以设定默认值以外，还可以指定某些特定的单元格的 ReadOnly 属性等。DefaultValuesNeeded 事件处理方法，代码如下：

```
private void dtgrdv_DefaultValuesNeeded(object sender,DataGridViewRow-
EventArgs e)
{   //例如,在添加学生数据时,设定单元格部分列的默认值
    e.Row.Cells["sno"].Value=Getnewsno(); //设置学号字段默认值为函数Getnewsno()
                                          //的返回值
    e.Row.Cells["sex"].Value="男";         //设定"性别"属性的默认值为"男"
    e.Row.Cells["age"].Value=20;          //设定"年龄"属性的默认值为 20
}
```

（2）数据输入时，单元格表示值的设定。

通过 CellFormatting 事件，可以自定义单元格的表示值的风格、样式。例如，成绩值不及格时，单元格被设定为红色。以下 CellFormatting 事件示例代码：表示将 Column1 列的值改为大写。

```
private void dtgrid_CellFormatting(object sender,DataGridViewCellFormatting-
EventArgs e)
{   DataGridView dgv=(DataGridView)sender;
    //如果单元格是 Column1 列的单元格
    if(this.dtgrid.Columns[e.ColumnIndex].Name=="Column1" && e.Valueisstring)
    {   e.Value=e.Value.ToString().ToUpper();   //将单元格值改为大写
        e.FormattingApplied=true;               //应用该 format 格式,设置完毕
    }
}
```

CellFormatting 事件的 DataGridViewCellFormattingEventArgs 对象的 Value 属性一开始保存着未被格式化的值。当 Value 属性被设定为表示的文本之后，把 FormattingApplied 属性作为 True，告知 DataGridView 文本已经格式化完毕。如果不这样做的话，DataGridView 会根据已经设定的 Format、NullValue、DataSourceNullValue、FormatProvider 属性将 Value 属性值重新格式化（刷新）一遍。

通过 DataGridView.CellParsing 事件，也可以设定用户输入的值。例如，当输入英文文本内容时，立即被改变为大写。编写 CellParsing 事件处理，代码如下：

```
private void dtgrdv_CellParsing
            (object sender, DataGridViewCellParsingEventArgs e)
{    DataGridView dgv = (DataGridView)sender;
     //单元格列为 Column1 时
     if (this.dtgrid.Columns[e.ColumnIndex].Name == "Column1"
                                   && e.DesiredType == typeof(string))
     {   e.Value = e.Value.ToString().ToUpper();     //将单元格值设为大写
         e.ParsingApplied = true;                    //设置完毕
     }
}
```

18. 数据验证

以验证数据的合法性。如输入成绩时，验证成绩数据是否有效。先判断是否成绩（score）字段。

```
private void dtgrid_CellValidating(
                    object sender,DataGridViewCellValidatingEventArgs e)
{   if (this.dtgrid.Columns[e.ColumnIndex].Name == "score")
                                              //先判断是否成绩 score 字段
    {   //输入成绩时,验证成绩数据的合法性.
        if (Convert.ToInt32(e.FormattedValue) < 0)
        {   this.dtgrid.Rows[e.RowIndex].ErrorText = "成绩不能是负数";
            e.Cancel = true;    }
    }
}
```

19. 格式化显示内容

可以设置单元格（内容）的显示格式和数据的对齐方式。例如：

```
this.dtgrid.Columns["score"].DefaultCellStyle.Format = "###";
                                                        //格式化显示成绩
this.dtgrid.Columns["bithday"].DefaultCellStyle.Format = "d";
                                                        //格式化显示生日为日期
this.dtgrid.DefaultCellStyle.NullValue = "noentry";  //格式化显示空值提示
this.dtgrid.DefaultCellStyle.WrapMode = DataGridViewTriState.True;
this.dtgrid.Columns["sno"].DefaultCellStyle.Alignment=DataGridViewContent
Alignment.MiddleRight;                          //设置"学号"属性列值的对齐方式
```

6.8.6 DataAdapter、DataSet 类与 DataGridView 控件更新数据库应用实例

【例 6.7】 SqlDataAdapter、DataSet 类、DataGridView 控件实现数据库访问综合应用实例。

1. 本实例演示说明的几个应用

（1）数据库连接信息字符串的建立，SQLConnection 类对象的建立、实例化、具体应用。

（2）DataAdapter 对象的建立、实例化、具体应用。

（3）DataSet 对象的建立、实例化、具体应用（数据的添加、删除、修改）。

（4）类 DataAdapter 的 Fill()方法及其应用，说明了 Fill()方法将数据集填充到 DataSet 对象或 DataTable 对象的方法；DataAdapter 类的 update()方法，将对 DataSet 数据的修改或对 DataTable 对象数据的修改映像到源数据库中，实现数据库数据的维护（数据的添加、删除、修改）。

（5）DataTable、DataRow 类的对象的建立及具体应用；通过 DataTable 类的方法添加新行，通过 DataRow 类的对象操作某行各列的数据。

（6）通过 DataSet 类、DataTable 类的 Delete()方法删除指定的行。

（7）通过 Find（Values）方法，进行记录行的定位，实现某一行数据的编辑操作。

（8）通过 DataAdapter 类和 SqlCommandBuilder 类的方法更新数据库。

2．使用 SqlDataAdapter、DataSet、Datatable 访问和更新数据库的方法

无网络连接的数据库，也可以修改数据库的数据记录，只是修改之后的数据记录不能及时更新到数据库中，这样会出现不同程度的数据更新延时。通过 DataSet 对象与 SqlDataAdapter 对象的综合应用，实现基于无连接的数据库的访问，有 3 种实现方法。

（1）自动生成命令的 SqlCommandBuilder 方法。

① 动态指定 SelectCommand 属性。例如查询数据的语句：select uid,upw,ulv from users。

② 用 SqlCommandBuilder 类的对象自动生成 DataAdapter（对象）的 DeleteCommand、InsertCommand 和 UpdateCommand 命令。SqlCommandBuilder 是一个自动生成 SQL 语句的命令，不过查询的数据表一定要有关键字，否则使用 Update()命令时将出现错误。同时，自动命令生成相关的 Insert、Update、Delete 语句，只为逻辑上独立的表，而不考虑数据源中其他表的任何关系。因此，当调用 Update 来为参与数据库中外键约束的列提交更改时，可能会失败。为此，不使用 CommandBuilder 更新参与外键约束的列，应显式地指定用于执行该操作的语句。

③ 为了能构造相应的 Insert、Update 和 Delete 语句，SqlCommandBuilder 必须执行 SelectCommand，即 CommandBuilder 必须额外经历一次到数据源的查询操作（得到最初的数据源）。

④ SelectCommand 语句须返回（或包含）至少一个主键或唯一属性列。当 CommandBuilder 和 DataAdapter 关联时，就会自动生成相应的 DeleteCommand、InsertCommand 和 UpdateCommand 命令（不为空的不生成）。

⑤ SelectCommand 查询的数据源必须是一个表，Select 语句的数据表不能是多个表的联合。

⑥ 自动生成相关命令的规则。在数据源处，为表中所有 RowState 为 Added 的行插入一行（不包括标识、表达式或时间戳等列）；为表中所有 RowState 为 Modified 的行更新行（列值匹配行的主键列值）。为表中所有 RowState 为 Deleted 的行删除行（列值匹配行的主键列值）。

⑦ 从 Select 数据到 Update 数据，中间这段时间有可能别的用户已经对数据进行了修改。自动生成命令这种 Update 只对在行包含所有原始值并且尚未从数据源中删除时更新。

具体应用请参阅本实例中类的成员函数 addnewusertotable()。

（2）使用 DataAdapter、DataSet 更新数据源。

① 如果 SelectCommand 返回的是包含主属性的单表，DataAdapter 将自动为生成的数据表（DataTable）设置 PrimaryKey 值；如果 SelectCommand 返回的数据表是 Outerjoin 的结果（即多个表的集合），则 DataAdapter 不会为生成的数据表（DataTable）设置 PrimaryKey 值，而须自定义 PrimaryKey 以确保正确解析重复行。

② 如果对 DataSet、DataTable 或 DataRow 调用 AcceptChanges，则将使 DataRow

的所有 Original 值都将被重写为该 DataRow 的 Current 值。若修改将该行标识为唯一行的字段值，那么当调用 AcceptChanges 后，Original 值将不再匹配数据源中的值。

（3）使用 SQL 语句更新数据库。应用 SQL 之 Delete、Insert 和 Update 命令和 SqlCommand 的 ExecuteNonQuery()方法，实现对数据库的更新操作。请参阅“应用开发篇”中“数据访问层”的所有应用。

3．使用 SqlDataAdapter、DataSet、Datatable 访问和更新数据库的步骤

（1）指定数据库连接信息，生成连接字符串；建立数据库连接对象，实现数据库的连接。

（2）指定 SQL 查询命令（以获取数据源），建立 SqlDataAdapter、SqlCommand 类的对象并实例化。

（3）利用 SqlDataAdapter 类的 Fill()或 FillScheme()方法，通过 SqlDataAdapter 的 SQL 查询语句生成的数据表（从数据库中获取的数据记录集）填充到本地的数据集（DataSet）或数据表（DataTable）对象中。

（4）创建与 SqlDataAdapter 类相关的 SQL 命令创建器（SqlCommandBuilder）对象，通过创建器对象的 GetInsertCommand()、GetDeleteCommand()、GetUpdateCommand()方法获取与 SqlDataAdapter 对象的 SQL 命令对应的添加、删除、修改命令。

（5）通过 DataSet 类或 DataTable 类的有关方法，实现对本地数据表的添加、删除、修改等操作。

（6）通过 DataAdapter 类的 Update()方法将本地数据记录的更新提交到数据库服务器中。方法 Update()有多个重载版本，具体如下。

① int Update(DataRow[] rows)：提交指定行（rows）的更改到数据库。

② int Update(DataSet ds)：提交指定数据集 ds 中所有被更改的数据记录到数据库。

③ int Update(DataTable dt)：提交指定数据表 dt 中所有被更改的数据记录到数据库。

4．本实例项目的建立、窗体及控件的建立、布局与其属性设置

建立 Windows 应用程序，项目名称为 WinFormsApp0608。运行结果（界面）如图 6.5 所示。

建立一个 Windows 窗体，添加如表 6.9 所示的控件并设置相关的属性。

表 6.9　控件及其属性设置

控件类型	控件对象名称	属性名称	属　性　值	说　　明
Form	FormAdaUpdateDB	Text	数据库访问实例	设置窗体标题
（窗体控件）		StartPosition	CenterScreen	窗体运行时居中
（容器类控件）		FormBorderStyle	Fixed3D	窗体运行为固定对话框
		MaximizeBox	false	取消最大化
		MinimizeBox		最小化按钮
		CancelButton	btExit	Esc 键触发该按钮 click 事件
GroupBox	groupBox1	Text	动态设置	对输入框控件分组
（分组框控件）	groupBox2	Text		对单选按钮控件分组

续表

控件类型	控件对象名称	属性名称	属　性　值	说　　明
Button	btadd	Text	添加/保存用户	按钮有两个功能
（命令按钮控件）	btdel	Text	删除用户	设置按钮的标题
	btedit	Text	修改密码	设置按钮的标题
	btupdate	Text	更新数据	设置按钮的标题
TextBox	txtID	Text		输入用户账号
（文本输入框）		TabIndex	1	设置控件焦点转移顺序
		Enable	False	名称输入框开始不可用
	txtPW	Text		输入用户密码
		TabIndex	2	设置控件焦点转移顺序
		Enable	false	密码输入框开始不可用
Label	label1	Text	名称：	提示输入用户名称
（标签控件）	label2	Text	密码：	提示输入用户密码
DataGridView	Coluid	DataPropertyName	uid	用户名称字段
（表格控件）		HeaderText	用户名称	列标题
名称：dtgrid	Colupw	DataPropertyName	upw	用户密码字段
		HeaderText	用户密码	列标题
	Colulv	DataPropertyName	ulv	用户密码权限
		HeaderText	用户权限	列标题

5．功能设计与描述

（1）命令按钮的功能设计。

①“添加用户”按钮（btadd）：开始该按钮可用，标题显示为“添加用户”，如图 6.5 所示。单击“添加用户”按钮时，“名称”“密码”标签分别对应的输入框可用，标签“名称”对应的输入框获得焦点（等待输入名称）。同时，按钮的标题变为“保存用户”，如图 6.6 所示。输入名称和密码之后，（输入值为非空时）单击“保存用户”按钮，将保存输入的新的用户信息。

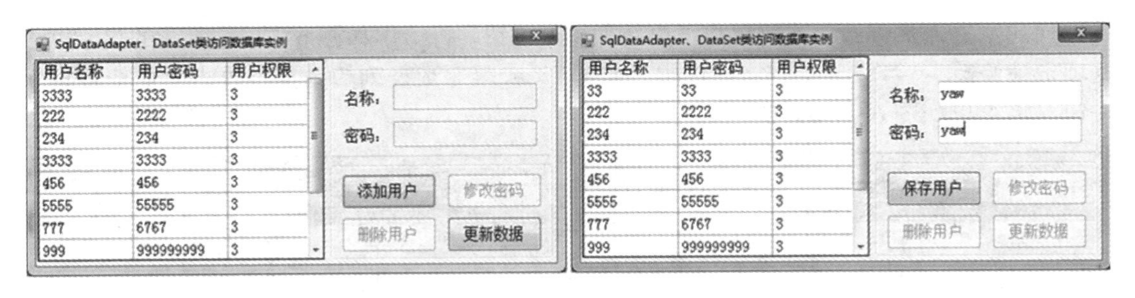

图 6.5　运行初始界面　　　　图 6.6　用户添加

②“删除用户”按钮（btdel）：获取表格某行用户信息时，选择的用户名称（如 yaw）显示在输入框中，“修改密码”按钮才可用，如图 6.7（a）所示。单击“删除用户”按钮，弹出如图 6.7（b）所示的删除提示框，单击对话框中的“是(Y)”按钮将删除该用户行。

（a）删除指定用户　　（b）用户删除提示

图 6.7　用户删除操作（提示）

③“修改密码”按钮（btedit）：“修改密码”按钮开始时不可用，如图 6.5 所示。获取表格中某用户行信息时，用户名称显示在输入框中，“密码”输入框可用并获得焦点（等待输入新的密码）。输入新密码回车之后，“修改密码”按钮可用，如图 6.8（a）所示。单击该按钮，其单击事件用于修改指定用户的密码，并将修改结果显示在表格控件中，如图 6.8（b）所示。

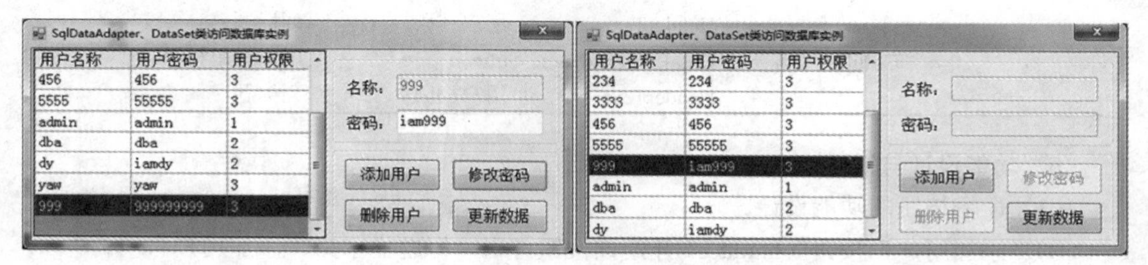

（a）输入用户新密码　　（b）保存用户新密码

图 6.8　用户密码修改操作

④“更新数据”按钮（btupdate）：通过表格控件可以实现用户“权限值”数据项的批量修改。该按钮的单击事件代码用于批量修改和保存数据。若表格控件中的“密码”“权限”数据列的数据未被修改，此时单击“更新数据”按钮，将给出如图 6.9（a）所示的提示“数据项未被修改”；若修改了表格控件中“密码”“权限”数据列的数据，单击“更新数据”按钮，将给出如图 6.9（b）所示的提示。

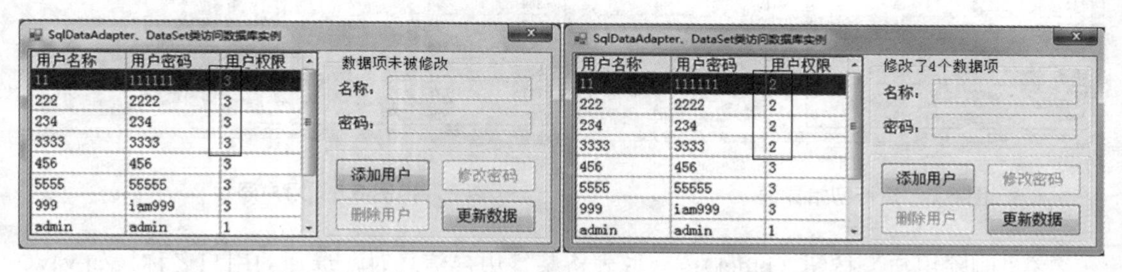

（a）数据项未修改　　（b）数据项被修改

图 6.9　数据的批量修改

（2）文本输入框（TextBox）功能设计。

① 名称输入框 txtID：添加新用户时，用于输入用户名称；开始时该输入框不可用，如图 6.5 所示；当单击“添加用户”按钮时，两个输入框均可用，输入新用户的名称和密码，如图 6.6 所示。

② 密码输入框 txtPW：用于输入用户新密码。请参阅“(1)命令按钮的功能设计”的功能介绍。

（3）表格控件（DataGridView）功能设计。

① 显示现有用户的数据项。其中包括 3 个 DataGridViewTextBoxColumn 列控件，名称分别是 Coluid、Colupw、Colulv；具体属性如表 6.9 所示。3 个属性列的 Width 属性值均为 100。

② 其单击事件，用于获取当前行的用户信息，用于指定用户密码的修改，如图 6.9 所示。

③ 其属性列 Colulv 设置为可写方式，实现用户权限值的批量修改。之后，单击“更新数据”实现数据的批量更新到后台数据库。

6．窗体及各控件事件编码与功能实现

手动添加的 using 命令，为引用操作 SQL 数据库的相应类：

```
using System.Data.SqlClient;
```

以下各个部分的源代码中，都给出了比较详细的注释，一般情况不再对程序另行详解。

（1）FormAdapterUpdateDB.cs 类（文件）的成员变量。

```
//以下为类的成员变量(的定义),各个变量的类型、作用
private SqlConnection cn = null;          //定义连接类 SqlConnection 的对象 cn
private SqlCommandBuilder builder = null; //定义 SqlCommandBuilder 类的对象 cn
private DataTable dt = new DataTable(); //定义 DataTable 类的对象 cn
private DataSet ds = new DataSet();      //定义 DataSet 类的对象 ds
private SqlDataAdapter da = new SqlDataAdapter();//SqlDataAdapter 类的对象 da
private Boolean isUpdate = false;//定义 Boolean 类的对象,记录表格数据是否修改过
//定义 SQL 查询字符串,从用户表查询用户名、密码、权限字段的信息
private const string sql = "select uid,upw,ulv from users";
public event KeyEventHandler CellKeyDown;  //单元格的 Keydown 键↓
public event KeyEventHandler CellKeyUp;    //单元格的 KeyUp 键↑
private DataGridViewTextBoxEditingControl EditingControl;
//constr,存储数据库连接信息字符串,并通过类的成员函数 getmachinename()的返回值初始化之
public static string constr = getmachinename();
private string vid = "", vpw = "";  //vid 存储用户名称;vpw 存储用户密码;用户默认
                                    //权限值为 3
private int row = -1, flag = 2;     //row 表格中当前行号
                                    //flag 表示操作方式:1-添加,2-修改密码
```

（2）窗体控件相关事件及编码。

① 窗体 FormAdapterUpdateDB 的加载事件 Load，窗体加载、显示时自动触发该事件。根据数据库连接信息字符串，实例化 SqlConnection 类的对象 cn；连接数据库；数据库连

接失败时，给出提示信息。语句块（伪代码）如下：

```
try
{  //引用类的全局变量 sqlcon(存储数据库连接信息字符串)
    cn = new SqlConnection(constr);  //实例化 SQLConnection 类的对象 cn
    //如果数据库不是处于连接(打开)状态,打开数据库的连接。open()方法的应用
    //State 属性标识数据库的连接状态,其值是几个枚举值,包含在类 ConnectionState 中
    Boolean st1 = cn.State == ConnectionState.Closed;
    Boolean st2 = cn.State != ConnectionState.Open;
    if (st1 || st2) { cn.Open(); } //如果数据库处于关闭或非连接状态,则打开数据
                                   //库的连接
    initgrid();           //调用类的成员函数,设置表格控件的相关的属性
    LoadDatatoGrid();     //调用类的成员函数,加载数据到表格控件的数据源 DataRouce
}
catch (Exception ex){ 捕获出错信息,给出出错提示信息,代码省略  }
```

② 窗体的 FormClosing 事件。

用于关闭窗体。请参阅 5.3.11 节中 FormClosing 事件代码。

（3）文本输入框控件相关事件及编码。

① 密码输入框（txtPW）的按键事件 KeyPress。用户密码输入框获得焦点且有键按下时触发本事件；用于保存输入的用户密码值到变量 vpw；若输入为空时需重新输入。伪代码如下：

```
private void txtPW_KeyPress(object sender, KeyPressEventArgs e)
{
    if (e.KeyChar == (char)Keys.Return)                //按了回车键时
    {   vpw = this.txtPW.Text.ToString().Trim();       //得到输入的密码值并保存
        if (vpw.Length == 0)                           //用户密码为空
        {   this.groupBox1.Text = "用户密码不能为空";
            this.txtPW.Focus();                        //密码输入框得到焦点
        }
        else                                           //密码输入框不为空时,如何转移焦点
        {   if( flag == 1)                             //表示添加用户的操作
            {  激活"保存用户"按钮 btadd 并使之得到焦点,代码省略   }
            else if (flag == 2)                        //表示修改密码的操作
            {  激活"修改密码"按钮 btedit 并使之得到焦点,代码省略   }
        }
    }
}
```

② 名称输入框（txtID）的按键事件 KeyPress、用户名称输入框得到焦点，且有键按下时触发本事件。用于保存用户名称输入框的值到变量 vid；若输入为空重新输入（不能失去焦点），用户名称输入框的值不为空时，用户密码输入框获得焦点。伪代码如下：

```
private void txtID_KeyPress(object sender, KeyPressEventArgs e)
{   if (e.KeyChar == (char)Keys.Return) //如果输入框得到焦点，且按了回车键时
```

```
        {
            vid = this.txtID.Text.ToString().Trim();//保存输入的用户名到变量 vid 中
            //输入框的值为空或空格字符时,或用户已存在时,输入框控件不能失去焦点
            if ((vid == "" && vid.Length == 0)||(IsUserExist()>0))
            {   清空用户名称输入框 txtID 的值,使之得到焦点,代码省略   }
            else
            {   清空密码输入框 txtPW 的值,使之得到焦点,代码省略   }
        }
    }
```

（4）命令按钮控件相关事件及编码。

①“添加用户”按钮 btadd 的单击事件 Click。按钮标题为“添加用户”时，设置标题为“保存用户”，清空输入框的值，使名称输入框得到焦点；按钮标题为“保存用户”时，用 drgrid.Rows.Add()为表格控件增加新的行，该函数返回添加新行的索引号，即新行的行号，可以通过该索引号操作该行的各个单元格。如 dtgrid.Rows[index].Cells[0].Value = ""。伪代码如下：

```
if (this.btadd.Text.Trim() == "添加用户")     //表示添加用户
{   flag = 1;                                 //表示进入"添加用户"操作
    this.txtID.Enabled = true;  this.txtPW.Enabled = true;//使两个输入框可用
    this.txtID.Text = "";        this.txtPW.Clear();    //清除两个输入框的值
    this.btadd.Text = "保存用户";
    使得按钮 btupdate、btdel、btedit 不可用;如 this.Btdel.enabled=false;
    this.groupBox1.Text = "输入用户名[回车确认]:";
    this.txtID.Focus();                       //名称输入框获得焦点
}
else if (flag == 1 && this.btadd.Text.Trim() == "保存用户")
{
  vid = this.txtID.Text.ToString().Trim();//保存输入的用户名称到变量 vid
  vpw = this.txtPW.Text.ToString().Trim();//保存输入的用户密码到变量 vpw
  if (vid.Length == 0 || vpw.Length == 0) //用户名称或密码为空时,重新输入
  {  清空两个输入框 txtID、txtPW 的值;名称输入框 txtID 得到焦点   }
  else if (vid.Length > 0 && vpw.Length > 0)
  {    btupdate.Enabled = true; btupdate.Focus();//使"更新数据"按钮可用并获得焦点
       //以下代码段演绎说明了编程方式给 dtgridv 添加新行的方法
       if (this.dtgrid.DataSource == null)//表格控件中无数据源时
       {  row = this.dtgrid.Rows.Add();  }//给表格控件添加一个新行,并返回其行号
       else
       {    //当表格控件绑定数据源时,不能直接给表格控件的行集合中添加新行,否则会报错误
            //方法: 现将 dtgridv.DataSource 转化成 DataTable 类型,再添加新行
            DataRow dr = ((DataTable)dtgrid.DataSource).NewRow();
            dr["uid"] = vid; dr["upw"] = vpw;  dr["ulv"] = 3;
                                           //给新记录的各个字段赋值
            //再将新行添加到转化成 DataTable 类型的 dtgridv.DataSource 中
            ((DataTable)dtgrid.DataSource).Rows.Add(dr);
```

```
            row = this.dtgrid.Rows.Count - 1;    //获取新行的行号,到变量 row 中
        }
        this.dtgrid.Rows[row].Cells[0].Value = vid;//给用户名赋值,用行号访问字段
        this.dtgrid.Rows[row].Cells[1].Value = vpw;//给用户密码赋值,用行号访
                                                   //问字段
        this.dtgrid.Rows[row].Cells[2].Value = 3;//给用户权限赋值,用行号访问字段
        this.dtgrid.EndEdit();                     //是表格控件进入编辑状态
        this.dtgrid.Rows[row].Selected = true;//设置当前选定行为高亮度反向显示
        //DataGridView 不可直接设定当前行,可通过设定当前单元格间接设置当前行
        this.dtgrid.CurrentCell = this.dtgrid.Rows[row].Cells[1];
        this.dtgrid.Refresh();
        //如果输入的用户名称未在用户表中,调用类的成员函数,添加新的数据到数据表
         if (IsUserExist() <= 0) { addnewusertotable(); }
         this.btadd.Text = "添加用户";//按钮的标题在"添加用户" "保存用户"之间切换
    }
 }//end if (this.btadd.Text.Trim() == "保存用户")
```

②“更新数据”按钮 btupdate 的单击事件 Click。用于将添加到 Datagridview 控件上的数据更新到数据库。ds.Table[index].Rows 或 DataTable.Rows 中，每个 DataRow 的属性 DataRowState、Adapter.Update 会自动根据每个行的状态来更新：包括添加、删除、修改数据库。代码如下：

```
if (isUpdate)  //表格中的数据项被修改
{   try
    {   da = new SqlDataAdapter(sql, cn);          //实例化类的全局变量 da
       //通过 SqlCommandBuilder 对象自动生成 SQL 语句,得到数据库更新命令,实现更新
        builder = new SqlCommandBuilder(da);    //实例化类的全局变量 builder
        builder.QuotePrefix = "[";    builder.QuoteSuffix = "]";
        row = da.Update(dt);    //更新修改之后的数据到数据源,得到数据更新的行数
        dt.AcceptChanges();      //提交自加载对象 dt 以来所进行的所有更改到数据库
        this.dtgrid.Refresh(); //刷新表格控件的数据显示
        //在分组框上显示更新操作结果(提示),代码省略;如: this.groupBox1.Text = ts;
        this.isUpdate = false;    //更新数据库后,标识变量置为 false
    }
    catch (Exception ex){ 捕获出错信息,给出出错提示信息,代码省略}
}// end if (isUpdate == true)
else { this.groupBox1.Text = "数据项未被修改!"; }
```

【程序解析】 使用 SqlDataAdapter 的 Update 方法更新 DataSet 对象 ds 的数据到数据库时，通过动态指定的 SelectCommand 属性得到的数据集填充到 ds 对象，此时，查询语句 select 中，须包含数据表的所有主键列。如本例，sql = "SELECT uid,upw,ulv from users";

其中，uid 为数据表 users 的主键（主键属性）。若查询的属性序列中没完全包含主属性，用 Update 方法更新数据库时将出错。更新 ds 对象中的数据表 users 将得到数据更新的行数，代码如下：

```
int r = da.Update(ds, "users");
```

或者：

```
int r=da.Update(ds.Tables["users"]);
```

③“删除用户”按钮 btdel 的单击事件 Click，用于从表格控件中获取删除行的行号，参见表格控件的 CellDoubleClick 事件；删除 dt 对象中数据表 users 的当前行（行号为 row）的记录；更新到数据表对象 dt，并同步 DataGridView 控件的数据 dtgrid.DataSource。代码段或伪代码如下：

```
try
{   string t = "是否确定要删除当前用户[" + vid + "]的数据吗? \n";
    MessageBoxButtons a = MessageBoxButtons.YesNo;
    MessageBoxIcon b = MessageBoxIcon.Question;
    if (MessageBox.Show(t, "删除提示", a, b) == DialogResult.Yes)
    {
        da = new SqlDataAdapter(sql, cn);        //实例化类的全局变量 da
        builder = new SqlCommandBuilder(da);     //实例化类的全局变量 builder
        builder.QuotePrefix = "["; builder.QuoteSuffix = "]";
        dt.Rows[row].Delete();  //在 ds.Table["users"]中删除行号为 row 的当前
                                //行,等价语句:
        //ds.Tables["users"].Rows[row].Delete();
        if (da.Update(dt) > 0){
            dt.AcceptChanges(); //提交自上次调用 dt.AcceptChanges()以来对其进
                                //行的所有修改
            this.dtgrid.DataSource = dt;         //重新加载表格控件的数据源
            this.dtgrid.Refresh();               //重新刷新数据表(的数据)显示
            this.groupBox1.Text = "用户密码修改成功!";
        }
       clearIdPwtxt();    //调用类的成员函数,进行清除操作,参见本函数
    } //结束 if (MessageBox.Show(t, "删除提示", a, b) == DialogResult.Yes)
 }
 catch (Exception ex){ 捕获出错信息,给出出错提示信息,代码省略 }
```

④“修改密码”按钮 btedit 的单击事件 Click，根据指定的用户名，修改对应的密码数据，并更新到后台数据库，并同步表格的数据。代码段如下：

```
try
{   da = new SqlDataAdapter(sql, cn);        //再次实例化 da 对象
    builder = new SqlCommandBuilder(da);    //再次实例化 builder 对象
    builder.QuotePrefix = "["; builder.QuoteSuffix = "]";
    ds = new DataSet();  //实例化类 DataSet 的对象
    da.Fill(ds, "users");//将 da 查询到的结果填充到 ds 中,并将此数据表映射为 users
    dt=ds.Tables["users"].Copy();  //将 ds 中 users 表的数据复制到 dt 对象中
    dt.PrimaryKey = new DataColumn[] { dt.Columns["uid"] };
                                            //设置 dt 中记录集的主键
    DataRow dr = dt.Rows.Find(vid);
                                 //在 dt 中的主属性(uid)上查找指定的值(变量 vid 的值)
    if (dr == null) { this.groupBox1.Text = "未找到指定的数据行!"; }
                                              //未找到记录
```

```
else//如果找到相关记录行,则修改对应的密码值
{
   dr.BeginEdit();        //进入编辑模式
   dr["upw"] = vpw;       //用输入的新密码值(vpw)修改原有的密码值
   dr.EndEdit();          //结束编辑模式
   //通过 da 对象的 Update()方法将 DataGridView 控件中修改的数据更新到数据库
   if (da.Update(dt) > 0)
   {  dt.AcceptChanges();//提交自上次调用dt.AcceptChanges()以来的所有更新
                         //(到数据库)
      this.dtgrid.DataSource = dt;//重新绑定表格控件的数据源 Datasource 属性
      this.dtgrid.Refresh();      //重新刷新数据表(的数据)显示
      this.groupBox1.Text = "用户密码修改成功!";
   }
   else { this.groupBox1.Text = "用户密码修改失败!"; }
   clearIdPwtxt();        //调用类的成员函数,清除变量值,清空输入框并使之不可用
   this.btedit.Enabled = false; //修改密码之后关闭本按钮
}
}
catch (Exception ex){ 捕获出错信息,给出出错提示信息,代码省略}
```

（5）表格控件（dtgrid）相关事件及编码。

① 表格控件 dtgrid 的单元格的双击事件 CellDoubleClick。双击表格控件单元格的任意位置处触发该事件，用于得到当前行各字段的值，并显示出用户名称、用户密码；设置 flag=2，表示进入密码修改状态；清除密码输入框的值，激活密码输入框（使之可用并得到焦点）；使“删除用户”按钮可用；使“修改密码”按钮不可用；输入新的用户密码回车之后，使“修改密码”按钮可用。伪代码段如下：

```
try
{  row = e.RowIndex;                          //得到当前行号,row 为类的成员变量
   if (row >= 0 && row < this.dtgrid.RowCount)//第 1 行到最后一行之间
   {  //得到第 n 行第 1 列(序号为 0)的字段(用户名)值
      this.vid = this.dtgrid.Rows[row].Cells[0].Value.ToString();
      在输入框 txtID 显示用户名 vid,并使输入框 txtID 不可用,代码省略
      //得到第 n 行第 2 列(序号为 1)的字段(用户密码)值
      this.vpw = this.dtgrid.Rows[row].Cells[1].Value.ToString();
      清空密码输入框(txtPW)并使之可用且获得焦点,代码省略
      使"删除用户"按钮(btdel)可用,使"修改密码"按钮(btedit)不可用,代码省略
      this.groupBox1.Text = "输入新密码[回车确认]:";
      flag = 2;                               //进入密码修改状态
   }
}
catch (Exception ex){MessageBox.Show("读取表格控件时发生错误:" + ex.Message); }
```

② 表格控件 dtgrid 的指定行删除事件 UserDeletingRow。删除表格指定数据行时触发本事件。

```
private void dtgrid_UserDeletingRow(
            object sender,DataGridViewRowCancelEventArgs e)
{   MessageBoxButtons a = MessageBoxButtons.YesNo;
    MessageBoxIcon b = MessageBoxIcon.Question;
    string ts = "确认要删除表格控件中的当前数据行吗?";
    if (MessageBox.Show(ts, "删除提示", a, b) != DialogResult.Yes)
                                  //显示提示对话框
    {  e.Cancel = true;   }       //如果不是 Yes,则取消删除操作
    else
    {  e.Cancel = false;  }       //如果是 Yes,则进行删除操作
}
```

③ 表格控件 dtgrid 的按键释放事件 KeyUp。表格 dtgrid 上有键按下被释放时候触发本事件；KeyUp 用于在 DataGridView 控件上通过上、下箭头按键，实现上下行的移动。代码段如下：

```
if (e.KeyCode == Keys.Up || e.KeyCode == Keys.Down) //捕获↑、↓箭头按键
{  row = this.dtgrid.CurrentCell.RowIndex;          //得到当前单元格的当前行号
   //得到第 n 行的各字段的值
   this.vid = this.dtgrid.Rows[row].Cells[0].Value.ToString().Trim();
    在输入框 txtID 显示用户名 vid,并使输入框 txtID 不可用,代码省略
   this.vpw = this.dtgrid.Rows[row].Cells[1].Value.ToString().Trim();
   this.txtPW.Text = vpw;                            //显示出用户密码
}
this.groupBox1.Text = "当前行号:" + row.ToString();
```

④ dtgrid_EditingControlShowing 事件。

```
private void dtgrid_EditingControlShowing(
        object sender, DataGridViewEditingControlShowingEventArgs e)
{  EditingControl = (DataGridViewTextBoxEditingControl)e.Control;  }
```

⑤ dtgrid_RowEnter 事件、表格控件 dtgridv 的某一行得到焦点时，触发 RowEnter 事件。

```
private void dtgrid_RowEnter(object sender, DataGridViewCellEventArgs e)
{  row = e.RowIndex;    //获得表格控件 dtgridv 中具有焦点的行的行号
   //获得表格控件 dtgrid 中具有焦点行的第一列(即用户名称字段)的值
   vid = this.dtgrid.Rows[row].Cells[0].Value.ToString();
}
```

⑥ dtgrid_CellValueChanged 事件。表格控件单元格的值改变事件，表格控件 dtgrid 单元格的值发生改变时触发本事件。用于激活“更新数据”按钮，使之可用。

```
private void dtgrid_CellValueChanged(
            object sender, DataGridViewCellEventArgs e)
{  isUpdate = true;   }   //表示表格单元格的数据被编辑
```

（6）类的成员函数及其功能。

① clearIdPwtxt()：实现代码段重用，用于删除、添加、修改记录后，清除变量 vid、vpw 的值，清空输入框 txtID、txtPW 并使之不可用，使“删除用户”“修改密码”按钮不可用，代码省略。

② IsUserExist()：检测新输入的用户名在用户表 users 中是否已存在，用户已经存在返回 1，否则返回 0。

```
private int IsUserExist()
 {   Object res = null;
     StringBuilder ss = new StringBuilder();   //实例化 StringBuilder 类的对象
     //生成查询字符串,格式化参数化查询条件变量(变量名前加了@)
     ss.AppendFormat("select count(*) from users where uid=@vid");
     SqlConnection cn = new SqlConnection(constr);//建立连接类 SqlConnection 对象
     Boolean st1=(cn.State == ConnectionState.Closed);
     Boolean st2 = (cn.State != ConnectionState.Open);
     if (st1 || st2) cn.Open();//如果数据库当前处于关闭或非连接状态,打开数据库的连接
     SqlCommand cmd = new SqlCommand(ss.ToString(),cn);
     //向 SqlCommand 对象传递参数,new SqlParameter("@vid", vid)为参数对象实例
     cmd.Parameters.Add(new SqlParameter("@vid", vid));
     //调用 SqlCommand 类的方法 ExecuteScalar()执行查询
     res = cmd.ExecuteScalar();//调用方法 ExecuteScalar()执行查询,得到单值结果
     return Convert.ToInt16(res);//将结果值转化为 int 类型返回,返回结果值,或是 0 或>0 值
 }
```

③ 函数 addnewusertotable()：用于将新添加的用户信息插入到用户数据表 users 中，实质是 insert 命令的具体应用，添加成功时，更新表格控件的数据显示。添加成功返回 1，否则返回 0。

```
private void addnewusertotable()
{   try
    {   da = new SqlDataAdapter(sql, cn);
        //SqlCommandBuilder 能自动生成 SQL 命令,查询得到的表含关键字,否则不能用
        //Update 命令
        builder = new SqlCommandBuilder(da); //通过 SqlCommandBuilder 对象自
                                              //动得到更新命令
        da.InsertCommand = builder.GetInsertCommand();
        //创建一个与 SQLConnection 项关联的 SqlCommand 对象
        //da.InsertCommand = cn.CreateCommand();
        //指定 da 对象的 InsertCommand 的命令文本为插入操作命令字符串
        da.InsertCommand.CommandText="insert into users values(@vid,@vpw,@vlv)";
        //初始化具有查询文本和 SQLConnection 类的新 SqlCommand 实例
        //da.InsertCommand = new SqlCommand(
                            "insert into users values(@vid,@vpw,@vlv)", cn);
        //为 da 对象的 InsertCommand 的命令指定参数,第 4 个参数为数据表的属性列的名称
        SqlParameter par = da.InsertCommand.Parameters.Add(
```

```
                                "@vid", SqlDbType.NVarChar, 12, "uid");
        da.InsertCommand.Parameters.Add("@vpw", SqlDbType.NVarChar, 12, "upw");
        da.InsertCommand.Parameters.Add("@vlv", SqlDbType.SmallInt, 2, "ulv");
        par.SourceColumn = "uid";
        par.SourceVersion = DataRowVersion.Original;
        if (da.Update(dt) > 0)        //更新 Datatable 对象 dt
        {
            //提交自上次调用 dt.AcceptChanges()以来对其进行的所有修改
            dt.AcceptChanges();       //等价于 ds.AcceptChanges();
            clearIdPwtxt();//调用类的成员函数,清除 vid、vpw 的值,清空两个输入框的值
            this.dtgrid.Refresh();    //刷新表格控件的数据
            this.isUpdate = false;    //添加用户之后,设置 isUpdate=false
        }
        else { this.groupBox1.Text = "记录添加到数据库失败!"; }
    }//end try
    catch (Exception ex){ MessageBox.Show("添加新用户时出错!\n 原因:" + ex.Message);}
}
```

④ 函数 LoadDatatoGrid()：用于加载数据集到表格控件 dtgrid 中。伪代码如下：

```
private void LoadDatatoGrid()
{
    SqlCommand cmd = new SqlCommand(sql, cn);//定义类 SqlCommand 的对象 cmd,
                                             //并实例化
    SqlDataAdapter da = new SqlDataAdapter(cmd);//生成和使用 SqlDataAdapter
    //对象,添加必要的列和主键信息以完成架构
    da.MissingSchemaAction = MissingSchemaAction.AddWithKey;
    builder = new SqlCommandBuilder(da);   //实例化 SqlCommandBuilder 的对象
    builder.QuotePrefix = "[";    builder.QuoteSuffix = "]";
    ds = new DataSet();     //定义 DataSet 类的对象
    da.Fill(ds, "users"); //将 da 得到的数据集填充到 ds 中,并给数据集取名为 users
    dt = ds.Tables["users"].Copy();//将 ds 中的数据表 users 的数据表复制到对象 dt 中
    dt.PrimaryKey = new DataColumn[]{dt.Columns["uid"]};
    if(dt.Rows.Count>0)
    {   将数据表对象 dt 绑定到表格控件的 DataSource 属性上,并刷新表格控件,代码省略
        this.isUpdate = false;             //绑定数据时,设置 isUpdate = false
    }
    else { this.groupBox1.Text = "数据源为空!"; }
}
```

【程序解析】 为 ds 对象的数据表（DataTable）设置主键。例如，设置 ds 中的数据表（users）的主键（uid），必须和底层的数据表的主键呈一一对应关系，这点很重要。代码如下：

```
ds.Tables["users"].PrimaryKey = new DataColumn[]{
                                ds.Tables["users"].Columns["uid"] };
```

若 Select 得到的数据集是来自数据库的多个表，且需要为 DataSet 对象 ds 的数据表设置“多个属性”作为主键（主属性），（在此）设表名称命名为 sc，建立方法如下：

```
ds.Tables["sc"].PrimaryKey = new DataColumn[]{  ds.Tables["sc"].Columns["sno"],
      ds.Tables["sc"].Columns["cno"],  ds.Tables["sc"].Columns["rq"] };
```

代码中，“da.Fill(ds, "users");”与“dt = ds.Tables["users"].Copy();”可合成一个语句：“da.Fill(dt);”。

⑤ 成员函数 getmachinename()：前面的实例中有介绍，在此省略。

⑥ 引用 UI 层的类 BLL3Layer.cs 中的成员函数 initgrid()，请参阅 7.6.1 节的有关内容。

应用开发篇

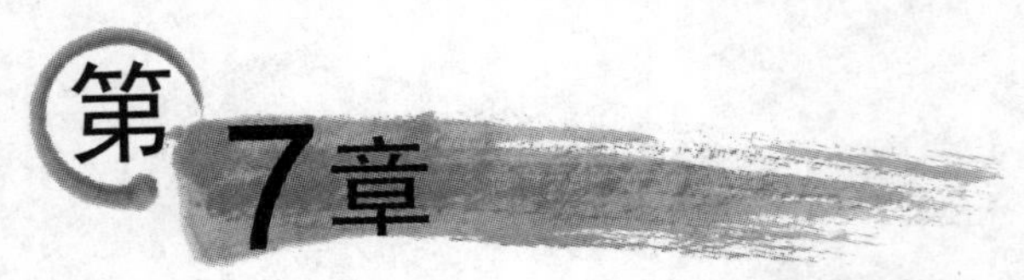

第7章 三层 C/S 模式的选课与成绩管理系统

7.1 选课与成绩管理系统简介

7.1.1 系统描述

MIS（管理信息系统）的设计与开发，是软件行业的热门研究内容。不同类型的 MIS 在各个行业得到了广泛的应用。例如，高校的学籍管理系统，涉及和处理的数据量很大。其信息和数据的处理，用手工方式操作几乎是难以想象的，还会造成时间、人力、物力、财力上的很大浪费，且效率低，容易出错。

鉴于篇幅，本章给出了一个三层 C/S 模式的简单的信息查询和成绩管理系统的框架，描述了基于 C#+SQL Server 2008 开发平台，设计与开发三层 C/S 模式的 MIS 的步骤、方法和技术。

7.1.2 开发工具与平台

本系统的开发环境如下。

（1）操作系统：Windows 7 或更高版本的操作系统。

（2）开发平台与工具：Visual Studio 2012 之 C#。

（3）数据库管理系统：SQL Server 2008。

7.2 需求分析

7.2.1 信息需求

信息需求是指用户需要从数据库中获取的信息、数据的内容和性质。该需求分析涉及数据库、数据表的建立。涉及的数据表请参阅本章 7.3 节的相关内容。

7.2.2　数据处理需求

用户需要对信息进行何种处理，按什么方式处理，每一种处理有哪些输入输出要求。简言之，要求系统具有的数据处理功能以及数据处理的响应时间、方式等。

数据操作包括数据查询、数据更新（添加、删除、修改）、数据的备份、转储、恢复及其方式等。

7.2.3　系统安全性和完整性需求

系统的安全性需求，包括系统的使用安全及其操作方面的安全以及数据库本身的安全等。完整性需求包括实体完整性（保证数据的唯一性）、参照完整性（保证数据表之间数据的一致性）、自定义完整性（保证数据正确性和有效性以及相容性）。

7.3　数据库设计

7.3.1　概念设计

把用户的信息要求集成到一个整体的逻辑结构中。概念结构能表达用户的要求，且独立于数据库管理系统（DBMS）和硬件结构。概念结构的描述工具是实体联系模型，简称为 ER 模型，也称之为 ER 图。

数据库概念设计将得到 ER 模型（图）。本系统的 ER 图在此省略。

7.3.2　逻辑设计

数据库的逻辑结构设计，就是把概念结构设计得到的 ER 图转化为与具体的数据库管理系统（DBMS）所支持的数据模型相符合的逻辑结构，该结构在数据库原理中简称为关系模式。

为了便于对之后相关章节代码及其作用的理解及其编程技术的掌握。在此，给出了本实例系统所采用的数据管理系统的关系模式名称以及数据表的主要属性与各关系之间的关联属性。

（1）学生信息表：student(<u>sno</u>，sname，sex，age，dno，spno)。dno 为外键，关联 dep 表的主键 dno；spno 为外键，关联 spec 表的主键 spno。

（2）院系信息表：dep(<u>dno</u>，dname)。dno 为主键，与 student 表的 dno 关联。

（3）专业信息表：spec(<u>spno</u>，spname)。spno 为主键，与 student 表的 spno 关联。

（4）课程信息表：kc(<u>cno</u>，cname，credit)。cno 为主键，与 sc 表的 cno 关联。

（5）教师信息表：teacher(<u>tno</u>，tname，sex，age，dno)。dno 为外键，关联 dep 表的主键 dno。

（6）教师任课信息表：tc(tno，cno，rq，bjno，ks，dno)。其中，tno、dno、bjno、cno为外键，分别关联数据表 teacher、dep、classes、kc 中对应表的主键。

（7）班级信息表：classes(bjno，bjname，rs，dno)。dno 为外键，关联 dep 表的主键 dno。

（8）学生选课信息表：sc(sno，cno，rq，score，tno)。tno 为外键，关联 teacher 的主键 tno；sno 为外键，关联 student 表的主键 sno；cno 为外键，关联 kc 表的主键 cno。

（9）用户信息表：users(uid，upw，uqx)。

以上各个关系模式中，带实线下画线的属性（集）为该表的主键，其中包含的属性为主属性。以上各个属性的含义、类型、数据宽度如表 7.1 所示。

表 7.1 各个数据表的属性的名称、属性类型、宽度及其含义

属性名	类型	宽度	属性含义	属性名	类型	宽度	属性含义
dno	char	2	院系编号	spname	nvarchar	50	专业名称
dname	nvarchar	50	院系名称	bjno	char	10	班级编号
cno	char	4	课程编号	bjname	nvarchar	50	班级名称
cname	nvarchar	50	课程名称	rs	smallint		班级人数
credit	real	4	课程学分	age	smallint		年龄
tno	char	4	教师编号	sno	char	12	学生学号
tname	nvarchar	20	教师姓名	sname	char	10	学生姓名
sex	char	2	性别	rq	char	6	上课日期，如 201601
uid	char	12	用户名称	ks	smallint		课程学时数
upw	char	12	用户密码	uqx	smallint		1-管理员，2-教师，3-学生
spno	char	2	专业编号				

【说明】

（1）教师任课表 tc 中，主键为 tno+cno+rq+bjno，表示一门课程在同一学期可由同一个教师承担（即 tno+cno+rq 属性值相同），但班级是不能相同的；或者一个教师在同一学期同给同一个班级上课（即 tno+bjno+rq 属性值相同），但课程是不能相同的。

（2）学生选课信息表 sc 中，sno+cno+rq 设置为主键，说明一门课程一个学生可能重修多次。在 sno+cno 相同时，修课程的时间不能相同。行课时间，如 201501、201502，分别表示 2015 年的上学期和 2015 年的下学期。

（3）班级编号为：年级+专业代码，如 2014060801，表示 2014 级软件工程专业（代码为 0608）1 班；班级名称为：年级+院系名称+专业名称+（1 班、2 班、3 班、4 班）。如，班级编号 2014060801，对应的班级名称为“2014 级计算机学院（代码为 06）软件工程专业（代码为 0608）1 班”。

7.3.3 物理设计和视图机制

物理设计就是把逻辑结构设计阶段得到的关系模式在具体的 DBMS 中，实现数据库的物理结构，得到一个完整的、能实现的数据库结构，包括数据库、数据表结构的建立，完整性规则的实现，数据的录入与维护。本系统的数据库（或表）是基于 SQL Server 2008

实现的。在其查询分析器中，通过命令 sp_Mshelpcolumns tablename 可得到数据表结构的信息。系统中涉及的数据表及其属性请参阅 7.3.2 节中的有关介绍。

几乎任何一个涉及数据库应用的 MIS 都要用到视图机制。视图是由一个或者多个表（或视图）导出的虚表。数据库中不保存视图的数据，只保存视图的结构。视图可以理解为呈现给最终用户的外层数据。

本系统涉及的视图较多，在此不一一介绍。有关的视图，请参阅应用篇中相关章节中的具体介绍。

7.3.4　完整性规则及其实现

完整性规则包括实体完整性、参照完整性、自定义完整性规则。各自的作用是不一样的。

1. 实体完整性规则及其实现

每个表都建立了主键，以保证主键属性值的唯一性（主键值不能为空且是唯一的），参见上述各数据表的结构说明。数据表的主键有的是单属性的、有的是多属性的。

2. 参照完整性规则及其实现

参照完整性，保证了数据表之间数据的一致性（同步变化）。各数据表结构中的属性名称、类型、宽度如表 7.1 所示。如图 7.1 所示的关系图，给出了主要数据表之间的参照关联（依赖）关系。

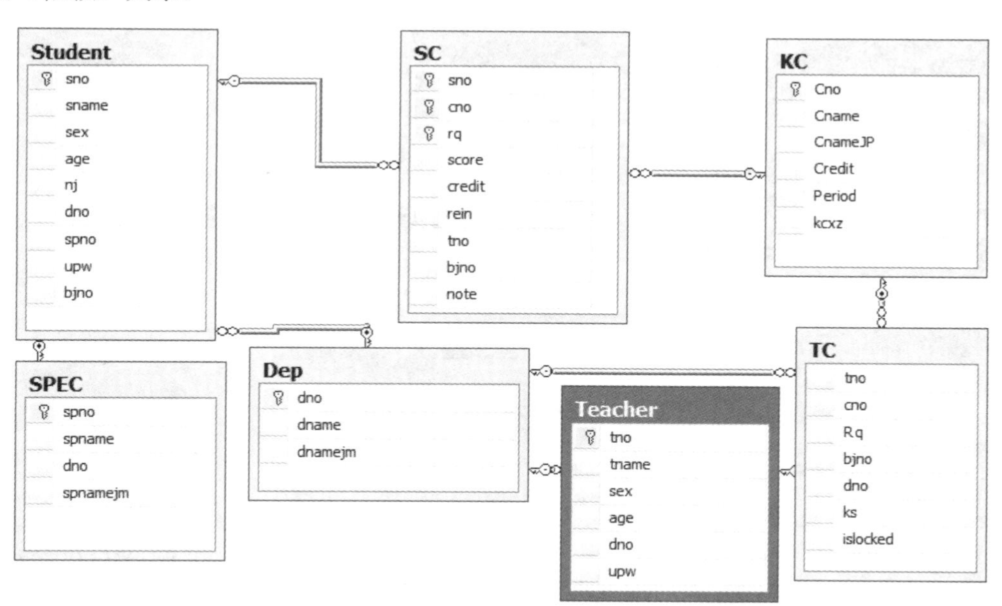

图 7.1　数据表之间的参照关系

3. 自定义完整性规则及其实现

自定义完整性是为了保证数据的有效性和正确性，符合语法规则的数据，实际应用中未必有效。如“年龄”属性，其数据类型定义为整型（如 smallint），语法上其值可以是正数或负数或者 0 值，但负数或 0 值对“年龄”属性是无实际意义的，也是无效的，但语法上是正确的。如何保证数据的正确性和有效性是系统设计与开发必须解决的问题。可以在建立数据表结构时，实现自定义完整性规则，也可以在系统开发时，通过控件的事件代码加以控制，以保证数据的正确和有效。

7.4 三层 C/S 模式及成绩管理系统的架构

7.4.1 三层架构体系结构简介

三层结构模式是基于模块化程序设计的思想，为实现分解应用程序的需求，逐渐形成的一种“标准化”模块划分方法。

三层架构的优点：不必为了业务逻辑上的微小变化而迁至整个程序的修改，只需要修改逻辑层中的一个函数或方法；增强了代码的可重用性；便于不同层次的开发人员之间的合作。只要遵循一定的接口标准就可以进行并行开发，最终只要将各个部分拼接到一起构成最终的应用程序。所谓三层体系结构，是在客户端与数据库之间加入了一个中间层，也叫组件层，也称为业务逻辑层。

三层结构通常是指数据访问层（Data Access Layer，DAL）、业务逻辑层（Business Logic Layer，BLL）和用户界面层或用户接口层（User Interface，UI）。三层结构之间的逻辑关系如图 7.2 所示。

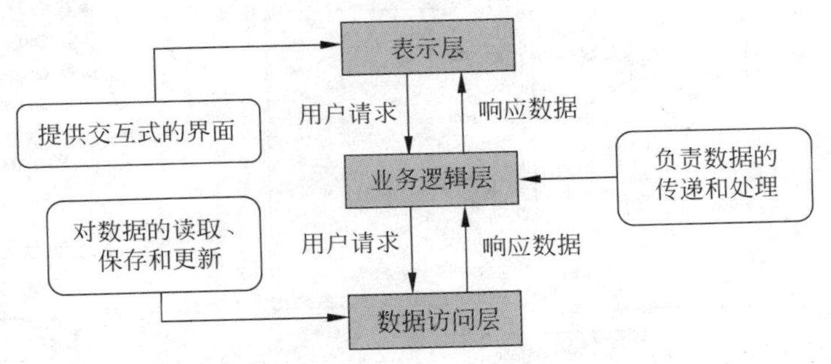

图 7.2 三层体系结构的逻辑关系

1. 用户界面表示层（UI）

表示层离用户最近。为用户提供交互式的操作界面，用于显示数据或接收用户输入的数据，为客户端提供应用程序的访问。表示层的主要表示形式为 WebForm 或 WinForm 方式。

2. 业务逻辑层（BLL）

业务逻辑层，主要负责处理用户表示层传递的信息，或者将这些信息传递到数据访问层，或者调用数据访问层的函数对数据进行读取。业务逻辑层是表示层和数据访问层之间沟通的桥梁，主要负责数据（信息）的传递。

3. 数据访问层（DAL）

数据访问层，主要是对数据的读取和写入操作，为业务逻辑层或表示层提供数据服务。在“数据访问层”中，要保证“数据访问层”函数功能的原子性，即最小性和不可再分。

“数据访问层”只负责数据的存储或读取、保存和更新等操作。

在三层结构中，各层之间相互依赖。表示层依赖于业务逻辑层，业务逻辑层依赖于数据访问层。

7.4.2　C#中建立三层结构框架

1. 建立用户表示层

（1）先建立“空白解决方案”，再建立用户表示层。步骤如下。

① 启动 Visual Studio 2012，选择“文件”→“新建”→“项目”命令，打开如图 7.3 所示的“新建项目”对话框。

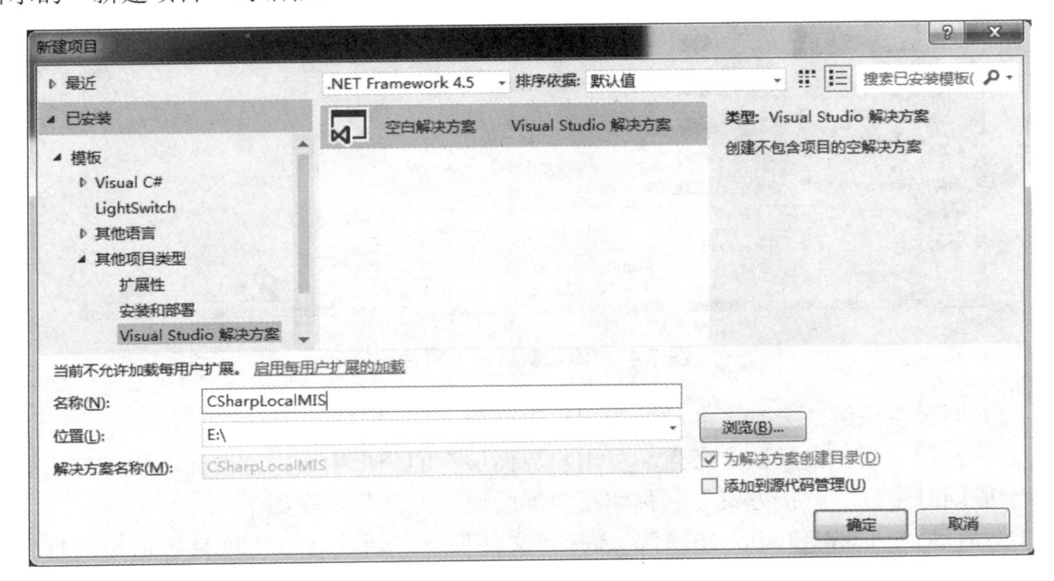

图 7.3 “新建项目”对话框

② 在“新建项目”对话框中，展开“已安装”→“模板”→“其他项目类型”，选择“Visual Studio 解决方案”，选择模板为“空白解决方案”。

③ 填写解决方案的名称（本实例系统的解决方案名称为 CSharpLocalMIS），如图 7.3 所示。

④ 单击“浏览”按钮，弹出“项目位置”对话框（在此省略）。在“项目位置”对话框中指定项目的存储（盘符和路径，如 E:\），单击“选择文件夹”按钮返回如图 7.3 所示的界面，以指定项目的保存位置。

⑤ 选中“为解决方案创建目录”复选框，如图 7.3 所示。

⑥ 单击“确定”按钮，将建立一个指定名称的空白解决方案，并以“解决方案名称”建立一个文件夹，在该文件下建立了一个扩展名为.sln、一个扩展名为.suo 的文件。

⑦ 建立用户表示层（UI）。

在三层结构中，一般先建立表示层，先生成一个界面（WindowsForm 窗体）。方法与步骤如下。

双击“解决方案资源文件.sln”，启动 Visual Studio 2012，在“解决方案资源管理器”窗体中右击“解决方案名称”，在弹出式菜单中选择“添加”→“新建项目”菜单项，弹出如图 7.4 所示的“添加新项目”对话框，展开“已安装”，选择 Visual C#→“Windows 窗体应用程序”，在“名称”处输入栏中输入项目的名称（如 UI，表示层项目的名称），在“位置”处选择（解决方案文件.sln）默认的存储位置（如 E:\CSharpLocalMIS），单击“确定”按钮。

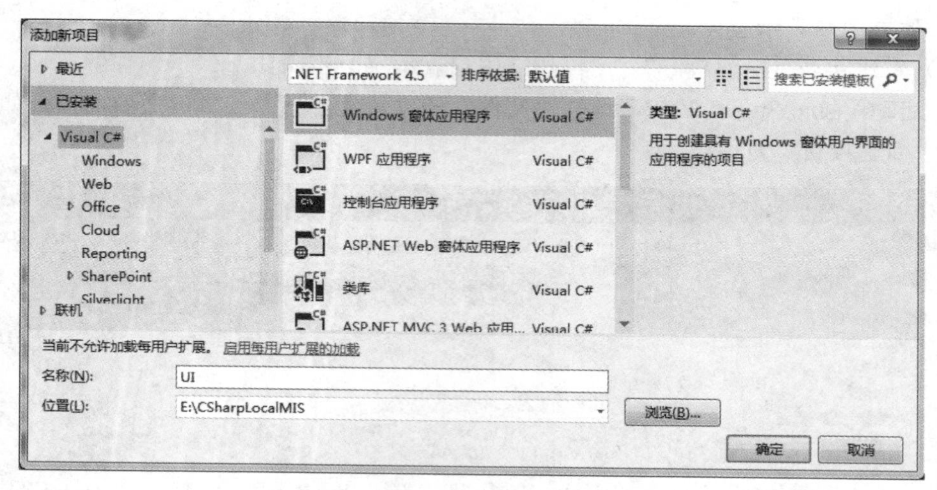

图 7.4 “添加新项目”对话框

（2）同时生成解决方案（名称）和用户界面层。

之前介绍了“空白解决方案”和“用户界面层”的分步生成方法。而在实际应用开发中，一般同时生成“解决方案”名称和用户界面层。方法与步骤如下。

① 启动“Visual Studio 2012”，选择“文件”→“新建”→“项目”命令，打开如图 7.5 所示的“新建项目”对话框。注意，该对话框中的 3 个输入框均可用，而如图 7.3 所示的对话框中只有两个输入框可用（尽管也是 3 个输入框）。

② 在如图 7.5 所示的“新建项目”对话框中，展开“已安装”→“模板”，选择 Visual C#→“Windows 窗体应用程序”选项。

③ 在“名称”处输入栏中输入用户表示层项目名称（如 UI）。

④ 在“位置”处单击“浏览”按钮，将弹出“项目位置”对话框（在此省略，在“项目位置”对话框中，指定项目的存储盘符和路径，如 E:\），单击“项目位置”对话框中的“选择文件夹”按钮，返回如图 7.5 所示的界面。

⑤ 在“解决方案的名称（M）”处输入栏中输入解决方案的名称（如 CSharpLocalMIS），选中“为解决方案创建目录”复选框，如图 7.5 所示。

⑥ 单击“确定”按钮，建立一个指定名称的空白解决方案，并以“解决方案名称”建立一个文件夹，在该文件下建立了一个主名为“解决方案名称”，扩展名分别为.sln、.suo 的两个文件。同时在“解决方案名称”文件夹下，生成用户表示层（项目名称）的子文件夹（如 UI）。

⑦ 以上过程，将自动生成一个窗体文件，其默认名称为 Form1.cs。双击此文件即可

进入窗体的设计界面，如图 7.6 所示。

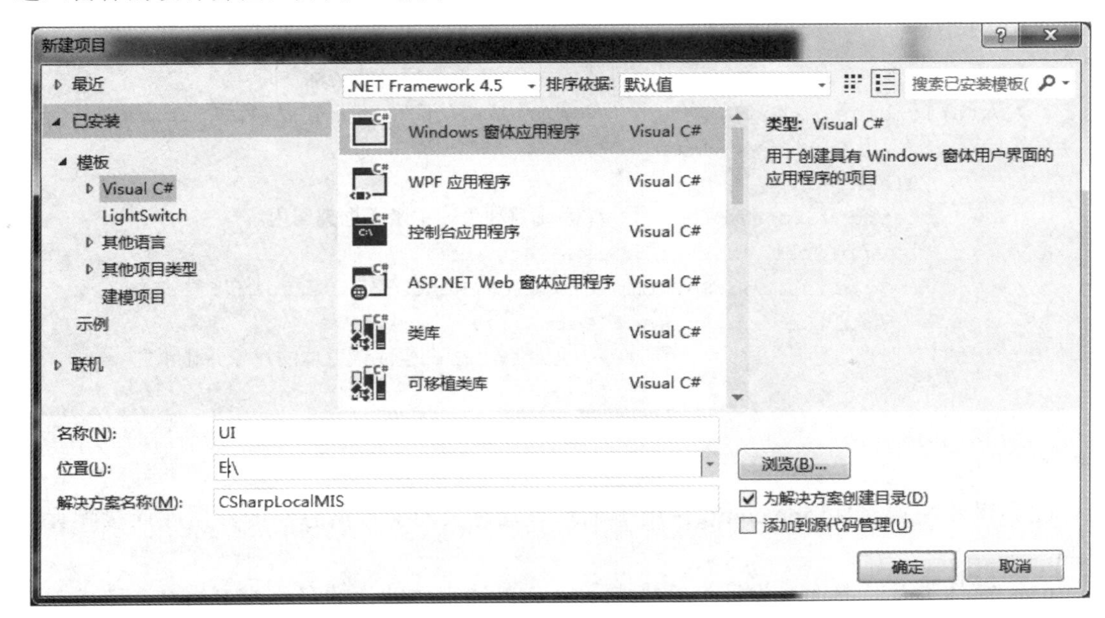

图 7.5　生成解决方案与用户表示层（UI）

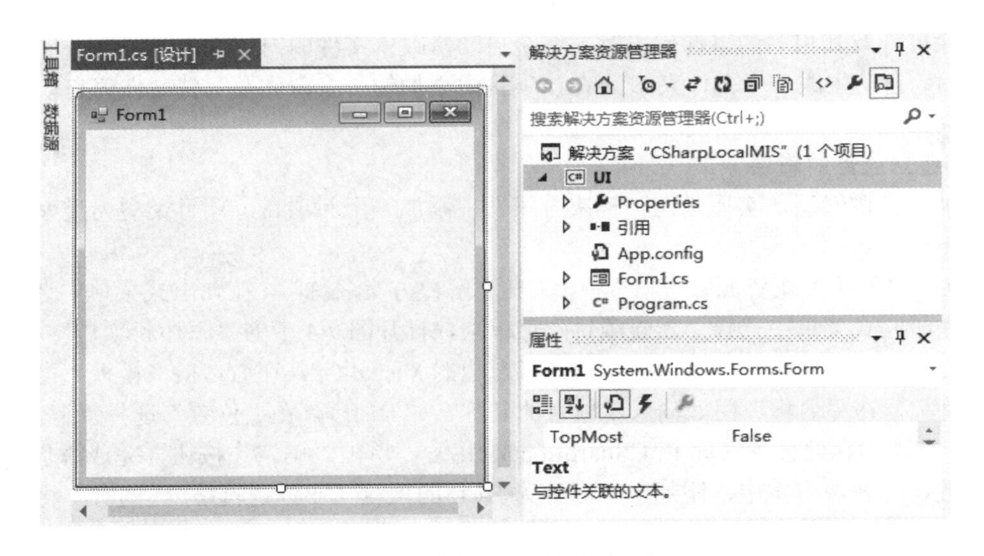

图 7.6　建立 UI 后的设计界面

至此完成了“解决方案”“用户表示层（UI）”的同时建立。

【建立用户表示层时将生成以下几个文件】

以下类及其相关的类文件、其他有关的文件均有系统自动生成。

（1）类 program 及其类文件 program.cs：该文件是系统程序的入口点，program.cs 中有一个重要的函数 Main()。在 UI 层首次建立 Windows 应用程序时，将自动生成类文件 program.cs。

为便于理解，首次给出了 program.cs 文件的框架，由系统自动生成的 using 引用语句在此省略。内容如下：

```
namespace UI                        //UI 用户界面层项目的名称空间
{    static class Program           //系统生成的默认的类(框架)与名称 program
     {    //应用程序的主入口点
          [STAThread]
          static void Main()        //系统自动生成主函数框架与内容
          {    Application.EnableVisualStyles();
               Application.SetCompatibleTextRenderingDefault(false);
               Application.Run(new Form1());
                                    //new Form1()生成该窗体的对象并显示之
          }
     }
}
```

（2）系统配置文件 app.config：用于记录系统有关的配置信息，如数据库连接配置信息等。

（3）窗体类及其界面（设计）文件 Form1.cs：该窗体默认的名称为 Form1，双击此文件即可进入窗体的设计界面。

（4）窗体控件代码文件 Form1.Designer.cs：该文件记录了窗体中有关控件的信息，添加、删除控件及其相关的事件代码时，系统自动修改本文件的内容。

同时，自动生成一个文件夹 UI。在该项目中添加的所有窗体及有关文件将自动存储到该文件夹。

2．建立业务逻辑层

添加业务逻辑层，实质是在“解决方案”中添加一个新项目，项目类型为类库。建立步骤如下。

（1）在“解决方案资源管理器”中，右击“解决方案名称”，在弹出式菜单中选择“添加”，在级联式菜单中选择“新建项目”菜单项，打开图 7.4 中的“添加新项目”对话框。

（2）在“添加新项目”对话框中，选择左边的 Visual C#，在右边的（模板）窗体中选择“类库”，在“名称”栏处输入新项目的名称（如 BLL），在“位置”选择“解决方案”文件.sln 默认的存储位置（如 E:\CSharpLocalMIS），单击“确定”按钮，完成添加。

至此，在解决方案中，添加一个名称为 BLL 的项目（业务逻辑层）。同时，将自动生成一个类文件，默认名称为 Class1.cs，将该类名称更名为 BLL3Layer。

3．建立数据访问层

按照添加“业务层”的方法和步骤，在“解决方案”中添加一个新的（类库）项目，新建项目的名称为 DAL，同时生成一个类文件，默认名称为 Class1.cs，将该类名称更名为 SqlDAL。

至此，三层结构框架已经建立，整个解决方案中共包含 3 个项目：UI、BLL 和 DAL。

其中，UI 为用户表示层的项目名称，在该项目模块中添加了本实例系统涉及的所有窗体，每个窗体都封装在对应的窗体类中。窗体名称太多，在此省略列出。BLL 为业务逻辑层的项目名称，其中包含若干类。DAL 为数据访问层的项目名称，其中建立了一个用于操作 SQL Server 数据库（表）的通用类，类名称为 SqlDAL。

7.4.3　在业务逻辑层和数据访问层添加非可视化类

1．在业务逻辑层和数据访问层添加非可视化类

在“解决方案资源管理器”中，右击“业务逻辑层（如 BLL）”或“数据访问层（如 DAL）”名称，在弹出式菜单中，选择“添加”，在级联菜单中再选择“类”菜单项，打开如图 7.7 所示的“添加新项”对话框，选择左边的 Visual C#，在右边的窗体选择“类”，在“名称”栏对应的输入框中，显示默认生成的类名称：Class+序号（自动生成），也可以直接输入新的类名称，如图 7.7 所示的 BLL3Cs.cs 文件（也是修改了默认的类名称），点击“添加”按钮，完成在指定项目中添加新类的操作。

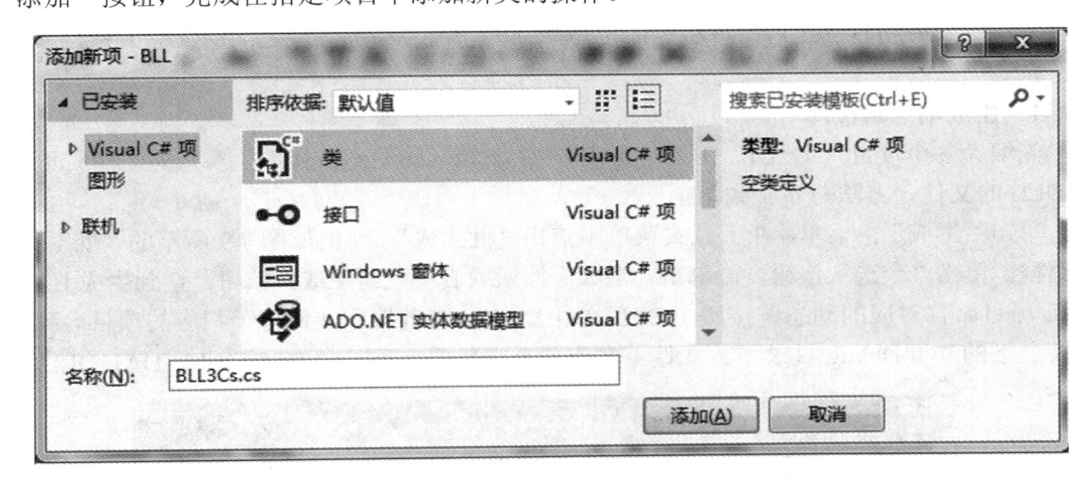

图 7.7　在业务逻辑层（BLL）添加新类

2．更改窗体或类的默认名称

（1）默认窗体名称的更名。

在表示层（UI 项目）中，添加的窗体默认名称是以“Form+编号”命名的，编号由系统自动生成。为了便于对窗体的记忆和理解，一般需对默认窗体进行更名，使之“见名知意”。方法与步骤如下。

在“解决方案资源管理器”中，右击需要更名的窗体文件名（.cs 文件，如 Form1.cs），在弹出式菜单中选择“重命名”，输入新的名称（如 FormLogin），按回车键，弹出如图 7.8（a）所示的对话框，单击其中的“是（Y）”按钮，将与被命名对象关联的所有文件中的该窗体原名称改为指定的新名称，实现窗体的重命名。

（2）默认类名称的更名。

在业务逻辑层（BLL）和数据访问层（DAL）添加的新类，默认的类名称为“Form+编号”，编号由系统自动生成。如果项目中的添加的类很多时就不方便记忆和理解，为此，对类名称进行重新命名，使之“见名知意”。类名称重命名的方法与步骤请参阅“窗体名称的更名”方法与步骤，弹出的更名提示对话框如图 7.8（b）所示。

Microsoft Visual Studio

即将重命名文件。是否也对此项目中对代码元素"Form1"的所有引用执行重命名操作?

是(Y) 否(N)

（a）窗体名称重命名提示

Microsoft Visual Studio

即将重命名文件。是否也对此项目中对代码元素"Class1"的所有引用执行重命名操作?

是(Y) 否(N)

（b）类名称重命名提示

图 7.8 窗体、类名称重命名

7.4.4 C#中建立三层模式各层之间的引用关系

三层框架成功建立之后，各层之间仍是独立的，需要添加各层之间的依赖关系，即引用关系。

1．生成动态链接库

先编译各个项目（如 UI、BLL、DAL），生成相应的动态链接库，实质是一个扩展名为.DLL 的文件，方法与步骤如下：

单击“生成”主菜单，在下拉式菜单中点击“批生成”，弹出如图 7.9 所示的“批生成”对话框。单击“全选”按钮，再单击“生成”按钮或者“重新生成”按钮，直到生成 BLL、DAL 项目名称对应的动态链接库（.DLL 文件），该动态链接库文件位于相应的项目名称文件夹之下的.\bin\Debug\目录下。文件主名为各个项目的名称，如 BLL.DLL、DAL.DLL。

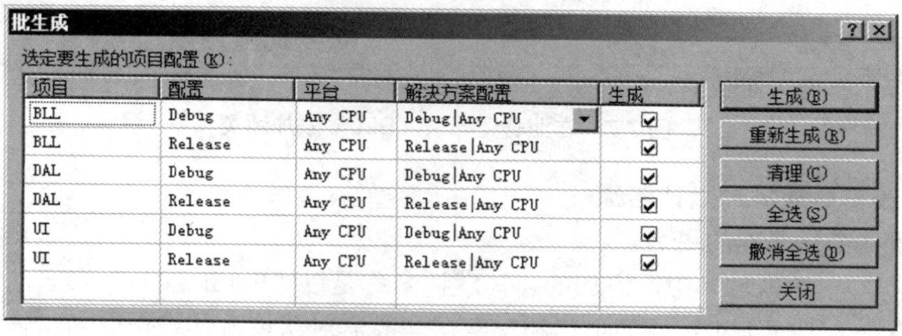

批生成

选定要生成的项目配置(K):

项目	配置	平台	解决方案配置	生成
BLL	Debug	Any CPU	Debug|Any CPU	☑
BLL	Release	Any CPU	Release|Any CPU	☑
DAL	Debug	Any CPU	Debug|Any CPU	☑
DAL	Release	Any CPU	Release|Any CPU	☑
UI	Debug	Any CPU	Debug|Any CPU	☑
UI	Release	Any CPU	Release|Any CPU	☑

生成(B) 重新生成(R) 清理(C) 全选(S) 撤消全选(D) 关闭

图 7.9 “批生成”对话框

2．添加用户表示层（UI）对业务逻辑的层（BLL）的引用

表示层（UI）引用业务逻辑层（BLL）的类及其相关的函数，需要在表示层中添加对业务逻辑层（BLL 动态链接库）的引用。

步骤为：在“解决方案管理器”中右击“用户表示层”项目名称（如 UI），或者右击相关的项目（如 UI、BLL）下的“引用”文件夹，在弹出式菜单中，选择“添加引用”，弹出如图 7.10 所示的“引用管理器”对话框。此时，尚未找到要引用的动态链接库文件。

单击“浏览”按钮，弹出如图 7.11 所示的“选择要引用的文件”对话框，找到 BLL 层相应的动态链接库文件（如本实例中的逻辑层动态链接库文件 D:\CSharpLocalMIS\BLL\bin\Debug\BLL.dll）并选中，单击“添加”按钮，返回如图 7.10

所示的“引用管理器”对话框。

图 7.10　“引用管理器”对话框

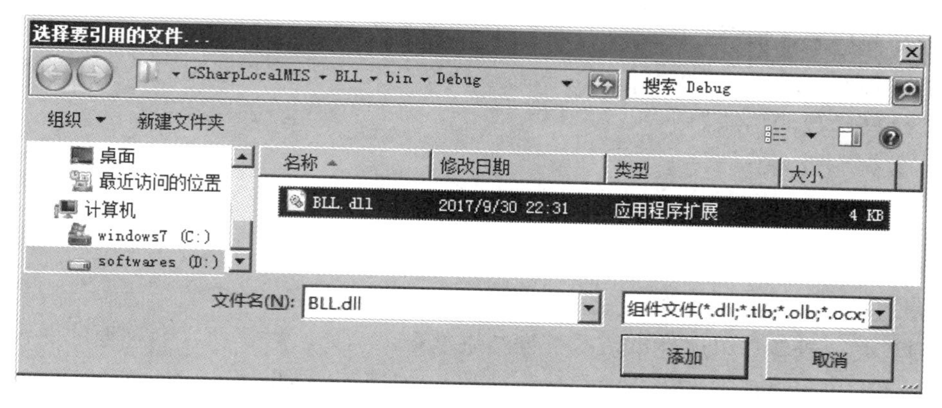

图 7.11　选择要引用的动态链接库文件

选择了要引用的动态链接库文件之后，在如图 7.10 所示的“引用管理器”对话框中就会出现被引用的动态链接库文件（如☑D:\CSharpLocalMIS\BLL\bin\Debug\BLL.dll），且已经勾选，如图 7.12 所示，单击“确定”按钮，完成用户表示层（UI）对业务逻辑层（BLL）的引用。

图 7.12　确定被引用的动态链接库（文件）

3．添加业务逻辑层 BLL 对数据访问层 DAL 的引用

用同样的方法，添加 BLL 层对 DAL 的引用。业务逻辑层 BLL 对数据访问层 DAL 的引用的动态链接库文件为 D:\CSharpLocalMIS\DAL\bin\Debug\DAL.dll。

至此，用户界面层（UI）、业务逻辑层（BLL）、数据访问层（DAL）之间的引用关系建立完毕。要注意三者的引用顺序：用户界面层（UI）引用业务逻辑层（BLL）；业务逻辑层（BLL）引用数据访问层（DAL）。

7.4.5 三层 C/S 模式的选课与简单成绩管理系统体系构架

本“选课与简单成绩管理系统”采用三层 C/S 模式体系结构，包括用户表示层（UI）、业务逻辑层（BLL）、数据访问层（DAL）。在用户表示层（UI）的各个类中，要添加对 BLL 层的引用，代码为 using BLL；在业务逻辑层（BLL）的各个类中要添加对 DAL 层的引用，代码为 using DAL。

1．数据访问层（DAL）及主要函数简介

数据访问层不能被用户表示层直接访问，本系统实例中，DAL 只有一个类（SqlDAL），类文件的名称 SqlDAL.cs。类 SqlDAL 封装了操作 SQL Server 数据库的类及成员函数、成员变量。这些函数的功能如下。

（1）数据库查询操作。

① 返回单值（单行单列）的通用查询函数。函数原型：

```
object ExecScalar(String sql, CommandType cmdtype, SqlParameter[] paras)
```

基于 SqlCommand 类的 ExecuteScalar()方法。返回 object 类型的单值。一般和集合函数的查询结果，或者与单属性单值的查询结果结合。例如，根据课程名称返回课程编号；根据用户名称和密码查询满足条件的记录行数并返回查询结果等。

② 返回只读型记录集的查询函数。函数原型：

```
SqlDataReader GetDataReader(
                string sql, CommandType cmdtype, SqlParameter[] paras)
```

基于 SqlCommand 类的 ExecuteReader()的方法。返回记录集合：空集合（null）；单行单列；单行多列（如一个学生的基本信息）；单列多行（如一个学生的所选修的课程名称）；多行多列（如一个学生选修的全部课程信息）。实现数据的在线操作。

③ 返回读写型记录集的查询函数。函数原型：

```
SqlDataReader GetDataReader(
                string sql, CommandType cmdtype, SqlParameter[] paras)
```

基于 DataSet 类、SqlDataAdapter 类（及其方法）的应用，定义了通用的获取 DataSet 对象（读写型记录集）的通用函数。返回记录的集合，可以实现数据的离线操作。

④ 返回 SqlDataAdapter 对象的函数。函数原型：

```
SqlDataAdapter GetDataAdapter(
                string sql, CommandType cmdtype, SqlParameter[] paras)
```

基于 DataSet 类、SqlDataAdapter 类（及其方法），定义了实现数据批量操作的通用函数。

（2）数据库更新操作。

① 定义了通用更新函数。函数原型：

```
int ExecNoQuery(string sql, CommandType cmdtype, SqlParameter[] paras)
```

基于 SqlCommand 类的方法 ExecuteNonQuery()的应用。以实现数据的更新操作，实质是 SQL 的更新命令（insert、delete、update）在项目开发中的具体应用实例。

② 以上类的成员函数都进行了重载。具体内容请参阅 SqlDAL.cs 源码文件。

2．业务逻辑层（BLL）

业务逻辑层主要负责处理用户表示层传来的操作任务（查询、更新等）。所有的操作相关的方法、函数封装在对应的类文件中。本系统的业务逻辑层（BLL）中，添加了如下几个类（文件）。

（1）类 BLL3Cs.cs：封装了针对选课表（sc）及其相关视图等信息处理的业务逻辑。

（2）类 BLL3Teacher.cs：封装了针对教师任课表（tc）、教师信息表（teacher）及其相关视图等信息处理的业务逻辑。

（3）类 BLL3kcdepspec.cs：封装了针对院系代码表（dep）、专业代码表（spec）、课程代码表（kc）等信息处理的业务逻辑。

（4）类 BLL3Students.cs：封装了针对学生表（students）及相关视图等信息处理的业务逻辑。

（5）类 BLL3Users.cs：封装了针对用户表（users）及相关视图等信息处理的业务逻辑。

（6）类 BLL3Layer 类：封装了针对其他数据表信息处理和非数据处理的业务逻辑。

3．用户表示层（UI）

用户表示层，提供了用户与系统的接口（操作界面），对数据的各种操作都要通过接口与系统交互（传递、接收数据，传递操作命令）。用户表示层通过引用业务逻辑层（BLL）中类的方法，实现与业务逻辑层的互交。在用户表示层（UI）需要添加对业务逻辑层（BLL）的引用（using BLL）。本实例系统中，添加了多个窗体（类），限于篇幅，在此不做一一介绍。

7.4.6　三层模式系统入口与启动项目设置

1．设置多层模式结构的启动项目

如果系统是两层 C/S 或是三层 C/S 体系结构，或者是更多层结构的系统，要运行系统，需要设置系统的启动项目，方法和步骤如下。

在“解决方案资源管理器”中，右击需要设置为“启动项目”的项目名称（如本实例中的 UI），在弹出式菜单中，选择“设置启动项目”即可。

2．多层模式结构的系统的执行入口

单层或是多层模式结构的系统，系统都有一个入口程序。在 C#的 Windows 窗体应用程序中提供了一个名称为 Program.cs 的系统文件（即系统的入口文件），其中包含了一个主函数 Main()作为系统入口程序。本实例中，Program.cs 文件包含在用户表示层（UI）中，所以将“项目 UI”设置为“启动项目”，用于启动系统。Program.cs 文件的内容如下（由系统自动生成的引用语句 using 语句在此省略）：

```
using System.Diagnostics;
```

```
                //手工方式添加的引用,以引用 Process 调用另一个命令行或程序
namespace UI
{   static class Program    //系统自动生成的类 Program
    {
        [STAThread]             //应用程序的主入口点
        static void Main()      //主函数由系统自动生成,是类 Program 的重要函数成员
        {
            Application.EnableVisualStyles();
            Application.SetCompatibleTextRenderingDefault(false);
            //如果指定的主机上的 SQL 服务未自动启动,则调用函数 startsqlserver()启动
            startsqlserver();//引用自定义类的成员函数,启动 SQL Server 服务
            FormUsrLogon dlg = new FormUsrLogon();
                                //定义用户登录窗体类的对象 dlg
            //dlg.ShowDialog()显示用户登录界面;DialogResult.OK 为"确定"按钮的
            //枚举常量值
            if (dlg.ShowDialog() == DialogResult.OK){
                                //如果窗体返回 DialogResult.OK
                Application.Run(new MDIFormMain()); }
                                //显示系统主界面窗体
        }//end Main
        //类 Program 的成员函数: startsqlserver(),调用 cmd.exe 执行 CMD 命令;
        //用于启动 SQL 服务
        private static string startsqlserver()
        {
            Process p = new Process();    //实例化一个 Process,启动一个独立进程
            //Process 类的 StartInfo 属性,以下为应用这些属性的实例
            p.StartInfo.FileName = "cmd.exe";                //设定要执行的程序名称
            //参数:/c 要执行的一个 dos 命令;/k 表示执行指定的命令后关闭 cmd.exe
            p.StartInfo.Arguments = "/c net start mssqlserver";
            p.StartInfo.UseShellExecute = false;             //关闭 shell 的使用
            p.StartInfo.RedirectStandardInput = true;        //重定向标准输入
            p.StartInfo.RedirectStandardOutput = true;       //重定向标准输出
            p.StartInfo.RedirectStandardError = true;        //重定向错误输出
            p.StartInfo.CreateNoWindow = true;               //设置不显示进程的窗口
            p.Start();                                       //启动进程
            string echo = p.StandardOutput.ReadToEnd();
                                            //从输出流取得命令执行结果
            p.Close();                                       //关闭进程
            return echo;
        }
    } //end for class Program
}
```

7.5 Server 数据库远程连接的实现与配置文件 App.config 的读取

C/S 结构中关键的一步就是数据库的远程连接。本系统中采用 SQL Server 2008 数据库。下面就 SQL Server 2008 数据库的远程连接和配置步骤和方法，予以分别介绍。

7.5.1　SQL Server 2008 数据库的远程连接设置

SQL Server 2008 默认是不允许远程连接的，sa 账户默认被禁用，如果想要在本地用 SSMS（SQL Server Management Studio）连接远程服务器上的 SQL Server 2008，需要进行如下设置。

（1）SQL Server Management Studio 方面的相关配置。

（2）SQL Server 配置管理器（SQL Server Configuration Manager）方面的相关配置。

1．设置 SQL Server Management Studio(SSMS)

（1）以“Windows 身份验证”启动 SSMS。

SQL Server 2008 在安装时，如果不是使用 SQL Server 身份验证模式，先用“Windows 身份”（默认用户名为 administrator）连接数据库，登录 SQL Server Management Studio。

通过“开始”菜单，启动 SQL Server Management Studio（简称 SSMS），弹出如图 7.13（a）所示的连接对话框。

（a）以 Windows 身份验证登录　　　　（b）查找连接的数据库服务器

图 7.13　登录 SQL Server 数据库服务器

① 服务器类型：单击该组合框中的“三角形”按钮，在该组合框中选择“数据库引擎”。

② 服务器名称：可以输入服务器名称或 IP 地址。单击“三角形”按钮，也可以在此下拉组合框中选择“<浏览更多>” 选项，弹出如图 7.13（b）所示的对话框，单击“网络服务器”，系统自动搜索网络中的服务器名称并显示出来。选择并设置数据库服务器的机

器名称。在本系统的局部测试阶段，使用了 3 个数据库服务器，如图 7.13（b）所示，单击“确定”按钮，返回如图 7.13（a）所示的界面。

③ 身份验证：选择如图 7.13（a）所示的“Windows 身份验证”，以“Windows 身份验证”登录时，默认的“用户名称”为 administrator。

单击“连接”按钮，如果登录连接成功，弹出如图 7.14 所示的“对象资源管理器”对话框。

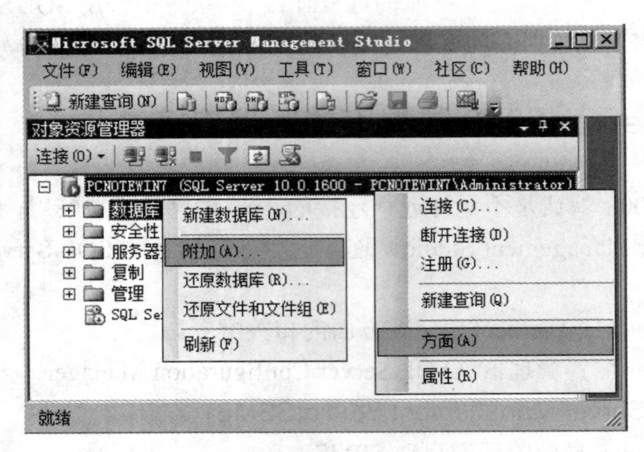

图 7.14 SSMS 对象资源管理器

（2）附加现有数据库文件。

在如图 7.14 所示的“对象资源管理器”中右击“数据库”，在弹出式菜单中单击“附加”菜单选项，弹出如图 7.15 所示的“附加数据库”对话框。

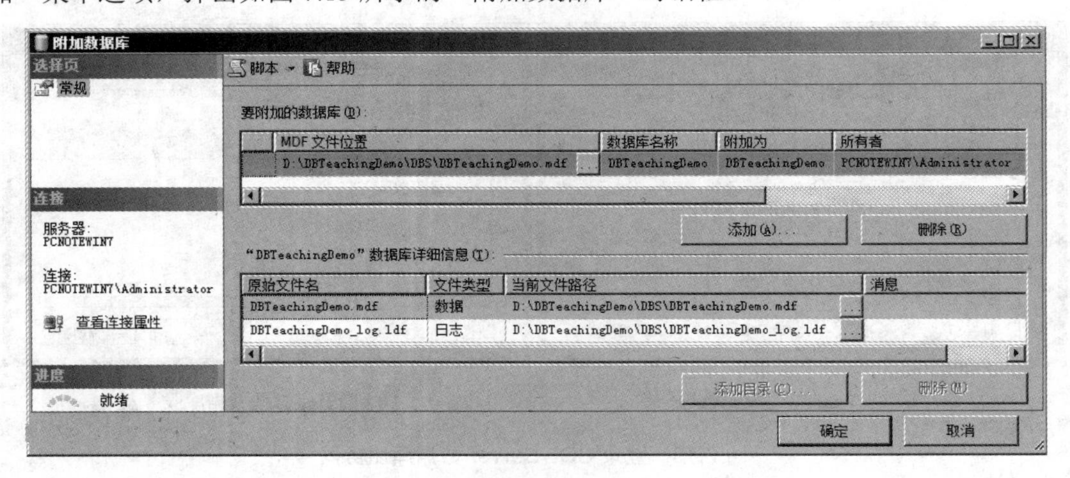

图 7.15 “附加数据库”对话框

单击“添加”按钮，弹出文件选择对话框（在此省略），选择了需要附加的数据库的文件名称，返回到如图 7.15 所示的“附加数据库”对话框界面，并显示出附加数据库的有关信息。单击“确定”按钮，完成数据库添加。由于种种原因，添加现有数据库也可能失败，具体原因在此不赘述。

附加的数据库时，服务选项 MSSQLSERVER 应该处于启动状态，可以通过“控制面板”→“管理工具”→“服务”（弹出服务对话框，在此省略），查看服务 MSSQLSERVER 是否启动。一般设置为该服务为“自动启动”模式。一般情况下，当前登录操作系统（OS）的用户应该有足够的操作权限，否则，要对当前用户对数据库的操作权限进行授权。没有权限会附加连接失败。

（3）设置服务器属性。

在如图 7.14 所示的“对象资源管理器”中，右击“服务器”名称（如 PCNOTEWIN7），在弹出式菜单中，选择“属性”选项，弹出如图 7.16 所示的“服务器属性”对话框，在该对话框中，进行如下属性设置。

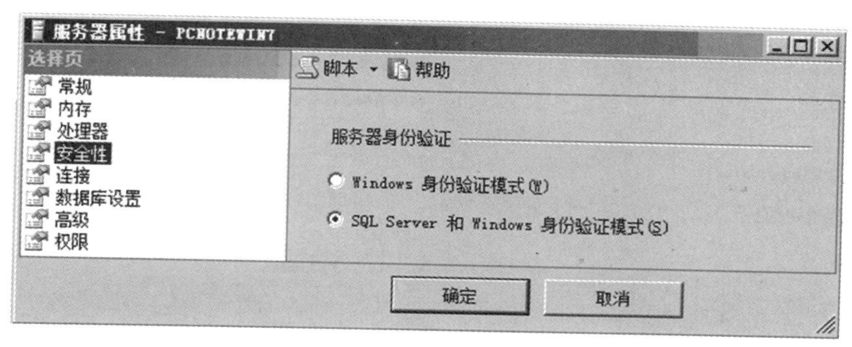

图 7.16　数据库服务器“安全性”属性设置

① 设置“安全性”属性。选择“安全性”选项，选择右侧的“SQL Server 和 Windows 身份验证模式”选项，以启用混合登录模式，单击“确定”按钮完成设置。

② 设置“连接”属性。选择“连接”选项，选中如图 7.17 所示的“允许远程连接此服务器”，其他选项（值）选择为默认值，其中“最大并发连接数”按实际情况进行设置（可以不改动）。

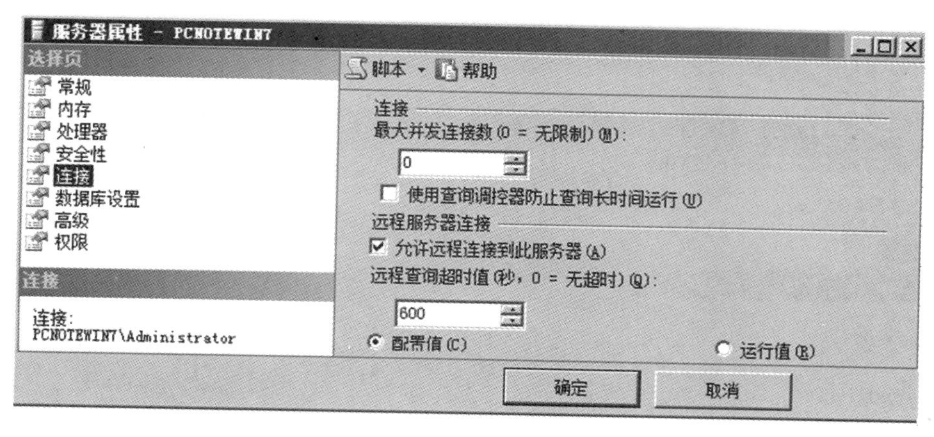

图 7.17　数据库服务器“连接”属性设置

单击“确定”按钮，完成所有的设置，待到出现“直到重启动 SQL Server 后，你所做的某些配置更改才会生效”的提示对话框（此处省略图示），并重新启动 SQL Server 才能生效。

（4）数据库用户“登录”“安全性”属性设置。

在如图 7.14 所示的“对象资源管理器”中，展开“安全性”文件夹，再选择并展开其中的“登录名”，右击 sa 账号，在弹出式菜单中选择“属性”菜单项，弹出如图 7.18 所示“登录属性”对话框，进行如下属性设置。

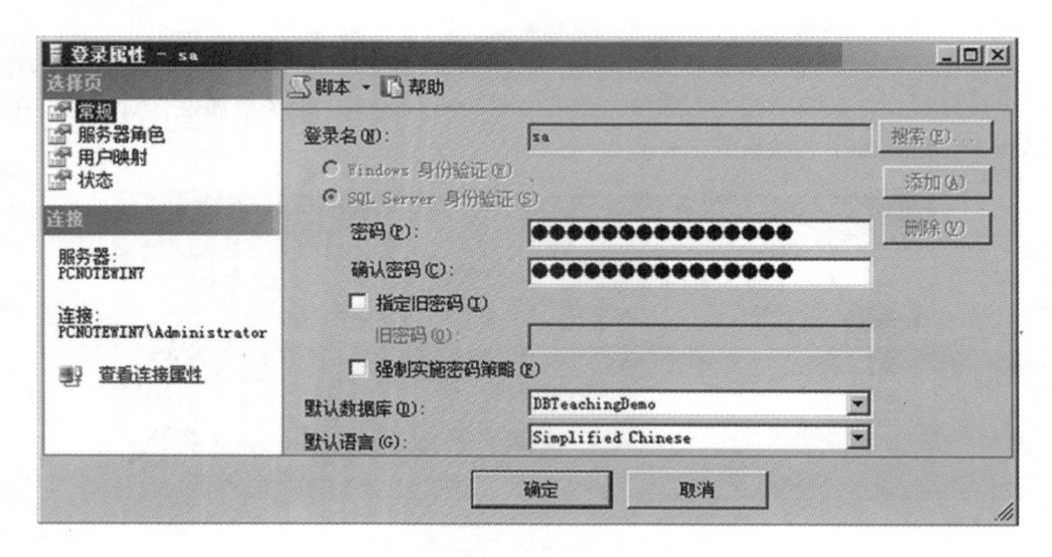

图 7.18 “sa 登录属性”对话框

① 选择“常规”，右侧默认已经选择“SQL Server 身份验证”，并设置密码，本系统中 sa 的密码设置为 sa。清除“□强制实施密码策略”复选框；“默认数据库”选择设置为需要远程访问的数据库的名称，如 DBTeachingDemo。

② 在如图 7.18 所示的对话框中，选择“状态”选项，弹出如图 7.19 所示的对话框。在“设置”处的“是否允许连接到数据库引擎”选项中，选中“授予”，在“登录：”选项中，选中“启用”单选按钮，单击“确定”按钮。

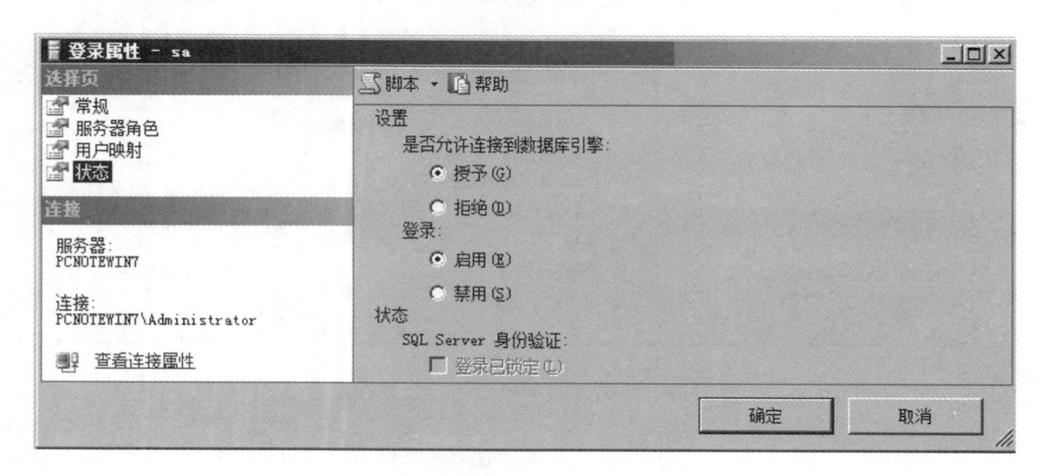

图 7.19 sa 登录账号“状态”属性设置

③ 在如图 7.18 所示的“对话框”中选择“用户映射”选项，显示出如图 7.20 所示的对话框，在“映射到此登录名的用户：”处，勾选要被远程访问的数据库名称（如 DBTeachingDemo）；在“数据库角色成员身份（R）：”处，选中角色 db_owner、public，单击“确定”按钮。

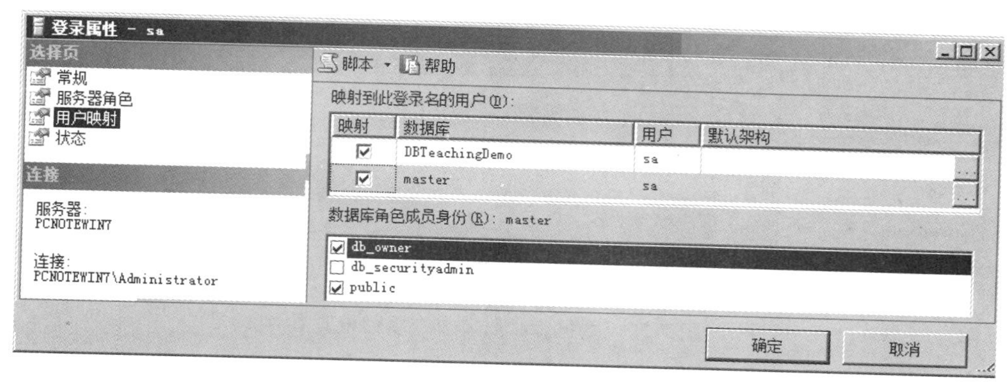

图 7.20　sa 账号“用户映射”属性设置

（5）数据库服务器“方面”属性设置。

在如图 7.14 所示的“对象资源管理器”中，右击“服务器”名称（如 PCNOTEWIN7），在弹出式菜单中，选择“方面”选项，弹出如图 7.21 所示的“查看方面”对话框，并进行如下设置：选择“常规”项，在“方面”对应的组合框中，选择“服务器配置”，在“方面属性”下拉列表框中，将 RemoteAccessEnabled 属性和 RemotoDacEnabled 设为 True，单击“确定”按钮。

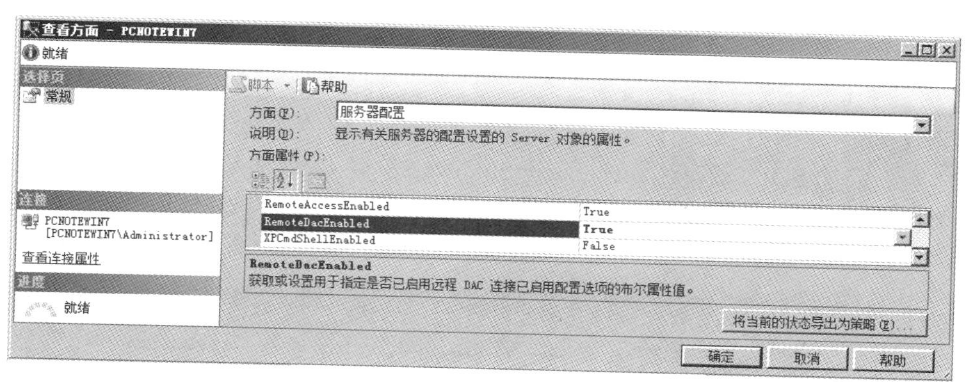

图 7.21　服务器“方面”（服务器配置）属性

（6）设置数据库（文件）的所有者。

在如图 7.14 所示的“对象资源管理器”中，右击“服务器数据库”名称（如 PCNOTEWIN7），在弹出式菜单中选择“属性”菜单项，弹出如图 7.22 所示的“数据库属性”对话框。

单击图 7.22 中的“文件”选项，在“所有者”处对应你的输入框中输入 sa（回车键确认）；也可以单击“所有者”对应的输入框右边的“代省略符号”的命令按钮，弹出如图 7.23（a）所示的“选择数据库所有者”对话框，单击其中的“浏览”按钮，弹出如

图 7.23（b）所示的“查找对象”对话框，勾选其中的 sa、Administrator 对象名称，单击“确定”按钮，返回到如图 7.23（a）所示的对话框，并将所选的用户显示在如图 7.23（a）所示的对象名称栏中。

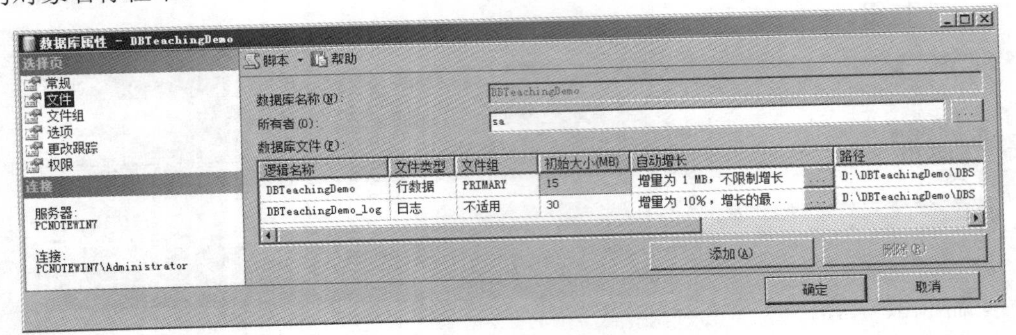

图 7.22 数据库“所有者”属性设置

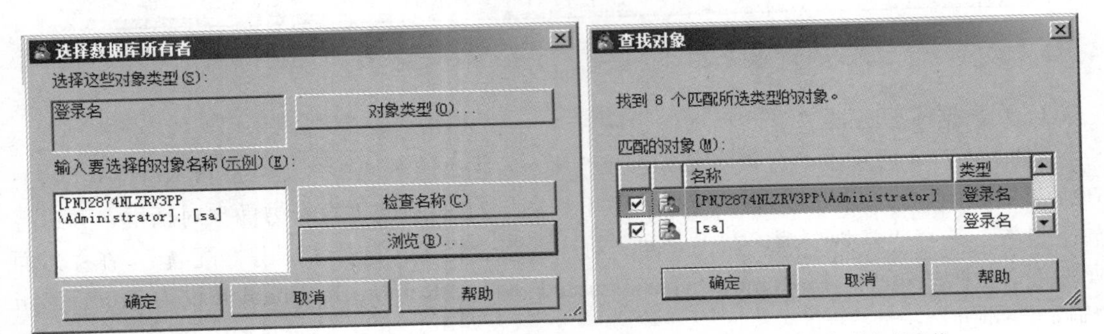

（a）数据库所有者选择　　（b）数据库所有者查找

图 7.23 数据库“所有者”查找与选择

单击“确定”按钮，返回到如图 7.14 所示的 SSMS 窗体，到此设置完毕。

（7）重新启动 SQL Server Management Studio（SSMS）。启动 SSMS，在如图 7.24 所示的登录界面中，在“身份验证”处选择“SQLServer 身份验证”方式，使用 sa 账号登录 SQL Server。如果登录成功，即表示 sa 账户已经启用，至此，可以远程访问此数据库。

图 7.24 SQL Server 身份验证登录数据库

2．配置 SQL Server ConfigurationManager(SSCM)

通过“开始”菜单，单击 Microsoft SQL Server 2008 快捷菜单文件夹下的“配置工具”，启动“SQL Server 配置管理器”，弹出如图 7.25 所示的 SQL Server Configuration manager 窗体。

（1）设置 SQL Server 服务。

单击左侧的“SQL Server 服务”，在右窗体中启动 SQL Server（MSSQLSERVER）服务和 SQL Server Browser 服务，确保 SQL Server、SQL Server Browser 服务正在运行。设置两个服务为“自动”启动模式，如图 7.25 所示。

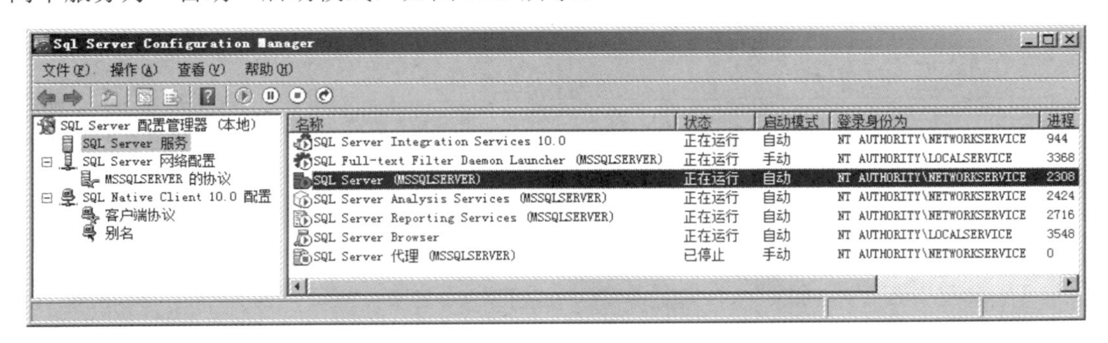

图 7.25　SQL Server 配置管理器

（2）设置 SQL Server 网络配置。

打开“SQL Server 网络配置”→“MSSQLSERVER 的协议”选项，在右边的窗体中给出网络的协议。

① 设置“TCP/IP 协议”属性。方法是：右击如图 7.26 所示的 TCP/IP 选项，在“弹出式菜单”中选择“启用”即可；在“弹出式菜单”中选择“禁用”以禁用该网络协议。

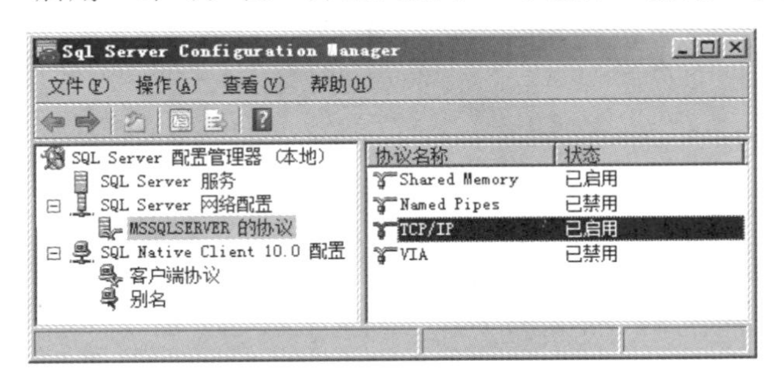

图 7.26　MSSQLSERVER 的协议设置

② 设置 TCP/IP 协议。右击如图 7.26 所示的 TCP/IP 选项，在弹出式菜单中选择“属性”，弹出如图 7.27（a）所示的“TCP/IP 属性”的“协议”页面对话框。设置“TCP/IP 协议”属性项及其属性值，如图 7.27（a）所示。

③ 设置“IP 地址”属性。选择“IP 地址”页面，设置 IP2、IP4、IPALL 的属性值（IP 地址、TCP 动态端口、TCP 端口、活动状态设置、是否已经启用），如图 7.27（b）所示。

④ 设置 Named Pipes 协议。右击如图 7.26 所示的对话框中的 Named Pipes 协议选项，在弹出式菜单中，选择“启动”，以启动 Named Pipes 协议，默认此项为禁用。

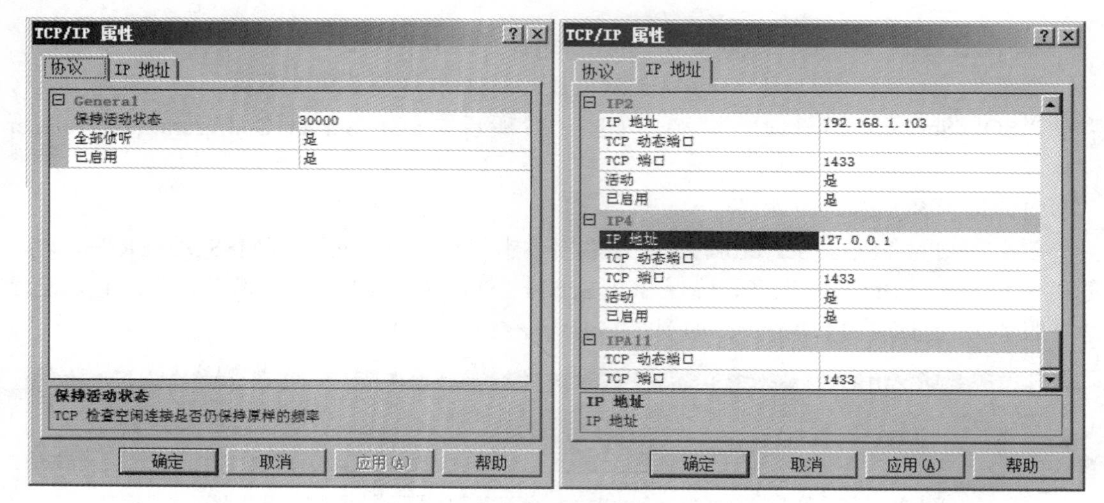

（a）TCP/IP 协议设置　　（b）TCP/IP 地址设置

图 7.27　TCP/IP 协议属性设置

（3）设置“客户端协议”。在如图 7.28 所示的对话框中，展开“SQL Native Client 10.0 配置”，单击“客户端协议”，在右边的列表框中显示出如图 7.28 所示的所有协议，进行如下设置。

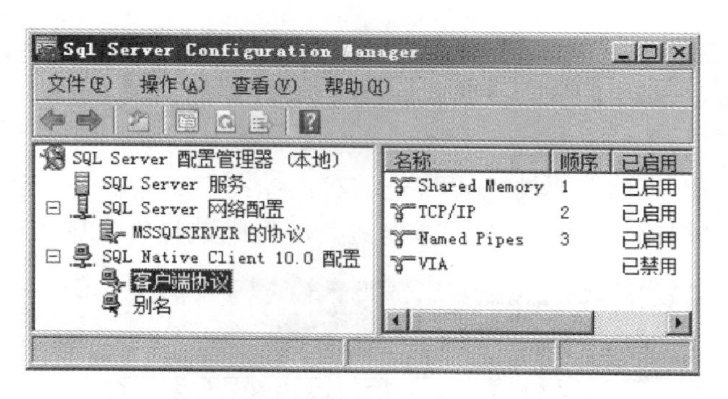

图 7.28　“客户端”协议设置

① 右击“TCP/IP”名称，在弹出式菜单中，选择“启动”项以启动该协议，选择“禁用”菜单项，以禁用此协议；双击 TCP/IP 名称，在弹出如图 7.29 所示的对话框设置“默认端口”为 1433，设置“已启用”属性为“是”。

② 在如图 7.28 所示的对话框中，右击 Named Pipes 名称，在弹出式菜单中选择“启动”项以启动该协议，选择“禁用”以禁用此协议，选择选择“属性”项以查看属性设置状态；双击 Named Pipes 名称，弹出如图 7.30 所示的对话框，设置“已启用”属性为“是”。

3．以管理员方式修改注册表

用命令 regedit 打开注册表，将 HKEY_LOCAL_MACHINE\SYSTEM\CurrentControlSet\Service\SQLBrowser\中 Start 的值修改为 2。重启 SQL Browser 服务（执行命令 net start SQL Browser 即可）并重启计算机。若还存在问题，以“Window 身份验证”的方式启动 SSMS，在“对象资源管理器”中，再检查以上的各项配置和选项设置。

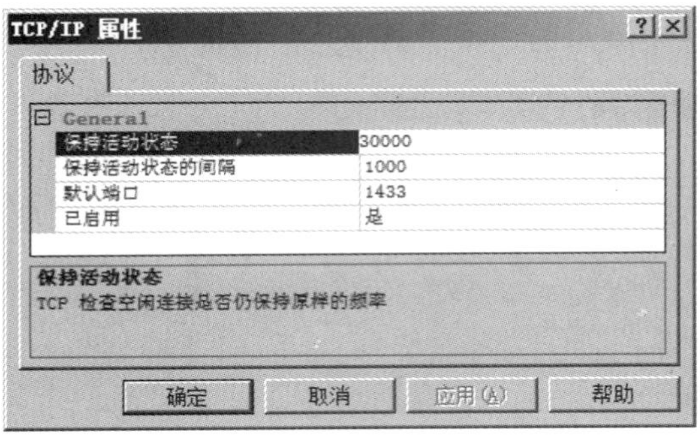

图 7.29 “客户端 TCP/IP”属性设置

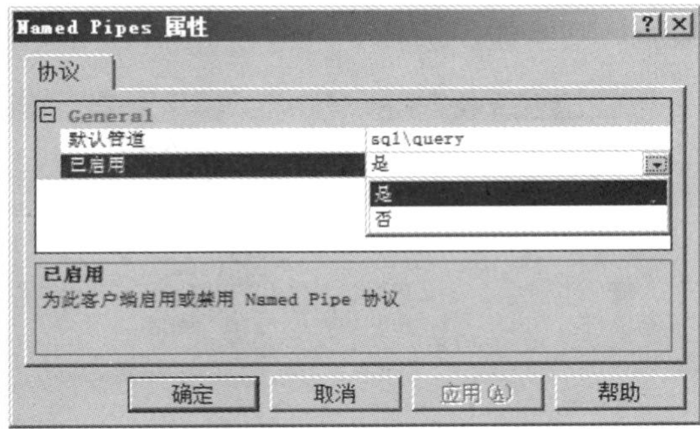

图 7.30 “客户端 Named Pipes”属性设置

4. 防火墙设置

在防火墙上把 SQL Server 的 1433TCP 端口和 1434UDP（User Datagram Protocol，用户数据报协议）端口映射出去。SQL Server 2005/2008 Express 安装以后，默认情况下是禁用远程连接的。如果需要远程访问，需要手动配置。打开防火墙设置。将 SQLServr.exe（位于：C:\ProgramFiles\MicrosoftSQLServer\MSSQL10.SQLEXPRESS\ MSSQL\Binn\sqlservr.exe）添加到允许的列表中。在配置防火墙时，把 SQL Server 的 1433 的 TCP（Transmission Control Protocol，传输控制协议）端口映射出去，同时再把 1434 的 UDP 端口也一并映射出去，即可用 SSMS 在 Internet 中成功连接。至此，配置完成，重启动 SQL Server 2008。

7.5.2 配置文件 App.config 的建立与读取

在应用程序开发中，可以把数据库连接字符串直接写在代码中，但这样不利于应用程序的部署和系统的维护。数据库连接字符串包含了数据库服务器的名称（或 IP 地址）、数据库用户名和访问密码。如果把数据库连接字符串直接写在系统配置文件中，部署时只需要修改系统配置文件内容即可，不需要修改代码和重新编译程序。

1. 系统配置文件 App.config 的建立

（1）自动建立系统配置文件。

在三层结构的系统开发中，建立 Windows 应用程序时，系统会自动生成几个重要的文件，其中一个就是系统配置文件 App.Config。双击该文件即可打开并可以编辑其内容。配置文件 App.config 其默认的内容（框架）如下：

```
<?xmlversion="1.0"encoding="utf-8"?>
<configuration>
   <startup>
      <supportedRuntimeversion="v4.0"sku=".NETFramework,Version=v4.5"/>
   </startup>
</configuration>
```

（2）手工方式建立系统配置文件。

在解决方案资源管理器中，右击“表示层”项目名称（如 UI），在弹出式菜单中选择

“添加”菜单项，选择“新建项”，弹出如图 7.31 所示的“添加新项”对话框。

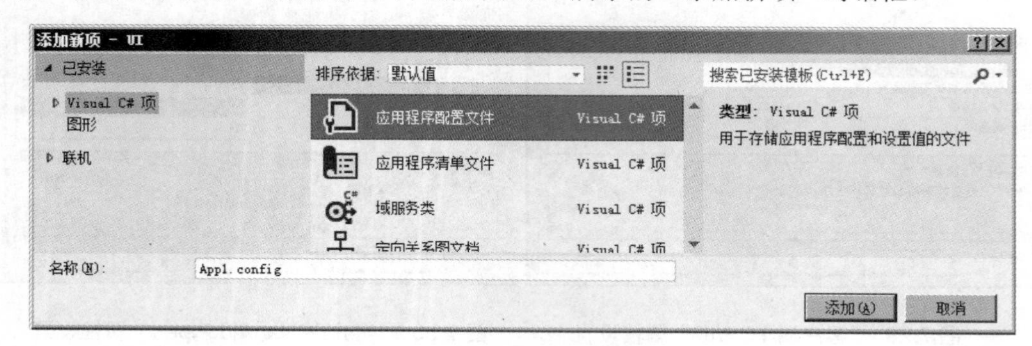

图 7.31 应用程序配置文件的建立

选择“应用程序配置文件”选项，在“名称”处输入应用程序配置文件名称（如 App.config），单击“添加”按钮即可。

配置文件 App.config 实质是一个 XML 格式的文件，专门用于存储应用程序的配置信息。

在其中添加 connectionStrings 节，加入数据库连接字符串信息。

双击该文件名称，进入编辑状态，在<configuration>与</connectionStrings>之间插入内容。输入符号“<”之后，会自动弹出一个菜单，在弹出式菜单中选择需要插入的节，如 connectionStrings，再输入符号“>”之后，会自动生成匹配的节结束标志对，如</connectionStrings>，然后在<configuration>与</connectionStrings>之间加入内容。

添加“数据库连接字符串”的操作方法：输入符号“<”后，自动弹出一个菜单，选择其中的一个命令（如 add）回车确认或者用鼠标选择，之后自动加上配对符号“/>”。

光标置于在命令 add 之后，按空格键，自动弹出一个菜单，选择菜单中的其中一个命令（如 name 或 key）回车确认或者用鼠标选择。修改后的 App.config 的（主要）内容如下：

```
<?xmlversion="1.0"encoding="utf-8"?>
<configuration>
    <startup>
    <supportedRuntimeversion="v4.0"sku=".NETFramework,Version=v4.5"/>
</startup>
<connectionStrings>
    <!--197.168.1.113,1433 分别表示远程数据库服务器的 IP 和使用的端口号-->
    <add name="sqlconstring"
         connectionString="DataSource=197.168.1.113,1433;
         InitialCatalog=DBTeachingDemo;uid=sa;password=sa;Integrated
         Security=False" providerName="System.Data.SqlClient"/>
</connectionStrings>
</configuration>
```

【程序解析】

① add name="sqlconstring"中的 sqlconstring 为数据库连接字符串的名称。编程读取

App.config 文件的信息时，将使用这个名称。有了配置文件之后，在部署系统时，如果需要修改数据库连接信息（字符串），直接修改配置文件中相应部分的内容即可，不需要修改源代码文件和重新编译、发布应用程序。

② DataSource=192.168.16.100，1433，用于指定数据库服务器的 IP 地址，也可以指定为数据库服务器的名称，1433 数据库服务器使用的端口地址，IP 和端口之间用逗号间隔（英数字符）。

属性“DataSource =”和属性“Server=”都指数据库服务器端的地址，“DataSource=”可以由字符串“Server=”代替。推荐使用 DataSource 这种标准写法。

③ InitialCatalog=DBTeachingDemo 或者 DataBase=DBTeachingDemo，用于指定数据库的名称（如 DBTeachingDemo）。属性 InitialCatalog 和 DataBase，对于 SQL Server，都指要连接访问的数据库服务器中某个具体数据库的名称。InitialCatalog 和 DataBase 两者作用没有区别，只是名称不一样。

④ Integrated Security 表示集成安全机制。Integrated Security=SSPI（或 True），表示以“Windows 身份验证”方式登录 SQL SERVER 服务器，如果 SQLSERVER 服务器不支持这种方式登录时就会出错。Integrated Security，其值可以设置为 True、False、Yes、No，还可以设置为 SSPI（相当于 True）。

SSPI 是 Security Support Provider Interface（Microsoft 安全支持提供器接口）的简称，它是定义得较全面的公用 API，用来获得验证、信息完整性、信息隐私等集成安全服务，用于所有分布式应用程序协议的安全方面的服务。SSPI 表示使用信任连接。

Integrated Security 设置为 False 时，表示以“SQLServer 身份验证”方式登录 SQL Server 服务器，此时需要在连接中指定用户 ID 和密码，格式参见 App.config 原文内容。

⑤ uid=sa，用于指定访问数据库的用户名；password =sa，用于指定访问数据库的用户密码。

⑥ PersistSecurityInfo=选项，用于设置是否保存安全信息，可理解为“ADO 在数据库连接成功后是否保存密码信息”，PersistSecurityInfo=True 表示保存，其值为 False 时表示不保存，默认值为 True。

2. 读取配置文件中的数据库连接字符串

在 Visual Studio 2012 中，可以编程读取数据库连接字符串信息。步骤和方法如下。

（1）先添加引用 System.Configuration。在“解决方案资源管理器”中，右击需要添加此引用的项目名称（如 DAL），在弹出式菜单中，选择“添加引用”，弹出如图 7.32 所示的“引用管理器”对话框。

展开“程序集”，选择“框架”，选中 System.Configuration，单击“确定”按钮。

（2）在需要读取该配置文件（如 App.config）的“数据库连接字符串”的源代码文件中添加如下引用：

```
using System.Configuration;
```

（3）读取配置 App.Config 文件中数据库的连接信息。本系统实例中，对配置文件 App.Config 的信息的读取操作封装在数据访问层 DAL 的 SqlDAL.cs 类中。动态读取应用程序配置文件 App.config 文件中的数据库连接配置信息串，赋值给类 SqlDAL 的全局、静态的 string 类对象 constr。

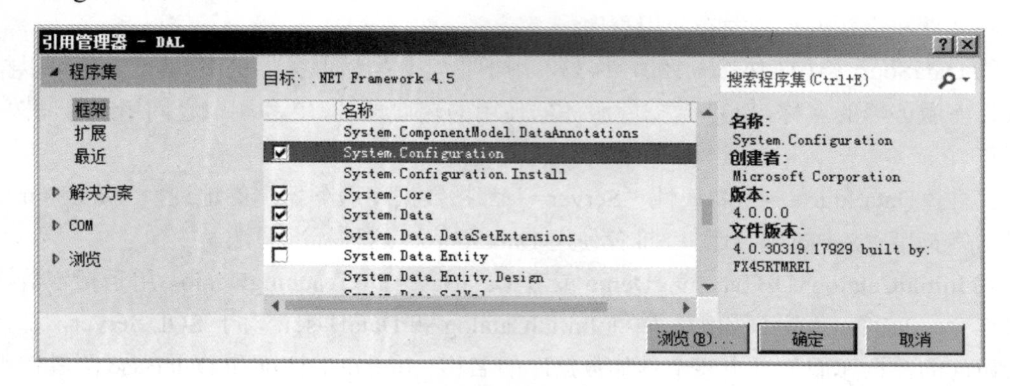

图 7.32　添加引用 Configuration

```
public static string constr=System.Configuration.
            ConfigurationManager.ConnectionStrings["sqlconstring"].
            To String();
```

其中，"sqlconstring"即为 App.config 文件中，选项“add name=”之后指定的数据库连接信息字符串的名称。具体请参阅配置文件 App.config 中该选项的内容。

3．数据库连接字符串的静态表示

在一些简单的应用系统中，不需要修改数据库连接信息字符串时，可直接给出数据库连接信息字符串。以下代码行定义了数据库连接信息字符串变量 ss，并动态获取数据库服务器的及其名称：

```
string ss = "Server="+ System.Environment.MachineName.ToString().Trim();
ss = ss + ";Database=DBTeachingDemo;Integrated Security=SSPI;";
```

其中，“Server=”选项指定数据库服务器的名称。此处通过类属性值 Environment. MachineName 直接获取数据库服务器的名称；“Database=”选项用于指定连接数据库的名称；选项 Integrated Security=SSPI 或 True，表示以“Windows 身份验证”登录，不需要指定用户名称和密码；Integrated Security=False 时，需要指定 User ID 和 Password。如 User ID=sa;Password=sa;。也可以在定义连接类的连接对象时，直接传递数据库连接字符串作为参数。代码如下：

```
SqlConnection cn=new SqlConnection(@"DataSource=197.168.9.100\
MSSQLSERVER,1433;
InitialCatalog=DBTeachingDemo; Integrated Security=SSPI;UserID=
sa;pwd=sa");
```

其中，@是为了将字符串"DataSource=197.168.9.100\MSSQLSERVER,1433;"中的转义字符“\”转换成普通字符。因为“\”在 C、C++、C#语言中是特殊字符，起转义的作用。若不加@符号那么原语句中的“\”就要写成“\\”，否则就会出错。

7.6 三层 C/S 模式中业务逻辑层、数据访问层类的封装

7.6.1 业务逻辑层（BLL）相关的操作类

在本系统的业务逻辑层（BLL），封装了几个类。各个类及其函数，结合系统不同的功能模块，主要介绍了 SQL 语句之添加（Insert）、删除（delete）、修改（update）命令在业务逻辑层的具体应用（方法和技术）。限于篇幅，对各个类的作用做了简要介绍，每个类及其自定义函数，在之后的各个功能模块中分别予以介绍。

BLL 层的所有类中，系统自动生成的 using 语句省略（下同），并手工方式添加以下 using 引用语句：

```
using System.Data.SqlClient;        //导入 SQL 数据库引擎类
using DAL;                          //为了引用 DAL 的类及其函数、成员变量
```

1. 类 BLL3Layer.CS

BLL3Layer 类，封装了针对密码验证等信息处理和非数据处理的业务逻辑。该类定义的成员变量和成员函数，几乎被所有功能模块和其他类所引用。为此，对每个的作用进行了比较全面的介绍。

（1）类 BLL3Layer 文件（BLL3Layer.cs）的框架（结构）。

在 BLL 中添加新类时，类的框架由系统自动生成。之后介绍的所有新类，对此不再做类似介绍。

```
namespace BLL                   //BLL 为业务逻辑的名称,所有的业务逻辑定义在此项目中
{
    public class BLL3Layer      //BLL3Layer 为 BLL 层的类之一
    {   类的成员变量,由用户定义
        类的成员函数,由用户定义
    }
}
```

（2）类中定义的成员变量（数组）。

类 BLL3Layer 中，定义 string 类的静态数组 usrinfo，各个元素分别存储当前登录用户的相关信息：usrinfo[0]存储用户名称，usrinfo[1]存储用户密码，usrinfo[2]存储用户类别名称（学生、教师、管理员）；类的成员变量 uright 保存用户权限值（1-管理员、2-教师、3-学生）。定义如下：

```
public static int uright=0;
public static string[] usrinfo = new string[3]{"","",""};
```

（3）类的成员函数。

① void inituser(string vid, string vpw,int flags)：用于初始化当前登录用户的有关信息。参数 vid：用户名称；vpw：用户密码；flags：用户的类别。

```
public static void inituser(string vid, string vpw, int flags)
{   try
    {  usrinfo[0] = vid;    //保存输入的用户名称
       usrinfo[1] = vpw;    //保存输入的用户密码
       uright = flags;      //登录时选择的用户类别
       if (uright > 0)      //权限等级分为 1、2、3
       {   //保存用户类型(说明)到数组的不同元素中
           if (uright == 3)   usrinfo[2] = "一般用户";
           else if (uright == 2)  usrinfo[2] = "教师用户";
           else if (uright == 1)  usrinfo[2] = "系统管理员";
       }
    }//end for try
    catch (Exception ex)
    {   String t = "BLL3Laye.inituser()函数执行出现错误!\n";
        t = t + "出错原因:" + ex.Message + "\n";
        t = t + "异常实例:" + ex.InnerException + "\n";
        t = t + "应用程序:" + ex.Source + "\n";
        t = t + "异常方法:" + ex.TargetSite + "\n";
        MessageBoxButtons a = MessageBoxButtons.OK;
        MessageBoxIcon b = MessageBoxIcon.Exclamation;
        MessageBox.Show(t, "出错提示", a, b);
    }
}
```

② usrlogincheck(string vid, string vpw,int flag)：用于检测用户的名称和密码是否正确。参数：vid 用户账号，vpw 用户密码，flag 用户类型；flag=1 管理员，在 users 表中检查其名称和密码；flag=2 教师用户，在 Teacher 表中检查其名称和密码；flag=3 学生用户，在 student 表中检查其名称和密码。名称和密码输入正确时，该函数返回 1，否则返回 0。

```
public static int usrlogincheck(string vid, string vpw,int flag)
{   object obj = null;      String sql = "";                   //定义有关的变量
    try
    {  switch (flag)      //根据不同的用户类型生成数据查询字符串(即 SQL 查询语句)
       {  case 1:         //系统管理员
             sql = "select count(*) from users where uid=@vid and upw=@vpw";
             break;
          case 2:         //教师用户
             sql = "select count(*) from Teacher where tno=@vid and upw=@vpw";
             break;
          case 3:         //学生用户
             sql = "select count(*) from Student where sno=@vid and upw=@vpw";
             break;
       }
       SqlParameter[] paras ={ new SqlParameter("@vid",vid),
                            new SqlParameter("@vpw",vpw)  }; //生成参数数组
        //调用 DAL 层的函数 ExecScalar(),得到查询结果(object 对象)
```

```
        obj = SqlDAL.ExecScalar(sql, CommandType.Text, paras);
        return Convert.ToInt32(obj);      //将查询到的行数(数字)转化为对应的数值
    }
    catch (Exception ex){…}
                    //请参阅 7.6.1 节函数 inituser()中 catch 语句块的相关内容
    return 0;
}
```

【程序解析】 该函数中，介绍了 SQL 语言之 select 命令和 ADO.NET 框架中的类 SqlCommand 及其方法 ExecuteScalar()在项目开发中的具体应用。

③ Misclose()：关闭系统本身。给出关闭提示对话框。

```
public static void Misclose()
{   DialogResult s;
    String t = "确认要关闭当前系统吗?单击"是"按钮关闭系统!\n";
    MessageBoxButtons a = MessageBoxButtons.YesNo; //定义对话框中的按钮类型
    MessageBoxIcon b = MessageBoxIcon.Question;
    s = MessageBox.Show(t, "关闭提示", a, b);
                                    //显示提示对话框并得到对话框的返回结果
    if (s == DialogResult.Yes) Application.Exit();
                                    //如果对话框返回 Yes 时关闭系统
}
```

【程序解析】 函数中，语句 Application.Exit()用于关闭整个系统。Application 为系统级全局对象。枚举类 MessageBoxButtons 用于定义对话框中显示的按钮类型。枚举类 MessageBoxIcon 用于定义对话框中的显示的图标的类型。MessageBox 类的方法 Show()弹出“关闭提示”对话框。枚举类 DialogResult 中定义了对话框的返回结果（枚举值），与 MessageBoxButtons 枚举类中定义的按钮的枚举值成对应关系。

④ closeform(Form w)：关闭参数 w 指代的窗体。参数 w 指代将要关闭的窗体实例对象。

```
public static void closeform(Form w)
{   DialogResult s;
    String t = "是否真的要关闭本窗体[单击"是"按钮关闭窗体]?\n";
    MessageBoxButtons a = MessageBoxButtons.YesNo;
    MessageBoxIcon b = MessageBoxIcon.Question;
    s = MessageBox.Show(t, "关闭提示", a, b);//显示出对话框
    if (s == DialogResult.Yes) w.Close();   //对话框的返回值为"是"按钮的值时
    w.DialogResult = DialogResult.No;
}
```

⑤ initgrid(DataGridView dtgrdv)：用于设置表格控件的相关属性值，供各个功能模块调用。

```
public static void initgrid(DataGridView dtgrdv)
{    //设置列标题的对其方式为居中显示
```

```
        dtgrdv.RowHeadersDefaultCellStyle.Alignment =
                DataGridViewContentAlignment.MiddleCenter;
         //禁止用户改变列头的高度
        dtgrdv.ColumnHeadersHeightSizeMode =
                DataGridViewColumnHeadersHeightSizeMode.DisableResizing;
                                    //禁止用户改变行头的宽度
        dtgrdv.RowHeadersWidthSizeMode =
                DataGridViewRowHeadersWidthSizeMode.DisableResizing;
       dtgrdv.AllowUserToResizeRows = false;
                                    //禁止用户改变表格控件的所有行的行高
       dtgrdv.AllowUserToResizeColumns = false;
                                    //禁止用户改变 dtgrdv 的所有列的列宽
       dtgrdv.RowHeadersVisible = false;
                                    //取消显示行标题列,即不显示左边的空列
      dtgrdv.AutoGenerateColumns = false;
                                    //使得表格控件不能自动随数据源生成数据列
      dtgrdv.DefaultCellStyle.SelectionBackColor = Color.Blue;   //深蓝底色
      dtgrdv.DefaultCellStyle.SelectionForeColor = Color.White;  //白色字体
      dtgrdv.DefaultCellStyle.ForeColor = Color.Black;           //黑色字体
      dtgrdv.DefaultCellStyle.BackColor = Color.White;           //白色底色
     //设置用户不能手动给表格控件添加新行,且不显示最下面的新行
     //可以通过程序 DataGridViewRowCollection.Add 为 DataGridView 追加新行
     dtgrdv.AllowUserToAddRows = false;
     dtgrdv.EditMode = DataGridViewEditMode.EditOnEnter;
                                    //设置光标进入单元格时的编辑模式
      //调整最后一列的宽度使其占据网格的剩余客户区，让 TextBox 类型的单元格支持换行
      dtgrdv.DefaultCellStyle.WrapMode = DataGridViewTriState.True;
     //设置 dtagrdiview 控件的选中模式为整行选择,而不只是单元格选中模式
     dtgrdv.SelectionMode = DataGridViewSelectionMode.FullRowSelect;
     dtgrdv.DataSource = null;             //设置表格控件的数据源为空
}
```

2．类 BLL3kcdepsp.CS

BLL3kcdepsp 类封装了针对院系代码表、专业代码表、课程代码表等信息处理的业务逻辑。实现了对这些数据表的查询、更新（添加、删除、修改）等操作。

3．类 BLL3Students.CS

类 BLL3Students 中的方法针对学生信息表 student、选课表 sc 的基本操作（查询、更新）。

4．类 BLL3Users.CS

类 BLL3Users 中的方法针对用户表 users 的基本操作（查询、更新）。

5．类 BLL3Teachers.CS

类 BLL3Teachers 中的方法针对教师信息表 teacher、教师任课表 tc 的基本操作（查询、更新）。

限于篇幅，除了类 BLL3Layer 之外，以上其他各个类的成员函数、成员变量及其作用，在之后介绍的各个功能模块中针对性的说明，在此不做赘述。

7.6.2　数据访问层（DAL）数据库操作通用类的实现

1．数据库操作的一般方法

对数据库的操作，一般通过以下方式实现。

（1）对数据库进行非连接式查询操作，返回记录集。通过 SqlDataAdapter 对象的 Fill 方法完成和实现，即把查询结果填充到 DataTable（或者 DataSet）对象中，再返回结果值。

（2）对数据库进行连接式查询操作，返回记录集。通过 SqlCommand 对象的 ExecuteReader 方法完成和实现，返回一个 SqlDatareader 对象，即返回一个记录集合。可以是多条或单条记录；可以是单列多行；可以是多列单行；可以是多列多行。

（3）单值检索。从数据库中返回单个值。通过 SqlCommand 对象的 ExecuteScalar 方法完成和实现，ExecuteScalar 方法返回一个 Object 类型（单行单列）。需要将结果根据实际情况进行类型转化。

（4）记录的添加、删除、修改操作。可以通过 SqlCommand 对象的 ExecuteNonQuery 方法完成和实现，返回添加、删除、修改操作后数据库中受影响的行数。

2．在数据访问层（DAL）建立数据库操作类及其成员变量

针对以上介绍的数据库操作方法，在本实例系统的三层模式结构中，建立了数据操作访问层 DAL，在其中建立了一个针对 SQL Server 数据库操作的通用类，类名称命名为 SqlDAL.CS，其中封装了对数据库操作的函数、成员变量。这些函数和成员变量供 BLL 层的所有类及其函数引用。为了便于理解和阅读，给出了实现数据查询、更新（添加、删除、修改）的函数的源代码。

（1）在 DAL 层添加对相应系统类的引用，代码如下：

```
using System.Data;
using System.Data.SqlClient;    //为引用 SQL 数据库操作的类及其方法
using System.Configuration;     //为引用类 ConfigurationManager 及其方法
using System.Windows;           //为引用类 Windows 及其方法
using System.Windows.Forms;     //为引用窗体类 Form 及其方法
```

（2）类的成员变量。

在类中定义了全局、静态类、string 型的对象（变量）constr，用于存储数据库连接信息字符串。通过引用类的成员函数的返回值对其进行初始化。定义如下：

```
public static string constr = getinfofromappconfig();
```

或者

```
public static string constr = getmachinename();
```

其中，getinfofromappconfig()为本的类成员函数，用于动态读取系统配置文件 App.config 文件中的数据库连接信息字符串。赋值给 constr，供系统引用。类的静态成员可以直接通过类名称引用之。

3．数据访问层类的成员函数的定义

（1）getmachinename()：生成数据库连接信息字符串，用于静态连接本地数据库。

```
private static string getmachinename()  //类的静态成员可以直接通过类名称引用
{   string ss = "Server=";
    //动态的得到本地主机名称:System.Environment.MachineName.ToString();
    ss = ss + System.Environment.MachineName.ToString().Trim();
    //Integrated Security=SSPI 或 True,以 Windows 身份登录认证,不需要指定用户名
    //称和密码
    ss = ss + ";Database=DBTeachingDemo;Integrated Security=SSPI;";
    //Integrated Security=False 时,需要指定 User ID=sa; Password=sa;语句如下:
    //ss = ss + "Database=REMOTESqlDB2K8;User ID=sa; Password=sa;
    return ss;
}
```

【程序解析】 生成的数据库连接信息字符串中，主要包括 3 个信息项。

①“Server=”用于指定数据库所在的服务器名称。其中，表达式 System.Environment .MachineName.ToString().Trim()获取本子服务器的名称。

②“Database=”用于连接的数据库的名称（在 SSMS 中显示的逻辑名称）。

③“Integrated Security=”用于指定连接数据库是否需要设置访问密码。其值为 SSPI（或 True）时，连接访问数据库不需要指定用户名称和访问密码。

（2）getinfofromappconfig()：用于从配置系统文件 App.config 中，动态读取数据库连接字符串的信息，并返回给调用函数。读取配置文件的信息，需要添加如下引用：

```
using System.Configuration
```

在配置文件 App.config 中，设置<connectionStrings ></ connectionStrings >节，内容如下：

```
<connectionStrings>
   <!--197.168.1.113,1433 分别表示远程数据库服务器的 IP 和使用的端口号-->
     <add name="sqlconstring"
          connectionString="DataSource=197.168.1.113,1433;
          InitialCatalog=DBTeachingDemo;uid=sa;password=sa;Integrated
     Security=False"
          providerName="System.Data.SqlClient"/>
</connectionStrings>
```

其中，名称 sqlconstring 表示连接信息字符串的名称，被读取函数引用，函数 getinfofromappconfig()的源代码如下：

```
private static string getinfofromappconfig()
{  string ss=System.Configuration.ConfigurationManager.
                         ConnectionStrings["sqlconstring"].ToString();
   return ss;
}
```

其中，sqlconstring 为配置文件中<add name="sqlconstring"指定的数据库连接信息字符串名称。

如果在配置文件 App.config 中，设置<appSettings></appSettings>节，代码如下：

```
<appSettings>
    <add key="sqlconstrings" value="Server=192.168.1.101,1433;
    Database=REMOTESqlDB2K8; Uid=sa;Pwd=sa;Integrated Security=False;" />
</appSettings>
```

就可用以下语句读取 App.config 的<appSettings>与</appSettings>节中的数据库连接字符串信息：

```
string ss = System.Configuration.ConfigurationManager
                        .AppSettings["sqlconstrings"].ToString();
```

其中，sqlconstrings 为配置文件中<add key="sqlconstrings"指定的数据库连接信息字符串名称。

（3）返回单值的通用查询函数。

① 函数原型：object ExecScalar(String, CommandType,SqlParameter[])

应用类 SqlCommand 的方法 ExecuteScalar()，实现数据库的查询操作，返回结果集中第一行第一列的值（即返回一个单值）。如果结果集有多行多列，则忽略其他行其他列的数据。根据该特性，该方法通常用来执行包含 count()、sum()、avg()、max()、min()等聚合函数的 SQL 语句，或返回单属性值的查询。

参数：第一个参数 string，表示要执行的 SQL 查询语句字符串；第二个参数 CommandType 表示执行的命令类型，如存储过程或 SQL 查询命令；第三个参数为 SqlParameter 类型的数组，各个元素为需要传递的参数值。返回：返回 Object 类型的对象，表示结果集中第一行第一列的值。

```
public static object ExecScalar(
                    String sql, CommandType cmdtype,
                    SqlParameter[] paras)
{   Object result = null;   //定义 Object 类的对象
    //生成一个连接 SqlConnection 类的对象 cn,并实例化; constr 为数据库连接信息字符
    //串变量
    SqlConnection cn = new SqlConnection(constr);
    //语句块 try{}为函数体的主要执行代码语句,可能产生执行时错误
    try
    {   //定义并实例化 SqlCommand 对象 cmd,参数 sql 此处表示执行的 SQL 命令
        SqlCommand cmd = new SqlCommand(sql, cn);
        cmd.CommandType = cmdtype; //设置执行的命令的类型为 CommandType 的类型
       //如果传入了参数,则添加这些参数到类 SqlCommand 的对象 cmd 中
       if (paras != null){          //传递的参数(pars 对象)不为空值时
       //遍历数组的每个元素,给 cmd 对象传递各个参数值
           foreach (SqlParameter par in paras) { cmd.Parameters.Add(par); }
       }
       if (cn.State != ConnectionState.Open) cn.Open(); //打开数据库连接
       result = cmd.ExecuteScalar();
                                   //调用 SqlCommand 类的方法 ExecuteScalar()
       return result;              //返回结果
```

```
    }
   catch(){…}
        //语句块代码省略，请参阅 7.6.1 节函数 inituser()中 catch 语句块的相关内容
    finally { if (cn.State == ConnectionState.Open) cn.Close(); }
        //关闭数据库的连接
    return result;
  }
```

【程序解析】 整个函数体，主要由 try{}、catch (Exception ex){}、finally {}三个语句块组成。各个语句块的作用及其之间的逻辑关系，请参阅 2.8.2 节的有关内容。

② 重载函数：object ExecScalar(String sql)

只有一个参数，sql 表示查询语句本身。函数定义如下：

```
public static object ExecScalar(String sql){
        return ExecScalar(sql, CommandType.Text, null); }
```

③ 重载函数：object ExecScalar(String sql, CommandType cmdtype)

有两个参数：参数 sql 表示查询语句或存储过程；参数 cmdtype 表示执行的命令的类型。函数定义如下：

```
public static object ExecScalar(String sql, CommandType cmdtype){
                  return ExecScalar(sql, cmdtype, null);  }
```

（4）返回只读型记录集的通用查询函数。

① 函数原型：GetDataReader(string sql,CommandType cmdtype,SqlParameter[] paras)

函数中应用了类 SqlDataReader 和类 SqlCommand 的方法 ExecuteReader()，得到多条查询记录。函数返回 SqlDataReader 的对象（可能是多行多列的记录集合，一个只读型记录集）。

参数 sql 为 string 类型，表示要执行的 SQL 查询语句字符串；参数 cmdtype（CommandType 类型），要执行的查询命令的类型，可以是存储过程或 SQL 查询命令；参数 paras（SqlParameter 类型的数组），各个元素值为传递的参数值。函数定义（伪代码）如下：

```
public static SqlDataReader GetDataReader(
                            string sql, CommandType cmdtype,
                            SqlParameter[] paras)
   {  //定义 SqlDataReader 类的对象并初始化,SqlDataReader 无构造函数
      SqlDataReader dr = null;
      try
      {  //生成连接类 SqlConnection 的对象 cn,并实例化; constr 为数据库连接信息字
         //符串变量
         SqlConnection cn = new SqlConnection(constr);
         if (cn.State == ConnectionState.Connecting) cn.Close();
                                                    //关闭数据库连接
         SqlCommand cmd = new SqlCommand(sql, cn);//实例化 Command 对象;
         cmd.CommandType = cmdtype;         //设置 cmd 的命令类型为 cmdtype
         if (paras != null){
```

```
                //若参数数组不为空,循环导入参数 SqlCommand 对象 cmd 中
            foreach (SqlParameter par in paras) {
                                cmd.Parameters.Add(par);}
        }
        if (cn.State != ConnectionState.Open) cn.Open();
                    //打开数据库的连接
        dr = cmd.ExecuteReader();
                    //调用 SqlCommand 类的方法 ExecuteReader()得到记录集
        return dr;      //返回记录集
    }
    catch(){…}          //语句块代码省略,请参阅 7.6.1 节的相关内容
    return dr;
}
```

② 函数重载：GetDataReader(string sql)

参数 sql 表示存储过程或 SQL 查询命令。函数定义如下：

```
public static SqlDataReader GetDataReader(String sql){
        return GetDataReader(sql, CommandType.Text, null);  }
                    //返回记录集
```

③ 函数重载：GetDataReader(string sql, CommandType cmdtype)

参数 sql 表示存储过程或 SQL 查询命令，参数 cmdtype 表示执行的命令的类型。函数定义如下：

```
public static SqlDataReader GetDataReader(String sql,CommandType cmdtype){
        return GetDataReader(sql, cmdtype, null);  }   //返回记录集
```

（5）数据库更新通用函数。

数据库的更新操作包括添加（insert）、删除（delete）、修改（update）。该函数中，应用了类 SqlCommand 的方法 ExecuteNonQuery()，实现更新操作，并返回更新成功的记录行数。

① 函数原型：int ExecNoQuery(string,CommandType SqlParameter[] paras)

参数：sql（string 类型）表示要执行的 SQL 语句字符串，其中包括数据更新 Insert、Update、Delete 命令之一；参数 CommandType 表示要执行的命令的类型；参数 paras（SqlParameter 类型的数组），各个元素值为要传入的参数值。返回执行更新（添加、删除、修改）操作之后受影响的记录行数。更新操作成功返回大于 0 的值，否则返回 0 或–1（表示更新改操作失败）。函数定义如下：

```
public static int ExecNoQuery(
                string sql, CommandType cmdtype, SqlParameter[] paras)
{   int rows = 0;  //定义 int 变量并初始化,表示受影响的记录行数
    //生成连接类 SqlConnection 的对象 cn,并实例化;constr 为数据库连接信息字符串变量
    SqlConnection cn = new SqlConnection(constr);
    try
    {   if (cn.State == ConnectionState.Open) cn.Close();  //关闭数据库连接
```

```
            SqlCommand cmd = new SqlCommand(sql, cn);
                                //定义类 SqlCommand 对象 cmd,并实例化
            cmd.CommandType = cmdtype;
          //如果传入了参数,则添加这些参数到 Command 对象 cmd 中
          //如果参数数组不为空,则通过循环方式导入参数到 SqlCommand 对象中
          if (paras != null){
             foreach (SqlParameter par in paras) { cmd.Parameters.Add(par); }
          }
          if (cn.State == ConnectionState.Closed) cn.Open();
          //调用 SqlCommand 类的方法 ExecuteNonQuery(),得到执行更新操作之后受影响
          //的行数
          rows = cmd.ExecuteNonQuery();
          return rows;      //返回数据库中受影响的行数,可能初始值被改变
      }
      catch(){…}            //语句块代码省略,请参阅 7.6.1 节的相关内容
      finally { if (cn.State==ConnectionState.Open) cn.Close(); }
                            //关闭数据库连接
      return rows;          //返回数据库中受影响的行数
  }
```

② 重载函数：int ExecNoQuery(string sql)

参数 sql 表示存储过程或 SQL 查询命令，函数定义如下：

```
public static int ExecNoQuery(String sql){
        return ExecNoQuery(sql, CommandType.Text, null);  }
```

③ 重载函数：int ExecNoQuery(string sql)

参数 sql 表示存储过程或 SQL 查询命令，参数 cmdtype 表示执行的命令的类型，函数定义如下：

```
public static int ExecNoQuery(String sql, CommandType cmdtype){
        return ExecNoQuery(sql, cmdtype, null);   }
```

（6）返回 DataSet 对象（读写型记录集）的通用函数。

① 函数原型：DataSet GetdataSet(string sql, CommandType cmdtype, SqlParameter[] paras)

应用了类 DataSet、SqlDataAdapter 及其方法 Fill()，并应用 Fill()方法将查询得到的记录集填充到 DataSet 对象。该函数的定义是 DataSet 类、SqlDataAdapter 类的综合应用。实现数据库查询操作，返回 DataSet 对象（读写型记录集）。参数：与上述函数 GetDataReader()的定义的参数的描述相同。

函数定义如下：

```
public static DataSet GetdataSet(
              string sql, CommandType cmdtype, SqlParameter[] paras)
{   DataSet ds = new DataSet();              //定义 DataSet 对象并实例化
    //生成连接类 SqlConnection 的对象 cn,并实例化; constr 为数据库连接信息字符串变量
```

```
    SqlConnection cn = new SqlConnection(constr);
    try
    {   if (cn.State == ConnectionState.Open) cn.Close();  //关闭连接
        SqlCommand cmd = new SqlCommand(sql, cn);
                                          //实例化 Command 类的对象 cmd
        cmd.CommandType = cmdtype;        //设置命令的类型为 cmdtype
        //如果传入了参数,则添加这些参数到 Command 对象 cmd 中
        //如果参数数组不为空,则通过循环方式导入参数到 SqlCommand 对象中
        if (paras != null){
                  foreach (SqlParameter par in paras){ cmd.Parameters
                  .Add(par); }
        }
        if (cn.State == ConnectionState.Closed ||
                 cn.State != ConnectionState.Open){ cn.Open(); }
                                          //打开数据库连接
        //生成和使用 SqlDataAdapter 对象,传递参数 sql 和 cn
        //SqlDataAdapter da = new SqlDataAdapter(sql, cn);
        //生成和使用 SqlDataAdapter 对象,同时传递参数(SqlCommand 类的对象 cmd)
        SqlDataAdapter da = new SqlDataAdapter(cmd);
        //添加必要的列和主键信息以守成架构
        //da.MissingSchemaAction = MissingSchemaAction.AddWithKey;
        da.Fill(ds);
        //一个 DataSet 对象中,可包含多个数据表或数据集,每个数据表各有一个编号,默
        //认从 0 开始
        //Tables[0].Rows.Count 表示第一个数据集合(序号为 0)中记录的行数
        if (ds.Tables[0].Rows.Count != 0)  return ds;  //返回数据集
        else  return null;                             //返回空的数据集
    }
    catch(){…}                  //语句块代码省略，请参阅 7.6.1 节的相关内容
    finally { if (cn.State == ConnectionState.Open) cn.Close();}
                                                       //关闭数据库链接
    return ds;
}
```

② 重载函数：GetdataSet(string sql)

参数 sql 表示要执行的命令字符串。

```
public static DataSet GetdataSet(string sql){
        return GetdataSet(sql, CommandType.Text, null); }  //返回记录集
```

③ 重载函数：GetdataSet(string sql, CommandType cmdtype)

```
public static DataSet GetdataSet(string sql, CommandType cmdtype){
          return GetdataSet(sql, cmdtype, null);  }        //返回记录集
```

参数与函数原型中的作用和描述相同。函数返回 DataSet 对象（表示记录集合）。

（7）数据库批量更新操作函数。

函数原型：SqlDataAdapter GetDataAdapter(string sql, CommandType cmdtype, SqlParameter[] paras)

应用 SqlDataAdapter 进行数据库操作，函数得到查询结果，并可进行批量更新。参数 sql 为 string 类型，表示要执行的 SQL 查询语句字符串；参数 cmdtype 为 CommandType 类型，表示要执行的 SQL 查询语句的类型（如存储过程或者 SQL 查询文本命令）；参数 paras 为 SqlParameter 类的数组，表示要执行的 SQL 查询语句或存储过程中使用的参数。函数返回 SqlDataAdapter 对象。函数定义如下：

```
public static SqlDataAdapter GetDataAdapter(
                  string sql, CommandType cmdtype, SqlParameter[] paras)
{   //生成连接类 SqlConnection 的对象 cn,并实例化; constr 为数据库连接信息字符串变量
    SqlConnection cn = new SqlConnection(constr);
    try
    {   if (cn.State == ConnectionState.Open) cn.Close();   //关闭数据库连接
        SqlCommand cmd = new SqlCommand(sql, cn);
                                         //定义并实例化 SqlCommand 类的对象 cmd
        cmd.CommandType = cmdtype;   //设置 cmd 的 CommandType 类型为 cmdtype
        //如果参数数组不为空,则通过循环方式导入参数到 SqlCommand 对象 cmd 中
        if (paras != null){
            foreach (SqlParameter par in paras){  cmd.Parameters
            .Add(par);  }
        }
        if (cn.State == ConnectionState.Closed ||
                cn.State != ConnectionState.Open){cn.Open(); } //打开数据库连接
         //生成并实例化 SqlDataAdapter 对象,同时传递参数(SqlCommand 类的对象 cmd)
         SqlDataAdapter da = new SqlDataAdapter(cmd);
         da.MissingSchemaAction = MissingSchemaAction.AddWithKey;
         return da;
    }
    catch(){…}                           //语句块代码省略,请参阅 7.6.1 节的相关内容
    finally { if (cn.State == ConnectionState.Open) cn.Close(); }
    return null;
}
```

本实例系统中，在数据访问层，只定义了作用于 SQL Server 数据库操作的通用类 SqlDAL。同样地，可以建立作用于 Oracle 数据库、MySQL 数据库等操作的通用类。在此，不再赘述。

第8章 登录模块设计与实现

用户登录模块，是基于三层 C/S 模式的“选课与成绩管理系统”的功能模块之一，用于实现系统使用权限的控制。当用户登录成功时才能进入系统。从数据库应用的角度看，该模块其实是 SQL 之条件查询语句 SELECT 在数据库应用开发中的具体应用。

登录模块获取用户名称、密码、用户类别信息，将此信息传递给业务逻辑层；业务逻辑层调用数据访问层的查询函数（同时传递相关的信息），实现数据查询；将数据访问层的查询结果，通过业务逻辑层返回到界面层；根据该查询结果判断密码和名称是否正确，密码和名称正确时方能进入系统。

8.1 登录模块界面设计

8.1.1 添加窗体到表示层 UI

方法与步骤：在“解决方案资源管理器”中，右击用户表示层（项目名称 UI），在弹出式菜单中单击“添加”按钮，在级联式菜单中选择“新建项”，弹出如图 8.1 所示的“添加新项”对话框，展开“已安装”，选择“Visual C#项”→“Windows 窗体”，在“名称”栏对应的输入框中直接输入新建窗体的新名称（如 FormLogon），单击“添加”按钮，完成在用户表示层 UI 添加新窗体。照此方法添加本系统的其他任何功能窗体，之后不再赘述。

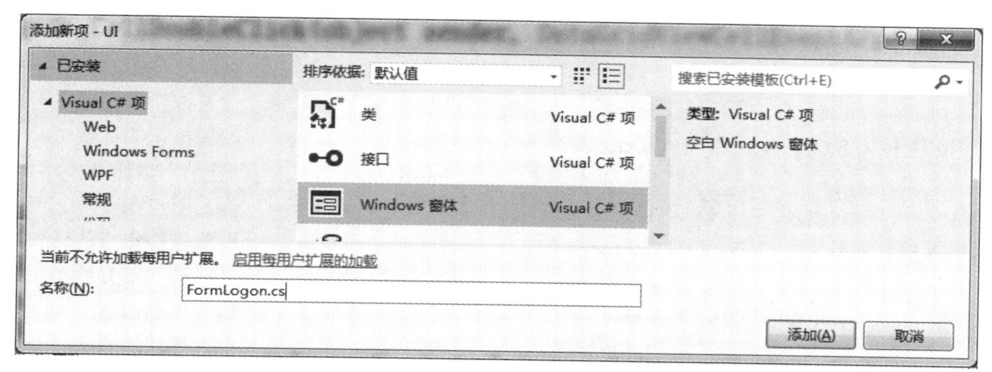

图 8.1　在 UI 层添加窗体

在建立用户表示层（UI）项目时，就建立了一个 Windows 窗体应用程序和默认的窗体（名称默认为 Form1.cs，此时可以直接在输入框中输入新的窗体名称，实现窗体的直接更名）。

在用户表示层（UI）添加一个新窗体（FormLogon）时，将产生一个新的窗体类（如 FormLogon），同时生成以下文件：

（1）FormLogon.cs[设计]文件，界面设计文件。

（2）FormLogon.Designer.cs 文件，包含有关的控件及其属性设置。

（3）FormLogon 类，包含了窗体类的所有引用、成员（变量、自定义方法、事件代码）。

8.1.2　窗体控件设计与布局及其属性设置

窗体运行时的（初始）界面及其控件布局与显示如图 8.2 所示。

图 8.2　系统登录窗体

添加如表 8.1 所示的窗体控件，并进行相关的属性设置。

表 8.1　登录窗体有关控件及其属性设置

控件类型	控件对象名称	属性名称	属 性 值	说 明
Form（窗体控件）	FormLogon	Text	用户登录窗体	设置窗体标题
		StartPosition	CenterScreen	窗体运行时居中显示
		FormBorderStyle	Fixed3D	窗体运行时为固定对话框
		ControlBox	False	取消标题栏各按钮
		CancelButton	btExit	按 Esc 键触发“退出”按钮
GroupBox（分组框控件）	groupBox1	Text	动态设置	对输入框控件分组
	groupBox2	Text		对单选按钮控件分组
	groupBox3	Text		对命令按钮控件分组
Button（命令按钮控件）	btExit	Text	退出	设置按钮的标题
	btOK	Text	登录	设置按钮的标题
		Enabled	False	“登录”按钮开始不可用
TextBox（文本输入框）	txtID	Text		输入用户账号
		TabIndex	1	设置控件焦点的转移顺序
		Enable	True	名称输入框开始可用
	txtPW	Text		输入用户密码
		TabIndex	2	设置控件焦点的转移顺序
		PasswordChar	*	设置密码的屏蔽字符
		Enable	False	密码输入框开始不可用

续表

控件类型	控件对象名称	属性名称	属 性 值	说 明
Label（标签控件）	label1	Text	用户名称：	提示输入用户名称
	label2	Text	用户密码：	提示输入用户密码
RadioButton（单选按钮控件）	radbtxs	Text	学生	“学生”单选按钮的标题
		Checked	True	默认选中“学生”单选按钮
	radbtjs	Text	教师	“教师”单选按钮的标题
	radbtadmin	Text	管理员	“管理员”单选按钮的标题
Picture 控件	pictureBox1	Image	key.jpg	System.Drawing.Bitmap

【说明】窗体及其控件的Font属性：宋体，13pt。标签的TabIndex属性设置0。 TabIndex属性用于设置控件的焦点转移顺序，0值表示不获得焦点。标签的AutoSize属性设置True。本系统中，先将需用的图片文件（如本实例的Key.JPG）导入系统资源文件Resources中，之后可直接引用其文件名。

8.2 模块功能描述

8.2.1 设置系统用户类型

为了系统的安全性，设置了不同权限级别的三类用户，便于控制用户对系统的使用权限和操作权限。登录时，先选择用户类别：学生用户、教师用户和管理员。学生用户只能对本人相关的信息进行查询和维护；教师用户除了查询和维护本人信息外，还能对自己承担课程的情况进行查询和维护与管理；管理员拥有系统所有的权限。用户的权限值用数值表示：1-管理员；2-教师用户；3-学生用户。

8.2.2 输入用户名称和密码

登录时要求输入用户名称和密码。根据不同的用户，通过正则表达式规则对输入的名称（回车确认）进行“有效性”验证。例如学生用户，要求输入的名称是以20开头的12位数字（不能随便修改）；教师用户，要求输入的名称是4位数字（不能随便修改）；系统管理员有个默认名称和密码。

如果输入值不符合要求，则提示“输入错误”，并要求重新输入用户名称。输入值合法有效时，激活密码输入框，使之可用，并得到焦点，参见有关事件代码。输入非空格的密码按回车确认之后，激活“登录”按钮，使之可用，并得到焦点。请参阅有关事件代码。

8.2.3 实现用户验证性登录

调用业务逻辑层（BLL）的有关的类的函数usrlogincheck()，对用户和密码进行“合法性”验证。将用户名称、用户密码、用户类别作为该函数参数，实质是作为查询语句 SELECT 的查询条件。如果用户名称和密码都正确则查询操作成功，函数 usrlogincheck()返回查询结果。然后，调用 BLL 层的函数 inituser(vid,vpw)初始化用户的有关信息，并将 DialogResult.OK 作为窗体的返回值（被主函数 main 引用）。

如果名称或密码输入出错时，查询失败，函数 usrlogincheck()也将返回一个值。此时，清空两个输入框的值，名称输入框获得焦点，重新输入名称和密码。

8.2.4 关闭窗体

登录窗体的属性 ControlBox 为 False，导致标题栏的三个按钮全部取消。通过“退出”按钮的 Click 事件代码实现窗体的关闭。单击如图 8.2 所示的“退出”按钮，弹出如图 8.3 所示的“关闭提示”对话框，选择“是（Y）”按钮，则关闭窗体，否则，不关闭窗体。

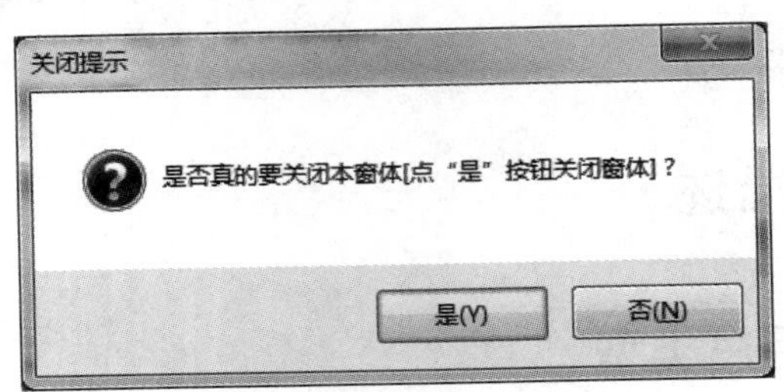

图 8.3 “关闭提示”对话框

8.3 编码与功能实现

8.3.1 窗体类的框架与类的成员（变量与函数）

用户登录窗体的相关控件事件、类的成员变量、类的成员函数，均包含在类文件 FormLogon.cs 中。为了便于读者了解整个类文件框架，在此给出了窗体类文件的整体结构。

1. 类 FormLogon.cs 文件结构

限于篇幅，添加新窗体时系统自动生成的 using 引用语句一律省略（下同）。手工方式添加的 using 引用语句如下：

```
using System.Data.SqlClient;          //为了引用作用于 SQL 类型数据库的类及其方法
using System.Text.RegularExpressions;  //引用正则表达式的有关类及其函数
using BLL;                             //为了引用 BLL 层的类及其函数与成员变量
```

登录窗体类的名称是 FormLogon，对应的类文件名称为 FormLogon.cs，给文件的结构框架如下：

```
namespace UI          //UI 为用户表示层项目名称,所有窗体类的定义都包含在这个项目中
{
    public partial class FormLogon : Form
```

```
    {
        窗体类的构造函数 FormLogon(),系统根据类名称自动生成;
        类的成员变量。供类的所有成员函数(含控件事件)引用。由用户定义;
        类的成员函数(包括:自定义的函数和控件事件);
    }
}
```

为了便于理解，给出了登录窗体类文件的框架，在之后介绍的模块中，不再进行类似的介绍。

2. FormLogon 类的成员变量

类中定义的成员变量如下：

```
public static int flag = 3;                          //默认为学生用户权限值
public static string ts = "输入 20 开头的 12 位数字"; //默认为学生用户输入操作提示
public static string vid="",vpw="";           //分别存储输入的用户名称和用户密码
```

flags 为标识用户类型的变量：学生用户，flags=3；教师用户，flags=2；管理员，flags=1。ts 为存储临时性操作提示信息；vid 存储用户名称；vpw 存储用户密码。

【说明】 变量或函数指定为 static（静态）存储类型时，可以通过类名称直接引用之。

8.3.2 窗体的加载（Load）事件及其编码

窗体 FormLogon 的加载事件 Load，窗体加载时自动触发 Load 事件。用于进行一些“初始化”设置操作。例如，使“学生”单选按钮处于选中状态，使“用户名称”输入框获得焦点。

```
private void FormLogin_Load(object sender, EventArgs e)
{   this.radbtxs.Checked = true;    //系统启动时,默认"学生"单选按钮被选中
    this.txtID.Focus();             //系统启动时,"用户名称"输入框获得焦点
    flags = 3;                      //设置系统用户标识变量默认值为 3(表示学生用户)
}
```

8.3.3 文本输入框的相关事件及其编码

1. “用户名称”输入框相关事件

（1）“用户名称”输入框 txtID 的按键事件 KeyPress。该输入框得到焦点且有键按下并放开时触发该事件。用于捕获回车键，当按下的键是 return 时，获取输入的用户名称，并对其进行“有效性”“合法性”效验；当名称的合法性效验通过，清空密码输入框的值，并让密码输入框得到焦点。

```
private void txtID_KeyPress(object sender, KeyPressEventArgs e)
{   try
    {     bool tm = false;
          if (e.KeyChar == (char)Keys.Return)          //按下回车时
```

```
        {   vid = txtID.Text.ToString().Trim();     //保存用户名称输入框的值
            //学生用户,用正则表达式判断输入的名称是否 20 开头的 12 位数字
            tm=(flag == 3 && Regex.IsMatch(vid, @"^20\d{10}$"));
            //教师用户,用正则表达式判断输入的名称是否 4 位数字
            tm=tm || (flag == 2 && Regex.IsMatch(vid, @"^\d{4}$"));
            tm=tm ||(flag == 1 && vid.Length>0);    //管理员时,输入的名称不为空
            if(tm==true){                            //满足之上三个条件之一
                this.txtPW.Enabled = true;           //使密码输入框可用
                this.txtPW.Focus();                  //使密码输入框得到焦点
            }else if (tm==false || vid.Length == 0)  //如果用户名称输入值为空
            {  清空用户名称输入框 txtID 的值,使用户名称输入框得到焦点,源代码省略  }
        } //结束 if(e.KeyChar == (char)Keys.Return)
    }
    catch(){…}                                   //语句块代码省略,请参阅 7.6.1 节的相关内容
}
```

【程序解析】 两个输入框都实现了支持回车操作（默认是不支持的）。按下回车之后，进行数据效验。如果名称输入框为空，不能失去焦点，如果输入数据不为空，则应用正则表达式对输入值，根据不同的用户进行“有效性”验证。正则表达式的具体应用实例如下。

① 测试输入值全是数字的正则表达式：Regex.Match(strInput, "^[0-9]+$")。

② 测试输入值为 20 开头的 12 位数字的正则表达式：Regex.IsMatch(strInput, @"^20\d{10}$"))。

③ 测试输入值为 4 位数字的正则表达式：Regex.IsMatch(strInput, @"^\d{4}$")。

④ 测试表达式：(flags == 3 && Regex.IsMatch(vid, @"^20\d{10}$")，如果是学生用户(flag==3)，则判断输入的值是否 20 开头的 12 位数字（学号值）。

⑤ 测试表达式：(flags == 2 && Regex.IsMatc @"^\d{4}$") ，如果是教师用户(flag==2)，则判断输入的值是否 4 位数字（教师编号）。

在用户类别选择区域，选择了“学生”单选按钮时 flags=3，表示学生用户；选择了“教师”单选按钮时 flags=2，表示教师用户；选择了“管理员”单选按钮时 flags=1，表示系统管理员。

对 tm 进行的逻辑或运算，是针对不同用户，如果输入的名称符合要求时，清空密码输入框的值，使密码输入框得到焦点。

语句块 catch(Exception ex){}用于捕获 try{}语句的运行时错误，弹出对话框显示出错信息。限于篇幅，在之后介绍的各个函数或事件中，对该语句块的源代码均进行了省略。

(2)“用户名称”输入框 txtID 的 Enter 事件。当该输入框得到焦点时触发。用于在“用户名称和用户密码”分组框的标题栏上显示提示“输入用户名称，回车确认”。

```
private void txtID_Enter(object sender, EventArgs e)
{   //密码输入框获得焦点时,针对不同的登录用户,在分组框标题栏上给出不同的操作提示信息
    if (flag == 3) { this.groupBox1.Text = "输入 12 位数字学号,回车确认"; }
    else if (flag == 2) { this.groupBox1.Text = "输入 4 位数字编号,回车确认"; }
    else { this.groupBox1.Text = "输入用户名称,回车确认"; }
}
```

2. “用户密码”输入框相关事件及其编码

（1）“用户密码”输入框 txtPW 的按键事件 KeyPress。“用户密码”输入框获得焦点，有按键并释放操作时触发该事件。用于捕获回车键以支持回车操作。输入密码并按回车键之后，判断密码输入框是否为空，输入值不为空时，激活“登录”按钮，并使之得到焦点，即转移焦点到“登录”命令按钮上。伪代码如下：

```
private void txtPW_KeyPress(object sender, KeyPressEventArgs e)
 {   if (e.KeyChar ==(char)Keys.Enter)              //当按下回车时
    {   //得到输入的密码值(txtPW.Text),删除字符串的前后空格字符,并保存到变量 vpw 中
        vpw = txtPW.Text.ToString().Trim();
        if (vpw =="" && vpw.length==0)              //表示输入的密码是空值
        {   this.groupBox1.Text = "密码不能为空";     //给出相应的操作提示信息
            this.txtPW.Focus();                     //密码输入框得到焦点
        }
        else
        {   使"登录"按钮 btOK 可用(开始时不可用),且获得焦点,代码省略
            this.groupBox1.Text = "";               //清除分组框上的提示信息
        }
    }
}
```

（2）“用户密码”输入框 txtPW 的 Enter 事件，当“用户密码”输入框获得焦点时触发该事件。同时“用户名称和用户密码”分组框的标题栏上显示“输入用户密码，回车确认”。Enter 事件源代码如下：

```
private void txtPW_Enter(object sender, EventArgs e){
                        this.groupBox1.Text = "输入用户密码,回车确认";  }
```

8.3.4　命令按钮（Button）控件的相关事件及其编码

1. “登录”按钮相关事件

（1）“登录”按钮 btOK 的单击 Click 事件。单击“登录”按钮时触发该事件。调用业务逻辑层 BLL 有关的类的方法实现名称和密码验证。用户名称和密码正确时，调用 BLL 层的函数 inituser(vid,vpw)初始化用户的有关信息，并返回 DialogResult.OK。该值在 program.cs 被得以应用，以此判断是否启动主窗体，参见 program.cs 文件的内容。名称或密码输入出错时，清空两个输入框的值，名称输入框获得焦点，“密码输入框”“登录”按钮不可用。

```
private void btOK_Click(object sender, EventArgs e)
{   vid=this.txtID.Text.ToString().Trim();        //保存输入的名称到变量 vid
    vpw=this.txtPW.Text.ToString().Trim();        //保存输入的密码到变量 vpw
    if (flags > 0)      //flag 用户类别标识变量,flags 取值为 1、2、3
    {//调用业务逻辑层的函数 usrlogincheck(),验证用户密码的合法性,名称密码正确时返回 1
```

```
        if (BLL3Layer.usrlogincheck(vid, vpw, flags)== 1)
        {   //调用业务层的函数 BLL3Layer.inituser(vid,vpw)初始化用户的有关信息
            BLL3Layer.inituser(vid, vpw, flags);
            //当密码和名称验证通过时,返回一个枚举(常量)值,该句很重要
            this.DialogResult = DialogResult.OK; //设置窗体的对话框的结果
        }
        else                                              //名称或密码输入出错时
        {   清空名称输入框 txtID、密码输入框 txtPW 的值,使名称输入框获得焦点,代码省略
            使密码输入框、确定按钮变得不可用,源代码省略
        }
    }
}
```

（2）“登录”按钮 btOK 的 KeyPress 事件。该事件捕获回车键以支持回车操作。当“登录”按钮得到焦点时并有键被按下时，触发该事件。若按回车键，触发“登录”按钮的单击事件。

```
private void btOK_KeyPress(object sender, KeyPressEventArgs e)
{ //this.ActiveControl.Name 表示当前得到焦点的控件的名称,btOk 为"登录"按钮的名称
    if ((e.KeyChar == (char)Keys.Return) && (this.ActiveControl.Name==
    "btOK"))
      {  this.btOK_Click(sender,e);   }   //触发"登录"按钮的单击事件 Click
}
```

2．“退出”按钮的相关事件

“退出”按钮 btExit 的 Click 事件。单击“退出”按钮时触发本事件，并弹出如图 8.3 所示的“关闭提示”对话框，单击该对话框中的“是（Y）”按钮关闭窗体，否则不关闭。该事件代码中引用了 BLL 层的类 BLL3Layer 的函数 formclose()，实现窗体的关闭。

```
private void btExit_Click(object sender, EventArgs e)
{   //调用 BLL 层的类 BLL3Layer 的函数 formclose(),实现窗体的关闭
    BLL3Layer.formclose(this);                    //this 指代要关闭的窗体本身
}
```

8.3.5 单选按钮（RadioButton）控件的有关事件及其编码

三个单选按钮控件，用于选择登录的用户类型，同时只能选择其中之一。单击某个单选按钮时，触发该按钮的 Click 事件；某个按钮的“选中状态”发生改变（被选或者取消被选）时，触发该按钮的 CheckedChanged 事件。每个单选按钮的 CheckedChanged 事件、Click 事件均调用类的自定义函数 Checkradbuttons()。

（1）radbtadmin_CheckedChanged：“管理员”单选按钮（radbtadmin）的“选择改变”事件 CheckedChanged，当“管理员”单选按钮的选中状态发生改变时触发本事件。源代码如下：

```
private void radbtadmin_CheckedChanged(object sender, EventArgs e)
{ Checkradbuttons();  }    //调用类的自定义函数
```

（2）radbtadmin _Click：“管理员”单选按钮的单击事件（Click），当单击“管理员”单选按钮时触发本事件。源代码如下：

```
private void radbtadmin _Click(object sender, EventArgs e)
{ Checkradbuttons(); }    //调用类的自己定义函数
```

其他单选按钮的单击事件 Click 源代码与此相似（在此省略），只是按钮控件的名称不同而已。

8.3.6　FormLogon 类的相关自定义函数

为了操作简便，在本窗体 FormLogon 类中定义了一个供各个单选按钮的 Click 事件、CheckedChanged 事件调用的函数 Checkradbuttons()，用于检查登录用户，设置用户类型标识变量 flags 的值。伪代码如下：

```
private void Checkradbuttons()      //函数根据不同的用户,分别设置 flag 的值
{
    if (this.radbtxs.Checked == true){ flag = 3; }
    else if (this.radbtjs.Checked == true){ flag = 2;  }
    else if (this.radbtadmin.Checked == true){  flag = 1;  }
    选择用户类别之后,使名称输入框 txtID 可用,并得到焦点,代码省略
}
```

8.4　BLL 层的相关的类及其成员函数和成员变量的引用

本模块引用了业务逻辑层 BLL 的类 BLL3Layer 及其成员变量 uright，成员数组 usrinfo 和成员函数 inituser()、closeform(Form w)、formclose(Form w)、usrlogincheck()，具体请参阅 7.6.1 节中的有关内容。

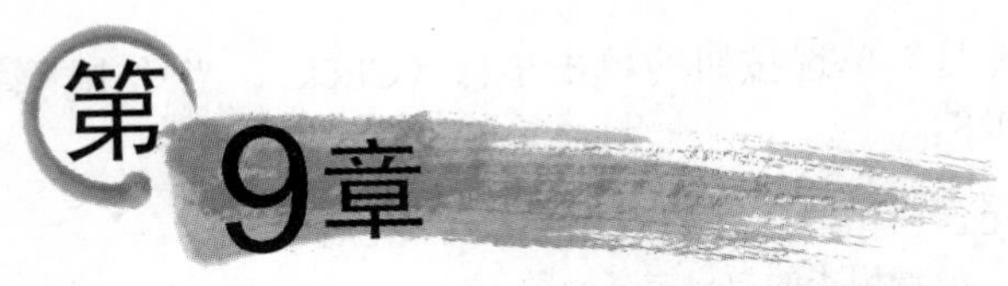

第9章 主窗体与菜单对象

9.1 主窗体界面设计

9.1.1 添加 MDI 型窗体到表示层 UI

在“解决方案资源管理器”中，右击“用户表示层”项目名称（如 UI）”，在弹出式菜单中，选择“添加”→“添加 Windows 窗体”选项，打开如图 8.1 所示的“添加新项”对话框。在该对话框中，展开左边的 Visual C#，在右边的窗体中，选择“MDI 父窗体”，在“名称”对应的输入框中直接输入新建的 MDI 窗体的新名称（如 MDIFormMain），默认的名称为 MDIParent1.cs，单击“添加”按钮，完成 MDI 窗体的添加。添加菜单和有关的控件之后，运行界面如图 9.1 所示。

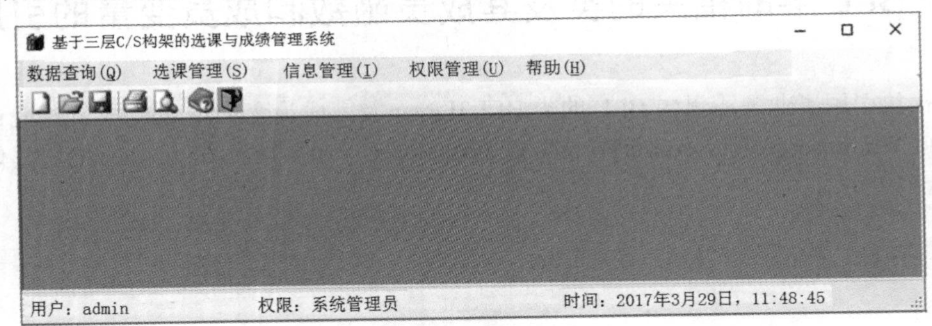

图 9.1 选课与成绩管理系统（主界面）

9.1.2 控件设计与布局及其属性设置

添加如表 9.1 所示的窗体控件并进行布局和相关的属性设置。

各个主菜单的下拉菜单项、工具栏、状态栏中包含的控件均有两个共同属性。

（1）Enabled 属性：表示控件是否可用，其值为 False 时表示不可用（显示为灰色），默认值为 True。

表 9.1　主窗体及其控件与属性设置

控件类型	控件对象名称	属性名称	属性值	说明
MDIForm（容器类控件）	MDIFormMain	Text	选课与成绩管理系统	基于三层 C/S 构架
		StartPosition	CenterScreen	窗体运行时居中显示
		WindowState	Maximized	窗体运行时最大化
		MainMenuStrip	menuStrip	绑定的菜单对象名称
		ControlBox	true	显示 3 个控制按钮
		BackgroundImage		设置主窗体的背景颜色
MenuStrip（菜单）	menuStrip	Items		主菜单项的集合，见图 9.2
MenuItem (主菜单项)	queryMenu	Text	数据查询(&Q)	数据查询主菜单
	kcmgrMenu	Text	选课管理(&S)	选课管理主菜单
	infosMenu	Text	信息管理(&I)	信息管理主菜单
	usrsMenu	Text	权限管理(&U)	系统权限管理主菜单
	helpMenu	Text	帮助(&H)	帮助主菜单
ToolStrip（工具条）	toolStrip	Items		工具栏按钮控件的集合，见图 9.1
		AutoSize	True	各工具按钮尺寸大小自动化
		ImageScalingSize	h：24,w：24	设置工具按钮的高(H)、宽(W)
StatusStrip（状态条）	statusStrip	Items		状态栏上对象的集合，见图 9.7

（2）Visible 属性：表示控件是否可见，其值为 False 时表示不可见，默认值为 True。

以上控件及其子控件的其他属性均为默认设置。各个主菜单对应的下拉菜单项的属性设置在此省略。

9.2 窗体上菜单、工具栏、状态栏的建立与布局及其功能描述

9.2.1 菜单对象及主菜单的建立

1. 菜单控件对象的建立

建立 MDI 窗体之后，窗体上有一个默认菜单对象，可删除，也可以从“工具箱”拖放菜单控件 MenuStrip 到 MDI 窗体，生成一个菜单对象（本实例中命名为 menuStrip）。

2. 主菜单项的建立及其相关属性设置

建立主菜单项的方法与步骤：右击主菜单条空白处或右击菜单对象名称，在弹出式菜单中，选择“编辑项”，弹出如图 9.2 所示的“项集合编辑器”对话框，用于给菜单对象添加主菜单项。

在“选择项并添加到如下列表（S）”对应的组合框中选择 MenuItem 选项，单击“添加”按钮，自动生成一个主菜单项（名称为 ToolStripMenuItem3，如图 9.2 所示）。系统为

生成的主菜单项自动编号（按之前建立的菜单项的个数而定），并显示在下左方的“成员”列表框中，且自动在右边的“属性”窗格中展示出该菜单项的各个属性。

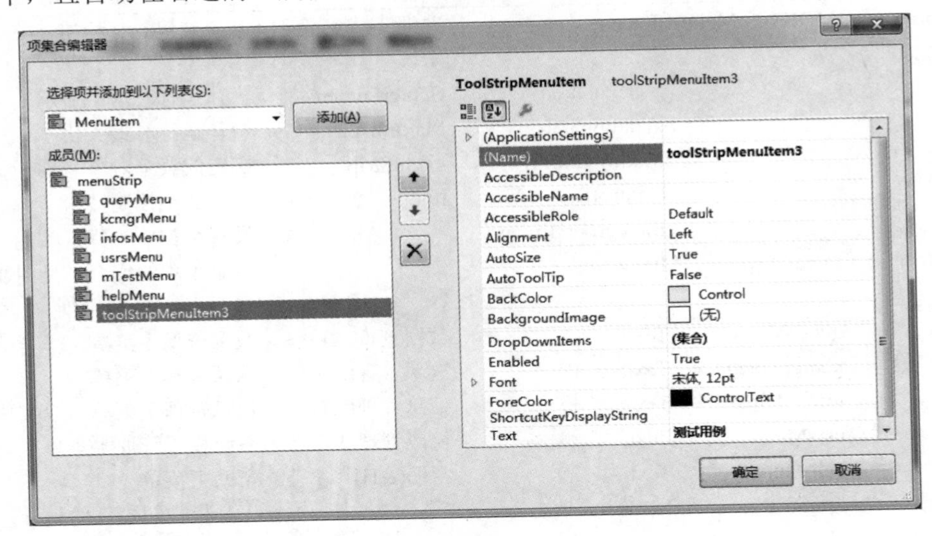

图 9.2 主菜单“集合编辑器”与主菜单（项）的添加

3. 主菜单项的主要属性设置

在如图 9.2 所示的“成员（M）”下拉列表框中，选择一个主菜单的名称（如 queryMenu），将在如图 9.3 所示的右边窗口中展示出该主菜单项的所有属性，以此进行属性设置。

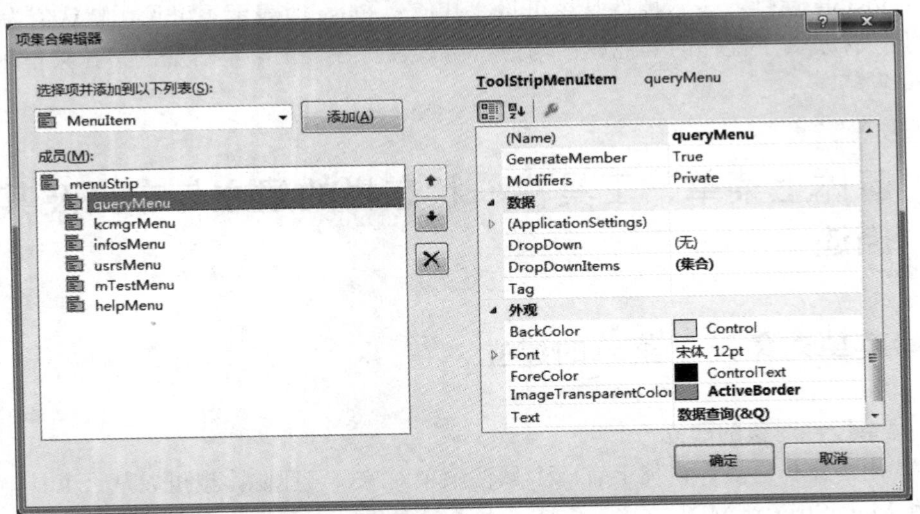

图 9.3 菜单“集合编辑器”之菜单项属性设置

各个主菜单项的常用属性如下。

（1）name：菜单对象的名称。

（2）DropDownItem：单击该属性栏右边对应的“按钮”，将弹出指定主菜单项（如 queryMenu 主菜单）对应的“子菜单集合编辑器”，如图 9.3 所示。

（3）Font：设置菜单的字体（大小）。

（4）Text：设置或获取菜单项的标题文本。

（5）Enabled：表示主菜单项是否可用，其值为 False 时表示不可用，默认值为 True。

（6）Visible：表示主菜单项是否可见，其值为 False 时表示不可见，默认值为 True。当该属性设置为 False 时，Enabled 属性的设置没有实际意义。

Enabled、Visible 对系统菜单的操作权限的控制非常重要。各主菜单项的常用属性值的设置如表 9.1 所示。限于篇幅，在之后介绍的功能模块中，只选择性地介绍几个典型的功能模块的设计与实现。

9.2.2　主菜单之下拉菜单项的建立及属性设置

每个主菜单都有一个重要的属性 DropdownItems，如图 9.2 所示对话框中的右边窗口的显示项，表示该主菜单的下拉菜单项的集合。单击属性项 DropdownItems 右边的按钮，弹出如图 9.4 所示的“项集合编辑器”对话框，用于建立主菜单的子菜单项，建立方法与步骤如下。

1．选择一个主菜单项

在如图 9.3 所示的“成员”列表框中，选择一个主菜单项（如“查询管理”，名称为 queryMenu），然后在右边“属性”窗体中，单击属性 DropDownItems 右边的按钮，打开如图 9.4 所示的“项集合编辑器”，以建立该主菜单的子菜单（又称之为下拉菜单）项。

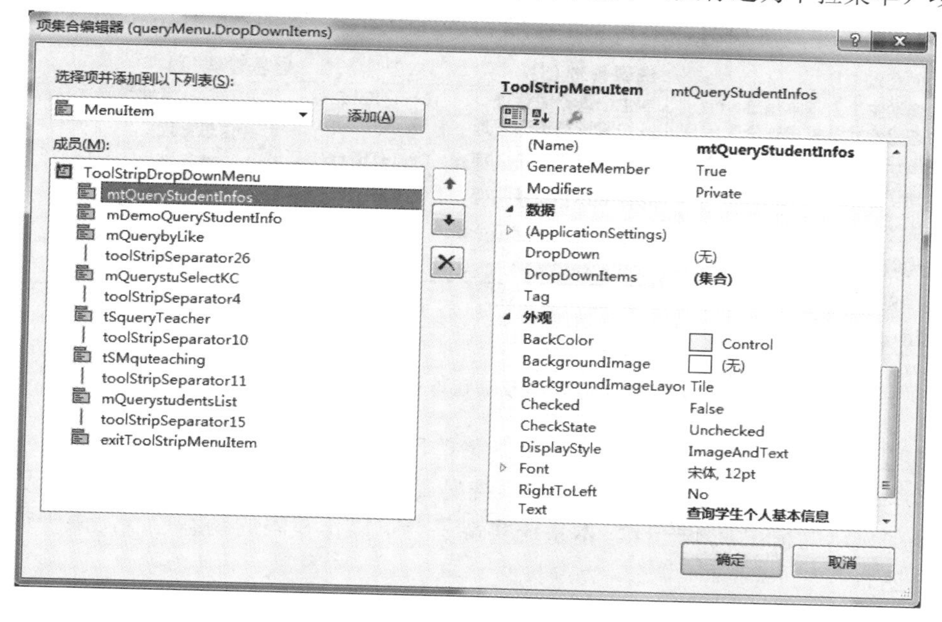

图 9.4　子菜单“集合编辑器”与属性设置

2．建立下拉菜单项和菜单之间的间隔线

在如图 9.4 所示的“项集合编辑器”中，在“选择项并添加到如下列表（S）”对应的组合框中（有 4 个选项）：

（1）选择 MenuItem 选项，再单击“添加”按钮，自动生成一个默认名称和标题的子菜单项，并显示在“成员”列表框中。在右边的“属性”窗体中可以设置该“子菜单项”的相关属性。

当选择 MenuItem 选项时，表示该下拉菜单还能生成下一级“子菜单”，这类下拉菜单又简称为“级联菜单”。当为某个下拉菜单建立了“级联菜单”之后，这种下拉菜单名称的右边将显示一个“▶”符号。

（2）选择 Separator 选项，则在当前菜单项之后添加了“间隔横线”，用于间隔各个下拉菜单项。在添加“间隔横线”时，要定位好“间隔横线”放置的位置。

（3）选择 TextBox 选项，再单击“添加”按钮，自动生成一个默认名称和标题的子菜单项（对象），并显示在左边的“成员”列表框中。然后在右边的“属性”窗体中设置该“子菜单项”的相关属性。此类菜单项没有 DropdownItems 属性。每个下拉菜单项的常用属性与主菜单的常用属性相似。其中，属性 DropdownItems 用于生成“下拉菜单”的“级联式菜单”。

【说明】 Enabled、Visible 对系统操作权限的控制非常重要。例如，针对某个用户，设置某个菜单项的 Visible 属性为 False，系统运行时，此菜单项对该用户不可见，实现了操作权限的控制。又如，针对某个用户，设置某个菜单项的 Visible 属性为 True（可见，但显示为灰色），设置其 Enabled 属性为 False（显示为灰色，表示不能操作），系统运行时，该用户就不能操作此菜单，也能实现操作权限的控制。

3. 本系统的菜单结构

本系统的部分主菜单及其下拉菜单项结构示意图如图 9.5 所示，其他主菜单在此省略。

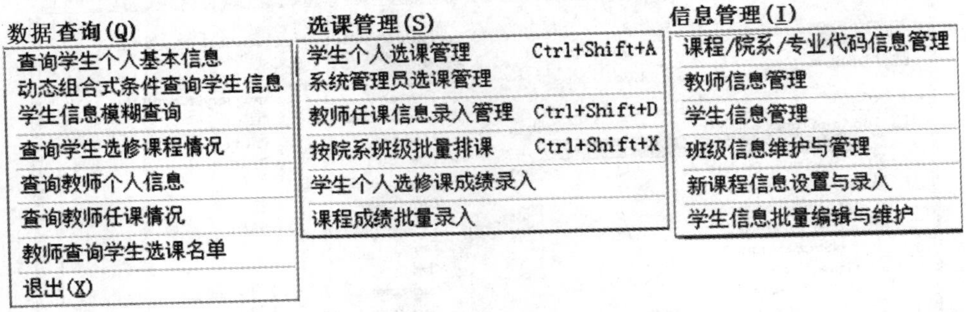

数据查询(Q)
- 查询学生个人基本信息
- 动态组合式条件查询学生信息
- 学生信息模糊查询
- 查询学生选修课程情况
- 查询教师个人信息
- 查询教师任课情况
- 教师查询学生选课名单
- 退出(X)

选课管理(S)
- 学生个人选课管理　Ctrl+Shift+A
- 系统管理员选课管理
- 教师任课信息录入管理　Ctrl+Shift+D
- 按院系班级批量排课　Ctrl+Shift+X
- 学生个人选修课成绩录入
- 课程成绩批量录入

信息管理(I)
- 课程/院系/专业代码信息管理
- 教师信息管理
- 学生信息管理
- 班级信息维护与管理
- 新课程信息设置与录入
- 学生信息批量编辑与维护

图 9.5 “选课与成绩管理系统”菜单结构

【说明】 不同权限的用户登录系统时，菜单显示的情况不一样。如图 9.5 所示显示的菜单的各个项，是以“管理员”身份登录系统呈现的状态；以学生、教师身份登录系统时，菜单各个项显示的情况又不一样。本系统实现了菜单操作权限的动态控制，限于篇幅，在此不再赘述。

9.2.3 工具栏按钮控件（ToolStrip）对象的建立及属性设置

1. 工具栏控件对象的建立及其属性设置

从“工具箱”拖放 ToolStrip 控件到 MDI 窗体，添加一个工具栏控件（ToolStrip）对象。

右击工具栏对象的空白处，在弹出菜单中选择“编辑项”，弹出如图 9.6 所示的工具栏“项集合编辑器”。

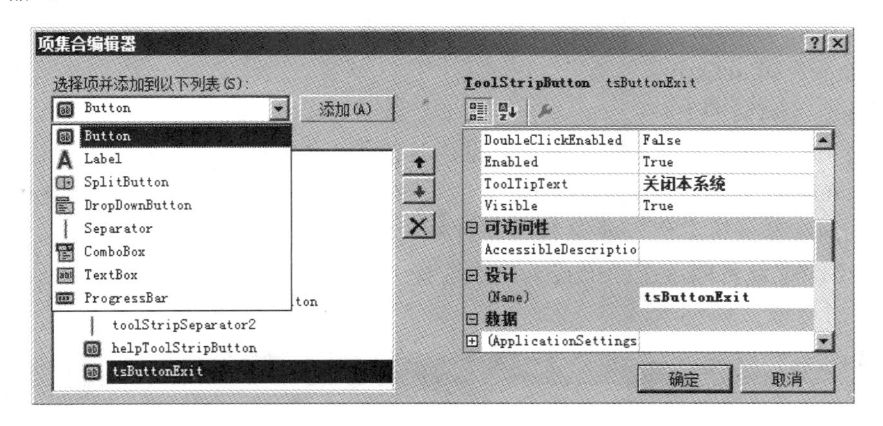

图 9.6 工具栏“集合编辑器”

该“项目集合编辑器”的左边窗体，包括“选择项并添加到以下列表（S）”组合框、显示工具栏上的“成员”的列表框。该对话框的右边窗体为“属性”窗体，用于设置“成员”的属性值。

将该控件对象的 ImageScalingSize 属性设置为 24（Hight）、24（Width）。该属性值影响 ToolStrip 控件中 Image 图像的大小（高、宽），通过属性窗口可以直接设置该属性值。

2. 工具栏成员的添加及其属性设置

（1）在“选择项并添加到以下列表（S）”组合框中，有 8 种类型的成员可供选择。常用的成员是按钮类（Button）成员。本系统中使用的都是按钮类（Button）成员。对其他类型的成员在此不做赘述。

（2）选择某个成员类型（如 Button）之后，单击“添加”按钮，即生成该类型的成员对象默认的名称，并显示在“成员”列表框中。

（3）在属性窗体中，设置该成员相关的属性值。按钮（Button）类成员的常用属性如下。

① Name：成员的名称。

② Enabled：表示其可用性，其值为 False 时表示不可用，默认值为 True。

③ Visible：表示是否可见，其值为 False 时表示不可见，默认值为 True。

④ ToolTiptext：设置鼠标停留或指向该按钮式的提示信息。

⑤ Image：按钮上将显示的图标。本系统的所有图标或图片已导入资源文件，可直接引用之。

⑥ Text：显示在按钮上的文本，一般不设置此属性值，而以 ToolTipText 属性值。

本系统主界面上工具栏成员，运行结果如图 9.1 所示。其中有一个按钮（对象）成员，名称为 tsButtonExit，如图 9.6 所示，其单击事件 Click 代码用于关闭主窗体。

9.2.4 状态栏控件（StatusStrip）对象的建立及其属性设置

本系统的 MDI 窗体上添加的 StatusStrip 控件对象，名称为 StatusStrip。

1．状态栏控件对象的建立及其属性设置

通过从“工具箱”拖放 StatusStrip 控件到 MDI 窗体，添加生成一个状态栏控件对象，该对象名称为 StatusStrip。主要属性（值）设置如下。

（1）Name：statusStrip。

（2）Font：宋体，12pt。

（3）Visible：该属性表示控件是否可见，其值为 False 时表示不可见，默认值为 True。

（4）Enabled：表示控件是否可用，其值设置为 False 时表示不可用，默认值为 True。

（5）Items：表示状态栏上放置的控件对象的集合。单击该属性栏右边的按钮或者右击 StatusStrip 控件对象名称，在弹出式菜单中选择“编辑项”，将弹出如图 9.7 所示的“项集合编辑器”对话框。

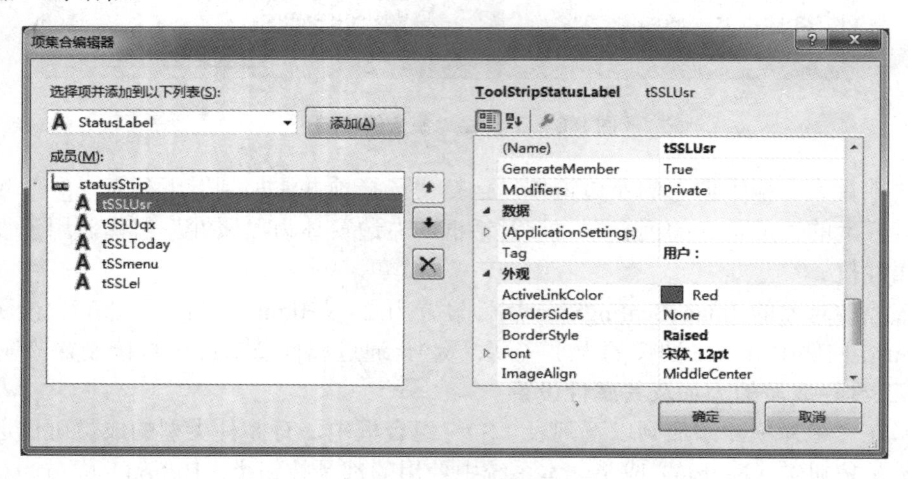

图 9.7 “集合编辑器”对话框

2．状态栏成员的添加及其属性设置

在如图 9.7 所示的“项集合编辑器”中，添加状态栏对象的方法与步骤如下。

（1）通过“选择项并添加到以下列表（S）”组合框，选择成员对象的类型（有 4 种类型的成员）。

① StatusLabel：表示标签类成员，此为常用选项。

② ProgressBar：表示进度条类成员。

③ DropDownButton：表示下拉式按钮类成员。

④ SplitButton：表示平板按钮类成员。

常用的成员是标签类（StatusLabel）成员。本系统中使用的都是 StatusLabel 类成员。

（2）选择成员类型（如 StatusLabel）之后，单击“添加”按钮，即生成该类型的默认成员名称，并显示在“成员”列表框中。

（3）在属性窗体中为该成员设置相关的属性。StatusLabel 类成员的常用属性如下：

① Name：成员的名称。

② Enabled：表示其可用性，其值为 False 时表示不可用，默认值为 True。

③ Visible：表示其可见性，其值为 False 时表示不可见，默认值为 True。

④ BorderStyle：用于设置 StatusLabel 类成员的边框样式（共 10 种显示风格样式，在此不一一介绍）。单击该属性栏右边对应的按钮即可展开对齐方式，选择其中一种即可。

⑤ ForeColor：设置字体的颜色。

⑥ Text：标签上显示的文本，最常用的属性。

⑦ TextAlign：标签上文本的对齐方式（共有 9 种，在此不一一介绍）。一般选择“左中”靠左边居中显示。单击该属性栏右边对应的按钮即可展开“对齐方式”框，选择其中一种即可。

本系统的 MDI 上的状态栏共有 3 个 StatuaLabel 类成员（对象），如图 9.7 所示。

（1）名为 tSSLUsr 的 StatusLabel 控件，用于显示系统当前登录用户的名称。

（2）名为 tSSLUqx 的 StatusLabel 控件，用于显示系统当前登录用户类别（中文提示）。

（3）名为 tSSLToday 的 StatusLabel 控件，用于显示系统当前的时间和日期。

9.2.5 计时器控件对象的建立及其属性设置

本系统的 MDI 上添加一个 Timer 控件对象，名称为 timer1。

1．计时器控件对象的建立及其属性设置

通过从“工具箱”拖放 Timer 控件到 MDI 窗体，生成一个计时器控件对象，该对象名称为 timer1（默认名称）。计时器控件不显示在窗体上，显示在窗体设计界面的下面。

Interval 属性：100（ms），该属性值为触发 Tick 事件的时间间隔。

2．计时器控件的主要事件

Timer 控件的主要事件为 Tick，以 Interval 值为时间间隔，周期性的自动触发本事件。主窗体的 Timer 控件的 Tick 事件，用于周期性的显示系统当前的日期和时间。事件源代码如下：

```
private void timer1_Tick(object sender,EventArgs e)
{  DateTime dt=DateTime.Now;     //定义时间日期变量,并用系统当前时间日期初始化之
   //格式字符串 " yyyy 年 M 月 d 日,dddd,hh:mm:ss " 用于设置显示格式
   this.tSSLToday.Text= " 时间: " +dt.ToString("yyyy 年 M 月 d 日,hh:mm:ss").
   Trim();
}
```

9.3 编码与功能实现

9.3.1 窗体类的成员变量

系统主窗体类及其有关事件的源代码包含在文件 MDIFormMain.cs 中。本系统的所有功能窗体的弹出都是采用“菜单驱动式”。限于篇幅，只给出了几个典型菜单项的事件代码，

之后的章节将陆续介绍与之对应的窗体（模块）功能的设计与实现。

主窗体（类）的全局变量包括 childFormNumber、flag、vqx。变量 childFormNumber 统计生成的子窗体的个数。变量 flag 传递给子窗体的操作标识变量，其值为：1-表示查询，2-表示编辑。变量 vqx，标识登录者的权限值：1-管理员，2-教师，3-学生用户。

```
private int childFormNumber = 0;
private int flag = 1;
private int vqx = BLL.BLL3Layer.uright;     //获取登录者的权限值(1,2,3)
```

9.3.2 窗体的加载事件

主窗体 MDIFormMain 的加载 Load 事件，在窗体加载时自动触发。该事件主要进行一些“初始化”设置，如使计时器控件可用，显示系统当前时间和日期；显示登录用户名称和用户类别；控制用户对菜单的操作权限等。 事件伪代码如下：

```
private void MDIFormMain_Load(object sender, EventArgs e)
{   this.timer1.Enabled = true;
    uqx = BLL3Layer.uright;
                        //得到登录用户的权限值1、2、3;1-管理员,2-教师,3-学生
                                                      //得到登录用户的名称
    vid = BLL3Layer.usrinfo[0];
    vqx = BLL3Layer.usrinfo[2];     //得到登录用户类别名称(管理员,教师,学生用户)
    //通过 uqx 值控制登录用户对菜单的操作权限(只给出了部分代码)
    if (uqx == 1)                                     //管理员
    {   this.mMenuInputScore.Enabled = true;          //课程成绩录入菜单可用
        this.mMenuBatchInputcore.Enabled = true;      //批量修改课程成绩菜单可用
        this.mMenuAdminSelectKc.Enabled = true;       //管理员选课菜单可用
    } else if (uqx == 2)    //教师用户
    {   this.mMenuInputScore.Enabled = true;          //课程成绩录入菜单可用
        this.mMenuBatchInputcore.Enabled = true;      //批量修改课程成绩菜单可用
        this.mMenuAdminSelectKc.Enabled = false;      //管理员选课菜单不可用
    } else if (uqx == 3)    //学生用户
    {   this.mMenuInputScore.Enabled = false;         //课程成绩录入菜单不可用
        this.sMenuBatchInputcore.Enabled = false; //批量修改课程成绩菜单不可用
        this.sMenuAdminSelectKc.Enabled = false;      //管理员选课菜单不可用
    }
    //以下菜单对所有用户可见可用
    this. mDemoQueryStudentInfo.Enabled = true; //动态查询学生个人信息菜单可用
    this.mMenuSelectKcAdd.Enabled = true;             //添加选课信息菜单可用
    this.mMenuSelectKcDel.Enabled = true;             //删除选课信息菜单可用
    this.tsLBuid.Text = "用户:" + vid.ToString().Trim();    //显示登录者名称
    this.tsLBuqx.Text = "类别:" + vqx.ToString().Trim();
                                                      //显示登录者类别名称
}
```

【说明】 在实际应用中，定义了一个类的成员函数 menucontrols(BLL3Layer.uright)，根据不同用户（权限值 BLL3Layer.uright），对各个菜单项的操作的权限实现了控制。限于篇幅，在此省略其代码及其介绍。

9.3.3 菜单控件及菜单项的事件代码

所有的菜单项的 Click 事件均用于弹出对应的功能性窗体。限于篇幅，介绍了几个具有代表性菜单的单击 Click 事件。在之后的章节，介绍了与之对应功能模块的设计与实现。

1.“数据查询”主菜单的“动态组合式条件查询学生信息”菜单项的 Click 事件

（1）主菜单“数据查询”主菜单之“动态组合式条件查询学生信息”菜单项 mDemoQueryStudentInfo 的 Click 事件，弹出学生信息查询窗体。本菜单事件弹出的窗体针对第 10 章的功能模块。

```
private void mDemoQueryStudentInfo_Click(object sender, EventArgs e)
{ //将下拉菜单项"mDemoQueryStudentInfo"的文本标题传递给指定的窗体,作为窗体的标题
    string ss = this. mDemoQueryStudentInfo.Text.ToString().Trim();
    //定义窗体类 FormQueryPerInfo 的对象 dlg,并传递参数(菜单项的文本标题)
    FormQueryPerInfo dlg = new FormQueryPerInfo(ss);
                    //定义窗体 FormQueryPerInfo 的对象
    dlg.ShowDialog();
                    //显示窗体 FormQueryStudentInfo 的对象 dlg(即显示出本窗体)
}
```

（2）主菜单“数据查询”的“退出”菜单项 ExitToolsStripMenuItem 的单击事件 Click。调用业务逻辑层 BLL 的方法 Misclose()，用于关闭本系统，不只是关闭主窗体本身（而是关闭整个管理系统）。

```
private void ExitToolsStripMenuItem_Click(object sender, EventArgs e)
{  BLL3Layer.Misclose();  }    //BLL 层类 BLL3Layer 的成员函数,实现系统的关闭
```

【说明】 Misclose()被指定为静态（static）类型，通过类名称 BLL3Layer 可以直接引用，即类的静态成员函数，可以通过类名称本身直接引用。

2.“选课管理”主菜单之“学生个人选课管理”菜单项的 Click 事件

（1）主菜单“选课管理”主菜单的“学生个人选课管理”菜单项 mMenuSelectKcAdd 的 Click 事件；用于弹出“学生个人选课管理”窗体； 该模块演示说明了 SQL 语言之查询命令 Select、insert、delete 命令在项目开发中的应用。本菜单事件弹出的窗体针对第 11 章的功能模块。

```
private void mMenuSelectKcAdd_Click(object sender, EventArgs e)
{   //MDIFormMain.flag = 2 时,表示打开的窗体为非查询操作;
    FormSelectKcAdd dlg = new FormSelectKcAdd ();
                                            //定义窗体类 FormSelectKcAdd 的对象
    dlg.Owner = this;                       //this 指代类 MDIFormMain 当前的实例
    this.AddOwnedForm(dlg);                 //给当前窗体(实例)添加一个附属窗口
```

```
    dlg.ShowDialog();           //显示子窗体 FormSelectKcAdd
}
```

【程序解析】 dlg.Owner = this; this.AddOwnedForm(dlg)，实现给当前窗体添加一个附属窗口，实现了打开的子窗体 dlg 能访问主窗体 MDIFormMain 的变量（如 MDIFormMain.flag 的值）或方法，实现主窗体 MDIFormMain 与被打开的子窗体 FormSelectKcAdd 之间的数据传递。

（2）主菜单“选课管理”的“学生选修课成绩录入”菜单项 mInputScorebysno 的单击 Click 事件。弹出“学生选修课成绩录入”窗体，该模块演示说明了 SQL 语言的查询命令 Select、update 命令在项目开发中的应用。本菜单事件弹出的窗体针对第 12 章的功能模块。

```
private void mInputScorebysno_Click(object sender, EventArgs e)
{   FormInputScore dlg = new FormInputScore();
                               //定义窗体类 FormInputScore 的对象
    dlg.ShowDialog();          //以对话框形式打开 FormInputScore 窗体对象
}
```

（3）主菜单“选课管理”的“课程成绩批量录入”菜单项 mMenuBatchInputcore 的单击 Click 事件；用于打开“批量录入课程成绩管理”窗体。本菜单事件弹出的窗体针对第 13 章的功能模块。

```
private void mMenuBatchInputcore_Click(object sender, EventArgs e)
{   string ss = this.mMenuBatchInputcore.Text.ToString().Trim();
                               //获取菜单项的标题
    FormBatchInputScores dlg = new FormBatchInputScores(ss);
                               //传递菜单标题给对应窗体
    dlg.ShowDialog();          //打开指定的窗体(FormBatchInputScores 类的对象)
}
```

以上介绍的模块的功能主要是针对数据的查询和更新（添加、删除、修改），包括批量的修改。实质上是 SQL 语言之 Select、Insert、Delete、Update 命令在项目开发中的应用。其余各个菜单项对应的功能与此类似，限于篇幅，在此省略。

9.3.4 工具栏控件各按钮的有关事件编码

下面给出了“保存”按钮的 Click 事件及其代码，旨在说明“通用对话框”的“另存为”功能的使用与实现。事件代码如下：

```
private void SaveAsToolStripMenuItem_Click(object sender, EventArgs e)
{   SaveFileDialog saveFiledlg = new SaveFileDialog();
                                          //定义 SaveFileDialog 类的对象
    saveFiledlg.InitialDirectory =        //设置文件另存为的默认存储路径
        Environment.GetFolderPath(Environment.SpecialFolder.Personal);
    saveFiledlg.Filter=                   //设置另存为对话框中文件存储的类型
        "文本文件(*.txt)|*.txt|C#源程序文件(*.sc)|*.sc|所有文件(*.*)|*.*";
```

```
    //显示出另存为对话框,选择了文件类型并指定了文件名称时(返回值为DialogResult.OK)
    if (saveFiledlg.ShowDialog(this) == DialogResult.OK)
        {  string FileName = saveFiledlg.FileName;  }  //保存输入的文件名称
}
```

9.4 主窗体的启动、关闭

1. 主窗体的启动

为了系统的使用安全，对主窗体的启动设置了启动条件。进入系统主界面之前，必须先启动系统的用户和密码认证窗体，在用户登录成功之后，才能打开系统主界面，实现系统使用权限和菜单操作权限的安全控制。密码认证窗体的打开，主窗体的启动，在系统的程序文件 programs.cs 中实现。

系统自动生成的 using 引用语句在此省略。programs.cs 文件的有关代码如下：

```
namespace UI                                        //UI 为本系统的表示层命名空间名称
{   static class Program                            //系统自动生成的类 Program
    {   //应用程序的主入口点
        [STAThread]
        static void Main()                          //主函数由系统自动生成
        {   Application.EnableVisualStyles();
            Application.SetCompatibleTextRenderingDefault(false);
            FormLogon dlg = new FormLogon(); //定义密码认证窗体的对象(实例)
            if (dlg.ShowDialog() == DialogResult.OK)//输入的名称和密码正确时
            Application.Run(new MDIFormMain());      //弹出主窗体
        } //结束 main()
    } //end class
}
```

【程序解析】 FormLogon dlg = new FormLogon()，本语句定义了用户登录窗体（类）的对象 dlg，表达式 dlg.ShowDialog()启动登录窗体，该窗体有“返回值”。语句 if (dlg.ShowDialog() == DialogResult.OK)判断登录窗体的“返回值”为 DialogResult.OK 时，执行语句 Application.Run(new MDIFormMain())。new MDIFormMain()生成主窗体类 MDIFormMain()的对象，并通过对象 Application 的方法 run()启动主窗体。

2. 主窗体的关闭

（1）通过工具栏“退出”按钮的单击 Click 事件代码，实现关闭主窗体。调用业务逻辑层 BLL 的类 BLL3Layer 的方法 Misclose()，用于关闭系统。

```
private void tsButtonExit_Click(object sender,EventArgs e){
                                    BLL3Layer.Misclose();}
```

调用业务逻辑层 BLL 的类 BLL3Layer 的方法 Misclose()，实现窗体的关闭，弹出如图 8.3 所示的“关闭提示”对话框，单击对话框中的“是（Y）”按钮，关闭主窗体。

（2）通过“数据查询”主菜单之菜单项“退出”菜单项，关闭主窗体。调用业务逻辑层 BLL 的类 BLL3Layer 的方法 Misclose()，用于关闭系统。

```
private void ExitToolsStripMenuItem_Click(object sender, EventArgs e)
{   BLL3Layer.Misclose();   }
```

（3）通过主窗体的关闭按钮关闭。

以上 3 种方法关闭窗体时，都将弹出如图 8.3 所示的“关闭提示”对话框。

9.5 对 BLL 层的类及相关成员函数和成员变量的引用

本模块引用了业务逻辑层 BLL 的类 BLL3Layer 及其成员变量 uright，成员数组 usrinfo 和成员函数 inituser()、closeform(Form w)、Misclose()，具体参阅 7.6.1 节中的相关内容。

第10章 学生信息查询模块

对数据库数据的操作包括查询和更新。更新操作又包括添加、删除、修改。本章以学生信息的查询实例，演示说明 SELECT 语句在基于 C#的数据库编程中的具体应用及其方法与技巧。

SELECT 语句完整的语法如下（句法中[]表示该成分可有可无）：

```
SELECT [distinct] 目标表列名称
FROM 基本表名|视图序列|表引用
[WHERE 行过滤条件表达式]
[GROUP BY 列名称系列 [HAVING 分组过滤条件表达式]]
[ORDER BY 列名 [ASC|DESC]]
```

其中，SELECT 为必选项，用于指定要查询的属性列名称或计算表达式；FROM 指定数据来源（一般为数据表或视图，也可以是一个查询结果数据集合）；WHERE 指定行的过滤条件。

学生信息查询模块，实现了按学生学号（作为查询条件）查询和按学生姓氏或姓名模糊查询，查询结果为学生的信息。按学生学号查询时，查询结果为单行多列数据；按学生姓氏或姓名模糊查询时可以得到多行多列数据。

10.1 学生信息查询界面设计

10.1.1 添加窗体到表示层 UI

在 UI 层添加名称为 FormQueryStudentInfo 的新窗体。生成类 FormQueryStudentInfo 及以下文件。

（1）FormQueryStudentInfo.cs[设计]：界面设计文件。

（2）FormQueryStudentInfo.Designer.cs：包含有关的所有控件及其属性设置。

（3）FormQueryStudentInfo：包含了窗体类的所有引用、成员（变量、自定义方法、事件代码）。

10.1.2 控件设计与布局及其属性设置

查询模块控件布局如图 10.1 所示（学生身份登录时）。管理员登录时，查询模块控件布局运行（按学号查询）时的界面如图 10.2 所示。对学生用户而言，该模块只是简单的数据显示功能，无权限查询其他人的信息。学生信息查询模块窗体有关控件及其属性设置如表 10.1 所示。

表 10.1 学生信息查询窗体与控件及其属性设置

控件类型	控件对象名称	属性名称	属性值	说明
Form（窗体控件）	FormQueryStudentInfo	StartPosition	CenterScreen	窗体运行时居中
		FormBorderStyle	Fixed3D	固定对话框
		Font	“宋体”, 12F	窗体字体
		Text	个人信息查询窗体	
GroupBox（分组框控件）	groupBox1	Text	个人信息	用于显示类控件分组
Label（标签控件）	txtsno	Text		显示学号值
	txtsname	Text		显示姓名值
	txtsex	Text		显示性别值
	txtage	Text		显示年龄值
	txtdname	Text		显示院系名称值
	txtSpname	Text		显示专业名称值
	label1	Text	学号：	对应各个数据项的提示信息，见图 10.1
	label2	Text	姓名：	
	label3	Text	性别：	
	label4	Text	年龄：	
	label5	Text	院系：	
	label6	Text	专业：	
DataGridView（表格控件）	dtgrdv	DataSource		表格绑定的数据源
DataGridViewTextBoxColumn（表格控件的列文本框控件）	Colsno	name	Colsno	表格控件的数据列，与学号(sno)字段绑定，显示学号字段的数据
		DataPropertyName	sno	
		HeaderText	学号	
		Width	120	
	Colsname	name	Colsname	表格控件的数据列，与姓名(sname)字段绑定，显示姓名字段的数据
		DataPropertyName	sname	
		HeaderText	姓名	
		Width	130	
	Colsex	name	Colsex	表格控件的数据列，与性别(sex)字段绑定，显示性别字段的数据
		DataPropertyName	sex	
		HeaderText	性别	
		Width	70	
	Colage	name	Colage	表格控件的数据列，与年龄(age)字段绑定，显示年龄字段的数据
		DataPropertyName	age	
		HeaderText	年龄	
		Width	70	
	Coldname	name	Coldname	表格控件的数据列，与院系名称(dname)字段绑定，显示院系名称字段的数据
		DataPropertyName	dname	

续表

控件类型	控件对象名称	属性名称	属性值	说明
		HeaderText	院系名称	
		Width	200	
	Colspname	name	Colspname	表格控件的数据列，与专业名称(spname)字段绑定，显示专业名称字段的数据
		DataPropertyName	spname	
		HeaderText	专业名称	
		Width	268	
		DataPropertyName	sfzh	
StatusStrip（状态栏）	stStrip			状态栏控件
ToolStripStatusLabel（状态栏控件之标签控件）	tSSLUsr	Text		显示登录用户名称
	tSSLUqx	Text		显示登录用户权限
	tSSrs	Text		动态显示提示信息

【说明】 窗体的最大化、最小化按钮关闭。所有列的 ReadOnly 属性值设为 True；所有列的 Resizable 属性值设置为 False。该属性值在可视化界面中设置，也可以通过如下格式的代码进行属性设置：

```
this.列名称.ReadOnly = true;
this.列名称.Resizable = System.Windows.Forms.DataGridViewTriState.False;
```

10.2 模块功能设计与描述

本实例是基于视图的单条件查询，实现学生信息的动态查询。该模块的操作权限分为“管理员”和“学生”用户。学生只能查询（显示）本人信息。管理员可以查询（显示）任一学生的个人信息，管理员还可以按姓氏进行模糊查询。

10.2.1 按学号动态查询学生信息

1. 学生用户查询个人信息

“学生”用户登录时，“学号：”对应的输入框不可用，并直接显示登录学生的学号。因此，只能查询（显示）登录学生本人的信息，以登录的账号（学号）作为查询条件，运行结果如图 10.1 所示。

2. 管理员查询学生信息

管理员登录之后，“学号：”对应的输入框可用，可输入任何一个学生的学号，应用“正则表达式”对字符串的匹配规则，检测输入的是否为 20 开头的 12 位数字（如 201606084201），根据判断条件：

```
if (vright==1 && Regex.IsMatch(vsno, @"^20\d{10}$")
```

输入学号回车后，通过正则表达式验证学号的“合法性”。如果条件成立，则输入的学号满足要求，并通过函数测试该学号是否存在于学生表中。该学号存在时，按学号查询并显示该学生的个人信息，如图 10.2 所示。

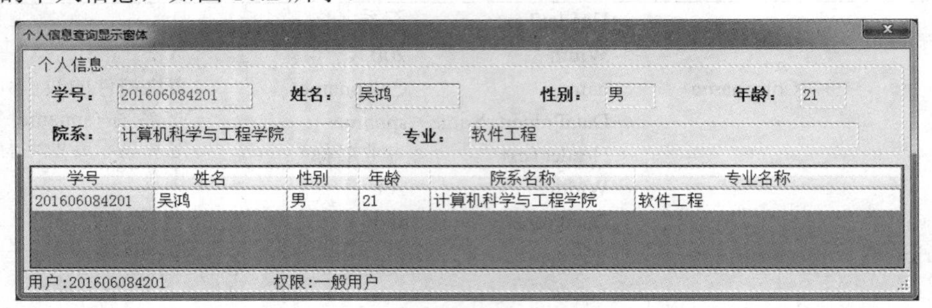

图 10.1 “学生登录”的查询界面

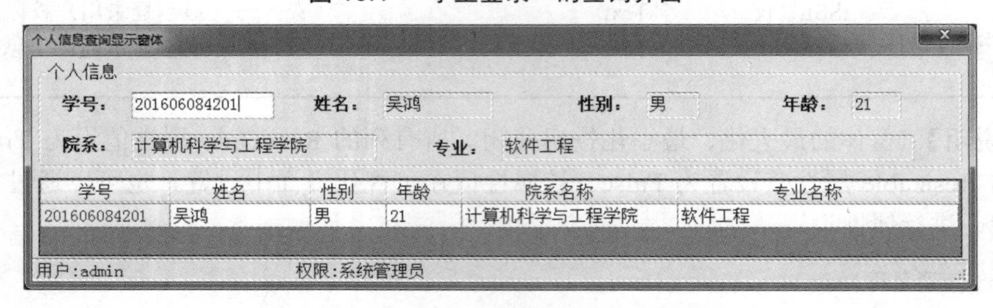

图 10.2 “管理员”登录的按学号查询界面

单击“学号：”对应的输入框，则清除显示的学生信息，以便查询其他学生的信息。

10.2.2 按姓氏或姓名模糊查询学生信息

管理员登录之后，可以按姓氏进行模糊查询。在“学号：”对应的输入框输入姓氏，如刘，或刘晓，或者刘晓琴等，回车确认之后，根据判断条件：

```
if (vright==1 && Regex.IsMatch(vsno, @"^[\u4e00-\u9fa5]{1,4}$"))
```

如果条件成立，查询成功时，得到多条记录集。查询结果显示如图 10.3 所示。可以选择其中一条记录（学生个人）信息加以显示，具体实现请参阅表格控件的单击事件 CellClick 及其编码。

个人信息查询显示窗体

个人信息

学号： 刘晓　姓名：　性别：　年龄：

院系：　专业：

学号	姓名	性别	年龄	院系名称	专业名称
201201024103	刘晓燕	女	20	数学与统计学院	统计学
201202084242	刘晓芹	女	21	文学院	广播电视新闻学
201203024316	刘晓琴	女	20	外国语学院	英语(师范类)
201207024120	刘晓亮	男	21	电子与信息工程学院	机械设计制造及其自动化
201406114120	刘晓庆	女	21	计算机科学与工程学院	物联网工程

用户:admin　权限:系统管理员

图 10.3 “管理员”按姓氏模糊查询学生信息

【说明】这种判断方法存在逻辑陷阱，因为输入的可能不是姓氏或姓名汉字，而是输入的其他别的汉字。按照正则表达式的匹配原则，还可在“学号：”对应的输入框输入两位宽度的院系编号（介于 01～99），实现按院系编号进行查询，在此不做赘述。

10.2.3 记录集中学生个人信息的显示

按姓氏或姓名实现模糊查询时，可能得到如图 10.3 所示的多条记录集。单击表格控件的某一个数据行，在相应的输入框控件上显示出该生的个人信息。请参阅表格控件的单击事件 CellClick。

10.2.4 窗体的关闭

窗体的 FormClosing 事件，用于关闭窗体。请参阅 5.3.11 节中的 FormClosing 事件代码。

10.3 编码与功能实现

本模块所有控件事件（代码）和类成员函数均定义在类文件 FormQueryPerInfo.cs 文件中，为了便于阅读和理解，按控件分类分别予以介绍。

10.3.1 窗体类的成员变量和成员函数与相关引用

1. 窗体类文件 FormQueryPerInfo.cs 框架结构

类文件 FormQueryPerInfo.cs 框架与 8.3.1 节中介绍的“类 FormLogon.cs 文件结构”相似，只是窗体名称不同而已。在此不再赘述。

2. 需添加的引用语句

```
using System.Text.RegularExpressions;  //引用正则表达式的有关类及其函数
using System.Data;
using System.Data.SqlClient;           //引用 SQL 数据库的相关的类
using BLL;                             //为 UI 层引用 BLL 层的类及其相关函数
```

3. 窗体类的成员变量

类中定义了成员变量：vsno 表示存储学号；flag 表示查询类别标识变量：flag=1 表示按学号查询；flag=2 表示按姓名模糊查询。定义如下：

```
private string vsno = "";   private int vright = 0,flag=0;
```

4. 窗体类的成员函数

（1）重载构造函数：对类 FormQueryPerInfo 的构造函数进行了重载，设置了一个参数 ss，以接收传来的“参数值”。参数的传递请参阅 9.3.3 节中的“mDemoQueryStudentInfo_

Click”事件编码。代码如下：

```
public FormQueryPerInfo(string ss)  //参数ss接收打开该窗体的"菜单项"的标题(文本)
{  InitializeComponent();
   //动态显示窗体的标题,将打开该窗体的"菜单项"的标题作为本窗体的标题
   this.Text = ss;
}
```

（2）InitUserselectkc(int flag)：根据用户类别（权限），决定用户能实施的操作；参数flag表示用户类型，由登录时的用户类型决定。伪代码如下：

```
private void InitUserselectkc(int flag)
{   if (flag == 1)                                  //管理员用户
    {  清除输入框txtsno的内容,并使之可用且获得焦点,代码省略
       vsno =  "";                                  //清空学号变量的值
       this.tSSrs.Text = "输入学号或姓氏,回车确认";  //在状态栏上给出相应的操作提示
    }else if (flag == 3)                            //学生用户时,输入学号登录
    { //数组元素BLL3Layer.usrinfo[0]存储了登录时的用户名称,保存学号于vsno
      //BLL3Layer.usrinfo[0]为BLL层的类BLL3Layer中定义数组usrinfo的元素
       vsno = BLL3Layer.usrinfo[0].ToString().Trim();
       在输入框txtsno显示vsno的值,并使输入框txtsno不可用,代码省略
       reshowdtgrid(vsno, 1);          //调用类的成员函数。1表示按学号查询个人信息
    }
    this.dtgrdv.DataSource = null;                  //清除表格控件的数据
}
```

（3）getstudentInfo()：调用BLL层中类BLL3Students的函数getperinfos(vsno)，按学号（用vsno表示）查询学生个人信息（单行多列数据集），并分解显示于各个文本输入框控件上。

```
private void getstudentInfo()
{   if (vsno.Length == 12)                          //输入学号为12位时,查询个人信息
    {  //调用BLL层中类BLL3Students的成员函数getperinfos,得到学生个人信息
       SqlDataReader dr = StudentsBLL.getperinfos(vsno);
       if (dr != null)                              //记录集不为空时
       {  //循环读取记录中各字段的值并分别显示在各文本框中,记录读取结束时,Read()
          //返回false
          while (dr.Read())   //首次执行Read()时,定位于首记录
          {  this.txtsname.Text = dr["sname"].ToString();
                                                   //获取并显示姓名属性的值
             this.txtsex.Text = dr["sex"].ToString();
                                                   //获取并显示性别属性的值
             this.txtage.Text = dr["age"].ToString();
                                                   //获取并显示年龄属性的值
             this.txtdname.Text = dr["dname"].ToString();
                                                   //获取并显示院系属性的值
```

```
                this.txtspname.Text = dr["spname"].ToString();
                                                //获取并显示专业属性的值
            }
            dr.Dispose();                       //释放 dr 对象占用的内存空间
        }//结束 if (dr!= null)
    }
    else { this.txtsno.Clear();this.txtsno.Focus(); }
                                                //清空学号输入框并使之得到焦点
}
```

（4）reshowdtgrid(string vsno,int flag)：用于获取学生的信息。当 flag=1 时，按学号（用 vsno 表示）查询学生信息，并刷新表格控件的数据；当 flag=2 时，按姓氏或姓名（用 vsno 表示）进行模糊查询，得到多个学生记录集，并刷新表格控件的数据。

```
private void reshowdtgrid(string vsno, int flg)
{   this.tSSrs.Text = "";   //清空控件 tSSrs 的 Text 属性值(显示的提示信息)
    this.dtgrdv.DataSource = null;  //先清空表格控件的现显示的数据
    DataSet ds = new DataSet();     //定义 DataSet 类的对象,存储数据集
    try
    {   //调用 BLL 层的函数 GetStuentDataSet(flg,vsno),获取指定学生数据集
        ds = BLL3Students.GetStuentDataSet(flg,vsno);
        if (ds != null) {           //表示找到学号对应的记录集) n>0
            绑定数据源 ds.Tables[0]到表格控件 dtgrdv 的 DataSource 上,并刷新表格控
            件,代码省略
            ds.Dispose(); }         //释放 ds 占用的资源
        else { this.tSSrs.Text = "获取的学生信息集为空"; }
    } //end try
    catch(){…}                      //语句块代码省略,请参阅 7.6.1 节的相关内容
}
```

10.3.2　窗体的有关事件

1. 窗体控件的 Load 事件与编码

窗体 FormQueryStudentInfo 的 Load 事件，窗体加载时自动执行，完成一些初始化工作。代码如下：

```
private void FormQueryPerInfo_Load(object sender, EventArgs e)
{   //调用 BLL 层的类 BLL3Layer 的函数 initgrid()，设置表格控件 dtgrdv 的相关属性
    BLL3Layer.initgrid(this.dtgrdv);
    //引用 BLL 层的类的 BLL3Layer 的全局变量 uright(表示权限值：1、2、3)
    this.vright = BLL3Layer.uright;
    InitUserselectkc(vright);             //调用类的成员函数，实施相应的操作
```

```
    this.tSSLUsr.Text = "用户:" + BLL3Layer.usrinfo[0].ToString();
                                            //获取登录用户名称
    this.tSSLUqx.Text = "权限:" + BLL3Layer.usrinfo[2].ToString();
                                            //获取登录用户权限
    if (BLL3Layer.uright==3)                //学生用户登录时
    {   //引用BLL层的类BLL3Layer的成员数组usrinfo[]的元素
        vsno = BLL3Layer.usrinfo[0];        //得到登录的学生的账号(即学号)
        this.txtsno.Text=vsno;              //直接显示学生的学号在输入框控件上
        getstudentInfo();                   //调用类的成员函数,显示学生个人信息
        reshowdtgrid(vsno, 1);              //根据学号以表格方式显示学生个人信息
    }
}
```

2. 窗体 FormClosing 事件与编码

窗体 FormClosing 事件用于关闭窗体，请参阅 5.3.11 节中的 FormClosing 事件及代码。

10.3.3 文本输入框的事件及其编码

本模块涉及“学号”对应的文本输入框 txtsno 的有关事件：KeyPress、Enter、Click。

1. “学号”输入框的按键事件及编码

事件 txtsno_KeyPress：当“学号:”对应的输入框获取焦点，并有键按下和释放时触发事件 KeyPress。用于捕获回车键（实现输入框支持回车键操作，默认是不支持的）；获取输入的值，并应用“正则表达式”对字符串的匹配原则，识别输入值是“学号”还是“汉字”(如姓氏或姓名)。实现数据的“动态”查询。

```
vate void txtsno_KeyPress(object sender, KeyPressEventArgs e)
{
  if (e.KeyChar == (char)Keys.Return)
     //判断输入框的按键是否回车键?如果按键是回车键
  {   //得到学号输入框 txtsno 的值,转化为字符串,并去掉前后空格字符
      vsno = this.txtsno.Text.ToString().Trim();              //得到输入的学号值
      if (vsno == "" || vsno.Length == 0)                     //输入框的值为空时
      {   this.tSSrs.Text = "学号或姓氏不能为空"; //在状态控件上给出输入操作提示
          this.txtsno.Focus(); }                          //让控件本身得到焦点
      else if (vright==1 && Regex.IsMatch(vsno, @"^20\d{10}$"))
                                                              //管理员输入12位学号
      {   flag = 1;                                           //按学号查询时
          vsno = this.txtsno.Text.ToString().Trim();    //保存输入的学号
          if (BLL3Students.IsExistStudent(vsno)==1){    //检测该学号是否存在
             getstudentInfo();                  //调用类的成员函数,显示学生个人信息
            this.reshowdtgrid(vsno,1);   //根据学号以表格方式显示学生个人信息
          }else{  给出学号在学生表中不存在的提示,代码在此省略 }
      }
```

```
        //匹配 1~4 个汉字的正则表达式:Regex.IsMatch(vsno, @"^[\u4e00-\u9fa5]
        {1,4}$")
        else if (vright==1 && Regex.IsMatch(vsno, @"^[\u4e00-\u9fa5]
        {1,4}$"))
        {  flag = 2;                        //根据姓氏或姓名进行模糊查询时
           this.reshowdtgrid(vsno,flag);
                                       //用姓氏进行模糊查询的结果记录集刷新表格控件
           this.tSSrs.Text = "";  }         //清空输入操作的提示性信息
    } //结束 if (e.KeyChar == (char)Keys.Return)
}
```

【程序解析】 在输入框输入数据值（可能是学号，也可能是姓氏或名称），只要输入值不为空，通过正则表达式对输入值的检测（或匹配）：

（1）测试是否为数字的正则表达式：Regex.Match(strInput, "^[0-9]+$")。

（2）测试 20 开头的 12 位数字的正则表达式：Regex.IsMatch(vsno, @"^20\d{10}$")。

（3）测试 1～4 个汉字的正则表达式：Regex.IsMatch(vsno, @"^[\u4e00-\u9fa5]{1,4}$")。当然这种匹配不能识别是否姓氏，只要是汉字即可。

2．“学号”输入框的单击 Click 事件及编码

输入框 txtsno 的单击 Click 事件，当单击“学号:”对应的输入框 txtsno 时触发。用于清空所有输入框的值以及相关的提示信息，以便输入其他学生的学号并实现查询。伪代码如下：

```
private void txtsno_Click(object sender, EventArgs e)
{   (1)清空各个输入框的值，如 this.txtsno.Text="";
    (2)清空表格控件的数据源：如，this.dtgrdv.DataSource =null;
    (3)清除状态栏各个控件上的提示信息，如，this.tSSrs.Text = "";
    (4)清空变量 vsno 的值，如，this.vsno="";
}
```

3．“学号”输入框控件的焦点获取事件（Enter）及编码

输入框 txtsno 焦点获得时触发事件 Enter，给出输入操作的相关提示。

```
private void txtsno_Enter(object sender, EventArgs e){
                this.tSSrs.Text = "输入学号或姓氏,回车确认";     }
```

10.3.4　表格控件（DataGridView）的相关事件及编码

1．表格控件单元格单击事件及编码

表格控件 dtgrdv 的单元格的单击事件 CellClick，单击表格控件的单元格时触发。用于获取被单击的单元格所在的记录行的各个属性列的数据。表格控件中，各个属性列的编号由设计时的先后顺序决定。从左到右从 0 开始编号，与属性列是否显示无关，即隐藏的属性列也有内在的编号。

```
private void dtgrdv_CellClick(object sender, DataGridViewCellEventArgs e)
{  try
   {  if (this.dtgrdv.Rows.Count > 0)                    //表格控件中有数据时
      {   //得到表格控件中当前记录行的行号置于r中,e.RowIndex也表示当前记录行的行号
          int r = this.dtgrdv.CurrentCell.RowIndex; //获取当前单元格的行号
          //通过属性列的序号访问属性列,0为表格控件中(物理顺序为第1列)的学号属性列
          this.txtsno.Text=this.dtgrdv[0,r].Value.ToString().Trim();
                                                         //获取并显示学号
           //通过属性列名称Colsname获取指定属性列的当前值
          this.txtsname.Text=dtgrdv["Colsname",r].Value.ToString();
                                                         //获取并显示姓名
          this.txtsex.Text = this.dtgrdv[2,r].Value.ToString().Trim();
                                                         //显示性别
          this.txtage.Text = this.dtgrdv[3,r].Value.ToString().Trim();
                                                         //显示年龄
          this.txtdname.Text = this.dtgrdv[4,r].Value.ToString().Trim();
                                                         //显示院系
          this.txtspname.Text = this.dtgrdv[5,r].Value.ToString().Trim();
                                                         //显示专业
      }//end for if (this.dtgrdv.Rows.Count > 0)
   }
   catch(){…}
        //语句块代码省略,请参阅7.6.1节函数inituser()中catch语句块的相关内容
}
```

【说明】 表格控件 dtgrdv 的属性 CurrentRow.Index、.CurrentCell.RowIndex、e.RowIndex 均能获取单元格所在行的行号。通过表格控件的属性列的内部序号能访问当前行的属性列（即单元格）的值。属性列的序号从 0 开始编号，表格控件中，隐藏的属性列也有序号（按设计时的顺序编号），也可以通过属性列的名称访问当前行的属性列（即单元格）的值。

2. 表格控件的 CellMouseMove、CellMouseLeave 事件及编码

（1）鼠标指针移过表格控件 dtgrdv 时触发 CellMouseMove 事件，用于给出相关操作提示。

```
private void dtgrdv_CellMouseMove(object sender, DataGridViewCellMouse-
EventArgs e)
{  this.tSSrs.Text = "单击表格行获取课程信息";  }
```

（2）鼠标指针离开表格控件 dtgrdv 时触发事件 CellMouseLeave，清空相关操作提示信息。

```
private void dtgrdv_CellMouseLeave(
            object sender, DataGridViewCellEventArgs e)
{  this.tSSrs.Text = "";  }
```

（3）鼠标指针指向表格控件 dtgrdv 停留一段时间时触发事件 MouseHover，给出相关操作提示。

```
private void dtgrdv_MouseHover(object sender, EventArgs e)
{  this.tSSrs.Text = "输入学号或姓氏,回车确认";  }
```

10.4 BLL 层的类及其函数与成员变量的引用

本模块中引用 BLL 层的有关类及其成员函数与成员变量。

1．类 BLL3Layer 及其相关函数与成员变量

引用了类 BLL3Layer.cs 的成员变量（usrinfo、uright）、成员函数 initgrid()、inituser()、closeform(Form w)、formclose(Form w)，代码请参阅 7.6.1 节中的相关内容。

2．类 BLL3Students 及相关成员函数与成员变量

（1）IsExiststudent(vsno)：检测指定学号（用 vsno 表示）是否存在于学生表 student 中。学号存在时函数返回 true，否则返回 false。应用了 SqlCommand 类的函数 ExecuteScalar()。

函数代码如下。

```
public static bool IsExiststudent(string vsno)
{   object obj = null;                          //定义 Object 类的对象并初始化
    try
    {  String sql = "select count(*) from student where sno=@vsno";
                                                //生成查询字符串
       SqlParameter[] paras = { new SqlParameter("@vsno", vsno) };
                                                //生成参数数组
       //调用 DAL 层的类 SqlDAL 的函数 ExecScalar()实现查询,返回单行单列值,即满足
       //条件的行数
       obj = SqlDAL.ExecScalar(sql, CommandType.Text, paras);
       if (Convert.ToInt32(obj) > 0) return true;   //学号存在时返回 true
       else return false;
    }
    catch(){…} //语句块代码省略,请参阅 7.6.1 节函数 inituser()中 catch 语句块的
               //相关内容
    return false;
}
```

（2）GetstudentDataSet(int flag，string vcs)：根据学号或姓氏模糊查询学生信息（记录集合）。flag 表示查询类型：flag=1 按学号查询（vsno 表示学号）；flag=2 按姓氏模糊查询（vsno 表示姓氏或姓名）。函数返回 DataSet 对象，表示指定学号或姓氏的学生信息集。View_S_Dep_Spec 用于查询的数据源。

```
public static DataSet GetStuentDataSet(int flag, string vcs)
{   DataSet ds = new DataSet();    //定义 DataSet 类的对象,存储数据集
    String sql = "";               //格式化生成查询字符串
    try
```

```
    {   if (vcs != null && vcs.Trim().Length > 0)
        {   switch (flag)
            {   //SELECT sno,sname,sex,age,dname,spname FROM View_S_Dep_Spec
                case 1:   //按学号查询时
                    sql = "SELECT * FROM View_S_Dep_Spec where sno=@vcs";
                    break;
                case 2:   //按姓名或姓氏模糊查询
                    sql = string.Format(@"SELECT * FROM View_S_Dep_Spec
                                      where sname LIKE '%{0}%'", @vcs);
                    break;
            }
        }else { sql = "SELECT * FROM View_S_Dep_Spec"; }
        SqlParameter[] paras = { new SqlParameter("@vcs", vcs) };
        //定义参数数组
        //调用 DAL 层的类 SqlDAL 的成员函数 GetdataSet(),获取满足条件的记录数据集,
        //并返回
        ds = SqlDAL.GetdataSet(sql, CommandType.Text, paras);
                                                //得到记录的集合
        return ds;
    }
    catch(){…}  //语句块代码省略,请参阅 7.6.1 节函数 inituser()中 catch 语句块的
                //相关内容
    return ds;
}
```

其中，View_S_Dep-Spec 为视图文件的名称。

（3）getperinfos(string vid)：调用数据访问层 DAL 类 SqlDAL 的相关函数，在视图中按学号（用 vid 表示）实现单条件查询；函数返回记录集（单行多列数据，表示学生个人信息值）。

```
public static SqlDataReader getperinfos(string vid)
{   SqlDataReader dr = null;     //定义类 SqlDataReader 的对象,此类无构造函数
    try                          //C#的异常处理机制 try 语句
    {  StringBuilder sql = new StringBuilder();
                                 //生成类 StringBuilder 的对象并实例化
       sql.Append("select * from View_S_Dep_Spec  where sno=@vid");
                                 //生成查询字符串
       SqlParameter[] paras = { new SqlParameter("@vid", vid) };
                                 //定义参数数组
       //调用数据访问层 DAL 的函数 GetDataReader()并传递参数到底层,实现查询操作,
       //并返回结果
        dr = SqlDAL.GetDataReader(sql.ToString(), CommandType.Text, paras);
        return dr;               //返回查询结果
    }
    catch(){…}  //语句块代码省略,请参阅 7.6.1 节函数 inituser()中 catch 语句块的
                //相关内容
    return dr;
}
```

第11章 选课信息管理模块

密码认证模块中，介绍了 SQL 语言的 Select 语句在开发中的具体应用。本章以课程选修信息的添加、删除、查询操作为实例，介绍 SQL 语言的数据更新命令（Insert、Delete）、查询命令（Select）在项目开发中的具体应用。

【原理】 在界面层获取所需选修的课程信息，将其添加到数据库相应的数据表，然后从数据表中提数据显示在表格控件。选择表格控件中的某一行（即一门选修课程信息），以删除该课程选修信息。

学生选修课程信息的管理，分为两类用户。

（1）学生用户：只能对学生本人的选课信息进行编辑，包括添加、删除操作。

（2）管理员用户：可对任一学生的选修课程信息进行编辑（添加、删除）操作。

11.1 选课信息管理模块界面设计

11.1.1 添加窗体到表示层（UI）

在 UI 层添加一个名称为 FormSelectKcAdd 的窗体。产生窗体类 FormSelectKcAdd，同时生成以下文件。

（1）FormSelectKcAdd.cs[设计]文件，界面设计文件。

（2）FormSelectKcAdd.Designer.cs 文件，包含有关的所有控件及其属性设置。

（3）FormSelectKcAdd 类，包含了窗体类的所有引用、成员（变量、自定义方法、事件代码）。

11.1.2 控件设计与布局及属性设置

1. 窗体控件设计与布局

本模块窗体及其所需控件与布局，管理员登录之后的运行结果（初始界面）如图 11.1 所示。

另外，临时性显示类控件（如标签）在运行过程中可才显示出来（设计时可见），如图 11.2 所示。

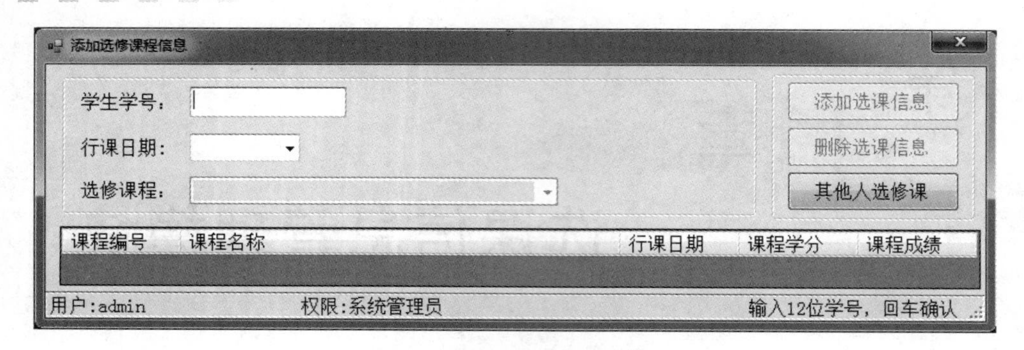

图 11.1 管理员登录初始界面

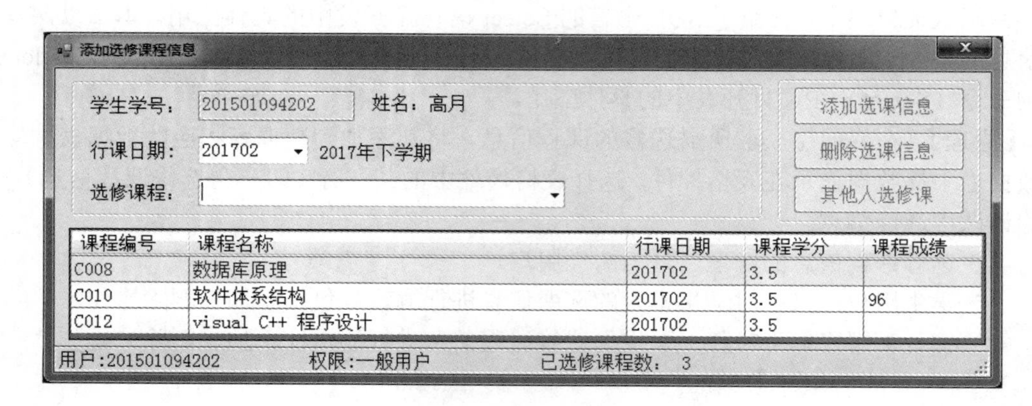

图 11.2 学生用户登录初始界面

学生用户登录初始化界面如图 11.2 所示。此时，学号输入框只能显示学生的学号，表示学生用户只能为自己选修课程，实现不同用户操作权限的简单控制。

2. 控件及相关属性设置

本模块的窗体及其所需控件与相关属性设置如表 11.1 所示。

表 11.1 "选课管理"模块的有关控件及其属性设置

控件类型	控件对象名称	属性名称	属　性　值	控件功能或用途说明
Form（窗体控件）	FormSelectKcAdd	Text	添加选修课程信息	窗体标题
		FormBorderStyle	FixedDialog	窗体边框样式
		StartPosition	CenterScreen	窗体起始位置
		Font	宋体，12F	窗体与控件字体字号
DataGridView（表格控件）	dtgrdv	Column[]	Column1～Column5	共 1～5 列，显示数据
DataGridViewTextBoxColumn（表格控件列文本框控件）	Colcno（课程号属性列名）	HeaderText	课程编号	学号属性列标题
		Width	100	列宽度
		DataPropertyName	cno	绑定表中的字段名

续表

控件类型	控件对象名称	属性名称	属　性　值	控件功能或用途说明
	Colcname（课程名属性列）	HeaderText	课程名称	课程名称列标题
		Width	280	列宽度
		DataPropertyName	cname	绑定表中的字段名
	Colrq（行课日期属性列）	HeaderText	行课日期	列的标题
		Width	100	列宽度
		DataPropertyName	rq	绑定表中的字段名
	Colxf 课程学分属性列	HeaderText	课程学分	列的标题
		Width	100	列宽度
		DataPropertyName	credit	绑定表中的字段名
	Colscore 课程成绩属性列	HeaderText	课程成绩	score 字段的标题
		Width	100	列宽度
		DataPropertyName	score	绑定表中的字段名
GroupBox（分组框控件）	groupBox1	Text		用于输入控件分组
	groupBox2	Text		用于按钮控件分组
ComboBox（组合框控件）	cmbrq	Items	内容动态设置	显示行课日期
	cmbCname	Items	内容动态设置	显示课程名称
TextBox（文本输入框控件）	txtSno	Text		输入学号
Label（文本标签控件）	lblcno	Text	内容动态设置	显示所选修课程号
	lblsname	Text	内容动态设置	不同学号的姓名
	lblrqno	Text	内容动态设置	学期的中文提示
	label1	Text	学生学号：	学生学号提示信息
	label2	Text	行课日期：	行课日期提示信息
	label3	Text	选修课程：	选修课程提示信息
Button（命令按钮控件）	btAdd	Text	添加新选课	功能性按钮
	btDel	Text	删除已选课	
	btother	Text	其他人选课	
StatusStrip（状态栏控件）	stStrip	Text		显示有关信息

续表

控件类型	控件对象名称	属性名称	属 性 值	控件功能或用途说明
ToolStripStatusLabel（状态栏的文本标签控件）	tSSsum;	Text	内容动态设置	显示操作信息
	tSSrs	Text	内容动态设置	显示选修课程总数
	tSSLUqx;	Text	内容动态设置	显示登录用户权限
	tSSLUsr;	Text	内容动态设置	显示登录用户名

窗体的最大化、最小化按钮关闭。表格控件 dtgrdv 所有列的 ReadOnly 属性设置为 true。表格控件的主要属性设置参见 BLL 层的类 BLL3Leyar 的函数 initgrid()中的设置信息。

11.2 模块功能设计与描述

11.2.1 设置行课日期

显示当年最近两个学期的行课时间到“日期组合框”。如果是当年的上半年就显示本年的上学期和上一年的下学期。如果是当年的下半年就显示本年的两个学期。日期显示格式：201701，表示 2017 年上学期；201702，表示 2017 年下学期。通过窗体类的成员函数 showrkrq()实现。

管理员用户登录时，输入有效的学号之后，该组合框才被激活（可用并获得焦点）；或学生用户直接登录时，该组合框被激活且获得焦点。

选择日期之后在对应的标签控件 lblrq 上显示对应日期的中文提示。例如，201701 提示显示为“2017 年上半学期”，201702 提示显示为“2017 年下半学期”。前面四位数字（如 2017）表示行课年份，01、02 分别表示上学期和下学期，通过类的成员函数 getOnclassdate(string trq)实现，显示结果如图 11.3 所示。

11.2.2 设置选修课程

选择行课日期之后，在“选修课程”对应的“课程名称”组合框中显示该学期开设的所有课程的名称。选择所需选修的课程名称之后，将显示本课程的编号。同时，激活“添加选课信息”按钮（使之可用），并获得焦点，如图 11.3 所示。该功能通过窗体类的成员函数 ShowCnameTocmb(string vrq)实现。

11.2.3 选课信息添加功能

选课信息添加功能，用于添加选修课程的相关信息（学号、课程编号、课程名称、行课日期等），分为管理员和学生用户两种操作模式。

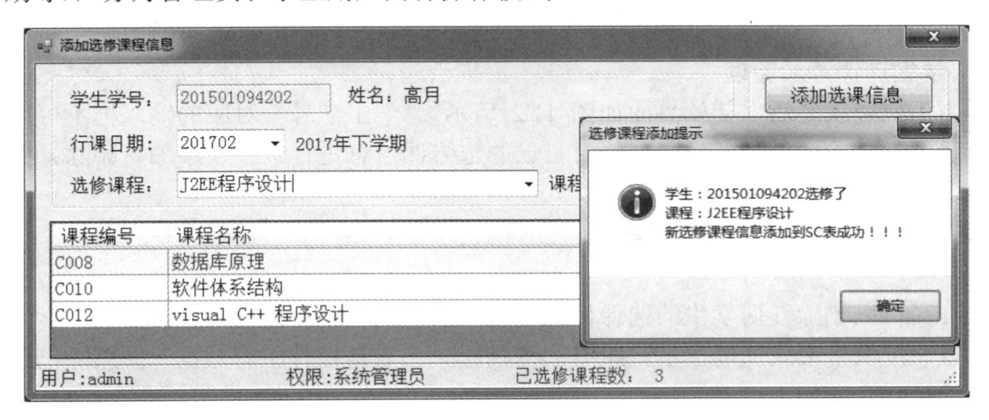

图 11.3　管理员选课并保存信息

1. 管理员选课添加管理

管理员登录之后，如图 11.1 所示的“学生学号”对应的输入框可用，用于输入任一学生的学号。管理员选课操作过程如下。

（1）输入学号（回车确认）。当学号通过合法性验证（以 20 开头的 12 位数字）时，“行课日期”对应的组合框中显示近两个学期的行课日期，具体实现请参阅类的成员函数 showrkrq()。

（2）选择行课日期，将显示本学期的中文提示。如 201701 表示“2017 年上学期”，201702 表示“2017 年下学期”，后面 2 位数字表示学期编号。

（3）选择行课日期之后，在“选修课程”对应的“课程名称”组合框中显示该学期开设的所有课程的名称。选择所需选修的课程名称之后，将显示出本课程的编号。同时，激活“添加选课信息”按钮（使之可用），并获得焦点，如图 11.3 所示。

（4）单击“添加选课信息”按钮，弹出如图 11.3 所示的“选修课程添加提示”对话框。

单击该对话框中的“确定”按钮，将选修课程信息（学号、课程编号、行课日期、任课教师编号）存储到数据表 sc 中。如果添加成功，将刷新数据表，显示出新添加的课程信息，如图 11.4 所示的课程“J2EE 程序设计”信息。

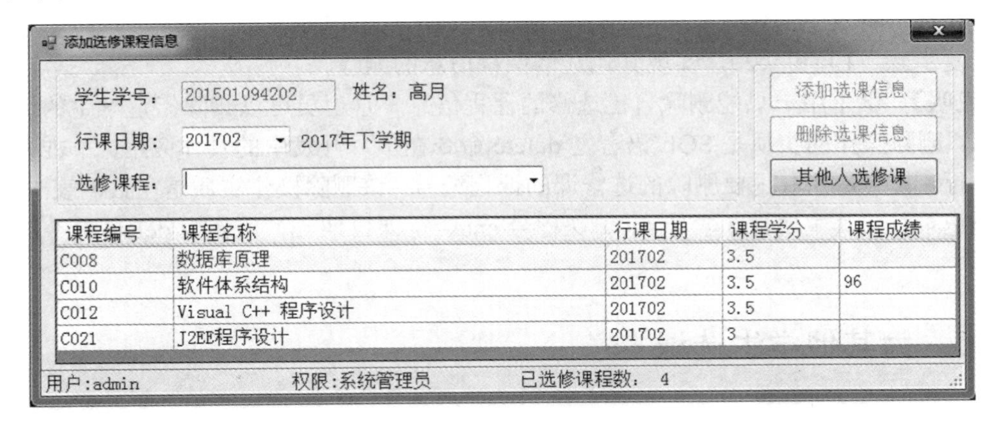

图 11.4　选课信息添加成功

【说明】 存储选课数据项到数据表 sc，实质是 SQL 语句的 Insert 命令在开发中的具体应用。

2．学生选课添加管理

学生用户登录之后，初始界面如图 11.2 所示。“学生学号”对应的输入框不可用，直接显示登录学生的学号，即学生只能对自己的选修课信息进行维护（添加、删除）操作。

11.2.4 选课信息删除功能

管理员可以删除任何学生的选课信息，学生用户只能删除自己的选课信息。学生的选课信息以二维表格形式加以显示，如图 11.3 所示。当表格控件中有数据时，删除已选修课程信息的操作步骤如下。

（1）单击表格控件的任一行的任一单元格，将该课程名称和编号显示出来，同时，将激活“删除选课信息”按钮（可用），如图 11.5（a）所示。

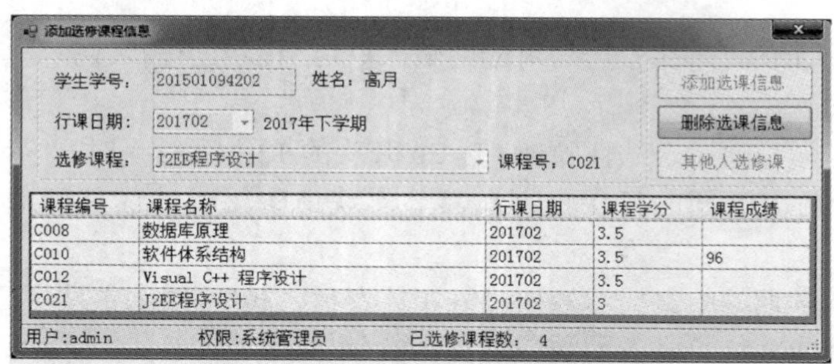

（a）选择所需删除的课程

（b）删除提示对话框

图 11.5 删除选修课程信息

（2）单击“删除选课信息”按钮，将弹出如图 11.5（b）所示的“课程删除提示”对话框，同时显示出被删除的课程的有关信息（学号、课程号、行课日期）。单击“课程删除提示”对话框中的“是（Y）”按钮，将从数据表 sc 中删除指定学生（学号表示）所选修的指定的课程。如果删除操作成功，将刷新表格控件的选课信息，同时，状态栏上的“已选修课程总数”将发生变化。

重复步骤（1）和（2），实现其他选修课程信息的删除。

【说明】 学生用户只能删除自己选修的课程信息。管理员可以删除指定学生的选修课程信息。删除操作的实质是 SQL 语言之 delete 命令在项目开发中的具体应用。单击表格控件某一行，其实是获取了要删除的选修课的课程编号。该删除操作实质是在数据表 sc 中删除一个记录行，其主属性（学号 sno、课程号 cno、行课日期 rq）值作为 delete 命令的删除条件。

11.2.5 为其他学生选课

“管理员”在实施课程添加或删除之后，都将激活“其他人选课”按钮（使之可用），如图 11.6 所示。学生用户登录时，“其他人选课”按钮始终是不可用的，如图 11.2 所示。

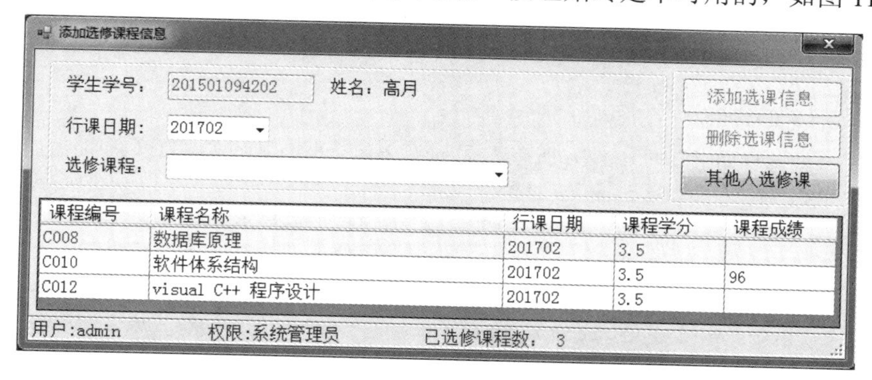

图 11.6　管理员之“其他人选课”

单击“其他人选课”按钮，进入如图 11.1 所示的初始操作界面。此操作仅限于管理员权限。

11.3　编程与功能实现

11.3.1　窗体类的成员函数、成员变量

1. 窗体类文件的框架

本窗体类文件（FormSelectKcAdd.cs）的框架与之前介绍的模块中窗体类文件的框架很相似，在此省略。需手工添加如下 using 引用语句：

```
using System.Data;
using System.Data.SqlClient;               //为了引用 SQL 数据库处理的类
using System.Text.RegularExpressions;      //为了引用正则表达式相关的类及有关的函数
using BLL;                                 //为了引用 BLL 层的类的及其成员
```

2. 窗体类中定义的成员变量

类的私有（Private）变量，供本类的成员函数（或事件）引用：vsno 存储学号；vsname 存储学生姓名；vcno 存储课程号；vcname 存储课程名称；vrq 存储行课日期；vtno 存储教师号；tmprq 已修课行课日期；vright 用户权限（1、2、3）；tmp 临时用标识变量。定义如下：

```
private string vsno="",vsname="",vcno="",vcname="",vrq="",vtno="",tmprq="";
private int vright=0;
```

3. 窗体类的成员函数与编码

（1）showrkrq()：显示最近两个学期的行课时间到“日期组合框”；日期显示格式：201701，表示 2017 年上学期；201702，表示 2017 年下学期。

```
private void showrkrq()
{   //24 小时制的时间格式设置：yyyy-MM-dd HH:mm:ss,H 为大写时表示 24 小时制式
```

```
    //12 小时制的时间格式设置: yyyy-MM-dd hh:mm:ss,h 为小写时表示 12 小时制式
    DateTime dt = DateTime.Now;                     //当天的时间和日期
    int m = dt.Month, y = dt.Year;                  //分别得到月份和年份数
    string ss = "";
    try
    {   清除日期组合框 cmbrq 所有选项,清除该组合框的显示文本,代码省略
        if (m >= 1 && m <= 7){
                                  //如果月份介于 1-7 月,显示当年的上学期和上一年的下学期
            ss = y.ToString().Trim() + "01";        //生成当年的上学期
            this.cmbrq.Items.Add(ss);
            ss = (y-1).ToString().Trim() + "02";    //生成上一年的下学期
            this.cmbrq.Items.Add(ss);
        }
        if (m >= 8 && m <=12){
                                  //如果月份介于 8-12 月,则显示当年的上、下两个学期
            ss = y.ToString().Trim() + "01";        //生成当年的上学期
            this.cmbrq.Items.Add(ss);
            ss = y.ToString().Trim() + "02";        //生成当年的下学期
            this.cmbrq.Items.Add(ss);
        }
        使日期组合框 cmbrq 可用并处于为选择状态且获得焦点,代码省略
    }
    catch(){…}
        //语句块代码省略,请参阅 7.6.1 节函数 inituser()中 catch 语句块的相关内容
}
```

（2）InitUserselectkc(int flag)：flag 表示用户类型，由登录时的用户类型决定。根据此决定用户能实施的操作，并进行一些初始化的设置。伪代码如下：

```
private void InitUserselectkc(int flag)
{   if (flag == 1){                                 //管理员用户
        清除输入框 txtsno 的值,使之可用并获得焦点,代码省略
        vsno = vsname = "";                         //清空学号、姓名变量的值
        this.dtgrdv.DataSource = null;              //清除表格控件的数据
        使日期组合框 cmbrq 不可用;使命令按钮 btother 可用,代码省略
    }
    else if (flag == 3){                            //学生用户时
        //得到登录学生的学号值(BLL3Layer.usrinfo[0]),保存于 vsno 变量
        vsno = BLL3Layer.usrinfo[0].ToString().Trim();
        显示学号 vsno 到输入框 txtsno,并是输入框 txtsno 不可用,代码省略
        vsname = BLL3Students.Getsnamebysno(vsno);  //根据学号得到学生姓名
        lblsname.Text = "姓名:" + vsname;           //显示学生姓名
        使日期组合框 cmbrq 可用并获得焦点,代码省略
    }
    this.cmbcname.Enabled = false;                  //暂时关闭课程名称组合框
```

```
    vcno=vcname=vrq=vtno=tmprq= "";                    //清空有关变量的值
    清空标签 lblcno、lblrqno 控件的显示文本,代码省略
}
```

（3）reshowdtgrid(string vsno，string vrq)：用于从视图中获取该学号（用 vsno 表示）在指定学期（用 vrq 表示）选修的课程的有关数据，并显示在表格控件中。伪代码如下：

```
private void reshowdtgrid(string vsno, string vrq)
{  this.tSSsum.Text = ""; //清空控件 tSSsum 的 Text 属性值(显示的选修课程数)
   this.dtgrdv.DataSource = null;          //先清空表格控件显示的数据
   DataSet ds = new DataSet();             //定义 DataSet 类的对象,存储数据集
   try
   {//调用 BLL 层的方法 GetselectkcDataSet(),得到指定学号、行课日期已选修的课程数据集
      ds = BLL3SC.GetselectkcDataSet(vsno, vrq);
      if (ds != null){                     //表示找到学号对应的记录集) n>0
         int n = ds.Tables[0].Rows.Count;
         this.tSSsum.Text = "已选修课程数: " + n.ToString().Trim();
         重新填充数据源 ds.Tables[0]到表格控件 dtgrdv,并刷新数据,代码省略
         ds.Dispose();                     //释放 ds 占用的资源
      }else {  this.tSSrs.Text = "本期尚未选课!";  }
   } //end try
   catch(){…}
    //语句块代码省略,请参阅 7.6.1 节函数 inituser()中 catch 语句块的相关内容
}
```

（4）ShowCnameTocmb(string vrq)：获取指定学期（用 vrq 表示）中开设的所有课程的名称并显示在课程名称组合框中。

```
private void ShowCnameTocmb(string vrq)
{   try
    {   string ss = "";
        //调用 BLL 层的类 BLL3Sc 的函数 GetcnameReader(),得到该学期开设的所有课程名称
        SqlDataReader dr = BLL3Sc.GetcnameReader(vrq);
        if (dr != null)
        {   while (dr.Read())              //循环读取信息,Read()函数推进记录指针
            {   ss = dr["cname"].ToString();        //读取每个行的课程名称列的值
                this.cmbcname.Items.Add(ss);  }     //显示课程名称在课程组合框控件中
            dr.Dispose();                           //释放 dr 占用的空间
        }
        else{  给出记录集为空的提示,代码省略  }
    }
    catch(){…}
       //语句块代码省略,请参阅 7.6.1 节函数 inituser()中 catch 语句块的相关内容
}
```

（5）getOnclassdate(string trq)：参数：trq，数字组成的日期字符串，如 201701，表示 2017 年上学期。将数字日期字符串转化为文字日期字符串，如 201702，则返回“2017 年

下学期”。

```
private string getOnclassdate(string trq)
{   string y = "", m = "",xrq;
    y = trq.Substring(0, 4);   m = trq.Substring(4, 2);
    xrq = (y + "年") + (m == "01" ? "上学期" : "下学期");
    return  xrq;
}
```

（6）getrandomTno()：用于随机生成教师编号(0001～0080)。在实际的应用系统中，是根据教师任课表得到教师的编号，并显示出任课教师的姓名（限于篇幅，描述时进行了功能和代码简化）。

```
private string getrandomTno()
{   string ss = "";    Random rd = new Random();
    int i = rd.Next(1,80);              //生成 1~80 之间的随机数
    if (i < 10) ss = "000" + i.ToString().Trim();
    else if (i < 100) ss = "00" + i.ToString().Trim();
    return ss;
}
```

（7）getkcinfo()：当选择了某一门课程时，获取课程名称及编号，并显示课程编号，激活“添加选课信息”按钮，使其可用。

```
private void getkcinfo()
{   if (this.cmbcname.SelectedIndex >= 0)              //选了具体的课程选项时
    {   this.vcname = this.cmbcname.SelectedItem.ToString().Trim();
                                                            //得到课程名称
        //调用 BLL 层的类的函数 GetCoursecNo()得到课程名 vcname 对应的编号
        this.vcno = BLL3SC.GetCoursecNo(vcname).ToString().Trim();
        if (vcno.ToString().Trim().Length > 0){
              this.lblcno.Text = "课程号:" + vcno;  }    //显示所选课程的编号
        else { this.lblcno.Text = "课号获取失败"; }
        if (vsno != "" && vcno != "" && vrq != "")
        {  使“添加选课信息”按钮 btadd 可用,"其他人选修课"按钮 btother 不可用,代
           码省略; }
        this.tSSrs.Text = "";    //清空状态栏有关课程选选修的提示
    } //结束 if (this.cmbcname.SelectedIndex >= 0)
}
```

11.3.2 窗体的有关事件及功能

1. 窗体的加载事件 Load

窗体的 Load 事件，在窗体加载时自动执行，完成一些初始化工作。伪代码如下：

```
private void FormSelectKcAdd_Load(object sender, EventArgs e)
 {   //调用 BLL 层的类 BLL3layer 的函数 initgrid(),具体请参阅函数 initgrid()
```

```
    BLL3Layer.initgrid(this.dtgrdv);   //设置表格控件 dtgrdv 的常用属性
    //引用 BLL 层的类的 BLL3Layer 的全局变量 uright(表示权限值:1、2、3)
    this.vright = BLL3Layer.uright;
    InitUserselectkc(vright)   //引用类的成员函数进行初始化,vriht 用户权限值
    //使命令按钮 btdel、btadd、btother 开始时不可用,代码在此省略
    this.tSSLUsr.Text = "用户:" + BLL3Layer.usrinfo[0].ToString();
                                          //显示登录用户名称
    this.tSSLUqx.Text = "权限:" + BLL3Layer.usrinfo[2].ToString();
                                          //显示登录用户权限
    this.tSSsum.Text = "已选课总数:" + BLL3Sc.CountSelectKcs(vsno);
                                          //显示已选修课程数
    showrkrq();                   //引用类的成员函数,显示最近两个学期的数据学期值
}
```

2. 窗体的关闭事件 FormClosing

事件 FormClosing 用于关闭窗体。请参阅 5.3.11 节中 FormClosing 事件代码。

11.3.3 命令按钮 Button 类控件及有关事件

命令按钮控件的相关事件主要有 Click、KeyPress，用于实现相应的功能。如添加新选修课程信息，删除已经选修的课程的信息，为其他学生选课等。

1. “添加选课信息”按钮的有关事件

（1）“添加选课信息”按钮 btadd 的单击事件 Click，单击该按钮时触发本事件；用于将选修的课程信息添加到 sc 数据表中。添加成功，刷新表格控件的数据显示。伪代码如下：

```
private void btadd_Click(object sender, EventArgs e)
{   string ss = ""; int n = 0;                      //n 存储添加信息的行数
   if (BLL3SC.IsExistsnocnorq(vsno, vcno, vrq))     //所选的课该生已选修时
   {   ss = "课程名称:" + this.vcname + "  [课程编号:"+vcno+" ]\n";
       ss += "学生姓名:" + this.vsno + "  [学号:"+vcno +"]\n";
       ss += "在[ " + this.getOnclassdate(vrq)+ " ]已经选修了该门课程!\n";
       显示出以上的相关信息,代码省略
   }else
                                                    //所选的课该生未选修
  {  vsno = this.txtsno.Text.ToString().Trim();     //得到学号输入框的值
     vtno = getrandomTno();                         //动态获取一个教师编号
     //调用 BLL 层的 BLL3SC 类的重载函数 InsertKctosc()添加数据到 sc 表
     n = BLL3SC.InsertKctosc(vsno, vcno, vrq, vtno);
                                                    //添加成功返回大于 0 的值
     ss = "学生:" + this.vsno + "选修了\n 课程:" + this.vcname + "\n";
     if (n > 0) { 给出添加成功的提示,代码省略  }
     else { 给出添加失败的提示,代码省略  }
  }
  this.btadd.Enabled = false;          //添加所选修课程信息后,暂时关闭"添加"按钮
  this.lblcno.Text = "";               //清除课程编号的标签提示信息
  vcname = vcno = "";                  //清除"课程名称""课程号"变量的值
```

```
    if (vright == 1)                        //管理员时,添加课程选修信息之后
    {  this.btother.Enabled = true; }       //打开"其他人选修课"按钮,使之可用
}
```

（2）“添加选课信息”按钮 btadd 的按键事件 KeyPress；该按钮获得焦点，并有健按下时触发本事件；用于捕获回车键，并触发按钮的 btadd_Click()事件。

```
private void btadd_KeyPress(object sender, KeyPressEventArgs e)
  {   btadd_Click(sender,e);  }             //按回车键时触发该按钮的 click 事件
```

2.“删除选课信息”按钮的有关事件

（1）“删除选课信息”按钮 btdel 的单击 Click 事件与编码，显示出被删除课程的有关信息，确认删除时删除当前课程的选修信息。删除成功，刷新数据表格控件的数据。伪代码如下：

```
private void btdel_Click(object sender, EventArgs e)
{   DialogResult yn;    string ts;
    ts = "学生学号:" + vsno + "\n 课程名称:" + vcname + " [课程编号:"+ vcno+"]\n";
    ts += "行课日期:" + tmprq + "\n 是否要删除当前选修课程的相关信息[Y/N]?\n";
    MessageBoxButtons a = MessageBoxButtons.YesNo;
    MessageBoxIcon b = MessageBoxIcon.Information;
    yn = MessageBox.Show(ts, "课程删除提示", a, b); //显示信息提示对话框
    if (yn == DialogResult.Yes)                     //确认要删除该课程选修信息
    {   //调用 BLL 层的类 BLL3SC 的函数 delrecordfroms,删除课程选修信息;
        if (BLL3SC.delrecordfromsc(vsno, vcno, tmprq) > 0)
        { reshowdtgrid(vsno,vrq); } //删除成功,刷新表格控件,重新显示选修课程信息
        else { 给出删除出错提示,代码省略 }
    }
    this.btdel.Enabled = false;           //保证课程只被删除一次
    清空标签 lblcno、lblrqno 的显示文本,代码省略
    清空有关变量的值,如:vcno = vcname = vtno=tmprq="";
    删除指定的选修课程信息后,设置如下组合框的可用性,代码省略
    this.cmbrq.Enabled = true;            //开启"行课日期组合框"
    this.cmbrq.Text = vrq;                //恢复"行课日期"组合框原选择的行课日期
    清除组合框 cmbcname 的显示本文,并使之可用且获得焦点,代码省略
    if (vright == 1)                      //管理员时,删除课程之后
    {  this.btother.Enabled = true;  } //打开"其他人选修课"按钮,使之可用
}
```

（2）“删除选课信息”按钮 btdel 的按键事件 KeyPress。该按钮获得焦点并有键按下时触发事件 KeyPress。用于捕获回车键，以支撑回车键操作，按回车键时触发该按钮的 btdel_Click()事件。

```
private void btdel_KeyPress(object sender, KeyPressEventArgs e)
    {  btdel_Click(sender,e);   }//触发"删除选课信息"按钮的 btdel_Click()
```

3．“其他人选课”按钮的有关事件

“其他人选课”按钮 btother 的单击 Click 事件，单击该按钮时触发；只有管理员才有此权限；用于清除相关变量的值，设置有关控件的显示状态，便于为其他学生选课。伪代码如下：

```
private void btother_Click(object sender, EventArgs e)
{  清除学号输入框 txtsno 的值,并使之可用且得到焦点,代码省略
   使得命令按钮 btadd、btdel、btother,按钮暂时不可用,代码省略
   vcno = vcname = vrq = tmprq = "";     //清空课号、课程名称、行课日期变量的值
   清除标签控件 lblrqno、lblsname 的显示文本,代码省略
   this.dtgrdv.DataSource = null; this.dtgrdv.Refresh();
                                         //清空表格控件数据并刷新之
   使得组合框 cmbrq、cmbcname 处于未选择状态,代码行省略
   清除状态控件的相关提示信息,代码行省略
}
```

11.3.4　表格 DataGridView 类控件有关事件

表格控件用于数据显示，相关事件有 CellClick、CellContentClick，用于获取指定记录行的相关数据。

（1）dtgrdv_CellClick()：单击表格控件的单元格时触发该事件，用于获取当前记录行的行号，并得到当前记录行各个属性列的数据（如课程名称、课程号、行课日期）。

【说明】 e.RowIndex、CurrentCell.RowIndex 均表示当前记录行的行号；e.ColumnIndex 表示当前行当前列的列序号；CurrentRow.Cells[n].Value 表示当前行第 n 列的属性值，n 从 0 开始编号。伪代码如下：

```
private void dtgrdv_CellClick(object sender, DataGridViewCellEventArgs e)
{   try
    {  int r = 0;                              //存储当前记录行的行号,初始化为 0
       if (this.dtgrdv.RowCount > 0)          //如果表格控件中有记录数据显示
       {   r = this.dtgrdv.CurrentRow.Index;   //得到当前行号
          //分解当前记录行各列(字段)的属性值
          //列号从左到右,从 0 开始,与列是否显示无关,即隐藏的列也有编号的
          //0 为表格控件 dtgrdv 中第 0 列(物理顺序是第 1 列)的列序号,即"课程编号"列
          //的序号
          vcno = this.dtgrdv.CurrentRow.Cells[0].Value.ToString().Trim();
          //通过课程名称的"列序号"得到当前行的课程名称,1 为"课程名称"列的内部序号
          //vcname = this.dtgrdv[1, e.RowIndex].Value.ToString().Trim();
          //通过表格控件的属性列名称 Colcname 获取课程名称的值
          vcname = this.dtgrdv["Colcname", e.RowIndex].Value.ToString();
          tmprq = this.dtgrdv.CurrentRow.Cells["Colrq"].Value.ToString()
          .Trim();
          this.cmbcname.Text = vcname;          //显示课程名称到课程名称组合框
          this.lblcno.Text = "课程号:" + vcno;  //显示课程编号
```

```
        this.lblrqno.Text = getOnclassdate(tmprq);
                //显示"行课日期"中文提示
        if (vcno.Length > 0 && vsno.Length > 0 && tmprq.Length > 0)
        {  单击表格控件,获取数据之后,临时关闭以下组合框的可用性,代码行省略
           使按钮 btadd、组合框 cmbrq、cmbcname 临时不可用,代码行省略
           使按钮 btdel 可用并获得焦点,代码行省略    }
        }
        else{       //表格控件中没有记录数据显示(即该生还没有选修课程)
              使删除命令按钮 btdel 不可用;使组合框 cmbrq、cmbcname 可用,代码行
              省略   }
    }
    catch(){…}      //语句块代码省略,请参阅 7.6.1 节函数 inituser()中 catch 语句
                    //块的相关内容
  }
```

（2）dtgrdv_CellContentClick()：单击表格控件 dtgrdv 的单元格内容时触发，用于触发表格控件的事件 dtgrdv_CellClick(sender, e)。

```
private void dtgrdv_CellContentClick(object sender,
                                      DataGridViewCellEventArgs e)
     {  dtgrdv_CellClick(sender, e);  }
                //触发表格控件的 dtgrdv_CellClick()事件
```

11.3.5 文本框 TextBox 类控件的有关事件

文本输入框控件 txtsno，用于输入学号。KeyPress 事件主要用于捕获回车键，以支持回车操作，当输入框获得焦点并按下回车键时，获取输入的学号，“合法性”验证通过之后，实现相应的功能。

（1）文本框 txtsno 的按键 KeyPress 事件：当文本框 txtsno 获得焦点并有键按下时触发，用于捕获回车键，以支持回车键操作，实现相应的功能。伪代码如下：

```
private void txtsno_KeyPress(object sender, KeyPressEventArgs e)
{  if (e.KeyChar == (char)Keys.Return)                    //按了回车键时
   {   vsno = vsname = "";                                //先清空学号、姓名变量的值
       vsno = this.txtsno.Text.ToString().Trim();         //得到输入的学号值
       //输入了 12 位数字时,利用正则表达式检测学号的合法性:是否 20 开头的 12 位数字
       //旨在说明正则表达式 Regex.IsMatch(vsno, @"^20\d{10}$")的简单应用
       if (vsno.Length == 12 && Regex.IsMatch(vsno, @"^20\d{10}$"))
       {  //调用 BLL 层类 BLL3Students 的函数 IsExistStudent(vsno),检测学号是否存
          //在于学生表
          if (BLL3Students.IsExistStudent(vsno) == 1)  //学号存在于学生表
          {   //调用 BLL 层的 BLL3Students 类的方法 Getsnamebysno(vsno)得到学生姓名
              vsname = BLL3Students.Getsnamebysno(vsno);
              lblsname.Text = "姓名:" + vsname;           //显示学生姓名
              使得组合框 cmbrq 可用并获得焦点,代码行省略
```

```
            this.txtsno.Enabled = false;    //学号输入成功时暂时关闭该输入框
            this.groupBox1.Text = "";     } //清空分组框上的输入提示信息
          else { this.tSSrs.Text = "该学生在数据表不存在"; }
        }
        else //学号为空或是 12 位但无效;或者学号不存在于学生表 student
        {  清空输入框 txtsno 的值,并获得焦点,代码行省略  }
    } //end if (e.KeyChar == (char)Keys.Return)
}
```

（2）文本框 txtsno 获得焦点的事件 Enter：当文本框 txtsno 获得焦点时触发该事件，用于给出输入框输入操作时的相关提示信息。

```
private void txtsno_Enter(object sender, EventArgs e)
           {  this.tSSrs.Text = "输入 12 位学号,回车确认";  }
```

11.3.6　组合框 ComboBox 类控件有关事件

实现不同类型数据集的显示，其事件主要有 SelectedIndexChanged、KeyPress，用于不同选项的选取并获取相应的数据。

1. 日期组合框的有关事件

（1）日期组合框 cmbrq 的 SelectedIndexChanged 事件：日期组合框的选项发生改变时触发，用于得到开课日期（学期），获取并显示指定学期开设的所有课程名称（到课程名称组合框）。

```
private void cmbrq_SelectedIndexChanged(object sender, EventArgs e)
{   if (this.cmbrq.SelectedIndex >= 0)
    {  this.vrq = this.cmbrq.SelectedItem.ToString().Trim();
                                                   //保存行课日期
        this.lblrqno.Text = getOnclassdate(vrq);   //显示行课日期的中文描述
       this.reshowdtgrid(vsno, vrq);
                                   //显示指定学生指定学期所选修的课程到表格控件中
       this.ShowCnameTocmb(vrq);
                                   //显示指定学期开设的所有课程名到"课程名称组合框"
       激活组合框 cmbcname,使之获得焦点,并处于未选择状态,代码行省略    }
}
```

（2）日期组合框 cmbrq 的 KeyPress 事件：当日期组合框得到焦点并有键按下时触发该事件，用于捕获并支持回车键操作，按回车键时执行相关的功能代码。伪代码如下：

```
private void cmbrq_KeyPress(object sender, KeyPressEventArgs e)
{   if (e.KeyChar == (char)Keys.Return)            //按下回车键时
    {   if (this.cmbrq.SelectedIndex >= 0)
        {   vrq = this.cmbrq.SelectedItem.ToString().Trim();
                                                   //保存行课日期于变量 vrq
           this.lblrqno.Text = getOnclassdate(vrq); //显示行课日期的中文描述
           this.reshowdtgrid(vsno, vrq);
```

```
                    //显示该生 vsno 在本期 vrq 所选修的课程信息于表格控件
        this.ShowCnameTocmb(vrq);
                    //显示指定学期开设的课程名称到"课程名称组合框"
        使得组合框 cmbcname 可用并获得焦点,且处于未选中状态,代码行省略   }
    } //结束 if(e.KeyChar == (char)Keys.Return)
}
```

2. 课程名称组合框的有关事件

（1）课程名称组合框 cmbcname 的选择改变事件 SelectedIndexChanged。当“课程名称”组合框的选项改变时触发本事件，用于得到所选修课程的名称及其课程号，并显示课程编号。

```
private void cmbcname_SelectedIndexChanged(object sender, EventArgs e)
{   getkcinfo();  }            //调用类的成员函数，实现代码重用
```

（2）课程名称组合框 cmbcname 的 KeyPress 事件。课程名称组合框得到焦点并有键按下时触发该事件，用于支持回车键操作，按回车键时触发事件 cmbcname_SelectedIndex-Changed。

```
private void cmbcname_KeyPress(object sender, KeyPressEventArgs e)
{   //按下↓键时或按了↑键时
    if (e.KeyChar == (char)Keys.Down || e.KeyChar == (char)Keys.Up) {;}
    else if (e.KeyChar == (char)Keys.Return)  //按下回车键时
    {  getkcinfo(); }           //调用类的成员函数,实现代码重用
}
```

11.4 BLL 层相关类及其相关成员函数和成员变量的引用

本模块中引用了 BLL 层以下类及其相关成员函数和成员变量。

1. BLL3Sc 类及有关函数

类 BLL3Sc 的成员函数及其成员变量，主要涉及选课信息的相关处理。在本模块所引用的函数如下。

（1）CountSelectKcs(string vsno)：在 sc 表中，查询学号（用 vsno 表示）所选修的课程总数。

```
public static int CountSelectKcs(string vsno)
{   object obj = null;        //定义 Object 类的对象变量并初始化
    try
    {  String sql = "select count(*) from sc where sno=@vsno";
                              //定义查询字符串
       SqlParameter[] paras = { new SqlParameter("@vsno", vsno) };
                              //生成参数数组
       obj = SqlDAL.ExecScalar(sql, CommandType.Text, paras);
                              //调用 DAL 层的函数
```

```
        return Convert.ToInt32(obj);    //将Object类的对象转化为int类型,并返回
    }
    catch(){…}          //语句块代码省略,请参阅 7.6.1 节函数 inituser()中 catch 语句
                        //块的相关内容
    return 0;                           //返回默认值
}
```

（2）GetCoursecNo(string vcname)：根据课程名称（用 vcname 表示）获取对应的课程编号。

```
public static string GetCoursecNo(string vcname)
{   try                                 //C#的异常处理机制 try 语句
    {   StringBuilder sql = new StringBuilder();
        sql.Append("select cno  from kc where cname=@vcname");
                                        //定义查询语句字符串
        SqlParameter[] paras = { new SqlParameter("@vcname", vcname) };
                                        //定义参数数组
        //调用 DAL 层的类 SqlDAL 的函数 ExecScalar()并传递参数。参数 1 表示要查询语句
        //参数 2 表示执行的命令的类型,参数 3paras 表示命令中用到的参数(数组元素值)
        obj = SqlDAL.ExecScalar(sql.ToString(), CommandType.Text, paras);
        return (obj.ToString());    //将 Object 类的对象转化为 String 类型,并返回
    }
    catch(){…}          //语句块代码省略,请参阅 7.6.1 节函数 inituser()中 catch 语句
                        //块的相关内容
    return null;
}
```

（3）IsExistsnocnorq(string vsno,string vcno,string vrq)：检测指定课程（用 vcno 表示）是否被学号（用 vsno 表示）在指定日期（用 vrq 表示）内选修过。课程已选修，函数返回 true；否则返回 false。

```
public static bool IsExistsnocnorq(string vsno, string vcno, string vrq)
{   object obj = null;
    try
    {   String sql = "select count(*) from sc ";
        sql += " where sno=@vsno and cno=@vcno and rq=@vrq";//生成查询字符串
        //生成参数数组,并用参数值初始化各个元素
        SqlParameter[] paras ={ new SqlParameter("@vsno", vsno),
        new SqlParameter("@vcno", vcno),
        new SqlParameter("@vrq",vrq) };
        obj = SqlDAL.ExecScalar(sql, CommandType.Text, paras);
                                                    //调用 DAL 层的函数
        //将得到的已选修课程的总门数(是 Object 类的对象)转化为 Int 并返回
        if (Convert.ToInt32(obj) > 0) return true;  //课程已选修时,返回 true
    }
```

```
    catch(){…} //语句块代码省略，请参阅 7.6.1 节函数 inituser()中 catch 语句块的
               //相关内容
    return false;        //课程未选修时，返回 false
}
```

（4）delrecordfromsc(vsno,vcno,vrq)：应用 Command 对象的 ExecuteNonQuery()方法，根据学号（参数 vsno 表示）、课程号（参数 vcno 表示）和行课日期（参数 vrq 表示）执行 SQL 的删除命令，删除数据表 sc 的记录。返回：删除成功返回 1，出错时返回 0，删除失败返回–1。

```
public static int delrecordfromsc(string vsno, string vcno, string vrq)
{   int row = 0;            //设置为 0
    try
    {   //生成连接字符串对象,并参数化条件变量
        string sql = "delete from sc where sno=@vsno and cno=@vcno and rq=@vrq";
        //生成参数数组,并用参数值分别初始化各个元素值
        SqlParameter[] paras =  { new SqlParameter("@vsno", vsno),
            new SqlParameter("@vcno", vcno), new SqlParameter("@vrq", vrq) };
        row = SqlDAL.ExecNoQuery(sql, CommandType.Text, paras);//调用 DAL 的
                                                               //函数
        return row;       //返回成功删除的记录行数
    }
    catch(){…}            //语句块代码省略,请参阅 7.6.1 节函数 inituser()中 catch
                          //语句块的相关内容
    return row;
}
```

【说明】 ExecuteNonQuery 方法用来执行 Insert、Update、Delete 等非查询语句和其他没有返回结果集的 SQL 语句，并返回执行命令后影响的行数。

（5）GetcnameReader()：在课程表 kc 中查询所有课程名称的(集合)，并返回只读型数据集。

```
public static SqlDataReader GetcnameReader()
{   SqlDataReader dr = null;    //SqlDataReader 无构造函数
    try                         //C#的异常处理机制 try 语句
    {   StringBuilder sql = new StringBuilder();
        sql.Append("select cname from kc");     //定义查询语句
        //调用数据访问层 DAL 类 SqlDAL 的 GetDataReader()并传递参数到底层,实现查询操作
        dr = SqlDAL.GetDataReader(sql.ToString(), CommandType.Text, null);
        return dr;              //返回查询结果,所有课程名称的集合
    }
    catch(){…}                  //语句块代码省略,请参阅 7.6.1 节函数 inituser()
                                //中 catch 语句块的相关内容
    return dr;
}
```

（6）GetselectedkcDataSet(string vsno,string vrq)：根据学号（参数 vsno 表示）、学期（参数 vrq 表示）获取该学号的学生选修的课程记录集合，返回 DataSet 类型记录集合。伪代码如下：

```
public static DataSet GetselectkcDataSet(string vsno, string vrq)
{   DataSet ds = new DataSet();                //定义 DataSet 类的对象,存储数据集
    StringBuilder sql = new StringBuilder();    //定义 StringBuilder 类的对象
    try
    {   sql.Append("SELECT cno,cname,credit,score ");
        sql.Append(" FROM View_Kc_Sc_Cname where sno=@vsno and rq=@vrq");
                                                //生成查询串
        SqlParameter[] paras =                  //定义参数类数组,并初始化其元素
            { new SqlParameter("@vsno", vsno),
              new SqlParameter("@vrq",vrq) };
        String ss = sql.ToString().Trim();      //将 StringBuilder 类转化为
                                                //String 类型
        ds = SqlDAL.GetdataSet(ss, CommandType.Text, paras);
                                                //调用 DAL 层的函数
        return ds;
    }
   catch(){…}   //语句块代码省略,请参阅 7.6.1 节函数 inituser()中 catch 语句块的
                //相关内容
   return ds;
}
```

2. BLL3Students 类及有关成员函数

类 BLL3Students 的成员函数及其成员变量，主要涉及学生信息的相关处理。引用的函数如下。

（1）IsExistStudent(string vsno)：检测指定的学号（参数 vsno 表示）在 Student 表中是否存在。学号存在于 Student 表时，函数返回 1，否则返回 0。

```
public static int IsExistStudent(string vsno)
{   Object ob = null;
    try
    {  string sql = "select count(*) from student where sno=@vsno";
                                                //生成查询字符串
       SqlParameter[] paras = { new SqlParameter("@vsno", vsno) };
                                                //生成参数数组
       ob = SqlDAL.ExecScalar(sql, CommandType.Text, paras);
                                                //调用 DAL 层的函数
       return Convert.ToInt16(ob);      //将 Object 类型转化为 int 类型并返回
    }
   catch(){…}   //语句块代码省略,请参阅 7.6.1 节函数 inituser()中 catch 语句块的
                //相关内容
   return 0;
```

```
}
```

（2）Getsnamebysno(vsno)：根据学号（参数 vsno 表示）得到学生的姓名（string 类对象）。

```
public static string Getsnamebysno(String vsno)
 {   object dr = null;
     try
     {  string sql = "select sname from student where sno=@vsno";
                                            //生成查询字符串
        SqlParameter[] paras = { new SqlParameter("@vsno", vsno) };
                                            //生成参数数组
        dr = SqlDAL.ExecScalar(sql,CommandType.Text, paras);
                                            //调用 DAL 层的函数
        return dr.ToString();               //返回结果(单行单列,表示学生姓名)
     }
    catch(){…}  //语句块代码省略,请参阅 7.6.1 节函数 inituser()中 catch 语句块的
                //相关内容
    return dr.ToString();               //将 object 对象转化为 string 类型并返回结果
 }
```

3. BLL3Layer 类及有关成员函数与成员变量

引用了类 BLL3Layer 的成员函数 formclose(this)、initgrid()，成员变量（数组 usrinfo、变量 uright），请参阅 7.6.1 节关于类 BLL3Layer.CS 的相关内容。

选修课成绩维护模块

本章主要介绍了选修课程成绩的录入与修改操作，旨在说明 SQL 语言的数据修改命令 Update 在项目开发中的具体应用。

12.1 界面设计

12.1.1 添加窗体到表示层（UI）

在 UI 层添加一个新窗体，命名为 FormInputScore，产生一个新的窗体类 FormInputScore，同时生成以下文件。

（1）FormInputScore.cs[设计]文件，界面设计文件。

（2）FormInputScore.Designer.cs 文件，包含有关的所有控件及其属性设置。

（3）FormInputScore 类，包含了窗体类的所有引用、成员（变量、自定义方法、事件代码）。

12.1.2 控件添加与布局及其属性设置

1. 控件添加与布局

管理员登录后运行结果的初始界面如图 12.1 所示。

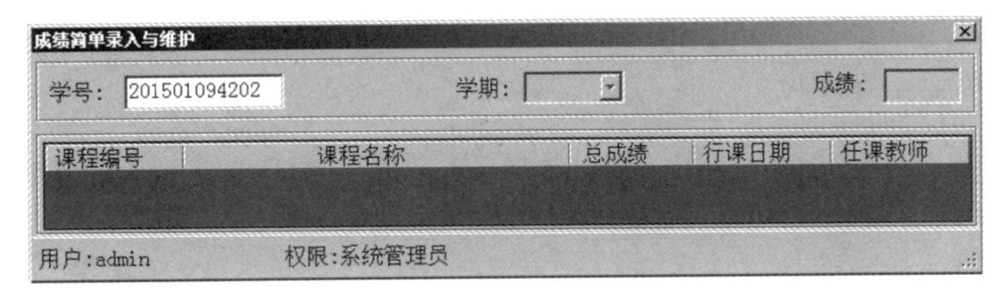

图 12.1 管理登录初始界面

此时“学号”输入框可用（用于输入学号）。该模块设计为只有管理员才有此操作权限，管理员可以修改任何一个学生选修的课程成绩。在“学号”输入框输入学生学号（如 201501094202），按回车键后，再选择行课日期，将显示指定学号的学生在指定学期选修的课程信息，并显示于表格控件重，本模块所有控件及其布局如图 12.2 所示。

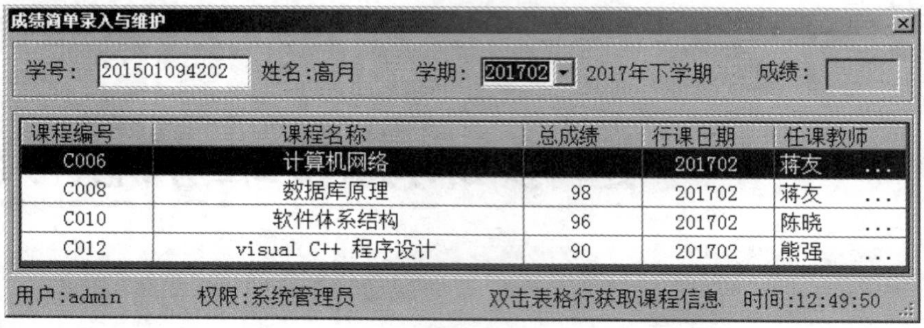

图 12.2 管理员登录输入学号、选择日期

2. 控件属性设置

窗体及其控件与属性设置如表 12.1 所示。

表 12.1 “成绩简单录入管理”模块（窗体）有关控件及其属性设置

控件类型	控件对象(实例)名称	属性名称	属性值	(功能)描述
Form（窗体控件）	FormInputScore	Text	成绩录入与维护	窗体及其标题
		FormBorderStyle	FixedDialog	窗体边框样式
		StartPosition	CenterScreen	窗体起始位置
		Font	宋体，12F	窗体与控件的字体字号
GroupBox（分组框控件）	groupBox1	Text		用于分组控件，如图 12.1 所示
Label（标签控件）	lblsname	Text		显示学生姓名
	lblrq	Text		显示日期中文提示
	label1	Text	学号:	提示输入学号
	label2	Text	学期:	提示选择学期
	label3	Text	成绩:	提示输入成绩
ComboBox（组合框控件）	cmbrq	Text		显示学期选项
StatusStrip（状态栏控件）	stStrip	Text		状态栏用于显示信息
ToolStripStatusLabel（状态栏的标签类控件）	tSSLUsr	Text	当前用户:	显示登录用户
		TextAlign	MiddleLeft	文本居中左对齐
	tSSLUqx	Text	用户权限:	显示用户权限
		TextAlign	MiddleLeft	文本居中左对齐
	tSSsum	Text		显示其他提示信息
		TextAlign	MiddleRight	文本居中左对齐
	tSLtime	Text	动态显示	显示系统当前时间
TextBox（文本输入框控件）	txtsno	Text		输入学号
	txtcj	Text		输入成绩

续表

控件类型	控件对象（实例）名称	属性名称	属　性　值	（功能）描述
Timer（时钟控件）	timer1	InterVal	100	时钟触发的时间间隔
DataGridView（控件）	dtgrdv			以表格方式显示数据
DataGridView（控件）之 DataGridViewTextBoxColumn（列控件类型为TextBox）	colcno（课程编号列名称）	DataPropertyName	cno	绑定的数据字段的名称
		Weight	100	列宽度
		HeaderText	课程编号	列标题
	colcname（课程名称列名称）	DataPropertyName	cname	绑定的数据字段的名称
		Weight	320	列宽度
		HeaderText	课程名称	列标题
	colcj（总成绩列名称）	DataPropertyName	score	绑定的数据字段的名称
		Weight	120	列宽度
		HeaderText	总成绩	列标题
	coltname（任课教师列名称）	DataPropertyName	tname	绑定的数据字段的名称
		Weight	118	列宽度
		HeaderText	任课教师	列标题

窗体的最大化（MaximizeBox）、最小化（MinimizeBox）按钮均取消，即其属性值设置为 false。

12.2　模块功能设计与描述

本模块的功能是实现选修课程成绩的录入（或修改）。说明了 SQL 语句的 Update 命令在开发中的具体应用。Update 语句的格式如下：

```
update tablename set fieldname1=value1 where fieldname2=value2;
```

其中 tablename 为数据表的名称；fieldname1 为数据表中要修改其值的字段名称；value1 为替换字段 fieldname1 当前值的新值；fieldname2 为数据表中条件字段的名称；value2 为与字段 fieldname2 当前值进行比较的（条件）值。例如：

```
update sc set score=vcj where sno=vsno and cno=vcno and rq=vrq
```

该语句的作用是用录入的成绩数据修改 sc 表中 score 字段的值。输入的学号值(用变量 vsno 表示)、行课日期(用变量 vrq 表示)、指定的某一门选修的课程的编号(用变量 vcno 表示)，三者作为成绩修改的条件。score、rq、sno、cno 为数据表 sc 的字段名称。sno+cno+rq 为 sc 数据表的主属性。

本模块的核心功能就是 SQL 的 update 语句在项目开发中的具体应用。

12.2.1 学号的动态输入

管理员登录后，可以动态输入任一学生的学号，运行界面如图 12.1 所示。学生无此操作权限。输入学号（回车）后，检查学号的合法性。如果指定的学号在 student 表中不存在，提示重新输入学号。学号存在时，显示出该学号对应的姓名。同时，激活"上课日期"组合框，如图 12.2 所示。

12.2.2 设置行课日期

该功能的设计与实现，请参阅 11.2.1 节中该功能的设计与实现的介绍。

12.2.3 选修课程信息的显示

1. 通过学号和行课日期查询并显示已选修的课程

根据学号和选修课时间，查询并显示出该学生在指定学期所选修的全部课程信息，如图 12.2 所示。请参阅日期组合框 cmbrq 的 KeyPresss 和 SelectedIndexChanged 事件及其源代码的作用。

2. 获取需要修改成绩的课程信息

单击表格控件的某一个数据行，获取该行记录（课程）的相关信息，同时激活"成绩"输入框 txtcj，使"成绩"输入框 txtcj 可用并得到焦点，如图 12.3(a)所示。

12.2.4 课程成绩的录入与修改

1. 输入成绩并修改数据表中的课程成绩

输入成绩按回车确认，通过正则表达式对输入值进行"有效性"验证。成绩值有效时，弹出如图 12.3(b)所示的"成绩修改提示"对话框。

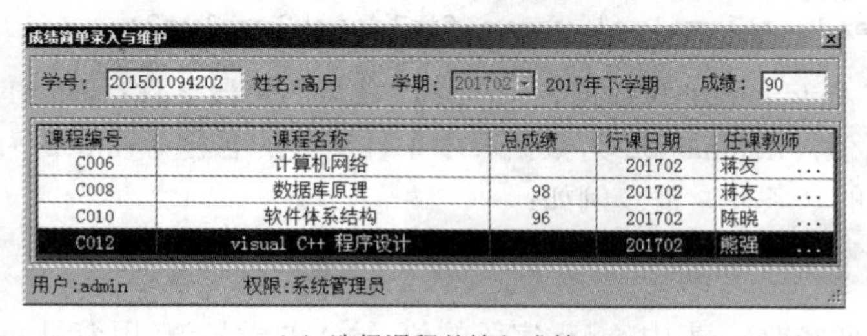

（a）选择课程并输入成绩

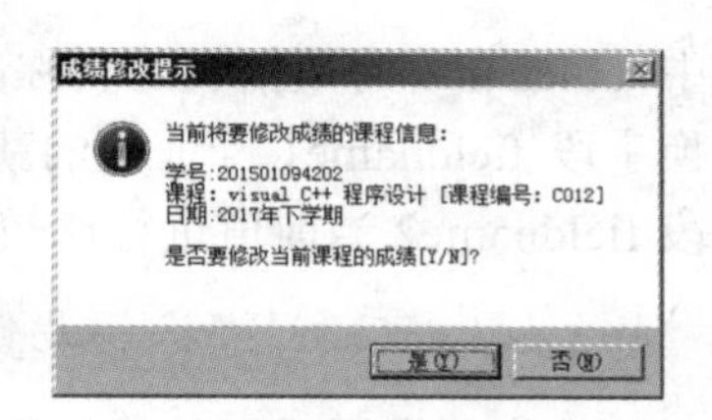

（b）成绩录入提示对话框

图 12.3 课程成绩录入

单击对话框中的"是（Y）"按钮，将修改指定课程的成绩，其实是更新了底层数据表 sc 的数据，修改了 sc 表中满足条件行的字段 score 的值。

2．刷新数据表显示修改后的课程成绩

成绩修改成功后，从数据表 sc 中再次读取数据刷新表格控件，如图 12.4 所示，课程成绩被修改。

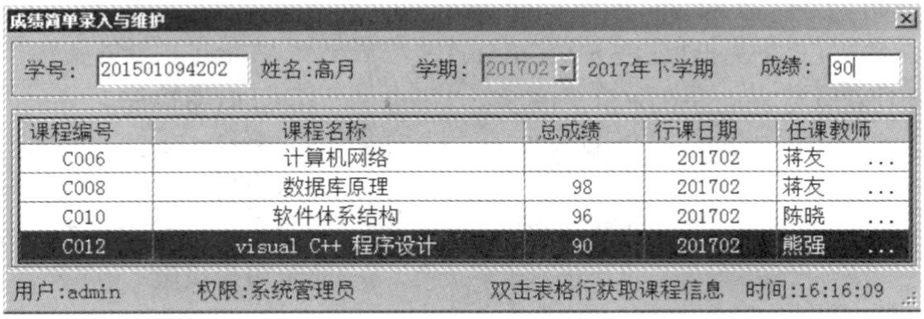

成绩简单录入与维护

学号：201501094202　姓名:高月　学期：201702　2017年下学期　成绩：90

课程编号	课程名称	总成绩	行课日期	任课教师
C006	计算机网络		201702	蒋友 ...
C008	数据库原理	98	201702	蒋友 ...
C010	软件体系结构	96	201702	陈晓 ...
C012	visual C++ 程序设计	90	201702	熊强 ...

用户:admin　权限:系统管理员　双击表格行获取课程信息　时间:16:16:09

图 12.4　成绩修改成功

12.3　事件编程与功能实现

控件事件及编码、类的成员函数、数据成员均封装在窗体类 FormInputScore.cs 文件中。控件事件与类的成员函数及编码实现了模块的功能。

12.3.1　窗体类的成员函数与成员变量

1．类中的引用

系统自动生成的 using 引用语句在此省略。手工方式添加如下 using 语句：

```
using System.Data.SqlClient;              //引用 SQL 数据库处理的类及其方法
using System.Text.RegularExpressions;    //引用正则表达式相关的类及其方法
using BLL;                                //引用 BLL 层的类及其成员函数、成员变量
```

2．类的成员变量

类的私有成员变量，供本类的成员函数和事件引用： vsno，存储学号；vsname，学生姓名；vcno，存储课程号；vcname，存储课程名称；vrq，行课日期；vcj，课程成绩。定义如下：

```
private string vsno="", vsname="", vcno="", vcname="", vrq="";
private int vcj=0;
```

3．类的成员函数

函数 reshowdtgrid(string vsno,string vrq)、getOnclassdate(string trq)、showrkrq()、getkcinfo()，与 11.3.1 节中介绍的此函数功能相同，请参阅此节的有关内容。

2.3.2　窗体的有关事件

1．窗体的加载事件 Load 及其编码

窗体 FormInputScore 的加载 Load 事件：窗体加载时自动触发，用于初始化有关信息，

加载有关的初始数据，事件的伪代码如下：

```
private void FormInputScore_Load(object sender, EventArgs e)
{    //调用 BLL 层类 BLL3Layer 的函数 initgrid()设置表格控件 dtgrdv 的有关属性,请参
     //阅该函数的介绍
     BLL3Layer.initgrid(this.dtgrdv);
     this.timer1.Enabled = true;             //启动计时器控件
     this.tSSLUsr.Text = "用户:" + BLL3Layer.usrinfo[0].ToString();
                                             //显示用户名称
     this.tSSLUqx.Text = "权限:" + BLL3Layer.usrinfo[2].ToString();
                                             //显示用户权限


     showrkrq();                             //显示最近两个学期的上课日期
     this.cmbrq.Enabled = false;             //未输入学号之前日期组合框不可用
     if (BLL3Layer.uright == 3)              //学生用户登录时,直接在输入框显示学号
     {   vsno = BLL3Layer.usrinfo[0];        //得到登录的学生的账号(即学号)
         使输入框不可用(学生用户登录时),代码省略   }
     else if (BLL3Layer.uright == 1)         //管理员用户登录时
     {   使得输入框 txtsno 可用,且获得焦点,使日期组合框 cmbrq 不可用,代码省略   }
}
```

2．窗体的 FormClosing 事件及其编码

用于关闭窗体，请参阅 5.3.11 节中的 FormClosing 事件及代码。

12.3.3 输入框的有关事件

1．“学号”输入框控件 txtsno 有关事件及其编码

（1）“学号”输入框的 KeyPress 事件、Enter 事件及其编码，与 11.3.5 节中介绍的输入框 txtsno 的相关事件及其代码相同，在此省略。

（2）学号输入框 txtsno 的双击事件 DoubleClick，清除所有输入类控件的数据，使日期组合框处于未选中状态，清除相关变量的值，使学号输入框获得焦点，以输入其他学号。事件的伪代码如下：

```
private void txtsno_DoubleClick(object sender, EventArgs e)
{   try
    {   vcj = 0; vsno = vsname = vrq = ""; //清空学号、姓名、日期变量的值
        清空文本框 txtsno 的值,使之可用并获得焦点
        清除组合框 cmbrq 的显示文本,使之可用并处于未选中状态
        this.dtgrdv.DataSource = null;       //清除表格控件的数据
        清空成绩输入 txtcj 的值,使之不可用
        清除标签控件 lblrq、lblsname、tSSsum 的属性 Text 的值
    }
    catch(){…} //语句块代码省略,请参阅 7.6.1 节函数 inituser()中 catch 语句块的
               //相关内容
}
```

2. “成绩”输入框控件 txtcj 的有关事件及其编码

（1）成绩输入框 txtcj 焦点获得事件 Enter，获得焦点时触发。用于在状态栏上显示成绩输入操作提示。

```
private void txtcj_Enter(object sender, EventArgs e){
            this.tSSsum.Text = "输入成绩[0-100],回车确认";    }
```

（2）成绩输入框 txtcj 的 KeyPress 事件，成绩输入框得到焦点，并有键按下时触发。捕获回车键以支持回车键操作。利用正则表达式规则对输入的成绩值进行有效性验证。成绩值有效时，显示相应课程的相关信息。确认修改成绩时，修改指定课程成绩。修改成功并刷新表格控件数据。事件伪代码如下：

```
private void txtcj_KeyPress(object sender, KeyPressEventArgs e)
{  try
   {  int r = 0;                                  //存储修改成功的记录行数
     if (e.KeyChar == (char)Keys.Return)    //按回车键时
     {  //定义临时变量,得到输入的成绩值(字符串)
       string tmp = this.txtcj.Text.ToString().Trim();
       //用正则表达式 Regex.IsMatch(tmp, @"0|[0-9][0-9]|100$")验证输入成绩是
       //否有效
       if ((tmp.Length == 0) ||(!(Regex.IsMatch(tmp, @"0|[0-9][0-9]
       |100$"))))
      {  成绩无效时,清空输入框 txtcj 的值,并使之获得焦点,代码省略    }
         //用正则表达式检测输入成绩值的合法性,是否 0-100 之间的数字字符
       else if (Regex.IsMatch(tmp, @"0|[0-9][0-9]|100$"))
                                                  //输入值为 0~100 时
       {   this.vcj = Convert.ToInt16(tmp);     //得到输入的成绩值
           if (vcj >= 0 && vcj <= 100)          //成绩值有效时
           {   //给出课程成绩修改提示信息
               DialogResult yn;    string ts;
               ts = "当前将要修改成绩的课程及相关信息:\n\n 学号:" + vsno + "\n";
               ts += "课程:" + vcname + " [课程编号:" + vcno + "]\n";
               ts += "日期:" + getOnclassdate(vrq) + "\n\n";
               ts += "是否要修改当前课程的成绩[Y/N]?\n";
               MessageBoxButtons a = MessageBoxButtons.YesNo;
               MessageBoxIcon b = MessageBoxIcon.Information;
               yn = MessageBox.Show(ts, "成绩修改提示",a,b);
               if (yn == DialogResult.Yes)      //确认要修改指定课程的成绩
               {   //调用 BLL 层的类 BLL3Sc 的函数 updatescoretosc()修改成绩
                   r = BLL3SC.updatescoretosc(vsno, vcno, vrq, vcj);
                   if (r > 0)                   //修改课程成绩成功时
                   {  this.txtcj.Enabled = false;   //暂时关闭成绩输入框
                      this.reshowdtgrid(vsno, vrq); }
                                                  //刷新表格控件数据,显示出成绩
                   else
```

```
                    { string t="修改课程:"+vcname+"[" + vcno + "]成绩时出错!\n";
                      弹出对话框,显示以上信息提示,代码省略 }
                }//end if (yn == DialogResult.Yes)
            }//结束 if (vcj >= 0 && vcj <= 100)
        }//结束 if (Regex.IsMatch(tmp, @"\d{3}$"))
    }//end if (e.KeyChar == (char)Keys.Return)
}//结束 try 语句块
catch(){…} //语句块代码省略,请参阅 7.6.1 节函数 inituser()中 catch 语句块的
           //相关内容
}
```

12.3.4 表格控件的有关事件

1. 表格控件 dtgrdv 的 CellClick 事件及其编码

单击表格控件单元格的任意位置时发生。用于获取当前数据行的行号，分解得到当前行各数据项（课程名称、课程号）的值。e.RowIndex 表示当前行的行号；e.ColumnIndex 表示当前行当前列的列序号。

```
private void dtgrdv_CellClick(object sender, DataGridViewCellEventArgs e)
{   try
    {   int r = this.dtgrdv.CurrentRow.Index;  //得到当前行号
        //或者:int r=this.dtgrdv.CurrentCell.RowIndex;
        //此处的 0 表示表格控件 dtgrdv 中物理顺序是第 1 列的内部列号,表示"课程编号"
        //属性列的编号
        vcno = this.dtgrdv.CurrentRow.Cells[0].Value.ToString().Trim();
        //或者通过表格控件中指定的属性列的名称 Colcname 获取课程名称
        vcname = this.dtgrdv["Colcname", e.RowIndex].Value.ToString();
        if (vcno.Length > 0 && vsno.Length > 0 && vrq.Length > 0)
        {   this.cmbrq.Text = vrq;               //显示出原选择的行课日期
            this.cmbrq.Enabled = false;          //临时关闭行课日期组合框
            if (BLL3Layer.uright == 1)           //管理员用户登录时
            {  清空成绩输入框的值,使之可用并获得焦点,代码省略  }
        }
    }
  catch(){…}   //语句块代码省略,请参阅 7.6.1 节函数 inituser()中 catch 语句块的
               //相关内容
}
```

2. 表格控件 dtgrdv 的 CellContentClick()事件及其编码

单击表格控件的单元格的内容时触发该事件。

```
private void dtgrdv_CellContentClick(
            object sender, DataGridViewCellEventArgs e){
    dtgrdv_CellClick(sender, e);  }
                    //触发表格控件的事件 dtgrdv_CellClick(sender, e)
```

3. 表格控件 dtgrdv 的 MouseHover、MouseMove、MouseLeave 事件及其编码

（1）鼠标进入表格控件的可见部分时候触发表格控件的 MouseEnter 事件，用于给出相应的操作提示。

```
private void dtgrdv_MouseEnter(object sender, EventArgs e)
{   if (dtgrdv.Rows.Count > 0)
    {   ToolTip p = new ToolTip();   p.ShowAlways = true;
        p.SetToolTip(this.dtgrdv, "单击表格控件数据行获取该行的课程信息");  }
}
```

（2）鼠标在表格控件内保持静止状态达到一段时间时触发表格控件的 MouseMove-MouseHover 事件，用于给出相关的操作提示信息。

```
private void dtgrdv_MouseHover(object sender, EventArgs e) {
    if (dtgrdv.Rows.Count > 0)
    { this.tSSsum.Text = "单击表格数据行获取课程信息"; }
}
```

（3）鼠标指针移过表格控件时触发 MouseMove 事件，用于给出相关的操作提示信息。

```
private void dtgrdv_MouseMove(object sender, MouseEventArgs e) {
    if (dtgrdv.Rows.Count > 0)
    { this.tSSsum.Text = "单击表格数据行获取课程信息"; }
}
```

（4）鼠标离开表格控件的可见部分时触发表格控件的 MouseLeave 事件，用于清除相关的提示信息。

```
private void dtgrdv_MouseLeave(object sender, EventArgs e)
    {  this.tSSsum.Text = "";   }   //清除状态栏上的提示
```

12.3.5　日期组合框的有关事件

1. 日期组合框控件 cmbrq 的 SelectedIndexChanged 事件及其编码

日期组合框 cmbrq 的 SelectedIndexChanged 事件，在日期组合框的选项发生改变时触发。用于得到开课日期（学期），并获取指定学期开设的所有课程名称。

```
private void cmbrq_SelectedIndexChanged(object sender, EventArgs e)
{   if (this.cmbrq.SelectedIndex >= 0)
    {    this.vrq = this.cmbrq.SelectedItem.ToString().Trim();
                                                    //保存所选日期
         this.lblrq.Text = getOnclassdate(vrq);     //给出行课日期的中文提示
         if (vsno.Length == 12 && vrq.Length == 6)
            { this.reshowdtgrid(vsno, vrq); }   //显示本学期该生选修的课程信息
     }
 }
```

2. 日期组合框控件 cmbrq 的 KeyPress 事件及其编码

日期组合框 cmbrq 的 KeyPress 事件，日期组合框得到焦点且有键按下时触发该事件，用于支持回车键操作，按回车键时触发事件 cmbrq_SelectedIndexChanged。

```
private void cmbrq_KeyPress(object sender, KeyPressEventArgs e)
{   if (e.KeyChar == (char)Keys.Return)      //按下回车键时
    {   代码与事件 cmbrq_SelectedIndexChanged 中的 if 语句段相同,在此省略
        this.groupBox1.Text = "";   }          //清除分组框上的提示文本
}
```

3. 日期组合框控件 cmbrq 的 Enter 事件及其编码

日期组合框 cmbrq 获得焦点时触发 Enter 事件。本事件用于在状态栏上显示相应的操作提示。

```
private void cmbrq_Enter(object sender, EventArgs e){
                this.tSSsum.Text = "↑键↓键选择日期,按回车确认";  }
```

12.3.6 Timer 控件的有关事件

经过指定的时间间隔（由 Timer 控件的属性 Interval 设置）触发 Tick 事件。本事件用于显示系统当前的时间和日期，运行结果如图 12.4 所示。

```
private void timer1_Tick(object sender, EventArgs e)
{   DateTime dt = DateTime.Now;       //定义时间日期对象,获取系统的当前时间和日期
    this.tSLtime.Text = "时间:" + dt.ToString("HH:mm:ss").Trim();
                                      //控制时间的显示格式
}
```

【程序解析】 datetime 对象的几个属性：Year、Month、Date 表示年、月、日；Hour、Minute、Second 表示时、分、秒。格式控制字符“yyyy 年 M 月 d 日,dddd,hh:mm:ss”，用于控制时间的显示格式，“2016 年 11 月 30 日，星期日，18:06:12”。格式控制字符中的字母 h 为小写时，表示 12 小时制式，其中的字母 H 为大写时，表示 24 小时制式。

12.4 BLL 层的相关的类及其成员函数和成员变量的引用

本模块引用了 BLL 层的以下类及其相关的成员函数和成员变量。

1. BLL3Layer 类

引用了 BLL 层的 BLL3Layer 类中的全局数组 usrinfo 和 initgrid()函数，请参阅有关的事件及其代码。

2. BLL3SC 类

引用了 BLL3Sc 类中的成员函数 updatescoretosc()，相关的语句如下：

```
r = BLL3Sc.updatescoretosc(vsno, vcno, vrq, vcj);
```

函数 updatescoretosc(string vsno, string vcno,string vrq,int vcj)。根据学号（参数 vsno 表示）、课号（参数 vcno 课号）、行课日期（参数 vrq 行课日期），修改课程 sc 中指定课程的成绩；返回修改成功的行数（0 或 1）。每次修改一门课程的成绩，因此，返回的最大值为 1。伪代码如下：

```
public static int updatescoretosc(string vsno, string vcno, string vrq,int vcj)
{   int row = 0;            //存储受影响的记录的行数,初始化为 0
    try                     //C#的异常处理机制 try 语句
    {   StringBuilder sql = new StringBuilder();
                            //定义类 StringBuilder 的对象
        sql.Append("update sc set score=@vcj ");
        sql.Append("where sno=@vsno and cno=@vcno and rq=@vrq");
                            //定义更新语句字符串
        SqlParameter[] paras = new[]
                            //定义参数类数组,并初始化元素的成员值,实现参数的传递和应用
        {   new SqlParameter("@vsno", vsno), new SqlParameter("@vcno",vcno),
            new SqlParameter("@vrq", vrq), new SqlParameter("@vcj", vcj)  };
        //调用 DAL 层的类 SqlDAL 的函数 ExecNoQuery()并传递参数到底层,实现数据修改
        row = SqlDAL.ExecNoQuery(sql.ToString(), CommandType.Text, paras);
        return row;         //返回查询结果(修改成功的行数)
    }
    catch(){…}              //语句块代码省略,请参阅 7.6.1 节函数 inituser()中的相关内容
    return row;
}
```

3. BLL3Students 类

引用了 BLL 层的 BLL3Studengts 类的成员函数 Getsnamebysno()、IsExistStudent(vsno)，具体请参阅 11.4 节中 BLL3Students 类及有关成员函数的介绍。

第13章 成绩数据批量维护模块

在前面的章节中，介绍了 SQL 语句的添加（Insert）、删除（delete）、修改（update）命令及其在开发中的简单应用，但这些更新操作每次涉及一条数据记录。本章结合课程成绩的录入和维护，介绍了数据的批量更新方法。主要介绍了类 SqlDataAdapter、DataSet 及其方法在项目开发中的具体应用。本实例针对两类用户：教师用户和管理员用户。

13.1 界面设计

教师登录后的运行界面如图 13.1 所示。教师用户对教师本人承担的行课班级的课程成绩进行批量录入和维护。

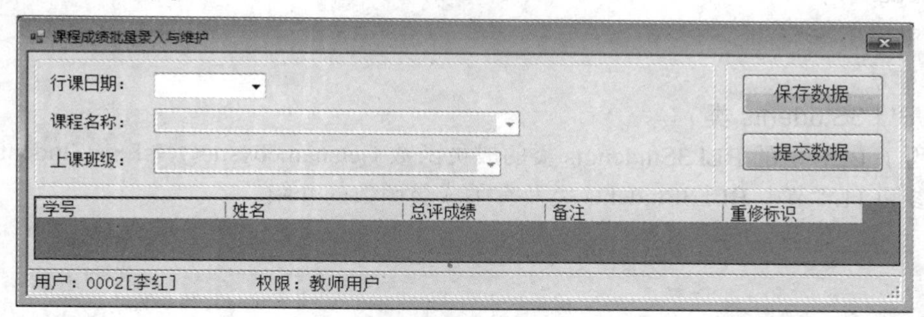

图 13.1 教师用户登录后的初始界面

管理员用户登录后，运行的初始界面如图 13.2 所示。管理员用户可对任一指定的教师所承担的行课班级的课程成绩进行批量录入和维护。

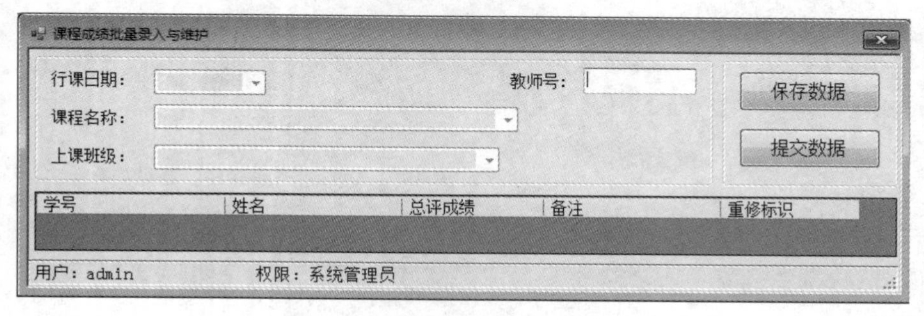

图 13.2 管理员登录后的初始界面

13.1.1 添加一个窗体到应用表示层

添加一个名为 FormBatchInputScores 的新窗体到 UI 层，并产生窗体类 FormBatchInputScores，同时生成以下几个主要文件。

（1）FormBatchInputScores.cs[设计]文件，界面设计文件。

（2）FormBatchInputScores.Designer.cs 文件，包含有关的所有控件及其属性设置。

（3）FormBatchInputScores 类，包含了窗体类的所有引用、成员变量、成员函数（包括事件代码）。

13.1.2 窗体控件添加与布局及属性设置

1. 窗体添加与布局

本模块的窗体及其所需控件与布局，运行结果显示如图 13.3 所示。其中“教师号:”标签控件和“教师编号”输入框控件对“教师用户”不可见。学生用户对此模块没有操作权限。

2. 控件及相关属性设置

本模块窗体及其所需控件及其相关属性设置如表 13.1 所示。

表 13.1 “成绩数据批量维护”模块有关控件及其属性设置

控件类型	控件对象名称	属性名称	属性值	控件功能或用途说明
Form（窗体控件）	FormBatchInputScores	Text	成绩批量录入与修改	窗体容器控件
		StartPosition	CenterScreen	窗体运行时居中
		formborderstyle	FixedSingle	固定对话框
DataGridView（表格控件）	dtgrdv	Column[]	Column1-Column5	共 5 列,显示数据用
DataGridViewTextBoxColumn（表格控件的列文本框控件）	Colsno（学号列的名称）	HeaderText	学号	sno 字段的标题
		Width	160	列宽度
		DataPropertyName	sno	绑定的 sc 表中的字段名
	Colsname（姓名列的名称）	HeaderText	姓名	sname 列的标题
		Width	130	列宽度
		DataPropertyName	sname	绑定的 sc 表中的字段名
	Colscore（总评成绩列的名称）	HeaderText	总评成绩	score 字段的标题
		Width	150	列宽度
		DataPropertyName	score	绑定的 sc 表中的字段名

续表

控件类型	控件对象名称	属性名称	属 性 值	控件功能或用途说明
	Colnote（备注列的名称）	HeaderText	备注	note 字段的标题
		Width	150	列宽度
		DataPropertyName	note	绑定的 sc 表中的字段名
	Colrein（重修标识列的名称）	HeaderText	重修标识	rein 字段的标题
		Width	130	列宽度
		DataPropertyName	rein	绑定的 sc 表中的字段名
GroupBox（分组框控件）	groupBox1	Text		用于输入类控件分组
	groupBox2	Text		用于按钮控件分组
ComboBox（组合框控件）	cmbrq	Items	内容动态设置	显示行课日期
	cmbkc	Items	内容动态设置	显示课程名称
	cmbbj	Items	内容动态设置	显示行课班级名称
TextBox（文本输入框控件）	txttno	Text	内容动态设置	输入教师号或姓名
Label（标签控件）	label1	Text	教师号:	教师编号提示标签
	label2	Text	行课日期:	行课日期提示标签
	lblrq	Text	内容动态设置	显示学期的中文提示
	label4	Text	课程名称:	课程名称提示标签
	lblcno	Text	内容动态设置	动态显示课程编号
	label5	Text	上课班级:	上课班级提示标签
	lblbj	Text	内容动态设置	动态显示班级编号
Button（命令按钮控件）	btsave	Text	保存数据	功能性按钮
	btcommit	Text	提交数据	
StatusStrip（状态栏控件）	stStrip	Text		显示有关信息
ToolStripStatusLabel（状态栏的文本标签控件）	tSSsum	Text	内容动态设置	显示一些提示性信息
	tsLBrs	Text	内容动态设置	显示班级总人数
	tSSLUqx	Text	内容动态设置	显示登录用户权限类别
	tSSLUsr	Text	内容动态设置	显示登录用户名

窗体的最大化、最小化按钮取消。表格控件 dtgrdv 部分属性列（sno 学号、sname 姓名）的 ReadOnly 属性设置为 true。表格控件常用的主要属性设置参见 BLL 层的类 BLL3Layer 的成员函数 initgrid()。文本输入框控件 txttno、“教师号：”标签控件对教师用户是不可见的（如图 13.1 所示），而对管理员用户可见，如图 13.3 所示。

13.2　模块功能设计与描述

13.2.1　输入教师编号或姓名

管理员可以对任一教师担任的班级课程成绩实施录入和维护。输入教师编号（如 0002）后按回车键，通过正则表达式 Regex.IsMatch(vtno, @"^\d{4}$")，检测输入的是否为 4 位数字（教师编号），如果是 4 位数字，且该教师编号存在，显示出教师的姓名，运行结果如图 13.3 所示。

课程成绩批量录入与维护

行课日期：201702　2017年下学期　教师号：0002　保存数据

课程名称：数据结构　课程号：C011　提交数据

上课班级：2016级软件工程专业01班　班级号：2016060801

学号	姓名	总评成绩	备注	重修标识
201606084101	罗云浩	76		
201606084102	魏铃	86		
201606084103	董腾腾	96		
201606084104	唐业龙			
201606084105	简华君			
201606084106	张隆宇			
201606084120	龚识权			

用户：admin　权限：系统管理员　教师：李红[0002]　班级人数:56

图 13.3　管理员登录输入教师编号处理成绩

也可以输入教师姓名（如李红），按回车键后，通过以下正则表达式加以验证：

```
Regex.IsMatch(vtno, @"^[\u4e00-\u9fa5]{2,4}$")
```

如果输入的是 2～4 个汉字（当然不一定是姓名之类的汉字，这也是一个逻辑上的缺陷），且指定的教师名称存在，显示其对应的编号，运行结果如图 13.4 所示。

功能的具体实现请参阅输入框控件 txttno 的 KeyPress 事件代码。输入教师编号或姓名后，其他操作（过程与步骤）与教师用户登录后的操作与步骤一样。

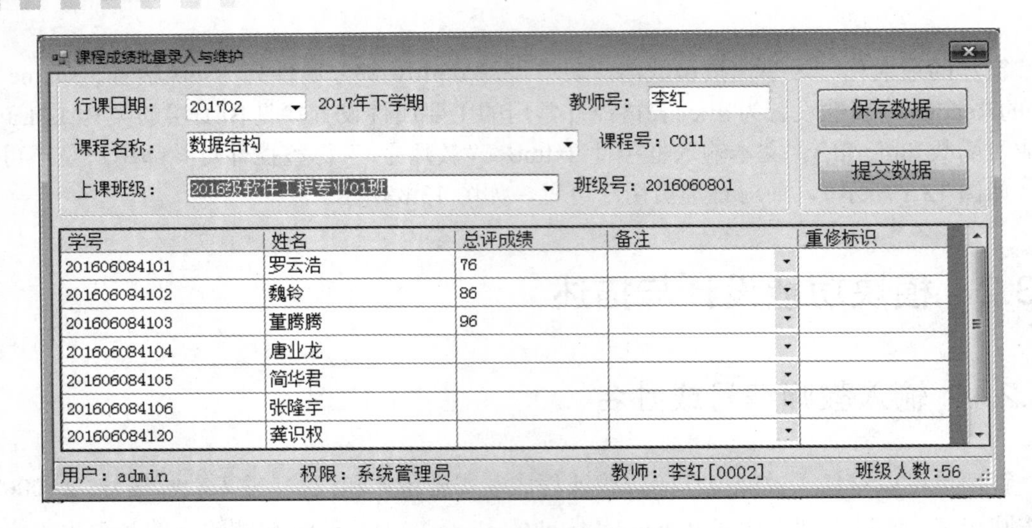

图 13.4 管理员登录输入教师姓名处理成绩

13.2.2 设置行课日期

该功能的设计与实现，请参阅 11.2.1 节中该功能的设计与实现的介绍。

13.2.3 获取并显示课程名称

根据教师编号和行课日期，在“课程名称”组合框中，显示出本学期指定编号教师所担任的被学生选修的全部课程名称，且激活“课程名称”组合框并使之获得焦点。当选择课程名称后，在标签控件 lblcno 上显示课程名称对应的编号，如图 13.3 所示。请参阅课程名称组合框控件的有关事件及其代码。

13.2.4 获取并显示班级名称

在教师编号、行课日期、课程名称（及其编号）确认之后，“班级名称”组合框被激活且获得焦点。在“班级名称”组合框中，显示出本学期指定编号的教师行课班级的名称。选择班级名称后，在标签控件 lblbj 上显示班级名称对应的编号，如图 13.3 所示。请参阅班级名称组合框控件有关事件及代码。

13.2.5 课程成绩批量录入与保存

选择行课班级之后，将在表格控件中显示出如图 13.4 所示的班级相关信息。在“总评成绩”栏上批量录入成绩数据，单击“保存数据”按钮即可保存数据（到数据表），并给出如图 13.5 右下角所示的“更新提示”对话框。

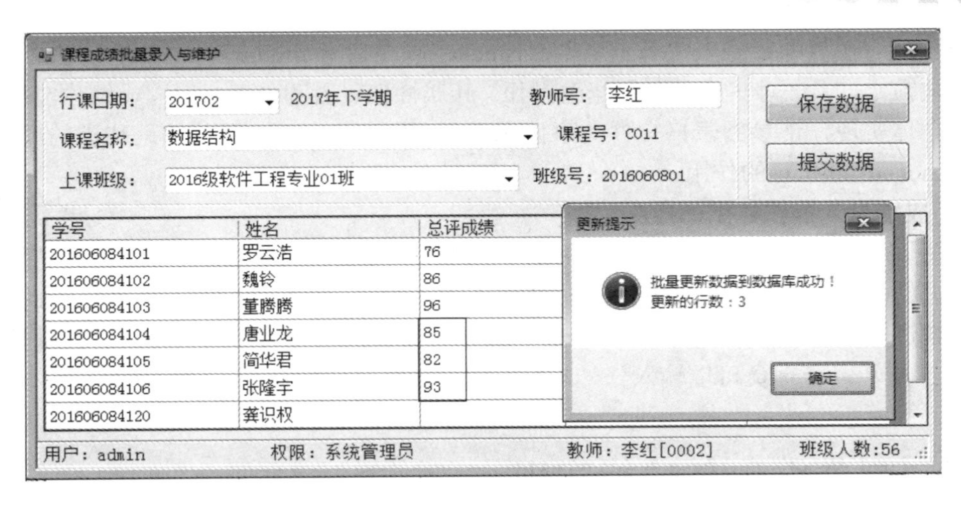

图 13.5　成绩批量录入与保存

13.2.6　提交数据

1. 保存录入（或修改）的数据

在成绩录入或修改过程中，可随时单击“保存数据”按钮保存数据（到数据表），数据保存成功时，将弹出如图 13.6 所示图中的右下角的“更新提示”对话框。例如成功修改了 3 行数据并保存成功。

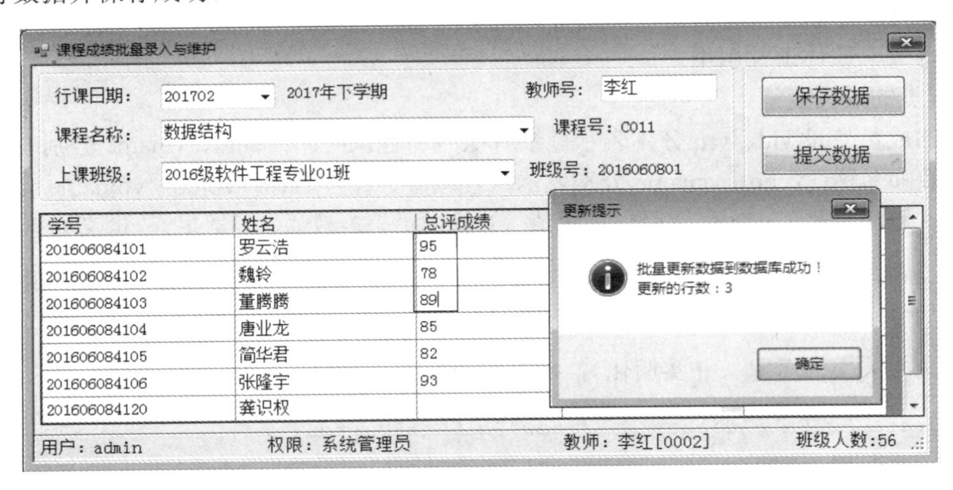

图 13.6　成绩批量修改与保存

比较如图 13.5、图 13.6 所示两个图的同一数据行的“总评成绩”数据便知。在没有单击“提交数据”前，数据可再次进行修改，单击“保存数据”按钮保存数据。

2. 数据的提交

单击“提交数据”按钮，同样实现数据的保存（到数据表），但之后，数据不可再进行修改。

【原理】 在教师任课表中有一属性（islocked，类型为 tinyint），将其值设置为 1 时，课程将被锁定，无法对其成绩进行修改操作。其属性值设置为 0 时，课程成绩才能被修改。功能的具体实现，请参阅表格控件的事件 dtgrdv_CellBeginEdit 及其编码和类的成员函数 getkcisLocked(int flag)的作用。

3．成绩录入操作权限的控制

如图 13.1 所示，“教师号：”标签控件，“教师编号”输入框控件 txttno 对“教师用户”是不可见的。实现了不同用户操作权限的控制。“教师用户”只能对自己所在班级的有关课程的成绩进行维护操作。管理员可以对任一教师所在班级的有关课程的成绩进行维护操作，如图 13.5 所示，管理员可以输入任一教师的编号或姓名进行课程成绩维护操作。

13.3 事件编码与功能实现

在窗体类文件的开始部分须（手工方式）添加的引用语句如下：

```
using System.Text.RegularExpressions;  //引用正则表达式相关的类
using System.Data.SqlClient;            //引用 SQLServer 类型数据库的类及其函数
using BLL;                            //引用 BLL 层的有关的类及其成员函数、成员变量
```

13.3.1 窗体类的成员函数与成员变量

在窗体类中自定义了若干成员函数，以实现相应的功能。定义了若干成员变量，供类的成员函数、控件事件引用。

1．类的成员变量

类的成员变量 vid、vrq 分别表示登录者账号和行课时间；vtno、vtname 分别表示教师编号、教师名称；vcno、vcname 分别表示课程编号、课程名称；vbjno、vbjname 分别表示班级号、班级名称。vqx 存储用户权限值（1-管理员、2-教师、3-学生）。定义如下：

```
public static string vid, vtno, vtname, vcno, vcname, vrq, vbjno, vbjname;
private static int vqx = BLL3Layer.uright;   //引用 BLL 层的成员变量 uright
```

定义相关类的对象（并实例化），被类的函数（事件引用）如下：

```
private SqlDataAdapter da = new SqlDataAdapter();
private DataTable dt = new DataTable();
private DataSet ds = new DataSet();
private SqlCommandBuilder builder = null;
```

2．类的成员函数

（1）重载类的构造函数：增设了一个参数 sTitle，实现参数传递。

```
public FormBatchInputScores(string sTitle)
{   InitializeComponent();
```

```
    this.Text = sTitle; //动态显示窗体的标题，将主菜单中菜单项的标题传递给本窗体作
                        //为标题
}
```

（2）initctrols(int flag)：根据教师、管理员选择性的设置控件的初始状态和有关变量的初始值。参数 flag 标识登录者的权限值：flag=2 表示教师用户；flag=1 表示管理员。伪代码如下：

```
private void initctrols(int flag)
{   this.cmbkc.Enabled = false; this.cmbbj.Enabled = false;
                                          //暂时关闭组合框控件
    //清理相关标签类控件的提示信息
    this.lblbj.Text = "";   this.lblrq.Text = "";  this.lbcno.Text = "";
    if (flag == 1)                        //系统管理员登录时
    {   this.cmbrq.Enabled = false; //暂时关闭行课日期组合框控件
        使教师姓名标签 label1、输入框 txttno 可见、可用，并清除其值且获得焦点。代码省略
    }
    else if (flag == 2)                   //教师用户登录时
    {   行课日期组合框 cmbrq 可用并获得焦点，代码省略
        使教师姓名标签 label1、教师名称输入框 txttno 不可见，代码省略    }
    vcno = vcname = vrq = "";             //开始时清空有关变量的值
}
```

（3）getcnamesbyrqtno()：用于显示本学期（vrq）指定教师（vtno）所担任的全部课程名称。

```
private void getcnamesbyrqtno()
{   vrq = this.cmbrq.SelectedItem.ToString().Trim();
                                          //保存所选择的行课日期于变量 vrq
    this.lblrq.Text = getOnclassdate(vrq);        //给出行课日期的中文提示
    this.showcnames(vrq, vtno);       //调用成员函数显示本期（vrq）教师（vtno）担
                                          //任的课程名称
}
```

（4）showcnames(string vrq,string vtno)：根据教师编号（参数 vtno 表示）和行课程日期（参数 vrq 表示），获取教师担任课程名称集合并显示到“课程名称”组合框。伪代码如下：

```
private void showcnames(string vrq, string vtno)
{   DataSet dxs = new DataSet();
    try
    {   this.cmbkc.Items.Clear();     //清除"课程名称"组合框原有的课程名称
        dxs = BLL3SC.GetcnamesDataSet(vrq, vtno);
                                          //获取教师在指定学期担任的全部课程
        if (dxs != null)
        {   this.cmbkc.DataSource = dxs.Tables[0].Copy();
                                          //获取该表的结构和数据
            this.cmbkc.DisplayMember = "cname";
```

```
                                    //绑定字段到组合框的"显示属性"成员
            this.cmbkc.ValueMember = "cno";
                                    //绑定字段到组合框的"值属性"成员
            dxs.Dispose();          //释放 DataSet 对象所占的资源
        }
    }
    catch(Exception ex){…}          //该语句块代码省略,请参阅 7.6.2 节中该语句
                                    //块的有关内容
    使组合框 cmbkc 可用并获得焦点且处于未选中状态,代码省略
}
```

（5）getbjnamesbyrqtno()：根据课程编号、行课日期、教师编号获取行课程班级名称，并调用函数 showclassnames()显示本学期指定教师担任课程的所有班级名称到“班级名称”组合框，并激活“班级名称”组合框。vrq、vtno、vcno 分别表示行课日期、教师编号、课程编号。伪代码如下：

```
private void getbjnamesbyrqtno()
{   vcno = vcname="";               //清除两个变量的值
    this.lbcno.Text = "";           //清除显示课程编号的标签提示信息
    vcname = this.cmbkc.SelectedItem.ToString().Trim(); //获取并保存课程名称
    vcno = this.cmbkc.SelectedValue.ToString();     //得到课程名称对应的编号
    if (vcno.Length > 0) { this.lbcno.Text = "课程号:" + vcno; }
                                                    //显示课程编号
    if (vcno.Length > 0 && vrq.Length > 0 && vtno.Length > 0)
    {  this.showclassnames(vrq, vtno, vcno); }
                                    //获取并显示班级名称到组合框控件上
}
```

（6）showclassnames(string vtno,string cno, string vrq)：根据任课日期（参数 vrq 表示）、教师编号（参数 vtno 表示）、课程编号（参数 cno 表示），获取所上课的班级名称（集合），并显示到“班级名称”组合框。伪代码如下：

```
private void showclassnames(string vrq, string vtno, string cno)
{  DataSet dxs = new DataSet();
   try
   {   this.cmbbj.Items.Clear();    //清除原有的课程名称
       //根据行课时间、教师编号、课程号获取所有行课班级的名称
       dxs = BLL3Teachers.GetclassNameDataSet(vrq, vtno, vcno);
       if (dxs != null)
       {   //如果班级数据集是 DataSet 类型的对象,可以按以下方法设置有关属性
           this.cmbbj.DataSource = dxs.Tables[0].Copy();
                                    //绑定数据源到组合框控件上
           this.cmbbj.DisplayMember = "bjname";
                                    //绑定字段到组合框的"显示属性"成员
           this.cmbbj.ValueMember = "bjno";
                                    //绑定字段到组合框的"值属性"成员上(不显示)
```

```
            dxs.Dispose();
        }
    }
    catch(){…}        //语句块代码省略，请参阅 7.6.1 节函数 inituser()中 catch 语句
                      //块的相关内容
    使组合框 cmbbj 可用并获得焦点且处于未选中状态,代码省略
}
```

（7）showbjselectKc()：获取班级名称和编号。调用函数 showTeachingkcScore()显示该班学生与课程的相关信息，包括学号、姓名、课程成绩、行课日期、是否重修等数据项，如图 13.4 所示。vrq、vtno、vcno、vbjno 分别表示行课日期、教师编号、课程编号、行课班级编号。

```
private void showbjselectKc()
{   if (this.cmbbj.SelectedIndex >= 0)                          //选择了班级时
    {   vbjname = this.cmbbj.SelectedItem.ToString().Trim(); //获取班级名称
        vbjno = this.cmbbj.SelectedValue.ToString();          //获取班级编号
        if(vbjno.Length>0)  this.lblbj.Text = "班级号:"+vbjno;
                                                              //显示班级编号
        else this.tSSsum.Text = "班级编号为空";
        if (vbjno.Length > 0 && vrq.Length > 0 && vtno.Length > 0)
        {  //以表格形式显示课程和班级有关信息
           showTeachingkcScore(vrq, vcno, vtno,vbjno); }
    }
}
```

（8）showTeachingkcScore(vrq,vcno,vtno,vbjno)：根据教师号 vtno、行课日期 vrq、课程号 vcno、行课班级号 vbjno，显示出该班学生与课程的相关信息，包括学号、姓名、课程成绩、行课日期、是否重修等数据项，并显示在表格控件中，如图 13.4 所示。

```
private void showTeachingkcScore(string vrq,string vcno,string vtno,string
vbjno)
{   //管理员登录,调用 BLL 层的类 BLL3Teachers 的函数 SetkcisLocked(),参数 0 表示解
    //锁课程,成绩可修改
  if (vqx==1){ BLL3Teachers.SetkcisLocked(vrq,vcno,vtno,vbjno,0); }
  this.ds.Clear();  ds.Dispose();  //清出 ds 中所有表的所有数据,释放 ds 所占资源
  //调用 BLL 层的类 BLL3SC 的函数 GetSelectedkcDataAdapters(),得到一个适配器对象
  da = BLL3SC.GetSelectedkcDataAdapters(vrq, vcno, vtno, vbjno);
  builder = new SqlCommandBuilder(da);
                              //用 da 实例化 SqlCommandBuilder 类的对象,很重要
  builder.QuotePrefix = "[";     builder.QuoteSuffix = "]";
  da.Fill(ds, "sc");         //将得到的数据集填充到 ds 中,并取名为"sc"
  //或者:dt = ds.Tables[0].Copy();  //dt 为 DataTable 对象,请参阅成员变量部分
  //设置 ds 中的 sc 数据集的多列主键(sno,cno,rq),须与数据表 sc 的主键呈对应关系(很
  //重要!)
  ds.Tables["sc"].PrimaryKey = new DataColumn[] {
     ds.Tables["sc"].Columns["sno"],
```

```
    ds.Tables["sc"].Columns["cno"], ds.Tables["sc"].Columns["rq"] };
    /*或者通过以下(等价)语句实现(dt 为 DataTable 对象,请参阅成员变量部分):
      DataTable dt = ds.Tables[0].Copy(); 或者:dt = ds.Tables["sc"];
      为 dt 对象建立三个主属性:sno、cno、rq
      dt.PrimaryKey=new DataColumn[]{
                          dt.Columns["sno"],dt.Columns["cno"],
                          dt.Columns["rq"] };
      da.Fill(dt);                  /*将数据填充到 Table 对象 dt 中 */
      int r = ds.Tables["sc"].Rows.Count;
                                    //等价的语句:int re = dt.Rows.Count;
      if (r > 0)
      {   //表 sc 的主属性:sno,cno,rq;获取的数据项:sno,sname,score,note,
          //rein,cno,rq
          this.dtgrdv.DataSource = ds.Tables[0];
                                    //将数据源绑定到表格控件的 DataSource
          //等价语句:this.dtgrdv.DataSource = dt;
          this.dtgrdv.Refresh();
          this.tsLbrs.Text = "班级人数:" + r.ToString().Trim();
      }
      else { this.tsLbrs.Text = "班级人数:0"; }
  }
```

（9）showkcrq()、getOnclassdate(string trq)：参阅 11.3.1 节中相同函数的介绍。

13.3.2 窗体的有关事件

1. 窗体 Load 事件

在窗体加载时自动执行，完成一些初始化工作。伪代码如下：

```
private void FormBatchInputScores_Load(object sender, EventArgs e)
{   vid = BLL3Layer.usrinfo[0].ToString().Trim();   //获取登录者名称
    this.tSSLUqx.Text = "权限:" + BLL3Layer.usrinfo[2];
                                        //显示登录用户类别名称
    if (vqx == 2)                       //教师用户登录时
    {   vtno = vid;                     //保存登录者账号到变量 vtno
        string ss = BLL3Teachers.GetTnameBytno(vtno);
                                        //根据教师编号得到教师姓名
        this.tSSLUsr.Text= "用户:" +vtno+"["+ss.ToString().Trim()+"]";
                                        //显示用户名
        this.initctrols(2);             //调用类的成员函数初始化控件的状态
    }
    else if (BLL3Layer.uright == 1)     //管理员登录时
    {   this.tSSLUsr.Text = "用户:" + vid;  //显示登录的用户名
        this.initctrols(1);             //调用类的成员函数初始化控件的状态
```

```
    }
    BLL3Layer.initgrid(dtgrdv);      //调用 BLL 层类的函数设置表格控件的相关属性值
    this.showrkrq();                 //显示任课时间(学期值集)
    this.tsLbrs.Text = this.tSSsum.Text = "";   //清除状态栏相关控件的提示显示
}
```

调用类 BLL3Teachers 的函数 GetTnameBytno(vtno)，调用 BLL 层类 BLL3Layer 的成员函数 initgrid ()，调用类的成员函数 showrkrq()、initctrols(1)，参见本章的有关节的介绍。

2. 窗体 FormClosing 事件

用于关闭窗体。请参阅 5.3.11 节中的 FormClosing 事件与代码。

13.3.3 文本框 TextBox 类控件的有关事件

1. “教师编号”输入框的 Keypress 事件

“教师编号”输入框控件 txttno，用于输入教师编号或教师姓名。其 KeyPress 主要用于支持回车操作，当该输入框获得焦点，并按下回车键时，获取输入的教师编号或者姓名，通过正则表达式判别输入的是四位数字（教师编号），还是 2～4 个汉字（教师姓名），数据通过“有效性验证”之后，实现相应的功能。如果输入的数据不符合要求，重新输入教师编号或教师姓名。伪代码如下：

```
private void txttno_KeyPress(object sender, KeyPressEventArgs e)
{  if (e.KeyChar == (char)Keys.Return)     //如果按了回车键
   {  vtno=this.txttno.Text.ToString().Trim();
                                              //得到"教师编号"输入框的值
      if (Regex.IsMatch(vtno, @"^\d{4}$"))    //如果输入的是四位教师编号
      {  //调用 BLL 层类 BLL3Teachers 的函数 IsExistTeachers()测试教师是否存在
         if (BLL3Teachers.IsExistTeachers(vtno,1) == 1) //教师编号存在时
         {  //调用 BLL 层的类 BLL3Teachers 的函数 GetnoOrtname()获取教师姓名
            vtname = BLL3Teachers.GetnoOrtname(vtno,2);
            tSSsum.Text = "教师:" + vtname + "[" + vtno + "]";
                                              //显示教师编号和姓名
            教师编号有效时,使组合框 cmbrq 可用并获得焦点且使之处于未选中状态,代
            码省略   }
         else
         {  this.tSSsum.Text = "不存在教师号:" + vtno;
            清除相关的数据,以便于重新输入教师编号或姓名,代码省略
            vtno = "";   this.txttno.Clear();   this.txttno.Focus();  }
      }  //匹配 2~4 个汉字的正则表达式:@"^[\u4e00-\u9fa5]{2,4}$"
      else if (Regex.IsMatch(vtno, @"^[\u4e00-\u9fa5]{2,4}$"))
                                              //输入的 2~4 个汉字
      {  vtname = this.txttno.Text.ToString().Trim();
                                              //得到输入的教师姓名
         //调用 BLL 层的类 BLL3Teachers 的函数 IsExistTeachers()测试教师姓名
```

```
            //是否存在
            if (BLL3Teachers.IsExistTeachers(vtname,2) == 1)
                                            //按教师姓名测试
            { vtno = BLL3Teachers.GetnoOrtname(vtname,1);
                                            //根据教师姓名获取教师编号
              tSSsum.Text = "教师:" + vtname + "[" + vtno + "]";
                                            //显示教师编号和姓名
              使得组合框 cmbrq 可用并获得焦点且使之处于未选中状态,代码省略  }
            else
            { this.tSSsum.Text = "不存在教师姓名:" + vtname;
              清除相关的数据,以便于重新输入教师编号或姓名,代码省略
              vtno = "";  this.txttno.Clear();   this.txttno.Focus();  }
        }
        else{ 清空教师编号输入框的值,使之获得焦点,代码省略  }
    }
}
```

2.“教师编号”输入框的 DoubleClick 事件

输入框 txttno 的双击事件 DoubleClick。当双击“教师编号”输入框时触发该事件。使“教师编号”输入框获得焦点，并对相关控件的状态进行重新设置，并清空有关变量的值。伪代码如下：

```
private void txttno_DoubleClick(object sender, EventArgs e)
{   清除所有组合框的显示文本,如 this.cmbrq.Text = "";
    使所有组合框暂时不可用,如,this.cmbrq.Enabled = false;
    清除所有显示类标签控件的显示文本,如,this.lblbj.Text = "";
    清除相关变量的值,如,vcno = vcname = vrq = vtno = vbjno = "";
    this.txttno.Clear();this.txttno.Focus();
                                    //清空教师编号输入框的值并使之获得焦点
    if (ds != null) { ds.Dispose(); } //清除 ds 对象中的数据集
    清空表格控件、组合框控件的数据(源),如,this.dtgrdv.DataSource = null;
}
```

3.“教师编号”输入框的 Enter 事件

输入框 txttno 获得焦点事件，该控件获得焦点时触发，用于给出输入操作的相关提示。

```
private void txttno_Enter(object sender, EventArgs e){
    if (BLL3Layer.uright == 1){ this.tSSsum.Text = "输入教师编号或姓名,回车
    确认"; }
}
```

13.3.4 组合框 ComboBox 类控件有关事件

实现不同类型数据集的显示，其事件主要有 SelectedIndexChanged、KeyPress。

1. 日期组合框控件 cmbrq 相关事件

（1）日期组合框 cmbrq 的 SelectedIndexChanged 事件代码：在日期组合框的选项发生

改变时触发该事件，用于获取行课学期，并显示中文提示，如图 13.3 所示。选择学期之后，同时显示本学期开设的所有课程名称，并激活“课程名称”组合框。

```
private void cmbrq_SelectedIndexChanged(object sender, EventArgs e)
{   //如果选择了具体的行课日期,调用类的成员函数 getcnamesbyrqtno(),以显示课程名称
    if (this.cmbrq.SelectedIndex >= 0){  getcnamesbyrqtno(); }
}
```

（2）日期组合框 cmbrq 的 KeyPress 事件：日期组合框得到焦点并有键按下时触发该事件，用于支持回车键操作，选择了行课日期且按下回车键时，调用类的成员函数 getcnamesbyrqtno()，以显示课程名称。

```
private void cmbrq_KeyPress(object sender, KeyPressEventArgs e)
{   //选择了行课日期且按下回车键时,调用类的成员函数 getcnamesbyrqtno(),以显示课
    //程名称
    if ((this.cmbrq.SelectedIndex >= 0)&& (e.KeyChar == (char)Keys.
    Return))
    { getcnamesbyrqtno(); }
}
```

2. 课程名称组合框控件 cmbkc 相关事件

（1）课程名称组合框 cmbkc 的 SelectedIndexChanged 事件：在课程名称组合框的选项发生改变时触发该事件，用于获取课程名称及其编号，并显示课程编号，如图 13.4 所示。选择课程名称之后，同时显示行课的班级名称，并激活“班级名称”组合框。

```
public void cmbkc_SelectedIndexChanged(object sender, EventArgs e)
{   //选择了课程名称时,调用类的成员函数 getbjnamesbyrqtno(),以显示行课班级的名称
    if (this.cmbkc.SelectedIndex >= 0){ getbjnamesbyrqtno();  }
}
```

（2）课程名称组合框 cmbkc 的 KeyPress 事件：课程名称组合框获得焦点且有键按下并释放时触发。按下回车键时，调用类的成员函数 getbjnamesbyrqtno()，以显示行课班级的名称。

```
private void cmbkc_KeyPress(object sender, KeyPressEventArgs e)
{   //选择了课程名称且按下回车键时,调用成员函数 getbjnamesbyrqtno(),以显示行课班
    //级的名称
    if ((this.cmbrq.SelectedIndex >= 0)&& (e.KeyChar == (char)Keys.Return))
     { getbjnamesbyrqtno(); }
}
```

3. 班级名称组合框控件 cmbbj 相关事件

（1）班级名称组合框 cmbbj 的 SelectedIndexChanged 事件：在班级名称组合框的选项发生改变时触发该事件，用于获取班级名称及其编号，并显示班级编号，如图 13.4 所示。选择班级名称之后，显示该班学生相关信息于表格控件中。

```
private void cmbbj_SelectedIndexChanged(object sender, EventArgs e)
```

```
{ //选择了班级(名称)之后,调用类的成员函数 showbjselectKc(),显示该班学生相关信息
    if (this.cmbbj.SelectedIndex >= 0) { showbjselectKc(); }
}
```

(2）班级名称组合框 cmbbj 的 KeyPress 事件：班级名称组合框获取焦点，且有键按下并释放时触发。按下回车键时，调用类的成员函数 getbjnamesbyrqtno()，以显示行课班级的名称。

```
private void cmbbj_KeyPress(object sender, KeyPressEventArgs e)
{   //选择了具体班级且按下回车键时,调用类的成员函数,显示该班学生相关信息
    if ((this.cmbbj.SelectedIndex >= 0) && (e.KeyChar == (char)Keys.Return))
    {  showbjselectKc(); }                          //调用类的成员函数
 }
```

【程序解析】 combobox 控件有 3 个属性：displaymember、valuemember 和 selectedvalue。三者之间的内在联系为：displaymember 指展示给用户且在列表中显示的内容；valuemember 指程序内部使用的数据，与成员“displaymember”绑定的数据呈一一对应关系；selectedvalue 指列表中所选的值。设要显示的是学生姓名，使用的是学生学号，则对应的 displaymember 设置为学生的姓名字段（sname），valuemember 设置为学号字段（sno）。

13.3.5 命令按钮 Button 类控件的有关事件

两个按钮的作用如图 13.1 所示的标题。事件主要有 Click、KeyPress，以实现相应的功能。

1. “保存数据” 按钮的有关事件

“保存数据”按钮 btsave 的单击 Click 事件。保存录入的数据到数据表中。伪代码如下：

```
private void btsave_Click(object sender, EventArgs e)
{   try
    {   builder = new SqlCommandBuilder(da);
        //通过 SqlCommandBuilder 对象自动得到更新命令
        da.UpdateCommand = builder.GetUpdateCommand();
        da.InsertCommand = builder.GetInsertCommand();
        da.DeleteCommand = builder.GetDeleteCommand();
        if (ds.HasChanges())                        //更新数据源:
        {   int row = da.Update(ds, "sc");    //得到数据更新的行数
            ds.AcceptChanges();  //提交自加载 DataSet 对象 ds 以来所进行的所有更改
                                 //到数据库
            string ts = "数据批量更新操作完成:\n";
            if (row > 0) { ts = "批量更新数据到数据库成功!\n";  }
            else {  ts = "批量更新数据到数据库失败!\n";  }
            ts = ts + "更新的行数:" + row.ToString().Trim() + "\n";
            弹出提示对话框,显示之上信息,代码省略
        }
    }
```

```
    catch(){…}  //语句块代码省略,请参阅 7.6.1 节函数 inituser()中 catch 语句块的
                //相关内容
    finally { } //在此只给出了 finally 的框架
}
```

SqlCommandBuilder 是一个自动生成 SQL 语句的命令，不过用于查询的表（也是即将被修改数据的数据表）一定要有关键字，如果查询的属性序列中没有完全包含主属性，用 SqlDataAdapter 的 Update 方法更新数据库时将出错。其中的 ds、da 对象是窗体类的成员变量。

2. “提交数据”按钮的有关事件

“提交数据”按钮 btcommit 的单击 Click 事件，触发“保存数据”按钮的单击事件，以保存数据。设置表格控件的“成绩”属性列为只读，不可修改。调用 BLL 层的类 BLL3Teachers 的函数 setkcLockstate()加锁课程，使得课程成绩不能被修改，除非解锁。

```
private void btcommit_Click(object sender, EventArgs e)
{  btsave_Click(sender,e);                        //触发“保存数据”按钮的单击事件
   this.dtgrdv.Columns[2].ReadOnly = true;  //使成绩属性列为只读,不能修改成绩
   //调用类 BLL3Teachers 的函数 setkcLockstate(),加锁课程,使成绩不能被修改,除非解
   //锁之后
   BLL3Teachers.setkcLockstate(vrq,vcno,vtno,vbjno,1);
}
```

13.3.6 表格 DataGridView 类控件有关事件

表格控件用于数据的显示，相关事件有 CellBeginEdit，表格控件 dtgrdv 的单元格启动编辑事件。调用 BLL 层的类 BLL3Teacher 的函数 getkcisLocked()获取课程的锁定状态，根据课程是否处于锁定状态，设置表格控件的一些属性列的属性，使之进入编辑状态或只读状态。伪代码如下：

```
private void dtgrdv_CellBeginEdit(
            object sender, DataGridViewCellCancelEventArgs e)
{  bool tmp1 = false,tmp2 = false;
   //调用 BLL 层的类 BLL3Teacher 的函数 getkcisLocked()获取课程的锁定状态
   if (BLL3Teachers.getkcisLocked(vrq, vcno, vtno, vbjno) == 0)
                                                  //课程未锁定时
   {  //使第 2 列"成绩"属性、第 3 列"备注"属性、第 4 列"重修"属性可编辑
      tmp1=((e.ColumnIndex == 2) || (e.ColumnIndex == 3) || (e.ColumnIndex
      == 4));
      if (tmp1==true){ e.Cancel = true; } //课程未被锁定时,使以上属性列可编辑
   }
   else if(BLL3Teachers.getkcisLocked(vrq, vcno, vtno, vbjno) == 1)
                                                  //课程已锁定时
   {  //使第 2 列"成绩"属性、第 3 列"备注"属性、第 4 列"重修"属性不可编辑
      tmp2=((e.ColumnIndex == 2) || (e.ColumnIndex == 3) || (e.ColumnIndex
```

```
            == 4));
            if (tmp2==true){  e.Cancel = false; }
        }
    }
```

13.4 BLL 层相关类及成员函数和成员变量的引用

本模块中引用了 BLL 层以下类的相关成员函数及其成员变量。主要涉及查询操作、更新操作，即 SQL 中 SELECT、UPDATE 命令在项目开发中的具体应用。

1. BLL3Teacher 类及有关成员函数

（1）setkcisLocked(string vrq,string vcno,string vtno,string vbjno,int flag)：对于满足条件的课程进行加锁（flag=1），使课程成绩不能被修改；或解锁（flag=0），使课程成绩能被修改。参数 vrq、vcno、vtno、vbjno 分别表示行课日期、课程号、教师号、vbjno 班级号；flag 课程加锁或解锁标识变量。伪代码如下：

```
public static int setkcisLocked(
                string vrq,string vcno,string vtno,string vbjno,int flag)
{   int row = 0; Object ob = null;
    try
    {   string sql = "update tc set islocked=1 ";
                                    //生成连接字符串,并参数化查询条件变量
        sql+=" where rq=@vrq and cno=@vcno and tno=@vtno and bjno=@vbjno";
        if (flag == 1)                //加锁课程,使课程成绩不能被修改
         { sql = "update tc set islocked=1 ";    //生成查询字符串
          Sql += "where rq=@vrq and cno=@vcno and tno=@vtno and bjno=
          @vbjno"; }
        else if (flag == 0)            //解锁课程,使课程成绩能被修改
         { sql = "update tc set islocked=0 ";
           Sql += "where rq=@vrq and cno=@vcno and tno=@vtno and bjno=
           @vbjno"; }
        SqlParameter[] paras =         //生成参数数组,并用参数值初始化各个元素的值
        {  new SqlParameter("@vrq", vrq),new SqlParameter("@vcno", vcno),
           new SqlParameter("@vtno", vtno),new SqlParameter("@vbjno",
           vbjno) };
        //调用 DAL 层的类 SqlDAL 的函数 ExecNoQuery()实现更新操作
        ob = SqlDAL.ExecNoQuery(sql, CommandType.Text, paras);
        return Convert.ToInt16(ob); //将 Object 类型转化为 int 类型并返回
    }
    catch(){…}  //语句块代码省略,请参阅 7.6.1 节函数 inituser()中 catch 语句块的
                //相关内容
    return row;
}
```

（2）getkcisLocked(string vrq,string vcno,string vtno,string vbjno)：获取课程的锁定状态。参数 vrq、vcno、vtno、vbjno 分别表示行课日期、课程号、教师号、行课的班级号。课程被加锁，函数返回 1；课程未加锁，函数返回 0。

```
public static int getkcisLocked(
        string vrq, string vcno, string vtno, string vbjno)
{  int row = 0; Object ob = null;
   try
   {  string sql = "select islocked  from tc ";  //定义查询串
      sql+=" where rq=@vrq and cno=@vcno and tno=@vtno and bjno=@vbjno";
      SqlParameter[] paras =             //生成参数数组,并用参数值初始化元素值
      {  new SqlParameter("@vrq", vrq), new SqlParameter("@vcno", vcno),
         new SqlParameter("@vtno", vtno),new SqlParameter("@vbjno",
         vbjno) };
      ob = SqlDAL.ExecScalar(sql, CommandType.Text, paras);
                                         //调用 DAL 的类的函数
      return Convert.ToInt16(ob);        //将 Object 类型转化为 int 类型并返回
   }
   catch(){…}  //语句块代码省略,请参阅 7.6.1 节函数 inituser()中 catch 语句块的
               //相关内容
   return row;
}
```

（3）IsExistTeachers(string vtno,int flag)：检测指定的编号或姓名的教师在 Teacher 表中是否存在。参数 flag=1 时，测试教师编号（vtno 表示）是否存在；flag=2 时，测试教师姓名（vtno 表示）是否存在。指定教师（姓名或编号）存在于 Teacher 表时，函数返回 1，否则返回 0。

```
public static int IsExistTeachers(string vtno,int flag)
{  int row = 0; Object ob = null; string sql = "";
   try
   {  if (flag == 1)               //按教师编号查询
      {  sql = "select count(*) from Teacher where tno=@vtno";  }
                                   //生成查询字符串
     else if (flag == 2)           //按教师姓名查询
      {  sql = "select count(*) from Teacher where tname=@vtno"; }
                                   //生成查询字符串
      SqlParameter[] paras = { new SqlParameter("@vtno", vtno) };
                                   //定义参数数组
      ob = SqlDAL.ExecScalar(sql, CommandType.Text, paras);
                                   //调用 DAL 类的函数
      return Convert.ToInt16(ob);  //将 Object 类型转化为 int 类型并返回
   }
   catch(){…}  //语句块代码省略,请参阅 7.6.1 节函数 inituser()中 catch 语句块的
               //相关内容
```

```
    return row;
  }
```

函数中，应用了 SQLCommand 类的方法 ExecuteScalar()，得到第一行第一列的值（忽略其他行和列）。

（4）GetnoOrtname(string vts,int flag)：根据教师姓名（参数 vts 表示，此时 flag=1）获取教师号；根据教师号（参数 vts 表示，此时 flag=2）获取教师名称。返回教师编号或教师姓名（string 类型）。

```
public static string GetnoOrtname(string vts,int flag)
{  try
   {  Object b = null;   string sql = "";
      if (flag == 1)                  //根据教师姓名得到教师编号
      {  sql = "select tno from Teacher where tname=@vts"; }
                                      //生成查询命令字符串
      else if (flag == 2)             //根据教师编号得到教师姓名
      {  sql = "select tname from Teacher where tno=@vts"; }
                                      //生成查询命令字符串
      SqlParameter[] paras = { new SqlParameter("@vts", vts) };
                                      //定义参数数组
      b = SqlDAL.ExecScalar(sql, CommandType.Text, paras);
                                      //调用 DAL 的类的函数
      if (b != null){  return b.ToString(); }
                                      //将返回结果转化为字符串类型
      else return "";
   }
   catch(){…}  //语句块代码省略,请参阅 7.6.1 节函数 inituser()中 catch 语句块的
               //相关内容
   return "";
}
```

（5）GetclassNameDataSet(vtno, vrq, vcno)：根据行课日期（参数 vrq 表示）、任课教师（参数 vtno 表示）、课程号（参数 vcno 表示），获取所有行课班级的名称；返回 DataSet 类对象（行课班级名称集）。

```
public static DataSet GetclassNameDataSet(
        string vrq, string vtno, string vcno)
{  DataSet dr = new DataSet();   //定义 DataSet 类的对象,存储数据集
   try
   {  //生成带参数传入的查询字符串
      String sql = "SELECT distinct sc.bjno,bjname FROM SC,classeser ";
      sql+=" where rq=@vrq and tno=@vtno and cno=@vcno and sc.bjno=classeser.
      bjno";
      //生成参数数组,并用参数值初始化其元素值
      SqlParameter[] paras = {   new SqlParameter("@vrq", vrq),
          new SqlParameter("@vtno", vtno),new SqlParameter("@vcno",vcno) };
```

```
        //调用 DAL 层的类 SqlDAL 的函数 GetDataSet(),获取任课教师姓名数据集(只读型)
        dr = SqlDAL.GetdataSet(sql, CommandType.Text, paras);
        return dr;
      }
      catch(){…}  //语句块代码省略,请参阅 7.6.1 节函数 inituser()中 catch 语句块的
                  //相关内容
      return dr;
  }
```

2. BLL3Sc 类及有关成员函数

类 BLL3Sc 的成员函数及其成员变量，主要涉及选课信息的处理。在本模块中引用的成员函数如下。

（1）GetcnamesDataSet(string vrq, string vtno)：获取任课教师（参数 vtno 表示）在指定学期（参数 vrq 表示）担任的课程名称（集合）。返回 DataSet 对象（课程名称的集合）。

```
public static DataSet GetcnamesDataSet(string vrq, string vtno)
{   DataSet dr = new DataSet();      //定义 SqlDataSet 类的对象,存储数据集
    try
    {    string sql = "SELECT distinct sc.cno,cname FROM SC,KC ";
         sql+=" where rq=@vrq and tno=@vtno and sc.cno=kc.cno";
                                      //格式化生成查询字符串
         SqlParameter[] paras = { new SqlParameter("@vrq", vrq),
                                  new SqlParameter("@vtno", vtno) };
                                      //定义参数数组
         dr = SqlDAL.GetdataSet(sql, CommandType.Text, paras);
                                      //获取任课教师记录集
         return dr;
    }
    catch(){…}  //语句块代码省略,请参阅 7.6.1 节函数 inituser()中 catch 语句块的
                //相关内容
    return dr;
}
```

（2）GetSelectedkcDataAdapters(string vrq,string vcno,string vtno,string bjno)：根据教师号（参数 vtno 表示）、行课日期（参数 vrq 表示）、行课班级（参数 vbjno 表示），获取数据集的 SqlDataAdapter 对象。返回 SqlDataAdapter 类的对象（该班级所上课程的信息记录集）。

```
public static SqlDataAdapter GetSelectedkcDataAdapters(
                        string vrq, string vcno, string vtno,string vbjno)
{   SqlDataAdapter da = null;        //定义 SqlDataAdapter 类的对象
    try
    {   //格式化生成查询字符串,查询出来的列中要包含所有的主键列
        String sql = "select sno,cno,rq,score,note,rein,sname ";
        sql += "from Sc where tno=@vtno and rq=@vrq and cno=@vcno and
        bjno=@vbjno";
        SqlParameter[] paras =  //定义参数类的数组,并用参数值对各个元素进行初始化
```

```
        {  new SqlParameter("@vrq", vrq), new SqlParameter("@vcno", vcno),
           new SqlParameter("@vtno", vtno), new SqlParameter("@vbjno",
           vbjno) };
        //调用 DAL 层类 SqlDAL 的成员函数 GetDataAdapter()，得到 SqlDataAdapter 类
        //型的对象
        da = SqlDAL.GetDataAdapter(sql, CommandType.Text, paras);
                                                //调用 DAL 层的函数

        return da;
    }
    catch(){…}     //语句块代码省略，请参阅 7.6.1 节函数 inituser()中 catch 语句块的
                   //相关内容
    return da;
}
```

【程序解析】 本实例的数据表 sc 中的主键属性有 sno、cno、rq，必须全部包含在 select 语句中，否则，执行 SqlDataAdapter 的 Update()方法时将给出如下出错提示信息：

"对于不返回任何键列信息的 SelectCommand，不支持 UpdateCommand 的动态 SQL 生成"

3. BLL3Layer 类及有关成员函数与成员变量

引用了类 BLL3Layer 的成员函数及其成员变量：成员数组 usrinfo、uright，成员函数 initgrid()。请参阅 7.6.1 节中关于类 BLL3Layer 的有关内容介绍。

13.5 DAL 层相关类及有关成员函数和成员变量的引用

本模块引用了 DAL 层的函数 GetDataAdapter()，请参阅 7.6.2 节中该函数的内容介绍。

附录

附录 A　运算的优先级

运算符及其优先级如表 A 所示。

表 A　C#语言常用的运算符及其优先级

优先级	运算符	含义或名称	运算对象个数	结合方向	举　例
1	::	作用域分辨符		自左至右	
	()	圆括号			(a+b)*c
	[]	下标运算符			a[12]
	->	结构体成员运算符			p->name
	.	成员运算符			st.sno
2	!	逻辑非运算符	1 (单目运算符)	自右至左	int a=10;!a
	~	按位取反运算符			~a
	++	自增运算符			b=a++;++a;
	--	自减运算符			b=a--;--a;
	-	负号运算符			b=-a;
	（类型）	类型转换运算符			float f=(double)a;
	sizeof	长度运算符			sizeof(int)
	new	申请内存建立对象			int[]a=new int[10]
	delete	删除动态对象			delete a
3	*	乘法运算符	2 （双目运算符）	自左至右	int a=2,b=3,c;c=a*b;
	/	除法运算符			c=a/b;c=a%'a';
	%	求余运算符			
4	+	加法运算符	2 （双目运算符）	自左至右	int a=2,b=3,c;
	-	减法运算符			c=a+b;c=a-b;
5	<<	左移运算符	2 （双目运算符）	自左至右	int a=12,b=3,c;
	>>	右移运算符			c=a>>b;c=a<<2;
6	<、<= >、>=	关系运算符	2 （双目运算符）	自左至右	int a=12,b=3,c; c=a>b;c=a>=b;
7	==	等于运算符	2 （双目运算符）	自左至右	int a=12,b=3,c;
	！=	不等于运算符			c=a==b;c=a!=b;

续表

<table>
<tr><th>优先级</th><th>运算符</th><th>含义或名称</th><th>运算对象个数</th><th>结合方向</th><th>举　例</th></tr>
<tr><td>8</td><td>&</td><td>按位与运算符</td><td>2
（双目运算符）</td><td>自左至右</td><td>int a=12,b=3,c;
c=a&b;</td></tr>
<tr><td>9</td><td>^</td><td>按位异或运算符</td><td>2
（双目运算符）</td><td>自左至右</td><td>int a=12,b=3,c;
c=a^b;</td></tr>
<tr><td>10</td><td>|</td><td>按位或运算符</td><td>2
（双目运算符）</td><td>自左至右</td><td>int a=12,b=3,c;
c=a|b;</td></tr>
<tr><td>11</td><td>&&</td><td>逻辑与运算符</td><td>2
（双目运算符）</td><td>自左至右</td><td>int a=12,b=3,c;
c=a&&b;</td></tr>
<tr><td>12</td><td>||</td><td>逻辑或运算符</td><td>2
（双目运算符）</td><td>自左至右</td><td>int a=12,b=3,c;
c=a||b;</td></tr>
<tr><td>13</td><td>? :</td><td>条件运算符</td><td>3
（三目运算符）</td><td>自右至左</td><td>int a=12,b=3,c;
c=a>b?a:b;</td></tr>
<tr><td>14</td><td>=、+=、-=、
*=、/=、%=、
>>=、<<=、
&=、^=、|=</td><td>赋值运算符</td><td>2
（双目运算符）</td><td>自右至左</td><td>int a=12,b=3,c;
c=a>>b;c=a<<2;</td></tr>
<tr><td>15</td><td>(参数表)</td><td></td><td></td><td>自右至左</td><td></td></tr>
<tr><td>16</td><td>,</td><td>逗号运算符</td><td></td><td>自左至右</td><td>int a=12,c;
c=(a+2,a*a);</td></tr>
</table>

附录 B　C#语言中的关键字

关键字是对编译器具有特殊意义的预定义保留标识符，在程序中它们不能用作标识符，除非它们有一个@前缀。

例如，@switch 是有效的标识符，但 switch 不是，因为 switch 是关键字。

表 B 所列出的关键字在 C#程序的任何部分都是保留标识符。C#中还有上下文关键字。上下文关键字仅在受限制的程序上下文中具有特殊含义，并且可在该上下文外部用作标识符。通常，在将新关键字添加到 C#语言的同时，也会将它们添加为上下文关键字，以便避免破坏使用该语言的早期版本编写的程序。

表 B　C#语言中的关键字

abstract	as	base	bool	break	byte	case
catch	char	checked	class	const	continue	decimal
default	delegate	do	double	else	enum	event
explicit	extern	false	finally	fixed	float	for
foreach	get	goto	if	implicit	in	int
interface	internal	is	lock	long	namespace	new
null	object	operator	out	override	params	partial
private	protected	public	readonly	ref	return	sbyte
sealed	set	short	sizeof	stackalloc	static	string
struct	switch	this	throw	true	try	typeof

续表

uint	ulong	unchecked	unsafe	ushort	using	value
virtual	volatile	void	where	while	yield	

附录 C　C#常用的 ASCII 字符集

C#常用的 ASCII 字符集如表 C 所示。这里只给出了常用字符的 ASCII 码值。

表 C　C#常用的 ASCII 字符集

ASCII 值	控制字符	ASCII 值	控制字符	ASCII 值	控制字符	ASCII 值	控制字符
0	NUT	32	(space)	64	@	96	、
1	SOH	33	!	65	A	97	a
2	STX	34	”	66	B	98	b
3	ETX	35	#	67	C	99	c
4	EOT	36	$	68	D	100	d
5	ENQ	37	%	69	E	101	e
6	ACK	38	&	70	F	102	f
7	BEL	39	,	71	G	103	g
8	BS	40	(	72	H	104	h
9	HT	41	)	73	I	105	i
10	LF	42	*	74	J	106	j
11	VT	43	+	75	K	107	k
12	FF	44	,	76	L	108	l
13	CR	45	-	77	M	109	m
14	SO	46	.	78	N	110	n
15	SI	47	/	79	O	111	o
16	DLE	48	0	80	P	112	p
17	DCI	49	1	81	Q	113	q
18	DC2	50	2	82	R	114	r
19	DC3	51	3	83	X	115	s
20	DC4	52	4	84	T	116	t
21	NAK	53	5	85	U	117	u
22	SYN	54	6	86	V	118	v
23	TB	55	7	87	W	119	w
24	CAN	56	8	88	X	120	x
25	EM	57	9	89	Y	121	y
26	SUB	58	:	90	Z	122	z
27	ESC	59	;	91	[	123	{
28	FS	60	<	92	/	124	|
29	GS	61	=	93	]	125	}
30	RS	62	>	94	^	126	~
31	US	63	?	95	—	127	DEL

参 考 文 献

[1] 沃森·内格尔. C#入门经典[M]. 3 版. 北京：清华大学出版社，2006.

[2] Andrew Troelsen. Pro C# 2008 and the NET 3.5 Platform[M]. Fourth Edition. New York: Apress, 2007.

[3] 李佳. C#开发技术大全[M]. 北京：清华大学出版社，2009.

[4] 丁士锋. 精通 C# 3.0 与.NET 3.5 高级编程[M]. 北京：清华大学出版社，2009.

[5] Andrew Troelsen. Pro C# 5.0 and the NET 4.5 Framework[M]. Sixth Edition. New York: Apress, 2011.

图书资源支持

感谢您一直以来对清华版图书的支持和爱护。为了配合本书的使用，本书提供配套的资源，有需求的读者请扫描下方的“书圈”微信公众号二维码，在图书专区下载，也可以拨打电话或发送电子邮件咨询。

如果您在使用本书的过程中遇到了什么问题，或者有相关图书出版计划，也请您发邮件告诉我们，以便我们更好地为您服务。

我们的联系方式：

地　　址：北京海淀区双清路学研大厦 A 座 707

邮　　编：100084

电　　话：010－62770175－4604

资源下载：http://www.tup.com.cn

电子邮件：weijj@tup.tsinghua.edu.cn

QQ：883604（请写明您的单位和姓名）

书圈

用微信扫一扫右边的二维码，即可关注清华大学出版社公众号“书圈”。